GÉOLOGIE

DE

LA BELGIQUE

PAR

Michel MOURLON

Docteur en sciences, conservateur au Musée royal d'histoire naturelle,
attaché au service du levé de la carte géologique,
membre correspondant de la Classe des sciences de l'Académie royale de Belgique.

TOME SECOND

PARIS

SAVY, LIBRAIRE DE LA SOCIÉTÉ
GÉOLOGIQUE DE FRANCE

Boulevard Saint-Germain, 177.

BERLIN, N. W.

R. FRIEDLÄNDER & FILS
ÉDITEURS

Carlstrasse, 11.

BRUXELLES

F. HAYEZ, IMPRIMEUR DE L'ACADÉMIE ROYALE DE BELGIQUE

1881

L'ouvrage dont je livre aujourd'hui la seconde partie au public ne devait former qu'un volume, mais lorsque la première partie, comprenant la description de nos différents terrains, fut imprimée, plusieurs géologues m'engagèrent à ne pas en retarder la publication. Je me décidai alors à la faire paraître séparément; j'ai pu par suite donner encore plus de développement et de soins à la seconde partie. renfermant les listes de fossiles et la bibliographie géologique belge.

Cette bibliographie, embrassant toutes les publications des auteurs belges ayant trait aux sciences géologiques en général et des auteurs étrangers qui ont écrit sur la géologie de la Belgique, était devenue tout à fait indispensable. Il suffit, pour s'en convaincre, de constater qu'elle renseigne près de dix-huit cents publications.

Quant aux listes de fossiles, je me suis attaché à les rendre aussi complètes que possible, et je crois que l'on me saura gré d'avoir indiqué, dans la plupart de ces listes, et pour chaque espèce, soit les sources consultées pour leurs gisements, soit les ouvrages qui ont servi à leur détermination.

Pour réaliser cette partie de ma tâche, j'ai mis principalement à contribution, outre les travaux de nos éminents paléontologistes, MM. Van Beneden, de Koninck et Nyst, ceux de M. Malaise pour le terrain silurien, ceux de MM. Gosselet, Dewalque, Le Hon, Horion et Mourlon pour le terrain dévonien, ceux de M. Dupont pour le calcaire carbonifère.

M. Crépin, directeur du Jardin botanique de l'État, a bien voulu dresser lui-même la liste des végétaux fossiles de notre terrain houiller.

Les listes de fossiles de nos terrains secondaires n'ayant pas subi de changements depuis la publication du *Prodrome* de M. Dewalque (1868), ont été extraites de cet ouvrage.

Il faut en excepter, toutefois, celle des fossiles wealdiens, réunie par M. Dupont, directeur du Musée royal d'histoire naturelle, avec l'aide de M. le préparateur de Pauw, ainsi que celle des fossiles de la meule de Bracquegnies, extraite d'un mémoire de MM. Briart et Cornet (1870).

C'est aussi des travaux de ces derniers auteurs qu'a été extraite la liste des fossiles du premier terme de notre terrain éocène.

M. Vincent a bien voulu se charger de compléter lui-même les listes de fossiles qu'il a publiées en collaboration avec M. Rutot, sur les autres termes de notre série éocène.

La liste de nos fossiles oligocènes est extraite, sauf quelques modifications de détail, de celle du *Prodrome*.

Enfin, MM. Cogels et Van den Broeck ont bien voulu revoir la liste des fossiles d'Anvers et l'enrichir d'observations inédites.

Quant à la liste des ossements de mammifères des âges de la pierre et des indices de la présence simultanée de l'homme, elle est extraite de la deuxième édition de l'ouvrage de M. Dupont (1872) et a été revue également par cet auteur.

Toutes ces listes de fossiles témoignent d'un mouvement scientifique considérable et sont d'autant plus importantes qu'elles se rapportent à des dépôts dont la position stratigraphique est mieux établie. En même temps qu'elles nous permettent d'opérer le groupement le plus rationnel de ces dépôts, elles nous laissent entrevoir quels sont leurs représentants à l'étranger.

Le tableau suivant permettra d'apprécier quelle est, d'après ces listes de fossiles, l'importance numérique des espèces des différents groupes zoologiques et des végétaux dans chacun de nos terrains.

Tableau numérique des espèces fossiles belges.

GROUPES ZOOLOGIQUES ET VÉGÉTAUX.	TERRAINS: Moderne et quaternaire.	Pliocène et mio-pliocène.	Oligocène.	Éocène.	Crétacé du Hainaut.	Jurassique.	Carbonifère.	Dévonien.	Silurien.	Cambrien.	Totaux par ordre zoologique.
Mammifères.	52	103	1	2	—	—	—	—	—	—	158
Oiseaux	—	7	—	1	—	—	—	—	—	—	8
Reptiles.	—	2	—	7	3	6	—	—	—	—	18
Poissons	—	34	20	62	12	24	48	3	—	—	203
Insectes	—	—	—	—	1	2	3	—	—	—	6
Crustacés	—	53	16	6	—	5	1	12	15	2	110
Céphalopodes	—	—	1	17	11	92	175	25	6	—	327
Gastéropodes	16	225	156	537	363	812	196	70	6	—	2318
Lamellibranches. . .	3	183	97	290	245	702	240	35	1	—	1796
Brachiopodes	—	6	2	8	56	148	126	200	9	1	556
Bryozoaires.	—	100	2	12	27	56	21	7	5	1	231
Vers	—	4	5	9	6	20	5	6	—	1	56
Échinodermes. . . .	—	8	—	33	42	116	61	10	2	—	272
Polypes.	—	71	3	11	14	42	79	50	5	—	275
Foraminifères	—	—	4	8	6	23	2	1	—	—	43
Spongiaires.	—	1	1	2	—	—	—	—	—	—	5
Végétaux.	3	1	—	64	17	34	133	8	2	5	267
TOTAUX par terrain.	74	798	308	1069	805	2082	1090	427	51	10	6712

On remarquera que pour ce qui concerne les terrains moderne et quaternaire, le nombre des mollusques et des végétaux est indiqué dans le tableau ci-dessus, d'après les données du tome I, pages 291 et 299. Quant à l'unique espèce végétale de la deuxième colonne, elle est renseignée d'après la découverte mentionnée ci-après, page XI.

ADDITIONS AU TOME PREMIER.

—

Lorsqu'on jette un coup d'œil sur le tableau synoptique des terrains belges qui termine le tome I de cet ouvrage, on est frappé de voir combien un sol aussi restreint que le nôtre peut apporter un contingent important à l'échelle stratigraphique générale des terrains.

La succession de nos dépôts, telle qu'elle est indiquée dans ce tableau, n'a pas subi de changement depuis l'apparition du tome I, mais il n'en est pas de même du groupement de quelques uns de ces dépôts. La cause en est surtout qu'il ne m'a pas été toujours possible de tenir compte des travaux exécutés à l'occasion de notre Exposition nationale de 1880, non plus que d'autres travaux en cours de publication. Peut-être aussi me sera-t-il permis d'ajouter que l'apparition d'un ouvrage embrassant l'ensemble des sciences géologiques, qui peuvent compter parmi celles dont le développement est le plus accentué en Belgique, est de nature à provoquer de nouvelles recherches et avec elles de nouveaux résultats.

Je me fais un devoir de reproduire ici ces résultats en passant successivement en revue chacun des dépôts qui y ont donné lieu.

TERRAINS PRIMAIRES.

Les terrains primaires ont fait l'objet d'importantes recherches à l'occasion des levés de la nouvelle Carte géologique, dressée par ordre du gouvernement, mais comme les résultats de ces recherches ne sont pas encore publiés, je m'abstiendrai d'en parler ici.

Je me bornerai à mentionner l'apparition du premier fascicule, relatif aux terrains primaires, du remarquable ouvrage de M. J. Gosselet : *Esquisse géologique du Nord de la France et des contrées voisines.* Lille, 1880 ; 1 vol. avec atlas.

TERRAIN CRÉTACÉ.

MM. Briart et Cornet ont apporté quelques changements aux subdivisions du terrain crétacé du Hainaut, telles que je les ai indiquées dans le tome I, d'après ces auteurs.

C'est ce que montre la légende ci-après de la *Carte géologique de la partie centrale de la province de Hainaut* qui figurait à l'Exposition nationale de 1880 :

SIXIÈME ÉTAGE . . .	Tuffeau de Ciply, Poudingue de la Malogne	TC
CINQUIÈME ÉTAGE. .	Craie brune phosphatée de Ciply, Poudingue de Cuesmes .	CBC
	Craie grossière de Spiennes	CS
	Craie blanche de Nouvelles	CN
	Craie blanche d'Obourg	CO
	Craie blanche de Trivières	CT
	Craie blanche de Saint-Vaast	CSV
QUATRIÈME ÉTAGE .	Craie glauconifère de Maisières, *Gris des mineurs*	CM
	Silex de Saint-Denis — *Rabots*	SSD
	Marnes bleues ou vertes à concrétions siliceuses — *Fortes-Toises*	FT
	Marnes grises ou vertes à *Terebratulina gracilis* — *Dièves supérieures* d'Autreppe	DSA
	Marnes bleues à *Inoceramus mytiloides* — *Dièves inférieures* d'Autreppe	DIA
	Marnes glauconifères à *Pecten asper*, - *Tourtia de Mons*.	TM
TROISIÈME ÉTAGE. .	Poudingue calcareux, limonitifère, — *Tourtia de Montignies-sur-Roc*	TMR
DEUXIÈME ÉTAGE . .	Grès et sables glauconifères — *Meule de Bracquegnies* . .	MB
PREMIER ÉTAGE. . .	Argiles et sables d'Hautrage.	ASH

Comme on le voit par cette légende, le *Poudingue de la Malogne* est réuni au tuffeau de Ciply, dont il n'est qu'une forme accidentelle de la base, tandis qu'un autre poudingue, tout à fait identique, pétrographiquement, au premier, sépare parfois la craie brune phosphatée de Ciply de la craie de Spiennes; c'est le *Poudingue de Cuesmes.*

Les deux sous-assises de la craie d'Obourg sont élevées au rang d'assises, dont l'inférieure prend le nom de *Craie blanche de Trivières,* celui de Craie d'Obourg étant réservé à la supérieure.

Deux divisions paléontologiques bien distinctes ont été reconnues dans les dièves que l'on voit à Autreppe séparer les fortes-toises du tourtia de Mons.

MM. Briart et Cornet citent aussi un curieux exemple de ces altérations dont on s'est tant occupé dans ces derniers temps. Ce sont des dépôts de silex et de marne sableuse très-glauconifère, affleurant dans la partie orientale du Hainaut, qui avaient été rapportées au Landenien marin et qui ne sont que les derniers vestiges de la partie inférieure des rabots et des fortes-toises sous l'influence d'une action dissolvante.

TERRAIN ÉOCÈNE.

Système montien. — Ce système est subdivisé par MM. Briart et Cornet, dans la légende de leur carte, en trois étages, qui sont :

ÉTAGE SUPÉRIEUR.	— Calcaire lacustre à Physa du bassin de la Haine (sans affleurement)	M^3
ÉTAGE MOYEN . .	— Calcaire grossier de Mons	M^2
ÉTAGE INFÉRIEUR.	— Calcaire grossier de Cuesmes principalement caractérisé par de grandes Cérithes.	M^1

Système landenien. — Les mêmes géologues ont reconnu, dans le système landenien du Hainaut, cinq divisions se répartissant dans trois étages comme suit :

ÉTAGE SUPÉRIEUR .	1. Sables et argiles — *Formation polderienne supérieure.*	L^5
	2. Sables et grès blancs — *Formation dunale*	L^4
ÉTAGE MOYEN . . .	3. Sables glauconifères ou silexifères — *Formation marine.*	L^3
	4. Tuffeau d'Angres à *Pholadomya Konincki* — *Formation marine*	L^2
ÉTAGE INFÉRIEUR. .	5. Sables et argiles — *Formation polderienne inférieure* .	L^1

A la suite de la découverte faite récemment, près d'Erquelinnes, par M. le docteur Gravis, de Bruxelles, d'un fragment de mâchoire inférieure d'un mammifère terrestre se rapportant au *Pachynolophus Maldani,* Lemoine, et d'une plaque dermique de Crocodile par M. G. Vincent, M. A. Rutot a refait l'étude complète des sablières où la découverte a été effectuée et y a reconnu les superpositions suivantes :

1° Limon hesbayen ;
2° Sable verdâtre stratifié ;
3° Sable fluvial avec lentilles de marne blanche à végétaux à la partie supérieure et gravier avec restes d'ossements de vertébrés à la partie inférieure ;
4° Sable brun avec gravier à dents de Squales et ossements de Tortues à la base ;
5° Sable jaune à *Ostrea bellovacina ;*
6° Craie blanche.

M. Rutot a assimilé les n°s 4 et 5 au terme L^3 de MM. Briart et Cornet ; le n° 3 au terme L^5 ; et il fait rentrer les sables n° 2 dans la base du système ypresien.

Il manquerait donc à Erquelinnes les assises inférieures L^1 et L^2 ainsi que l'assise intermédiaire L^4.

Certains sables rapportés par Dumont à son système bruxellien semblent appartenir plutôt au Landenien supérieur. M. G. Dewalque a pu s'assurer récemment qu'il en est ainsi pour les sables de Velaine qui renferment des grès blancs caractéristiques exploités pour pavés sur plusieurs points, entre le village et la ferme de Fayat (Saint-Martin-Balâtre). A peu de distance de ces roches, sur un des points culminants de la colline, s'observe un gros bloc de grès blanc dont la forme pyramidale et la position verticale porteraient M. Dewalque à le considérer comme un *menhir*.

M. Alph. Briart a retrouvé aussi les mêmes sables et grès blancs dans les environs de Cour-sur-Heure et sur ces roches un gros bloc de grès ressemblant au menhir de Velaine.

De mon côté, j'observai déjà, en juillet 1873, un gros bloc de grès blanc affectant des formes mamelonnées bizarres, à l'entrée d'une sablière située au sud-ouest de Walcourt ; celle-ci est bien marquée sur la feuille au 20000e de Silenrieux, à droite de la route de Gerlimpont à Fontenelle, à peu de distance, au sud-ouest, de la ferme Maisonelle. Sous une couche sableuse de 2 mètres, avec cailloux blancs marneux et blocs de phtanite, on y observe 5m,50 de sables blanc et jaune avec concrétions ferrugineuses friables. Ce sont les sables dont Dumont faisait son système geyserien, mais comme j'ignorais ce fait lorsqu'il me fut donné de les observer pour la première fois, je les notai comme tertiaires, d'autant plus que j'avais distingué, vers le milieu de la masse sableuse, de petits lits minces d'argilite blanchâtre tachante.

Depuis, M. Ch. Barrois a montré que le Landenien supérieur est représenté dans l'arrondissement de Vervins, dans le canton de Rozoy et dans la partie occidentale des Ardennes, par des sables quartzeux rappelant les diverses variétés de sables dits aacheniens.

Enfin, tout récemment il a été découvert, sur les grès blancs qui accompagnent nos sables dits geyseriens, des empreintes végétales qui semblent bien indiquer qu'une grande partie, sinon la totalité, de ces sables appartient au Landenien supérieur

Système ypresien. — MM. van Ertborn et Cogels ont pu constater par des sondages, l'existence des deux étages ypresiens jusqu'à Aerschot et celle des cailloux de la base de l'Ypresien inférieur à Molenbeek-St-Jean, à Laeken et jusque dans les environs de Nivelles.

MM. Briart et Cornet croient que les assises connues sous

le nom d'*Argilites de Morlanwelz* représentent assez complétement ce système dans le Hainaut. Ils le divisent, dans la légende de leur carte, en quatre assises groupées en deux étages comme suit :

ÉTAGE SUPÉRIEUR .	Sables à *Nummulites planulata*	Y^4
	Argilites supérieures à *Nummulites planulata*.	Y^3
ÉTAGE INFÉRIEUR .	Sables et grès du bois de Peissant	Y^2
	Argilites et argiles inférieures.	Y^1

Système paniselien — Ce système comprend, dans le Hainaut, d'après les mêmes auteurs, deux horizons minéralogiques qu'ils distinguent par une teinte spéciale sur leur carte. Ce sont de haut en bas :

1. Sable glauconifère à grès lustré. . . . . P^2
2. Argile et sable argileux glauconifère avec psammites . . . . P^1

Un affleurement de psammite paniselien fossilifère a été renseigné par M. Velge, dans son levé géologique de la planchette d'Assche, à peu de distance du hameau d'Asbeek.

M. G. Vincent y a reconnu les espèces suivantes :

Turritella Dixoni.	*Cytherea proxima*
Ostrea submissa.	— *ambigua.*
Pectunculus polymorphus.	*Pecten corneus,* var. *Laudunensis.*
Lucina squamula,	*Nummulites planulata.*
Cypricardia pectinifera.	

D'autres gisements fossilifères paniseliens ont encore été reconnus par MM. Rutot et Vincent vers Cappelle-Saint-Ulric.

Système wemmelien. — Un nouveau gîte fossilifère wemmelien vient d'être découvert par M. G. Velge, près d'Assche, dans un banc sableux situé vers la partie supérieure de l'argile glauconifère et que les cartes géologiques de Dumont renseignent comme Rupelien inférieur.

M. le major Hennequin, en annonçant cette découverte à la séance du 2 octobre dernier de la Société malacologique, a fait connaître un deuxième gîte fossilifère, semblable au précédent, au nord-ouest d'Esschene.

C'est dans ce gîte que se trouve très-abondamment la *Terebratulina ornata,* Giebel, du Tongrien.

TERRAIN OLIGOCÈNE.

Système bolderien. — J'ai exposé, dans le tome I de cet ouvrage (pp. 248 et suiv.), les raisons qui m'ont porté, ainsi que MM. Rutot et Van den Broeck, à réunir aux argiles rupeliennes les sables pailletés sans fossiles qui, avec les dépôts glauconifères sous-jacents, constituent exclusivement, chez nous, le système bolderien de Dumont. Mais il paraît résulter de quelques sondages pratiqués récemment au Pellenberg, par M. le baron van Ertborn, que les sables pailletés du Bolderberg seraient séparés, en ce point, de l'argile rupelienne par un niveau de petits cailloux et de gravier que Dumont avait déjà observé ailleurs.

De son côté, M. Van den Broeck a pu aussi s'assurer récemment que des cailloux existent en quelques points à ce niveau dans les environs de Louvain et ailleurs; c'est donc un fait acquis, mais il n'en reste pas moins bien établi aussi que dans la partie orientale du pays il y a passage tout à fait insensible entre les sables pailletés bolderiens et l'argile rupelienne ; la question reste donc à l'étude et se résume dans l'interprétation à donner à la présence plus ou moins localisée de cailloux à ce niveau.

TERRAIN MIO-PLIOCÈNE.

Système anversien. — Je n'ai pas cru pouvoir adopter le système anversien de M. Cogels dans le tome I et j'en ai donné les raisons. La principale de ces raisons et qui me dispensera de rappeler les autres, c'est que ce système n'était pas suffisamment défini. C'est aussi, du reste, l'opinion que M. de la Vallée Poussin a émise dans son rapport sur les levés des feuilles d'Hoboken et de Contich.

Mais aujourd'hui que les sables graveleux à Hétérocètes paraissent devoir être réunis, comme je l'avais proposé d'abord, aux sables à Bryozoaires et à Térébratules et non aux sables à *Pectunculus pilosus*, je ne vois rien qui s'oppose à grouper ces derniers avec les sables à *Panopea Menardi,* sous le nom de *Système anversien*, comme le propose M. Cogels.

Je suis même d'autant plus porté à adopter ce nom pour désigner l'ensemble de nos couches mio-pliocènes que je m'en étais servi moi-même pour grouper à tort certains dépôts qui, comme on va le voir, paraissent bien devoir rentrer dans deux systèmes de couches différents : les systèmes diestien et scaldisien.

Il ne sera peut-être pas inutile de rappeler ici qu'en pratiquant une coupe à travers la contrescarpe du fossé capital de l'enceinte à Deurne-lez-Anvers, j'ai découvert un tronc d'arbre fossile d'environ 15 mètres de long. Il était peu épais et son extrême friabilité n'a permis d'en conserver que des fragments ; M. Crépin le rapporte à un Conifère. Ce tronc d'arbre se trouvait dans un sable durci, d'un vert sombre, séparant le sable graveleux à Hétérocètes du sable noir dont il ne paraît être que la partie supérieure (*Bull. de l'Acad. roy. de Belgique,* XLII, 1876, pl. I, fig. 3, p. 779).

TERRAIN PLIOCÈNE.

Système diestien. — Je n'ai pas admis ce système dans le tome I par les mêmes motifs qui m'ont empêché d'adopter le système anversien de M. Cogels. Et en effet, le système diestien tel que le comprend Dumont se compose, non-seulement des sables de Diest, mais aussi des sables noirs coquilliers des environs d'Anvers (sables à *Pectunculus pilosus*) que l'éminent stratigraphe n'a du reste qu'imparfaitement connus. Or si tous les géologues sont d'accord aujourd'hui pour séparer nettement ces deux groupes de couches et considérer les sables noirs comme formant le terme supérieur de nos dépôts mio-pliocènes, il n'en est pas de même des sables de Diest, sur l'âge relatif desquels les auteurs sont loin d'être d'accord. C'est ce qui explique pourquoi, tout en consacrant un article spécial à la description de ces sables (t. I, p. 266), je n'ai pas cru pouvoir les classer statigraphiquement.

Mais depuis l'apparition du tome I, de nouvelles observations ont fait faire un pas à la question et ont complétement justifié les conclusions de MM. Cogels et van Ertborn relativement à la valeur et à la position stratigraphique du système diestien tel qu'il faut le comprendre aujourd'hui.

La découverte de la *Terebratula grandis* faite jadis par Dumont et Nyst dans les sables diestiens des environs de Louvain vient de recevoir une confirmation par les observations de M. Cogels ainsi que par les recherches de M. Van den Broeck.

Avec cette Térébratule se trouve toute une faune de Mollusques, de Bryozoaires et de Polypiers que ce dernier a rencontrée récemment *in situ*, au Bolderberg à la partie inférieure des sables diestiens et parfois à la base de ceux-ci et qu'il a montrée être complétement indépendante du niveau classique sous-jacent de coquilles brisées et triturées d'origine falunienne.

On se rappellera que déjà en 1876 je me demandais si les sables diestiens ne correspondraient pas aux couches graveleuses à Hétérocètes, à Térébratules et à Bryozoaires des environs d'Anvers, notamment à Berchem et à Deurne (*Bull. de l'Académie,* t. XLII, p. 786).

Ces dernières surmontent les couches mio-pliocènes d'Anvers et paraissent être plus anciennes que les sables pliocènes scaldisiens à *Isocardia cor*, bien qu'on n'ait pas encore pu, à ma connaissance, constater que celles-ci leur soient superposées. Toutefois, en suivant les couches diestiennes sur une grande étendue, MM. Cogels et van Ertborn annoncent les avoir vues disparaître, tant aux environs d'Anvers qu'à Lichtaert, sous des couches scaldisiennes que Dumont paraît avoir souvent confondues avec son Bolderien.

En explorant à nouveau, tout récemment, les fossés du fort en construction près de la ville de Lierre, MM. Cogels et van Ertborn ont observé au-dessus des sables glauconifères et fossilifères mio-pliocènes, 2m,25 de dépôts qu'ils rapportent au Diestien et qui sont séparés des précédents par une couche de fossiles brisés et roulés avec cailloux de silex noir. Ces géologues annoncent avoir recueilli dans le sable glauconifère qui surmonte les cailloux, outre des vertèbres de cétacés, l'*Ostrea navicularis*, Brocc., si caractéristiques de nos dépôts mio-pliocènes.

On remarquera, à ce sujet, que ce dernier fossile s'observe principalement à deux niveaux près d'Anvers. Il est surtout abondant dans le sable noir à Pétoncles, où je l'ai même recueilli dans un des bancs inférieurs formés presque exclusivement de Pétoncles avec leurs deux valves réunies (Coupe de Berchem, *ibid.*, 1876, fig. 1, couche 6iv, p. 773). On le trouve aussi à un niveau supérieur, dans le sable vert graveleux à Hétérocètes, mais comme il y est confondu avec d'autres fossiles tels que l'*Ostrea edulis*, provenant de l'amas coquillier sus-jacent, on ne saurait affirmer s'il y est *in situ*. Dès lors ne peut-on pas se demander s'il n'en serait pas de même au fort de Lierre dans le cas où l'on aurait bien réellement affaire à du sable diestien, ce qui reste encore à démontrer.

Système scaldisien.— On a vu dans le tome I, les raisons pour lesquelles j'ai cru devoir réserver le nom de *Système scaldisien* pour désigner les couches pliocènes dites à *Trophon antiquum*, les seules que Dumont semble avoir connues, et réunir dans un groupe à part les couches pliocènes dites à *Isocardia cor*, ainsi que celles à Térébratules et à Bryozoaires.

Les considérations qui viennent d'être exposées relativement à ces dernières me portent à réintégrer, provisoirement, les sables à *Isocardia cor* dans le système scaldisien, dont ils constituent l'étage inférieur, l'étage supérieur étant formé par les sables dits à *Trophon antiquum*.

A ce sujet, il convient de faire remarquer que M. Nyst, ayant désigné sous le nom de *Trophon antiquum* la forme *sénestre* de cette espèce, comme le témoigne la synonymie qu'il en donne dans le *Prodrome* de M. Dewalque, 1868. C'est de ce nom que M. Cogels s'est servi pour caractériser l'étage supérieur du système scaldisien, tout en se réservant de le remplacer ultérieurement par ceux de *Fusus antiquus* ou de *Fusus contrarius*, suivant le nom que cette espèce serait appelée à porter ultérieurement. Or, il résulte précisément du dernier travail de feu Henri Nyst sur la *Conchyliologie du terrain pliocène scaldisien*, qu'il faut séparer, pour les élever au rang d'espèce, la forme dextre, ou *Fusus antiquus*, de la forme sénestre, ou *Fusus contrarius*. C'est donc ce dernier nom qu'il faut adopter maintenant pour dénommer l'étage supérieur du système scaldisien.

Il résulte de ce qui précède que le tableau synoptique des terrains belges qui termine mon tome I, doit être modifié comme suit, en ce qui concerne nos terrains mio-pliocène et pliocène :

Terrain pliocène . . .	Sables à *Fusus contrarius*	Système scaldisien.
	Sables à *Isocardia cor*	
	Sables et grès ferrugineux	Système diestien.
	Sables à Bryozoaires et à Térébratules.	
	Sables graveleux à Hétérocètes	
Terrain mio-pliocène.	Sables à *Pectunculus pilosus*	Système anversien.
	Sables à *Panopæa Menardi*	

TERRAIN QUATERNAIRE.

Depuis les recherches que nous fîmes presque simultanément, M. Vincent et moi, à partir de 1873, dans la basse Belgique, à l'occasion des travaux du Kiel, il a été parfaitement établi qu'il existe deux divisions bien tranchées dans le Quaternaire de cette région. La première formée de cailloux diluviens avec couches subordonnées fluviales, argilo-sableuses et amas coquilliers, et la deuxième formée de sables de la Campine et séparée de la première par un petit gravier qui n'est pas toujours bien apparent.

Dans la légende des planchettes de la basse Belgique que vient de publier l'Institut cartographique militaire, MM. Cogels et van Ertborn croient pouvoir, à leur tour, distinguer dans chacune de ces divisions, deux sous-divisions qu'ils distinguent par des teintes spéciales en les répartissant dans trois étages comme suit :

Quaternaire
- supérieur
  - Campinien supérieur.
  - — inférieur.
- moyen ou fluviatile.
- inférieur.

Le Quaternaire inférieur de ces auteurs correspond à une partie de notre système diluvien et quant à leur Quaternaire fluviatile, qu'ils assimilent au limon hesbayen, je persiste à croire, avec la plupart des géologues, qu'il se lie intimement au premier et qu'il n'est qu'un représentant des dépôts limoneux diluviens signalés dans le nord de la France, ainsi qu'à Frameries et dans la grande tranchée au nord de Tongres.

Le limon hesbayen (ergeron et terre à briques) présente une telle constance dans ses caractères minéralogiques qu'il ne peut pas être confondu avec les autres dépôts argileux auxquels les ouvriers donnent le nom de *rosse marne*, de *môle*, etc., et dont il est généralement séparé par un lit de cailloux.

Il me reste encore à mentionner, en terminant, la découverte d'ossements quaternaires que vient de faire M. le capitaine Van Sprang au fort en construction de Lierre.

M. de Pauw a reconnu parmi ces ossements, qui sont déposés au Musée : le cheval, le cerf, le renne, le *Bison europæus*, le *Bos taurus*, des défenses de Mammouth et assez de débris de *Rhinoceros tichorinus* pour en reconstituer un squelette entier.

MM. Rutot et Van den Broeck ont également recueilli dans les mêmes dépôts, une intéressante faune de coquilles fluviatiles.

Il a été recueilli aussi dans ces derniers temps un squelette presque entier de *Rhinoceros* dans la carrière des frères Duchâteau, à Blaton ; les ossements se trouvaient avec un oursin de la craie et des dents de cheval, dans une faille du calcaire carbonifère.

Bruxelles, Février 1881. M. M.

GÉOLOGIE DE LA BELGIQUE

LISTES DES FOSSILES

RECUEILLIS DANS LES DIFFÉRENTS TERRAINS DE LA BELGIQUE.

TERRAIN CAMBRIEN.

1. Liste des fossiles du terrain cambrien de l'Ardenne.

Nota. — Voir t. I, chap. I, pages 31-32 et 33, ce qui est relatif aux fossiles, très-peu nombreux, recueillis jusqu'à ce jour dans nos dépôts ardennais ou cambriens.

GENRE, ESPÈCE ET AUTEUR.	DEVILLIEN.	REVINIEN.	SALMIEN.	SOURCES CONSULTÉES.
Crustacés.				
Paradoxides?	. .	. .	+	Malaise (Mourlon, *Pat. belg.*, t. I, p. 114).
Primitia?	+	. .	. .	Dewalque, *Bull. de l'Acad. roy. de Belg.*, t. XXXVII, p. 801, 1874.
Brachiopodes.				
Lingula	. .	. .	+	Malaise, *Bull. de l'Acad.*, t. XLVI, p. 58, 1878.
Br[illegible]aires.				
Dictyonema s[illegible], *Salt.*	. .	+	+	Malaise, *Bull. Acad.*, t. XXXVII, p. 800, 1871, et t. XXXVIII, p. 464, 1874.
Vers.				
Arenicolites	+	+	. .	Jannel, *Ann. de la Soc. géol. de Belg.*, t. IV; *Bull.*, p. 94, 1877.
Plantes.				
Caulerpites cactoides, *Göpp.*	. .	. .	+	Coemans (Crépin, *Pat. belg.*, t. I, p. 472).
Oldhamia, radiata, *Forb.*	+	?	. .	Dew., *l. c.*, 1874. – Jannel, *l. c.*, Malaise, *Ann. Soc. géol. Belg.* t. IV; *Bull.*, p. 101.
Eophyton linneanum, *Torr.*	. .	+	. .	Dewalque, *l. c.*, p. 598.
Bythotrephis gracilis, *J. Hall.* . . .	. .	. .	+	Coemans, *l. c.*
Russophycus pudicus, *J. Hall.* . . .	. .	. .	+	Coemans, *l. c.*

TERRAIN SILURIEN.

2. Liste des fossiles du terrain silurien du centre de la Belgique.

D'après M. MALAISE (Mém. couronné, etc., de l'Acad. roy. de Belg. 1873).

Nota. — Dans cette liste, l'astérisque indique des espèces communes aux massifs du Brabant et de Sambre et de Meuse ; *b* celles particulières à celui du Brabant et *s* celles particulières à celui de Sambre et de Meuse.

Trilobites.

b Phacops.
s Dalmanites conophthalmus, *Boeck.*
* Calymene incerta, *Bar.*
* Homalonotus Omaliusii, *Malaise.*
* Lichas laxatus, *Mc Coy.*
* Trinucleus seticornis, *Hising.*
b Ampyx nudus, *Murch.*
b Asaphus ? (hypostôme).
* Illænus Bowmanni, *Salt.*
b Acidaspis.
b Cheirurus.
s Sphærexochus mirus, *Beyr.*
* Zethus verrucosus, *Pand.*
b Amphyon.
s Cromus.

Céphalopodes.

* Orthoceras Belgicum, *Malaise.*
b — bullatum ? *Sow.*
* — vaginatum ? *Schloth.*
* — attenuatum ? *Sow.*
b Cyrtoceras?
b Lituites cornu-arictis, *Sow.*

Gastéropodes.

b Holopea striatella, *Sow.* (sp.).
* Raphistoma lenticularis, *Sow.*
b Pleurotomaria latifasciata, *Port.*

Hétéropodes.

b Bellerophon bilobatus, *Sow.*

Ptéropodes.

b Conularia Sowerbyi, *Defr.*
* Hyolithes.

Brachiopodes.

* Atrypa marginalis, *Dalm.*
* Orthis testudinaria, *Dalm.*
* — vespertilio. *Sow.*
* — calligramma, *Dalm.*
b — porcata, *Mc Coy.*
* — Actoniæ, *Sow.*
* — biforata, *Schloth.* (sp.).
* Strophomena rhomboidalis, *Wilckens* (sp.).
* Leptæna sericea, *Sow.*

Lamellibranches.

b Cardiola.

Polyzoaires ou Bryozoaires.

b Graptolithus priodon, *Bronn.*
b — sp.
* Climacograptus scalaris, *Hall.* (L. sp.).
* Retepora.
* Ptilodictya.

Crinoïdes.

* Tiges d'encrines.

Cystidées.

* Sphæronites stelluliferus, *Salt.*

Cœlentérés ou Polypiers.

s Favosites Hisingeri, *Lonsd.*
* — sp ?
* Propora tubulatus, *M. Edw.* et *J. Haime.*
s Halysites catelunarius, L.
* Cyathophyllum binum, *M. Edw.* et *J. Haime.*

Plantes.

s Bythotrephis flexuosa, *J. Hall.*
b Licrophycus elongatus, *Coems.*

TERRAIN DÉVONIEN.

3. Liste des fossiles du système gedinnien. (Dévonien inférieur.)

D'après M. L.-G. de Koninck (*Ann. de la Soc. géol. de Liége*, t. III, 1876).

GENRE, ESPÈCE ET AUTEUR.	LOCALITÉS.	SOURCES CONSULTÉES.
Crustacés.		
Homalonotus Rœmeri, *de Kon.*	Mondrepuits, Fepin.	Coll. Malaise. — de Koninck, *Ann. de la Soc. géol. de Liége*, t. III, p. 31, pl. I, fig. 15, 1876.
Primitia Jonesii, *de Kon.*	Mondrepuits	de Koninck, *ibid.*, p. 29, pl. I, fig. 16.
Beyrichia Richteri, *de Kon.*	Mondrepuits	de Koninck, *ibid.*, p. 30, pl. I, fig. 17.
Dalmanites	Mondrepuits	Hébert, *Bull. de la Soc. géol. de France*, 2ᵉ série, t. XII, p 1185.
Céphalopodes.		
Orthoceras	Fepin	Coll. Jannel.
Lamellibranches.		
Grammysia deornata, *de Kon.*	Mondrepuits	Coll. Malaise. — de Koninck, *l. c.*, p. 44, pl. I, fig. 10.
Avicula reticulata? *Hisinger.*	. . . .	d'Archiac.
— subcrenata, *de Kon.*	Mondrepuits	Coll. Malaise. — de Koninck, *ibid.*, p. 45, pl. I, fig. 11.
Pterinea? ovalis, *de Kon.*	Mondrepuits	Coll. Malaise. — de Koninck, *ibid.*, p. 46, pl. I, fig. 12.
Brachiopodes.		
Spirifer Dumontianus, *de Kon.*	Gedoumont	Coll. Dewalque. — de Koninck, *ibid.*, p. 39, pl. I, fig. 9.
— hystericus, *Schloth*	Mondrepuits	Hébert, *l. c.* — de Koninck, *l. c.*, p. 40, pl. I, fig. 8.
Athyris.		
Atrypa reticularis, *L.*	. . . .	de Koninck, *ibid.*, p. 44.
Rhynchonella æquicostata, *de Kon.*	. . . .	de Koninck, *ibid.*, p. 38, pl. I, fig 7.
Orthis Verneuili, *de Kon.*	Mondrepuits	de Koninck, *ibid.*, p. 36, pl. I, fig. 6.
Strophomenes rigida, *de Kon.*	. . . .	de Koninck, *ibid.*, p. 35, pl. I, fig. 5.
Chonetes Omaliana, *de Kon.*	Gedoumont	Coll. Dewalque. — de Koninck, *ibid.*, p. 34, pl. I, fig. 4.
Lingula.	. . . .	d'Archiac.

GENRE, ESPÈCE ET AUTEUR.	LOCALITÉS.	SOURCES CONSULTÉES.
Anthozoaires.		
Cyathophyllum binum, *Lonsdale* .	Gedoumont . . .	Coll. Dewalque.– de Koninck, *ibid.*, p. 28, pl. I, fig. 2.
Cystiphyllum profundum, *de Kon.*	Gedoumont . . .	Coll. Dewalque.– de Koninck, *ibid.*, p. 27, pl. I, fig. 1.
Pleurodictyum?	Gedoumont . . .	Coll. Dew. — de Kon., *ibid*, p. 29.
Favosites	Gedoumont . . .	Coll. Dew. — de Kon., *ibid.*, p 29.
Syringopora	Gedoumont . . .	Coll. Dew. — de Kon., *ibid.*, p. 29.
Annélides.		
Tentaculites grandis, *F. Roem* . .	Mondrepuits. . . .	Coll. Dewalque.– de Koninck, *ibid.*, p. 47, pl. I, fig. 14.
— irregularis, *de Kon.* .	Mondrepuits . . .	Coll. Malaise. — de Koninck, *ibid.*, p. 47, pl. I, fig. 13.
Échinodermes.		
Cælaster constellata, *Thorrent* . .	Mondrepuits . . .	Hébert, *l. c.*, p. 1185.
Tige de Crinoïde.		
Plantes.		
Halyserites Dechenanus, *Goëpp.* .	Fepin	Dewalque, *Prodrome*, p. 314, 1868.

———

4. Liste des fossiles des phyllades des environs de Houffalize. (Dévonien infér.)

D'après M. L.-G. de Koninck (*Précis de géologie*, de d'Omalius, p. 575, 1868).

Crustacés.

Pleuracanthus laciniatus, *Roem.*
Homalonotus armatus, *Burm.*

Gastéropodes.

Pleurotomaria Daleidensis, *Roem.*
Pileopsis cassideus, *d'Arch. et de Vern.*
Tentaculites annulatus, *Schloth.*

Lamellibranches.

Venulites concentricus, *Roem.*
Pterinea costata, *Roem.*
— truncata, *Roem.*

Brachiopodes.

Megathyris (Terebratula) Archiaci, *de Vern.*
Spirifer cultrijugatus, *Roem.*
— (Terebratulites) hystericus, *Schloth.*
— macropterus, *Goldf.*
— micropterus, *Goldf.*
— Rojusi, *de Vern.*
— simplex, *Phill.*
— subspeciosus, *de Vern.*
Athyris Pelapayensis, *de Vern.*
— subconcentrica, *de Vern.*
Atrypa reticularis, *Linn.*
Rhynchonella Daleidensis, *Roem.*
— Pila, *Schnur.*
Orthis (Terebratulites) vulvaria, *Schloth.*
Strophomena rugosa, *Dalm.*
Leptæna explanata, *Sow.*
— (Orthis) Murchisoni, *d'Arch. et de V.*
— Sandbergerana, *de Kon.* (laticosta, *Sandb., non Conrad*).
— (Orthis) Sedgwicki, *d'Arch. et de Vern.*
— subarachnoïdes, *d'Arch. et de Vern.*
— tæniolata, *Sandb.*
Chonetes (Orthis) dilatata, *Roem.*
— (Terebratulites) sarcinulata, *Schloth.*
— (Leptæna) semiradiata, *Sow.*
Hoplotheca venusta, *Schnur.*

Bryozoaires.

Fenestella (Gorgonia) infundibuliformis), *Goldf.*

Échinodermes.

Ctenocrinus decadactylus, *Roem.*
— typus, *Bronn.*

Anthozoaires.

Pleurodyctium problematicum, *Goldf.*

5. Liste des fossiles des schistes et calcaire de Couvin, à *Calceola sandalina*. (Dévonien inférieur.)

GENRE, ESPÈCE ET AUTEUR.	LOCALITÉS.	SOURCES CONSULTÉES.
Poissons.		
Holoptychius Omaliusii, *Ag.* . .	. . . .	de Koninck (*Précis de géologie*, de d'Omalius, p. 576, 1868).
Crustacés.		
Bronteus alutaceus, *Goldf.* . .	Couvin	Dewalque, *Ann. Soc. Malac.*, t. VIII, p. 78, 1873.
Gerastos levigatus, *Goldf.* . . .	. . . .	de Koninck, *l. c.*
Phacops latifrons, *Bronn.* . .	Petigny; Jemelle (près la station).	Coll. Le Hon. — de Koninck, *ibid.* —Gosselet, *Bull. de l'Acad. roy. de Belg.*, t. XXXVII, p. 94, 1874.
Bronteus flabellifer, *Goldf.* . .	Petigny	Coll. Le Hon. — de Koninck, *l. c.*
Dalmanites laciniata, *de Vern.* .	. . . .	Gosselet, *ibid.*
— stellifer, *Burm.* . .	. . . .	Dewalque, *Prodrome*, p. 315, 1863.
Céphalopodes.		
Orthoceras nodulosum, *Schloth.*	. . . .	de Koninck, *l. c.*
Gyroceras nodosum, *Giebel.* . .	Couvin	de Kon., *ibid.* — Dew., *l. c.*, 1873.
— Eifelense, *d'Archiac* .	. . . .	de Koninck, *ibid.* — Gosselet, *l. c.*
Phragmoceras	. . . .	Gosselet, *ibid.*
Gastéropodes.		
Capulus priscus, *Goldf.* . . .	Couvin	Dewalque, *l. c.*, 1873.
Acroculia prisca, *Goldf.* . . .	. . . .	de Koninck, *l. c.*
Pleurotomaria radiata, *Goldf.* .	. . . .	Dewalque, *l. c.*, 1868.
Hétéropodes.		
Bellerophon tuberculatus, *d'Orb.*	. . . .	de Koninck, *l. c.*
Lamellibranches.		
Cypricardia elegans, *Goldf.* . .	. . . .	de Koninck, *ibid.*
— lamellosa, *Sand.* . .	Couvin	Coll. Le Hon.

GENRE, ESPÈCE ET AUTEUR.	LOCALITÉS.	SOURCES CONSULTÉES.
Lucinia proavia, *Goldf.*	Olloy	Coll. Le Hon. — de Koninck, *ibid.*
Conocardium clathratum, *d'Orb.*	. . . .	de Koninck, *l. c.*
Sanguinolaria Ungeri, *Ad. Roem.*	. . . .	Gosselet, *l. c.*
Aviculopecten oceani, *Goldf.* . .	Petigny	Coll. Le Hon.
Brachiopodes.		
Stringocephalus Burtini, *Defr.* .	. . . .	Dewalque, *Ann. de la Soc. géol. de Belg.*, t. I, p. LXIII, 1874.
Terebratula elongata? *Schloth.* .	Nisme	Coll. Le Hon. — de Koninck, *l. c.*
— scalprum, *Ad. Roem.*	. . . .	de Koninck, *ibid.*
Spirifer carinatus, *Schnur.* . .	. . . .	Dewalque, *Prodrome, l. c.*, 1868.
— concentricus, *Schnur.* .	. . . .	Gosselet, *l. c.*
— cultrijugatus, *F. Roem.* .	. . . .	Dewalque, *l. c.*
— elegans, *Schnur.* . . .	. . . .	de Koninck, *l. c.*, 1868.
— imbricatalamellosus, *Sandb.*	. . . .	de Koninck, *ibid.*
— intermedius, *Schnur.* .	. . . .	de Koninck, *ibid.*
— laevicostus, *Valenciennes*	. . . .	Gosselet, *l. c.*
— lævigatus, *Schloth.* . .	. . . .	de Koninck, *l. c.*
— lens, *Schnur.*	. . . .	de Koninck, *ibid*
— lineatus, *Martin* . . .	Couvin; Petigny; Jemelle.	Coll. Le Hon.
— micropterus, *Goldf.* . .	Couvin	Dewalque, *l. c.*, 1868.—Coll. Le Hon.
— muralis, *Kutorga.* . .	. . . .	de Koninck, *l. c.*
— simplex, *Phill.* (Sp. medius, *Sow.*)	Couvin	de Kon., *ibid.* — Dew., *l. c.*, 1873.
— speciosus, *Schloth.* . .	Olloy; Jemelle; Daussoux.	Coll. Le Hon. — de Koninck, *ibid.* — Gosselet, *l. c.*
— squamosus, *Ad. Roem.* .	. . . .	Dewalque, *l. c.*, 1868.
— subcuspidatus, *Schnur.*	. . . .	de Koninck, *l. c.*
Cyrtina heteroclyta, *Defrance* . .	Couvin	Gosselet, *l. c.* — Dew., *l. c.*, 1873.
Athyris concentrica, *de Buch.* .	Olloy; Couvin; Jemelle.	Coll. Le Hon. — Gosselet, *ibid.* — de Koninck, *l. c.*
— gracilis, *Sandb.*	. . . .	de Koninck, *ibid.*
— prunulum, *Schnur.* . .	Jemelle	Coll. Le Hon.— Dew., *l. c.*, 1868.— Gosselet, *l. c.*
— squammigera, *Stein.* . .	. . . .	de Koninck, *l. c.*
Atrypa affinis, *Schloth.*	. . . .	de Koninck, *ibid.*
— aspera, *Schloth.* . . .	. . . .	de Koninck, *ibid.*
— prisca, *Schloth.* . . .	. . . .	de Koninck, *ibid.*
— reticularis, *L.*	Petigny; Couvin; Jemelle.	Coll. Le Hon. — Gosselet, *l. c.*
Rynchonella angulosa, *Schnur.* .	. . . .	Gosselet, *ibid.*
— diluviana, *Stein.* . .	. . . .	de Koninck, *l. c.*

GENRE, ESPÈCE ET AUTEUR.	LOCALITÉS.	SOURCES CONSULTÉES.
Rynchonella implexa, *Sow.* . .	. . . .	de Koninck, *ibid.*
— Orbignanus, *V. et Sch.*	. . . .	Dewalque, *l. c.*, 1868.
— parallelipipeda, Bronn.	Couvin	Dewalque, *l. c.*, 1873.
— primipilaris, *Goldf.* .	. . . .	de Koninck, *l. c.* — Gosselet, *l. c.*
— procuboïdes, *Kayser.*	. . . .	Gosselet, *ibid.*
— pugnus, *Martin* . .	. . . .	Gosselet, *ibid.*
— Schnurri, *de Vern.* .	. . . .	de Koninck, *l. c.*
— subcordiformis, Schn.	. . . .	de Koninck, *ibid.*
— Wahlenbergii, *Goldf.*	. . . .	de Koninck, *ibid.*
Retzia ferita, *de Buch.*	Couvin	Gosselet, *l. c.*
Camarophoria microrhyncha, Stein.	. . . .	de Koninck, *l. c.*
Pentamerus galeatus, *Dalm.* . .	Olloy; Givet; Couvin; Petigny.	Coll. Le Hon. — Gosselet, *l. c.* — de Koninck, *l. c.*
— biblicatus, *Schnur.* .	. . . .	de Koninck, *ibid.* — Gosselet, *l. c.*
Orthis canalicula, *Schnur.* . . .	. . . .	Gosselet, *ibid.*
— Eifelensis, *d'Arch. et Vern.*	Couvin	Gosselet, *ibid.* — Dew., *l. c.*, 1873.
— prisca, *Schnur.*	. . . .	de Koninck, *l. c.*
— striatula, *Schloth.* . . .	. . . .	Gosselet, *l. c.*
— tetragona, *Schnur.* . . .	Couvin	Gosselet, *ibid.* — de Koninck, *l. c.*
Leptæna interstriatis, *Phill.* . .	Couvin	Gosselet, *l. c.*
— lepis, *Bronn.*	Couvin	Goss., *ibid.* — Dew., *l. c.*, p. 316, 1868.
— Naranjuana, *Vern.* . .	Couvin	Goss., *ibid.* — Dew., *ibid.*, p. 316.
Productus subaculeatus, *Murch.* .	Couvin	Goss., *ibid.* — Dew., *ibid.*, p. 316.
Chonetes dilatata, *F. Roem.* . .	. . . .	Dewalque, *ibid.*, p. 316.
— minuta, *Goldf.* . . .	. . . .	Gosselet, *l. c.* — Dewalque, *l. c.*
Strophalosia productoïdes . . .	. . . .	Gosselet, *l. c.*
Crania prisca, *Goldf.*.	. . . .	de Koninck, *l. c.*
Discina, nov., sp.	. . . .	de Koninck, *ibid.*
Bryozoaires.		
Fenestella antiqua, *Goldf.* . . .	Couvin	Coll. Le Hon. — de Koninck, *l. c.*
— arthritica, *Phill.* . .	Olloy	Coll. Le Hon.
— prisca, *Goldf.* . . .	Couvin	Coll. Le Hon.
Annélides.		
Serpula Ammonia, *Goldf.* . . .	. . . .	de Koninck, *ibid.* — Dewalque, *l. c.*
— omphalodes, *Goldf.* . .	. . . .	de Koninck, *ibid.* — Dewalque, *ibid.*
Échinodermes.		
Cupressocrinus elongatus, *Goldf.*	. . . .	de Koninck, *ibid.*
Melocrinus hieroglyphycus, *Goldf.*	. . . .	de Koninck, *ibid.*

GENRE, ESPÈCE ET AUTEUR.	LOCALITÉS.	SOURCES CONSULTÉES.
Anthozoaires.		
Heliolites porosus, *Goldf.* . . .	. . . .	de Koninck, *ibid.*
Favosites basaltica, *Goldf.* . .	. . . .	de Koninck, *ibid.*
— cervicornis, *Blainville.*	. . . .	Gosselet, *l. c.*
— Goldfussi, *d'Orb.* . .	Couvin	Coll. Le Hon. — de Koninck, *l. c.*
— reticulata, *Blainville* .	. . . .	Dewalque, *l. c.*, p. 316, 1868.
Cyathophyllum ceratis, *Goldf.* . .	Olloy; Couvin . .	Coll. Le Hon. — Dewalque, *l. c.*, p. 316. — Gosselet, *l. c.*
— helianthoïdes, Goldf.	. . . .	de Koninck, *l. c.*
— vermiculare, Goldf.	Couvin; Olloy . .	Coll. Le Hon. — Dewalque, *l. c.*, p. 316. — Gosselet, *l. c.*
Aulopora repens, *M. Edw. et H.* .	. . . .	de Koninck, *l. c.*
Cystiphyllum lamellosum, *Goldf.*	Couvin	de Koninck, *ibid.* — Gosselet, *l. c.*
— vesiculosum, *Phill.*	Couvin	de Koninck, *ibid.* — Gosselet, *ibid.*
Calceola sandalina, *Lamarck* . .	Olloy; Couvin; Givet.	Coll. Le Hon. — de Koninck, *l. c.*
Alveolites subæqualis, M. Edw. et H.	. . . .	Gosselet, *l. c.*
Spongiaire.		
Receptaculites Neptuni, *Defr.* . .	. . . .	Dewalque, *Ann. de la Soc. géol. de Belg.*, t. I, p. LXIII, 1874.

6. Liste des fossiles du calcaire de Givet. (Dévonien moyen.)

GENRE, ESPÈCE ET AUTEUR.	LOCALITÉS.	SOURCES CONSULTÉES.
Crustacés.		
Phacops latifrons, *Bronn* . . .	. . . .	Dewalque, *Prodrome*, p. 316.
Céphalopodes.		
Cyrthoceras fimbriatum, *Phill.* .	Nisme	Coll. Le Hon.
— quindecimale, *Phill.*	Nisme	Coll. Le Hon.
Gomphoceras subpyriforme, Münst.	Nisme.	Coll. Le Hon.
Orthoceras acuarium, Münst. . .	Nisme.	Coll. Le Hon.
— irregulare, Münst. . .	Nisme.	Coll. Le Hon.
— Ludense? *Sow.* . . .	Nisme.	Coll. Le Hon.
— nodulosum, *Schloth.* .	. . . .	Dewalque, *Prodrome*, p. 316.
— speciosum, Münst. . .	Nisme.	Coll. Le Hon.
— subannulare, Münst. .	Nisme.	Coll. Le Hon.
— venustum, Münst. . .	Nisme.	Coll. Le Hon.
Goniatites Nœggerathi, *von Buch.*	Nisme.	Coll. Le Hon.
Gastéropodes.		
Loxonema deperditum, *d'Orb.* .		
— præteritum, *Phill.* . .	Nisme.	Coll. Le Hon.
— reticulatum, *Phill.* .		
Macrocheilus aculeatus, *Schloth.* .	Nisme.	Coll. Le Hon. — de Koninck (*Précis de d'Omalius*, p. 576, 1868).
— arculatus, *Phill.* . .	Dourbes et Nisme.	Coll. Le Hon. — Gosselet (*Ann. Soc. géol. du Nord*, t. III, p. 49, 1876).
	Visé	Horion (*Bull. de la Soc. géol. de Fr.*, 2e série, t. XVII, p. 60, 1859).
— elongatus, *Phill.* .	Dourbes et Nisme.	Coll. Le Hon.
— imbricatus, *Sow.* .	. . . .	Dewalque, *Prodrome*, p. 316.
— subcostatus, *Schloth.*	Dourbes et Nisme.	Coll. Le Hon.
— ventricosus, *Goldf.* .	Nisme.	Ch. Barrois et Gosselet (*Bull. Acad. Belg.*, t. XXXVII, p. 92, 1874).
Deshayesia Rauliniana, *Ryckh.* .	Nisme.	Dewalque, *Prodrome*, p. 316.
Natica annulata, *Ad. Roemer* . .	Nisme.	Coll. Le Hon.
— piligera, *Sandb.*	Nisme.	Gosselet et Ch. Barrois, *l. c.*, p. 92.
— subpiligera, *Le Hon* . . .	Nisme.	*Bull. Soc. géol. de Fr.*, t. XXVII, pl. 12, fig. 3, p. 493, 1870.
Schizostoma Puzosii, *d'Arch. et V.*	Nisme.	Coll. Le Hon.

GENRE, ESPÈCE ET AUTEUR.	LOCALITÉS.	SOURCES CONSULTÉES.
Schizostoma vittatum, *Goldf.* . .	Nisme.	Coll. Le Hon.
Delphinula (Serpularia) centrifuga, *Roem.*	. . . .	Dewalque, *Prodrome*, p. 316.
— nov. sp.	Nisme.	Gosselet et Ch. Barrois, *l. c.*, p 92.
Cirrus, Leonardi ? *d'Arch. et V.* .	Nisme.	Coll. Le Hon.
Euomphalus articulatus	Dourbes et Nisme.	Horion, *l. c.*, p. 60.
— Goldfussii, *d'Arch. et V.*	Visé	Coll. Le Hon.
— Belgicus, *Le Hon* . .	Nisme.	*Bull. Soc. géol. de Fr.*, t. XXVII, pl. 12, fig. 1, p. 494.
— lævis, *d'Arch. et V.* .	Nisme.	Gosselet et Ch. Barrois, *l. c.*, p. 92.
— rotula, *Goldf* . . .	. . . .	Dewalque, *Prodrome*, p. 316.
— radiatus.	Visé	Horion, *l. c.*, p. 60.
— trigonalis, *Goldf.* .	Nisme.	Gosselet et Ch. Barrois, *l. c.*, p. 92.
— Wahlenbergii, *Goldf.*	. . . .	Dewalque, *Prodrome*, p. 316.
Pleurotomaria angulata, *Phill.* .	Nisme.	Gosselet et Ch. Barrois, *l. c.*, p. 491.
— Belus, *Le Hon* . .	Nisme.	*Bull. Soc. géol. de Fr.*, t. XXVII, pl. 12, fig. 5, p. 494, 1870.
— bicoronata, *Sandb.* .	Nisme.	Gosselet et Ch. Barrois, *l. c.*, p. 92.
— bilineata, *Goldf.* .	Nisme.	Gosselet et Ch. Barrois, *ibid.*, p 91.
— binodosa, *Ad. Roem.*	Nisme.	Gosselet et Ch. Barrois, *ibid.*, p. 91.
— canaliculata, *Ad. Roem.*	Visé	Horion, *l. c.*, p. 60.
— Delphinuloïdes, *Goldf.*	Nisme et Dourbes.	Coll. Le Hon. — de Koninck, *l. c.*
— exaltata, *d'Arch et V.*	. . . .	Dewalque, *Prodrome*, p. 316.
— fasciata, *Sand.* . .	Nisme.	Gosselet et Ch. Barrois, *l. c.*, p. 92.
— Gosseleti, *Le Hon* .	Nisme.	*Bull. Soc. géol. de Fr.*, t. XXVII, pl. 12, fig. 4, p. 495, 1870.
— Murchisonii, *Goldf.*	Nisme.	Coll. Le Hon.
— Nerinæa, *Sandb.* .	Nisme.	Gosselet et Ch Barrois, *l. c.*, p. 91.
— quadrilineata, *Sand.*	Nisme.	Gosselet et Ch. Barrois, *l. c.*, p. 91.
— rotundata, *Ad. Roem.*	Nisme.	Coll. Le Hon.
— subcarinata, *Ad. Roem.*	Nisme.	Gosselet et Ch. Barrois, *l. c.*, p. 91.
Turbo armatus, *Goldf.*	Nisme.	Coll. Le Hon.
— quinquecinctus, *d'Orb.* . .	. . . .	Coll. Le Hon.
— Wurmii, *Ad. Roem.* . . .	Visé	Horion, *l. c.*, p. 60.
Rotella helicinœformis, *Goldf.* .	Nisme.	Gosselet (*Ann. de la Soc. géol. du Nord*, t. III, p. 49, 1876).
Turritella compressa, *Münst.* . .	Nisme.	Le Hon (*Bull. de la Soc. géol. de Fr.*, t. XXVII, pl. 12, fig. 6, p. 493, 1870).
Littorina lirata, *Sandb.*	Nisme.	Gosselet et Ch. Barrois, *l. c.*, p. 92.
— Nimensis, *Le Hon* . . .	Nisme.	Le Hon (*Bull. de la Soc. géol. de Fr.*, t. XXVII, pl. 12, fig. 3, p. 493, 1870).
— subrugosa, *Sandb.* . .	Nisme.	Gosselet et Ch. Barrois, *l. c.*, p. 92.
Murchisonia angulata, *Phill.* . .	Nisme.	Coll. Le Hon.
— — var. *d'Arch. et V.*	Nisme.	Coll. Le Hon.

GENRE, ESPÈCE ET AUTEUR.	LOCALITÉS.	SOURCES CONSULTÉES.
Murchisonia bilineata, *Goldf.* . .	Nisme et Dourbes. Visé ?	Coll. Le Hon.— de Koninck, *l. c.* — Horion, *l. c.*, p. 60.
— binodosa, d'Arch. et V	Nisme.	Coll. Le Hon.
— coronata, d'Arch. et V.	Nisme et Dourbes.	Coll. Le Hon. — Goss, *l. c.*, 1876.
— gemmata, *Phill.* . .	Nisme.	Coll. Le Hon.
— intermedia, *d'Arch. et Vern.*	Nisme et Dourbes.	Coll. Le Hon.
Dentalium annulatum, *Sandb.* . .	Nisme.	Gosselet et Ch. Barrois, *l. c.*, p. 92.
— antiquum, *Goldf.* . .	Nisme; Visé. . .	Coll. Le Hon.— Horion, *l. c*, p. 60.
Hétéropodes.		
Bellerophon globatus? *Sow.* . .	Givet.	Coll. Le Hon.
— striatus, *d'Arch. et V.*	Nisme et Dourbes.	Coll. Le Hon. — de Koninck, *l. c.*
— tuberculatus, *d'Orb.* .	Nisme.	Coll. Le Hon.
Lamellibranches.		
Pecten picturatus, *Le Hon* . . .	Givet (pied nord de Charlemont). .	*Bull. Soc. géol. de Fr.*, t. XXVII, pl. 11, fig. 11, p. 496, 1870.
Megalodon alutaceus, *Goldf.* . .	Nisme.	Coll. Le Hon.
— carinatus, *Goldf.* . .	Nisme.	de Koninck, *l. c.*
— cucullatus, *Sow.* . .	Nisme.	Coll. Le Hon. — Gosselet, *l. c*, 1876. — de Koninck, *l. c.*
— oblongus, *Goldf.* . .	Nisme.	Coll. Le Hon.
Lucina antiqua, *Goldf.*	Givet	Dewalque, *Prodrome*, p. 316.
Conocardium alæforme, *Goldf.* .	Nisme.	Coll. Le Hon. — Gosselet, (*Ann. de la Soc. géol. du Nord, l. c.*, 1876).
Brachiopodes.		
Orthis Dutertrii, *Murch.* . . .	Nisme.	Coll. Le Hon.
— Lewisii, *Davids*	Nisme.	Coll. Le Hon.
— striatula, *Schloth.* . . .	Nisme.	Coll. Le Hon.
Spirifer aperturatus, *Schloth.* . .	Nisme.	Coll. Le Hon. — de Koninck, *l. c.*
— disjunctus, *Sow.*	. . . .	Dewalque, (*Ann. de la Soc géol. de Belg.*, t. I, p. LXII, 1874).
— lineatus, *Martin*	Nisme.	Coll. Le Hon.
— Lonsdalei, *Murch* . . .	Nisme.	Coll. Le Hon.
— Murchisonia, *de Kon.* . .	Givet.	Coll. Le Hon.
— ostiolatus, *Schloth.* . . .	Nisme	Coll. Le Hon.
— subcuspidatus, *Schnur.* .	Givet.	Dewalque, *Prodrome*, p. 316.
— undiferus, *Ad. Roem.* . .	. . . .	Dewalque, *Prodrome*, p. 316.
Stringocephalus Burtini, *De Fr.* .	Nisme et Dourbes.	Coll. Le Hon. — de Koninck, *l. c.*
Uncites gryphus, *Schloth.* . . .	Nisme et Dourbes.	Coll. Le Hon. — de Koninck, *ibid.*
Pentamerus biplicatus, *Schnur.* .	Givet.	Coll. Le Hon.

GENRE, ESPÈCE ET AUTEUR.	LOCALITÉS.	SOURCES CONSULTÉES.
Pentamerus formosus, *Schnur*. .	. . . .	Dewalque, *Prodrome*, p. 316.
— galeatus? *Dalm*. . .	Givet	Coll. Le Hon.
Productus subaculeatus, *Murch*. .	. . . .	Dewalque, *Prodrome*, p. 316.
Atrypa reticularis, *Linn*. . . .	Nisme.	Coll. Le Hon. — de Koninck, *l. c.* — Gosselet (*Ann. de la Soc. géol. du Nord*, *l. c.*, p. 50, 1876.
— spinosa, *Hall*.	Dourbes	Coll. Le Hon.
— zonata? *Schnur*	? Givet	Coll. Le Hon.
Spirigera concentrica, *von Buch. et Bronn*.	Givet et Nisme. .	Coll. Le Hon.
Terebratula caïqua	Nisme.	Coll. Le Hon. — de Koninck, *l. c.*
Annélides.		
Serpula	Nisme.	Gosselet et Ch. Barrois, *l. c.*, p. 91.
Anthozoaires.		
Cyathophyllum Ananas, *Goldf*. .	Givet	Bigsby (*Thesaurus*, 1878).
— cæspitosum, Goldf.	. . . .	Dewalque, *Prodrome*, p. 317.
— ceratites, *Goldf*. .	? Nisme?. . . .	Gosselet, *l. c.*, p. 52.
	Visé	Horion, *l. c.*, p. 60.
— dianthus, *Goldf*. .	Nisme, Givet, Visé.	Coll. Le Hon et Bigsby (*Thesaurus*, 1878). — Horion, *l. c.*, p. 60.
— hexagonum, M. Ed. et H.	Nisme et Visé . .	Goss., *l. c.*, p. 51. — Horion, *l. c.*, p. 60.
— quadrigeminum, G.	Givet	Bigsby (*Thesaurus*, 1878).
— radians, *Goldf*. .	Nisme.	Coll. Le Hon.
— vermiculare, Goldf.	Nisme.	Coll. Le Hon. — de Koninck, *l. c.*
Favosites basaltica, *Goldf*. . . .	. . . .	Dewalque, *Prodrome*, p. 317. — Horion, *l. c.*, p. 60.
— cervicornis, *Blainv*. . .	Visé	Gosselet, *l. c.*, p. 52.
— fibrosa, *Goldf*.	Visé	Horion, *l. c.*, p. 60. — Dewalque, *Prodrome*, p. 317.
— Goldfussi, *d'Orb*. . . .	. . . .	Dewalque, *Prodrome*, p. 317.
— polymorpha, var. b., Goldf.	. . . .	Gosselet, *l. c.*, p. 53.
— reticulata, *Blainville* . .	. . . .	Dewalque, *Prodrome*, p. 317.
Alveolites spongites	Visé	Horion, *l. c.*, p. 60.
— subæqualis, M. Edw. et H.	. . . .	Gosselet, *l. c.*, p. 53.
— suborbicularis, *M. Edw. et H*.	. . . .	Gosselet, *l. c.*, p. 53.
— tuberosa, *d'Orb*. . . .	Visé	Horion, *l. c.*, p. 60.
Aulopora repens, *M. Edw. et H*. .	. . . .	Gosselet, *l. c.*, p. 53.
Stromatopora polymorpha, *Goldf*.	Visé	Horion, *l. c.*, p. 60.
Heliolites porosus, *Goldf*. . . .	. . . .	Gosselet, *l. c.*, p. 52.

7. Liste des fossiles des schistes et calcarie de Frasne. (Dévonien supérieur.)

GENRE, ESPÈCE ET AUTEUR.	LOCALITÉS.	SOURCES CONSULTÉES.
Crustacés.		
Bronteus flabellifer, *Goldf.* . .	. . . .	Dewalque, *Prodrome*, p. 317, 1868.— Gosselet, *Bull. Acad. roy. de Belg.*, 2e série, t. XXXVII, p. 100, 1874.
Céphalopodes.		
Bactrites subconicus, *Phill.* . .	Virelles	de Koninck, *Précis de géologie de d'Omalius*, p. 577, 1868.
Goniatites Buchii, *d'Arch. et V.* .	Nisme.	Coll. Le Hon.
— Hœninghausi, *Bronn.* .	. . . .	Gosselet, *l. c.*, 1874.
— retrorsus, *de Buch.* . .	Virelles. Visé? . .	de Koninck, *l. c.* — Horion (*Bull. de la Soc. géol. de France*, 2e série, t. XVII, p. 59, 1859).
— Thieranus, *de Kon.* .	Virelles	de Koninck, *l. c.*
Gomphoceras ficus, *Ad. Roem.* .	. . . .	Dewalque, *l. c.*
— nov. sp.	Dourbes	Gosselet, *Ann. Soc. géol. du Nord*, t. IV, p. 261, 1877.
Cyrtoceras siphocentrum, *Le Hon.*	Gimnée	*Bull. de la Soc. géol. de Fr.*, 2e série, t. XXVII, pl. 11, fig. 10, 1870.
Orthoceras gregarium? *Murch.* .	Près Mariembourg.	Coll. Le Hon.
— tubicinella, *Sow.* . .	Matagne	Coll. Le Hon.
Gastéropodes.		
Patella Saturni, *Goldf.*	Barvaux	Coll. Le Hon.
Lamellibranches.		
Avicula Neptuni, *Goldf.*	Virelles	de Koninck, *l. c.*
Pterinea subelegans, *d'Orb.* . .	. . . .	Dewalque, *l. c.*, 1868.
Brachiopodes.		
Terebratula bijugata, *Schnur.* .	Virelles. Visé . .	Coll. Le Hon. — Horion, *l. c.*, p. 59.
— elongata, *Schloth.* . .	. . . .	Gosselet, *l. c.*, 1874.
— megistanus, *Le Hon.*	Barvaux, Givet, Frasne.	*Bull. Soc. géol. de Fr.*, t. XXVII, 2e série, p. 496, pl. XI, fig. 7 et 7a, 1870.
— prunulum, *Schnur.* .	Boussu, Barvaux .	Coll. Le Hon.
Spirifer aculeatus, *Schnur.* . .	Barvaux	Coll. Le Hon.
— acutosinus, *Bouch.* . .	. . . ?	Dewalque, *l. c.*, 1868.
— aperturatus	. . . .	Gosselet, *l. c.*, 1874.
— bifidus, *Ad. Roem.* . .	. . . .	Gosselet, *ibid.*

GENRE, ESPÈCE ET AUTEUR.	LOCALITÉS.	SOURCES CONSULTÉES.
Spirifer Bouchardii, *Murch.* . .	Hotton	Dewalque, *l. c.*, 1868. — Gosselet, *l. c.*, pp. 260 et 263, 1877.
— comprimatus, *Schloth.* .	. . . ? . . .	Dewalque, *l. c.*, 1868.
— concentricus, *Schnur.* .	Barvaux	Coll. Le Hon.
— conoïdeus, *Ad. Roem.* .	. . . .	Dewalque, *ibid.*, 1868. — Gosselet, *l. c.*, 1874.
— Davidsoni, *Schnur.* . .	Wépion à Crayat .	Coll. Le Hon.
— disjunctus, *Sow.*	Partout	Gosselet, *l. c.*, p. 260. — de Koninck, *l. c.*, 1868.
— Dumarlii, *Bouch.*	. . . ? . . .	Dewalque, *l. c.*, 1868.
— pachyryncha, *de Vern.* .	Barvaux	Coll. Le Hon. — Dewalque, *ibid.*, 1868. — Gosselet, *l. c.*, 1874.
— extensus, *Sow.*	. . . ? . . .	Dewalque, *l. c.*, 1868.
— inflatus, *Schnur.* . . .	Visé	Horion, *l.c.*, p. 59. — Goss., *l. c.*, 1874.
— lævigatus, *Schloth.* . .	. . . .	Gosselet, *ibid.*, 1874.
— lineatus, *Martin.* . . .	Barvaux	Coll. Le Hon.
— modus, *Phill. et Sow.* .	Wépion	Coll Le Hon. — Gosselet, *l. c.*, 1874. — Dewalque, *l. c.*, 1868.
— Orbelianus, *Abich.* . .	. . . .	Gosselet, *l. c.*, 1874.
— ostiolatus, *Phill.* , . .	Barvaux	Coll. Le Hon.
— Sauvagei, *Rigaux* . . .	Hotton, Lompret, Maladrerie (Chimay), Nisme.	Gosselet, *l. c.*, pp. 260 et 263, 1877.
— simplex. *Phill.*	. . . .	Dewalque, *l. c.*, 1868.
— tenticulus, *Sow.* . . .	. . . .	Dewalque, *ibid.*, 1868. — Gosselet, *l. c.*, 1874.
— unguiculus, *Sow.* . . .	. . . .	Dewalque, *l. c.*, 1868.
— Urii, *Flemeng*	. . . .	Gosselet, *l. c.*, 1874.
— ziczag, *Ad. Roem.* . . .	Barvaux, Nisme .	Coll. Le Hon.
Cyrtina heteroclyta *Defrance* . .	Partout	Gosselet, *ibid.*, p. 260, 1877.
Athyris concentrica, *de Buch.* . .	Partout	Gosselet, *l. c.*, p. 260, 1877. — Dewalque, *ibid.*, 1868.
— elongata, *Schloth.* . . .	. . . .	Dewalque, *ibid.*, 1868.
— indentata, *Sow.*	. . . .	Dewalque, *ibid.*, 1868.
— juvenis *Sow.*	. . . ? . . .	Dewalque, *ibid.*, 1868.
— pelapagensis, *Vern.* . .	. . . ? . . .	Dewalque, *ibid.*, 1868.
Atrypa aspera, *Schloth.*	. . . .	Dewalque, *ibid.*, 1868.
— reticularis, *L.*	Partout	Gosselet, p. 260, 1877. — Dewalque, *l. c.*, 1868.
— spinosa, *Hall.*	Barvaux	Coll. Le Hon.
Rhynchonella Boloniensis, *d'Orb.*	Givet	Gosselet, *l. c.*, pp. 260 et 264, pl. III, fig. 1, 1877. — Dew., *l. c.*, 1868.
— cuboïdes, *Sow.* . .	Partout	Dewalque, *ibid.*, 1868. — Gosselet, *l. c.*, 1874.
— Daleidensis, *F. Roem.*	Barvaux, Boussu-en-Fagne	Coll. Le Hon.
— fallax, *Sow.*	. . . ? . . .	Dewalque, *l. c.*, 1868.

GENRE, ESPÈCE ET AUTEUR.	LOCALITÉS.	SOURCES CONSULTÉES.
Rhynchonella primipilaris, *de B.*	Barvaux. . . .	Coll. Le Hon.
— protracta? *Sow.* .	. . . ? . . .	Dewalque, *ibid.*, 1868.
— pugnoïdes, *Schnur.*	Virelles, Visé . .	Coll. Le Hon. — Horion, *l. c.*, p. 59.
— pugnus, *Sow.* . .	Partout	Gosselet, p. 260, 1877.
— semilævis, *Ad. R.*	. . . .	Gosselet, *ibid.*, 1874. — Dewalque, *l. c.*, 1868.
— seminula, *Phill.* .	. . . .	Gosselet, *l. c*, 1874.
— solidentata, *Sow.* .	. . . ? . . .	Dewalque, *l. c.*, 1868.
— subreniformis, *Schnur.*	Virelles	de Koninck, *l. c.*, 1868. — Dewalque, *l. c.*, 1868.
— subwilsoni, *d'Orb.*	Neuville-en-Fagne.	Coll. Le Hon.
— triangularis, *Sow.* .	. . . ? . . .	Dewalque, *ibid.*, 1868.
— triloba, *Sow.* . .	. . . ? . . .	Dewalque, *ibid.*, 1868.
— Wahlenbergi, *Goldf.*	. . . ? . . .	Dewalque, *ibid.*, 1868.
Camarophoria formosa, *Schnur.* .	Virelles	de Koninck, *l. c*, 1868. — Gosselet, *l. c.*, 1874. — Dew., *l. c.*, 1868.
Pentamerus brevirostris, *Phill.* .	. . . .	Gosselet, *l. c.*, 1874.
— galeatus, *Dalm.* . .	. . . .	Dewalque, *l. c.*, 1868.
Orthis Dumontiana, *de Vern.* .	Barvaux, Chimay.	Gosselet, *l. c.*, pp. 261 et 265, 1877. — Dewalque, *l. c.*, 1868.
— Dutertrii, *Murch.* . . .	Barvaux, Boussu-en-Fagne.	Coll. Le Hon. — Gosselet, *l. c.*, pp. 261 et 265, 1877.
— elegans, *Bouch.*	. . . .	Dewalque, *l. c*, 1868.
— striatula, *Schloth.* . . .	Frasne, Barvaux .	Coll. Le Hon. — Gosselet, *l. c.*, 1874. — Dewalque, *l. c.*, 1868.
— tenuis, *Bouch.*	. . . ? . . .	Dewalque, *ibid.*, 1868.
Streptorynchus umbraculum, *Schloth.*	Boussu-en-Fagne, Frasne.	Gosselet, *l. c.*, p. 260, 1877.
Strophomena depressa, *Sow.* . .	. . . .	Dewalque, *l. c.*, 1868.
Leptæna Ferquensis, *Rigaux.* . .	Virelles	Gosselet, *l. c.*, pp. 261 et 265, 1877
— interstrialis, *Phill.* . .	Barvaux. . . .	Coll. Le Hon.
Strophalosia productoïdes, *Murch.*	. . . .	Gosselet, *l. c.*, 1874.
Ptoductus Murchisonianus, *de Kon.*	. . . ? . . .	Dewalque, *l. c.*, 1868.
— subaculeatus, *Murch.* .	Barvanx, Wépion à Crayat.	Coll. Le Hon. — Dewalque, *l. c.*, 1868. — Gosselet, p. 261, 1877.
Chonetes armata, *Bouchard.* . .	Aublain, Virelles, Givet.	Gosselet, *ibid.*, pp. 261 et 266, 1877.
— convoluta, *Phill.* . . .	. . . .	Dewalque, *l. c.*, 1868.
— crenulata, *F. Roem.* . .	. . . .	Dewalque, *ibid.*, 1868.
Davidsonia Bouchardana, *de Kon.*	. . . .	Dewalque, *ibid.*, 1868.
— Woodwardi, *de Kon.* .	. . . .	Dewalque, *ibid.*, 1868.
Échinodermes.		
Cupressocrinus elongatus, *Goldf.*	. . . .	Dewalque, *ibid.*, 1868.
Melocrinus hieroglyphicus, *Goldf.*	. . . .	Dewalque, *ibid.*, 1868.

GENRE, ESPÈCE ET AUTEUR.	LOCALITÉS.	SOURCES CONSULTÉES.
Actinocrinus annulatus? *Goldf.* .	. . . .	Dewalque, *ibid.*, 1868.
— muricatus, *Goldf.* .	. . . .	Dewalque, *ibid.*, 1868.
Cyathocrinus rugosus, *Goldf.* . .	. . . .	Dewalque, *ibid.*, 1868.
Anthozoaires.		
Cyathophyllum Boloniense, *M. Edw.*	Comblain-la-Tour.	Gosselet, *l. c*, pp. 261 et 267, 1877.
— cæspitosum, *Goldf.* var. A. . . .	Wallers, Charlemont, Chimay, Baives, Boussu-en-Fagne, Wépion.	Gosselet, *ibid.*, pp. 261 et 267, 1877. — Coll. Le Hon. — Dewalque, *l. c.*, 1868.
— hexagonum, *M. Edw. et H.*	Wallers, Wodecée.	Gosselet, *l. c.*, pp. 260 et 266, 1877. — Dewalque, *l. c.*, 1868.
— Michelini. *Vern.* .	Dourbes, Chimay.	Gosselet, *ibid.*, pp. 262 et 269, 1877.
Thecostegites auloporoïdes, *M. Edw. et H.*	. . . .	Gosselet, *ibid.*, 1874.
— Bouchardi, *M. Edw. et H.*	Boussu-en-Fagne, Falisolle.	Gosselet, *ibid.*, p. 262, 1877.
Ptychophyllum multilamellatum, nov. sp.	Senzeille, Cerfontaine.	Gosselet, *ibid.*, pp. 262 et 270, 1877.
Ptychophyllum plicatum, *F. Roem.*	Cerfontaine, Senzeille et Boussu-en-Fagne.	Gosselet, *ibid.*, pp. 262 et 270, 1877.
Favosites Boloniensis, nov. sp. .	Partout	Gosselet, *ibid.*, pp. 262 et 271, 1877.
— cervicornis, *de Blainv.*	. . . .	Gosselet, *ibid.*, 1874. — Dewalque, *l. c.*, 1868.
— polymorpha, *de Blainv.*	. . . .	Dewalque, *ibid.*, 1868.
— reticulata, *de Blainv.* .	. . . .	Dewalque, *ibid.*, 1868.
Alveolites subæqualis, *M. Edw. et H.*	Partout	Gosselet, *l. c.*, p. 262, 1877.
— suborbicularis, *Lm.* .	Chimay	Gosselet, *ibid.*, p. 262, 1877.
Metriophyllum Bouchardi, *M. Edw. et H.*	. . . .	Dewalque, *l. c.*, 1868.
Clisiophyllum Omaliusi, *Haime.* .	. . . .	Dewalque, *ibid.*, 1868.
Campophyllum flexuosum, *M. Edw. et H.*	. . . .	Dewalque, *ibid.*, 1868.
Acervularia Goldfussi, *M. Edw. et H.*	. . . .	Dewalque, *ibid.*, 1868.
— pentagona, *Goldf.* . .	Heer, Barvaux . .	Gosselet, *l. c.*, pp. 260 et 266, 1877. — Dewalque, *l. c.*, 1868.
— Troscheli, *M. Edw. et H.*	. . . .	Dewalque, *ibid.*, 1868.
Aulopora repens, *M. Edw. et H.* .	. . . .	Dewalque, *ibid.*, 1868.
Spongiaires.		
Receptaculites Neptuni, *Defr.* . .	. . . .	Dewalque, *ibid.*, 1868. — Gosselet, *l. c.*, 1874.
Fougères.		
Schizopteris primæva, *Coem.* . .	. . . ? . . .	Dewalque, *l. c.*, 1868.

8. Liste des fossiles des schistes de la Famenne p[t] d[ts] à *Cyrtina Murchisonia* (Dévonien supérieur).

GENRE, ESPÈCE ET AUTEUR.	LOCALITÉS.	SOURCES CONSULTÉES.
Lamellibranches.		
Mytilus Aduaticorum, *de Ryckh.* .	. . . .	Dewalque, *Prodrome*, p. 317, 1868.
— Namurcanus, *de Ryckh.* .	. . . .	Dewalque, *ibid.*
— Sabesianus, *de Ryckh.* .	. . . .	Dewalque, *ibid.*
Pecten lineatus, *Goldf.*	. . . .	Dewalque, *ibid.*
Avicula Damnoniensis, *Sow.* . .	. . . .	Dewalque, *ibid.*
Brachiopodes.		
Spirifer disjunctus, *Sow.* (Sp. Verneuili).	Partout	Dewalque, *ibid.*, p. 318. — Gosselet, *Ann. de la Soc. géol. du Nord*, t. IV, p. 311, 1877.
Spirifer euryglossus, *Schnur.* . .	. . . .	Dewalque, *l. c.*
— nudus, *Sow.*	. . . .	Dewalque, *ibid.*
Cyrtina Murchisoniana, *de Kon.* .	. . . .	Gosselet, *l. c*, p. 311.
Athyris concentrica, *de Buch.* . .	Senzeille. . . .	Gosselet, *ibid.*, p. 312. — Dew., *l. c.*
— reticulata, nov. sp. . .	Senzeille. . . .	Gosselet, *l. c.*, p. 312, pl. III, fig. 3.
— Roissyi, *Vern.*	. . . .	Gosselet, *ibid.*, p. 313.
Atrypa reticularis, *L.*	. . . .	Dewalque, *l. c.*
Rynchonella acuminata, *Martin* .	Aublain, Mariembourg, Senzeille.	Gosselet, *l. c.*, p. 313.
— Dumonti, nov. sp. .	Aublain, Mariembourg, Schloup, Romerée.	Gosselet, *ibid.*, p. 315, pl. IV, fig. 7.
— Omaliusi, nov. sp. .	Senzeille. . . .	Gosselet, *ibid.*, p. 314, pl. IV, fig. 6.
— pugnus, *Sow.* . . .	Aublain, Mariembourg, Senzeille.	Gosselet, *ibid.*, p. 314.
— semilævis, *Ad. Roem.*	. . . .	Dewalque, *l. c.*
— triæqualis, nov. sp. .	Aublain, Mariembourg, tranchée du Pont-de-Sains, Fagne de Trélon, Senzeille.	Gosselet, *l. c.*, p. 314, pl. III, fig. 4 et pl. IV, fig. 5.
Camarophoria crenulata, nov. sp.	Senzeille. . . .	Goss., *ibid.*, p. 317, pl. IV, fig. 8 et 9.
Orthis arcuata, *Phill.*	Senzeille. . . .	Gosselet, *ibid.*, p. 319.
— Dumonti, *de Vern.* . . .	. . . .	Dewalque, *l. c.*
— pseudo-elegans, nov. sp. .	Senzeille. . . .	Gosselet, *l. c.*, p. 319, pl. VI, fig 10.
— striatula, *Schloth.* . . .	. . . .	Dewalque, *l. c.*
Strophomena depressa, *Sow.* . .	. . . .	Dewalque, *ibid.*

GENRE, ESPÈCE ET AUTEUR.	LOCALITÉS.	SOURCES CONSULTÉES.
Leptæna interstrialis? *Phill.* . .	. . . .	Dewalque, *ibid.*
Productus Murchisonianus, *de Kon.*	. . . .	Dewalque, *ibid.*
— subaculeatus, *Murch.* .	. . . .	Gosselet, *l. c.*, p. 310. — Dew., *l. c.*
Lingula Amayana, *de Ryckh.* . .	. . . .	Dewalque, *ibid.*
— subparallela? *Sandb.* . .	. . . ? . . .	Dewalque, *ibid.*
Anthozoaires.		
Cyathophyllum hexagonum, *Goldf.*	. . . .	Dewalque, *ibid.*
Favosites cervicornis, *de Blainv.*	. . . .	Dewalque, *ibid.*, p. 319.
— polymorpha, *de Blainv.*	. . . .	Dewalque, *ibid.*
— reticulata, *de Blainv.* .	. . . .	Dewalque, *ibid.*
Alveolites subæqualis, *M. Edw. et H.*	. . . .	Dewalque, *ibid.*
— suborbicularis, *Lk.* . .	. . . .	Dewalque, *ibid.*
Clysiophyllum Omaliusi, *Haime.*	. . . .	Dewalque, *ibid.*
Acervularia Goldfussi, *M. Edw. et H.*	. . . .	Dewalque, *ibid.*
— pentagona, *Goldf.* . .	. . . .	Dewalque, *ibid.*

---

9. Liste des fossiles dévoniens décrits par M. de Ryckholt.

(Extrait du *Prodrome* de M. DEWALQUE.)

Nota. — Les différentes espèces de ces fossiles ont été décrites par M. de Ryckholt comme appartenant à notre terrain dévonien; celles qui sont marquées d'un astérisque, sont vraisemblablement famenniennes (Dewalque).

Gastéropodes.

* Natica (Naticopsis) Normaniana, *de Ryckh.*
— (Naticodon) otaroïdes, *de Ryckh.*
— — Pyrula, *de Ryckh.*
Pileopsis (Capulus) Dumontanus, *de Ryckh.*
* — — hecticus, *de Ryckh.*
* — — procumbens, *de Ryckh.*
Dentalium antiquum, *Goldf.*
— Navicanum, *de Ryckh.*
* Bellerophon, Hupschi.
* Conularia Namurcana, *de Ryckh.*

Lamellibranches.

Dorsomya dorsata, *de Ryckh.*
Astarte devonica, *de Ryckh.*
Solenomya (Solemya) devonica, *de Ryckh.*
* Leda crinita, *de Ryckh.*
* — Justinæ, *de Ryckh.*
* — liosoma, *de Ryck.*
* — prælata, *de Ryckh.*
* — saginata, *de Ryckh.*
* — schisticola, *de Ryckh.*
* — valens, *de Ryckh.*
* Mytilus devonicus, *de Ryckh.*
— Floenianus, *de Ryckh.*
— Lefebvreanus, *de Ryckh.*

Brachiopodes.

* Productus (Spirifer) microgemma, *Phill.*
Discina (Orbiculoïdea) Cantraineana, *de Ryckh.*
* — — Cimacensis, *de Ryckh.*
* — — Namona, *de Ryckh.*

10. Liste des fossiles des psammites du Condroz (Dévonien supérieur),

Dressée par M. Mourlon.

Nota. — Le degré d'abondance ou de rareté des espèces est indiqué par les lettres ac, c, cc, r, rr, qui signifient respectivement : assez commun, commun, très-commun, rare, très-rare.

GENRE, ESPÈCE ET AUTEUR.	ASSISES			AUTEURS QUI ONT SERVI A LA DÉTERMINATION.
	D'Esneux.	De Souverain-Pré.	De Montfort et D'Évieux.	
	I	II	III-IV	
Poissons.				
Holoptychius nobilissimus, *Ag.*	..	..	rr	Ag., *Monogr. des poissons dévoniens,* 1844, pl. 23; p. 73.
Diverses espèces non déterminées	..	..	r	
Céphalopodes.				
Nautilus aborigenum, *Dupont.*	..	..	..	Dupont, *L'homme pendant les âges de la pierre,* 2e édit.; p. 159.
Orthoceras planiseptatum? *Sandb.*	..	..	r	Sandb., *Rhein. Schicht.*, pl. 17, fig. 4.
— tracheatus, *Richter*	..	..	rr	*Beitrag. zur Palæont. des Thuringer walde,* 1848, pl. 3, fig. 57.
Gastéropodes.				
Loxonema Phillipsii, *d'Orb.*	..	..	rr	d'Orb., *Prodrome,* 1847, t. I, p. 62, n° 228.
— (Holopella) piligera? *Sandb.*	..	..	rr	Sandb., *loc. cit.*, pl. 26, fig. 9.
— subulata? *F.-A. Roem.*	..	..	rr	F.-A. Roem, *Die Verst. des Harzg.*, 1843, pl. 8, fig. 12.
— nov. sp.?	..	rr		
Macrocheilus (deux espèces)	..	..	rr	
Euomphalus serpens, *Phill.*	..	..	c	Phill., *Palæoz. foss.*, pl. 36, fig. 172.
Murchisonia trilineata? *Sandb.*	..	..	r	Sandb., *loc. cit.*, pl. 24, fig. 16.
Serpularia centrifuga? *F.-A. Roem.*	..	..	r	F.-A. Roem., *loc. cit.*, pl. 8, fig. 13.
Porcellia, sp.?	..	..	rr	
Lamellibranches.				
Avicula Damnoniensis, *Sow.*	..	..	..	Sow., *Trans. géol. soc.*, 2e série, vol. V, pl. 53, fig. 22.
Pterinea lineata? *Goldf.*	..	..	r	Sandb., *loc. cit.*, pl. 30, fig. 5.

GENRE, ESPÈCE ET AUTEUR.	ASSISES			AUTEURS QUI ONT SERVI A LA DÉTERMINATION.
	D'Esneux.	De Souverain-Pré.	De Monfort et D'Évieux.	
	I	II	III-IV	
Aviculopecten Juliæ, *de Kon.* . . .	. .	. .	r	Mourlon, *Psammites du Condroz*, 4e part., en préparation.
— nexilis? *Sow.*	. .	r	. .	Sow., *loc. cit.*, pl. 53, fig. 1-2.
— transversus, *Sow.* .	. .	. .	c	*Ibid.*, fig. 3.
Modiola amygdalina? *Sow.* . . .	. .	. .	rr	Phill., *loc. cit.*, pl. 17, fig. 62.
— (Pullastra) complanata? *Phill.*	rr	. .	. .	*Ibid.*, fig. 56.
Cucullæa amygdalina, *Phill.* . . .	. .	. .	rr	*Ibid.*, pl. 18, fig. 66.
— angusta, *Sow.*	. .	. .	r	Sow., *loc. cit.*, pl. 53, fig. 25.
— Hardingii, *Sow.*	. .	. .	cc	*Ibid.*, fig. 26-27.
— trapezium, *Phill.* . . .	. .	. .	r	Phill., *loc. cit.*, pl. 19, fig. 70.
Cypricardia deltoidea? *Sow.* . . .	. .	. .	r	*Ibid.*, pl. 17, fig. 59.
— semisulcata, *Phill.* . .	?	. .	r	*Ibid.*, fig. 57.
Pleurophorus, sp.?	. .	. .	rr	
Brachiopodes.				
Spirifer æquicostatus, *de Kon.* . .	. .	. .	rr	Mourl., *loc. cit.*, 4e part., en préparat.
— bifidus? *F.-A. Roem.* . .	. .	rr	. .	F.-A. Roem., *loc. cit.*, pl. 12, fig. 17.
— costatus? *Sow.*	. .	. .	rr	Sow., *loc. cit.*, pl. 55, fig. 6.
— disjunctus, *Sow.*	cc	cc	cc	*Ibid.*, pl. 54, fig. 12-13.
— macropterus, *Goldf.*				
var. micropterus, *Goldf.*	. .	r	. .	Sandb., *Rhein. Schicht.*, pl. 32, fig. 3.
— nov. sp.	. .	rr		
Athyris concentrica, *de Buch.* . .	r	c	c	Davids., *Britisch. dev. brach. Paleont. Soc.*, vol. VI, pl. 3, fig. 13.
Rhynchonella laticosta, *Phill.* . .	. .	. .	r	Phill., *loc. cit.*, pl. 34, fig. 153.
— pleurodon, *Phill.* . .	. .	cc	cc	Davids., *loc. cit.*, pl. 13, fig. 11-13.
— pugnus, *Sow.* . . .	. .	. .	c	*Ibid.*, fig. 8-10.
— var. anisodonta? *Phill.*	. .	. .	rr	Phill., *loc. cit*, pl. 34, fig. 154.
— var. subdentata? *Sow.*	rr	. .	. .	Sow., *loc. cit.*, pl. 35, fig. 164.
Camaraphoria?	. .	. .	c	
Atrypa fallax? *Sow.*	. .	. .	rr	Sow., *loc. cit.*, pl. 54, fig. 15.
— flabellata? *Goldf.*	. .	c	. .	Davids., *loc. cit.*, pl. 11, fig. 10-12.
— reticularis, *L.*	. .	. .	r	*Ibid.*, pl. 10, fig. 3-4.
Orthotetes consimilis, *de Kon.* . .	. .	cc	?	Mourl., *loc. cit.*, 4e part, en préparat.
Orthis interlineata, *Sow.*	. .	. .	r	Sow., *loc. cit.*, pl. 54, fig. 14.
— strialuta? *Schloth.*	. .	. .	r	Davids., *loc. cit.*, pl. 17, fig. 4-7.

GENRE, ESPÈCE ET AUTEUR.	ASSISES D'Esneux. I	De Souverain-Pré. II	De Monfort et D'Évieux. III-IV	AUTEURS QUI ONT SERVI A LA DÉTERMINATION.
Leptæna caperata? *Sow.*	..	..	r	Sow., *loc. cit.*, pl. 53, fig. 4.
— fragaria, *Sow.*	..	rr	..	*Ibid*, pl. 54, fig. 3.
Productus dissimilis? *de Kon.*	..	..	rr	de Kon., *Monogr. de 1847*, pl. 16, fig. 5.
— prælongus, *Sow.*	..	..	c	Davids., *loc. cit.*, pl. 19, fig. 22-25.
— subaculeatus, *Murch.*	r	rr	c	*Ibid.*, pl. 20, fig 1-2.
Strophalosia productoides? *Murch.*	..	..	r	*Ibid.*, pl. 19, fig. 13-17.
— var. membranacea, *Phill.*	..	..	c	*Ibid.*, fig. 18-21.
Chonetes Hardrensis, *Phill.*	..	..	?	Phill., *loc. cit.*, pl. 58, fig. 104.
Lingula spatula? *Schnur.*	..	..	r	Schnur., *Palæont*, vol. III, pl. 43, fig. 5.
— squamiformis, *Phill.*	..	..	?	Davids., *loc. cit.*, pl. 20, fig. 11-12.
Annélides.				
Spirorbis	..	..	r	
Bryozoaires.				
Fenestella antiqua, *Sow.*	..	c	cc	Sow., *loc. cit.*, pl. 58, fig. 10.
Retepora explanata? *F.-A. Roem.*	..	..	rr	F.-A. Roem., *loc. cit.*, pl. 12, fig. 3.
Polypora	..	..	rr	
Échinodermes.				
Poteriocrinus?	cc			
Actinocrinus?	..	rr		
Agelacrinus	..	..	rr	
Végétaux.				
Rhacophyton (Psilophyton) condrusorum, *Crép.*	..	..	cc	Crép., *Bull. de l'Acad. roy. de Belg.*, t. XXXVIII, pl. 1, fig. 1-4.
Sphenopteris flaccida, *Crép.*	..	..	ac	*Ibid.*, pl. 2, fig. 1-5.
Palæopteris hibernica, *Sch.*, var. minor, *Crép.*	..	..	ac	*Ibid.*, pl. 3, fig. 1-5.
Triphyllopteris elegans, *Sch.*	..	..	rr	*Ibid.*, pl. 2, fig. 6-8.
Lepidodendrum nothum, *Ung.*	..	..	rr	Unger, *Palæont. Rhüring. wald.*, pl. 10, fig. 4-8.
Calamites (traces d'axes assez volumineux)	..	..	cc	

TERRAIN CARBONIFÈRE.

11. Liste des fossiles du calcaire carbonifère.

D'après les travaux de M. DE KONINCK et les recherches stratigraphiques de M. ÉD. DUPONT.

GENRE, ESPÈCE ET AUTEUR.	ASSISES. I	II	III	IV	V	VI	AUTEURS qui ont servi à la détermination.
Poissons.							
Antacanthus insignis, *Dewalque* .	1?	—	—	—	—	—	de Kon., *Ann. du Musée royal d'hist. naturelle de Belg.*, t, II, 1878, pl. 7, fig. 1. 2, 3; p. 73.
Antliodus minutus, *New. et Worth.*	1	—	—	—	—	—	*Ibid.*, pl. 6, fig. 9; p. 52.
Benedenius deneensis, *Van Ben.* .	—	2	—	—	—	—	— pl. 2; p. 16.
Chomatodus cinctus, *Ag.* . . .	1	—	—	—	—	—	— pl. 4, fig. 3; pl. 6, fig. 1, 2, 3. 4; p. 46.
— linearis, *Ag.* . . .		—	—	—	—	—	— pl. 6, fig. 5; p. 47.
Cladodus bellifer, *St-John et Worth.*	1	—	—	—	—	—	— pl. 3, fig. 4; p. 27.
— Springeri, *St-John et Worth.*	1	—	—	—	—	—	— pl. 3, fig. 5 et 6; p. 28.
— striatus, *Ag.*	1	—	—	—	—	—	— pl. 3, fig. 3; p. 26.
Cochliodus contortus, *Ag.* . . .	1	—	—	—	—	—	— pl. 6, fig. 14; p. 57.
— tenuis, *de Kon.* . .	1	—	—	—	—	—	— pl. 6, fig. 15; p. 58.
Ctenacanthus heterogyrus, *Ag.* .	1	—	—	—	—	—	— pl. 7, fig. 3; p. 66.
— maximus, *de Kon.* .	1	—	—	—	—	—	— pl. 7, fig. 1; p. 68.
— tenuistriatus, *Ag.* .	1	—	—	—	—	—	— pl. 7, fig. 2; p. 67.
Deltodus sandalinus, *de Kon.* . .	—	—	—	—	—	6	— pl. 5, fig. 8; p. 63.
Gonatodus? Toilliezi, *de Kon.* .	—	—	—	—	—	6	— pl. 1, fig. 1, 2; p. 11.
Helodus? cur atus, *de Kon.* . .	—	—	—	—	—	6	— pl. 4. fig. 15; p. 40.
— dentatus, *Roman.* . .	1	—	—	—	—	—	— pl. 4, fig. 18; p. 40.
— turgidus, *Ag.*	1	—	—	—	—	—	— pl. 4, fig. 13, 14; p. 39.
Listracanthus hystrix, *Newb. et Worth.*	—	—	—		—	6	— pl. 5, fig. 11; p. 73.
Lophodus contractus, *Trautsch.* .	1	—	—	—	—	—	— pl. 4, fig. 4, 5; p. 33.
— gibberulus? *Ag.*	1	—	—	—	—	—	— pl. 4, fig. 7; p. 34.
— lanceolatus, *Roman.* .	1	—	—	—	—	—	— pl. 4, fig. 12; p. 36.
— lævissimus, *Ag.*	1	—	—	—	—	—	— pl. 4, fig. 6; p. 33.
— mammillaris, *Ag.* . .	1	—	—	—	—	—	— pl. 4, fig. 9, 10, 11; p. 35.
Oracanthus Milleri, *Ag.* . . .	—	—	—	—	—	6	— pl. 5, fig. 10; p. 69.

GENRE, ESPÈCE ET AUTEUR.	ASSISES. I	II	III	IV	V	VI	AUTEURS qui ont servi à la détermination.
Orodus cinctus, *Ag.*	1	—	—	—	—	—	de Kon., *Ann. du Musée royal d'hist. naturelle de Belg.*, t. II, 1878, pl. 4. fig. 2; p. 31.
— ramosus, *Ag.*	1	—	—	—	—	—	*Ibid.*, pl. 4, fig. 1; p. 30.
Pæcilodus elegans, *de Kon.* . .	1	—	—	—	—	—	— pl. 6, fig. 17; p. 59.
Petalodus Hastingsiæ, *Owen* . .	—	—	—	—	—	6	— pl. 6, fig. 6, 7, 8; p. 50.
Petrodus Ryckholti, *de Kon.* . .	1	—	—	—	—	—	— pl. 5, fig. 12; p. 37.
Platysomus? insignis, *de Kon.* .	—	—	—	—	—	6	— pl. 3, fig. 1, 2; p. 25.
Psammodus angustus, *Roman.* .	1	—	—	—	—	—	— pl. 5. fig. 6; p. 45.
— porosus, *Ag.* . . .	—	—	—	—	—	6	— pl. 5, fig. 1, 2, 3, 4, 5; p. 41.
Psephodus magnus, *Ag.* . . .	1	—	—	—	—	—	— pl. 4. fig. 16, 17; p. 60.
Sandalodus robustus, *de Kon.* . .	1	—	—	—	—	—	— pl. 5. fig. 7; p. 62.
Serratodus elegans, *de Kon.* . .	—	—	—	—	—	6	— pl. 6. fig. 12; p. 54.
Stichacanthus Coemansi, *de Kon.*	1	—	—	—	—	—	— pl. 7. fig. 4, 5; p. 71.
— ? humilis, *de Kon.*	1	—	—	—	—	—	— pl. 7, fig. 6; p. 72.
Streblodus oblongus, *Ag.* . . .	1	—	—	—	—	—	— pl. 6, fig. 22; p. 55.
— tenerrimus, *de Kon.* .	1	—	—	—	—	—	— pl. 6. fig. 13; p. 55
Tanaodus multiplicatus, *Newb. et Worth.*	1	—	—	—	—	—	— pl. 6, fig. 10, 11; p. 53.
Tomodus Craigi, *de Kon.* . . .	—	—	—	—	—	6	— pl. 4, fig. 8; pl. 6, fig. 18, 19; p. 61.
— laciniatus, *de Kon.* . .	—	—	—	—	—	6	— pl. 6, fig. 20; p. 61.
Hystrodus alatus, *de Kon.* . . .	—	—	—	—	—	6	— pl. 5, fig. 9; p. 64.
Céphalopodes.							
Nautilus atlantoïdeus, *de Kon.* .	1	—	—	—	—	—	— pl. 11, fig. 1, 2; p. 97.
— biangulatus, *Sow.* . .	—	—	3	—	—	6	— pl. 10. fig. 5, 6; p. 102.
— bifrons, *de Kon.* . . .	—	—	—	—	—	6	— pl. 15. fig. 3; pl. 16, fig. 1, 2; p. 44.
— bilobatus, *Sow.* . . .	—	—	—	—	—	6	— pl. 9, fig. 1; p 92.
— bisulcatus, *Mc Coy* . .	—	—	—	—	—	6	— pl. 27, fig. 5, 6, 7, 9; p. 128.
— cariniferus, *Sow.* . . .	—	—	3	4	—	—	— pl. 28, fig. 1, 2, 3, 4, 5; p. 134.
— Chesterensis, *Meek et Worth.*	—	—	—	—	—	6	— pl. 23, fig. 3; pl. 31, fig. 4.
— complanatus? *Sow.* . .	1	—	—	—	—	—	— pl 17, fig. 2; p. 124.
— conspicuus, *de Kon.* . .	1	—	—	—	—	—	— pl. 19, fig. 1; pl. 20; pl. 21, fig. 1; p. 109.
— cordiostomus, *de Kon.* .	1	—	—	—	—	—	— pl. 26, fig. 6; p. 121.
— coronatus, *Mc Coy.* . .	—	—	—	—	—	6	— pl. 24, fig. 2; p. 115.
— Coyanus, *d'Orb.* . . .	—	—	—	—	—	6	— pl. 31, fig. 2, 3; p. 101.
— crassiventer, *de Kon.* .	—	—	—	—	—	6	— pl. 9, fig. 2, 3, 4; p. 94.
— cyclostomus, *Phill.* . .	—	—	—	—	—	6	— pl. 23, fig. 1, 2; p. 112.

GENRE, ESPÈCE ET AUTEUR.	ASSISES. I	II	III	IV	V	VI	AUTEURS qui ont servi à la détermination.
Nautilus difficilis, *de Kon.* . .	—	—	—	—	—	6	de Kon., *Ann. du Musée royal d'hist. naturelle de Belg.*, t. II, 1878, pl. 26, fig. 5; p. 118.
— discoïdeus, *de Kon.* . .	1	—	—	—	—	—	*Ibid.*, pl. 25, fig. 3; p. 133.
— discors, *Mc Coy* . . .	—	—	—	4	—	—	— pl. 30, fig. 8; p. 143.
— distensus, *de Kon.* . .	—	—	—	—	—	6	— pl. 10, fig. 1; p. 94.
— dorsalis, *Phill.* . . .	1	—	—	—	—	—	— pl. 18, fig. 1, 2, 3; p. 111.
— Edwardsianus, *de Kon.*	—	—	—	—	—	6	— pl. 27, fig. 10, 11; p. 127.
— elephantinus, *de Kon.* .	—	—	—	—	—	6	— pl. 10, fig. 7, 8; pl. 11, fig. 3; pl. 12; p. 108.
— exaratus, *de Kon.* . .	—	—	—	—	5	—	— pl. 25, fig. 1; p. 120.
— eximius, *de Kon.* . . .	1	—	—	—	—	—	— pl. 15, fig. 2; p. 99.
— extensus, *de Kon.* . .	—	—	3	—	—	—	— pl. 19, fig. 2, 3; p. 108.
— globatus, *Sow.* . . .	—	—	—	—	—	6	— pl. 10, fig. 2, 3, 4; pl. 31, fig. 1; p. 95.
— humilis, *de Kon.* . .	—	—	—	—	—	6	— pl. 23, fig. 5; p. 103.
— implicatus, *de Kon.* . .	1	—	—	—	—	—	— pl. 13, fig. 2, 3; p. 103.
— infundibulum, *de Kon.* .	—	—	—	—	—	6	— pl. 24, fig. 1; p. 104.
— ingens, *Mart.*	—	—	—	—	5	—	— pl. 23, fig. 4; p. 105.
— Koninckii, *d'Orb.* . .	1	—	—	—	—	—	— pl. 30, fig. 1, 2, 3, 4, 5; p. 137.
— latiseptatus, *de Kon.* .	1	—	—	—	—	—	— pl. 22, fig. 1, 2, 3; p. 110.
— latisinuatus, *de Kon.* .	1	—	—	—	—	—	— pl. 17, fig. 1; p. 100.
— latus, *Meek et Worth.* .	—	—	—	—	—	6	— pl. 24, fig. 3; p. 116.
— Leveilleanus, *de Kon.* .	—	—	—	—	—	6	— pl. 23, fig. 6; p. 143.
— lyriostomus, *de Kon.* .	—	—	—	4	—	—	— pl. 31, fig. 5, 6; p. 122.
— Meyerianus, *de Kon.* .	1	—	—	—	—	—	— pl. 29, fig. 1, 2, 3; p. 140.
— multicarinatus, *Sow.* .	—	—	—	—	—	6	— pl. 29, fig. 4; p. 139.
— mutabilis, *Mc Coy.* . .	—	—	3	—	—	—	— pl. 25, fig. 2; p. 121.
— neglectus, *de Kon.* . .	1	—	—	—	—	—	— pl. 13, fig. 1; p. 98.
— normalis, *de Kon.* . .	—	—	3	—	—	—	— pl. 18, fig. 4; p. 107.
— ornatissimus, *de Kon.* .	—	—	—	—	—	6	— pl. 29, fig. 6; p. 145.
— oxystomus, *Phill.* . .	—	—	—	—	—	6	— pl. 17, fig. 3; p. 123.
— pentagonus, *Sow.* . .	—	—	—	—	—	6	— pl. 13, fig. 4, 5; p. 106.
— Phillipsianus, *d'Orb.* .	—	—	—	—	—	6	— pl. 27, fig. 8; p. 130.
— pinguis, *de Kon.* . . .	1	—	—	—	—	—	— pl. 30, fig. 6, 7; p. 136.
— planotergatus, *Mc Coy* .	—	—	—	—	—	6	— pl. 26, fig. 1, 2, 3; p. 117.
— prægravis, *de Kon.* . .	1	—	—	—	—	—	— pl. 14; pl. 15, fig. 1; p. 100.
— subsulcatus, *Phill.* . .	—	—	—	—	—	6	— pl. 27, fig. 13, 14; p. 132.
— sulcatus, *Sow.*	—	—	—	—	—	6	— pl. 27, fig. 1, 2, 3, 4; p. 126.
— sulcifer, *Lev.*	1	—	—	—	—	—	— pl. 27, fig. 12; p. 130.
— sulciferus, *Phill.* . . .	—	—	—	—	—	6	— pl. 29, fig. 5; pl. 31, fig. 7; p. 142.

GENRE, ESPÈCE ET AUTEUR.	ASSISES. I	II	III	IV	V	VI	AUTEURS qui ont servi à la détermination.
Nautilus trochlea, *Mc Coy*. . .	—	—	—	—	—	6	de Kon., *Ann. du Musée royal d'hist. naturelle de Belg.*, t. II, 1878, pl. 26, fig. 4; p. 119.
Cyrtoceras acus, *de Kon*. . . .	1	—	—	—	—	—	*Ibid.*, t. V, 1880, pl. 35, fig. 6, 7; pl. 36, fig. 34; p. 28.
— antilope, *de Kon*. . .	—	—	—	—	—	6	— pl. 37, fig. 1; p. 36.
— arachnoïdeum, *de Kon*.	1	—	—	—	—	—	— pl. 33, fig. 14; p. 37.
— canaliculatum, *de Kon*.	1	—	—	—	—	—	— pl. 33, fig. 9; p. 33.
— cinctum, *Münster* . .	1	—	3	—	—	—	— pl. 33, fig. 12, 13; p. 29.
— concinnum, *de Kon*. .	—	—	3	—	—	—	— pl. 32, fig. 10; p. 23.
— cornu, *de Kon*. . . .	1	—	—	—	—	—	— pl. 36, fig. 5, 6, 7, 8; p. 26.
— cornu-bovis, *de Kon*. .	—	—	—	—	5	—	— pl. 36, fig. 1; p. 24.
— dactyliophorum, *de Kon*.	1	—	—	—	—	—	— pl. 34, fig. 1; p. 30.
— deflexum, *de Kon*. .	—	—	3	—	—	—	— pl. 34, fig. 8; p. 23.
— denticulus, *de Kon*. .	1	—	—	—	—	—	— pl 36, fig. 11, 12; p. 21.
— digitus, *de Kon*. . .	—	—	—	—	—	6	— pl. 34, fig. 11, 12; p. 20.
— Gesneri, *Mart*. . . .	—	—	—	—	—	6	— pl. 33, fig. 7; p. 32.
— gracile, *de Kon*. . .	—	—	3	—	—	—	— pl. 34, fig. 14; p. 22.
— hircinum, *de Kon*. .	1	—	—	—	—	—	— pl. 35, fig. 4, 5; p. 27.
— idoneum, *de Kon*. .	1	—	—	—	—	—	— pl. 35, fig. 3; p. 25.
— ignotum, *de Kon*. . .	1	—	—	—	—	—	— pl. 34, fig. 7; pl. 36, fig. 9, 10; p. 21.
— imperitum, *de Kon*. .	1	—	—	—	—	—	— pl. 34, fig. 15; p. 38.
— impotens, *de Kon*. .	—	—	—	4	—	—	— pl. 35, fig. 8; p. 28.
— inopinatum, *de Kon*. .	—	—	—	4	—	—	— pl. 34, fig. 13; p. 22.
— Nysti, *de Kon*. . . .	1	—	—	—	—	—	— pl. 36, fig. 2; p. 27.
— Puzosianum, *de Kon*.	1	—	—	—	—	—	— pl. 33, fig. 10, 11; p. 34.
— repertum, *de Kon*. .	—	—	3	—	—	—	— pl. 37, fig. 2, 3; p. 25.
— rostratum, *de Kon*. .	—	—	—	4	—	—	— pl. 34, fig. 6; pl. 35, fig. 1, 2; p. 26.
— rugosum, *Flem*. . .	—	—	—	—	—	6	— pl. 33, fig. 8; p. 31.
— subulare, *de Kon*. .	—	—	—	—	—	6	— pl. 36, fig. 14, 15; p. 19.
— tenue, *de Kon*. . . .	1	—				—	— pl. 36, fig. 13; p. 22.
— unguis, *Phill*. . . .	—	—	—	—	—	6	— pl. 34, fig. 2, 3, 4, 5; p. 18.
— Verneuilianum, *de Kon*.	1	—	—	—	—	—	— pl. 34, fig. 9; p. 35.
Gomphoceras fusiforme, *Sow*. .	—	—	—	—	—	6	— pl. 37, fig. 4; p. 42.
— lagenale, *de Kon*. .	1	—	—	—	—	—	— pl. 37, fig. 5; p. 43.
Gyroceras aigoceras, *Münst*. . .	1	—	—	—	—	—	— pl. 32, fig. 4; p. 8.
— consobrinum, *de Kon*. .	—	—	—	4	—	—	— pl. 33, fig. 1, 2, 3; p. 9.
— gibberosum, *de Kon*. .	—	—	3	4	—	—	— pl. 32, fig. 1, 2; p. 6.
— intermedium, *de Kon*. .	—	—	3	—	—	—	— pl. 33, fig. 4; p. 11.
— paradoxicum, *Sow*. . .	—	—	—	—	—	6	— pl. 32, fig. 3; p. 7.

GENRE, ESPÈCE ET AUTEUR.	ASSISES. I	II	III	IV	V	VI	AUTEURS qui ont servi à la détermination.
Gyroceras propinquum, *de Kon.* .	—	—	3	—	—	—	de Kon., *Ann. du Musée royal d'hist. naturelle de Belg.*, t. V, 1880, pl. 33, fig. 5; p. 12.
— serratum, *de Kon.* . .	1	—	—	—	—	—	*Ibid.*, pl. 32, fig. 5; p. 10.
— tessellatum, *de Kon.* .	—	—	—	—	—	6	— pl. 33, fig. 6; p. 13.
Orthoceras altecameratum, *de Kon.*	—	—	—	—	—	6	— pl. 43, fig. 6, 7; p. 60.
— amabile, *de Kon.* . .	—	—	3	4	—	—	— pl. 39, fig. 7, 8; pl. 40, fig. 4; pl. 42, fig. 3; p. 57.
— annuloso-lineatum, *de K.*	—	—	—	—	5	6	— pl. 41, fig. 1, 2, 3; p. 71.
— approximatum, *de Kon.*	—	—	—	—	—	6	— pl. 38, fig. 10; p. 72.
— Breynii, *Mart.* . . .	—	—	—	—	—	6	— pl. 38, fig. 11; pl. 39, fig. 3; p. 73.
— calamus, *de Kon.* . .	—	—	—	—	—	6	— pl. 38, fig. 6; p. 52.
— candidum, *de Kon.* . .	—	—	3	—	—	—	— pl. 41, fig. 8; p. 72.
— columellare, *de Kon.* .	—	—	—	—	—	6	— pl. 42, fig. 5; p. 61.
— concomitatum, *de Kon.*	—	—	—	—	—	6	— pl. 38, fig. 2; p. 53.
— conquestum, *de Kon.* .	—	—	—	—	—	6	— pl. 41, fig. 7; p. 68.
— cucullus, *de Kon.* . .	—	—	—	—	—	6	— pl. 45, fig. 1; p. 64.
— decipiens, *de Kon.* . .	1	—	—	—	—	—	— pl. 39, fig. 5, 6; p. 56.
— difficile, *de Kon.* . .	—	—	—	—	—	6	— pl. 38, fig. 1; p. 74.
— discrepans, *de Kon.* .	1	—	—	—	—	—	— pl. 40, fig. 5, 6; p. 68.
— fandum, *de Kon.* . .	—	—	3	—	—	—	— pl. 42, fig. 1; p. 65.
— filosum, *de Kon.* . .	1	—	—	—	—	—	— pl. 38, fig. 7; pl. 44, fig. 1; p. 58.
— giganteum, *Sow.* . .	—	—	—	—	5	6	— pl. 44, fig. 5, 6, 7, 8, 9, 10; p. 75.
— Goldfussianum, *de Kon.*	—	—	—	—	—	6	— pl. 38, fig. 8, 9; p. 66.
— gratum, *de Kon.* . .	—	—	3	—	—	—	— pl. 42, fig. 6; p. 63.
— idoneum, *de Kon.* . .	—	—	—	—	—	6	— pl. 43, fig. 5; p. 61.
— implicatum, *de Kon.* .	—	—	3	—	—	—	— pl. 39, fig. 4; p. 55.
— inconspicuum, *de Kon.*	—	—	3	—	—	—	— pl. 39, fig. 9; pl. 43, fig. 4; p. 59.
— indulgens, *de Kon.* . .	—	—	—	—	—	6	— pl. 43, fig. 3; p. 60.
— inopinatum, *de Kon.* .	—	—	—	4	—	—	— pl. 40, fig. 1; pl. 42, fig. 2; p. 63.
— lævigatum, *Mc Coy* . .	—	—	3	4	—	—	— pl. 41; fig. 4; p. 70.
— lineale, *de Kon.* . . .	1	—	—	—	—	—	— pl. 41, fig. 9; pl. 43, fig. 8; p. 79.
— magnum, *de Kon.* . .	—	—	—	—	—	6	— pl. 43, fig. 1, 2; p. 64.
— Martinianum, *de Kon.* .	1	—	—	—	—	—	— pl. 44, fig. 4; p. 53.
— migrans, *de Kon.* . .	—	—	—	—	5	—	— pl. 45, fig. 4; p. 59.
— monoceros, *de Kon.* .	1	—	—	—	—	—	— pl. 42, fig. 7, 8; p. 75.
— Morrisianum, *de Kon.* .	—	—	—	—	—	6	— pl. 45, fig. 3; p. 69.
— Muensterianum, *de Kon.*	1	—	—	—	—	—	— pl. 42, fig. 9; p. 62.
— neglectum, *de Kon.* .	1	—	—	—	—	—	— pl. 39, fig. 2; p. 65.
— nerviense, *de Kon.* . .	—	—	3	4	—	—	— pl. 40, fig. 2, 3; p. 57.
— oblatum, *de Kon.* . .	—	—	—	4	—	—	— pl. 38, fig. 3; p. 56.

GENRE, ESPÈCE ET AUTEUR.	ASSISES. I	II	III	IV	V	VI	AUTEURS qui ont servi à la détermination.
Orthoceras princeps, *de Kon.* . .	—	—	—	—	—	6	de Kon., *Ann. du Musée royal d'hist. naturelle de Belg.*, t. V, 1880, pl. 39, fig. 1 ; pl. 42. fig 4; p. 62.
— sagitta, *de Kon.* . . .	—	—	—	—	—	6	*Ibid.*, pl. 38, fig. 4; p. 51.
— salutatum, *de Kon.* . .	1	—	—	—	—	—	— pl. 41, fig. 5; p. 67.
— salvum, *de Kon.* . .	1	—	—	—	—	—	— pl. 41, fig. 6; p. 67.
— simile, *de Kon.* . . .	1	—	—	—	—	—	— pl. 44, fig. 2, 3; p. 54.
— tibiale, *de Kon.* . . .	—	—	3	4	—	—	— pl. 38, fig. 5; p. 51.
— vicinale, *de Kon.* . .	—	—	—	4	—	—	— pl. 45, fig. 2; p. 69.
Subelymenia evoluta, *Phill.* . .	—	—	—	—	—	6	— pl. 45, fig. 5, 6; p. 83.
Goniatites Belvalianus, *de Kon.* .	1	—	—	—	—	—	— pl. 50, fig. 8, 9, 10; p. 95.
— calyx, *Phill.*	—	—	—	—	—	6	— pl. 50, fig. 18; p. 111.
— carina, *Phill.*	—	—	—	—	—	6	— pl. 50, fig. 13; p. 116.
— clymeniæformis, *de Kon.*	1	—	—	—	—	—	— pl. 49, fig. 12, 13; p. 95.
— complanatus, *de Kon.* .	1	—	—	—	—	—	— pl. 46, fig. 4; p. 106.
— complicatus, *de Kon.* .	—	—	—	—	—	6	— pl. 50, fig. 4; p. 105.
— crenulatus, *de Kon.* . .	1	—	—	—	—	—	— pl. 49, fig. 9; p. 112.
— cyclolobus, *Phill.* . .	—	—	—	—	—	6	— pl. 50, fig. 5, 6; p. 121.
— divisus, *de Kon.* . . .	1	—	—	—	—	—	— pl. 48, fig. 13; p. 147.
— fasciculatus, *Mc Coy.* .	—	—	—	4	—	—	— pl. 49, fig. 5; p. 119.
— implicatus, *Phill.* . .	—	—	—	—	—	6	— pl. 50, fig. 1; p. 107.
— impressus, *de Kon.* .	—	—	3	—	—	—	— pl. 49, fig. 3; p. 118.
— inconstans, *de Kon.* .	—	—	3	4	—	—	— pl. 48, fig. 4, 5, 6, 7, 8, 9; p. 120.
— involutus, *de Kon.* . .	—	—	—	—	—	6	— pl. 47, fig. 8, 9; p 110.
— mixolobus, *Phill.* . .	—	—	—	—	—	6	— pl. 50, fig. 15; p. 122.
— mutabilis, *Phill.* . . .	—	—	—	—	—	6	— pl. 50, fig. 7; p. 110.
— obtusus, *Phill.* . . .	—	—	—	—	—	6	— pl. 46, fig. 3; pl. 47, fig. 10; p. 104.
— perspectivus, *de Kon.* .	1	—	—	—	—	—	— pl. 49, fig. 8; p. 113.
— platylobus, *Phill.* . .	—	—	—	—	—	6	— pl. 47, fig. 11; pl. 50, fig. 11, 12; p. 103.
— princeps, *de Kon.* . .	1	—	—	—	—	—	— pl. 49, fig. 1, 2; p. 116.
— rotatorius, *de Kon.* . .	1	—	—	—	—	—	— pl. 47, fig. 12; p. 94.
— rotella, *de Kon.* . . .	1	—	—	—	—	—	— pl. 49, fig. 14; p. 106.
— rotiformis, *Phill.* . .	—	—	—	—	—	6	— pl. 50, fig. 16; p. 114.
— Ryckholti, *de Kon.* . .	1	—	—	—	—	—	— pl. 49, fig. 6; p. 100.
— serpentinus, *Phill.* . .	—	—	—	—	—	6	— pl. 50, fig. 14; p. 96.
— sphæroïdalis, *Mc Coy* .	—	—	3	4	—	—	— pl. 47, fig. 6. 7; pl. 48, fig. 10, 11, 12; p. 99.
— sphæricus, *Mart.* . .	—	—	—	—	—	6	— pl. 47. fig. 3, 4, 5; p. 97.
— spirorbis, *Gilb.* . . .	—	—	—	—	—	6	— pl. 50, fig. 3; p. 115.
— striatus, *Sow.* . . .	—	—	—	—	—	6	— pl. 46. fig. 1, 2; pl. 47, fig. 1, 2; p. 101.

GENRE, ESPÈCE ET AUTEUR.	ASSISES. I	II	III	IV	V	VI	AUTEURS qui ont servi à la détermination.
Goniatites truncatus, *Phill.* . .	—	—	—	—	—	6	de Kon., *Ann. de Musée royal d'hist. naturelle de Belg.*, t. V, 1880, pl. 46, fig. 5; pl. 48; fig. 1, 2, 3; pl. 49, fig. 7; pl. 50, fig. 2; p. 108.
— vesiculifer, *de Kon.* .	—	—	—	—	—	6	*Ibid.*, pl. 49, fig. 10, 11; p. 109.
— virgatus, *de Kon.* . .	—	—	—	—	—	6	— pl. 49, fig. 4; p. 118.
— vittiger, *Phill.* . . .	—	—	—	—	5	—	— pl. 50, fig. 17; p. 113.
Gastéropodes.							
Tychonia (Natica) Omaliana, *de K.*	—	—	—	—	—	6	de Kon., *Descript.*, 1842-44, pl. 42, fig. 1; p. 479.
Scalites (Natica) tabulata, *Phill.* .	—	—	—	—	—	6	*Ibid.*, pl. 42, fig. 6; p. 488.
— (Chemnitzia) carbonarius, *de Kon.*	—	—	—	—	—	6	— pl. 22, fig. 9; pl. 41, fig. 15; p. 469.
Naticina (Natica) lyrata, *Phill.*. .	—	—	—	—	—	6	— pl. 42, fig. 5; p. 476.
Loxonema (Chemnitzia) constrictum, *Mart.* . . .	—	—	—	—	—	6	— pl. 41, fig. 5; p. 465.
— acutum, *de Kon.* . . .	1	—	—	—	—	6	— pl. 41, fig. 10; p. 467.
— (Chemnitzia) elongatum, *de Kon.*	1	—	—	—	—	—	— pl. 41, fig. 6; p. 466.
— (Chemnitzia) gracile, *de K.*	1	—	—	—	—	—	— pl. 41, fig. 11; p. 468.
— — Lefebvrei, *Lév.*	1	—	—	—	—	—	— pl. 41, fig. 7; p. 464.
— — Murchisonianum, *de Kon.*	—	—	—	—	—	6	— pl. 41, fig. 1; p. 461.
— (Cerithium) parvulum, *de Kon.*	—	—	—	—	—	6	— pl. 41, fig. 12; p. 493.
— (Fusus) primordiale, *de K.*	—	—	—	—	—	6	— pl. 42, fig. 6; p, 490.
— (Melania) rugiferum, *Phill.*	—	—	—	—	—	6	— pl. 41, fig. 2; p. 462.
— — scalarioïdeum, *Ph.*	—	—	—	—	—	6	— pl. 41, fig. 4, p. 463.
— (Chemnitzia) simile, *de Kon.*	—	—	—	—	—	6	— pl. 41, fig. 3; p. 463.
— — subconstrictum, *de Kon.*	—	—	—	—	—	6	de Kon., *Descript.* (suppl. 1851), pl. 58, fig. 17; p. 50.
— (Turritella) suturale, *Phill.*	—	—	—	—	—	6	Phill., 1836, *Geol. of Yorks*, pl. 16, fig. 6 (VI).
— (Chemnitzia) ventricosum, *de Kon.*	1	—	—	—	—	—	de Kon., *Descript.*, 1842-44, pl. 41, fig. 9, p. 468.
Polyphemopsis peracuta, *Meek et Worth.* . . .	—	—	—	—	—	6	Meek et Worth., *Proc. Acad. of nat. sc. Philad.* (VI).
— Phillipsiana, *de Kon.*	1	—	—	—	—	—	de Kon., *Descript.*, 1842-44, pl. 41, fig. 8; p. 471.
Macrochilina (Buccinum) acuta, *Sow.*	—	—	3	4	—	6	*Ibid.*, pl. 40, fig. 10; pl. 41, fig. 13; p. 473.
— limneiformis, Mc *Coy*.	—	—	3	4	—	—	

GENRE, ESPÈCE ET AUTEUR.	ASSISES. I	II	III	IV	V	VI	AUTEURS qui ont servi à la détermination.
Macrochilina maculata, *de Kon.*	—	—	—	—	—	6	de Kon., *Descript.* (suppl. 1851), pl. 58, fig. 18; p. 51.
— Michotiana, *de Kon.*	1	—	—	—	—	—	de Kon., *Descript.*, 1842-44, pl. 41, fig. 14; p. 474.
— Phillipsiana, *de Kon.*	—	—	—	—	—	6	
— (Buccinum) rectilinea, *Phill.*	—	—	—	—	—	6	Phill., 1836, *Geol. of Yorksh.*, pl. 16, fig. 10.
Littorina (Turbo) biserialis, *Phill.*	—	—	—	—	—	6	de Kon., *Descript.*, 1842-44, pl. 40, fig. 6; p. 458.
— Lacordairiana, *de Kon.*	—	—	—	—	—	6	*Ibid.*, pl. 40, fig. 1; p. 457.
— solida, *de Kon.*	—	—	—	—	—	6	— pl. 39, fig. 5; p. 457.
Naticopsis ampliata, *Phill.*	—	—	—	—	—	6	— pl. 42, fig. 2; p. 485.
— (Naticodon) brevispira, *de Ryckh.*	—	—	—	—	—	6	de Ryckh., *Mél. paléont.*, 1re partie, pl. 3, fig. 8, 9; p. 78.
— elongata, *Phill.*	—	—	—	—	—	6	Phill., 1836, *Geol. of Yorksh.*, pl. 14, fig. 28.
— globosa, *Hœn.*	—	—	—	—	—	6	de Kon., *Descript.*, 1842-44, pl. 42, fig. 3; p. 483.
— rugosa, *de Kon.*	—	—	—	—	—	6	de Kon., *Descript.* (suppl. 1851), pl. 58, fig. 16; p. 52.
— Sturii, *de Kon.*	—	—	—	—	—	6	de Kon., *Rech. sur les anim. foss.*, II, 1873, pl. 4, fig. 7.
— planispira, *Sow.*	—	—	—	—	—	6	de Kon., *Descript.*, 1842-44, pl. 42, fig. 3; p. 484.
Turbo cryptogrammus, *de Kon.*	—	—	—	—	—	6	de Kon., *Descript.*, 1842-44, pl. 40, fig. 3, p. 453.
— deornatus, *de Kon.*	—	—	—	—	—	6	*Ibid.*, pl. 40, fig. 4; p. 454.
— Hœninghausianus, *de Kon.*	1	—	—	—	—	—	— pl. 40, fig. 5; p. 453.
— pygmœus, *de Kon.*	1	—	—	—	—	—	— pl. 40, fig. 2; p. 452.
Trochus biserratus, *Phill.*	—	—	—	—	—	6	— pl. 39, fig 3; p. 449.
— coniformis, *de Kon.*	—	—	—	—	—	6	— pl. 37, fig. 4; p. 447.
— Hisingerianus, *de Kon.*	—	—	—	—	—	6	— pl. 39, fig. 1; p. 446.
— lepidus, *de Kon.*	—	—	—	—	—	6	— pl. 39, fig. 2; p. 450.
— tenuispira, *de Kon.*	—	—	—	—	—	6	— pl. 39, fig. 4; p. 448.
Trochella prisca, *Mc Coy*	—	—	3	4	—	—	Mc Coy, 1844, *Synopsis*, pl. 7, fig. 1.
Euomphalus (Cirrus) acutus, *Sow.*	—	—	—	—	—	6	de Kon., *Descript.*, 1842-44, pl. 24, fig. 7, p. 433.
— (Planorbis) æqualis, *Sow.*	—	—	—	—	—	6	*Ibid.*, pl. 25, fig. 2; pl. 38, fig. 3; p. 424.
— anguis, *Mc Coy*	—	—	—	—	—	6	Mc Coy, 1844, *Synopsis*, pl. 3, fig. 11: p. 35.
— bifrons, *Phill.* (E. Pugilis, *Phill.*)	—	—	—	—	—	6	de Kon., *Descript.*, 1842-44, pl. 25, fig. 4; p. 422.

GENRE, ESPÈCE ET AUTEUR.	ASSISES. I	II	III	IV	V	VI	AUTEURS qui ont servi à la détermination.
Euomphalus (Inachus) catilloïdes, *Conr.*	—	—	—	—	—	6	de Kon., *Descript.*, pl. 25, fig. 3; p. 429.
— (Helicites) catillus, *Mart.*	—	—	—	—	—	6	*Ibid.*, pl. 24, fig. 10; p. 427.
— (Straparolus) Dionysii, *Montf.*	—	—	—	—	—	6	— pl. 24, fig. 1-5, 8; p. 438.
— fallax, *de Kon.* . . .	—	—	—	—	—	6	— pl. 24, fig. 15, 16; p. 440.
— Konincki, *d'Orb.* (E. planorbis, *de Kon., non d'A. et de V.*) . . .	—	—	—	—	—	6	de Kon., *Descript.*, 1842-44, pl. 25, fig. 7; p. 434.
— lepidus, *de Kon.* . .	—	—	—	—	—	6	*Ibid.*, pl. 23bis, fig. 6; p. 423.
— (Cirrus) pentagonalis, *Ph.*	—	—	—	—	—	6	— pl. 24, fig. 7; p. 433.
— pentangulatus, *Sow.* .	1	—	3	4	—	6	— pl. 24, fig. 9; p. 430.
— (Cirrus) pileopsideus, *Ph.*	—	—	—	—	—	6	— pl. 24, fig. 4, 6; p. 437.
— pugilis, *Phill.* . . .	—	—	—	—	—	6	— pl. 25, fig. 4; p. 422.
— radians, *de Kon.* . .	1	—	—	—	—	—	— pl. 33bis, fig. 5; p. 442.
— serus, *de Kon.* . . .	—	—	—	—	—	6	— pl. 25, fig. 6; p. 435.
— tuberculatus, *de Kon.* .	1	—	—	—	—	—	— pl. 23bis, fig. 7; pl. 24, fig. 12; p. 436.
Platyschisma heliciformis, *de Kon.*	—	—	—	—	—	6	— pl. 36, fig. 3; p. 440.
— (Ampullaria) helicoïdes, *Sow.*	—	—	3	—	—	—	Sow. *Mineral conch.*, t. VI, pl. 522, fig. 2.
— culminatus, *de Kon.* .	—	—	—	—	—	6	Phill., 1836, *Geol. of Yorksh.*, t. II, pl. 15, fig. 26.
Serpularia (Euomphalus) angiostoma, *de Kon.* . .	—	—	—	—	—	6	— pl. 23bis, fig. 9; p. 426.
— (Euomphalus) Serpula, *de Kon.*	1	—	—	—	—	—	— pl. 23bis, fig. 8; pl. 25, fig. 5; p. 425.
— (Euomphalus) vermilia, *Goldf.*	1	—	—	—	—	—	Goldf., 1844, *Petref. Germaniæ*, t. III, pl. 91, fig. 2; p. 86.
Pleurotomaria acuta. *Phill.* . .	—	—	—	—	—	6	de Kon., *Descript.*, 1842-44, pl. 34, fig. 6; p. 400.
— angulata, *de Kon.* . .	—	—	—	—	—	6	*Ibid.*, pl. 37, fig. 2; p. 369.
— atomaria, *Phill.* . .	—	—	—	—	—	6	— pl. 35; fig. 4; p. 389.
— Benedeniana, *de Kon.*	1	—	—	—	—	—	— pl. 32, fig. 8; p. 386.
— blanda, *de Kon.* . .	—	—	—	—	—	6	de Kon., *Descript.* (suppl. 1851), pl. 58, fig. 6; p. 44.
— callosa, *de Kon.* . .	—	—	—	—	—	6	de Kon., *Descript.*, 1842-44, pl. 36, fig. 7; p. 406.
— carinata, *Sow.* . . .	—	—	—	—	—	6	*Ibid.*, pl. 31, fig. 1; p. 397.
— catenata, *de Kon.* . .	—	—	—	—	—	6	— pl. 32, fig. 1; p. 374.
— Cauchyana, *de Kon.* .	1	—	—	—	—	—	— pl. 34, fig. 5; p. 382.
— cirrhiformis, *Sow.* . .	—	—	—	—	—	6	de Kon., *Descript.* (suppl. 1851), pl. 58, fig. 8; p. 37.

GENRE, ESPÈCE ET AUTEUR.	ASSISES. I	II	III	IV	V	VI	AUTEURS qui ont servi à la détermination.
Pleurotomaria concentrica, *de Kon.*, non *Phill.* . . .	1	—	—	—	—	—	de Kon., *Descript.*, 1842-44, pl. 37, fig. 1.
— conica, *Phill.* . . .	—	—	—	—	—	6	*Ibid.*, pl. 31, fig. 3; p. 395.
— contraria, *de Kon.* .	—	—	—	—	—	6	— pl. 34, fig. 7; p. 401.
— dives, *de Kon.* . . .	—	—	—	—	—	6	— pl. 32, fig. 6; p. 374.
— Eliana, *de Kon.* . .	—	—	—	—	—	6	— pl. 36, fig. 1; p. 366.
— exarata, *de Kon.* . .	—	—	—	—	—	6	de Kon., *Descript.* (suppl. 1851), pl. 58, fig. 5; p. 39.
— expansa, *Phill.* . . .	—	—	—	—	—	6	de Kon., *Descript.*, 1842-44, pl. 36, fig. 6; p. 404.
— fragilis, *de Kon.* . .	—	—	—	—	—	6	*Ibid.*, pl. 35, fig. 8; p. 372.
— Frenoyana, *de Kon.* .	—	—	—	—	—	6	— pl. 31, fig. 5; p. 394.
— Galeottiana, *de Kon.* .	—	—	—	—	—	6	— pl. 35, fig. 3; p. 396.
— gemmulifera, *Phill.* .	—	—	—	—	—	6	— pl. 31, fig. 7; p. 370.
— granulosa, *de Kon.* .	—	—	—	—	—	6	— pl. 33, fig. 2, 3; p. 373.
— Griffithii, *Mc Coy* . .	—	—	—	—	—	6	de Kon., *Descript.* (suppl. 1851), pl. 58, fig. 10; p. 45.
— inflata, *de Kon.* . .	—	—	—	—	—	6	de Kon., *Descript.*, 1842-44, pl. 35, fig. 7; p. 385.
— insculpta, *de Kon.* .	—	—	—	—	—	6	*Ibid.*, pl. 33, fig. 1; p. 384.
— interstrialis, *Phill.* . .	—	—	—	—	—	6	— pl. 33, fig. 5; pl. 35, fig. 5; p. 388.
— Koninckі, *d'Orb.* (P. delphinuloïdes, *de Kon*, non *Schl*). . . .	1	—	—	—	—	—	— pl. 36, fig. 4; p. 377; supplém. 1851, p. 36.
— laticincta, *de Kon.* .	—	—	—	—	—	6	de Kon., *Descript.* (suppl. 1851), pl. 58, fig. 7; p. 40.
— limbata, *Phill.* . . .	—	—	—	—	—	6	de Kon., *Descript.*, 1842-44, pl. 37, fig. 5; p. 367.
— minuta, *de Kon.* . .	—	—	—	—	—	6	*Ibid.*, pl. 34, fig. 8; p. 402.
— naticoïdes, *de Kon.* .	—	—	—	—	—	6	— pl. 31, fig. 8; p. 405.
— nobilis, *de Kon.* . .	1	—	—	—	—	—	— pl. 34, fig. 9; p. 380.
— ornatissima, *de Kon.* .	—	—	—	—	—	6	— pl. 24, fig. 14; pl. 36, fig. 2; p. 365.
— Panope, *d'Orb* (P. Munsteriana, *de Kon.*, non *Roem.*) . . .	1	—	—	—	—	—	— pl. 34, fig. 4; p. 392.
— Phillipsiana, *de Kon.* .	—	—	—	—	—	6	de Kon., *Descript.* (suppl. 1851), pl. 58, fig. 11; p. 38.
— Portlockiana, *de Kon.*	—	—	—	—	—	6	de Kon., *Descript.*, 1842-44, pl. 33, fig. 4; p. 403.
— pulchella, *de Kon.* .	—	—	—	—	—	6	*Ibid.*, pl. 35, fig. 6; p. 379.
— pyramidalis, *de Kon.* .	—	—	—	—	—	6	— pl. 34, fig. 1; p. 381.
— quadricincta, *Phill.* .	1	—	—	—	—	—	— pl. 32, fig. 5; p. 380.
— radula, *de Kon.* . .	1	—	—	—	—	—	— pl. 32, fig. 2; p. 371.

GENRE, ESPÈCE ET AUTEUR.	ASSISES. I	II	III	IV	V	VI	AUTEURS qui ont servi à la détermination.
Pleurotomaria Ryckholtiana, *de Kon.*	—	—	—	4	—	—	de Kon., *Descript.*, 1842-44, p. 407.
— scala, *de Kon.* . . .	—	—	—	—	—	6	de Kon., *Descript.* (suppl. 1851), pl. 58, fig. 3; p. 41.
— scripta, *de Kon.* . .	—	—	—	—	—	6	de Kon., *Descript.*, 1842-44, pl. 36, fig. 5; p. 406.
— sculpta, *Phill.* . . .	—	—	—	—	—	6	de Kon., *Descript.* (suppl. 1851), pl. 58, fig. 9; p. 42.
— Sowerbyana, *de Kon.*	1	—	—	—	—	—	de Kon., *Descript.*, 1842-44, pl. 31, fig. 6; p. 393.
— spiralis, *de Kon.* . .	—	—	—	—	—	6	*Ibid.*, pl. 32, fig. 3, 7; p. 386.
— squamula, *Phill.* . .	—	—	—	—	—	6	— pl. 37, fig. 6; p. 368.
— submonilifera, *d'Orb.* (P. monilifera, *de Kon.*, non *Ziet.*). .	—	—	—	—	—	6	— pl. 34, fig. 2; p. 387; supplém. 1851, p. 36.
— sulcatula, *Phill.* . .	—	—	—	—	—	6	de Kon., *Descript.* (suppl. 1851), pl. 58, fig. 4; p. 43.
— striata, *Sow.* . . .	—	—	—	4	—	6	de Kon., *Descript*, 1842-44, pl. 31, fig. 2; p. 399.
— tornatilis, *Phill.* . .	—	—	—	—	—	6	*Ibid.*, pl. 31, fig. 4; p. 376.
— variata, *de Kon.* . .	—	—	—	—	—	6	— pl. 35, fig 2; pl. 37, fig. 3; p. 383.
— virgulata, *de Kon.* . .	—	—	—	—	—	6	— pl. 32, fig. 4; pl. 35, fig. 1; p. 375.
— vittata, *Phill.* . . .	—	—	—	—	—	6	Phill., 1836, *Geol. of Yorksh.*, t. II, pl. 15, fig. 24.
— Yvanii, *Lév.*	1	—	3	—	—	—	de Kon., *Descript.*, 1842-44, pl. 37, fig. 7; p. 390.
Murchisonia (Turritella) abbreviata, *Sow.*	—	—	—	—	—	6	*Ibid.*, pl. 38, fig. 3, 6; p. 415.
— (Rostellaria) angulata? *Phill.*	—	—	—	—	—	6	— pl. 38, fig. 8; pl. 40, fig. 8; p. 412.
— Archiaciana, *de Kon.* .	—	—	—	—	—	6	— pl. 38, fig. 2; p. 411.
— Brongniartiana, *de Kon.*	—	—	—	—	—	6	de Kon., *Descript.* (suppl. 1851), pl. 58, fig. 13; p. 46.
— Humboldtiana, *de Kon.*	—	—	—	—	—	6	de Kon., *Descript.*, 1842-44, pl. 38, fig. 1; p. 410.
— melanioïdes, *de Kon.* .	—	—	—	—	—	6	de Kon., *Descript.* (suppl. 1851), pl. 58, fig. 14; p. 49.
— quadricarinata, *Mc Coy.*	—	—	—	—	—	6	*Ibid*, pl. 58, fig. 15; p. 47.
— Sedgwickiana, *de Kon.*	1	—	—	—	—	—	de Kon., *Descript.*, 1842-44, pl. 38, fig. 7; p. 417.
— striatula, *de Kon.* . .	—	—	—	—	—	6	*Ibid.*, pl. 40, fig. 7; p. 415.
— subsulcata, *de Kon.* .	—	—	—	—	—	6	— pl. 38, fig. 4; p. 416.
— (Turritella) tæniata, *Ph.*	—	—	—	—	—	6	de Kon., *Descript.* (suppl. 1851), pl. 58, fig. 12, p. 48.
— Verneuiliana, *de Kon.*	—	—	—	—	—	6	de Kon., *Descript.*, 1842-44, pl. 38, fig. 5; p. 414.
Porcellia Puzosi, *Lév.*	1	—	3	4	—	6	*Ibid.*, pl. 38, fig. 1; p. 389.

GENRE, ESPÈCE ET AUTEUR.	ASSISES. I	II	III	IV	V	VI	AUTEURS qui ont servi à la détermination.
Porcellia (Bellerophon) Verneuili, *d'Orb*	—	—	—	—	—	6	de Kon., *Descript.*, 1842-44, pl. 28, fig. 4; p. 361.
— (Nautilites) Woodwardi, *Mart*	—	—	—	—	—	6	— pl. 38, fig. 2; p. 360.
Bellerophon bicarenus, *Lév.*	1	—	—	—	—	—	— pl. 26, fig. 1; pl. 27, fig. 1; pl. 28, fig. 8; p. 353.
— canaliferus, *Goldf.*	—	—	—	—	—	6	— pl. 28, fig. 5; p. 354.
— Corici, *d'Orb.*	—	—	3	4	—	6	d'Orb., *Céphalopodes acétab.*, pl. 4, fig. 9-12.
— costatus, *Sow.*	—	—	—	—	—	6	de Kon., *Descript.*, 1842-44, pl. 26, fig. 2; pl. 31, fig. 5; p. 343.
— decussatus, *Flem.*	1	—	3	4	—	6	*Ibid.*, pl. 29, fig. 2. 3; pl. 30, fig. 3; p. 339.
— Duchastelii, *Lév.*	1	—	—	—	—	—	— pl. 27, fig. 6; p. 346.
— Dumonti, *d'Orb.*	—	—	—	—	—	6	— pl. 38, fig. 6; p. 351.
— Ferussaci, *d'Orb.*	—	—	—	—	—	6	— pl. 27, fig. 3; pl. 38, fig. 7; p. 352.
— hiulcus, *Mart.*	—	—	—	—	—	6	— pl. 27, fig. 2; p. 348.
— hyalinus, *de Ryckh.*	1	—	—	—	—	—	de Ryckh., *Mél. paléont.*, 1re partie, pl. 3, fig. 26, 27; p. 88.
— Keynianus, *de Kon.*	—	—	—	—	—	6	de Kon., *Descript.*, 1842-44, pl. 29, fig. 4; p. 340.
— Leveilleanus, *de Kon*	—	—	—	—	—	6	*Ibid.*, pl. 29, fig. 1; p. 355.
— papyraceus, *de Ryckh.*	1	—	—	—	—	—	de Ryckh., *Mél. paléont.*, 1re partie, pl. 3, fig. 28; p. 87.
— phalæna, *de Ryckh.*	—	—	—	—	—	—	
— plicatus, *de Ryckh.*	1	—	—	—	—	—	*Ibid.*, fig. 25.
— Sowerbyi, *d'Orb.*	—	—	—	4	—	—	d'Orb., *Céphalopodes acétab.*, pl. 5, fig. 19-23.
— subdiscoïdeus, *de Ryckh.*	1	—	—	—	—	—	de Ryckh., *Mél. paléont.*, 1re partie, pl. 3, fig. 29-31; p. 89.
— tangentialis, *Phill*	—	—	—	—	—	6	de Kon., *Descript.*, 1842-44, pl. 30, fig. 1; p. 342.
— tenuifascia, *Sow.*	—	—	—	—	—	6	*Ibid.*, pl. 27, fig. 4; p. 347.
— Urii, *Flem.*	—	—	—	—	—	6	— pl. 30, fig. 4; p. 356.
— vasulites, *Montf.*	—	—	—	—	—	6	— pl. 27, fig. 5; p. 350.
— Witryanus, *de Kon.*	1	—	—	—	—	—	— pl. 28, fig. 9; pl. 30, fig. 2; p. 341.
Cirrus armatus, *de Kon.*	—	—	—	—	—	6	— pl. 24, fig. 13; p. 443.
Pileopsis (Capulus) adroceras, *de Ryckh.*	1	—	—	—	—	—	de Ryckh., *Mél. paléont.*, 1re partie, pl. 1, fig. 3, 4; p. 35.
— (Capulus) angustus, *Phill.*	—	—	—	—	—	6	Phill., 1836, *Géol. of Yorksh.*, t. II, pl. 14, fig. 20.
— canaliculatus, *Mc Coy.*	1	—	—	—	—	—	Mc Coy, 1844, *Synopsis*, pl. 3, fig. 13.
— (Capulus) corpuratus, *de Rychh.*	1	—	—	—	—	—	de Ryckh., *Mél. paléont.*, 1re partie, pl. 1; fig. 11, 12; p. 38.

GENRE, ESPÈCE ET AUTEUR.	ASSISES.						AUTEURS qui ont servi à la détermination.
	I	II	III	IV	V	VI	
Pileopsis (Capulus) insculptus, *de Ryckh.*	1	—	—	—	—	—	De Ryckh., *Mél. paléont.*, 2e partie, pl. 19, fig. 8, 9.
— lævigatus, *Mc Coy.* . .	—	—	—	4	—	—	
— neritoïdes, *de Kon., non Phill.*	1	—	—	—	—	—	de Kon., *Descript.*, 1842-44, pl. 23bis, fig. 1; p. 334.
— (Capulus) rectus, *de Ryckh.*	1	—	—	—	—	6	de Ryckh., *Mél. paléont.*, 1re partie, pl. 2, fig. 5, 6; p. 36.
— — trilobus, *Phill* .	—	—	—	—	—	6	Phill., 1836, *Geol. of Yorksh.*, t. II, pl. 14, fig. 12, 13.
— — tubifer, *de Ryckh. non Sow* . .	1	—	—	—	—	—	de Ryckh., *Mél. paléont.*, 1re partie, pl. 1, fig. 7, 8; p. 34.
— — vetustus, *Sow.* .	—	—	3	4	—	—	de Kon., *Descript.*, 1842-44, pl. 22, fig. 7; pl. 23bis, fig. 2; p. 332.
Metoptoma elliptica, *Phill* . . .	—	—	—	—	—	6	*Ibid.*, pl. 23bis, fig. 3, p. 330.
Patella (Acmæa ?) (Helcion) humilis, *de Ryckh.*	1	—	—	—	—	—	de Ryckh, *Mél. paléont.*, 1re partie, pl. 2, fig. 28, 29; p. 59.
— lateralis, *Phill.*	—	—	—	—	—	6	Phill., 1836, *Geol. of Yorksh.*, t. II, pl. 14, fig 6.
— mucronata, *Phill.* . . .	—	—	—	—	—	6	*Ibid.*, pl. 14, fig. 3.
— — pileus, *Phill.* .	—	—	—	—	—	6	— pl. 23, fig. 7; p. 328.
— retrorsa, *Phill.*	—	—	—	—	—	6	— pl. 14, fig. 5.
— sinuosa, *Phill.*	—	—	—	—	—	6	de Kon., *Descript.*, 1842-44, pl. 23, fig. 4; p. 326.
Metoptoma imbricata, *Phill.* . .	—	—	—	—	—	6	*Ibid.*, pl. 23bis, fig. 4; p. 429.
— oblonga, *Phill.*	—	—	—	—	—	6	— pl. 23, fig. 6; p. 329.
— solaris, *de Kon.* . . .	—	—	—	—	—	6	— pl. 22, fig. 6; p. 327.
Patella Konincki, *Mc Coy* . . .	—	—	—	4	—	—	Mc Coy, 1844, *Synopsis*, pl. 3, fig. 14.
Dentalium ingens, *de Kon.* . . .	—	—	—	—	—	6	de Kon., *Descript.*, 1842-44, pl. 22, fig. 2; p. 317.
— ornatum, *de Kon.* . .	—	—	—	—	—	6	*Ibid.*, pl. 22, fig. 3; p. 318.
— priscum, *de Münst.* . .	1	—	—	—	—	—	— pl. 22, fig. 1; p. 316.
Chiton concentricus, *de Kon.* . .	—	—	—	—	—	6	— pl. 22, fig. 4; p. 322.
— Nervicanus, *de Ryckh.*	1	—	—	—	—	—	de Ryckh, 1845, *Bull. de l'Acad.*, t. XII, pl. 1, fig. 1-9.
— priscus, *de Münst.* . .	1		—	—	—	—	de Kon., *Descript.*, 1842-44, pl. 23, fig. 1; p. 321.
— Sluseanus, *de Ryckh.* .	—	—	—	—	—	6	de Ryckh, *Mél. paléont.*, 1re partie, pl. 2, fig. 35, 36; p. 64.
— subgemmatus, *d'Orb.* (C. gemmatus, *de Kon.*, *non de Bl.*). . . .	—	—	—	—	—	6	de Kon., *Descript.*, 1842-44, pl. 23, fig. 2; p. 323.

GENRE, ESPÈCE ET AUTEUR.	ASSISES. I	II	III	IV	V	VI	AUTEURS qui ont servi à la détermination.
Chiton Tornacianus, *de Ryckh.*	1	—	—	—	—	—	
Chitonellus cordifer, *de Kon.*	1	—	—	—	—	—	de Kon., *Descript.*, 1842-44, pl. 45, fig. 2; p. 496.
Ptéropodes.							
Conularia irregularis, *de Kon.*	1	—	—	—	—	—	— pl. 22, fig. 5; p. 324.
Lamellibranches.							
Pleurophorus (Solen) siliquoïdes, *de Kon*	—	—	—	—	—	6	de Kon, *Descript.*, 1842-44, pl. 5, fig. 3; p. 63.
— (Solenopsis) Omaliusi, *de Ryckh.*	—	—	—	—	—	6	de Ryckh, *Mélanges*, 2e partie, pl. 14, fig. 3, 4; p. 59.
— — (Solenella) orbitosus, *de Ryckh.*	—	—	—	—	—	6	*Ibid.*, pl. 10, fig. 17, p. 59.
— — (Cypricardia) parvulus, *de Kon.*	—	—	—	—	—	6	de Kon., *Descript.*, 1842-44, pl. 2, fig. 3, p. 97.
— — (Cypricardia) rhombeus, *Phill.*	—	—	—	—	—	6	*Ibid.*, pl. 1, fig. 15; p. 94.
— — (Solenella) scalpellus, *de Ryckh.*	—	—	—	—	—	6	de Ryckh., *Mélanges*, 2e part., pl. 10, fig. 18, 19; p. 58.
— — scapha, *de Ryckh.*	—	—	—	—	—	6	*Ibid.*, pl. 14, fig. 5, 6; p. 61.
— — (Cypricardia) striato-lamellosus, *de Kon.*	—	—	—	—	—	6	de Kon., *Descript.*, 1842-44, pl. 2, fig. 8; p. 93.
— — tabulatus, *de Ryckh.*	—	—	—	—	—	—	de Ryckh., *Mélanges*, 2e part., pl. 14, fig. 17, 18; p. 65.
— — (Cypricardia) tricostatus, *Portl.*	—	—	—	—	—	6	*Ibid.*, pl. 14, fig. 7, 8; p. 62.
— — (Sanguinolaria) tumidus, *Phill.*	—	—	—	—	—	6	Mc Coy, *Synopsis*, 1844, p. 50.
— — uniplicatus, *de Ryckh*	—	—	—	—	—	6	de Ryckh., *Mélanges*, 2e partie, pl. 14, fig. 1, 2; p. 60.
— — (Pholadomya) Visetensis, *de Ryckh.*	—	—	—	—	—	6	*Ibid.*, pl. 10, fig. 1, 2; p. 63.
Sanguinolites (Solenomya) (Solemya) abbreviata, *de Ryckh.*	—	—	—	—	—	—	— pl. 16, fig. 18, 19; p. 53.
— (Solenomya) (Solemya) arcuata, *de Ryckh.*	1	—	—	—	—	—	— p. 52.
— (Panopæa) Coyana, *de Ryckh.*	—	—	—	—	—	6	— pl. 11, fig. 7, 8; p. 31.
— (Panopæa) gravida, *de Ryckh.*	—	—	—	—	—	6	— pl. 11, fig. 5, 6; p. 30.
— (Pholadomya) maxima, *de Ryckh.*	—	—	—		—	6	— p. 23.
— (Pholadomya) Omaliana, *de Kon.*	1	—	—	—	—	—	de Kon., *Descript.*, 1842-44, pl. 5, fig. 4; p. 65.

GENRE, ESPÈCE ET AUTEUR.	ASSISES. I	II	III	IV	V	VI	AUTEURS qui ont servi à la détermination.
Sanguinolites (Solenomya) (Solemya) parallela, *de Ryckh.*	1	—	—	—	—	—	de Ryckh., *Mélanges*, 2e part., pl. 11, fig. 11, 12; p. 51.
— (Solenomya) (Solemya) Puzosiana, *de Kon.*	1	—	—	—	—	—	de Kon, *Descript.*, 1842-44, pl 5, fig. 2; p. 60.
— (Panopæa) Scaldisiana, *de Ryckh.*	—	—	—	—	—	6	de Ryckh., *Mélanges*, pl. 2; p. 39.
— (Solenomya) (Solemya) saginata, *de Ryckh.*	1	—	—	—	—	—	*Ibid.*, 2e part., pl, 11, fig. 9, 10; p. 53.
— (Pholadomya) Tornacensis, *de Ryckh.*	1	—	—	—	—	—	— pl. 10, fig. 3, 4; p. 27.
— (Pholadomya) Vaulxiana, *de Ryckh*	1	—	—	—	—	—	— pl. 11, fig. 1, 2; p. 23.
Scaldia Benedeniana, *de Ryckh.*	1	—	—	—	—	—	— pl. 14, fig. 30, 31; p. 71.
— Davreuxiana, *de Ryckh.*	1	—	—	—	—	—	— pl 14, fig. 36, 37; p. 70.
— Kickxana, *de Ryckh.*	1	—	—	—	—	—	— pl. 10, fig. 27, 28; pl. 14, fig. 29; p. 67.
— Lambotteana, *de Ryckh.*	1	—	—	—	—	—	— pl. 10, fig. 24-26; p. 69.
— Morreniana, *de Ryckh.*	1	—	—	—	—	—	— pl. 14, fig 34, 35; p. 68.
— Omaliusiana, *de Ryckh.*	1	—	—	—	—	—	— pl. 14, fig. 32, 33; p. 70.
Lyonsia (Sedgwickia) gigantea, *Mc Coy*	1	—	—	—	—	—	Mc Coy, *Synopsis*, 1844, pl. 11, fig. 40; p. 62.
— Recqiana, *de Ryckh.*	1	—	—	—	—	—	de Ryckh., *Mélanges*, 2e part., pl. 16, fig. 29, 30; p. 41.
Tapes (Pullastra) bistriata, *Portl.*	1	—	—	—	—	—	*Ibid.*, pl. 14, fig. 19, 20; p. 75.
Cypricardia? (Trapezium) Annæ, *de Ryckh.*	—	—	—	—	—	6	— pl. 14, fig. 20, 21; p 134.
— bipartita, *de Kon.*	—	—	—	—	—	6	de Kon, *Descript.*, 1842-44, pl. 1, fig. 15; p. 94.
— (Venerupis) cingulata, *Mc Coy*	—	—	—	4	—	—	Mc Coy, *Syn.*, 1844, pl. 10, fig. 1; p. 67.
— concinna, *Mc Coy*	—	—	—	4	—	6	*Ibid.*, pl. 8, fig. 24; p. 59.
— elliptica, *Phill.*	—	—	—	—	—	6	Phill., 1836, *Geol. of Yorksh.*, t. II, pl. 5, fig. 7.
— (Trapezium) fabale, *de Ryckh.*	—	—	—	—	—	6	de Ryckh., *Mélanges*, 2e part., pl. 14, fig. 9, 10; p. 131.
— globosa, *de Kon.*	—	—	—	—	—	6	de Kon., *Descript.*, 1842-44, pl. 21, fig. 1; p. 98.
— (Trapezium) Juliæ, *de Ryckh.*	1	—	—	—	—	—	de Ryckh., *Mélanges*, 2e part., pl. 15, fig. 38, 39; p. 135.
— Kickxana, *de Ryckh.*	1	—	—	—	—	—	
— Koninckiana, *d'Orb.* (C. trapezoïdalis, *de Kon*, non *Roem*)	—	—	—	—	—	6	de Kon., *Descript.*, 1842-44, pl. 6, fig. 8; p. 96.
— (Trapezium) Lyellanum, *de Ryckh.*	—	—	—	—	—	6	de Ryckh., *Mélanges*, 2e part., pl. 14, fig. 27, 28; p. 133.
— (Venus) parallela, *Phill.*	—	—	—	—	—	6	de Kon., *Descript.*, 1842-44, pl. 3, fig. 15, p. 97.

GENRE, ESPÈCE ET AUTEUR.	ASSISES. I	II	III	IV	V	VI	AUTEURS qui ont servi à la détermination.
Cypricardia ? (Trapezium) præsectum, *de Ryckh.*	—	—	—	—	—	6	de Ryckh., *Mélanges*, 2e part., pl. 14, fig. 15, 16; p. 132.
— prosecta, *de Ryckh*	—	—	—	—	—	6	
— (Trapezium) quadrilaterale, *de Ryckh.*	—	—	—	—	—	6	*Ibid.*, pl. 14, fig. 13, 14; p. 131.
— retrosecta, *de Ryckh.*	—	—	—	—	—	6	
— Selysiana, *de Kon.*	—	—	—	—	—	6	de Kon., *Descript.*, 1842-44, pl. 6, fig. 7; p. 95.
— (Modiola) squamifera, *Phill.*	—	—	—	—	—	6	*Ibid.*, pl. 3, fig. 11; p. 92.
— transversa, *de Kon*	1	—	—	—	—	—	— pl. 1, fig. 3; pl. 3, fig. 8; p. 94.
— Vesali, *de Ryckh.*	1	—	—	—	—	—	de Ryckh., *Mélanges*, *t.* II, pl. 13, fig. 19, 20; p. 100.
Conocardium (Cardium) alæforme, *Sow*	—	—	—	—	—	6	de Kon., *Descript.*, 1842-44, pl. 4, fig. 12; p. 83.
— (Pleurorynchus) fusiforme, *Mc Coy*	1	—	—	—	—	—	Mc Coy, *Syn.*, 1844, pl. 9, fig. 1; p. 58.
— (Cardium) hibernicum, *Sow*	—	—	3	4	—	—	de Kon., *Descript.*, 1842-44, pl. 4, fig. 13; p. 85; suppl 1851, pl. 57, fig. 10; p. 26.
— (Cardium) irregulare, *de Kon.*	—	—	—	—	—	6	*Ibid.*, pl. 4, fig. 14; p. 89.
— (Arcites) rostratum, *Mart.*	—	—	—	—	—	6	— pl. 2, fig. 9; p. 87.
— (Cardium) strangulatum, *de Kon*	—	—	—	—	—	6	— pl. 2, fig. 7; p 88.
Isocardia ? deperdita, *de Kon*	—	—	—	—	—	6	— pl. 2, fig 2; p. 100.
— pumila, *de Kon*	—	—	—	—	—	6	— pl. 4, fig. 15; p. 100.
Cardiomorpha Archiaciana, *de Kon.*	1	—	—	—	—	—	pl. 2, fig. 4; p. 104.
— bicatenulata, *de Ryckh.*	1	—	—	—	—	—	de Ryckh., *Mélanges*, 2e part., pl. 13, fig. 3, 4; p. 94.
— compressa, *Mc Coy*	—	—	—	4	—	—	
— corrugata, *Mc Coy*	—	—	—	4	—	—	Mc Coy, *Syn.*, 1844, pl. 8, fig. 15; p. 56.
— (Cypricardia) cuneata, *Mc C.*	—	—	—		—	6	*Ibid*, pl. 8, fig. 25; p. 59.
— (Cyprina) Egertoni, *Mc C.*	—	—	3	4	—	—	— pl. 10, fig. 9; p. 35.
— (Pullastra) elegans, *Mc C.*	—	—	—	4	—	—	— pl. 8, fig. 16; p. 54.
— elongata, *de Kon.*	—	—	—	—	—	6	de Kon., *Descript.*, 1842-44, pl. 1; fig. 1; p. 102.
— elliptica, *de Kon.*	—	—	—	—	—	6	*Ibid.*, pl. 2, fig. 5; pl. 3, fig. 16; p. 306.
— (Leptodomus) fragilis, *Mc Coy*	—	—	—	4	—	—	Mc Coy, *Syn.*, 1844, pl. 10, fig. 11; p. 67.
— (Astarte) gibbosa, *Mc Coy.*	—	—	—	—	—	6	*Ibid.*, pl. 8, fig. 11; p. 55.
— glebosa, *de Ryckh.*	1	—	—	—	—	—	de Ryckh., *Mélanges*, 2e part., pl. 13, fig. 1, 2; p. 93.
— Lacordaireana, *de Ryckh.*	1	—	—	—	—	—	*Ibid.*, pl. 13, fig. 5, 6; p. 95.
— lamellosa, *de Kon.*	—	—	—	—	—	6	de Kon., *Descript.*, 1842-44, pl. 1, fig. 2; p. 110.
— livida, *de Kon.*	—	—	—	—	—	6	*Ibid.*, pl. 3, fig. 4; p. 106.
— (Venus) luciniformis, *Phill.*	—	—	—	—	—	6	— pl. 3, fig. 13; pl. 2, fig. 10; p. 107.

GENRE, ESPÈCE ET AUTEUR.	ASSISES. I	II	III	IV	V	VI	AUTEURS qui ont servi à la détermination.
Cardiomorpha Mosensis, *de Ryckh.*	—	—	—	—	—	6	de Ryckh., *Mélanges*, 2e part., pl. 13, fig. 21, 22; p. 101.
— nana, *de Kon.* . . .	—	—	—	—	—	6	de Kon., *Descript.*, 1842-44, pl. 3, fig. 8; p. 108.
— oblonga, *Sow* . . .	—	—	—	4	—	6	*Ibid.*, pl. 2, fig. 11; p. 103.
— (Cardium) orbiculare, *Mc Coy*	—	—	3	4	—	—	Mc Coy, *Synopsis*, 1862, pl. 12, fig. 7, p. 56.
— orbitosa, *de Ryckh* . .	1	—	—	—	—	—	de Ryckh., *Mélanges*, 2e part., pl. 13, fig. 11, 12; p. 98.
— (Astarte) quadrata, *McCoy.*	—	—	—	—	—	—	Mc Coy, *Synopsis*, 1844, pl. 11, fig. 4; p. 55.
— Puzosiana, *de Kon.* . .	1	—	—	—	—	—	de Kon., *Descript.*, 1842-44, pl. 2, fig. 8; p. 104.
— radiata, *de Kon.* . . .		—	—	—	—	6	*Ibid.*, pl. 2, fig. 6; pl. 3, fig. 9; p. 109.
— (Venerupis) scalaris, *Mc Coy*	—	—	—	4	—	6	Mc Coy, *Synopsis*, 1844, pl. 10, fig. 6; p. 67.
— sector, *de Ryckh.* . .	1	—	—	—	—	—	de Ryckh., *Mélanges*, 2e part., pl. 13, fig. 9, 10 ; p. 97.
— (Corbula) senilis, *Phill.*	—	—	—	—	—	6	Phill., 1836, *Geol. of Yorksh.*, t. II, pl. 5, fig. 1.
— solida, *de Ryckh.* . .	1	—	—	—	—	—	de Ryckh., *Mélanges*, 2e part., pl. 13, fig. 7, 8; p. 95.
— (Sanguinolaria) striata, *de Münst.*	—	—	—	—	—	6	de Kon., *Descript.*, 1842-44, pl. 2, fig. 9; p. 105.
— sulcata, *de Kon.* . . .	—	—	3	4	—	6	*Ibid.*, pl. 2, fig. 18; p. 109.
Edmondia Josepha, *de Kon.* . .	—	—	—	—	—	6	— pl. 1, fig. 5; p. 68.
— (Isocardia) unioniformis, *Phill.*	—	—	—	—	—	6	— pl. 1, fig. 4; p. 67.
Astarte Cantraineana, *de Ryckh.* .	—	—	—	—	—	6	de Ryckh., *Mélanges*, 2e part., pl. 15, fig. 11, 12; p. 115.
— decurtata, *de Ryckh.* . .	—	—	—	—	—	6	*Ibid.*, pl. 15, fig. 5, 6; p. 113.
— Dewalqueana, *de Ryckh.* .	—	—	—	—	—	6	— pl. 15, fig. 13*, 14*, p. 120.
— Mc Coyana, *Sow.* (A. elegans, *Sow*).	—	—	—	—	—	6	— p. 120.
— orbitosa, *de Ryckh.* . .	—	—	—	—	—	6	— pl. 15, fig. 13, 14; p. 116.
— Queteletiana, *de Ryckh.* .	—	—	—	—	—	6	— pl. 15, fig. 3, 4; p. 117.
— rhomboïdalis, *de Kon.*. .	—	—	—	—	—	6	de Kon., *Descript.*, 1842-44, pl. 4, fig. 11; p. 80.
— stenosoma, *de Ryckh.* . .	1	—	—	—	—	—	de Ryckh., *Mélanges*, 2e part., pl. 15; fig. 9, 10; p. 118.
— tremula, *de Ryckh.* . . .	—	—	—	—	—	6	*Ibid.*, pl. 15, fig. 7, 8 ; p. 114.
— Visetensis, *de Ryckh.* . .	—	—	—	—	—	6	— pl. 15, fig. 19, 20; p. 118.
Dolabra æquilateralis, *Mc Coy.* .	1	—	—	—	—	—	— pl. 16, fig. 7; p. 83.
— Cantraineana, *de Ryckh.* .	1	—	—	—	—	—	— pl. 16, fig. 3, 4; p. 82.

GENRE, ESPÈCE ET AUTEUR.	ASSISES. I	II	III	IV	V	VI	AUTEURS qui ont servi à la détermination.
Dolabra securiformis, *Mc Coy*	1	—	—	—	—	—	de Ryckh., *Mélanges*, 2e partie, pl. 16, fig. 5, 6; p. 83.
Niobe fragilis, *Mc Coy*	—	—	—	4	—	—	
— (Axinus) obliqua, *Mc Coy*	—	—	—	4	—	—	Mc Coy, *Synopsis*, 1844, pl. 8, fig. 29, p. 64.
— subtruncata, *Mc Coy*	—	—	—	4	—	—	
Cardinia ? (Lucina) laminata, *Phill.*	1	—	—	—	—	—	de Kon., *Descript.*, 1842-44, pl. 2, fig. 6; p. 78.
Arca fimbriata, *de Kon.*	—	—	—	—	—	6	*Ibid.*, pl. 2, fig. 13; p. 121.
— pinguis, *de Kon.*	—	—	—	—	—	6	— pl. 2, fig. 11; p. 116.
— (Byssoarca) reticulata, *Mc Coy.*	—	—	—	—	—	—	Mc Coy, *Synopsis*, 1862, pl. 12, fig. 9; p. 73.
— (Byssoarca) semicostata, *Mc Coy*	—	—	3	4	—	—	*Ibid.*, pl. 11, fig. 35; p. 73.
— tessellata, *de Kon.*	—	—	—	—	—	6	de Kon., *Descript.*, 1842-44, pl. 3, fig. 2; p. 118.
Palæarca ? (Cucullæa) (Arca) anatina, *de Kon.*	—	—	—	4	—	6	de Kon., *Descript.* (suppl. 1851), pl. 57, fig. 7; p. 21.
— (Cucullæa) (Arca) aviculoïdes, *de Kon.*	—	—	—	—	—	6	de Kon., *Descript.*, 1842-44, pl. 3, fig. 17, 20; p. 114.
— (Cucullæa) (Arca) arguta, *Phill.*	—	—	—	—	—	6	*Ibid.*, pl. 3, fig. 1, 12; p. 116.
— (Cucullæa) (Arca) elegantula, *de Kon.*	—	—	—	—	—	6	— pl. 3, fig. 3; p. 117.
— (Cucullæa) (Arca) Faba, *de Kon.*	—	—	—	—	—	6	— pl. 2, fig. 17; p. 115.
— (Cucullæa) (Arca) fallax, *de Kon.*	—	—	—	—	—	6	de Kon., *Descript.* (suppl. 1851), pl. 57, fig. 6; p. 22.
— (Cucullæa) (Arca) Haimeana, *de Kon.*	—	—	—	—	—	6	*Ibid.*, pl. 57, fig. 9; p. 22.
— (Cucullæa) (Arca) Lacordairiana, *de Kon.*	1	—	—	—	—		de Kon., *Descript.*, 1842-44, pl. 2, fig. 14; p. 119.
— (Cucullæa) (Arca) Mc Coyana *de Kon.*	—	—	—	—	—	6	de Kon., *Descript.* (suppl. 1851), pl. 57, fig. 8; p. 20.
— (Cucullæa) (Arca) obscura, *de Kon.*	—	—	—	—	—	6	de Kon., *Descrip.*, 1842-44, pl. 2, fig. 16; p. 114.
— (Cucullæa) (Arca) obtusa, *Phill.*	—	—	—	—	—	6	*Ibid.*, pl. 2, fig. 15; p. 112.
— (Cucullæa) (Arca) Verneuiliana, *de Kon.*	—	—	—	—	—	6	— pl. 2, fig. 12; p. 120.
Tellinomya (Leda) colliculus, *de Ryckh.*	—	—	—	—	—	6	de Ryckh., *Mélanges*, 2e part., pl. 17, fig. 3, 4; p. 150.
— (Leda) (Nucula) cuneata, *Phill.*	1	—	—	—	—	—	*Ibid.*, pl. 17, fig. 32-35; p. 147.
— (Leda) gibbosa, *Flem.*	—	—	—	—	—	6	de Kon., *Recherches*, 2e part., 1873, pl. 3, fig. 18; p. 82.
— (Leda) (Nucula) luciniformis, *Phill.*	1	—	—	—	—	—	*Ibid.*, *Descript.*, 1842-44, pl. 3, fig. 13; pl. 2, fig. 11; p. 107.
— (Leda) Phillipsii, *de Ryckh.* (N. undata, *Phill.*)	1	—	—	—	—	—	de Ryckh., *Mélanges*, 2e part., pl. 17, fig. 7; p. 152.

GENRE, ESPÈCE ET AUTEUR.	ASSISES.						AUTEURS qui ont servi à la détermination.
	I	II	III	IV	V	VI	
Tellinomya (Leda) S^ti-Adelini, *de Ryckh.* . . .	—	—	—	—	—	6	de Ryckh., *Mélanges*, 2e part., pl. 17, fig. 1, 2; p. 149.
— — sinuosa, *de Ryckh.*	1	—	—	—	—	—	*Ibid*, pl. 17, fig. 5, 6; p. 151.
— (Nucula) tumida, *Phill.*	—	—	—	—	—	6	— p. 148.
Pinna (Pinnites) flabelliformis, *Mart.*	—	—	—	—	—	6	de Kon., *Descript.*, 1842-44, pl. 5, fig. 1; p. 124.
— membranacea, *de Kon.* (P. prisca, *de Kon*, P. Konincki, *d'Orb.*).	—	—	—	—	—	6	*Ibid.*, pl. 1, fig. 16; p. 123.
Mytilus ampliatus, *de Ryckh.* . .	—	—	—	—	—	6	de Ryckh., *Mélanges*, 1re part., pl. 8, fig. 9, 10; p. 141.
— apicicrassus, *de Ryckh.* .	—	—	—	—	—	6	*Ibid.*, pl. 8, fig. 3, 4; p. 138.
— cestinotus, *de Ryckh.* .	—	—	—	—	—	6	— pl. 8, fig. 18, 19; p. 143.
— Cordolianus, *de Ryckh.* .	1	—	—	—	—	—	— pl. 7, fig. 12, 13; p. 134.
— (Lithodomus) dactyloïdes, *Mc Coy*	—	—	3	4	—	—	— 2e part., p. 92.
— fabalis, *de Ryckh.*	1	—	—	—	—	—	— 1re part., pl. 7, fig. 20, 21; p. 137.
— Flemingii, *Mc Coy.* . .	1	—	—	—	—	—	— 2e part., p. 89.
— Fontenoyanus, *de Ryckh.*	1	—	—	—	—	—	— 1re part., pl. 7, fig. 16, 17; p. 136.
— Geinitzianus, *de Ryckh*	1	—	—	—	—	—	— 2e part. pl. 16, fig. 27, 28; p. 91.
— granulosus, *Phill.* . .	—	—	—	—	—	6	Phill., 1836, *Geol. of Yorksh.*, pl. 5, fig. 23.
— Koninckianus, *de Ryckh.*	—	—	—	—	—	6	de Ryckh., *Mélanges*, 2e part., p. 89.
— ligonula, *de Ryckh.* . .	1	—	—	—	—	—	*Ibid.*, 1re part, pl. 7, fig. 18, 19; p. 136.
— (Modiola) lingualis, *Phill.*	—	—	—	—	—	6	— 2e part., p. 91.
— lividus, *de Ryckh.* (Modiola megaloba, *Mc Coy*). .	—	—	—	—	—	6	Mc Coy, *Synopsis*, 1862, pl. 11, fig 31; p. 75.
— lunulatus, *de Ryckh.* .	—	—	—	—	—	6	de Ryckh., *Mélanges*, 2e part., p. 88.
— Mariæ, *de Ryckh.* . .	1	—	—	—	—	—	*Ibid.*, 1re part., pl. 8, fig. 15, 16; p. 142.
— (Modiola) Mac-Adamii, *Portl.*	—	—	—	—	—	6	— 2e part., p. 87.
— Mosensis, *de Ryckh.* . .	—	—	—	—	—	6	— 1re part., pl. 7, fig. 14, 15; p. 135.
— Omaliusianus, *de Ryckh.*	—	—	—	—	—	6	— pl. 8, fig. 22, 23; p. 144.
— palmatus, *de Ryckh.* . .	—	—	—	—	—	6	— pl. 8, fig. 7, 8; p. 140.
— pernella, *de Ryckh.* . .	—	—	—	—	—	6	— pl. 8, fig. 20, 21; p. 144.
— (Inoceramus) pernoïdes, *Portl.*	1	—	—	—	—	—	— 2e part., p. 90.
— retrocessus, *de Ryckh.* .	—	—	—	—	—	6	de Ryckh., *Mélanges*, 1re part., pl. 8, fig. 5, 6; p. 139.
— (Cardiomorpha) tenera, *de Kon.*	—	—	—	—	—	6	de Kon., *Descript.*, 1842-44, pl. 3, fig. 5; p. 107.
Myalina Goldfussiana, *de Kon.* .	—	—	—	—	—	6	*Ibid*, pl. 3, fig. 7; p. 126.
— lamellosa, *de Kon.* . . .	—	—	—	—	—	6	— pl. 3, fig. 6; p. 126.

GENRE, ESPÈCE ET AUTEUR.	ASSISES.						AUTEURS qui ont servi à la détermination.
	I	II	III	IV	V	VI	
Myalina virgula, *de Kon.* . . .	—	—	—	—	—	6	de Kon., *Descript.*, 1842-44, pl. 6, fig. 3; p. 127.
Avicula acutirostris, *de Kon.* . .	—	—	—	—	—	6	*Ibid.*, pl. 1, fig. 11; p. 131.
— Benedeniana, *de Kon.* .	—	—	—	—	—	6	— pl. 3, fig. 22; p. 130.
— Bosquetiana, *de Kon.* . .	—	—	—	—	—	6	de Kon., *Descript.* (Suppl.), 1851, pl. 57, fig. 3; p. 32.
— Buchiana, *de Kon.*. . .	—	—	—	—	—	6	de Kon., *Descript.*, 1842-44, pl. 1, fig. 12; pl. 3, fig. 14; p. 138.
— (Pecten) depilis, *Mc Coy* .	—	—	—	4	—	—	Mc Coy, *Synopsis*, 1862, pl. 16, fig. 11; p. 91.
— Dumontiana, *de Kon.* . .	—	—	—	—	—	6	de Kon., *Descript.*, 1842-44, pl. 4, fig. 3; p. 134.
— (Pterinea) desquamata, *Mc Coy*	—	—	—	—	—	—	Mc Coy, *Synopsis*, 1862, pl. 13, fig. 2; p. 82.
— elliptica, *Phill.*	—	—	—	4	—	—	Phill., 1836, *Geol. of Yorks.*, pl. 6, fig. 15.
— fabalis, *de Ryckh.* . . .	1	—	—	—	—	—	
— (Pecten) fallax, *Mc Coy* .	—	—	3	4	—	—	Mc Coy, *Synopsis*, 1862, pl. 14, fig. 2; p. 92.
— — interstitialis, *Phill.*	—	—	—	—	—	6	Phill., 1836, *Geol. of Yorks*, pl. 6, fig. 24.
— irradiata, *de Ryckh* (Pecten plicatus, *Phill., non Sow.*	—	—	—	—	—	6	
— lævigata, *de Kon.* . . .	—	—	—	4	—	6	de Kon., *Descript.*, 1842-44, pl. 3, fig. 19; p. 137.
— (Gervillia) laminosa, *Phill.*	—	—	—	4	—	—	Phill., 1836, *Geol. of Yorks*, pl. 6, fig. 11.
— lepida, *de Kon.*	—	—	—	—	—	6	de Kon., *Descript.*, 1842-44, pl. 3, fig. 26; p. 132.
— ligonula, *de Ryckh.* . .	1	—	3	—	—	6	
— (Gervilia) lunulata, *Phill.*	—	—	—	4	—	6	de Kon., *Descript.*, 1842-44, pl. 3, fig. 21; p. 129.
— magnifica, *de Kon.* . .	—	—	—	—	—	6	*Ibid.*, pl. 3, fig. 23; p. 133.
— nobilis, *de Kon.* . . .	—	—	—	—	—	6	— pl. 3, fig. 24; p. 132.
— Nystiana, *de Kon.* . . .	—	—	—	—	—	6	— pl. 3, fig. 26; p. 131.
— radiata, *Phill.*	—	—	—	—	—	6	— pl. 3, fig. 26; p. 131.
— radula, *de Kon.* . . .	—	—	—	—	—	6	— pl. 4, fig. 1; p. 135.
— recta, *de Kon.*	—	—	—	4	—	—	
— rigida, *Mc Coy*	—	—	—	—	—	6	
— (Pecten) simplex, *Phill.* .	—	—	—	—	—	6	de Kon., *Descript.*, 1842-44, pl. 4, fig. 2, 4; p. 137.
— (Gervillia) squammosa, *Phill.*	—	—	—	—	—	6	Phill., 1836, *Geol. of Yorksh.*, pl. 6, fig. 9.
— subgranosa, *de Kon.* (Pecten granosus, *Phill., non Sow.*	—	—	—	—	—	6	*Ibid.*, t. II, pl. 6, fig. 7.
— sublævigata, *d'Orb.*, (Avicula lævigata, *de Kon., non Ziet.*)	—	—	—	—	—	6	de Kon., *Descript.*, 1842-44, pl. 3, fig. 19.

GENRE, ESPÈCE ET AUTEUR.	ASSISES.						AUTEURS qui ont servi à la détermination.
	I	II	III	IV	V	VI	
Avicula sublobata, *Phill.*	—	—	—	—	—	6	Phill., *Geol. of Yorkhs.*, 1836, pl. 6, fig. 23.
— tessellata, *de Kon.*	—	—	—	—	—	6	de Kon., *Descript.*, 1842-44, pl. 6, fig. 2, 4, 11; p. 134.
— Valenciennesiana, *de Kon.*	—	—	—	—	—	6	de Kon., *Descript.* (Suppl.), 1851, pl. 57, fig. 2; p. 31.
Posidonomya (Pecten) hemisphærica, *Phill.*	—	—	—	—	—	6	de Kon., *Descript.*, 1842-44, pl. 1, fig. 13; p. 142.
— lamellosa, *de Kon.*	—	—	—	—	—	6	de Kon., *Descript.* (Suppl.), 1851, pl. 57, fig. 5; p. 33.
— (Inoceramus) vetusta, *Sow.*	—	—	—	—	—	6	de Kon., *Descript.*, 1842-44, pl. 6, fig. 1; p. 141.
Pecten Bathus, *d'Orb.* (P. Sowerbyi, *Mc Coy, non Nyst*).	—	—	—	—	—	6	de Kon., *Recherches*, 2e part., 1873, pl. 3, fig. 19; p. 94.
— dissimilis, *Flem.*	—	—	—	—	—	6	de Kon., *Descript.*, 1842-44, pl. 4, fig. 7, 8; p. 144.
— elongatus, *Mc Coy*	—	—	—	4	—	—	Mc Coy, *Synopsis*, 1862, pl. 16, fig. 9; p. 92.
— fimbriatus, *Phill.*	—	—	—	—	—	6	Phill., *Geol. of Yorksh.*, 1836, pl. 6, fig. 28.
— illegalis, *de Kon.*	—	—	—	—	—	6	de Kon., *Descript.*, 1842-44, pl. 4, fig. 6; p. 145.
— mactatus, *de Kon.*	1	—	—	4	—	—	*Ibid.*, pl. 5, fig. 5; p. 146.
— orbiculatus, *Mc Coy*	—	—	—	4	—	—	Mc Coy, *Synopsis*, 1862, pl. 14, fig. 8; p. 97.
— Phillipsianus, *de Kon.*	—	—	—	—	—	6	de Kon., *Descript.*, 1842-44, pl. 4, fig. 6; p. 145.
— planicostatus, *Mc Coy*	—	—	3	4	—	6	Mc Coy, *Synopsis*, 1862, pl. 14, fig. 6; p. 98.
— sclerotis, *Mc Coy*	—	—	—	4	—	—	*Ibid.*, pl. 16, fig. 4; p. 99.
— Sedgwickii, *Mc Coy*	—	—	—	—	—	6	— pl. 14, fig. 4; p. 99.
— villanus, *de Kon.*	—	—	—	—	—	6	de Kon., *Descript.* (Suppl.), 1851, pl. 57, fig. 4; p. 34.
Ostrea nobilissima, *de Kon.*	—	—	—	—	—	6	*Ibid.*, pl. 57, fig. 1; p. 30.
Brachiopodes.							
Terebratula hastæformis, *de Kon.*	1	—	—	—	—	—	de Kon., *Descript.* (Suppl.), 1851, pl. 56, fig. 8; p. 15.
— hastata, *Sow.*	—	—	—	4	—	6	de Kon., *Descript.*, 1842-44, pl. 20, fig. 3; p. 293.
— (Anomites) sacculus, *Mart.*	—	—	—	4	—	6	*Ibid.*, pl. 20, fig. 3; p. 293.
— vesicularis, *de Kon.*	—	—	—	—	—	6	de Kon., *Descript.* (Suppl.), 1851, pl. 56, fig. 10; p. 16.
Spirifer acuticostatus, *de Kon.*	—	—	—	—	—	6	de Kon., *Descript.*, 1842-44, pl. 17, fig. 6; p. 265.

GENRE, ESPÈCE ET AUTEUR.	ASSISES. I	II	III	IV	V	VI	AUTEURS qui ont servi à la détermination.
Spirifer bisulcatus, *Sow.*	—	—	—	—	—	6	de Kon., *Descript.*, 1842-44, pl. 14, fig. 4 ; pl. 16, fig. 3 ; p. 250.
— Bronnianus, *de Kon.* . .	—	—	—	—	—	6	*Ibid.*, pl. 15, fig. 6 ; p. 242.
— Buchianus, *de Kon.* . .	—	—	—	—	—	6	— pl. 15, fig. 3 ; pl. 19, fig. 6 ; p. 265.
— cheiropteryx, *de Vern.* .	—	—	—	—	—	6	— pl. 15, fig. 9 ; p. 245.
— convolutus, *Phill.* . . .	—	—	—	—	—	6	— pl. 17, fig. 2 ; p. 247.
— (Anomites) cuspidatus, *Mart.*	—	—	—	4	—	—	— pl. 14, fig. 1 ; p. 243.
— distans, *Sow.*	1	—	—	4	—	—	Sow., *Min. Conch.*, t. V, p. 152, pl. 494, fig. 3.
— duplicicosta, *Phill.* . . .	—	—	—	—	—	6	de Kon., *Descript.*, 1842-44, pl. 16, fig. 2 ; p. 259.
— Fischerianus, *de Kon.* .	—	—	—	—	—	6	*Ibid.*, pl. 14, fig. 3 ; p. 246.
— (Anomites) glaber, *Mart.*	—	—	—	—	—	6	— pl. 18, fig. 1 ; p. 267.
— Goldfussianus, *de Kon.* .	1	—	—	—	—	—	de Kon., *Descript.* (Suppl.), 1851, pl. 56, fig. 7 ; p. 13.
— grandicostatus, *Mc Coy* .	—	—	—	—	—	6	
— humerosus, *Phill.*	—	—	—	—	—	6	Phill., *Geol. of Yorksh.*, 1836, pl. 11, fig. 28.
— insculptus, *Phill* (S. crispus *de Kon*)	—	—	—	—	—	6	*Ibid.*, pl. 9, fig. 2 et 3.
— integricosta, *Phill.* (S. rotundatus, v. planatus, *de Kon*)	—	—	—	—	—	6	de Kon., *Descript.*, 1842-44, pl. 14, fig. 2 ; pl. 15, fig. 4 ; pl. 17, fig. 3, 4 ; p. 263.
— laminosa, *Mc Coy.* (S. tricornis *et* S. hystericus, *de Kon.*)	1	—	—	—	—	—	*Ibid.*, pl. 15, fig. 3 ; p. 236.
— (Anomites) lineatus, *Mart.*	1	—	—	4	—	6	— pl. 6, fig. 5 ; pl. 17, fig. 8 ; p. 270.
— mesogonius, *Mc Coy* . .	—	—	—	—	—	6	de Kon., *Descript.* (Suppl.), 1851, pl. 56, fig. 4 ; p. 10.
— tornacensis, *de K.*, (S. Mosquensis, *Fisch.*, S. Sowerbyi, *de Kon.*). . .	1	—	—	—	—	—	de Kon., *Descript.*, 1842-44, pl. 16, fig. 1 ; p. 252.
— ornatus, *de Kon.*	—	—	—	—	—	6	de Kon., *Descript.* (Suppl.), 1851, pl. 56, fig. 3 ; p. 12.
— ovalis, *Phill.*	—	—	—	—	—	6	de Kon., *Descript.*, 1842-44, pl. 14, fig. 2 ; pl. 15, fig. 4 ; pl. 17, fig. 3, 4 ; p. 263.
— pectinoïdes, *de Kon.* . . .	—	—	—	—	—	6	*Ibid.*, pl. 16, fig. 4 ; p. 260.
— pinguis, *Sow.* (S. rotundatus, *de Kon.*). . . .	—	—	—	—	—	6	— pl. 14, fig. 2 ; pl. 5, fig. 4 ; pl. 17, fig. 3, 4 ; p. 263.
— planatus, *Phill.*	—	—	—	—	—	6	Phill., *Geol. of Yorksh.*, 1836, pl. 10 ; fig. 3.
— recurvatus, *de Kon.* . .	—	—	—	—	—	6	de Kon., *Descript.*, 1842-44, pl. 16, fig. 5 ; p. 261.
— Roemerianus, *de Kon.* .	1	—	—	—	—	—	*Ibid.*, pl. 15, fig. 2 ; p. 235.
— Schnurianus, *de Kon.*. .	—	—	—	—	—	6	de Kon., *Descript.* (Suppl.), 1851, pl. 56, fig. 6 ; p. 9.
— (Anomites) striatus, *Mart.* (*et* S. attenuatus, *de Kon.*).	—	—	—	4	—	—	de Kon., *Descript.*, 1842-44, pl. 15bis, fig. 4 ; p. 256.

GENRE, ESPÈCE ET AUTEUR.	ASSISES. I	II	III	IV	V	VI	AUTEURS qui ont servi à la détermination.
Spirifer (Anomites) triangularis, *Mart.*	—	—	—	—	—	6	de Kon., *Descript.*, 1842 44, pl. 15, fig. 1; p. 234.
— trigonalis, *Sow.*	—	—	—	—	—	6	*Ibid.*, pl. 17, fig. 1; p. 249.
— radialis, *Phill.* (*et* S. trisulcosus, *de Kon.*)	—	—	—	4	—	—	— pl. 17, fig. 7; p. 266.
Spiriferina (Spirifer) octoplicata, *Sow.*	1	—	—	4	—	6	— pl. 15, fig. 7; pl. 17, fig. 5; p. 237; pl. 15, fig. 5; p. 240.
— (Spirifera) sculpta, *Phill.*	—	—	—	—	—	6	
Athyris (Spirifer) ambigua, *Sow.*	—	—	—	—	—	6	de Kon., *Descript.*, 1842 44, pl. 20, fig. 2; p. 296.
— — globularis, *Phill.*	—	—	—	—	—	6	*Ibid.*, pl. 18, fig. 1; p. 267.
— — lamellosa, *Lév.*	1	—	—	—	—	6	— pl. 20, fig. 5; p. 299.
— — planosulcata, *Phill*	1	—	—	4	—	6	— pl. 21, fig. 1, 2; p. 301.
— — Royssii, *Lév.*	1	—	—	—	—	—	— pl. 18, fig 1; p. 267.
— (Terebratula) squamigera, *de Kon.*	1	—	—	—	—	—	de Kon, *Descript.* (Suppl.), 1851, pl. 56, fig. 9; p. 17.
Cyrtia (Spirifer) septosa, *Phill.* (S. subconicus, *de Kon.*)	—	—	—	—	—	6	de Kon., *Descript.*, 1842-44, pl. 12bis, fig. 5; p. 255.
Retzia (Atrypa) radialis, *Phill.*	—	—	—	—	—	6	Phill., *Geol. of Yorksh.*, 1836, pl. 12, fig. 40 et 41.
— (Terebratula) serpentina, *de Kon.*	1	—	—	—	—	—	de Kon., *Descript.*, 1842-44, pl. 19, fig. 8; p. 291.
— — ulothrix, *de Kon*	1	—	—	—	—	—	*Ibid.*, pl. 19, fig. 5; p. 292.
Rhynchonella (Anomites) acuminata, *Mart.*	—	—	—	—	—	6	— pl. 18, fig. 3; p. 278.
— (Anomia) angulata, L.	—	—	—	—	—	6	— pl. 19, fig. 1; p. 284.
— (Terebratula) flexistria, *Phill.*	—	—	—	—	—	6	— pl. 19, fig. 2; p. 289.
— (Terebratula) pleurodon, *Phill.*	1	—	—	4	—	6	— pl. 19, fig. 2; p. 289.
— (Anomia) pugnus, *Mart.*	1	—	—	4	—	6	— pl. 18, fig. 3; p. 278.
— (Terebratula) reflexa, *de Kon.*	—	—	—	—	—	6	— pl. 20, fig. 4; p. 298.
— — rhomboïdea, *Phill.*	—	—	—	—	—	6	— pl. 18, fig. 3; p. 282.
— — trilatera, *de Kon.*	—	—	—	—	—	6	— pl. 19, fig. 7; p. 292.
Orthis (Spirifera) connivens, *Phill.*	—	—	—	—	—	6	— pl. 13, fig. 9 et 10; p. 226.
— Keyserlingiana, *de Kon.*	—	—	—	—	—	6	— pl. 13, fig. 12; p. 230.
— Lyelliana, *de Kon.*	—	—	—	4	—	—	de Kon., *Descript.* (Suppl.), 1851, pl. 56, fig. 1; p. 6.
— (Terebratula) Michelini, *Lév.*	1	—	—	4	—	—	de Kon., *Descript.*, 1842-44, pl. 13, fig. 8, 10; p. 228.

GENRE, ESPÈCE ET AUTEUR.	ASSISES. I	II	III	IV	V	VI	AUTEURS qui ont servi à la détermination.
Orthis (Anomites) resupinatus, *Mart.*	1	—	—	4	—	6	*Ibid.*, pl. 13, fig. 9, 10; p. 226.
Orthotetes — crenistria, *Phill.* (O. umbraculum, *de Kon.*)	1	—	—	4	—	6	— pl. 13, fig. 4. 7; pl. 13bis; p. 222.
Strophomenes (Producta) analoga, *Phill.*	1	—	—	4	—	6	— pl. 12, fig. 3-6; pl. 13, fig. 6; p. 215.
Chonetes Buchiana, *de Kon.* . .	—	—	—	—	—	6	de Kon., *Recherches*, 1847, pl. 20, fig. 17; p. 218.
— concentrica, *de Kon.* . .	—	—	—	—	—	6	*Ibid.*, pl. 20, fig. 19; p. 186.
— Dalmaniana, *de Kon.* .	—	—	—	—	—	6	— pl. 19, fig. 3; p. 193.
— elegans, *de Kon.*	1	—	3	4	—	—	— pl. 20, fig. 13; p. 220.
— (Spirifera) papilionacea, *Phill.*	—	—	—	—	—	6	— pl. 19, fig. 2; p. 187.
— perlata, *Mc Coy* . . .	—	—	—	4	—	—	— pl. 19, fig. 11; p. 199.
— (Leptæna) sulcata, *Mc Coy.*	—	—	—	—	—	6	— pl. 20, fig. 12; p. 196.
— — tuberculata, *de Kon.*	—	—	—	—	—	6	— pl. 19. fig. 4; p. 222.
— (Productus) variolata, *d'Orb.*	1	—	—	—	—	—	— pl. 19, fig. 5; pl. 20, fig. 2; p. 206.
Productus (Anomites) aculeatus, *Mart.*	1	—	3	4	—	6	— pl. 16, fig. 6; p. 144.
— arcuarius, *de Kon.* . .	—	—	—	—	—	6	— pl. 4, fig. 2; p. 54.
— Buchianus, *de Kon.* . .	—	—	—	—	—	6	— pl. 18, fig. 4; p. 129.
— cora, *d'Orb.*	1	—	3	4	—	6	— pl. 4, fig. 4; pl. 5, fig. 2; p. 50.
— Deshayesianus, *de Kon.*	—	—	—	—	—	6	— pl. 14. fig. 4; p. 131.
— ermineus, *de Kon.* . .	—	—	—	—	—	6	— pl. 6, fig. 5; pl. 18. fig. 1; p. 61.
— expansus, *de Kon.* . .	—	—	—	—	—	6	— pl. 7, fig. 3; pl. 18, fig. 2; p. 80.
— fimbriatus, *Sow.* . . .	—	—	—	—	—	6	— pl. 12. fig. 3; p. 127.
— flexistria, *Mc Coy.* . .	—	—	—	—	—	6	— pl. 17, fig. 1; p. 47.
— (Anomites) giganteus, *Mart.*	—	—	—	—	—	6	— pl. 1, fig. 2; pl. 2, fig. 1; pl. 3, fig. 1; pl. 4, fig. 1; pl. 11, fig. 8; p. 34.
— Griffithianus, *de Kon.* .	—	—	—	—	—	6	— pl. 18, fig. 7; p. 74a.
— Heberti. *de Vern.* . .	—	—	—	4	—	—	de Vern., *Bull. Soc. Géol. de Fr.*
— Humboldtii, *d'Orb.* . .		—	—	—	—	—	de Kon., *Recherches*, 1847, pl. 12, fig. 2; p. 114.
— Koninckanus, *de Vern.*, (P. spinulosus, *de Kon.*, non *Sow.* et P. granulosus, *de Kon.* . . .	—	—	—	—	—	6	*Ibid.*, pl. 16, fig. 7, p. 135; pl. 11, fig. 2; p. 103.
— Keyserlingianus, *de Kon.*	—	—	—	—	—	6	— pl. 14, fig. 7; p. 134.
— latissimus, *Sow.* . . .	—	—	—	—	—	6	— pl. 2, fig. 2; pl. 3, fig. 2; p. 42.
— longispinus, *Sow.* . .	1	—	3	4	—	6	— pl. 12. fig. 11; pl. 12bis, fig. 2; p. 187.

GENRE, ESPÈCE ET AUTEUR.	ASSISES.						AUTEURS qui ont servi à la détermination.
	I	II	III	IV	V	VI	
Productus Leuchtenbergensis, *de Kon.*	—	—	—	—	—	6	de Kon., *Recherches*, 1847, pl. 14, fig. 3; p. 121.
— margaritaceus, *Phill.* .	1	—	3	4	—	6	*Ibid.*, pl. 4, fig. 3; p. 45.
— marginalis, *de Kon.* . .	—	—	—	—	—	6	— pl. 14, fig. 7; p. 132.
— Medusa, *de Kon.* . . .	—	—	—	—	—	6	— pl. 5, fig. 5; p. 70.
— mesolobus, *Phill.* . .	1	—	3	4	—	6	— pl. 17, fig. 2; p. 164.
— Nystianus, *de Kon.* . .	—	—	—	—	—	6	— pl. 6, fig. 6; pl. 14, fig. 5; p. 65.
— plicatilis, *Sow.* . . .	—	—	3	4	—	6	— pl. 5, fig. 6; p. 72.
— proboscideus, *de Vern.*	—	—	—	—	—	6	— pl. 6, fig. 4; p. 62.
— (Anomites) punctatus, *Mart.*	—	—	—	—	—	6	— pl. 12, fig. 2; p. 123.
— pustulosus, *Phill.* (*et* P. pyxidiformis, *de Kon.*).	—	—	—	—	—	6	— pl. 11, fig. 7; pl. 12, fig. 1, 4; pl. 13, fig. 1; pl. 16, fig. 2, 8, 9; pp. 116 et 118.
— (Anomites) scabriculus, *Mart*	—	—	—	—	—	6	— pl. 11, fig. 6; p. 111.
— semireticulatus, *Mart. ou Flem.* ?	1	—	3	4	—	6	— pl. 8, fig. 1; pl. 9, fig. 1; pl. 10, fig. 1; p. 83.
— (Leptæna) sinuatus, *de Kon.*	—	—	—	—	—	6	de Kon., *Descript.* (Suppl.), 1851, pl. 56, fig. 2.
— sublævis, *de Kon.* (*et* P. Christiani, *de Kon.*).	—	—	—	—	—	6	de Kon., *Recherches*, 1847, pl. 7, fig. 1; p. 75; pl. 17, fig. 3; p. 166.
— (Mytilus) striatus, *Fisch.*	—	—	—	—	—	6	*Ibid.*, pl. 1, fig. 1; p. 30.
— tessellatus, *de Kon.* .	—	—	—	—	—	6	— pl. 14, fig. 2; p. 110.
— undatus, *Defr.*	—	—	—	—	—	6	— pl. 5, fig. 3; p. 59.
— undiferus, *de Kon.* . .	1	—	—	—	—	—	— pl. 5, fig. 4; pl. 11, fig. 5; p. 57.
Crania (Orbicula) quadrata, *Mc Coy.*	—	—	—	—	—	—	Mc Coy, *Synopsis*, 1862, pl. 20, fig. 1; p. 104.
— (Patella) Ryckholtiana, *de Kon.* (Anomianella Proteus, *de Ryckh.*) . . .	1	—	—	—	—	—	de Kon., *Descript.*, 1842-44, pl. 23, fig. 5; p. 327.
Discina (Emarginula) carbonifera, *de Ryckh.*	1	—	—	—	—	—	de Ryckh., *Mélanges*, 1re part, pl. 1, fig. 19, 20; p. 43.
— (Orbicula) concentrica, *de Kon.*	—	—	—	4	—	6	de Kon., *Descript.*, 1842-44, pl. 21, fig. 3; p. 307.
— (Orbiculoïdea) Dumontiana, *de Ryckh.*	—	—	—	—	—	6	de Ryckh., *Mélanges*, 1re part., pl. 5, fig. 5, 6; p. 98.
— (Orbicella) gibbosa, *de Ryckh.*	1	—	—	—	—	—	*Ibid.*, pl. 4, fig. 21-24; p. 96.
— (Helcion) glebosa, *de Ryckh.*	—	—	—	—	—	6	— 2e part., pl. 20, fig. 13, 14; p. 195.
— (Metoptoma) heptaedralis, *de Ryckh.*	1	—	—	—	—	—	— 1re part., pl. 2, fig. 22, 23; p. 59.
— (Orbicella) hieroglyphica, *de Ryckh.*	1	—	—	—	—	—	— pl. 4, fig. 12, 20; p. 93.
— (Orbicella) mesocœla, *de Ryckh.*	1	—	—	—	—	—	— pl. 4, fig. 25, 26; p. 96.

GENRE, ESPÈCE ET AUTEUR.	ASSISES. I	II	III	IV	V	VI	AUTEURS qui ont servi à la détermination.
Discina (Orbicula) nitida, *Phill.*	—	—	—	—	—	6	de Ryckh., *Mélanges*, 1re part., pl. 4, fig. 5, 6; p. 92.
— (Orbiculoïdea) obtusa, *de Ryckh.*	1	—	—	—	—	—	*Ibid.*, pl. 5, fig. 1, 2; p. 97.
— (Orbicella) psammophora, *de Ryckh.*	1	—	—	—	—	—	— pl. 4, fig. 7, 11; p. 94.
— (Orbiculoïdea) tortuosa, *de Ryckh.*	1	—	—	—	—	—	— pl. 5, fig. 3, 4; p. 98.
— (Orbicula) truncata, *de Kon.*	1	—	—	—	—	—	de Kon., *Descript*, 1842-44, pl. 56, fig. 11; p. 18.
Bryozoaires.							
Hemitrypa Hibernica, *Mc Coy.*	—	—	3	4	—	—	Mc Coy, *Synopsis*, 1862, pl. 29, fig. 7; p. 205.
Retepora ? laxa, *Phill.*	—	—	—	—	—	—	Phill., *Geol. of Yorksh.*, pl. 4, fig. 26-30.
Fenestella (Gorgonia) ripisteria, *Goldf.*	1	—	—	—	—	—	de Kon., *Descript.*, 1842-44, pl. A, fig. 4; p. 6.
— ejuncida, *Mc Coy.*	—	—	3	4	—	—	Mc Coy, *Synopsis*, 1862, pl. 28, fig. 11; p. 201.
— (Retepora) membranacea, *Phill.*	1	—	—	—	—	—	de Kon., *Descript*, 1842-44, pl. A, fig. 1; p. 4.
— Michelini, *d'Orb.* (Gorgonia undulata, *Mich.* non *Phill.*	1	—	—	—	—	—	Mich., *Iconogr. zooph.*, 1845, pl. 60, fig. 10.
— multiporata, *Mc Coy.*	—	—	3	4	—	-	Mc Coy. *Synopsis*, 1862, pl 28, fig. 9, p. 203.
— (Retepora) nodulosa, *Phill.*	—	—	—	—	—	6	Phill., *Geol. of Yorksh.*, 1836, pl. 1, fig. 31-33.
— oculata, *Mc Coy*	—	—	3	4	—	—	Mc Coy, *Synopsis*, 1862, pl. 28, fig. 15; p. 203.
— plebeia, *Mc Coy*		—	—	—	—	6	*Ibid.*, pl. 29, fig. 3; p. 203.
— (Retepora) tenuifila, *Phill.*	—	—	—	—	—	6	Phill., *Geol. of Yorksh.*, 1836, pl. 1, fig. 23-25.
— (Retepora) undulata, *Ph.*	—	—	—	—	—	6	*Ibid.*, pl. 1, fig. 16-18.
Polypora (Gorgonia) fastuosa, *de Kon.*	1	—	—	—	—	—	de Kon., *Descript.*, 1842-44, pl. A, fig. 5; p. 7.
— (Gorgonia) Goldfussiana, *de Kon.*	—	—	—	—	—	6	*Ibid.*, pl. A, fig. 6; p. 6.
— papillata, *Mc Coy*	—	—	—	—	—	6	Mc Coy, *Synopsis*, 1862, pl. 29, fig. 10; p. 206.
— (Gorgonia) retiformis, *de Kon.*	—	—	—	—	—	6	de Kon., *Descript.*, 1842-44, pl. A, fig. 2, 3; p. 4.
— verrucosa, *Mc Coy*	—	—	—	—	—	6	Mc Coy, *Synopsis*, 1862, pl. 29, fig. 6; p. 206.

GENRE, ESPÈCE ET AUTEUR.	ASSISES. I	II	III	IV	V	VI	AUTEURS qui ont servi à la détermination.
Ptylopora pluma, *Scouler* . . .	1	—	—	—	—	—	Mc Coy, *Synopsis*, 1844, pl. 28, fig. 6; p. 300.
— (Glauconome) pulcherrima, *Mc Coy* . . .	1	—	—	—	—	—	*Ibid.*, 1862, pl. 28, fig. 4; p. 199.
Ichthyorachis (Gorgonia) dubia, *de Kon.*	—	—	—	—	—	6	de Kon., *Descript.*, 1842-44, pl. A, fig. 7; p. 8.
Crisioïdes tubæformis, *Mich.* . .	1	—	—	—	—	-	Mich., *Iconogr.*, 1845, pl. 60, fig. 12; p. 263.
Crustacés.							
Dithyrocaris tenuistriatus, *Scouler* (Avicula paradoxides, *de Kon.*) . .	—	—	—	—	—	6	de Kon., *Descript.*, 1842-44, pl. 6, fig. 6; p. 139.
— lateralis, *Mc Coy* . .	-	—	—	—	—	6	Mc Coy, *Brit. palæoz. foss.*, 1855, p. 182.
Phillipsia (Entomolites) Derbyensis. *Mart.*	1	—	—	—	—	—	*Ibid.*, pl. 53, fig. 2; p. 601.
— (Asaphus) pustulata, *Schloth.*	1	—	—	—	—	—	— pl. 53, fig. 5; p. 605.
— (Asaphus) seminifera, *Phill.*	—	—	—	—	—	6	— pl. 53, fig. 2; p. 601.
Griffithides (Asaphus) Eichwaldi, *Fischer*	—	—	—	—	—	6	— pl. 53, fig. 1; p. 599.
— (Asaphus) globiceps, *Phill.*	—	—	—	—	—	6	— pl. 53, fig. 1; p. 599.
Brachymetopus Mc Coyi, *Portl.* .	—	—	—	—	—	6	Port., *Report*, 1843, pl. 11, fig. 6; p. 309.
Cyclus (Agnostus?) radialis, *Phill.*	—	—	—	—	—	6	de Kon., *Descript.*, 1842-44, pl. 52, fig. 8; p. 593.
Cypridinella Bosqueti, *R. Jones.*	—	—	—	—	—	6	R. Jones, *Brit. fossil. entom.*, 1874, pl. 3, fig. 6; p. 23.
Cypridellina Bosqueti, *R. Jones.*	—	—	—	—	—	6	*Ibid.*, pl. 3, fig. 20.
Cypridella (Cypridina) Edwardsiana, *de Kon.*	—	—	—	—	—	6	de Kon., *Descript.*, 1842-44, pl. 52, fig. 2; p. 387.
— cruciata, *de Kon.* . .	—	—	—	—	—	6	*Ibid.*, pl. 52, fig. 7; p. 390.
— quadrata, *R. Jones* . .	—	—	—	—	—	6	R. Jones, *Brit. fossil. entom.*, 1874, pl. 4, fig. 2.
Cyprella chrysalidea, *de Kon.* .						6	de Kon., *Descript.*, 1842-44, pl. 52, fig. 6; p. 389.
— (Cypridina) annulata, *de Kon.*	—	—	—	—	—	6	*Ibid.*, pl. 52, fig. 3; p. 388.
Rhombina Belgica, *R. Jones* . .	—	—	—	—	—	6	R. Jones, *Brit. fossil. entom.*, 1874, pl. 5, fig. 14.
Entomoconchus Scouleri, *Mc Coy.*	—	—	—	—	—	6	Mc Coy, *Synopsis*, 1862, pl. 23, fig. 4; p. 164.
Entomis (Cypridina) concentrica, *de Kon.*	—	—	—	—	—	6	de Kon., *Descript.*, 1842-44, pl. 52, fig. 4, 5; p. 387.
Estheria striata, *de Munster* . .	—	—	—	—	—	6	

GENRE, ESPÈCE ET AUTEUR.	ASSISES. I	II	III	IV	V	VI	AUTEURS qui ont servi à la détermination.
Annélides.							
Serpula Archimedis, *de Kon.*	—	—	—	—	—	6	de Kon., *Descript.*, 1842-44, pl. G, fig. 6; p. 57.
— clavæformis, *de Kon.*	—	—	—	—	—	6	*Ibid.*, pl. G, fig. 5; p. 56.
— Sowerbyana, *de Kon.*	1	—	—	—	—	—	de Kon., supplément 627, pl. 9, fig. 7.
Spirorbis (Serpula) spinosa, *de K.*	1	—	—	—	—	—	de Kon., *Descript.*, 1842-44, pl. G, fig. 8; p. 58.
Échinodermes.							
Lepidechinus (Cidaris) Munsteriana, *de Kon.*	—	—	—	—	—	6	de Kon., *Descript.*, 1842-44, pl. E, fig. 2; p. 35.
Archæocidaris (Cidaris), Nerei, *de Munst.*	1	—	—	—	—	—	*Ibid.*, pl. E, fig. 1; p. 34.
— (Cidaris) prisca *de Munst.*	1	—	—	—	—	—	de Munster, *Beitr.*, 1838, I, p. 44.
— (Cidaris) Protei, *de Munst.*	1	—	—	—	—	—	*Ibid.*, I, p. 40.
— Urii, *Flem.*	—	—	—	—	—	6	Flem., *Brit. anim.*, 1828, p. 478.
Palæchinus ellipticus, *Scouler.*	1	—	—	—	—	—	Mc Coy, *Synopsis*, 1844, pl. 24, fig. 3.
Pentremites caryophyllatus, *de Kon.* et *Leh.*	1	—	—	—	—	—	de Kon. et Le Hon, *Recherches sur les Crinoïdes*, 1854, pl. 7, fig. 3; p. 197.
— crenulatus, *Roem.*	1	—	—	—	—	—	*Arch. Wiegman*, 1851, pl. 4, fig. 15; p. 366.
— Orbignyanus, *de K.*	1	—	—	—	—	—	De Kon. et Le Hon, *Recherches sur les Crinoïdes*, 1854, pl. 7, fig. 5, p. 200.
— Puzos, *de Munst.*	1	—	—	—	—	—	*Ibid.*, pl. 7, fig. 2; p. 195.
— Waterhousianus, *de Kon.* et *L. H.*	1	—	—	—	—	—	— pl. 7, fig. 6; p. 203.
Lageniocrinus seminulum *de Kon.* et *Le H.*	—	—	—	—	—	6	— pl. 6, fig. 1; p. 189.
Platycrinus arenosus, *de Kon.* et *Le H.*	1	—	—	—	—	—	— pl. 5, fig. 7; p. 182.
— Austinianus, *de Kon.* et *Le H.*	1	—	—	—	—	—	— pl. 5, fig. 3; p. 169.
— granosus, *de Kon.* et *Le H.*	1	—	—	—	—	—	— pl. 6, fig. 6; p. 183.
— granulatus, *Mill.*	1	—	—	—	—	—	— pl. 6, fig. 5; p. 179.
— lævis, *Mill.*	—	—	—	—	—	—	— pl. 5, fig. 1; pl. 6, fig. 1; p. 161.
— Mullerianus, *de Kon.* et *Le H.*	1	—	—	—	—	—	— pl. 5, fig. 4; p. 171.
— Olla, *de Kon.* et *Le H.*	1	—	—	—	—	—	— pl. 5, fig. 5; p. 172.
— ornatus, *Mc Coy.*	1	—	—	—	—	—	— pl. 6, fig. 4; p. 177.

GENRE, ESPÈCE ET AUTEUR.	ASSISES.						AUTEURS qui ont servi à la détermination.
	I	II	III	IV	V	VI	
Platycrinus pileatus, *Goldf.* . . .	1	—	—	—	—	—	Goldf., *Acta acad. Leopold,* t. XIX, pl. 31, fig. 7; p. 343.
— planus, *de Kon.* et *Le H.* (P. lævis, *de Kon.* non *Mill.*	1	—	—	—	—	—	de Kon. et Le Hon, *Recherches sur les Crinoïdes,* 1854, pl. 5, fig. 6; p. 173.
Platicrinus spinosus, *Austin.* . .	1	—	—	—	—	—	Austin, *Monogr.* pl. 1, fig. 2.
— striatus, *Mill.* . . .	1	—	—	—	—	—	de Kon., *Descript.*, 1842-44, pl. F, fig. 3; p. 44.
— (Platicrinites) tuberculatus, *Mill.* . . .	1	—	—	—	—	—	de Kon. et Le Hon, *Recherches sur les Crinoïdes,* 1854, pl. 6, fig. 7, 8; p. 184.
Dichocrinus elegans, *de Kon.* et *Le H.*	1	—	—	—	—	—	*Ibid.*, pl. 4, fig. 13; p. 153.
— expansus, *de Kon.* et *Le H.*	1	—	—	—	—	—	— pl. 4, fig. 10, p. 151.
— fusiformis, *Austin.* . .	1	—	—	—	—	—	— pl. 4, fig. 7; p. 148.
— granulosus, *de Kon.* et *Le H.*	1	—	—	—	—	—	— pl. 4. fig. 12; p. 152.
— intermedius, *de Kon.* et *Le H.*	1	—	—	—	—	—	— pl. 4. fig. 9; p. 150.
— irregularis, *de Kon.* et *Le H.*	1	—	—	—	—	—	— pl. 4, fig. 11; p. 152.
— radiatus, *de Munst.* .	1	—	—	—	—	—	— pl. 4, fig. 8; p. 149.
— sculptus, *de Kon.* et *Le H.*	1	—	—	—	—	—	— pl. 4, fig. 14; p. 154.
Actinocrinus armatus, *de Kon.* et *Le H.*	1	—	—	—	—	—	— pl. 4, fig. 4; p. 138.
— costus, *Mc Coy.* . . .	1	—	—	—	—	—	— pl. 3, fig. 2; pl. 4, fig. 1; p. 129.
— deornatus, *de Kon.* et *Le H.*	1	—	—	—	—	—	— pl. 3, fig. 5; p. 142.
— dorsatus, *de Kon.* et *Le H.*	1	—	—	—	—	—	— pl. 4, fig. 5; p. 139.
— icosidactylus, *Portl.* .	1	—	—	—	—	—	Portl., *Report,* 1843, pl. 15, fig. 7; p. 348.
— lævis, *Mill.*	1	—	—	—	—	—	de Kon. et Le Hon, *Recherches sur les Crinoïdes,* 1854, pl. 3, fig. 6; p. 133.
— polydactylus, *Mill.* . .	1	—	—	—	—	—	*Ibid.*, pl. 4, fig. 2; p. 134.
— stellaris, *de Kon.* et *Le H* (A. Gilbertsoni, *de Kon.*, non *Mill.*).	1	—	—	—	—	—	— pl. 3, fig. 3, 4; pl. 4, fig. 3; p. 136.
— tenuis, *de Kon.* et *Le H.*	1	—	—	—	—	—	— pl. 2, fig. 3; p. 128.
— triacontadactylus, *Mill.*	1	—	—	—	—	—	Mill., *Crinoïdes*, p. 95.
— tricuspidatus, *de Kon.* et *Le H.*	—	—	—	—	—	6	de Kon. et Le Hon, *Recherches sur les Crinoïdes*, 1854, pl. 2, fig. 5; p. 143.
Forbesiocrinus (Poteriocrinus) nobilis, *Phill.* . . .	1	—	—	—	—	—	Phill., *Geol. of Yorksh.*, 1836, II, pl. 3, fig. 40.
Graphiocrinus encrinoïdes, *de Kon.* et *Le H.*	1	—	—	—	—	—	de Kon. et Le Hon, *Recherches sur les Crinoïdes,* 1854, pl. 4, fig. 15, p. 117.
Mespilocrinus Forbesianus, *de Kon.* et *Le H.*	1	—	—	—	—	—	*Ibid.*, pl. 2, fig. 1; p. 112.

GENRE, ESPÈCE ET AUTEUR.	ASSISES. I	II	III	IV	V	VI	AUTEURS qui ont servi à la détermination.
Mespilocrinus granifer, *de Kon.* et *Le H.*	—	—	—	—	—	6	de Kon. et Le H., *Recherches sur les Crinoïdes*, 1854, pl. 2, fig. 6 ; p. 114.
Rhodocrinus stellaris, *de Kon.* et *Le H.*	1	—	—	—	—	—	*Ibid.*, pl. 1, fig. 14 ; p. 109.
— uniarticulatus, *de Kon.* et *Le H.*	—	—	—	—	—	6	— pl. 1, fig. 13 ; p. 107.
Poteriocrinus (Cupressocrinus) calyx, *Mc Coy.* . . .	—	—	—	—	—	6	— pl. 1, fig. 6 ; p. 90.
— conoïdeus, *de Kon.* et *Le H.*	—	—	—	—	—	6	— pl. 1, fig. 8 ; p. 93.
— crassus, *Mill.*	1	—	—	—	—	—	— pl. 1, fig. 10 ; p. 97.
— Mc Coyanus, *de K.* et *Le Hon.* (Cupressocrinus impressus, *Mc Coy.*	—	—	—	—	—	6	— pl. 1, fig. 7 ; p. 91.
— Phillipsianus, *de Kon.* et *Le H.*	—	—	—	—	—	6	— pl. 1, fig. 5 ; p. 88.
— plicatus, *Austin.* . .	1	—	—	—	—	—	Austin, *Monogr. of Crin.*, 1843, pl. 9, fig. 4.
— radiatus, *Austin.* . .	1	—	—	—	—	—	*Ibid.*, pl. 10, fig. 1.
— spissus, *de K.* et *Le H.* (P. conicus, *de Kon.*).	1	—	—	—	—	—	de Kon. et Le Hon, *Recherches sur les Crinoïdes*, 1854, pl. 1, fig. 9 ; p. 94.
— tenuis, *Mill.*	1	—	—	—	—	—	Mill., *Crinoïdes*, p. 71.
Cyathocrinus conicus, *Mill.* . . .	1	—	—	—	—	—	Phill., *Geol. of Yorksh.*, 1836, II, pl. 3, fig. 27.
— mamillaris, *Phill.* . .	—	—	—	—	—	6	*Ibid.*, pl. 3, fig. 28.
Anthozoaires.							
Lonsdaleia rugosa, *Mc Coy.* . .	—	—	—	—	—	6	de Kon., *Nouv. recherches*, 1872, pl. 1, fig. 1 ; p. 20.
Axophyllum expansum, *M. Edw.* et *H.*	—	—	—	—	—	6	*Ibid.*, pl. 1, fig. 2 ; p. 23.
— ? Konincki, *M. Edw.* et *H.*	—	—	—	—	—	6	— pl. 1, fig. 4 ; p. 25.
— radicatum, *de Kon.* . .	—	—	—	—	—	6	— pl. 1, fig. 3 ; p. 24.
Lithostrotion cæspitosum, *Mart.* .	—	—	—	—	5	6	— pl. 2, fig. 2 ; p. 32.
— irregulare, *Phill.* . .	—	—	—	—	5	6	— pl. 1, fig. 5 ; pl. 2, fig. 1 ; p. 30.
— junceum, *Flem.* . . .	—	—	—	—	—	6	— pl. 3, fig. 1 ; p. 29.
— Portlocki, *Bronn.* . .	—	—	—	—	—	6	— pl. 2, fig. 3 ; p. 34.
Diphyphyllum concinnum, *Londs.*	—	—	—	—	—	6	— pl. 2, fig. 4 ; p. 36.
Clisiophyllum Haimei, *M. Edw.* .	1	—	—	—	—	—	— p. 43.
— Keyserlingi, *Mc Coy* .	—	—	—	—	—	—	— pl. 3, fig. 3 ; p. 41.
— turbinatum, *Mc Coy.*	—	—	—	4	—	—	— pl. 3, fig. 2 ; p. 39.
— Verneuilianum, *de Kon.*	—	—	—	—	—	6	— pl. 3, fig. 4 ; p. 42.

GENRE, ESPÈCE ET AUTEUR.	ASSISES.						AUTEURS qui ont servi à la détermination.
	I	II	III	IV	V	VI	
Campophyllum analogum, *de Kon.*	1	—	—	—	—	—	de Kon., *Nouv. recherches*, 1872, pl. 3, fig. 6; p. 45.
— Murchisoni, *M. Edw.* et *H.*	1	—	—	—	—	—	*Ibid.*, pl. 3, fig. 5; p. 44.
Cyathophyllum Konincki, *M. Edw.* et *H.*	—	—	—	—	—	6	— pl. 4, fig. 1; p. 50.
— multiplex, *Keyserl.* . .	1	—	—	—	—	—	— pl. 3, fig. 7; p. 48.
Hadrophyllum Edwarsianum, *de K.*	1	—	—	—	—	—	— pl. 4, fig. 2; p. 52.
Lophophyllum breve, *de Kon.* . .	—	—	—	—	—	—	— pl. 4, fig. 7; p. 57.
— Dumonti, *M. Edw.* et *H.*	1	—	—	—	—	—	— pl. 4, fig. 4; p. 55.
— Konincki, *M. Edw.* et *H.*	1	—	—	—	—	—	— pl. 4, fig. 3; p. 54.
— tortuosom, *Michelin.* .	1	—	—	—	—	—	— pl. 4, fig. 6; p. 56.
Pentaphyllum armatum, *de Kon.*	1	—	—	—	—	—	— pl. 4, fig. 8; p. 59.
— caryophyllatum, *de K.*	1	—	—	—	—	—	— pl. 4, fig. 9; p. 60.
Menophyllum tenuimarginatum, *M. Edw.* et *H.*	1	—	—	—	—	—	— pl. 4, fig. 10; p. 61.
Phryganophyllum Duncani, *de K.*	1	—	—	—	—	—	— pl. 4, fig. 11; p. 62.
Amplexus coralloïdes, *Sow.* . .	1	—	—	4	—	6	— pl. 4, fig. 12; pl. 5, fig. 1; pl. 6, fig. 1; pl. 7, fig. 1; p. 65.
— cornuarictis, *de Kon.*	1	—	—	—	—	—	— pl. 6, fig. 4; p. 72.
— cornuformis, *Ludwig.*	1	—	—	—	—	—	— pl. 6, fig. 3; p. 71.
— Haimeanus, *de Kon.*	1	—	—	—	—	—	— pl. 6, fig. 9; pl. 7, fig. 3; p. 79.
— Henslowi, *M. Edw.* et *H.*	1	—	—	—	—	6	— pl. 7, fig. 2; p. 77.
— ibicinus, *Fischer.* . .	1	—	—	—	—	—	— pl. 6, fig. 2; p. 67.
— lacrymosus, *de Kon.* .	—	—	—	4	—	—	— pl. 6, fig. 7; p. 76.
— nodulosus, *Phill.* . .	—	—	—	—	—	6	— pl. 6, fig. 5; p. 74.
— robustus, *de Kon.* . .	1	—	—	—	—	—	— pl. 6. fig. 3; p. 78.
— spinosus, *de Kon.* . .	1	—	—	—	—	—	— pl. 6, fig. 6; p. 75.
Zaphrentis bullata, *de Kon.* . .	1	—	—	—	—	—	— pl. 7, fig. 6; p. 86.
— Cliffordana, *M. Edw.* et *H.*	1	—	—	—	5	—	— pl. 10, fig. 9; p. 105.
— cornucopiæ, *Michelin.*	1	—	—	—	—	—	— pl. 10, fig. 5; pl. 15, fig. 2; p. 100.
— cyathina, *de Kon.* . .	1	—	—	—	—	—	— pl. 10, fig. 7; pl. 15, fig. 3; p. 103.
— cylindrica, *Scouler.* .	1	—	—	—	—	—	— pl. 7, fig. 5; pl. 8, fig. 1; pl. 15, fig. 1; p. 84.
— Dalii, *M. Edw.* et *H.*	—	—	—	—	—	—	
— Delanouei, *M. Edw.* et *H.*	1	—	—	4	5	—	— pl. 10, fig. 6; p. 101;
— Edwardsiana, *de Kon.*	1	—	—	—	—	—	— pl. 7, fig. 4; p. 83.
— ex cavata, *M. Edw.* et *H.*	1	—	—	—	—	—	— pl. 8, fig. 3; p. 94.
— Guerangeri, *M. Edw.* et *H.*	1	—	—	—	—	—	— pl. 9, fig. 3; p. 92.
— Herculina, *de Kon.* .	1	—	—	—	—	—	— pl. 9, fig. 1; p. 89.
— Le Honiana, *de Kon.*	1	—	—	—	—	—	— pl. 10, fig. 10; p. 106.

GENRE, ESPÈCE ET AUTEUR.	ASSISES. I	II	III	IV	V	VI	AUTEURS qui ont servi à la détermination.
Zaphrentis intermedia, *de Kon.* .	1	—	—	—	—	—	de Kon., *Nouv. Recherches*, 1872, pl. 10, fig. 4; p. 99.
— Koninckí, *M. Edw.* et *H.*	1	—	—	—	—	—	*Ibid.*, pl. 10, fig. 3; p. 98.
— Nystiana, *de Kon.* .	1	—	—	—	—	—	— pl. 10, fig. 8; p. 103.
— Omaliusi, *M. Edw.* et *H.*	1	—	—	4	—	—	— pl. 9, fig. 4; p. 94.
— patula, *Michelin.* . .	1	—	—	—	—	—	— pl. 8, fig. 2; p. 87.
— Phillipsi. *M. Edw.* et *H.*	1	—	—	—	5	—	— pl. 10, fig. 2; p. 96.
— tortuosa, *M. Edw.* et *H.*	1	—	—	—	—	—	— pl. 9, fig. 2; p. 91.
— vermicularis, *de Kon.*	1	—	—	—	—	—	— pl. 10, fig. 1; p. 95.
Duncania simplex, *de Kon.* . .	—	—	—	—	5	—	— pl. 11, fig. 1; p. 107.
Cyathaxonia cornu, *Michelin* . .	1	—	—	—	—	—	— pl. 11, fig. 2; p. 110.
— Koninckí, *M. Edw.* et *H.*	1	—	—	—	—	—	— pl. 11, fig. 3; p. 112.
Petraïa Benedeniana, *de Kon* . .	1	—	—	—	—	—	— pl. 11, fig. 4; p. 116.
Rhizopora tubaria, *de Kon.* . .	1	—	—	—	—	—	— pl. 10, fig. 5; p. 118.
Syringopora distans, *Fischer* . .	1	—	—	—	—	—	— pl. 11, fig. 6; p. 121.
— geniculata, *Phill.* . .	1	—	—	—	—	—	— pl. 11, fig. 8; p. 127.
— ramulosa, *Goldf.* . .	1	—	—	—	—	—	— pl. 12, fig. 2; p. 126.
— reticulata, *Goldf.* . .	1	—	—	—	—	—	— pl. 11, fig. 7; pl. 12, fig. 1; p. 123.
? Emmonsia alternans, *M. Edw.* et *H.*	1	—	—	—	—	—	— p. 129.
Michelinia antiqua, *Mc Coy.* . .	1	—	—	—	—	—	— pl. 14, fig. 1; p. 135.
— favosa, *Goldf.* . . .	1	—	—	—	—	—	— pl. 13, fig. 1; p. 131.
— megastoma, *Phill.* . .	1	—	—	—	—	—	— pl. 13, fig. 3; p. 134.
— tenuisepta, *Phill.* . .	1	—	—	—	—	—	— pl. 13, fig. 2; p. 133.
Favosites parasitica, *Phill.* . .	1	—	—	—	—	—	— pl. 15, fig. 4; p. 137.
— Haimeana, *de Kon.* .	1	—	—	—	—	—	— pl. 15, fig. 5; p. 138.
Beaumontia senilis, *de Kon.* . .	—	—	—	—	—	6	— pl. 14, fig. 2; p. 140.
Monticulipora inflata, *de Kon.* .	—	—	—	—	—	6	— pl. 14, fig. 4; p. 146.
— tumida, *Phill.* . . .	1	—	—	—	—	—	— pl. 14, fig. 3; p. 143.
Aulopora gigas, *Mc Coy*	1	—	—	—	—	—	— pl. 9, fig. 5, p. 149.
Cladochonus Michelini, *M. Edw.* et *H.*	1	—	—	—	—	—	— pl. 15, fig. 6; p. 153.
Tetragonophyllum problematicum, *de Kon.*	1	—	—	—	—	—	— pl. 15, fig. 10; p. 165.
Mortieria vertebralis, *de Kon.* . .	1	—	—	—	—	—	— pl. 15, fig. 10; p. 165.
Foraminifères.							
Nummulina pristina, *Brady.* . .	1	—	—	—	—	?	*Ann. and Mag. of nat. Hist.*, 1874, p. 225, pl. 12, fig. 1-5.
Endothyra globulus, *Eichw.* . .	—	—	—	—	—	—	

12. Liste des fossiles de l'ampélite de Chokier.

D'après M. de Koninck (*Précis de géologie de d'Omalius*, 1868).

Poissons.

Campodus Agassizianus, *de Kon.*
Megalichthys Agassizianus, *de Kon.*
Acrolepis Hopkinsi, *Mc Coy.*

Céphalopodes.

Orthoceras dilatatum, *de Kon.*
— Koninckianum, *d'Orb.*
— pygmæum, *de Kon.*
— strigillatum, *de Kon.*
Nautilus stygialis, *de Kon.*
Goniatites atratus, *Goldf.*
— diadema, *Goldf.*

Lamellibranches.

Aviculopecten, *Nov. sp.*
Mytilus ampeliticola, *de Rych.*

Brachiopodes.

Productus carbonarius, *de Kon.*
Lingula parallela, *Phill.*

Végétaux.

Nevropteris Loshii, *Brongt.*
Archeocalamites radiatus, *Stur.*

13. Liste des animaux fossiles du terrain houiller ppdt.

GENRE, ESPÈCE ET AUTEUR.	LOCALITÉS.	SOURCES CONSULTÉES.
Poissons.		
Ptychodus lancifer . . .	Bascoup, 4e niveau	Briart et Cornet, *Bull. Acad. r. de Belg.*, 2e série, t. XXXIII, p. 28, 1872.
Insectes.		
Omalia macroptera, *Van Ben.* et *Coem.*	Sars-Longchamps	*B. Ac. r. de Belg.*, t. XXIII, p. 399.
Pachytylopsis Persenairei, *de Borre*	Charbonnage de la petite sorcière, couchant de Mons.	*Ann. Soc. entomol. de Belg.*, t. XVIII, 1875.
Breyeria borinensis, *de Bor.*	Charbonn. de Belle et Bonne, couchant de Mons.	*Ibid.*
Termes Haidingeri? . . .	Puits n° 19 du levant du Flenu.	*Ibid.*
Crustacés.		
Brachypyge carbonis, H. Wdw.	Charbonn. de Belle et Bonne.	*Bull. Ac. r. de Belg.*, t. XLV, p. 83, 1878.
Céphalopodes.		
Goniatites Listeri, *Martin*, sp.	Melin	Dewalque, *Prodrome*, p. 97, 1868; de Koninck, *Précis de d'Omalius*, p. 587, 1868.
Gastéropodes.		
Palæorbis (Gyromyces) Ammon, *Goepp.*	. . . .	Van Beneden et Coemans, *Bull. Acad. roy. de Belg.*, t. XXIII, p. 386, 1867.
Lamellibranches.		
Avicula papyracea, *Sow.*, sp.	Melin; Bleiberg; Rofhay . .	Dew., *B. Ac. r. de Belg.*, t. XXXII, p. 369, 1871 et de Kon., *l. c.*
Anthracosia abbreviata, Goldf. sp.	. . . .	de Koninck, *l. c.*
— acuta, *Sow.* sp. . .	Jemeppe, houillère des Makets; Val Benoit, Liége, couche Belle au jour.	Dewalque, *l. c.*, p. 369, 1871; de Koninck, *l. c.*
— angulata, *de Rkh.* sp.	. . . .	Dewalque, *l. c.*
— carbonaria, *Schloth.* sp.	. . . .	*Ibid.*
— colliculus, *de Rkh.*, sp.	Quaregnon, puits Ste-Julie du Rieu-du-Cœur, 6e niveau.	Briart et Cornet, *l. c.*, p. 29, 1872; Coll. Toilliez à Liége, *l. c.*, p. 8, 1872; de Kon., *l. c.*
— bians, *de Ryckh.*, sp.	. . . .	Dewalque, *l. c.*
— Hulloziana, *de Rkh.*, sp.	. . . .	Dewalque, *l. c.*
— macilenta, *de Rkh.*, sp.	. . . .	Dewalque, *l. c.*
— nassa, *de Kon.*, sp.	. . . .	Dewalque, *l. c.*
— nucularis, *de Rkh.*, sp.	. . . .	Dewalque, *l. c.*

GENRE, ESPÈCE ET AUTEUR.	LOCALITÉS.	SOURCES CONSULTÉES.
Anthracosia ovalis, *Mart.*, sp.	Bassin de St-Gilles à Liége.	Malherbe, *B. Ac. r. de Belg.*, p. 376, 1872; de Kon., *l. c.*
	Assesse	Barrois, *B. Soc. géol. de Fr.*, 3e série, t. II, p. 226, 1874.
— Phaseola, *Sow.*, sp. .	Quaregnon, puits Ste-Julie du Rieu-du-Cœur, 6e niveau.	Briart et Cornet, p. 29, 1872; de Kon, *l. c.*
— robusta, *Sow.*, sp. .	Sars-Longchamps, veine Sehu, 3e niveau.	*Ibid.*, p. 27, 1872; de Kon., *l. c.*
— salebrosa, *de Rkh.*, sp.	. . . .	Dewalque, *l. c.*
— Scherpenzeeliana, *de Ryckh.*	. . . .	Dew., *l. c.*
— subconstricta, *Sow.*, sp.	. . . .	Dew., *l. c.*
— tellinaria, *Goldf.* sp.	Sars-Longchamps, veine Sehu, 3e niveau; Jupille, houillère Pyre.	Briart et Cornet, *l. c.*, p. 27, 1872; Dew., *l. c.*, p. 368, 1871; de Kon., *l. c.*
— Toilliеziana, *de R...*, sp.	Quaregnon, puits Ste-Julie du Rieu-du-Cœur, 6e niveau.	Briart et Cornet, *l. c.*, p. 29, 1872; Dew., *l. c.*
— uncinata, *de Ryckh.*, sp.	Quaregnon, puits Ste-Julie du Rieu-du-Cœur, 6e niveau.	Briart et Cornet, *l. c.*, p. 29, 1872; coll. Toill. à Liége, l. c., p. 8, 1872; Dew., *l. c.*
— utrata, *Goldf.*, sp. .	. . . .	de Kon., *l. c.*
Mytilus Omaliusianus, *de Ryckh.*	. . . .	Dew., *l. c.*, p. 98, 1868.
— præpes, *de Ryckh.* .	Quaregnon, puits Ste-Julie, 6e niveau.	Briart et Cornet, *l. c.*, p. 369, 1871.
— Toilliezianus, *de R...*	. . . .	Dew., *l. c.*, p. 98, 1868.
— Wesmaelianus, *de R.*	Quaregnon, p. Ste-Julie, 6e niv.	Briart et Cornet, *l. c.*, p. 29, 1872.
	Liége, houillère de la Haye.	Dew., *l. c.*, p. 369, 1871.
Posidonomya vetusta? *Sow.*	Bois d'Hasnon.	Coll. Toill. à Liége, *l. c.*, p. 7, 1872.
Brachiopodes.		
Orthis crenistria, *Phill.*, sp.	Blaton; bois d'Hasnon; Harmignies.	Coll. Toilliez, à Liége. *B. Ac. r. de Belg.*, t. XXXIII, p. 7, 1872.
— carbonaria, *Swallow.*	Bois de Mons; bois de Boussu et entre Gembloux et Soye.	Coll. Dumont à Liége, Swallow., *Trans. Acad. of St-Louis*, t. I, p. 218.
Productus carbonarius, *de Kon.*	Sirault	Briart et Cornet, *l. c.*, p. 26.
Chonetes Laguessiana, *de K.*	Sirault, 2e niveau; Villers-St-Ghislain; Binche.	
Annélides.		
Spirorbis (Microconchus) carbonarius, *Murch.* . .	Mariemont; La Louvière, Hossus; Jemappes; Péronnes.	Silur. system., p. 84.

14. Liste des végétaux fossiles du terrain houiller ppd[t].

Dressée par M. Fr. Crépin.

GENRE, ESPÈCE ET AUTEUR.	AUTEURS qui ont servi à la détermination.
Équisétinées.	
Calamites approximatus, *Sternbg.* (an Calamites?)	Brongt, *Hist. végét. foss.*, pl. 24; Lindley et Hutton, *Foss. Fl. of Gr. Brit.*, pl. 77; Artis, *Antedil. Phyt.*, pl. 4.
— cannæformis, *Schloth.* . .	Schloth, *Petrefact.*, pl. 20, fig. 1; Brongt, *l. c.*, pl. 21.
— Cistii, *Brongt.*	Brongt, *l. c.*, pl. 20, fig. 1, 3 et 4.
— ramosus, *Art.*	Artis, *l. c.*, pl. 2; Sternberg, *Fl. mond. prim.*, fasc. 2, pl. 17, fig. 2, fasc. 3, pl. 32, fig. 1; Lesquereux, *Coal Fl. of Pennsylv.*, pl. 1, fig. 2.
— Suckowii, *Brongt.*	Brongt, *l. c.*, pl. 14, fig. 6; pl. 15, fig. 1; pl. 16, fig. 2; Zeiller, *Expl. cart. géol. Fr.*, pl. 159, fig. 1.
Asterophyllites annularioïdes, *Crép.* (Syn. Annularia calamitoïdes, *Sch.*)	Schimper, *Trait. pal. végét.*, pl. 26, fig. 1.
— equisetiformis, *Brongt.* . .	Von Roehl, *Foss. Fl. Westph.*, pl. 3, fig. 5; Zeiller, *l. c.*, pl. 159, fig. 3.
— (*Spic* Calamostachys equiseformis, *Crép.*).	Crépin, *Fragm. Paléont.*, I, pl. 2, fig. 1-3; Boulay, *Terr. houill. Nord de la France*, pl. 1, fig. 2-2bis.
— grandis, *Brongt.*	Von Roelh, *l. c.*, pl. 3, fig. 1 *a*, *b* et *c*, fig. 2 *a* et *b*; Ott. Feistmantel, *Verst. böhm. Ablager*, pl. 12, fig. 4; pl. 13, fig. 3.
— longifola, *Brongt.*	Sternb, *l. c.*, fasc. IV, pl. 58, fig. 1.
Equisetites infundibuliformis *Gein.* . .	Geinitz, *Steinkohl. Form. Sachs.*, pl. 10, fig. 4-5.
Annularia, microphylla, *Sauv.*	Sauveur, *Végét. foss. Belg.*, pl. 69, fig. 6.
— radiata, *Sternbg.*	Sternbg., *l. c.*, fasc. IV, pl. 31; Brongt, *Class. végét. foss.*, pl. 2, fig. 7; von Roehl, *l. c.*, pl. 4, fig. 3; Zeiller, *l. c.*, pl. 160, fig. 1.
— sphenophylloïdes, *Ung.* . .	Geinitz, *l. c.*, pl. 18, fig. 10; Schimper, *l. c.*, pl. 17, fig. 12; Zeiller, *l. c.*, pl. 160, fig. 4.
Sphenophyllum cuneifolium, *Zeill.* (Syn. S. erosum, *Lindl.* et *Hutt.*	Lindley et Hutton, *l. c.*, pl, 13; Coemans et Kickx, *l. c.*, pl. 1, fig. 5; Zeiller, *l. c.*, pl. 161, fig. 1.
— emarginatum, *Brongt.* . .	Coemans et Kickx, *Monogr.* pl. 1, fig. 2; pl. 2.
— gracile, *Crép.*	Crépin, *l. c.*, p. 28.
— longifolium, *Germ.*	Coemans et Kickx, *l. c.*, pl. 1, fig. 4.
— myriophyllum, *Crép.* . . .	Von Ettingshausen, *Steinkohl. Fl. Radnitz*, pl. 1, fig. 5; pl. 6 et 7; von Roehl, *l. c.*, pl. 12, fig. 1 *a* et *b*; Crépin, *Bull. Soc. roy. bot. Belg.*, XIX, 2e partie, p. 25.

GENRE, ESPÈCE ET AUTEUR.	AUTEURS qui ont servi à la détermination.
Sphenophyllum saxifragæfolium, *Zeill.* .	Coemans et Kickx, *l. c.*, pl. 1, fig. 6; Zeiller, *l. c.*, pl. 161, fig. 3-6.
Filicinées.	
Sphenopteris acutiloba, *Sternbg.* (Syn. S. Gutbieri, *Ett.*). . . .	Sternberg, *l. c.*, fasc. IV, pl. 20, fig. 6; von Ettingshausen, *l. c.*, pl. 18, fig. 1.
— artemisiæfolioïdes, *Crép.* (Syn. S. artemisæfolia, *Boulay* non *Sternbg*).	Sauveur, *l. c.*, pl. 19, fig. 1; Boulay, *l. c.*, pl. 1, fig. 6; Geinitz, *l. c.*, pl. 25, fig. 1?
— Boeumleri, *Andrä*.	Von Roehl, *l. c.*, pl. 21, fig. 1-2.
— chærophylloïdes, *Sternbg.* (Syn. Pecopteris, *Brongt.*) . .	Brongt, *l. c.*, pl. 125, fig. 1-2.
— coralloïdes, *Gutb.*	Gutbier, *Abdr. u. Verst. d. Zwick. Schwarzk.*, pl. 5, fig. 8; Geinitz, *l. c.*, pl. 23, fig. 17; von Roehl., *l. c.*, pl. 15, fig. 7.
— Essinghii, *Andrä*.	Andrä, *l. c.*, pl. 7, fig. 2-3; Boulay, *l. c.*, pl. 2, fig. 4.
— furcata, *Brongt.*	Brongt., *l. c.*, pl. 49, fig. 4-5; Geinitz, *l. c.*, pl. 24, fig. 9; Zeil., *Expl. Cart. géol. Fr.*, pl. 162, fig. 3.
— Hœninghausii, *Brongt.* . .	Brongt, *l. c.*, pl. 52; Andrä, *l. c.*, pl. 4 et 5; Zeiller, *l. c.*, pl. 162, fig. 4.
— herbacea, *Boul.* (an S. Bronni, *Gutb.*?)	Boulay, *l. c.*, pl. 1, fig. 5.
— irregularis, *Sternbg.* (Syn. S. convexiloba, *Sch.*, S. obtusiloba, *Brongt.*	Sternberg, *l. c.*, fasc. 5 et 6, pl. 17, fig. 4; Brongniart, *Hist. végét. foss.*, I, pl. 53, fig. 2; Andrä, *Vorwelt. Pflanz.*, pl. 8; pl. 9, fig. 1; Lindley et Hutton, *l. c.*, pl. 156.
— latifolia, *Brongt.*	Brongt. *l. c.*, pl. 57, fig. 4; Zeil., *Note sur le genre Mariopteris* (Bul. Soc. géol. Fr., 3e série, VII, pl. 6).
— Laurentii, *Andrä*.	Andrä, *l. c.*, pl. 13.
— macilenta, *Lindl.* et *Hutt.* .	Lindley et Hutton, *l. c.*, pl. 151.
— membranacea, *Gutb.*	Gutbier, *l. c.*, pl. 11, fig. 2.
— microloba, *Göpp.*	Göppert, *Syst. Fil. foss.*, pl. 13, fig. 1-3.
— microphylla, *Gutb.*	Gutbier, *l. c.*, pl. 11, fig. 8.
— microscopica, *Crép.*, inéd. .	
— nummularia, *Gutb.* (Veris. var. S. irregularis, *Sternb*).	Andrä, *l. c.*, pl. 11.
— pulcherrima, *Crép.* (Syn. S. alata, *Sauv.* non *Brongt.*) .	Sauveur, *l. c.*, pl. 17, fig. 2.
— rotundifolia, *Andrä*. . . .	Andrä, *l. c.*, pl. 12.
— Sauveurii, *Crép.* (Syn. S. obtusiloba, *Andrä* non *Br.*).	Andrä, *l. c.*, pl. 10; Sauveur, *l. c.*, pl. 18, fig. 3.
— spinosa, *Göpp.* (syn. S. palmata, *Sch.*).	Göppert, *Gatt. foss. Pfl.*, fasc. 2, pl. 12.
— trifoliata, *Brongt.*	Artis, *l. c.*, pl. 11.
— villosa, *Crép.*, inéd. . . .	

GENRE, ESPÈCE ET AUTEUR.	AUTEURS qui ont servi à la détermination.
Neuropteris attenuata, *Lindl.* et *Hutt.* .	Lintley et Hutton, *l. c.*, pl. 174.
— flexuosa, *Brongt.*	Brongt, *l. c.*, pl. 68, fig. 2.
— gigantea, *Sternbg.*	Sternberg, *l. c.*, fasc. 2, pl. 22.
— heterophylla, *Brongt.* . . .	Brongt, *l. c.*, pl. 71.
— Loshii, *Brongt.*	Brongt, *l. c.*, pl. 73.
— microphylla, *Brongt.* . . .	Brongt, *l. c.*, pl. 74, fig. 6; Heer, *Fl. foss. Helv.*, pl. 5, fig. 6; pl. 6, fig. 1-9.
— tenuifolia, *Brongt.*	Brongt, *l. c.*, pl. 72, fig. 3.
Odontopteris britannica, *Gutb.*	Gutbier, *l. c.*, pl. 9, fig. 8-12.
Pecopteris abbreviata, *Brongt.* . . .	Brongt, *l. c.*, pl. 115, fig. 1-4.
— dentata, *Brongt.*	Brongt, *l. c*, pl. 123-124; Zeiller, *l. c.*, pl. 168., fig. 3.
— longifolia, *Presl* non *Brongt.*	Sternberg, *l. c.*, fasc. 7-8, pl. 26, fig. 1; von Ettingshausen, *l. c.*, pl. 16, fig. 1-2; Geinitz, *l. c.*, pl. 31, fig. 8-9; Crépin, *Fragm. Paléont.* I, pl. 2, fig. 4-6.
— muricata, *Brongt.*	Brongt, *l. c.*, pl. 97.
— nervosa, *Brongt.*	Brongt, *l. c.*, pl 95, fig. 1, 2 et 5; Zeiller, *Note sur le genre Mariopteris* (Bull. de la Soc. Géol. de Fr., 3e série, t. VII, pl. 7).
— plumosa, *Brongt.* (Syn. Aspidites silesiacus, *Göpp.*, Sphenopteris crenata, *L.* et *Hutt.*, Pecopteris angustifolia, *Ett.*)	Brongt, *l. c.*, pl. 121; Göppert, *l. c.*, pl. 27 et 29, fig. 1; Lindley et Hutton, *l. c.*, pl. 100-101; von Ettingshausen, *l. c.*, pl. 16, fig. 1.
— similis, *Sternbg.*	Sternberg, *l. c.*, fasc. 2, pl. 20, fig. 1.
Alethopteris lonchitica, *Zeiller.* . . .	Brongt, *l. c.*, pl. 84.
— Mantelli, *Göpp.* (Syn. A. gracillima, *Boulay*)	Artis, *l. c.*, pl. 21; Brongniart, *l. c.*, pl. 83, fig. 3-4; Zeiller, *Expl. de la cart. géol. de Fr.*, pl. 163, fig. 2; Boulay, *l. c.*, pl. 2, fig. 5.
— marginata, *Göpp.*	Brongt, *l. c.*, pl. 87, fig. 2.
— Serlii, *Göpp.*	Brongt, *l. c.*, pl. 85; Zeiller, *l. c.*, pl. 163., fig. 1.
Dictyopteris neuropteroïdes, *Gutb.* . .	Geinitz, *l. c.*, pl. 28, fig. 6.
Lonchopteris Rœhlii, *Andrä.*	Andrä, *l. c.*, pl. 1-2, fig. 2-3; von Roehl, *l. c.*, pl. 12, fig. 2, pl. 19.
— rugosa, *Brongt.* (S. L. Bricii, *Brongt.*).	Brongt, *l. c.*, pl. 131, fig. 1-3; Andrä, *l. c.*, pl. 3, fig. 2-3.
Schizopteris anomala, *Brongt.*	Brongt, *l. c.*, pl. 135.
Aphlebia adnascens, *Presl.* (Syn. Schizopteris, *Lindl.* et *Hutt.*) .	Lindley et Hutton, *l. c.*, pl. 100-101.
— crispa, *Presl.* (S. Fucoïdes crispus, *Gutb.*, Schizopteris Lactuca, *Germ.*, Rhacophyllum Lactuca, *Sch.*) .	Gutbier, *l. c.*, pl. 1, fig. 11; Germar, *l. c.*, pl. 18-19; Geinitz, *l. c.*, pl. 26, fig. 1.
— spinosa, *Crép.* (Rhacophyllum spinosum, *Lesq.*). . . .	Lesquereux, *l. c.*, pl. 58, fig. 4-5.

GENRE, ESPÈCE ET AUTEUR.	AUTEURS qui ont servi à la détermination.
Megaphytum Feistmantelii, *Crép.* (S. an M. giganteum, *O. Feist.?* non *Gold.*).	O. Feistmantel, *l. c.*, pl. 21.
— giganteum, *Gold.* (S. an M. macrocicatrisatum, *O. Feist.?*)	Goldenberg, *Fl. Sarept. foss.*, pl. 2, fig. 9; O. Feistmantel, *l. c.*, II, pl. 22, fig. 3?
Lycopodiacées.	
Lycopodium primævum, *Sch.* (S. Lycopodites, *Gold.*).	Goldenberg, *l. c.*, pl. 1, fig. 3.
Lepidodendron aculeatum, *Sternb.* (Syn. L. Sternbergii, *Brongt.*) .	Sternberg, *l. c.*, fasc. 1, pl. 6, fig. 2; Sauveur, *l. c.*, pl. 61, fig. 5.
— brevifolium, *Ett.*	von Ettingshausen, *l. c.*, pl. 25, pl. 26, fig. 3.
— carbonaceum, *Crép.* (S. Lycopodites, *O. Feistm.* . .	O. Feistmantel, *l. c.*, II, pl. 1, fig. 1-2.
— Costaei, *Sauv.*	Sauveur, *l. c.*, pl. 61, fig. 1.
— dichotomum, *Sternbg.* . .	Sternberg, *l. c.*, fasc. 1, pl. 2.
— lycopodioïdes, *Sternbg.* . .	Sternberg, *l. c.*, fasc. 2, pl. 16, fig. 2; O. Feistmantel, *l. c.*, II, pl. 1; Zeiller, *l. c.*, pl. 171.
— obovatum, *Sternbg.* . . .	Sternberg, *l. c.*, fasc. 1, pl. 6, fig. 1.
— obtusum, *Sauv.*	Sauveur, *l. c.*, pl. 61, fig. 2.
— quadratum, *Sch.* (Syn. Bergeria, *Presl*)	Schimper, *l. c.*, pl. 60, fig. 9-10.
— rimosum, *Sternbg.*	Sternberg, *l. c.*, fasc. 1, pl. 10, fig. 1.
— selaginoïdes *Sternbg.* . . .	Sternberg, *l. c.*, fasc. 2, pl. 26, fig. 3, pl. 27, fig. 1; Lindley et Hutton, *l. c.*, pl. 12 et 113; O. Feistmantel, *l. c.*, II, pl. 3-4.
Lepidostrobus Geinitzii, *Sch.*	Geinitz, *l. c.*, pl. 2, fig. 1 et 3.
— Goldenbergii, *Sch.*	Schimper, *l. c.*, pl. 61, fig. 3-4; Brongniart, *l. c.*, II, pl. 24, fig. 6.
— variabilis, *Lindl.* et *Hutt.* .	Lindley et Hutton, *l. c.*, pl. 10-11.
Ulodendron majus, *Lindl.* et *Hutt.* . .	Lindley et Hutton, *l. c.*, pl. 5.
— minus, *Lindl.* et *Hutt.* . .	Lindley et Hutton, *l. c.*, pl. 6.
Bothrodendron punctatum, *Lindl.* et *H.*	Lindley et Hutton, *l. c.*, pl. 80.
Lepidophloios crassicaulis, *Brongt.* (Syn. Lomatophloios, *Corda*).	Goldenberg, *l. c.*, pl. 14, fig. 12-13.
— laricinus, *Sternbg.*	Schimper, *l. c.*, pl. 59, fig. 4; Sternberg, *l. c.*, fasc. 1, pl. 11, fig. 2-3; Goldenberg, *l. c.*, pl. 3, fig. 14, pl. 15, fig. 11.
— macrolepidotus, *Sch.* (Syn. Lomatophloios, *Gold.* .	Goldenberg, *l. c.*, pl. 14, fig. 25.
Knorria Sellonii, *Sternbg.*	Sternberg, *l. c.*, fasc. 4, pl. 57.
Halonia tuberculata, *Brongt.*	Brongt, *l. c.*, II, pl. 28, fig. 1-2.
Sigillaria angustata, *Sauv.*	Sauveur, *l. c.*, pl. 55, fig. 5.

GENRE, ESPÈCE ET AUTEUR.	AUTEURS qui ont servi à la détermination.
Sigillaria cristata, *Sauv*	Sauveur, *l. c.*, pl. 58, fig. 2.
— Davreuxii, *Brongt.*	Brongt, *l. c.*, pl. 148.
— Dournaisii, *Brongt.*	Brongt, *l. c.*, pl. 153, fig. 5; Goldenberg, *l. c.*, pl. 7, fig. 22-24.
— elliptica, *Brongt.*	Brongt, *l. c.*, pl. 152, fig. 1-2; Zeiller, *l. c.*, pl. 172, fig. 1.
— elongata, *Brongt.*	Brongt, *l. c.*, pl. 145 et 146, fig. 2.
— gracilis, *Brongt.*	Brongt, *l. c.*, pl. 164, fig. 2.
— Graeseri, *Brongt.*	Brongt, *l. c.*, pl 164, fig. 1.
— grandis, *Sauv.*	Sauveur, *l. c.*, pl. 57, fig. 1.
— hippocrepis, *Brongt.* (ex *Br.*) .	Brongt, *l. c.*, pl. 144, fig. 3.
— Knorrii, *Brongt.*	Brongt, *l. c.*, pl. 156, fig. 2.
— lævigata, *Brongt.* (Syn. S. alternans, *Sternbg*, S. antiqua, *Sauv.*, S. gigantea, *Sauv.*) .	Brongt, *l. c*, pl. 143; Sternberg, *l. c.*, fasc. 4, pl. 58, fig. 2; Geinitz, *l. c.*, pl. 8, fig. 2-3; Lesquereux, *l. c.*, pl. 71, fig. 1-2; Sauveur, *l. c.*, pl. 54, fig. 1-2; Goldenberg, *l. c.*, pl. 4, fig. 5-7.
— lenticularis, *Sauv.*	Sauveur, *l. c.*, pl. 58, fig. 3.
— mammillaris *Brongt.*	Brongt, *l. c.*, pl. 149, fig. 1.
— minima, *Brongt.*	Brongt, *l. c.* pl. 158, fig. 2.
— notata, *Brongt.*	Brongt, *l. c.*, pl. 153, fig. 1.
— ovata, *Sauv.*	Sauveur, *l. c.*, pl. 51, fig. 2.
— peltata, *Sauv.*	Sauveur, *l. c.*, pl. 51, fig. 1.
— pyriformis, *Brongt*	Brongt, *l. c.*, pl. 153, fig. 3-4.
— reniformis, *Brongt.*	Brongt, *l. c.*, pl. 142; Lindley et Hutton, *l. c.*, pl. 71.
— rimosa, *Gold.* non *Sauv.* . .	Goldenberg, *l. c.*, pl. 6, fig. 1; von Roehl, *l. c.*, pl. 30, fig. 5.
— rugosa, *Brongt.*	Brongt, *l. c.*, pl. 144, fig. 2; Zeiller, *l. c.*, pl. 172, fig. 3.
— Saullii, *Brongt.*	Brongt, *l. c.*, pl 151.
— scutellata, *Brongt.*	Brongt, *l. c.*, pl. 150, fig. 2-3; Goldenberg, *l. c.*, pl. 8, fig. 10.
— sexangulata, *Sauv.*	Sauveur, *l. c.*, pl. 53, fig. 1.
— tessellata, *Brongt.*	Brongt, *l. c.*, pl. 156, fig. 1; Zeiller, *l. c.*, pl. 173, fig. 2.
— transversalis, *Brongt.* (ex *Br.*) .	Brongt, *l. c.*, pl. 159, fig. 3.
Stigmaria ficoïdes, *Brongt.*	Lindley et Hutton, *l. c.*, pl. 31-36; Sternberg, *l. c.*, fasc. 1, pl. 12; von Roehl, *l. c.*, pl. 25.
Dolérophyllées.	
Doleropteris, *Sp.*	Grand'Eury, *Fl. carb. du dép[t] de la Loire*, pl. 16, fig. 1.

GENRE, ESPÈCE ET AUTEUR.	AUTEURS qui ont servi à la détermination.
Cordaïtées.	
Cordaïtes borassifolius, *Ung.* (Syn. Flabellaria, *Sternbg*, Pycnophyllum, *Brongt.*).	Sternberg, *l. c.*, fasc. 1, pl. 18; von Ettingshausen, *Steinkohl. Fl. Strad.*, pl. 5, fig. 5.
Cordianthus Pitcairniæ, *Crép.* (Syn. Antholithes. *Lindl.* et *Hutt.*, Cardiocarpus Lindleyi, *Carruth.*)	Lindley et Hutton, *l. c.*, pl. 82; Carruthers, *Géolog. Mag.*, Febr. 1872.
Cordianthus pauciflorus, *Crép.* (Syn Antholithus, *Sch.*)	Weiss, *l. c.*, pl. 18, fig. 42.
Cardiocarpus emarginatus, *Geinitz* . .	Geinitz, *l. c.*, pl. 22, fig. 24-27.
— Lindleyi, *Carruth.*	Carruthers, *l. c.*
Carpolithus clypeiformis, *Geinitz* . . .	Geinitz, *l. c.*, pl. 22, fig. 43.
Rhabdocarpus astrocaryoïdes, Grand'Eury.	Grand'Eury, *l. c.*, pl. 15, fig. 13.
— Bockschianus, *G.* et *B.* . .	Göppert et Berger, *Fruct et sem.*, pl. 1, fig. 13-14; Geinitz, *l. c.*, pl. 12, fig. 8; von Roehl, *l. c.*, pl. 22, fig. 5.
Plantæ incertæ sedis.	
Trigonocarpus Noeggerathi, *Brongt.* . .	Sternberg, *l. c.*, fasc. 3, pl. 55, fig. 6-7.

1. Liste des fossiles des cailloux du poudingue de Malmédy,

D'après M. G. Dewalque (*Prodrome*, 1868, p. 340).

[illegible]ir t. I, chap. II, p. 139, ce qui est relatif aux fossiles devoniens du poudingue triasique de Malmédy.

Crustacés.

[illegible], *Roem.*
[illegible], *Roem.*

Gastéropodes.

[illegible], *Goldf.*
[illegible], *Schl.*

[illegible]amellibranches.

[illegible], *Goldf.*, *non Sow.*

Brachiopodes

[illegible]
[illegible], *Roem.*
— [illegible], *de Buch.*
— [illegible], *Goldf.*
[illegible]
[illegible], *Schl.*
[illegible]
[illegible], *de Buch*
[illegible], *Lm.*
[illegible]
[illegible], *Schl.*
[illegible], *Schl.*
[illegible], *Phill.*
[illegible]
Productus subaculeatus, *Murch.*
— Murchisonanus, *de Kon.*
Chonetes (Orthis) dilatata, *Roem.*
— (Terebratulites) sarcinulata, *Schl.*
Calceola sandalina, *Lm.*

Bryozoaires.

Fenestrella (Retepora) antiqua, *Goldf.*
— (Gorgonia) infundibuliformis, *Goldf.*

Échinodermes.

Cyathocrinus pinnatus, *Goldf.*

Anthozoaires.

H[illegible], *Goldf.*
Fa[illegible], *Goldf.*
— [illegible], *Goldf.*
— [illegible], *de Bl.*
— [illegible], *d'Orb.*
— [illegible], *Goldf.*
— [illegible], *de Bl.*
Cyathophyllum cespitosum, *Goldf.*
— hypocrateriforme, *Goldf.*
— quadrigeminum, *Goldf.*
Stromatopora concentrica, *Goldf.*
— polymorpha, *Goldf.*
Pleurodyctium problematicum, *Goldf.*

TERRAIN JURASSIQUE.

16. Liste des fossiles des étages rhétien et liasien inférieur

(Extraite du *Prodrome* de M. DEWALQUE, pp. 342-349, 1868).

Nota. — La liste ci-dessous comprend, outre les espèces décrites ou mentionnées par M. Chapuis et nous-même, toutes celles que MM. Terquem et Piette ont citées en Belgique dans leur mémoire sur *Le lias inférieur de l'est de la France, etc.* (MÉM. DE LA SOC. GÉOL. DE FRANCE, 2e sér., t. VIII, 1865). Nous éprouvons de grandes difficultés pour répartir un bon nombre des premières en quatre niveaux au lieu de deux; aussi verra-t-on, par exemple, beaucoup d'indications affectées d'un signe de doute dans les deux zones à *Ammonites angulatus* et à *A. planorbis* (marne de Jamoigne et marne d'Helmsingen) de notre ancienne marne de Jamoigne inférieure. Pour les espèces empruntées au mémoire de MM. Terquem et Piette, qu'elles eussent été citées par nous, ou non, nous avons pris les données de ces savants relatives aux localités belges seulement. La comparaison de ces indications avec les nôtres nous a convaincu que nous ne sommes pas d'accord avec ces géologues sur la place à assigner à plusieurs espèces ; mais comme notre liste ne comporte pas de discussion, nous n'avons eu d'autre parti à prendre que d'accepter leurs données purement et simplement. (DEWALQUE.)

GENRE, ESPÈCE ET AUTEUR.	Rhétien.	MARNE de Jamoigne.			GRÈS de Luxembourg.			MARNE de Strassen.	
	Grès de Martinsart.	Marne d'Helmsingen.	Marne de Jamoigne.	Calcaire de Warcq.	Grès de Luxembourg.	Grès de Florenville.	Calc. sableux d'Orval.	Calcaire de Warcq.	Marne de Strassen.
	1	2	3	4	5	6	7	8	9
Crustacés.									
Cythere denticulata, *Terq.*	..	..	..	4	..	..	..	..	..
— flexiplicata, *Terq.*	..	..	..	4	..	..	..	..	..
Cytherella abbreviata, *Terq.*	..	..	..	4	..	..	..	..	..
— ampla, *Terq.*	..	..	..	4	..	..	..	..	..
— tenella, *Terq.*	..	..	..	4	..	..	..	..	..
Céphalopodes.									
Belemnites acutus, *Mill.*	..	..	..	..	..	..	7	..	9
Nautilus aratus, *Schl.*, v. striatus, *Sow.*	..	..	..	4	..	6	7?	8	9?
— — v. intermedius, *Sow.*	..	..	..	..	..	..	7	..	..
— — v. affinis, *Ch. et Dew.*	..	..	..	..	..	6	7?	8	9?

GENRE, ESPÈCE ET AUTEUR.	Grès de Martinsart. — Rhétien.	MARNE de Jamoigne.			GRÈS de Luxembourg.			MARNE de Strassen.	
		Marne d'Helmsingen.	Marne de Jamoigne.	Calcaire de Warcq.	Grès de Luxembourg.	Grès de Florenville.	Calc. sableux d'Orval	Calcaire de Warcq.	Marne de Strassen.
	1	2	3	4	5	6	7	8	9
Ammonites angulatus, *Schl.*			3		5				
— bisulcatus, *Brug.*				4		6		8	9
— Carusensis, *d'Orb.*							7		
— Charmassei, *d'Orb.*								8	
— Condeanus, *Ch. et Dew.*						6?			
— Conybeari, *Sow.*						6	7		
— Hagenowi, *Dunk.*			3						
— Johnstoni, *Sow.*		2		4					
— Kridion, *Hehl.*								8	
— multicostatus, *Sow.*						6	7		
— obtusus, *Sow.*							7		
— planorbis, *Sow.*		2							
— raricostatus, *Ziet.*								8	
— Sinemuriensis, *d'Orb.*								8	
— stellaris, *Sow.*						6			
Gastéropodes.									
Chemnitzia turbinata, *Terq.*			3					8?	
— (Melania) Zenkeni, *Dunk.*			3	4	5				
Cerithium acuticostatum, *Terq.*			3	4	5				
— anceps, *Dew.* (Chemnitzia? nuda, *Ch. et Dew.*)					5	6			
— conforme, *Ch. et Dew.*				4					
— (Chemnitzia) Davidsoni, *Ch. et Dew.*						6			
— Dumonti, *Ch. et Dew.*				4					
— gratum, *Terq.*				4					
— (Chemnitzia ?) ingratum, *Ch. et Dew.*						6			
— Jamoignense, *Terq. et Piette.*				4					
— Quinetteum, *Piette*					5				
— regulare, *Terq. et Piette*				4					
— rotundatum, *Terq.*				4					
— subnudum, *Mart.*			3						
— subturritella, *Ch. et D.* (C. Jobæ, *Terq.*)			3	4					

GENRE, ESPÈCE ET AUTEUR.		MARNE de Jamoigne.			GRÈS de Luxembourg.			MARNE de Strassen.	
	Grès de Martinsart. — Rhétien.	Marne d'Helmsingen.	Marne de Jamoigne.	Calcaire de Warcq.	Grès de Luxembourg.	Grès de Florenville.	Calc. sableux d'Orval.	Calcaire de Warcq.	Marne de Strassen.
	1	2	3	4	5	6	7	8	9
Cerithium verrucosum, *Terq.*	. .	. .	3	. .	5	. .	. .	. .	. .
Turritella Deshayesana, *Terq.*	. .	2	. .	. .	. .	. .	. .	. .	. .
— unicingulata, *Quenst.*	. .	. .	3	. .	. .	. .	. .	. .	. .
Littorina Arduennensis, *Piette*	. .	. .	3	. .	. .	. .	. .	. .	. .
— clathrata, *Desh.* (Chemnitzia aliena, *Ch. et D.* et Natica Koninckana, *Ch. et Dew.*)	. .	. .	3	4	5	. .	7	. .	. .
Solarium liasinum, *Dunk.*	. .	. .	. .	4	. .	. .	. .	. .	. .
Ampullaria angulata, *Desh.*	. .	. .	. .	. .	5	. .	. .	. .	. .
— carinata, *Terq.*	. .	. .	. .	. .	5	. .	. .	. .	. .
— obliqua, *Terq.*	. .	. .	. .	. .	5	. .	. .	. .	. .
— obtusa, *Desh.*	. .	. .	. .	. .	5	. .	. .	. .	. .
— planulata, *Terq.*	. .	. .	. .	. .	5	. .	. .	. .	. .
Turbo atavus, *Ch. et Dew.*	. .	. .	3	4	. .	. .	. .	. .	. .
— Buvignieri, *Ch. et D.*	. .	. .	. .	. .	. .	. .	. .	8?	. .
— costellatus, *Terq.*	. .	. .	3	4	. .	. .	. .	. .	. .
— fragilis, *Terq. et Piette*	. .	. .	. .	4	. .	. .	. .	. .	. .
— inornatus, *Terq. et Piette*	. .	. .	. .	4	. .	. .	. .	. .	. .
— insculptus, *Ch. et Dew*	. .	. .	. .	. .	. .	. .	. .	8?	. .
— liasicus, *Martin*	. .	. .	3	. .	. .	. .	. .	. .	. .
— Nysti, *Ch. et Dew.*	. .	. .	3	4	. .	. .	. .	. .	. .
— selectus, *Ch. et Dew.*	. .	. .	. .	4	. .	. .	. .	8	. .
— solarium, *Piette*	. .	. .	. .	4	. .	. .	. .	. .	. .
— tenuis, *Terq. et Piette.*	. .	. .	. .	4	. .	. .	. .	. .	. .
Phasianella nana, *Terq.*	. .	. .	. .	4	. .	. .	. .	. .	. .
Trochus acuminatus, *Ch. et D.*	. .	. .	3	4	. .	. .	7	. .	. .
— intermedius, *Ch. et D.*	. .	. .	3	4	. .	. .	. .	. .	. .
— Jamoignacus, *Terq. et Piette.*	. .	. .	. .	4	. .	. .	. .	. .	. .
Pleurotomaria basilica, *Ch. et D.*	. .	2?	3	4	. .	. .	. .	. .	. .
— cognata, *Ch. et D.*	. .	. .	3	4?	. .	. .	. .	. .	. .
— densa, *Terq.*	. .	. .	. .	4	. .	. .	. .	. .	. .
— Dewalquei, *Terq. et Piette*	. .	. .	. .	. .	. .	. .	. .	8?	. .
— (Rotella), expensa, *Sow.*	. .	. .	3	4	. .	. .	. .	. .	. .
— foveolata, *E. Desl.*	. .	. .	3	. .	. .	. .	. .	. .	. .
— heliciformis, *E. Desl.*	. .	. .	. .	4	. .	. .	. .	. .	. .

GENRE, ESPÈCE ET AUTEUR.	Rhétien.	MARNE de Jamoigne.			GRÈS de Luxembourg.			MARNE de Strassen.	
	Grès de Martinsart.	Marne d'Helmsingen.	Marne de Jamoigne.	Calcaire de Warcq.	Grès de Luxembourg.	Grès de Florenville.	Calc. sableux d'Orval.	Calcaire de Warcq.	Marne de Strassen.
	1	2	3	4	5	6	7	8	9
Pleurotomaria Hettangiensis, *Terq.*			3	4					
— Jamoignaca, *Terq. et Piette*				4					
— Metzertensis, *Terq. et Piette*		2							
— Mosellana, *Terq.*			3						
— planula, *Terq. et Piette*			3	4					
— principalis, *Ch. et D.*			3						
— rotellæformis, *Dunk.*			3						
— rustica, *E. Desl.*								8?	
— Wanderbachi, *Terq.*			3	4					
Patella Hettangiensis, *Terq.*					5				
Acmæa (Helcion) discrepans, *de Ryckh.*				4?					
— — infra-liasina, *de Ryckh.*				4?					
Dentalium compressum, *d'Orb.*				4					
Tornatella incermis, *Terq.*					5				
— Milium, *Terq.*			3						
— Secale, *Terq.*			3	4					
Orthostoma Avena, *Terq*			3						
— Frumentum, *Terq.*			3						
— Oryza, *Terq.*			3						
— turgida, *Terq.*			3						
Lamellibranches.									
Solen Deshayesi, *Terq.*			3						
Pleuromya crassa, *Ag.*			3	4					
— Dunkeri, *Terq.*				4					
— Galathea, *Ag.*			3	4					
— striatuta, *Ag.*			3	4				8?	9?
Pholadomya (Homomya) Alsatica, *Ag.*								8?	
— ambigua, *Sow.*								8?	9?
— Archiaci, *Terq. et Piette.*								8	
— glabra, *Ag.*								8?	9?
— jurassioïdes, *Chap.*								8?	9?
— (Homomya) Konincki, *Ch. et D.*								8?	

GENRE, ESPÈCE ET AUTEUR.	Rhétien.	MARNE de Jamoigne.			GRÈS de Luxembourg.			MARNE de Strassen.	
	Grès de Martinsart. — Rhétien.	Marne d'Helmsingen.	Marne de Jamoigne.	Calcaire de Warq.	Grès de Luxembourg.	Gres de Florenville.	Calc. sableux d'Orval.	Calcaire de Warcq.	Marne de Strassen.
	1	2	3	4	5	6	7	8	9
Pholadomya rhombifera, *Goldf.*	. .	. .	3	4	. .	. .	. .	. .	. .
— ventricosa, *Ag.*	. .	. .	. .	. .	. .	. .	. .	8	. .
Cardium Philippianum, *Dunk.*	. .	. .	. .	4	5	. .	. .	. .	. .
Isodonta Engelhardti, *Terq.*	. .	. .	. .	. .	. .	6	. .	. .	. .
Tancredia (Hettangia) angusta, *Terq.*	. .	. .	. .	. .	5	. .	. .	. .	. .
— — Deshayesana, *Terq.*	. .	. .	. .	4	5	. .	. .	. .	. .
— — ovata, *Terq.*	. .	. .	. .	. .	. .	6	7	. .	. .
Lucina arenacea, *Dunk.*	. .	2	3	4	. .	. .	. .	. .	. .
— (Mactromya) liasina, *Ag.*	. .	. .	. .	4	. .	. .	. .	. .	. .
— ovula, *Terq. et Piette.*	. .	2	. .	. .	. .	. .	. .	. .	. .
— problematica, *Terq.*	. .	. .	3	. .	. .	. .	. .	. .	. .
Astarte (Unio) abducta, *Phill.*	. .	. .	3	4?	. .	. .	. .	. .	. .
— cingulata, *Terq.*	1	. .	3	4	5	. .	. .	. .	. .
— consobrina, *Ch. et D.*	1	2	. .	. .	. .	. .	. .	. .	. .
— irregularis, *Terq.*	1	. .	3	4	5	. .	7	. .	. .
Cardita Heberti, *Terq.*	. .	. .	. .	. .	5	. .	7	. .	. .
— tetragona, *Terq.*	. .	. .	. .	. .	5	6	. .	. .	. .
Myoconcha inclusa, *Terq.*	. .	. .	. .	4	. .	. .	. .	. .	. .
— scabra, *Terq. et Piette*	. .	. .	. .	. .	. .	6	. .	. .	. .
Cardinia amygdala, *Ag.*	. .	. .	. .	4	. .	. .	. .	. .	. .
— angustiplexa, *Ch. et D.*	. .	2	3	4	. .	. .	. .	. .	. .
— concinna, *Sow.*	. .	. .	. .	. .	5	. .	7	. .	. .
— copides, *de Ryckh.*	. .	. .	. .	. .	. .	6	7	. .	. .
— (Unio) crassiuscula, *Sow.*	. .	. .	. .	. .	5	6?	. .	. .	. .
— Deshayesi, *Terq.*	. .	2	. .	. .	5	. .	. .	. .	. .
— Dunkeri, *Ch. et D.* (Unio trigonus, *K. et D.*)	. .	2?	. .	. .	. .	. .	. .	. .	. .
— exigua, *Terq.*	. .	. .	. .	. .	. .	6	. .	. .	. .
— gibba, *Ch. et D.*	. .	. .	3	4	. .	. .	. .	. .	. .
— (Unio) hybrida, *Sow.*	. .	. .	. .	4	. .	6	. .	8	. .
— (Cytherea) lamellosa, *Goldf.*	1?	2	3?	. .	. .	. .	. .	. .	. .
— (Unio) Listeri, *Sow.*	. .	. .	. .	4	. .	. .	. .	8	. .
— Lycetti, *Chap.*	. .	. .	3	. .	. .	. .	. .	. .	. .
— Morisi, *Terq.*	. .	2	. .	. .	. .	. .	. .	. .	. .
— (Unio) Nilsoni, *K. et Dunk.*	. .	. .	3	. .	. .	. .	. .	. .	. .

GENRE, ESPÈCE ET AUTEUR.	Grès de Martinsart. — Rhétien.	MARNE de Jamoigne. Marne d'Helmsingen.	Marne de Jamoigne.	Calcaire de Warcq.	GRÈS de Luxembourg. Grès de Luxembourg.	Grès de Florenville.	Calc. sableux d'Orval.	MARNE de Strassen. Calcaire de Warcq.	Marne de Strassen.
	1	2	3	4	5	6	7	8	9
Cardinia Oppeli, *Chap.*						6			
— ovalis, *Stutch.*			3						
— porrecta, *Ch. et D.*		2	3	4					
— pyriformis, *Terq. et Piette*							7		
— quadrata, *Ag.*		2?	3?						
— similis, *Ag.*					5?				
— subæquilatera, *Ch. et D.*		2?	3?						
— unioïdes, *Ag.*		2	3						
Arca pulla, *Terq.*			3	4					
Cucullæa Hettangiensis, *Terq.*	1								
Nucula fallax, *Terq. et Piette.*				4					
Leda tenuistriata, *Piette*				4					
Pinna diluviana, *Schl.*						6	7	8?	9?
— Hartmanni, *Ziet.*			3	4		6	7		
— Oppeli, *Dew.* (P. fissa, *Ch. et D., non Goldf.*)			3	4			7		
— similis, *Ch. et D.*			3?	4					
Mytilus Hillanoïdes, *d'Orb.*			3						
— psilonotus, *de Ryckh.* (M. Simoni, *Terq.*)				4					
— rusticus, *Terq.*			3						
— Scalprum, *Sow.*								8?	9?
— Terquemanus, *de Ryckh.*	1	2		4					
Avicula Alfredi, *Terq.*				4					
— Buvignieri, *Terq.*			3	4			7		
— Deshayesi, *Terq.*	1								
— Sinemuriensis, *d'Orb.*				4		6	7	8	9
Perna infraliasica, *Quenst.*							7		
Lima amœna, *Terq.*					5				
— antiquata, *Sow.*					5				
— compressa, *Terq*				4					
— dentata, *Terq.*		2	3	4					
— (Plagiostoma) duplicata, *Sow.*			3	4	5			8?	9?
— fallax, *Ch. et D.*			3						
— (Plagiostoma) gigantea, *Sow.*	1	2	3	4	5	6	7	8	9

GENRE, ESPÈCE ET AUTEUR.	Rhétien.	MARNE de Jamoigne.			GRÈS de Luxembourg.			MARNE de Strassen.	
	Grès de Martinsart.	Marne d'Helmsingen.	Marne de Jamoigne.	Calcaire de Warcq.	Grès de Luxembourg.	Grès de Florenville.	Calc. sableux d'Orval.	Calcaire de Warcq.	Marne de Strassen.
	1	2	3	4	5	6	7	8	9
Lima (Plagiostoma) Hermanni, *Voltz.*	..	..	3	4	5	..	..	..	..
— — Hausmanni, *Dunker.*	..	..	3	4	..	..	..	..	..
— Hettangiensis, *Terq.*	..	2	3	4	..	..	..	..	..
— incisa, *Terq et Piette* (L. punctata, *Ch. et D., non Sow.*)	..	2	3	4	..	..	..	8	..
— nodulosa, *Terq.*	..	..	..	..	5	..	..	..	..
— Omaliusi, *Ch. et D.*	..	..	3	..	..	..	..	..	..
— plebeïa, *Ch. et D.*	..	2	3	..	..	..	..	..	..
— tuberculata, *Terq.*	..	2?	3?	..	5	..	..	..	..
Limea duplicata, *de Münst.*	..	..	..	4	..	..	..	..	..
— Koninckana, *Ch. et D.*	..	..	3	4	..	..	7	..	..
Pecten calvus, *Goldf.*	..	..	3	4	..	..	7	8	..
— disciformis, *Schübl.*	..	..	..	..	..	6?	7	8?	9?
— Jamoignensis, *Terq. et Piette*	..	..	..	4	..	..	..	..	..
— Piettei, *Dew.* (P. dispar., *Terq.*)	..	..	..	..	5	..	..	..	..
— Priscus, *Schlot.*	..	..	..	..	..	..	..	8?	9?
— punctatissimus, *Quenst.*	..	..	3	4	..	..	..	..	..
— textorius, *Schl.*	..	..	..	..	..	6	7	8	9
— vimineus, *Sow.*	..	..	..	..	..	..	7	..	9
Hinnites (Carpenteria) Heberti, *Terq. et P.*	..	2	3	4	5	..	7	..	..
— liasicus, *Terq.*	..	..	..	..	5	..	..	..	..
— Orbignyanus, *Terq.*	..	..	3	..	..	..	..	..	..
Plicatula Deslongchampsi, *Terq. et Piette*	..	..	3	..	..	..	..	..	..
— Heberti, *Terq. et Piette*	..	..	..	4	..	..	..	..	..
— Hettangiensis, *Terq.*	..	..	3	4	5	..	7	..	..
— (Spondylus) liasina, *Terq.*	..	..	3	4	..	..	7	..	..
Ostrea anomala, *Terq.*	..	..	..	..	5	..	..	..	..
— (Gryphæa) arcuata, *Lm.*	..	..	..	4	..	6	7	8	9
— complicata, *Terq.*	..	..	..	..	5	..	..	..	..
— irregularis, *de Münst.*	1	2	3	4	5	6	7	..	..
— læviuscula, *de Münst.*	..	..	..	4	..	..	..	..	..
— Marmoraï, *Haime*	..	..	..	4	..	..	..	..	..
— pseudo-placuna, *Terq.*	..	..	3	..	5	..	..	..	..
Anomia irregularis, *Terq.*	..	..	..	4	..	..	..	..	..
— pellucida, *Terq.*	..	..	..	4	5	6	..	..	..

GENRE, ESPÈCE ET AUTEUR.	Grès de Martinsart. — Rhétien.	MARNE de Jamoigne.			GRÈS de Luxembourg.			MARNE de Strassen.	
		Marne d'Helmsingen.	Marne de Jamoigne.	Calcaire de Warcq.	Grès de Luxembourg.	Grès de Florenville.	Calc. sableux d'Orval.	Calcaire de Warcq.	Marne de Strassen.
	1	2	3	4	5	6	7	8	9
Brachiopodes.									
Terebratula Causoniana, *d'Orb.*	..	..	..	..	..	..	..	..	9?
— perforata, *Piette.*	..	..	3	4	..	..	..	..	..
Spiriferina (Spirifer) Walcotti, *Sow.*	..	..	..	..	..	..	..	8?	9
Rhynchonella anceps, *Ch. et D.*	..	..	3	4	..	..	..	8?	9?
— (Terebratula) Buchi? *Roem.*	..	..	..	..	..	6?	7?	8?	9?
— — calcicosta, *Quenst.*	..	..	..	4	..	..	..	..	..
— — tetraedra, *Sow.*	..	..	..	..	..	..	7	..	..
Lingula Metensis, *Terq.*	..	..	..	4	..	..	..	..	..
— Voltzi, *Terq.*	..	..	..	..	..	..	7	..	..
Bryozoaires.									
Berenicea striata, *Haime.*	..	..	3	..	..	..	..	..	..
Neuropora undulata, *Terq. et Piette*	..	..	3	..	..	..	..	..	..
Annélides.									
Galeolaria filiformis, *Terq. et Piette*	..	..	3	4	..	..	7	..	..
Serpula flaccida, *Schl.*	..	..	3	..	..	..	..	..	..
— Limax, *Goldf.*	..	..	..	4	5	..	..	..	..
— socialis, *Goldf.*	..	..	3?	4?	5	6?	..	8?	9?
Échinodermes.									
Cidaris Edwardsi, *Wright.*	..	..	3	..	..	..	..	..	..
Pentacrinus tuberculatus, *Mill.*	..	..	3	4	..	..	7	..	9
Anthozoaires.									
Montlivaultia Guettardi, *de Bl.*	..	..	..	4	..	..	..	8	..
— Haimei, *Ch. et D.*	1	2	3	..	..	..	..	..	..

GENRE, ESPÈCE ET AUTEUR.	Grès de Martinsart. — Rhétien.	MARNE de Jamoigne. Marne d'Helmsingen.	Marne de Jamoigne.	Calcaire de Warcq.	GRÈS de Luxembourg. Grès de Luxembourg.	Grès de Florenville.	Calc. sableux d'Orval.	MARNE de Strassen. Calcaire de Warcq.	Marne de Strassen.
	1	2	3	4	5	6	7	8	9
Montlivaultia polymorpha, *Terq. et Piette*	..	..	3	..	..	..	..	..	..
Thecosmilia strangulata, *Terq. et Piette.*	..	..	..	..	..	..	7	..	..
Streptastræa excavata, *de From.*	..	..	..	..	..	6	7	..	..
Isastræa Condeana, *Ch. et D.*	..	..	..	..	..	6	7	..	..
— Orbignyi, *Ch. et D.*	..	..	3	..	..	..	..	..	..
Foraminifères.									
Placopsilina Breoni, *Terq.*	..	..	..	4	..	..	..	..	..
— crassa, *Terq.*	..	..	..	4	..	..	..	..	..
Cristellaria cincta, *Terq.*	..	..	..	4	..	..	..	..	..
Animaux parasites.									
Cupularia læviuscula, *Terq. et Piette.*	..	..	3	4	..	..	..	..	..
Haimeina Michelini, *Terq. et Piette*	..	..	3	4	..	..	..	..	..
Talpina porrecta, *Terq. et Piette.*	..	..	3	4	..	..	..	..	..
— squamosa, *Terq. et Piette.*	..	2	..	..	..	..	..	..	..

17. Liste des fossiles du grès de Virton. (Liasien moyen.)

D'après M. Chapuis (*Prodrome* de M. Dewalque, 1868, p. 350).

Céphalopodes.

Belemnites abbreviatus, *Miller*.
— elongatus, *Miller*.
Nautilus aratus, *Schl.*, var. affinis, *Ch. et D.*
Ammonites Guibalianus, *d'Orb.*
— multicostatus, *Sow.*
— obtusus, *Sow.*
— planicosta, *Sow.*
— Valdani, *d'Orb.*

Gastéropodes.

Pleurotomaria expansa, *Sow.*
— multicincta, *Ziet.*

Lamellibranches.

Pholadomya Davreuxi, *Ch. et Dew.*
— Deshayesi, *Ch. et D.*
— Dumonti, *Ch. et D.*
— Hausmanni, *Goldf.*
— Nysti, *Ch. et D.*
— Voltzi, *Ag.*
Pleuromya Candezei, *Chap.*
— glabra, *Ag.*
— rugosa, *Chap.*
Cardinia gigantea, *Quenst.*
— Kouincki, *Ch. et D.*
— Ryckholti, *Chap.*
Pinna inflata, *Ch. et D.*
Mytilus scalprum, *Sow.*
Lima (Plagiostoma) duplicata, *Sow.*
— — punctata, *Sow.*
Avicula Sinemuriensis, *d'Orb.*
Pecten acuticosta, *Lm.*
— æquivalvis, *Sow.*
— disciformis, *Schübl.*
— priscus, *Schl.*
— textorius, *Schl.*
Ostrea (Gryphæa) Cymbium, *Lm.*
— irregularis, *de Münst.*

Brachiopodes.

Terebratula numismalis, *Lm.*
— punctata, *Sow.*
— subpunctata, *Dav.*
— subovoïdea, *Roem.*
Spiriferina (Spirifer) oxyptera, *Buv.*
— — rostrata, *Schl.*
Rhynchonella (Terebratula) variabilis, *Schl.*
— — Buchi, *Roem.*
— — tetraedra, *Sow*
Lingula Voltzi, *Terq.*

Annélides.

Serpula socialis, *Goldf.*

18. Liste des fossiles du schiste d'Ethe. (Liasien moyen.)

D'après M. Chapuis (*Prodrome* de M. Dewalque, 1868, p. 350).

Céphalopodes.

Ammonites capricornus, *Schl.*
— Davoei, *Sow.*
— fimbriatus, *Sow.*
— Henleyi, *Sow.*
— hybridus, *d'Orb.*
— Jamesoni, *Sow.*
— margaritatus, *Montf.*
— Zieteni, *Oppel.*

Lamellibranches.

Avicula Sinemuriensis, *d'Orb.*
Ostrea (Gryphæa) Cymbium, *Lm.*

Brachiopodes.

Terebratula punctata, *Sow.*
Spiriferina (Spirifer) rostrata, *Schl.*
Rhynchonella (Terebratula) variabilis, *Schl.*

---

19. Liste des fossiles du macigno d'Aubange. (Liasien moyen).

D'après M. Chapuis (*Prodrome* de M. Dewalque, 1868, p. 351).

Céphalopodes.

Belemnites abbreviatus, *Mill.*
— clavatus, *de Bl.*
— paxillosus, *Schl.*
— umbilicatus, *de Bl.*
Ammonites armatus, *Sow.*
— brevispina, *Sow.*
— capricornus, *Schl.*
— Henleyi, *Sow.*
— hybridus, *d'Orb.*
— Loscombi, *d'Orb.*
— spinatus, *Brug.*

Gastéropodes.

Turbo cyclostoma, *Benz.*
— minax, *Ch. et D.*
Pleurotomaria (Rotella) expansa, *Sow.*
Cerithium subcurvicostatum, *Desl.*

Lamellibranches.

Pholadomya decorata, *Hartm.*
— foliacea, *Ag.*
— Hausmanni, *Goldf.*
— Roemeri, *Ag.*
Pleuromya (Donacites) Audouini, *Al. Brong.*
— rostrata, *Ag.*
— (Venus unioïdes, *Roem.*
Ceromya (Gresslya) erycina, *Ag.*
— (Lutraria) gregaria, *Roem.*
Tancredia (Hettangia) lucida, *Terq.*
Astarte Voltzi, *Terq.*
Mytilus scalprum, *Sow.*
Nucula inflexa, *Quenst.*
Avicula cycnipes, *Phill.*
— Sinemuriensis, *d'Orb.*
Pecten acuticosta, *Lm.*
— æquivalvis, *Sow.*
— disciformis, *Schübl.*

Pecten priscus, *Schl.*
— textorius, *Schl.*
Plicatula pectinoïdes, *Lm.*, (P. spinosa, *Sow.*)
Ostrea (Gryphæa) Cymbium, *Lm.*
— irregularis, *Münst.*

Brachiopodes.

Terebratula punctata, *Sow.*
Spiriferina (Spirifer) rostrata, *Schl.*
Rhynchonella (Terebratula) acuta, *Sow.*
— — tetraedra, *Sow.*
— — variabilis, *Schl.*
Lingula Sacculus, *Ch. et D.*

20. Liste des fossiles du schiste et de la marne de Grand-Court. (Liasien supér.)

D'après M. CHAPUIS (*Prodrome* de M. Dewalque, 1868, p. 351).

Céphalopodes.

Belemnites acuarius, *Schl.*
— compressus, *Voltz.*
— incurvatus, *Ziet.*
— irregularis, *Schl.*
— paxillosus, *Schl.*
— tripartitus, *Schl.*
Nautilus aratus, *Schl.*, var. striatus, *Sow.*
— — var. intermedius, *Sow.*
Ammonites Aalensis, *Ziet.*
— bifrons, *Brug.*
— Braunanus, *d'Orb.*
— Coemensis, *de Buch.*
— communis, *Sow.*
— complanatus, *Brug.*
— concavus, *Sow.*
— Cornu-copiæ, *Y. et B.*
— heterophyllus, *Sow.*
— Holandrei, *d'Orb.*
— mucronatus, *d'Orb.*
— radians, *Rein.*
— Raquinianus, *d'Orb.*
— serpentinus, *Schl.*
— variabilis, *d'Orb.*

Gastéropodes.

Orthostoma pisolina, *Buv.*
Turbo subduplicatus, *d'Orb.*
Cerithium armatum, *de Münst.*
— truncatum, *de Münst.*

Lamellibranches.

Pleuromya (Donacites) Audouini, *Al. Brong.*
Lucina elegans, *Roem.*
Astarte subtetragona, *Roem.*
Nucula amœna, *Ch. et D.*
— Omaliusi, *Ch. et D.*
— subglobosa, *Roem.*
— subtrigona, *Roem.*
Cucullæa elegans, *Roem.*
— inæquivalvis, *Roem.*
Inoceramus amygdaloïdes, *Goldf.*
Posidonomya Bronni, *Voltz.*
Monotis substriatus, *Ziet.*
Lima proboscidea, *Sow.*
Pecten paradoxus, *Goldf.*
— textorius, *Schl.*
Plicatula pectinoïdes, *Lm.* (P. spinosa, *Sow.*

Brachiopodes.

Terebratula resupinata, *Sow.*
Rhynchonella (Terebratula) tetraedra, *Sow.*
— — variabilis, *Sow.*
Lingula Longo-viciensis, *Terq.*

21. Liste des fossiles de la limonite oolitique de Mont-St-Martin. (Liasien supér.)

D'après M. Chapuis (*Prodrome* de M. Dewalque, 1868, p. 352).

Céphalopodes.

Belemnites compressus, *Voltz.*
— giganteus, *Schl.*
Ammonites Levesquei, *d'Orb.*
— radians, *Rein.*

Lamellibranches.

Ceromya (Gresslya) cordiformis, *Ag.*
— Konincki, *Chap.*
— (Gresslya) pinguis, *Ag.*
— Queteleti, *Chap.*
Astarte lurida, *Sow.*
Trigonio costellata, *Ag.*
— tuberculata, *Ag.*
Pinna fissa, *Goldf.*
Mytilus Sowerbyanus, *d'Orb.* (Modiola plicata, *Sow., non Gm.*)
Gervilleia tortuosa, *Phill.*
Lima proboscidea, *Sow.*
Pecten Germaniæ, *d'Orb.*
— obscurus, *Phill.*
Ostrea Phædra, *d'Orb.*
— polymorpha, *de Münst.*
— sandalina, *Goldf.*

---

22. Liste des fossiles du calcaire de Longwy (Bathonien).

D'après M. Chapuis (*Prodrome* de M. Dewalque, 1868, p. 352).

Nota. — I = calcaire ferrugineux ; II = calcaire subcompacte et calcaire à polypiers ; III = *fuller's earth.*

	I	II	III
Céphalopodes.			
Belemnites apiciconus, *de Bl.*	. .	—	. .
— giganteus, *Schl.*	—	—	—
Nautilus clausus, *d'Orb.*	. .	—	. .
Ammonites Blagdeni, *Sow.*	—	—	—
— Martinsi, *d'Orb.*	. .	—	. .
— Murchisonæ, *Sow.*	—	. .	. .
— Parkinsoni, *Sow.*	. .	. .	—
— Sowerbyi, *Mill.*	—	. .	. .
Gastéropodes.			
Rostellaria Hamus, *Desl.*	. .	. .	—
Chemnitzia Aspasia, *d'Orb.*	. .	. .	—

	I	II	III
Chemnitzia (Melania) Heddingtonensis, *Sow.*	. .	—	—
— procera, *d'Orb.*	—	. .	. .
Turbo ditior, *Ch. et D.*	. .	—	. .
— lævigatus, *Phill.*	. .	. .	—
Pleurotomaria gyroplata, *Desl.*	—	. .	. .
— mutabilis, *Desl.*	—	—	. .
— Phine, *Ch. et D.*	. .	—	. .
Euomphalus (Straparolus) glabratus, *Ch. et D.*	. .	. .	—

Lamellibranches.

	I	II	III
Pleuromya Agassizi, *Chap.* (Myopsis Jurassi, *Ag.*)	. .	. .	—
— angusta, *Ag.*	—	. .	. .
— (Donacites) Audouini, *Al. Brongn.*	—	—	. .
— (Lutraria) decurtata, *Goldf.*	. .	—	—
— — elongata, *de Münst.*	—	—	—
— Helena, *Ch. et D.*	—	. .	. .
— (Myopsis) marginata, *Ag.*	. .	. .	—
— Omaliusana, *Ch.*	. .	. .	—
— (Lutraria) sinuosa, *Roem.*	—	. .	. .
— — tenuistria, *de Münst.*	—	—	. .
Pholadomya Bucardium, *Ag.*	—	—	—
— fidicula, *Sow.*	—	—	—
— media, *Ag.*	—	—	. .
— Murchisoni, *Sow.*	—	—	. .
— socialis, *Morr. et Lyc.*	—	. .	. .
— (Homomya) Terquemi, *Ch. et D.*	. .	—	. .
— triquetra, *Ag.*	—	. .	. .
— Vezelayi, *Laj.*, (Homomya gibbosa, *Ch. et D.*)	. .	—	—
— Zieteni, *Ag.* (P. fidicula, *Ziet., non Sow.*)	—	. .	. .
Anatina Deshayesea, *Chap.*	. .	. .	—
Ceromya (Gresslya) concentrica, *Ag.*	. .	—	—
— — conformis, *Ag.*	—	—	. .
— — erycina, *Ag.*	—	. .	. .
— — Konincki, *Chap.*	. .	. .	—
— — latior, *Ag.*	—	—	—
— — lunulata, *Ag.*	—	—	—
— — major, *Ag.*	—	. .	. .
— — pinguis, *Ag.*	—	. .	. .
— (Lutraria) striato-punctata, *de Münst.*	. .	. .	—
— (Gresslya) truncata, *Ag.*	—	—	—
Isodonta Buvignieri, *Terq.*	. .	. .	—
Tancredia axiniformis, *Lyc.*	. .	. .	—
— donaciformis, *Lyc.*	—	. .	—

	I	II	III
Trigonia costata, *Lm.*	. .	. .	—
— signata, *Ag.*	—	. .	. .
Cucullæa oblonga, *Sow.*	—	. .	. .
Mytilus (Modiola) gibbosus, *Sow.*	—	—	—
Lithophagus (Lithodomus) Waterkeyni, *Ch. et D.*	. .	—	. .
Avicula digitata, *Desl.*	. .	—	—
— echinata, *Sow.*	. .	—	—
Lima alticosta, *Ch. et D.*	—	. .	. .
— (Plagiostoma) duplicata, *Sow.*	—	—	—
— proboscidea, *Sow.*	—	—	. .
— (Plagiostoma) semicircularis, *Goldf.*	. .	—	. .
Pecten annulatus, *Sow.*	. .	. .	—
— articulatus, *Schl.*	. .	—	—
— demissus, *Phill.*	—	—	—
— Germaniæ, *d'Orb.*	—	—	—
— personatus, *Goldf.*	—	. .	. .
— Saturnus, *d'Orb.*	—	. .	—
— textorius, *Schl.*	—	—	—
Ostrea acuminata, *Sow.*	. .	. .	—
— explanata, *Goldf.*	—	. .	. .
— Marshi, *Sow.*	. .	—	—
— obscura, *Sow.*	. .	—	—
— sandalina, *Goldf.*	—	. .	. .
— subcrenata, *d'Orb.* (O. crenata, *Goldf., non Gm.*)	—	—	. .

Brachiopodes.

	I	II	III
Terebratula globata, *Sow.*	. .	. .	—
— perovalis, *Sow.*	—	—	—
— spinosa, *Schl.*	. .	. .	—
— subbucculenta, *Ch. et D.*	—	—	—
Rhynchonella Davidsoni, *Ch. et D.*	. .	—	—
— Langleti, *Ch. et D.*	. .	—	. .
— Niobe, *Ch. et D.*	. .	—	. .
— (Terebratula) obsoleta, *Sow.*	. .	—	—
— Pallas, *Ch. et D.*	. .	—	—
Lingula Beani, *Sow.*	—	. .	. .

Annélides.

	I	II	III
Serpula filaria, *Goldf.*	. .	—	—
— Limax, *Goldf.*	—	—	—
— socialis, *Goldf.*	—	—	—
— tricarinita, *Goldf.*	—	—	. .

Échinodermes.	I	II	III
Cidaris Wrighti, *Des*	. .	—	. .
Pedina gigas, *Ag.*	. .	—	. .
Echinus bigranularis, *Lm.*	. .	—	. .
— subconoïdeus, *Des.*	. .	—	. .
Holectypus (Echinites) depressus, *Leske.*	. .	—	. .
— (Discoïdea) hemisphæricus, *Ag.*	. .	. .	—
Hyboclypus ovalis, *Wright.*	. .	. .	—
Echinobrissus (Echinites) clunicularis, *Lhw.*	. .	. .	—
Clypeus sinatus, *Leske.*	. .	—	. .
Anthozoaires.			
Isastræa Bernardana, *d'Orb.*	. .	—	. .
— Conybeari *Edw. et H.*	. .	. .	—
— limitata, *Edw. et H.*	. .	—	. .
— serialis, *Edw. et H.*	. .	. .	—
— tenuistria, *Edw. et H.*	. .	. .	—
Thamnastrea Defranceana, *Edw. et H.*	. .	. .	—
— Dumonti, *Ch. et D.*	. .	—	. .

TERRAIN CRÉTACÉ.

23. Liste des fossiles recueillis dans les dépôts wealdiens du Hainaut.

Nota. — A l'exception des neuf espèces de *Cycadites* et de *Pinus* décrites par feu l'abbé Coemans (1867) et provenant de l'argile plastique de Baume (St-Vaast) à La Louvière, tous les autres fossiles de la présente liste proviennent de la fosse Ste-Barbe du charbonnage de Bernissart.

Les fossiles végétaux ont été déterminés par M. le comte de Saporta et les fossiles animaux par M. Éd. Dupont avec le concours de M. de Pauw (*Bull. de l'Acad. roy. de Belg.*, 1878, t. XLVI, pp. 387 et suiv.).

Reptiles.

Iguanodon Mantelli, *Owen*.

Chéloniens.

Emys.
Trionyx.

Poissons.

Lepidotus Fittoni, *Ag.*
— Mantelli, *Ag.*
— minor, *Ag.*
Ophiopsis dorsalis, *Ag.*
— penicillatus, *Ag.*
Microdon radiatus, *Ag.*
Pholidophorus.
Caturus.
Belonostomus.

Insectes.

Larves.

Plantes.

Lonchopteris Mantelli, *Brong.*
Pecopteris polymorpha, *Dkr.*
— Conybeari, *Dkr.*
Alethopteris elegans, *Goepp.*
Sphenopteris Goepperti, *Dkr.*
— Roemeri, *Dkr.*
Gleichenia ?
Gleichenites.
Cycodites Schachti, *Coem.*
Pinus Andraeï, *Coem.*
— Briarti, *Coem.*
— compressa, *Coem.*
— Corneti, *Coem.*
— gibbosa, *Coem.*
— Heeri, *Coem.*
— Omaliusi, *Coem.*
— Toilliezi, *Coem.*

24. Liste des fossiles de la Meule de Bracquegnies.

D'après MM. BRIART et CORNET (*Mém. couronn. de l'Acad. roy. de Belg.*, t. XXXIV, 1870).

Gastéropodes.

Pterocera (Rostellaria) macrostoma, *Sow.*
— — retusa, *Sow.*
— tuberosa, *Br. et Corn.*
Rostellaria Parkinsoni, *Mant.* (R. Megæra, *d'Orb.*).
Fasciolaria rustica, *Br. et Corn.*
— rugosa, *Br. et Corn.*
Cancellaria Orbignyana, *Br. et Corn.*
Pyrula depressa. *Sow. in Fitton.*
Fusus Dejaeri, *Br. et Corn.*
— dubius, *Br. et Corn.*
— (Pyrula) Smithi, *Sow. ap. Fitton.*
Natica Geinitzi, *d'Orb.*
— Lehardyi, *Br. et Corn.*
— mesostyle, *de Ryckh.*
— (Littorina) pungens, *Sow.*
— (Turbo) rotundata, *Sow.*
— subacuminata, *Br. et Corn.*
— Toilliezana, *Br. et Corn.*
Turritella granulata, *Sow.*
— subalternans, *Br. et Corn.*
Vermetus concavus, *Sow. in Fitton.*
Scalaria pulchra, *Sow. in Fitton.*
Solarium Ryckholdti, *Br. et Corn.*
Rissoa maxima, *Br. et Corn.*
Nerita rugosa, *Br. et Corn.*
Turbo Fittoni, *d'Orb.* (Littorina gracilis, *Sow.*).
Phasianella formosa, *Sow. in Fitton.*
— globosa, *Br. et Corn.*
— Sowerbyi, *d'Orb.* (P. striata, *Sow.*).
Trochus parvus, *Br. et Corn.*
— Geinitzi, *Br. et Corn.*
Helcion Malaisei, *Br. et Corn.*
Dentalium medium, *Sow. in Fitton.*
Tornatina ovata, *Br. et Corn.*
Acteon affinis, *Sow.*
Acteonella conica, *Br. et Corn.*
Acteonella sublævis, *Br. et Corn,*
Cinulia dubia, *Br. et Corn.*
Avellana, *Brongn.*).
Bulla Ryckholdti, *Br. et Corn.*

Lamellibranches.

Solecurtus compressus, *Goldf.*
Pholadomya Mailleana, *d'Orb.*
— subcaudata, *Br. et Corn.*
Corbula subelegans *Br. et Corn.*
— truncata, *Sow. in Fitton.*
Tellina (Psammobia) gracilis, *Sow. in Fitton.*
— inæqualis. *Sow.*
— multistriata, *Br. et Corn.*
— scutiformis, *Br. et Corn.*
Venus caperata, *Sow.*
— faba, *Sow.*
— lucina. *Br. et Corn.*
— Nysti, *Br. et Corn.*
— parva, *Sow.*
— plana, *Sow.*
Thetis major, *Sow.*
Cyprina angulata, *Sow. in Fitton.*
Cardium Brohcti, *Br. et Corn.*
— Hillanum. *Sow.*
— subventricosum, *d'Orb.*
Unicardium tumidum, *Br. et Corn.*
Isocardia Sowerbyi, *Br. et Corn.*
Lucina pisum, *Sow. in Fitton.*
Cardita Konincki, *Br. et Corn.*
— spinosa, *Br. et Corn.*
Trigonia Dædalea, *Park.*
— Elisæ, *Br. et Corn.*
— Ludovicæ, *Br. et Corn.*
Arca æquilateralis, *Br. et Corn.*
— carinata, *Sow.*
— caudata, *Br. et Corn.*

Arca exornata, *Br. et Corn.*
— glabra, *Park.*
— Omaliusi, *Br. et Corn.*
— subformosa, *Sow.*
Limopsis Coemansi, *Br. et Corn.*
Pectunculus sublævis, *Sow.*
— umbonatus, *Sow.*
Nucula Dewalquei, *Br. et Corn.*
Leda (Nucula) lineata, *Sow in Fitton.*
Mytilus lanceolatus, *Sow.*
— (Modiola) reversus, *Sow. in Fitton.*
Avicula anomala, *Sow. in Fitton.*
Lima archiacana, *Br. et Corn.*
Lima subcarinata, *Br. et Corn.*
Janira cometa, *d'Orb.*
— (Pecten) æquicostata, *Lm.*
— — quadricostata, *Sow.*
Ostrea conica, *d'Orb.*
— (Gryphæa) columba, *Lm.*
— digitata, *Sow.*
— (Chama) haliotidea, *Sow.*

Annélides.

Filligrana (Serpula) filiformis, *Sow. in Fitton.*

---

25. Liste des fossiles du tourtia de Tournai et de Montignies-sur-Roc.

Dressée par MM. Briart et Cornet (*Prodrome* de M. Dewalque, 1868, pp. 389-393).

Céphalopodes.

Ammonites varians, *Sow.*
Scaphites æqualis, *Sow.*

Gastéropodes.

Strombus drysporus, *de Ryckh.*
Pteroceras amentatum, »
— Collegnoï, *d'Arch.*
— ditropis, *de Ryckh.*
— tetraglochis, »
— tylostomum, »
Rostellaria aptera, »
— cancerata, »
— cicatricosa, »
— suturalis, »
— (Pyrula) subcarinata, *d'Arch.*
— tyloda, *de Ryckh.*
Murex tricircodus, »
Pisania (Pollia) confluens, *de Ryckh.*
— — sporidesma, »
Triton apater, »
— agenetor, »
— archegus, »
— genarchus, »
Cancellaria apater, »
— coæva, »
— coætana, »
— æquæva, »
— synchrona, »
— suppar, »
Rhealaria pterocera, »
— ranella, »
— strombidea, »
— struthiolaria, »
Fusus cymostaurus, »
— eustephanus, »
— heteromitus, »
— kirsodus, »
— (Pusionella) primus, »

Fusus (Trophon) sucula, *de Ryckh.*
Buccinum hyphantum, »
Purpura religata, »
Coralliophila primigenia. »
Astreidomus biplicatus, »
— jantinopsis, »
Columbellina aspera, »
— gibba, »
— texta, »
Borsonia centrema, »
— nablia, »
— obscura, »
Mitra dispora, »
— tromoda, »
— tromora, »
Ovula prima, »
Natica adrostyle, »
— biaperta, »
— cilicina, »
— cannabina, »
— evoluta, »
— eulyra, »
— gradilis, »
— inciens, »
— mesolina, »
— mesostyle, »
— nupta, »
— ptychodes, »
— platystyle, »
— pigra, »
— rugistyle, »
Stomatia dilatata, »
— varigera, »
Narica patula, »
Pyramidella colliculus, »
— marginulata, »
— phasaniella, »
Eulima colliculus, »
— rimata, »
Cerithium acephalum, »
— Belgicum, *Münst. in Goldf.*
— bolocoptum, *de Ryckh.*
— capito, »
— cilicinum, »
— decimale, »

Cerithium dianthisporum, *de Ryckh.*
— glebosum, »
— heterosporum, »
— otinum, »
— subtrigesimale, »
— stagmirachis, »
— subelongatum, *d'Orb.* (Rostellaria elongata, *d'Arch.*).
Nerinea bifuniculata, *de Ryckh.*
— canna, *de Ryckh.*
— dubia, *d'Arch.*
— hispidosa, *de Ryckh.*
— præpostera, »
— risella, »
— suturalis, »
— texta, »
Turritella (Torculina) arcuata, *de Ryckh.*
— Archiaci, *d'Orb.*
— exstans, *de Ryckh.*
— granisata, »
— loculata, »
— Neptuni, *Goldf.*
— (Torculina) paxillas, *de Ryckh.*
— palulus, »
— strepta, »
Vermetus Archiaci, »
— (Vermiculus) coarctatus, »
— — collaris, »
— pselionopsis, »
Serpulorbis (Bembix) Doliolum, »
— (Spiroglyphus) ostryotryus, *de Rkh.*
— (Bembix) seriola, »
— — utriculus, *de Kon.*
Lithariodomus siderotryus, *de Ryckh.*
Scalaria acephala, »
— Tornacensis, »
Solarium Bembix, »
— concentricum, »
— hypsammum, »
— miliisatum, »
— Thirianum, *d'Arch.*
Littorina corda, *de Ryckh.*
— heteronema, *de Ryckh.*
— (Phyllicocheilus) morio, *de Ryckh.*
Rissoïna dispar, »
— quadricincta, »

Nerita cestophora, *de Ryckh.*
— glebosa, »
— (Natica) nodosa, *Gein.*
— teinostoma, *de Ryckh.*
Neritopsis alveolata, »
— dissimilis, »
— insculpta, »
Turbo Angeloti, *d'Arch.*
— Boblayei, »
— carcinus, *de Ryckh.*
— Delafossei, *d'Arch.*
— Geslini, »
— Leblanci, »
— liparus, *de Ryckh.*
— mesomannus, *de Ryckh.*
— mesophinctus, »
— Mulleti, *d'Arch.*
— multitius, *de Ryckh.*
— paludiniformis, *d'Arch.*
— (Guildfortia) prodromus, *de Ryckh.*
— raphibatus, *de Ryckh.*
— Raulini, *d'Arch.*
— (Littorina) Royssi, *d'Arch.*
— tribonatus, *de Ryckh.*
— Walferdini, *d'Arch.*
Phasianella cenomanica, *de Ryckh.*
— induta, »
Calcar amphitapus, »
— castakium, »
— causia, »
— circumflexum, »
— periglochis, »
— præposterum, »
— umbraticum, »
Trochus acinisatus, »
— Adelphus, »
— alusidotus, »
— (Tectarius) Angeloti, »
— antipleurotoma, »
— (Craspedotus) asperus, »
— Basteroti, *Brongn.*
— (Craspedotus) bijugatus, *de Ryckh.*
— (Tectarius) brevis, »
— (Craspedotus) bucculatus, »
— Brunelli, »

Trochus (Craspedotus) calyptratus, *de Ryckh.*
— — capistratus, »
— (Margarita) coa, »
— (Craspedotus) cephalinophorus, »
— cloistus, »
— colpotus, »
— (Craspedotus) columnatus, »
— — corollatus, »
— Cordieri, *d'Arch.*
— devius, *de Ryckh.*
— (Craspedotus) diadematus, *de Ryckh.*
— — diloris, »
— — duplex, »
— Duperrei, *d'Arch.*
— dysoptus, *de Ryckh.*
— emplextus, »
— eurigonius, »
— exstans, »
— (Craspedotus) focaliferus, *de Ryckh.*
— — Geslini, »
— goniosteptus, »
— heliophobus, »
— heliophugus, »
— heliomisus, »
— heteronema, »
— hexanemalis, »
— (Craspedotus) hispidus, »
— Honi, *d'Orb.*
— Huoti, *d'Arch.*
— hypostegus, *de Ryckh.*
— hypozomata, »
— (Craspedotus) infulatus, *de Ryckh.*
— mesonemalis, »
— (Craspedotus) mitratus, »
— — mitellatus, »
— — odontecheilus, »
— — odontostomus, »
— peridesmus, »
— pilotus, »
— (Turbo) Pintevillei, *d'Arch.*
— (Margarita) pseudo-Helix, *de Ryckh.*
— (Craspedotus) redimiculatus, »
— scammatus, »
— segmentatus, »
— (Margarita) segmentinus, »

Trochus skenites, *de Ryckh.*
— (Echinella) skenema, *de Ryckh.*
— — skenidium, »
— sindon, »
— sporidesmius, »
— stornicoccus, »
— stolitodus, »
— strehlus, »
— (Craspedotus) textus, »
— — tritorquatus, »
— — trijugatus, »
— (Margarita) trigyrinus, »
— tutulatus. »
— (Turbo) Voltzi, *d'Arch.*
Rotella cyctotrema, *de Ryckh.*
— macrostoma, »
— orbiosculum, »
— quadrina, »
— sigmostyle, »
Delphinula aberrans, »
(Cyclostrema) alternans, *de Ryckh.*
— — biconcava, »
— Bonnardi, *d'Arch.*
— (Cyclostrema) captiva, *de Ryckh.*
— decurrens, »
— docilis, »
— ejecta, »
— (Cyclostrema) frœnata, »
— libera, »
— (Liota) modesta, »
— (Cyclostrema) profuga, »
— — supraplana, »
Euomphalus ammonitæformis, *Le Hon.*
— Leymeriei, *de Ryckh.*
— undosus, »
Pleurotomaria alaspita, »
— cilicina, »
— cymatoda, »
— cymoploca, »
— Dumonti, *d'Arch.*
— euendima, *de Ryckh.*
— gausapina, »
— holodesma, »
— interlunaris, »
— leptocosma, »

Pleurotomaria moliprocha, *de Ryckh.*
— molochina, »
— meconoïdea, »
— nupta, »
— Nysti, *d'Arch.*
— plagionalis, *de Ryckh.*
— pociloploca, »
— rutidoploca, »
— Scarpacensis, *d'Arch.*
— texta, *Münst. in Goldf.*
— trepidula, *de Ryckh.*
Pileopsis elongatus, *Münst.*
— (Capulus) lituus, *de Ryckh.*
Fissurella Cantraineana, »
— Recquiana, »
— Nystana, »
Emarginula cellulosa, »
— flexuosa, »
— galericulus, »
— gibbosula, »
— gravida, »
— impressa, »
— loculata, »
— nuda, »
— puncticephala, »
— seminula, »
— stenosoma, »
Acmæa (Helcion) Koninckana, »
— — Normandana, »
— subcentralis, *d'Arch.*
Calyptræa (Infundibulum) Tornacensis, *de Ryckh.*
Dentalium alternans, *de Ryckh.*
— Geinitzanum, »
— medium, *Sow.*
— Michauxanum, *de Ryckh.*
Tornatella (Acteon) dolium, »
— — evoluta, »
— — texta, »
Avellana (Cinulia) acuta, »
— — cassidula, »
— — Grayi, »
— — labeo, »
— Prevosti, *d'Arch.*
— (Cinulia) seminula, *de Ryckh.*

Tylostoma cinctum, *de Ryckh.*
— Le Hardyanum, *de Ryckh.*
— Lambertanum, »
— naticoïde, »
— ponderosum, »
— Rousselleanum, »
— Toilliezanum, »
Pterodonta acuta, »
— bulimoïdes, »
— dilatata, »
— microptera, »
— partuloïdes, »
— vincta, »

Lamellibranches.

Gastrochæna dilatata, *Desh.*
— Tornacensis, *de Ryckh.*
Pholas Nystana, »
Panopæa læviuscula, *Sow.*
— substriata, *d'Orb.*
— Valenciennesi, *Nyst et de Kon.*
Pholadomya gigas, *Sow.*
Corbula Orbignyi, *Nyst et de Kon.*
Lyonsia Tydgatana, *de Ryckh.*
Capsa elegans, *d'Orb.*
— Tornacensis, *de Ryckh.*
Venus Labadyei, *d'Arch.*
Cyprina oblonga, *d'Orb.* (Astarte cyprinoïdes, *d'Arch.*).
— Archiacana *d'Orb.* (Crassatella quadrata, *d'Arch.*).
Cardium hypericum, *d'Arch.*
— Michelini, »
— productum, *Sow.*
Corbis Beaumontana, *Nyst et de Kon.*
Crassatella alata, *Nyst et de Kon.*
— cuneata, *Nyst et de Kon.*
— Ligeriensis, *d'Orb.*
— subgibbosula, *d'Arch.*
— trapezoïdalis, *Roem.*
Trapezium Archiacanum, *de Ryckh.*
— distans, »
Opis Hannoniensis, *d'Arch.*
— Justinæ, *de Ryckh.*
Astarte elongata, *Desh.*
Astarte eximia, *Nyst et de Kon.*
— formosa, *Sow.*
— gibba, *de Ryckh.*
— (Cyprina) incerta, *d'Arch.*
— mutabilis, *de Ryckh.*
— striata, *Sow.*
Cardita ambigua, *Nyst et de Kon.*
— Guerangeri, *d'Orb.*
— incisa, *de Ryckh.*
— Morrenana, *de Ryckh.*
— pusilla, *Nyst et de Kon.*
— squamula, *Nyst et de Kon.*
Myoconcha (Mytilus) Benedenana, *de Ryckh.*
Trigonia Queteletana, *Nyst et de Kon.*
— scalaria, *Nyst et de Kon.* (T. spinosa, *Park.*).
— sulcataria, *Lm.*
Arca asperula, *Nyst et de Kon.*
— crassa, *Nyst et de Kon.*
— isocardiæformis, *Nyst* (Isocardia Orbignyana, *d'Arch.*).
— inscripta, *d'Arch.*
— invida, *Nyst et de Kon.*
— Leveilleana, *Nyst et de Kon.*
— pholadoïdes, »
— remissa, »
— solenoïdes, »
Cucullæa (Arca) Carteroni, *d'Orb.*
— — Galliennei, »
— — subdinensis, »
Pectunculus subpulvinatus, *d'Arch.*
Nucula antiquata, *Sow.*
— Benedenana, *Nyst et de Kon.*
— cordifera, *de Ryckh.*
— dispar, *Nyst et de Kon.*
Mytilus aliger, »
— actininotus, *de Ryckh.*
— clathratus, *d'Arch.*
— complanatus, *Nyst et de Kon.*
Cottæ, *Roem.*
— concentricus, *Münst.*
— eximius, *Nyst et de Kon.*
— Galliennei, *d'Orb.* (M. Tornacensis, *d'Arch.*).
— Omaliusi, *Nyst et de Kon.*
— peregrinus, *d'Orb.*
— perelegans, *Nyst et de Kon.*

Lithophagus (Lithodomus) Hannoniæ, *de Ryckh.*
— (Cypricardia) orbiculatus, *d'Arch.*
— (Lithodomus) pyriformis, *d'Arch.*
— — rugatus, *Nyst et de K.*
Chama suborbicularis, *Nyst et de Kon.*
Requienia Cenomanensis, *d'Orb.*
— lævigata, *d'Orb.*
— Omota, *de Ryckh.*
Caprotina semistriata, »
— Tornacensis, »
Caprina laminea, *Gein.*
Radiolites agariciformis, *d'Orb.*
— Tornacensis, *de Ryckh.*
Gervilleia Deslongchampsana, *Nyst et de K.*
Inoceramus Mortonanus, »
Lima æquilatera, »
— Dumonti, »
— foliacea, »
— Kickxana, »
— ornatissima, »
— pennata, *d'Arch.*
— pertusa, *Nyst et de Kon.*
— pumila, *Nyst et de Kon.*
— rectangularis, *d'Arch.*
— Reichenbachi, *Gein.*
— resecta, *d'Arch.*
— Ryckholtana, *Nyst et de Kon.*
Pecten acuminatus, *Gein.*
— analogus, *Nyst et de Kon.*
— crispus, *Roem.*
— dentiferus, *Nyst et de Kon.*
— insculptus, »
— Nerviensis, »
— orbicularis, *Sow.*
— orbitosus, *Nyst et de Kon.*
— Passyi, *d'Arch.*
— Rhotomagensis, *d'Arch*
— subacutus, *Lm.*
— subdepressus, *d'Arch.*
— virgatus, *Nils.*
Janira (Pecten) quinquecostata, *Sow.*
— — quadricostata, *Sow.*

Spondylus Hystrix, *Goldf.*
— ostraciformis, *Nyst et de Kon.*
— striatus, *Goldf.*
Ostrea (Chama) conica, *d'Orb.*
— Chaos, *Nyst et de Kon.*
— carinata, *Lm.*
— diluviana, *L.*
— (Chama) haliotidea, *Sow.*
— multiplicatilis, *Nyst et de Kon.*

Brachiopodes.

Terebratula arenosa, *d'Arch.* (et T. subarenosa, *d'Arch.*).
— biblicata, *Defr.* (T. Tornacensis, etc., *d'Arch.*).
— depressa, *Lm.* (T. Nerviensis, *d'Arch.*).
— Beaumonti, *d'Arch.*
— capillata, *d'Arch.*
— parva, *d'Arch.* (et T. parvula, *d'Arch.*).
— Royssi, *d'Arch.* (T. Virleti, T. revoluta et T. Gussigniesensis, *d'Arch.*
— squamosa, *Mant.* (T. Robertoni, T. Viquesneli et T. Murchisoni, *d'Arch.*).
— Verneuili, *d'Arch.*
Rhynchonella (Terebratula) Desnoyersi, *d'Arch.*
— Lamarckana, *d'Orb.* (Terebratula dubia, T. Dufrenoyi, T. latissima, T. rostrata et T. Scaldinensis, *d'Arch.*).

Échinodermes.

Pygaulus (Pygurus) pulvinatus, *d'Arch.*
Catopygus (Nucleolites) columbarius, *Lm.*
Holaster bicarinatus, *Agass.*
Pyrina Desmoulinsi, *d'Arch.*
Galerites subsphæroïdalis, *d'Arch.*
Discoïdea (Galerites) subuculus, *Goldf.*
Codiopsis (Echinus) doma, *Defr.*
Salenia rugosa, *d'Arch.*

26. Liste des fossiles des assises crétacées connues sous les noms de Tourtia de Mons; de Dieves et Fortes-toises du Hainaut; de Silex ou Rabots de St-Denis et de Craie de Maisières ou Gris des mineurs.

Dressée par MM. Briart et Cornet (*Prodrome* de M. Dewalque, 1868, pp. 394-396).

GENRE, ESPÈCE ET AUTEUR.	Tourtia de Mons.	Dieves.	Fortes-toises.	Rabots.	Gris.
Vertèbres.					
Ptychodus latissimus, *Ag.*	..	..	..	..	g
Oxyrhina Mantelli, *Ag.*	..	..	..	..	g
Macropöma Mantelli, *Ag.* (Coprolithes).	t	d	..	..	..
Céphalopodes.					
Nautilus elegans, *Sow.*	t	..	..	..	..
Belemnitella (Belemnites) vera, *Sow.*	t	..	..	..	..
Lamellibranches.					
Gastrochæna (Serpula) amphisbæna, *Goldf.*	t	d	..	..	..
Inoceramus (Catillus) Cuvieri, *Brong.*	t	d	f	r	g
— — Lamarcki, *Brong.*	..	..	..	r	g
— — mytiloïdes, *Mant.* (I. problematicus, *d'Orb.*)	..	d	..	..	..
Pecten asper, *Lm.*	t	..	..	..	..
— orbicularis, *Sow.*	t	..	..	..	..
Janira (Pecten) æquicostata, *Lm.*	t	..	..	..	..
— Cometa, *d'Orb.*	t	..	..	..	..
— (Pecten) quinquecostata, *Sow.*	t	d	f	r	g
Spondylus duplicatus, *Goldf.*	t	..	..	..	g
— fimbriatus, *Goldf.*	t	d	..	..	..
— obesus, *d'Orb.*	..	d	..	..	..
— striatus? *Goldf.*	t	d	..	..	..
— spinosus *Desh.*	..	..	f	r	..

GENRE, ESPÈCE ET AUTEUR.	Tourtia de Mons.	Diéves.	Fortes-toises.	Rabots.	Gris.
Ostrea (Ostracites) auricularis, *Wahl.*	t	d	..	..	..
— (Gryphæa) Columba, *Lm.*	t	..	..	..	..
— (Chama) conica, *Sow.*	t	d	..	..	..
— carinata, *Lm.*	t	..	..	..	..
— diluviana, *Lm.*	t	..	..	..	..
— flabelliformis, *Nils*	..	d	f	r	g
— Hippopodium, *Nils*	t	d	..	..	..
— (Chama) laciniata, *Nils.*	..	..	..	r	g
— Larva, *Lm.*	..	..	..	r	g
— lateralis, *Nils*	t	d	f	r	g
— sulcata, *Blum.*	..	d	f	r	g
— vesicularis, *Lm.*	..	..	f	r	g
Brachiopodes.					
Terebratula carnea, *Sow.*	..	d	..	..	g
— depressa, *Lm.* (T. Nerviensis, *d'Arch.*) (remanié)	t	..	..	..	..
— obesa, *Sow.*	t	d	..	..	..
— semi globosa, *Sow.*	t	d	..	..	..
Terebratulina (Terebratulites) gracilis, *Schloth.*	..	d	f	r	g
Rhynchonella compressa, *d'Orb.*	t	..	..	..	..
— globosa, *Br. et Corn.*	..	..	..	..	g
— Lamarckana, *d'Orb.* (Terebratula dubia, T. Dufrenoyi, T. latissima, T. rostrata et T. Scaldinensis, *d'Arch.*).	t	..	..	..	..
— Le Hardyi, *Br. et Corn*	..	..	..	..	g
— (Terebratula) Mantellana, *Sow.*	..	d	..	..	..
— Octoplicata, *d'Orb.*	..	..	..	..	g
— Toilliezana, *Br. et Corn.*	..	..	..	..	g
— (Anomia) Vespertilio, *Brocc.*	..	..	..	..	g
Biradiolites (Hippurites) Cornu-pastoris? *Desm.*	..	..	f	..	..
Annélides.					
Ditrupa (Dentalium) deformis, *Lm.*	t	..	..	..	..
Échinodermes.					
Cidaris clavigera, *Koen*	..	d	..	..	..
— Vendocinensis, *Ag*	..	d	..	..	..

GENRE, ESPÈCE ET AUTEUR.	Tourtia de Mons.	Dièves.	Fortes-toises.	Rabots.	Gris.
Cidaris vesiculosa, *Ag.*	t	d	..	..	..
Galerites truncata, *Ag.*	..	d	..	..	..
Echinocorys vulgaris, *Breyn.*, var. gibba	..	..	..	r	..
Anthozoaires.					
Synhelia gibbosa, *Edw. et Haime*	..	d	..	..	..
Foraminifères.					
Frondicularia scutiformis	..	d	..	r	..

27. Liste des fossiles de la craie blanche du Hainaut.

Dressée par MM. BRIART et CORNET (*Prodrome* de M. Dewalque, 1868, pp. 395-396).

Nota. — Dans cette liste ne sont pas compris les fossiles de la craie brune de Ciply qui n'a été séparée du tuffeau pour être réunie à la craie blanche qu'après la publication de cette liste.

Céphalopodes.

Belemnitella (Belemnites) mucronata, *Schlot.*
— — quadrata, *de Blainv.*
Nautilus Dekayi? *Mort.*
Baculites Faujasi, *Lm.*

Lamellibranches.

Inoceramus (Catillus) Cuvieri, *Brong.*
Pecten cretosus, *Defr.*
Janira substriatocostata, *d'Orb.*
— spinosus, *Desh.*
Ostrea flabelliformis, *Nils.*
— laciniata, *d'Orb.*
— lateralis, *Nils.*
— sulcata, *Blum.*
— vesicularis, *Lm.*

Brachiopodes.

Terebratula carnea, *Sow.*
— Hebertana, *d'Orb.*
Magas pumilus, *Sow.*
Rhynchonella globosa, *Br. et Corn.*
— octoplicata, *d'Orb.*
— (Anomia) Vespertilio, *Broc.*

Échinodermes.

Echinocorys vulgaris, *Breyn.*, (var. ovata et conoïdea).
Micraster Cor-anguinum, *Ag.*
Galerites albo-galerus, *Lm.*
Cidaris ornatissima, *Ag.*
Holaster granulosus, *Ag.*

Foraminifères.

Cristellaria rotulata, *d'Orb.*

28. Liste des fossiles du tuffeau maestrichtien de Ciply.

Dressée par MM. Briart et Cornet (*Prodrome* de M. Dewalque, 1868, pp. 397-398).

Nota. — Les fossiles de la craie brune de Ciply sont compris dans cette liste pour la raison indiquée par la note de la page 93.

Céphalopodes.

Belemnitella (Belemnites) mucronata, *Schlot.*
Nautilus Dekayi, *Mort.*
— Le Hardyi, *Binck.*
Baculites anceps? *Lm.*
— Faujasi, *Lm.*
Hamites cylindraceus, *d'Orb.*

Gastéropodes.

Emarginula radiata? *Binck.*
— supracretacea, *de Ryckh.*
Calyptræa (Infundibulum) Ciplyana, *de Ryckh.*
Acmæa (Helcion) Ciplyana, *de Ryckh.*
Pileopsis (Capulus) rhynchoïdes, *de Ryckh.*

Lamellibranches.

Clavagella Ciplyana, *Toilliez.*
Fistulana Royanensis, *d'Orb.*
Pholas supracretacea, *de Ryckh.*
Corbula caudata, *Nils.*
Cyprina Bosquetana, *d'Orb.*
Corbis sublamellosa, *d'Orb.*
Crassatella Bosquetana, *d'Orb.*
Trapezium Ciplyanum, *de Ryckh.*
Trigonia limbata? *d'Orb.*
Arca rhombea, *Nils.*
Pinna diluviana, *Schl.*
— quadrangularis, *Goldf.*
Mytilus Ciplyanus, *de Ryckh.*
— ornatus, *de Münst.*
Lithophagus (Lithodomus) Ciplyanus, *de Rkh.*
— — similis, *de Ryckh.*
Radiolites Ciplyanus, *de Ryckh.*
— (Hippurites) Lapeyrousei, *Goldf.*
Requienia Ciplyana, *de Ryckh.*
Avicula cœrulescens, *Nils.*
Inoceramus (Catillus) Cuvieri, *Brongn.*
Lima semisulcata, *Goldf.*
Pecten cicatrisatus, *Goldf.*
— Faujasi, *Defr.*
— multicostatus, *Nils.*
— pulchellus, *Nils.*
Janira (Pecten) quadricostata, *Sow.*
— — quinquecostata, *Sow.*
— substriatocostata, *d'Orb.*
Spondylus plicatus, *de Münst.*
— spinosus? *Desh.*
Ostrea (Exogyra) auricularis, *Goldf.*
— — decussata, *Goldf.*
— Hippopodium? *Nils.*
— Larva, *Lm.*
— lateralis, *Nils.*
— lunata, *Nils.*
— sulcata, *Blum.*
— vesicularis, *Lm.*

Brachiopodes.

Terebratula carnea, *Sow.*
— decemcostata, *Roem.*
— Hebertana, *d'Orb.*
— semiglobosa? *Sow.*
Terebratulina (Terebratula) echinulata, *Duj.*

Terebratulina (Terebratulites) gracilis, *Schl.*
— (Terebratula) striata, *Wahl.*
Terebratella Davidsoni, *de Ryckh.*
Trigonosemus Palissii, *Woodw.*
— (Terebratulites) pectiniformis, *Schl.*
— (Fissurirostra) pectitus, *d'Orb.*
Argiope cuneiformis, *de Ryckh.*
— Davidsoni, *Bosq.*
— depressa, *de Ryckh.*
— hexaglochis, *de Ryckh.*
— (Terebratulites) microscopica, *Schl.*
Thecidium digitatum, *Bosq.*
— Hippocrepis, *Goldf.*
— (Terebratulites) papillatum, *Schl.*
— recurvirostre, *Defr.*
— (Terebratulites) vermiculare, *Schl.*
Rhynchonella octoplicata, *d'Orb.*
— (Terebratula) plicatilis, *Sow.*
— subplicata, *d'Orb.*
— (Anomia) Vespertilio? *Brocc.*
Crania antiqua, *Defr.*
— Bredaï, *Bosq.*
— comosa, *Bosq.*
— Ignabergensis, *Retz.*
— Parisiensis, *Defr.*

Bryozoaires.

Escharifora (Eschara) Boryana, *Hag.*
— — coronata, *Hag.*
— — filograna, *Goldf.*
— — foveolata, *Hag.*
— — quinquepunctata, *Hag.*
— — Verneuili, *Hag.*
Eschara Lamarcki, *Hag.*
— Lamourouxi, *Hag.*
— rhombea, *Hag.*
— stigmatophora, *Goldf.*
Vincularia bella, *Hag.*
— canalifera, *Hag.*
— procera, *Hag.*
Biflustra subcyclostoma, *d'Orb.* (Eschara cyclostoma, *Hag.*).
Idmonea (Retepora) lichenoïdes, *Goldf.*
Idmonea lineata, *Hag.*
Cricopora (Ceriopora) verticillata, *Goldf.*
— Reussi, *Hag.*
Zonopora (Plethopora) pseudotorquata, *Hag.*
Ceriopora nuciformis, *Hag.*
Escharites (Ceriopora) gracilis, *Goldf.*
Heteropora (Ceriopora) dichotoma, *Goldf.*
Pustulipora Benedenana, *Hag.*
— nana, *Hag.*
— rustica, *Hag.*
— variabilis, *Hag.*
— Virgula, *Hag.*

Annélides.

Ditrupa Ciplyana, *de Ryckh.*
— (Dentalium) Mosæ, *Goldf.*
Serpula Clava, *Desh.*
— gordialis, *Schl.*

Échinodermes.

Hemipneustes striato-radiatus, *d'Orb.*
Echinocorys vulgaris, *Breyn.*
Holaster granulosus, *Ag.*
Micraster Cor anguinum, *Ag.*
Hemiaster (Spatangus) Prunella, *Lam.*
Rhynchopygus (Nucleolites) Marmini, *Desm.*
Cassidulus elongatus, *d'Orb.*
— (Echinites) Lapis-cancri, *Lesk.*
Trematopygus (Nucleolites) analis, *Ag.*
Echinobrissus (Nucleolites) scrobiculatus, *Goldf.*
Catopygus fenestratus, *Ag.*
— pyriformis, *Ag.*
— subcarinatus, *d'Orb.*
Caratomus avellana, *Ag.*
— (Galerites) sulcato-radiatus, *Goldf.*
Pyrina Nucleus, *d'Orb.*
Salenia heliopora, *Des.*
— minima, *Des.*
Cidaris Faujasi, *Des.*
— lingualis, *Des.*
— regalis, *Goldf.*

Cidaris Sorigneti, *Des.*
— subvesiculosa, *d'Orb.*
Pentagonaster (Asterias) quinqueloba, *Goldf.*
Goniophygus heliopora, *Des.*
Glypticus Konincki, *Des.*
Bourgueticrinus (Apiocrinus) ellipticus, *Mill.*

Anthozoaires

Cyathina Konincki, *Edw. et Haime.*
Cyclolites (Fungia) cancellata, *Goldf.*
Parasmilia elongata, *Edw. et Haime.*
— Faujasi, *Edw. et Haime.*
— punctata, *Edw. et Haime.*
Diploctenium Pluma, *Goldf.*
Isastræa (Astræa) angulosa, *Goldf.*
Heliastræa Riemsdycki, *Edw.* (Astræa arachnoïdes, *Goldf.*).
Thamnastræa (Astræa) geometrica, *Goldf.*
Favia (Astræa) gyrosa, *Goldf.*
Dimorphastræa escharoïdes? *Edw.* (Astræa elegans, *Goldf.*).
Gorgonia bacillaris, *Goldf.*
Moltkea Isis, *Steenst.*

Foraminifères.

Cristellaria rotulata, *d'Orb.*
Nodosaria Zippei, *Reuss.*
Polymorphina Lachryma, *d'Orb.*
Globulina globosa, *Reuss.*
Guttulina elliptica, *Reuss.*

29. Liste des fossiles du massif crétacé du Limbourg.

Nota. — Cette liste, dressée par M. J. Bosquet, de Maestricht, a été insérée dans le *Prodrome* de M. Dewalque et reproduite dans la *Description géologique et paléontologique du sol du Limbourg* par M. C. Ubaghs (1879). Ce dernier l'a augmentée de quatre-vingts espèces, qui sont marquées d'un astérisque.

Les végétaux fossiles de cette liste sont extraits des mémoires de MM. de Bey et d'Ettingshausen avec quelques additions et corrections par M. de Bey.

GENRE, ESPÈCE ET AUTEUR.	Aachenien.	Hervien.	Sénonien.	Maastrichtien.
Reptiles.				
Mosasaurus Camperi, *H. v. Meyer*	..	..	s	m
— gracilis, *Owen.*	..	..	..	m
Goniosaurus Binkhorsti, *H. v. Meyer.*	..	..	..	m
* — Crassidens, *Owen.*	..	..	..	m
Chelonia Hoffmanni, *Gray* (C. Faujasi, *Gieb.*)	..	..	..	m
* — Suyckerbuykii, *Ubaghs*	..	..	..	m
Poissons.				
Enchodus Faujasi, *Ag.*	..	..	s	m
— Lewesiensis, *Mant.*, sp.	..	..	s	m
* — halocyon, *Ag.*	..	..	..	m
Pycnodus subclavatus, *Ag.*	..	..	..	m
— cretaceus, *Ag.*	..	..	..	m
Sphærodus crassus, *Ag.*	..	..	..	m
Acrodus rugosus, *Ag.*	..	..	s	m
Notidanus microdus, *Ag.*	..	..	..	m?
Otodus serratus, *Ag.*	..	..	..	m
— latus, *Ag.*	..	h	s	m
— appendiculatus, *Ag.*	..	..	..	m
Lamna Bronni, *Ag.*	..	..	s	m
— acuminata, *Ag.*	..	..	s	m
* — subulata, *Ag.*	..	..	..	m
Corax pristodontus, *Ag.*	..	h	s	m

GENRE, ESPÈCE ET AUTEUR.	Aachenien.	Hervien.	Sénonien.	Maastrichtien.
Corax affinis, *de Münst.*	..	..	s	m
— heterodon, *Ag.*	..	h	s	m
— planus, *Ag.*	..	..	..	m
Galeocerdo denticulata, *Ag.*	..	..	..	m
Ancistrodon, n. sp., *Debey*	..	..	..	m
* Acrodus polydyctios, *Reuss.*	..	..	..	m
* Gomphodus Agassizi, *Reuss*	..	..	..	m
* Berix ornatus, *Ag.*	..	..	..	m
* Oxyrrhina angustidens, *Reuss.*	..	..	..	m
* Loptotrachelus armatus, *v. d. Marck.*	..	..	s	..
* Platycormus Germanus, *v. d. Marck.*	..	..	s	..
* Cyracanthus, sp.	..	..	..	m
* Asteracanthus, sp.	..	..	..	m
Plusieurs espèces de poissons, non déterminées.				
Crustacés.				
Callianassa Faujasi, *Desm.* (Mesostylus Faujasi, *Bronn.*)	..	..	..	m
Oncopareia Bredaï, *Bosq.*	..	h	..	m
— heterodon, *Bosq.*	..	..	..	m
* Nymphacops Sendenhorstensis? Schlut, *van der Marck*	..	..	..	m
Eumorphocorystes sculptus, *Binkh.*	..	..	..	m
Notopocorystes Mulleri, *Binkh.*	..	..	..	m
Aulacopodia Riemsdyki, *Bosq.*	..	..	..	m
Dromilites Ubaghsi, *Binkh.*	..	..	..	m
Dromilites, sp.	..	..	..	m
Stephanometopon granulatum, *Bosq.*	..	..	..	m
Cypridina ovulata, *Bosq.*	..	..	s	m
— Konincki, *Bosq.*	..	..	..	m
Cythereis cristata, *Bosq.*	..	..	s	m
— macroptera, *Bosq.*	..	..	..	m
— Hagenowi, *Bosq.*	..	..	..	m
— minuta, *Bosq.*	..	..	..	m
— trigonoptera, *Bosq.*	..	..	..	m
— laticristata, *Bosq.*	..	h	s	..
— alata, *Bosq.*	..	h	s	m
— phylloptera, *Bosq.*	..	..	s	..
— serrulata, *Bosq.*	..	h	s	m

GENRE, ESPÈCE ET AUTEUR.	Aachenien.	Hervien.	Sénonien.	Maastrichtien.
Cythereis ornata, *Bosq.*	..	h	s	m
— quadrilatera. *Roemer*	..	..	s	m
— semicancellata, *Bosq.*	..	..	..	m
— celleporacea, *Bosq.*	..	..	..	m
— Koninckiana, *Bosq.*	..	..	s	..
— ornatissima, *Reuss*	..	h	s	m
— — var. *A*, *Bosq.*	..	..	..	m
— eximia, *Bosq.*	..	..	s	m
— elegantula, *Bosq.*	..	..	..	m
— horridula, *Bosq.*	..	..	..	m
— labyrinthica, *Bosq.*	..	..	..	m
— hieroglyphica, *Bosq.*	..	..	s	m
— variolata, *Bosq.*	..	..	..	m
— ? arenosa, *Bosq.*	..	..	s	m
— ? quadridenta, *Bosq.*	..	..	..	m
— ? lepida, *Bosq.*	..	..	..	m
— ? complanata, *Bosq.*	..	..	..	m
— ? orchidea, *Bosq.*	..	..	..	m
— ? sagittata, *Bosq.*	..	..	..	m
— ? macrophthalma, *Bosq.*	..	..	s	m
— longispina, *Bosq.*	..	..	s	..
— ? umbonella, *Bosq.*	..	..	s	m
Cythere strangulata, *Bosq.*	..	..	..	m
— gibberula, *Bosq.*	..	..	..	m
— cerebralis, *Bosq.*	..	..	..	m
— vesiculosa, *Bosq.*	..	..	..	m
— puncturata, *Bosq.*	..	..	s	m
— multilamellata, *Bosq.*	..	..	s	..
— subtetragona, *Bosq.*	..	..	..	m
— radiosa, *Bosq.*	..	..	..	m
— elegans, *Bosq.*	..	..	..	m
— propinqua, *Bosq.*	..	..	..	m
— striatocostata, *Bosq.*	..	..	..	m
— pulchella, *Bosq.*	..	h	s	m
— interrupta, *Bosq.*	..	h	s	m
— euglypha, *Bosq.*	..	..	..	m
— furcifera, *Bosq.*	..	..	..	m
— concentrica, *Ad. Roem*	..	h	s	m

GENRE, ESPÈCE ET AUTEUR.	Aachenien.	Hervien.	Sénonien.	Maastrichtien.
Cythere Favrodiana, *Bosq.*	..	..	s	m
— fusiformis, *Bosq.*	..	..	..	m
Cytheridea perforata, *Ad. Roem.*, sp.	..	..	..	m
— Harrisiana, *Jones*	..	..	..	m
— ovata, *Bosq.*	..	..	s	m
Bairdia arcuata, *Münst.*, sp.	..	h	s	m
— subdeltoïdea, *Münst.*, sp.	..	h	s	m
Cytherella Williamsoniana, *Jones*	..	h	s	..
— denticulata, *Bosq.*	..	..	s	m
— auricularis, *Bosq.*	..	..	s	m
— Munsteri, *Ad. Roem.*, sp.	..	h	s	m
— ovata, *Ad. Roem.*, sp.	..	h	s	m
Cirrhipèdes.				
Mitella Smeetsii, *Bosq.*	..	..	..	m
— Nilssoni, *Bosq.*, 1868 (Pollicipes Nilssoni, *Steenstr.*, 1839; M. lithotryoïdes, *Bosq.*, 1857)	.	..	..	m
— Darwini, *Bosq.*	..	..	..	m
— valida, *Bosq.*, 1854 (Pollicipes validus, *Steenstr.*, 1839)	..	..	..	m
— fallax, *Bosq.*, 1854 (Pollicipes fallax, *Darw.*)	..	..	s	..
— Guascoï, *Bosq.*	..	..	..	m
— elegans, *Darw.*, sp.	..	..	..	m
— glabra, *Roem.*, sp.	..	..	s	m
— striata, *Darw.*, sp.	..	..	s	m
Scalpellum radiatum, *Bosq.*	..	..	..	..
— Hagenovi, *Bosq.*	..	..	..	m
— Beisseli, *Bosq.*	..	..	s	m
— Darwini, *Bosq.*	..	..	s	..
— pulchellum, *Bosq.*	..	..	..	m
— fossula, *Darw.*	..	..	s	m
— maximum, *Sow.*	..	..	s	m
— — var. gracile, *Bosq.*	..	..	s	m
— — var. pygmæum, *Bosq.*	..	..	..	m
— solidulum, *Darwin* (Pollicipes solidulus, *Steenstr.*)	..	h	..	m
Verruca pusilla, *Bosq.*	..	..	..	m
— prisca, *Darw. et Bosq.*	..	..	s	m

GENRE, ESPÈCE ET AUTEUR.	Aachenien.	Hervien.	Sénonien.	Maastrichtien.
Céphalopodes.				
Belemnitella mucronata, *Schloth.*, sp.	..	..	s	m
— quadrata, *Blainv.*, sp.	..	h	..	..
Rhyncholithus Debeyi, *Mull.*	..	h	s	m
— minimus, *Binkh.*	..	..	..	m
— aquisgranesis, *Mull.*	..	..	s	..
— Buchi, *Mull.*	..	..	..	m
* — Cretaceus, *Hag.*	..	..	..	m
Acanthoteuthis mosaetrajectensis, *Bosq.*, 1868 (A. Maestrichtensis, *Binkh.*, 1861).	..	..	..	m
Nautilus Dekayi, *Mort.*	..	..	..	m
— simplex, *Seis.*	..	..	..	m
— Lehardyi, *Binkh.*	..	..	..	m
— depressus, *Binkh.*	..	..	..	m
— Heberti, *Binkh.*	..	..	s	m
— Vaelsiensis, *Binkh.*	..	..	s	..
— danicus, *Schloth.*	..	..	s	m
* — laevigatus, *d'Orb.*	..	..	..	m
Baculites Faujasi, *Lamk.*	..	..	s	m
— anceps, *Lamk.*	..	..	s	m
— carinatus, *Binkh.*	..	h	..	m
— rotundus? *Reuss.*	..	h	..	m
— nodosus, *Mull.*, in litt.	..	h	..	..
— Knorri, *Desmar.*	..	h	..	..
— compressus, *Mull.*, in litt.	..	h	..	..
Hamites Roemeri, *Gein.*	..	..	s	..
— rotundus, *Defr.*	..	h	..	m
— cylindraceus, *Defr.*	..	h	..	m
— canteriatus? *Brongn.*	..	h?	..	..
— lacunosus, *Mull.*, in litt.	..	h	..	..
— indicus? *Forb.*	..	..	s	..
Scaphites constrictus, *d'Orb.*	..	..	s	m
— pulcherrimus, *Ad. Roem.*	..	h	s	..
— binodosus, *Ad. Roem.*	..	..	s	..
— compressus, *Ad. Roem.*	..	..	s	..
— tridens, *Kner.*	..	..	s	..
— trinodosus, *Kner.*	..	..	s	..

GENRE, ESPÈCE ET AUTEUR.	Aachenien.	Hervien.	Senonien.	Maastrichtien.
Ammonites pedernalis, *v. Buch.*	..	..	..	m
— colligatus, *Binkh.*	..	h	s	m
— Decheni, *Binkh.*	..	..	..	m
— exilis, *Binkh.*	..	..	..	m
— pungens, *Binkh.*	..	..	..	m
— laticlavus, *Sharpe.*	..	..	..	m
— Siva? *Forb.*	..	..	..	m
Aptychus rugosus, *Sharpe.*	..	..	s	m
* — cretaceus, *Münst.*	..	..	s	..
* — sp.	..	..	s	..
Gastéropodes.				
Rissoa incrassata, *Mull.*	..	h	..	..
— Bosqueti, *Mull.*	..	h	..	..
Keilostoma Winkleri, *Stol.* (Rissoa Winkleri, *Mull.*)	..	h	..	..
Scalaria striatocostata, *Mull.*	..	h	..	..
— Ritzi, *Mull.*	..	h	..	..
— Philippii, *Reuss.*	..	..	..	..
— Haidingeri, *Binkh.*	..	h	..	m
Turritella nodosa, *Ad. Roem.*	..	h	..	..
— quadricincta, *Goldf.*	a?	h	..	..
— sexcincta, *Goldf.*	..	h	..	..
— multilineata, *Mull.*	..	h	..	..
— Carnalliana, *Mull*	..	h	..	..
— gothica, *Mull.*	..	h	..	..
— Noeggerathiana, *Goldf.*	..	h	..	..
— quinquelineata, *Mull.*	..	h	..	m
— Hagenoviana, *Mull.*	..	h	..	..
— Reussiana, *Mull.*	..	h	..	..
— socialis, *Mull.*	..	h	..	..
— scalaris, *Mull.*	..	h	..	..
— Eichwaldiana, *Goldf.*	..	h	..	..
— acutissima, *Mull.*	..	h	..	..
— affinis, *Mull.*	..	h	..	..
— Omaliusi, *Mull.*	..	h	..	..
— Althausi, *Mull.*	..	h	..	..
— Humboldti, *Mull.*	..	h	..	..

GENRE, ESPÈCE ET AUTEUR.	Aachenien.	Hervien.	Sénonien.	Maastrichtien.
Turritella acanthophora, *Mull.*	. .	h	. .	. .
— alternata, *Ad. Roem.*	. .	h	. .	. .
— cingulatolineata, *Mull.*	. .	h	. .	. .
— Buchiana, *Mull.*	. .	h	. .	. .
— tenuilineata, *Mull.*	. .	h	. .	. .
— quinquecincta, *Goldf.*	. .	h	. .	. .
— plana, *Binkh.*	. .	. .	. .	m
— nitidula, *Binkh.*	. .	. .	. .	m
— conferta, *Binkh.*	. .	. .	. .	m
— Falcoburgensis, *Binkh.*	. .	. .	. .	m
Vermetus cochleiformis, *Mull.*	. .	h	. .	m
— clathratus, *Binkh.*	. .	. .	. .	m
* — pselionopsis, *de Ryckh.*	. .	. .	s	. .
* — anguis? *d'Orb.*	. .	. .	. .	m
Nerinea ultima, *Binkh.*	. .	. .	. .	m
— excavata, *Mull.*	. .	. .	s	. .
Chemnitzia bulimoïdes, *Mull.*	. .	h	. .	. .
— turritellæformis, *Mull.*	. .	h	. .	. .
— Mulleri, *Bosq.*	. .	h	. .	. .
— clathrata, *Binkh.*	. .	. .	. .	m
Eulima acuminata, *Mull.*	. .	h	. .	. .
— lagenalis, *Mull.*	. .	h	. .	. .
Globiconcha nana, *Mull.*	a?	. .	. .	. .
Actæon giganteus? *Sow.*	. .	h	. .	. .
— Mulleri, *Bosq.*	. .	h	. .	. .
— cylindraceus, *Mull.*	. .	h	. .	. .
— doliolum, *Mull.*	. .	h	. .	. .
— bullæformis, *Mull.*	. .	h	. .	. .
— acutissimus, *Mull.*	. .	h	. .	. .
— coniformis, *Mull.*	. .	h	. .	. .
— granulatolineatus, *Binkh.*	. .	. .	. .	m
— cinctus, *Binkh.*	. .	. .	. .	m
Oliva prisca, *Binkh.*	. .	. .	. .	m
Avellana Archiaciana, *d'Orb.*	. .	h	. .	. .
— paradoxa, *Mull.*	. .	h	. .	. .
— Humboldti, *Mull.*	. .	h	. .	. .
— Hagenovi, *Mull.*	. .	h	. .	. .
— gibba, *Binkh.*	. .	. .	. .	m

GENRE, ESPÈCE ET AUTEUR.	Aachenien.	Hervien.	Senonien.	Maastrichtien.
Avellana ventricosa, *Binkh.*	..	..	..	m
Volvaria tenuis, *Reuss.*	..	h	..	..
— cretacea, *Binkh.*	..	..	..	m
Ringicula pinguis, *Mull.*	..	h	..	..
Natica vulgaris, *Ad. Roem.*	..	h	..	..
— acutimargo, *Ad. Roem.*	..	..	..	m
— Klipsteini, *Mull.*	..	h	..	..
— exaltata, *Goldf.*	..	h	..	..
— Geinitzi, *Mull.*	..	h	..	..
— patens, *Binkh.*	..	..	..	m
— ampla, *Binkh.*	..	..	..	m
— spissilabrum, *Binkh.*	..	..	..	m
— Bronni, *Binkh.*	..	..	..	m
— Royana, *d'Orb.*	..	..	..	m
Naticella Strombeki, *Mull.*	..	h	..	m
Littorina Dewalquei, *Bosq.*, 1868 (Nerita Montis Sancti Petri, *Binkh.*, 1861)	..	..	..	m
Nerita rugosa, *Hoeningh*	..	..	..	m
— parvula, *Binkh.*	..	..	..	m
Xenophora onusta, *Nilss.*	..	h	..	m
Trochus quinquecostatus, *Mull.*	..	h	..	..
— quadricinctus, *Mull.*	..	h	..	..
— Goldfussi, *Binkh.*	..	..	..	m
— lineatus, *Binkh.*	..	..	..	m
— sculptus, *Binkh.*	..	..	..	m
— Binkhorsti, *Bosq.*, 1868 (T. Montis Sancti Petri, *Binkh.*)	..	..	..	m
Solarium cordatum, *Binkh.*	..	..	..	m
— Kunraedtense, *Binkh.*	..	..	..	m
Delphinula spinulosa, *Binkh.*	..	..	..	m
Turbo lævis, *Mull.*, 1851 (Trochus lævis, *Nilss.*, 1827)	..	h	..	..
— concinnus, *Mull.*, 1851 (Trochus concinnus, *Ad. Roemer*, 1841)	..	h	..	..
— Walferdini, *d'Arch.*	..	h	..	..
— paludinæformis, *Mull.*	..	h	..	..
— glaber, *Mull.*	..	h	..	..
— detritus, *Binkh.*	..	..	..	m
— bidentatus, *Binkh.*	..	..	..	m
— Strombecki, *Binkh.*	..	..	..	m
— rimosus, *Binkh.*	..	..	..	m
— clathratus, *Binkh.*	..	..	..	m

GENRE, ESPÈCE ET AUTEUR.	Aachenien.	Hervien.	Sénonien.	Maastrichtien.
Turbo rudis, *Binkh.*	..	..	..	m
— filogranus, *Binkh.*	..	..	..	m
— cariniferus, *Binkh.*	..	..	.	m
— inflexus, *Binkh.*	..	..	..	m
— scalariformis, *Binkh.*	..	..	..	m
— Herklotsi, *Binkh.*	..	..	..	m
— Zekelii, *Binkh.*	..	..	..	m
Liotia macrostoma, *Stoliczka*, 1868 (Scalaria macrostoma, *Mull.*, 1851)	..	h	..	..
Pleurotomaria subgigantea, *d'Orb.*	..	h	..	..
— linearis, *Mant.*	..	h	..	..
Cypræa Deshayesi, *Binkh.*	..	..	..	m
Volutilithes Orbignyana, *Stol.*, 1867 (Voluta Orbignyana, *Mull.*, 1851)	..	h	..	..
— Mulleri, *Bosq.* (Voluta cingulata, *Mull.*, *von Nyst*)	..	h	..	..
— nitidula, *Bosq.*, 1868 (Voluta nitidula, *Mull.*, 1851)	..	h	..	..
— Benedeni *Bosq.*, 1868 (Voluta Benedeni, *Mull.*, 1851)	..	h	..	..
— laticostata, *Bosq.*, 1868 (Voluta laticostata, *Mull.*, 1851)	..	h	..	..
— ? corrugata, *Bosq.*, 1868 (Voluta corrugata, *Binkh.*, 1861)	..	..	..	m
— Debeyi, *Bosq.*, 1868 (Voluta Debeyi, *Binkh.*, 1861)	..	..	..	m
— nana, *Bosq.*, 1868 (Voluta nana, *Mull.*, 1851)	..	h	..	..
— Noeggerathi, *Bosq.*, 1868 (Fusus Noeggerathi, *Mull.*, 1851)	..	h	..	..
— ? rigida, *Stol.*, 1867 (Pirula rigida, *Mull.*, 1851)	..	h	..	..
— ? Schœni, *Bosq.*, 1868 (Pirula Schœni, *Mull.*, 1851)	..	h	..	..
Fulguraria deperdita, *Stol. et Bosq.*, 1867 (Voluta deperdita, *Sow. et Goldf.*, 1843)	..	..	..	m
— Murchisoni, *Stol. et Bosq.*, 1867 (Mitra Murchisoni, *Mull.*, 1851)	..	h	..	..
Voluta? monodonta, *Binkh.*	..	..	..	m
Mitra Waeli, *Binkh.*	..	..	..	m
— cancellata, *Sow.*	..	..	..	m
Volutomitra piruliformis, *Stol.*, 1868 (Mitra piriliformis, *Mull.*, 1851, et Pirula Binkhorsti, *Mull.*, 1859)	..	h	..	..
Gosavia? Limburgensis *Stol.*, 1868 (Imbricaria Limburgensis, *Binkh.*, 1861)	..	..	..	m
Merica? obtusa, *Stol.*, 1867 (Cancellaria, *Binkh.*, 1861)	..	..	..	..
Conus cylindraceus, *Gein.*	..	h	..	..
Pleurotoma Heysiana, *Mull.*	..	h	..	..
Strombus inermis, *Mull.*	..	h	..	..
Chenopus Westphalicus, *d'Orb.*, sp.	..	h	..	..
— stenopterus, *Bosq.*, 1868 (Rostellaria stenoptera, *Goldf.*, 1843)	..	h	..	..
— gibbosus, *Zekeli.*	..	h	..	..

GENRE, ESPÈCE ET AUTEUR.	Aachenien.	Hervien.	Senonien.	Maastrichtien.
Chenopus anserinus, *Nilss.*	..	h	..	..
— Nilssonni, *Mull.*	..	h	..	..
— granulosus, *Mull.*	..	h	..	..
— arachnoïdes, *Mull.*	..	h	..	..
— subelongatus, *d'Orb.*	..	h?	..	..
— Schlotheimi, *Mull.*	..	h	..	..
— Furca, *Mull.*	.	h	..	..
— striatus, *Goldf.*, sp.	..	h	..	..
— Vespertilio, *Goldf.*, sp.	..	h	..	..
— Limburgensis, *Binkh.*	..	..	..	m
Alaria papilionacea, *Stol.*, 1867 (Rostellaria papilionacea, *Goldf.*, 1843)	..	h	..	m
— nuda, *Bosq.*, 1868 (Rostellaria nuda, *Binkh.*, 1861)	..	..	..	m
— inornata, *Bosq.*, 1868 (Rostellaria inornata, *d'Orb.*, 1842)	.	h	..	..
* — Binkhorsti, *Ubaghs* (Fusus obliqueplicatus, *Binkh.*, 1861)	..	..	..	m
— Roemeri, *Bosq.*, 1868 (Rostellaria Roemeri, *Mull.*, 1851)	..	h	..	..
— ? minuta, *Bosq.*, 1868 (Rostellaria minuta, *Mull.*, 1851)	..	h	..	..
Tritonidea Requieniana, *Stol.*, 1867 (Fusus Buchi, *Mull.*, 1851)	..	h	..	..
— Goepperti *Bosq.*, 1868 (Fusus Goepperti, *Mull.*, 1851)	..	h	..	..
Fusus Decheni, *Mull.*	..	h	..	..
— Salm-Dykianus, *Mull.*	..	h	..	..
— Hupschianus, *Mull.*	..	h	..	..
— tenerrimus, *Mull.*	..	h	..	..
— nanus, *Mull.*	..	h	..	..
— muriciformis, *Mull.*	..	h	..	..
— nodosus, *Reuss.*	..	h	..	..
— undatus, *Goldf.*, sp.	..	..	..	m
— lemiscatus, *Binkh.*	..	..	..	m
— squamosus, *Binkh.*	..	..	..	m
— formosus, *Binkh.*	..	..	..	m
* — Nysti, *Mull.*	..	h	..	..
* — glaberrimus, *Binkh.*	..	..	..	m
Pirula fenestrata, *Ad. Roem.*	..	h	..	..
— minima, *Hoeningh*	..	h	..	..
— ambigua, *Binkh.*	..	..	..	m
— fusiformis, *Binkh.*	..	..	..	m
Rapa Monheimi, *Mull.*	..	h	..	..
— coronata, *Mull.*	..	h	..	..
— filamentosa, *Stol.*, 1867 (Pyrula filamentosa, *Binkh.*, 1861)	..	..	..	m

GENRE, ESPÈCE ET AUTEUR.	Aachenien.	Hervien.	Sénonien.	Maastrichtien.
Rapa ? nodifera, *Stol.*, 1867 (Pyrula nodifera, *Binkh.*, 1861)	..	..	..	m
— ? Burckhardi, *Bosq.*, 1868 (Fusus Burckhardi, *Mull.*, 1851)	..	h	..	..
— ? Beuthiana, *Stol.*, 1867 (Pirulla Beuthiana, *Mull.*, 1841)	..	h	..	..
Rapana? tuberculosa, *Stol.*, 1867 (Pyrula tuberculosa, *Binkh.*, 1861)	..	..	..	m
— ? parvula, *Stol.*, 1867 (Pyrula parvula, *Binkh.*, 1861)	..	..	..	m
— ? plicata, *Stol.*, 1867 (Pyrula plicata, *Binkh.*, 1861)	..	..	..	m
Tudicla? planissima, *Stol.*, 1867 (Pyrula planissima, *Binkh.*, 1861)	..	..	..	m
— planulata, *Stol.*, 1867 (Pyrula planulata, *Nilss.*, 1827)	..	h	..	..
Trichotropis Konincki, *Stol.*, 1867 (Trochus Konincki, *Mull.*, 1851)	..	h	..	..
Turbinella supracretacea, *Binkh.*	..	..	..	m
— plicata, *Binkh.*	..	..	..	m
Tritonium cretaceum, *Mull.*	..	h	..	..
— Konincki, *Binkh.*	..	..	..	m
Murex pleurotomoïdes, *Mull.*	..	h	..	..
Cerithium subfasciatum, *d'Orb.*	..	h	..	..
— foveolatum, *Mull.*	..	h	..	..
— Sartoriusi, *Mull.*	..	h	..	..
— Geinitzi, *Mull.*	..	h	..	..
— Ryckholti, *Mull.*	..	h	..	..
— binodosum, *Ad. Roem.*	..	h	..	..
— Nerei, *Goldf.*	..	h	..	..
— tuberculiferum, *Binkh.*	..	..	..	m
— tectiforme, *Binkh.*	..	..	..	m
— alternatum, *Binkh.*	..	..	..	m
— pliciferum, *Binkh.*	..	..	..	m
— maximum, *Binkh.*	..	..	..	m
Buccinum Steiningeri, *Mull.*	..	h	..	..
— supracretaceum, *Binkh.*	..	..	..	m
Cassidaria cretacea, *Mull.*	..	h	..	..
Hipponix Dunkeri, *Bosq.*	..	..	..	m
Capulus militaris, *Mull.*	a?	..	..	..
— carinifer, *Mull.*	a?	..	..	..
— Troscheli, *Mull.*	a?	..	..	..
Emarginula fissuroïdes, *Bosq.*	..	..	..	m
— Stoliczkaï, *Bosq.*, 1868 (E. Mulleri, *Bosq.*, 1851, *non* E. Mulleri, *Ed. Forbes*, 1850)	..	..	..	m
— conica, *Binkh.*	..	..	..	m
— Dewalquei, *Binkh.*	..	..	..	m
— radiata, *Binkh.*	..	..	..	m

GENRE, ESPÈCE ET AUTEUR.	Aachenien.	Hervien.	Sénonien.	Maastrichtien.
Emarginula Hoeveni, *Binkh.*	..	..	..	m
— depressa, *Binkh.*	..	..	..	m
— clypeata, *Binkh.*	..	..	..	m
— Kapfi, *Binkh.*	..	..	..	m
Acmæa Ciplyana, *de Ryckh.*	..	..	..	m
— lævigata, *Binkh.*	..	..	..	m
Siphonaria antiqua, *Binkh.*	..	..	..	m
Patella parmophoroïdea, *Binkh.*	..	..	..	m
Dentalium ellipticum, *Sow. ap. Fitt.*	..	h	..	..
— glabrum, *Mull.*	..	h	..	..
— alternans, *de Ryckh.*	..	h	..	..
— Nysti, *Binkh.*	..	..	..	m
* Pharetrium fragile, *Kon.* (Dentalium mosæ, *Bronn*)	..	..	..	m
Dentalium Cidaris, *Gein.*	..	h	..	..
Bulla Mulleri, *Bosq.*	..	h	..	..
— Archiaci, *Bosq.*	..	h	..	..
— Palassoui, *d'Arch.*	..	h	..	..
Lamellibranches.				
Anomia verrucifera, *Mull.*	..	..	s	..
— pellucida, *Mull.*	..	..	s	m
Placunopsis? ciliata, *Bosq.*, 1860 (Orbicula ciliata, *Mull.*, 1851)	..	..	s?	m?
Ostrea Bronni, *Mull.*	..	h	..	m
— armata, *Mull.* (*Goldf.*)	..	h	..	..
— sulcata, *Blumenb.*, 1803 (O. flabelliformis, *Nilss.*, 1827)	..	h	s	m
— diluviana, *L.*, 1767 (O. Frons, *Park.*, 1811)	..	h	s	m
— Larva, *Lm.*	..	..	..	m
— lunata, *Nilss.*	..	..	s	..
— minuta?, *Roemer*	..	h	s	..
— Nilssoni, *Hagen*	..	..	s	..
— Hippopodium, *Nilss.*	..	..	s	m
— vesicularis, *Lm.*	a	h	s	m
* — vesicularis, var. minor, *Bosq.*	..	..	..	m
— acutirostris, *Nilss.*	..	..	..	m
— curvirostris, *Nilss.*	..	..	..	m
— lateralis, *Nilss.*	..	..	s	m
— laciniata, *Nilss.*	..	h	s	..
— auricularis, *Nilss.*	..	..	..	m

GENRE, ESPÈCE ET AUTEUR.	Aachenien.	Hervien.	Sénonien.	Maastrichtien.
Ostrea subinflata, *d'Orb.*	..	..	..	m
— plicata, *Goldf.*, sp.	..	h	s	m
— decussata, *Goldf.*, sp.	..	..	..	m
— conica, *Goldf.*, sp.	..	..	..	m
— Cornu-arietis, *Goldf.*, sp.	..	h	s	m
— haliotidea, *Sow.*	..	h	s	m
* — falcata, *Morton*	..	..	..	m
* — clavata, *Nilss.*	..	..	..	m
* — minuta, *Roemer*	..	..	s	m
* — podopsidea, *Nyst*	..	..	s	m
Spondylus undulatus, *Reuss.*	..	..	s	..
— lineatus, *Goldf.*	..	..	s	m
— sublævis, *Goldf.*	..	..	..	m
— subplicatus, *d'Orb.*	..	..	..	m
— spinosus, *Sow.*	..	h	..	..
Lima nobilis, *Bosq.*, 1865 (Inoceramus nobilis, *Goldf.*, 1845)	..	..	..	m
— ovata, *Nilss.*, sp.	..	..	..	m
— muricata, *Goldf.*	..	..	..	m
— squamifera, *Goldf.*	..	..	..	m?
— Dutempleana, *d'Orb.*	..	..	..	m
— rectangularis, *d'Arch.*	..	..	..	m
— granulata, *Nilss.*	..	..	..	m
* — elongata, *Reuss.*	..	..	..	m
* — aspera, *Mant.*	..	..	..	m
— truncata, *Munst*, sp. (*Goldf.*)	..	..	..	m
— Geinitzi, *Hagen.*	..	..	s	..
— dentata, *Mull.*	..	..	s	..
— inflata, *Mull.*	..	..	s	..
— pseudo-cardium, *Reuss.*	..	..	s	m
— Hoperi, *Mant.*, sp.	..	..	s	..
— multicostata, *Gein.*	..	..	s	m
— semisulcata, *Nilss.*	..	..	s	m
— tecta, *Goldf.*	..	..	s	m
— dichotoma, *Reuss.*	..	..	..	m
Vola æquicostata, *Lm.*, sp. (Janira æquicostata, *d'Orb.*	..	h	s	m
— quadricostata, *Sow.*, sp.	a	h	s	m
— striatocostata, *Goldf.*, sp.	..	h	s	m
* — quinquecostata, *Goldf.*	..	..	s	m
— Dutemplei, *d'Orb.*, sp.	..	..	..	m

GENRE, ESPÈCE ET AUTEUR.	Aachenien.	Hervien.	Sénonien.	Maastrichtien.
Pecten lævis, *Nilss.*	. .	h	s	m
— tricostatus, *Mull.*	. .	. .	s	. .
— trigeminatus, *Goldf.*	. .	. .	s	. .
— pulchellus, *Nilss.*	. .	. .	s	. .
— cretosus, *Brongn.*	. .	. .	s	m
— divaricatus, *Reuss.*	. .	h	s	m
— membranaceus, *Nilss.*	. .	. .	s	m
— laminosus, *Mant.*	. .	h	. .	. .
— Nilssoni, *Goldf.*	. .	. .	. .	m
— Dujardini, *Ad. Roem.*	. .	h	. .	m
— dentatus, *Nilss.*	. .	. .	. .	m
— cicatrisatus, *Goldf.*	. .	h?	. .	m
— septemplicatus, *Nilss.*	. .	. .	. .	m
— complicatus, *Goldf.*	. .	. .	. .	m
— multicostatus, *Nilss.*	. .	. .	. .	m
— decemcostatus, *Munst.*	. .	. .	. .	m
— actinodus, *Goldf.*	. .	. .	. .	m
* — virgatus, *Nilss.*	. .	. .	. .	m
* — inversis? *Nilss.*	. .	. .	. .	m
Avicula modiolæformis, *Mull.*	. .	h	. .	. .
— pectinoïdes, *Reuss.*	. .	h	. .	. .
— granulosa, *Mull.*	. .	. .	s	. .
— Beisseli, *Mull.*	. .	. .	s	. .
— cœrulescens, *Nilss.*	. .	. .	s	m
Inoceramus Cuvieri, *Goldf.*	. .	. .	s	. .
— Brongniarti, *Mant.*	. .	h?	s	. .
— Cripsi, *Mant.*	. .	h	s	. .
— planus, *Munst.*	. .	h	s	. .
— concentricus, *Park.*	. .	. .	s	. .
Perna triptera, *Goldf.*, sp.	. .	. .	. .	m
— approximata, *Schloth.*, sp.	. .	. .	. .	m
Gervilleia solenoïdes, *Defr.*	. .	h	. .	m
— Silicula, *Mull.*	. .	. .	s	. .
Pinna quadrangularis, *Goldf.*	. .	h	s	m
— restituta, *Hoeningh*	. .	. .	. .	m
— decussata, *Goldf.*	. .	. .	s	m
Mytilus lineatus? *d'Orb.*	. .	h	. .	. .
— gryphoïdes, *Mull.*	. .	h	. .	. .
— Debeyanus, *Bosq.*, 1860 (M. lanceolatus, *Mull. non Sow.*	. .	h	. .	. .

GENRE, ESPÈCE ET AUTEUR.	Aachenien.	Hervien.	Sénonien.	Maastrichtien.
Mytilus tegulatus, *Mull.*	..	h	..	..
— Aquisgranensis, *de Ryckh.*	..	h	..	..
— ? oviformis, *Mull.*	..	h	..	..
— spectabilis, *Mull.*	..	..	s	..
— Guerangeri ? *d'Orb.*	..	..	..	m
— ornatus, *de Münst.*	..	..	..	m
— Cotæ ? *Ad. Roem.*	..	..	..	m
Modiola inflata, *Bosq.*, 1860 (Mytilus inflatus, *Mull.*, 1847)	..	h	..	..
— Morreniana, *Bosq.*, 1860 (Mytilus Morrenianus, *de Ryckh.*, 1852)	..	..	s	..
— nuda, *de Ryckh.*, sp.	..	..	..	m
— Ciplyana, *de Ryckh.*, sp.	..	..	..	m
— Mulleri, *Bosq.*, 1860 (Mytilus reversus, *Mull. non Sow.*).	..	..	..	m
— flagellifera, *Forb.*, 1846, var. angusta, *Bosq.*, 1860	..	..	..	m
Lithodomus Faba, *Mull.*, sp.	..	h	..	..
— Ciplyanus, *de Ryckh.*	..	..	..	m
— similis, *de Ryckh.*	..	..	..	m
— Weberi, *Mull.*	..	..	s	..
— contortus, *d'Orb.*, 1847 (Modiola contorta, *Dujard.*, 1837).	..	..	..	m
* — rugosus, *d'Orb.*	..	..	..	m
Cucullæa texta, *Mull.*	..	h	..	..
— Goldfussi, *Mull.*	..	h?	..	..
Arca exaltata, *Nilss.*	..	h	s	m
— subglabra, *d'Orb.*	..	h	..	m
— Kaltenbachi, *Mull.*	..	h	..	..
— Aquisgranensis, *Mull.*	..	h	..	..
— rhombea, *Nilss.*	..	..	..	m
* — striatula, *Reuss.*	..	..	..	m
* — Geinitzii, *Reuss.*	..	..	..	m
Pectunculus Lens, *Nilss.*	..	h	..	..
— reticulatus, *Reuss.*	..	..	..	m
Limopsis Hoeninghausi, *Bosq.*, 1860 (Pectunculus Hoeninghausi, *Mull.*, 1847)	..	h	..	..
Trigonocœlia galeata, *Bosq.*, 1860 (Cardium galeatum, *Mull.*, 1847).	..	h	..	..
Trigonia limbata, *d'Orb.*	a	h	s	m
Nucula tenera, *Mull.*	..	h	..	m
— pulvillus, *Mull.*	..	h	..	..
— caudata, *Mull.*	..	h	..	..
— ovata, *Nilss.*	..	..	..	m

GENRE, ESPÈCE ET AUTEUR.	Aachenien.	Hervien.	Sénonien.	Maastrichtien.
Leda acutissima, *Mull.*	..	h	..	..
— Foersteri, *d'Orb.*, 1847 (Nucula Foersteri, *Mull.*, 1846)	..	h	..	..
— Siliqua, *d'Orb.*, 1847 (Nucula Siliqua, *Goldf.*, 1838)	..	h	..	m
— angusta, *de Ryckh.*	..	h	..	..
— alata, *Mull.*	..	..	s	..
— Hagenovi, *Mull.*	..	..	s	..
— producta, *d'Orb.*, 1847 (Nucula producta, *Nilss.*, 1827)	..	h	..	..
— spec.	..	..	..	m
— subexcentrica, *d'Orb.*	..	h?	..	..
Astarte cœlata, *Mull.*	..	h	..	..
— Roemeri, *Mull.*	..	h?	..	..
— Benedeni, *Mull.*	..	h	..	..
— Miqueli, *Mull.*	..	..	s	..
— similis, *Goldf.*	..	h	..	..
— porrecta, *Reuss.*	..	h	..	..
— acuta, *Mull.*	..	h	..	..
Crassatella arcacea, *Ad. Roem.*	..	h	..	..
— rugosa, *Mull.*	..	h	..	..
— Bosquetiana, *d'Orb.*	..	..	..	m
Lucina tenuis, *Mull.*	..	h	..	..
— Geinitzi, *Mull.*	..	h	..	..
Corbis sublamellosa, *d'Orb.*	..	..	..	m
Chama? Munsteri, *Bosq.*, 1860 (Exogyra Munsteri, *Hag.*, 1839)	..	..	s	m
Isocardia cretacea, *Goldf.*	..	h	s	m
— trigona, *Ad. Roem.*	..	h	..	..
Cardium tubuliferum, *Goldf.*	..	h	..	m
— Becksi, *Mull.*	..	h	..	..
— semipustulosum, *Mull.*	a	h	..	..
— Marquarti, *Mull.*	..	h	..	..
— alutaceum, *Munst.*	..	h	..	..
— Noeggerathi, *Mull.*	..	h	..	..
— Benedeni, *Mull.*	..	h	..	..
— gibbosum, *Mull.*	..	h	..	..
— productum? *Sow.*	..	h	..	..
— alternatum, *d'Orb.*	..	..	..	m
— propinquum, *Munst.*	..	..	..	m
— pectiniforme, *Mull.*	..	h?	..	..
— decussatum, *Mant.*	..	..	s	..

GENRE, ESPÈCE ET AUTEUR.	Aachenien.	Hervien.	Sénonien.	Maastrichtien.
Cyprina Mulleri, *Bosq.*, 1860 (Cyprina rostrata, *Mull., non Sow.*) . .	a ?	h	. .	. .
— Reyi, *Bosq.*	. .	h	. .	. .
— Bosquetiana, *d'Orb.*	. .	. .	. .	m
Myoconcha discrepans, *Mull.*, sp.	. .	h	. .	. .
Dozyia lenticularis, *Bosq.*, 1868 (Dosinia lenticularis, *Bosq.*, 1860; Lucina lenticularis, *Goldf.*, 1839)	a	h	s	m
Cytherea subovalis, *d'Orb.*	. .	h	. .	m
— subfaba, *d'Orb.*	. .	h	. .	. .
Venus tumida, *Mull.*	. .	h	. .	. .
— subplana, *d'Orb.*	. .	h	. .	m
— nuciformis, *Mull.*	. .	h	. .	. .
— immersa, *Mull.*	. .	h	. .	. .
— subparva, *d'Orb.*	. .	h	. .	m
— porrecta, *Mull.*	. .	h	. .	. .
Tellina Goldfussi, *Ad. Roem.*	. .	h	. .	. .
— pseudoplana, *Ad. Roem.*	. .	h	. .	. .
— Royana, *d'Orb.*	. .	h	. .	. .
— subradiata, *d'Orb.*	. .	h	. .	m
Arcopagia costulata, *d'Orb.*, 1847 (Tellina costulata, *Goldf.*)	a	h	. .	. .
— strigata, *d'Orb.* (Tellina strigata, *Goldf.*)	. .	h	. .	. .
Capsa gigantea, *Mull.*	a ?	h ?	. .	. .
Mactra Debeyana, *Bosq.*, 1860 (Cardium Debeyanum, *Mull.*, 1847) . .	. .	h	. .	. .
— angulata, *Mull.*	. .	h	. .	. .
Sphærulites Faujasi, *Bayle.*	. .	. .	. .	m
— Hoeninghausi, *Desm.*	. .	. .	. .	m
Radiolites Trigeri, *Bayle.*	. .	. .	. .	m
— Lapeyrousi, *Goldf.*, sp.	. .	. .	. .	m
— Royana, *d'Orb.*	. .	. .	. .	m
— Jouanneti, *Desmoul.*	. .	. .	. .	m
— Ciplyana, *de Ryckh.*	. .	. .	. .	m
Requienia Ciplyana, *de Ryckh.*	. .	. .	s	. .
Caprotina costulata, *Mull.*	. .	. .	s	m
Anatina arcuata, *d'Orb.*	. .	. .	. .	m
Neæra longicauda, *Bosq.*	. .	h	. .	. .
Poromya ? æquivalvis, *d'Orb.*	. .	h	s	m
Goniomya designata, *Goldf.*	. .	h	s ?	m
Pholadomya Esmarki, *Pusch.*	. .	. .	. .	m
Panopæa Goldfussi, *d'Orb.*	. .	h	. .	. .
— Jugleri, *Ad. Roem.*	. .	h	. .	m

GENRE, ESPÈCE ET AUTEUR.	Aachenien.	Hervien.	Sénonien.	Maastrichtien.
Panopæa Ryckholti, *Bosq.*, 1868 Panopæa Sancti Petri, *de Ryckh.*, 1851)	..	..	..	m
* — plicata, *Sow.*	..	..	..	m
Solecurtus subcompressus, *d'Orb.*	..	h	..	..
Solen æqualis, *Mull.* (*d'Orb.*)	a?	h?	..	m
* Fistulana pistiliformis, *Reuss.*	..	..	..	m
— aspergilloïdes, *Ed. Forb.*	..	..	..	m
Gastrochæna amphisbæna, *Goldf.*, sp.	..	..	..	m
— voracissima, *Mull.*	..	..	s	m
Clavagella elegans, *Mull.*	..	h	..	..
— divaricata, *Mull.*	..	..	..	m
Pholas supracretacea, *de Ryckh.*	..	..	..	m
— ? reticulata, *Mull.*	..	..	s	..
Brachiopodes.				
Lingula? Visetana, *de Ryckh.*	..	h	..	..
Crania Davidsoni, *Bosq.*	..	..	s	m
— Mulleri, *Bosq.*	..	..	s	m
— Suessi, *Bosq.*	..	..	..	m
— nodulosa, *Hoeningh.*	..	..	..	m
— comosa, *Bosq.*	..	..	..	m
— Bredaï, *Bosq.*	..	..	..	m
— Ignabergensis, *Retz.*	..	..	s	m
— — var. paucicostata, *Bosq.*, 1859	..	..	s	m
— antiqua, *Defr.*	..	..	s	..
— Hagenovi, *de Kon.*	..	..	s	m
Thecidium affine, *Bosq.*	..	..	..	m
— vermiculare, *Davids.* (Terebratulites vermicularis, *Schloth.*, 1813)	..	..	s	m
— Suessi, *Bosq.*	..	..	..	m
— digitatum, *G. B. Sow.*	..	h	..	m
— longirostre, *Bosq.*	..	..	..	m
— hieroglyphicum, *Goldf.* (*Defr.*)	..	..	..	m
— papillatum, *Davids.*, 1854 (Terebratulites papillatus, *Schl.*, 1813)	..	..	s	m
Argiope Davidsoni, *Bosq.*	..	..	..	m
— Faujasi, *Bosq.*	..	..	..	m
— megatremoïdes, *Bosq.*	..	..	..	m
— microscopica, *Schloth.*, sp.	..	..	s	m

GENRE, ESPÈCE ET AUTEUR.	Achenien.	Hervien.	Senonien.	Maastrichtien.
Morrisia Suessi, *Bosq.*	..	..	..	m
— inflata, *Bosq.*	..	..	s	m
Magas pumilus, *Sow.*	..	..	s	..
— spathulatus, *Walh.*, sp., var. minor, *Bosq.*, 1860	..	..	..	m
— Davidsoni, *de Kon. et Bosq.*	..	..	..	m
Terebratella pectiniformis, *Bosq.*, 1860 (Terebratulites pectiniformis, *Schl.*, 1813	..	..	..	m
— Palissei, *Bosq.*, 1860 (Trigonesemus Palissii, *Woodw.*, 1853)	..	..	s	..
— elegans, *Davids.*, 1852 (Trigonosemus elegans, *König.*, 1825)	..	..	s	..
— Konincki, *Bosq.*	..	..	..	m
— Davidsoni, *de Ryckh.*	..	..	..	m
— plicata, *Bosq.*	..	..	..	m
— megaptycha, *Bosq.*	..	..	..	m
— Humboldti, *Hagen*	..	..	s	..
— Knerri, *Bosq.*	..	..	s	..
Megerleia Lima, *Defr.*, sp.	..	..	s	..
— pustulosa, *Bosq.*	..	..	s	m
Terebratulina costata, *Bosq.*	..	..	..	m
— Bosqueti, *Mull.*, sp.	..	..	s	..
— Hagenovi, *Mull.*, sp.	..	..	s	..
— Santonensis, *Bosq.*, 1860 (Terebratella Santonensis, *d'Orb.*, 1847).	..	..	s	m
— striata, *Wahlenb.*, sp.	..	..	s	m
— gracilis, *Schloth.*, sp.	..	..	s	..
Terebratula Gisei, *Hagen*	..	..	s	..
— carnea, *Sow.*	..	..	s	..
— — var. elongata, *Sow.*	..	..	s	..
— Scaphula, *Schloth.*, sp.	..	..	..	m
— Fittoni, *Hagen.*	..	..	s	..
— biplicata, *Sow.*	..	..	s	..
— Sowerbyi, *Hagen*	..	..	s	m
* Terebratulina echinulata, *d'Orb.*	..	..	..	m
Rhynchonella limbata, *Schl.*, sp.	..	..	s	..
— plicatilis, *Sow.*, sp.	..	..	s	..
— — var. octoplicata, *Davids.*	..	..	s	..
— alata, *Nilss.*, *non Lm.*	..	h	s	m
— Davidsoni, *Bosq.*	..	..	..	m
— grosseplicata, *Bosq.*	..	..	..	m

GENRE, ESPÈCE ET AUTEUR.	Aachenien.	Hervien.	Sénonien.	Maastrichtien.
Rhynchonella depressa, *Sow.*, sp.	..	h	s?	..
— var. pisum, *Sow.*	..	..	s	m
Bryozoaires.				
Stichopora clypeata, *Hagen*	..	..	..	m
Lunulites cretacea, *d'Orb.*	..	..	s	..
— Goldfussi, *Hag.*	..	..	s	m
— Hagenovi, *Bosq.*	..	h	s	m
Repteschoripora elegantula, *Hag.*, sp.	..	..	s	m
Semieschoripora galeata, *Beissel*, 1865 (Cellepora galeata, *Hag.*, 1851)	..	..	s	..
— cornuta, *Beiss.*	..	..	s	..
— ornata, *Goldf.*, sp.	..	..	..	m
— cruciata, *Ubaghs.*	..	..	..	m
Multescharipora pinguis, *d'Orb.* (Cellepora pinguis, *Hag.*, 1851)	..	..	..	m
Escharella Edwardsiana, *d'Orb.*	..	..	..	m
Escharifora amphiconica, *Beiss.*, 1865 (Eschara amphiconica, *Hag.*, 1839)	..	..	s	m
— Circe, *d'Orb.*	..	..	s	m
— Mulleri, *Bosq.*, 1860 (Eschara Mulleri, *Hag.*, 1851)	..	..	..	m
— quinquepunctata, *Beiss.*, 1865 (Eschara quinquepunctata, *Hag.*, 1851)	..	..	s	m
— Jussieui, *Bosq.*, 1868 (Eschara Jussieui, *Hag.*, 1851)	..	..	..	m
— polystoma, *Beiss.*, 1865 (Eschara polystoma, *Hag.*, 1856)	..	..	s	m
— vicinalis, *Beiss.*, 1865 (Eschara vicinalis, *Hag.*, 1851)	..	..	s	m
— foveolata, *Beiss.*, 1865 (Eschara foveolata, *Hag.*, 1851)	..	..	s	m
— flabellata, *d'Orb.*, 1851 (Eschara flabellata, *Hag.*, 1851)	..	..	s	..
— rhomboïdea, *Beiss.*, 1865	..	..	s	..
— verrucosa, *Beiss.*, 1865	..	..	s	..
— striata, *d'Orb.*, 1851	..	..	s	m
— Verneuili, *Bosq.*, 1868 (Eschara Verneuili, *Hag.*, 1851)	..	..	..	m
— semistellata, *Bosq.*, 1868 (Eschara semistellata, *Hag.*, 1851)	..	..	..	m
— ? filograna, *Bosq.*, 1868 (Eschara filograna, *Goldf.*, 1830)	..	..	..	m
— goniostoma, *Bosq.*, 1868 (Eschara goniostoma, *Hag.*, 1851)	..	..	..	m
— variabilis, *Bosq.*, 1868 (Eschara variabilis, *Hag.*, 1851)	..	..	..	m
— coronata, *Bosq.*, 1868 (Eschara coronata, *Hag.*, 1851)	..	..	..	m
— ? Kleini, *Bosq.*, 1868 (Eschara Kleini, *Hag.*, 1851)	..	..	..	m
— Rondeleti, *Bosq.*, 1868 (Eschara Rondeleti, *Hag.*, 1851)	..	..	..	m
— Peyssonelli, *Bosq.*, 1868 (Eschara Peyssonelli, *Hag.*, 1851)	..	..	..	m

GENRE, ESPÈCE ET AUTEUR.	Aachenien.	Hervien.	Sénonien.	Maastrichtien.
Escharifora Desmarcsti, *Bosq.*, 1868 (Eschara Desmarcsti, *Hag.*, 1851)	. .	. .	. .	m
— Peroni, *Bosq.*, 1868 (Eschara Peroni, *Hag.*, 1851)	. .	. .	. .	m
— Defrancei, *Bosq.*, 1868 (Eschara Defrancei, *Hag.*, 1851)	. .	. .	. .	m
— Boryana, *Bosq.*, 1858 (Eschara Boryana, *Hag.*, 1851)	. .	. .	. .	m
— Archiaci, *Bosq.*, 1868 (Eschara Archiaci, *Hag.*, 1851)	. .	. .	. .	m
Repteschurinella Mohli, *d'Orb.*, 1851 (Cellepora Mohli, *Hag.*, 1851)	. .	. .	. .	m
— ringens, *d'Orb.*, 1851 (Cellepora ringens, *Hag.*, 1851)	. .	. .	. .	m
— subgranulata, *d'Orb.*, 1851 (Cellepora subgranulata, *Hag.*, 1851)	. .	. .	s	m
— pusilla, *d'Orb.*, 1851 (Cellepora pusilla, *Hag.*, 1851)	. .	. .	. .	m
— Villiersi, *d'Orb.*	. .	. .	s	m
— pulchella, *d'Orb.*	. .	. .	. .	m
* Vincularina Hagenovi, *Bosq.*, in lit. (1)	. .	. .	. .	m
Cellepora subinflata, *d'Orb.*	. .	. .	. .	m
Semieschara simplex, *d'Orb.*	. .	. .	s	m
— Meudonensis, *d'Orb.*	. .	. .	s	m
— arborea, *Beiss.*	. .	. .	s	. .
— crassa, *Beiss.*	. .	. .	s	. .
Pavolunulites costata, *d'Orb.*	. .	. .	s	. .
— elegans, *Beiss.*	. .	. .	s	. .
* — grandis, *Bosq.*, in lit.	. .	. .	. .	m
* — planulata, *Bosq.*, in lit.	. .	. .	. .	m
Eschara Lamourouxi, *Hag.*	. .	. .	s	m
— papyracea, *Hag.*	. .	. .	s	m
— microstoma, *Hag.*	. .	. .	s	m
— rhombea, *Hag.*	. .	. .	. .	m
— stigmatophora, *Goldf.*	. .	. .	. .	m
— scindulata, *Hag.*	. .	. .	. .	m
— Elea, *d'Orb.*	. .	. .	. .	m
— piriformis, *Goldf.*	. .	. .	s	m
— cyclostoma, *Goldf.*	. .	. .	s	m
— dichotoma, *Goldf.*	. .	. .	s	m
— Audouini, *Hag.*	. .	. .	. .	m
— Blainvillei, *Hag.*	. .	. .	. .	m
— Nysti, *Hag.*	. .	. .	. .	m
— Lamarcki, *Hag.*	. .	. .	s	m

(1) Les espèces marquées d'un * ont été nommées en 1860 par M. J. Bosquet, mais non encore publiées; voir la liste dans l'ouvrage *De Bodem van Nederland*, door W.-C.-H. Staring, II.

GENRE, ESPÈCE ET AUTEUR.	Aachenien.	Hervien.	Sénonien.	Maastrichtien.
Eschara propinqua, *Hag.*	..	..	..	m
— sexangularis, *Goldf.*	..	..	s	m
— Artemis, *d'Orb.*	..	..	..	m
— Nerei, *d'Orb.*	..	..	..	m
— Danae, *d'Orb.*	..	..	..	m
— Ellisi, *Hag.*	..	..	..	m
— lepida, *Hag.*	..	..	..	m
— pusilla, *Hag.*	..	..	..	m
— ampullacea, *Hag.*	..	..	..	m
— Arcas, *d'Orb.*	..	..	s	..
— cancellata, *Goldf.*	..	..	..	m
— fissa, *Hag.*	..	h	s	..
— galeata, *Hag.*	..	..	s	..
— pulchra, *Bronn.*	..	h	s	m
Vincularia areolata, *Hag.*	..	..	s	m
— bella, *Hag.*	..	..	..	m
— canalifera, *Hag.*	..	..	s	m
— procera, *Hag.*	..	..	..	m
— disparilis, *d'Orb.*	..	h	s	..
— canaliculata, *d'Orb.*	..	..	s	..
Semiflustrina vesiculosa, *Beiss.*	..	..	s	..
* Flustrina Falcoburgensis, *Ubaghs*, 1865	..	..	..	m
— Binkhorsti, *Ubaghs.*	..	..	..	m
— ? ichnoïdea, *Hag.*, sp.	..	..	..	m
— ? detrita, *Hag.*, sp.	..	..	..	m
— ? Solandri, *Hag.*, sp.	..	..	..	m
Semiflustrella elegans, *Bosq.*	..	..	..	m
Flustrella Savignyana, *d'Orb.*, 1851 (Eschara Savignyana, *Hag.*, 1851).	..	..	..	m
— Gaymardi, *d'Orb.*, 1854 (Eschara Gaymardi, *Bosq.*, ap., *Hag.*, 1851)	..	..	..	m
— Cuvieri, *d'Orb.*, 1851 (Eschara Cuvieri, *Hag.*, 1851)	..	..	..	m
Membranipora camerata, *Hag.*, sp.	..	..	..	m
— Koninckiana, *Hag.*, sp.	..	..	..	m
— subpiriformis, *Hag.*, sp.	..	..	..	m
— impressa, *Hag.*, sp.	..	..	s	..
— ? Oweni, *Hag.*, sp.	..	..	..	m
— subdepressa, *Hag.*, sp.	..	..	..	m
— irregularis, *Hag.*, sp.	..	..	..	m
— Hippocrepis, *Goldf.*, sp.	..	..	..	m

GENRE, ESPÈCE ET AUTEUR.	Aachenien.	Hervien.	Sénonien.	Maastrichtien.
Membranipora Normanniana, *d'Orb.*	..	h	..	..
— Deshayesi, *Hag.*, sp.	..	..	..	m
— crustulenta, *Goldf.*, sp.	..	..	..	m
— Velamen, *Goldf.*, sp.	..	..	..	m
— subsimplex, *d'Orb.*	..	..	..	m
— odontophora, *Hag.*, sp.	..	..	..	m
— concatenata, *d'Orb.*	..	..	..	m
— Pallasiana, *Hag.*, sp.	..	..	..	m
— bidens, *Busk.*	..	..	..	m
— Faujasi, *d'Orb.*	..	..	..	m
— Granti, *Hag.*, sp.	..	..	..	m
— vaginata, *Hag.*, sp.	..	..	..	m
— dentata, *Goldf.*, sp.	..	..	..	m
— Duchasteli, *Hag.*, sp.	..	..	..	m
* — annulifera, *Bosq.*, in lit.	..	..	..	m
— monilifera, *Hag.*, sp.	..	..	..	m
— Lyra, *Hag.*, sp.	..	..	..	m
Lepralia signata, *Bosq.*, 1860 (Cellepora signata, *Hag.*, 1851).	..	..	..	m
— Lessoni, *Bosq.*, 1860 (Cellepora Lessoni, *Hag.*, 1851)	..	..	..	m
— cornuta, *Bosq.*, 1860 (Cellepora cornuta, *Hag.*, 1851).	..	..	s	m
— plicatella, *Bosq.*, 1860 (Cellepora plicatella, *Hag.*, 1851)	..	..	..	m
— elegantula, *Bosq.*, 1860 (Cellepora elegantula, *Hag.*, 1851)	..	..	..	m
— Brongniarti, *Bosq.*, 1860 (Cellepora Brongniarti, *Hag.*, 1851)	..	..	..	m
— Bosqueti, *Ubaghs*	..	..	..	m
Flustrellaria pentasticha, *Beiss.*, 1865 (Cellepora pentasticha, *Hag.*, 1839).	..	..	s	..
— cylindrica, *d'Orb.*, 1851 (Stiphonella cylindrica, *Hag.*, 1851).	..	..	..	m
— subcompressa, *d'Orb.*, 1851 (Siphonella subcompressa, *Hag.*, 1851)	..	..	..	m
— inornata, *d'Orb.*	..	..	..	m
* — monodonta, *Bosq.*, in lit.	..	..	..	m
Biflustra pavonia, *Hag.*, sp.	..	..	..	m
— Lesueuri, *d'Orb.*, 1851 (Eschara Lesueuri, *Hag.*, 1851).	..	..	..	m
— Esperi, *d'Orb.*, 1851 (Eschara Esperi, *Hag.*, 1851)	..	..	..	m
— nana, *d'Orb.*, 1851 (Eschara nana, *Hag.*, 1851)	..	..	..	m
* — Orbignyana, *Bosq.*, in lit.	..	..	..	m
* — quadriseriata, *Bosq.*, in lit.	..	..	s	m
* — margnata, *Bosq.*, in lit.	..	..	..	m
— flabellata, *d'Orb.*	..	..	s	m

GENRE, ESPÈCE ET AUTEUR.	Aachenien.	Hervien.	Sénonien.	Maastrichtien.
Biflustra subbipunctata, *d'Orb.*, 1851 (Cellepora subbipunctata, *Goldf.*, 1826)	..	..	..	m
Quadricellaria Trigeri, *Ubaghs*	..	..	..	m
* Cellarina lepida, *Bosq.*, in lit.	..	..	..	m
Melicerites dubia, *Hag.*, sp.	..	..	..	m
— Meudonensis, *d'Orb.*	..	..	s	m
— tubiporacea, *d'Orb.*, 1852 (Inversaria tubiporacea, *Hag.*, 1851)	..	..	..	m
— trigonopora, *d'Orb.*, 1852 (Inversaria trigonopora, *Hag.*, 1851)	..	h?	..	m
— milleporacea, *d'Orb.*, 1852 (Ceriopora milleporacea, *Goldf.*, 1826)	..	..	..	m
Multelea sessilis, *Beiss.*, 1865 (Ceriopora sessilis, *Hag.*, 1851)	..	..	..	m
— magnifica, *d'Orb.*	..	..	..	m
Theonia radians, *Haime*, 1854 (Lopholepis radians, *Hag.*, 1851)	..	..	..	m
— irregularis, *Haime*, 1854 (Lopholepis irregularis, *Hag.*, 1851)	..	..	..	m
— alternans, *Haime*, 1854 (Lopholepis alternans, *Hag.*, 1851)	..	..	..	m
Osculipora repens, *d'Orb.*, 1852 (Truncatula repens, *Hag.*, 1851)	..	..	..	m
— truncata, *d'Orb.*, 1849 (Retepora truncata, *Goldf.*, 1831)	..	..	..	m
Cyrtopora elegans, *Hag.*	..	..	..	m
Fungella Dujardini, *Hag.*	..	..	..	m
Pavotubigera flabellata, *d'Orb.*	..	..	..	m
Discotubigera Michelini, *Hag.*, sp.	..	..	..	m
Reptotubigera ramosa, *d'Orb.*	..	..	..	m
— serpens, *d'Orb.*	..	..	..	m
Idmonea ramosa, *d'Orb.*	..	..	..	m
— subgracilis, *d'Orb.*	..	..	..	m
— macilenta, *Hag.*	..	..	..	m
— dorsata, *Hag.*	..	..	..	m
— irregularis, *Beiss.*	..	..	s	..
— Mulleri, *Beiss.*	..	..	s	..
— lineata, *Hag.*	..	..	..	m
— pseudo-disticha, *Hag.*	..	..	..	m
— Cypris, *d'Orb.*	..	..	s	m
— excavata, *d'Orb.*	..	..	s	m
— communis, *d'Orb.*	..	..	..	m
— Cytherea, *d'Orb.*	..	..	..	m
— gibbosa, *Hag.*	..	..	..	m
— divaricata, *Ubaghs*	..	..	..	m
— geniculata, *Hag.*	..	..	..	m

GENRE, ESPÈCE ET AUTEUR.	Aachenien.	Hervien.	Sénonien.	Maastrichtien.
Idmonea unipora, *d'Orb.*	. .	. .	. .	m
* — disticha, sp., *Goldf.*	. .	. .	. .	m
* — sulcata, *Hag.*	. .	. .	. .	m
* — maculata, *Hag.*	. .	. .	. .	m
* — cancellata, *Goldf.*, sp.	. .	. .	s	. .
Clavitubigera excavata, *d'Orb.*	. .	. .	. .	m
— navicularis, *Beiss.*	. .	. .	s	. .
Spiropora verticillata, *Goldf.* (S. antiqua, *Lamour*)	. .	h	s	m
— disticha, *Haime*	. .	. .	. .	m
— annulato-spiralis, *Haime*	. .	. .	. .	m
Peripora Ligeriensis, *d'Orb.*	. .	h	. .	m
Berenicea papillosa, *d'Orb.*	. .	. .	. .	m
Proboscina fasciculata, *d'Orb.*, 1847 (Diastopora fasciculata, *Reuss*, 1846)	. .	. .	. .	m
Stomatopora ramea, *Bronn.*	. .	. .	. .	m
Tubulipora parasitica, *Hag.*	. .	. .	. .	m
Diastopora tubulus, *d'Orb.*	. .	. .	. .	m
* — latomarginata, *d'Orb.*	. .	. .	. .	m
Discosparsa tuberculata, *d'Orb.*	. .	. .	. .	m
Filisparsa Mulleri, *Beiss.*	. .	. .	s	. .
— tubulifera, *d'Orb.*	. .	. .	. .	m
Mesenteripora compressa, *d'Orb.*, 1852 (Ceriopora compressa, *Goldf.*, 1830)	. .	. .	. .	m
— anomalopora, *Busk.*, 1859 (Ceriopora anomalopora, *Goldf.*, 1830)	. .	. .	. .	m
Cavaria ramosa, *Hag.*	. .	. .	. .	m
— micropora, *Hag.*	. .	. .	. .	m
Cœlocochlea torquata, *Hag.*	. .	. .	. .	m
Entalophora tubulosa, *d'Orb.*, 1852 (Pustulipora tubulosa, *Hag.*, 1851).	. .	. .	. .	m
— geminata, *d'Orb.*, 1852 (Pustulipora geminata, *Hag.*, 1851).	. .	. .	. .	m
— raripora, *d'Orb.*	. .	. .	s	m
— subregularis, *d'Orb.*	. .	. .	. .	m
— linearis, *d'Orb.*	. .	. .	. .	m
— pustulosa, *d'Orb.*, 1847 (Pustulopora pustulosa, *Blainv.*, 1834)	. .	. .	. .	m
— madreperacea, *d'Orb.*, 1847 (Ceriopora madreporacea, *Goldf.*, 1830)	. .	. .	. .	m
— Beisseli, *Ubaghs*	. .	. .	. .	m
— lineata, *Beiss.*	. .	. .	s	. .
* — Bosqueti, *Beiss.*, in lit.	. .	. .	s	m
* — rustica, *Hag.*, sp.	. .	. .	. .	m

GENRE, ESPÈCE ET AUTEUR.	Aachenien.	Hervien.	Sénonien.	Maastrichtien.
* Entalophora Benediana, *Hag.*	..	..	..	m
Spiroclausa spiralis, *d'Orb.*	..	..	..	m
— canalifera, *Ubaghs*	..	..	..	m
Multicrisina costata, *d'Orb.*	..	..	..	m
Crisina lichenoïdes, *d'Orb.*, 1852 (Retepora lichenoïdes, *Goldf.*, 1829).	..	..	..	m
— geometrica, *d'Orb.*, 1852 (Idmonea geometrica, *Hag.*, 1851).	..	..	..	m
Filicrisina verticillata, *d'Orb.*	..	..	..	m
Tecticavea boletiformis, *d'Orb.*	..	..	..	m
Domopora Bosqueti, *d'Orb.*, 1846 (Stellipora Bosquetiana, *Hag.*, 1851).	..	..	..	m
* — Clavula, *d'Orb.*	..	..	..	m
Multicavea magnifica, *d'Orb.*	..	..	..	m
Stellocavea Francqi, *d'Orb.*	..	..	..	m
— cultrata, *d'Orb.*	..	..	..	m
— bipartita, *Ubaghs*	..	..	..	m
— trifoliiformis, *Ubaghs*	..	..	..	m
* — coronata, *Ubaghs*	..	..	..	m
* Cymbalopora radiata, *V. Hag.*	..	..	..	m
Radiocavea diadema, *d'Orb.*, 1852 (Defrancia diadema, *Hag.*, 1851)	..	..	..	m
— Francqi, *d'Orb.*	..	..	..	m
— Sellula, *d'Orb.*, 1852 (Defrancia sellula, *Hag.*, 1851)	..	..	..	m
— reticulata, *d'Orb.*, 1852 (Defrancia reticulata, *Hag.*, 1851).	..	..	..	m
Discocavea compressa, *d'Orb.*	..	..	..	m
Lichenopora disticha, *Haime*, 1854 (Actinopora disticha, *d'Orb.*, 1852).	..	..	..	m
— Gaudryana, *Haime*, 1854 (Actinopora Gaudryana, *d'Orb.*, 1850).	..	..	..	m
— cariosa, *d'Orb.*, 1852 (Defrancia cariosa, *Hag.*, 1851)	..	..	..	m
— stellata, *d'Orb.*, 1852 (Ceriopora stellata, *Goldf.*, 1829)	..	..	..	m
* — cribrosa, *Reuss*	..	..	..	m
Sparsicavea dichotoma, *d'Orb.*, 1852 (Heteropora dichotoma, *Hag.*, 1851)	..	..	s	m
— undulata, *d'Orb.*, 1852 (Heteropora undulata, *Hag.*, 1851).	..	..	..	m
Cavea Dumonti, *d'Orb.*, 1852 (Heteropora Dumonti, *Hag.*, 1851)	..	..	..	m
* Monticulipora mamillosa, *d'Orb.*	..	..	..	m
Zonopora pseudo torquata, *d'Orb.*, 1852 (Plethopora pseudo-torquata, *Hag.*, 1851)	..	..	..	m
Reptomulticavea theloïdea, *d'Orb.*, 1852 (Ceriopora theloïdea, *Hag.*, 1851)	..	..	..	m
— Schweiggeri, *d'Orb.*, 1853 (Ceriopora Schweiggeri, *Hag.*, 1851)	..	..	..	m
— polytaxis, *d'Orb.*, 1852 (Ceriopora polytaxis, *Hag.*, 1851).	..	..	..	m

GENRE, ESPÈCE ET AUTEUR.	Aachenien.	Hervien.	Sénonien.	Maastrichtien.
Reptomulticavea cavernosa, *d'Orb.*, 1852 (Ceriopora cavernosa, *Hag.*, 1851)	..	..	..	m
Ceriopora micropora, *Goldf.*	..	..	..	m
— nuciformis, *Hag.*	..	..	s	..
— ? racemosa, *Goldf.*	..	..	..	m
— ? sessilis, *Hag.*	..	..	..	m
— digitalis, *d'Orb.*	..	..	..	m
Retecava clathrata, *d'Orb.*, 1852 (Idmonea clathrata, *Goldf.*, 1829)	..	..	..	m
Filicava triangularis, *d'Orb.*	..	..	..	m
* — trigona, *Goldf.*, sp. (Chysaora trigona, *d'Orb.*)	..	..	..	m
Echinocava mitra, *Beiss.*, 1865 (Ceriopora mitra, *Goldf.*, 1820)	..	h	..	..
Truncatula filix, *Hag.*	..	..	..	m
Plethopora verrucosa, *Hag.*	..	..	..	..
— truncata, *Hag.*	..	..	..	m
Neuropora cretacea, *Hag.*	..	..	..	m
Heteropora cryptopora, *Goldf.*	..	..	..	m
— crassa, *Hag.*	..	..	..	m
— tenera, *Hag.*	..	..	..	m
— anomaloporata, *Ubags.*	..	..	..	m
* Simulticavea, *Goldfussi, Simonow.*	..	..	..	m
Annélides.				
Serpula filiformis, *Sow.*	..	h	..	..
— implicata, *Hag.*	..	..	s	m
— gordialis, *Schloth.*	..	h	s	m
— quadrangularis, *Ad. Roem.*	..	..	s	..
— ampullacea, *Sow.*	..	h	..	..
— conica, *Hag.*	..	..	s	..
— subrugosa, *Munst.*	..	..	s	..
— tuba? *Sow.*	..	h	..	..
— prolifera? *Goldf.*	..	..	s	..
— arcuata, *Munst.*	..	..	s	..
— umbilicata, *Hag.*	..	..	s	..
— draconocephala, *Goldf.*	..	..	..	m
— erecta, *Goldf.*	..	..	..	m
— trachinus? *Goldf.*	..	..	s	..
— cincta, *Goldf.*	..	..	s	m

GENRE, ESPÈCE ET AUTEUR.	Aachenien.	Hervien.	Sénonien.	Maastrichtien.
Serpula heptagona, *Hag.*	..	..	..	m
— lophioda, *Goldf.*	..	..	s	m
— subtorquata, *Schloth.*	..	..	s	m
* — Thielensi, *Nyst*	..	..	s	m
* — Serpentina, *Goldf.*	..	..	..	m
— Noeggerathi, *Schloth.*	..	..	..	m
Ditrupa ? Cypliana, *de Ryckh.*	..	..	..	m
— ? clava, *Bosq.*, 1865 (Dentalium Clava, *Lm.*)	..	..	s	m
— sexcarinata, *Bosq.*, 1865 (Dentalium sexcarinatum, *Goldf.*, 1830)	..	..	..	m
Échinides.				
Echinocorys vulgaris, *Breyn* (var. ovata, gibba, hemisphærica et subconica)	..	..	s	..
— papillosus, *d'Orb.*	..	..	s	..
— sulcatus, *Goldf*	..	..	s	..
Hemipneustes striato-radiatus, *d'Orb.*, 1854	..	..	..	m
Spatangus ? hieroglyphicus, *Mull.*	..	..	..	m?
Cardiaster ananchytis, *d'Orb.*, 1853 (Spatangus ananchytis, *Leske*, 1778)	..	h	s	m
— bicarinatus, *d'Orb.*, 1853 (Holaster bicarinatus, *Ag.*, 1840)	..	..	s	..
Micraster cor-anguinum, *Agass.*, 1847	..	..	s	m
— Leskei, *d'Orb.*, 1853 (Spatangus Leskei, *Desm.*, 1837)	..	..	s	..
Hemiaster prunella, *Lm.*, sp.	..	..	..	m
— breviusculus, *d'Orb.*	..	..	s	..
— Koninckianus, *d'Orb.*	..	..	s	m
Isaster amydala, *Goldf.* sp.	..	..	..	m?
Periaster bucardium, *d'Orb.*, 1853 (Spatangus bucardium, *Goldf.*, 1829)	..	..	..	m
— lacunosus, *d'Orb.*, 1853 (Spatangus lacunosus, *Goldf.*, 1829)	..	..	..	m
Faujasia apicalis, *d'Orb.*, 1855 (Pygurus apicalis, *Desor*, 1847)	..	..	..	m
— Faujasi, *d'Orb.*, 1855 (Échinolampas Faujasi, *Desmoul.*, 1837)	..	..	..	m
Pygaster depressus, *Agass.*	..	..	s	..
Rhynchopygus Marmini, *d'Orb.*, 1955 (Nucleolites Marmini, *Desmoul.*, 1837)	..	..	..	m
Cassidulus lapis cancri, *Lm.*, 1816 (Echinites lapiscancri, *Leske*, 1778)	..	..	..	m
— elongatus, *d'Orb.*	..	..	..	m
Conoclypus ovatus, *Lm.*, sp.	..	..	..	m?

GENRE, ESPÈCE ET AUTEUR.	Achenien.	Hervien.	Sénonien.	Maastrichtien.
Caratomus sulcato-radiatus, *Desor*, 1847 (Galeritus sulcato-radiatus, *Goldf.*, 1830)	..	..	s	..
— hemisphæricus, *Desor*	..	..	s	..
— Gehrdensis, *Ad. Roemer*	..	..	s?	..
Fibularia subglobosa, *Desor*, 1847 (Echinoneus subglobosus, *Goldf.*, 1830)	..	..	s	..
Echinocyamus placenta, *Ag.*, 1837 (Echinoneus placenta, *Goldf.*, 1830)	..	..	..	m
Trematopygus analis, *d'Orb.*, 1855 (Nucleolites analis, *Ag.*, 1847)	..	..	..	m?
— ovulum, *d'Orb.*, 1855 (Nucleolites ovulum, *Goldf.* 1830)	..	..	..	m
Echinobrissus scrobiculatus, *d'Orb.*, 1854 (Nucleolites scrobiculatus, *Goldf.* 1829)	..	..	s	m
Catopygus lævis, *Ag.*	..	..	s	m
— fenestratus, *Ag.*	..	..	s	m
— piriformis, *Ag.*	..	..	s	m
— conformis, *Desor*	..	..	s	m
— elongatus, *Desor*	..	..	..	m
Oolopygus piriformis, *d'Orb.*	..	..	..	m
Pyrina nucleus, *d'Orb.*	..	..	s	..
Echinoconus conicus, *Breyn*, 1732	..	..	s	..
— globulus, *d'Orb.*	..	..	..	m?
Tetragramma variolare, *Ag.*	..	..	s	..
Hemipedina miliaris, *Cotteau* (Pseudodiadema Kleini, *Desor*	..	..	..	m
Salenia anthophora, *Mull.*	..	h	s	m
— minima, *Desor*	..	..	..	m
— Bourgeoisi, *Cotteau*	..	..	..	m
Goniophorus? pentagonalis, *Mull.*	..	..	s?	m?
Hyposalenia heliophora, *Desor*	..	..	..	m
Goniopygus Menardi? *Ag.*	..	..	..	m?
Glypticus Konincki, *Desor*	..	..	..	m
Cyphosoma spathuliferum, *Forb.*	..	..	..	m
* — perfectum, *Ag.*	..	..	s	..
* Phymosoma meandrinum, nov. sp. *Schluter*	..	..	..	m
Cidaris Hardouini, *Desor*	..	..	..	m
— Faujasi, *Desor*	..	..	s	m
— Forchhammeri, *Desor.*	..	..	..	m
— regalis, *Goldf.*	..	..	..	m
— lingualis, *Desor.*	..	..	..	m
— subvesiculosa, *d'Orb.*	..	..	s	m
— pistillum, *Quenst.*	..	..	..	m

GENRE, ESPÈCE ET AUTEUR.	Aachenien.	Hervien.	Sénonien.	Maastrichtien.
Crinoïdes.				
Hertha mystica, *Hag.*	..	..	..	m
Comatula conoïdea, *Goldf.*	..	..	..	m
Glenotremites paradoxus, *Goldf.*	..	..	..	m
Eugeniacrinus Hagenovi, *Goldf.*	..	..	..	m
Bourguetticrinus ellipticus, *Mill.*	..	..	s	m
— æqualis, *d'Orb.*	..	..	s	m
Pentacrinus Agassizi, *Hag.*	..	h	s	m
Astérides.				
Pentagonaster quinquelobus, *d'Orb.*, 1847 (Asterias quinqueloba, *Goldf.*, 1830)	..	..	..	m
— polygonatus, *Forb.*	..	..	s	m
— punctatus, *Bosq.*, 1865 (Asterias punctata, *Hag.*, 1851)	..	..	s	m
— Dunkeri? *Ad. Roem.*	..	..	s	m
Palæocoma Furstenbergi, *d'Orb.*, 1847 (Ophiura Furstenbergi, *Mull.*, 1847)	..	h	..	m
Palæocoma, sp.	..	..	s	..
Anthozoaires.				
Cyathina Bredaï, *Edw. et Haime*	..	..	..	m
— cylindrica, *Edw. et Haime*	..	..	s	m
— Debeyana, *Edw. et Haime*	..	h	..	..
— Konincki, *Edw. et Haime.*	..	..	..	m
Cyclolites cancellata, *Blainv.*	..	..	..	m
— undulata, *Blainv.*	..	..	..	m
Micrabacia coronula? *Goldf.* sp.	..	h	s	..
Trochosmilia Faujasi, *Edw. et Haime*	..	..	..	m
Parasmilia Faujasi, *Edw. et Haime*	..	..	..	m
— centralis, *Edw. et Haime*	..	..	s	..
— punctata, *Edw. et Haime*	..	..	..	m
— elongata, *Edw. et Haime.*	..	..	..	m
Diploctenium cordatum, *Goldf.*	..	..	..	m
— pluma, *Goldf.*	..	..	..	m
Aplosastræa geminata, *d'Orb.* 1849 (Astræa geminata, *Goldf.*, 1831).	..	..	..	m

GENRE, ESPÈCE ET AUTEUR.	Aachenien.	Hervien.	Sénonien.	Maastrichtien.
Actinastræa Goldfussi, *d'Orb.*, 1849 (Astræa geminata, *Goldf.*, pro parte, 1831)	..	..	..	m
Phyllocœnia arachnoïdes, *d'Orb.* (Astræa arachnoïdes, *Goldf.*, 1831).	..	..	..	m
Cryptocœnia rotula, *d'Orb.*, 1848 (Astræa rotula, *Goldf.*, 1831)	..	..	..	m
Paracœnia macrophthalma, *d'Orb.*, 1847 (Astræa macrophthalma, *Goldf.*, 1831)	..	..	..	m
Stephanocœnia angulosa, *d'Orb.*, 1847 (Astræa angulosa, *Goldf.*, 1831).	..	..	..	m
Dictyophyllia reticulata, *Blainv*	..	..	..	m
Dimorphastræa escharoïdes, *d'Orb.*, 1849 (Astræa escharoïdes, *Goldf.*, 1831)	..	..	..	m
Thamnastræa velamentosa, *Edw. et Haime*, 1849 (Astræa velamentosa, *Goldf.*, 1831)	..	..	..	m
— textilis, *Edw. et Haime*, 1849 (Astræa textilis, *Goldf.*, 1832)	..	..	..	m
— flexuosa, *Edw. et Haime*, 1849 (Astræa flexuosa, *Goldf.* 1831)	..	..	..	m
— geometrica, *Edw. et Haime*, 1849 (Astræa geometrica, *Goldf.*, 1831)	..	..	..	m
— clathrata, *Edw. et Haime*, 1849 (Astræa, clathrata, *Goldf.*, 1831)	..	..	..	m
Parastræa elegans, *Edw. et Haime*, 1849 (Astræa elegans, *Goldf.*, 1831)	..	..	..	m
— gyrosa, *Edw. et Haime*, 1849 (Astræa gyrosa, *Goldf.*, 1831).	..	..	..	m
Georgonia? bacillaris, *Goldf.*	..	..	..	m
Moltkea Isis, *Steenst.*	..	..	..	m
* Isis cretacea, *v. Mark*	..	..	..	m
* Pavonnia Delanousi, *Edw. et Haime*	..	..	..	m
Polycystinées.				
Surirella striatula, *Turp.*	..	..	s	..
Xanthidium furcatum, *Ehrenb.*	..	..	s	..
Peridinium pyrophorum? *Ehrenb.*	..	..	s	..
Spongiaires.				
Verticillites Goldfussi, *d'Orb.*	..	..	..	m
Siphonia tubulifera, *Goldf.* sp.	..	..	..	m
— excavata, *Goldf.* sp.	..	..	..	m
— globulus, *Phil.*	..	..	s	..
* Scyphia furcata, *Goldf.*	..	..	..	m

GENRE, ESPÈCE ET AUTEUR.	Aachenien.	Hervien.	Sénonien.	Maastrichtien.
*Scyphia heteromorpha, *Reuss*	. .	. .	. .	m
Cupulospongia subpeziza, *d'Orb.*	. .	. .	. .	m
Hippalimus microporus, *d'Orb.*	. .	. .	. .	m
Dictyopora cribrosa, *Hag.*	. .	. .	. .	m
Manon pulvinarium, *Goldf.*	. .	. .	. .	m
— ? capitatum, *Goldf.*	. .	. .	. .	m
Tragos globularis, *Reuss*	. .	. .	. .	m
— ? hippocastanum, *d'Orb.*	. .	. .	. .	m
Achilleum glomeratum, *Goldf.*	. .	. .	. .	m
— fungiforme, *Goldf.*	. .	. .	. .	m
— globosum, *Hag.*	. .	. .	. .	m
Spongia acus, *Ehrenb.*	. .	. .	s	. .
Talpina solitaria, *Hag.*	. .	. .	s	. .
— ramosa, *Hag.*	. .	. .	s	m
— foliacea, *Hag.*	. .	. .	s	. .
— sentiformis, *Hag.*	. .	. .	s	. .
Foraminifères ([1]).				
Lagena simplex, *Reuss.*	. .	. .	. .	m
— acuticosta, *Reuss.*	. .	. .	. .	m
— aspera, *Reuss.*	. .	. .	. .	m
Cornuspira cretacea, *Reuss*	. .	. .	s	. .
Nodosaria Zippei, *Reuss.*	. .	. .	s	m
— nana, *Reuss.*	. .	. .	s?	m
* — rugosa, *Beissel*	. .	. .	s	. .
Dentalina subcommunis, *d'Orb.*	. .	. .	. .	m
— commutata, *Reuss*	. .	. .	s	m
— proteus, *Reuss*	. .	. .	s	m
— multicostata, *d'Orb.*	. .	. .	. .	m
— Marcki, *Reuss*	. .	. .	. .	m
— cognata, *Reuss*	. .	. .	s?	. .
— strangulata, *Reuss*	. .	. .	s	. .
— aculeata, *d'Orb.*	. .	. .	s	. .
— monile, *d'Orb.*	. .	. .	s	. .
— filiformis, *Reuss*	. .	. .	s	. .

[1] Toutes les espèces de Foraminifères marquées de deux ** ont été trouvées par M. J. Beissel dans la craie des environs d'Aix-la-Chapelle, et décrites et figurées par lui.

GENRE, ESPÈCE ET AUTEUR.	Aachenien.	Hervien.	Sénonien.	Maastrichtien.
Dentalina subrecta, *Reuss*	..	..	..	m
— expansa, *Reuss*	..	..	s	..
— legumen, *Reuss*	..	..	s	..
— annulata, *Reuss*	..	..	s	..
** — oblique costata, *Beiss.*	..	h	s	m
** — incrassata. *Beiss.*	..	h	s	..
Glaudulina cylindracea, *Reuss*	..	..	..	m
— elongata, *Reuss*	..	..	..	m
— ovalis, *Alth.*	..	..	s	m
** — var. ellipsoidea, *Beiss.*	..	..	s	m
** — nodosa, *Beiss.*	..	..	s	m
Marginulina ensis, *Reuss*	..	h	s	..
** — var. costata, *Beiss.*	..	..	s	..
— Nilssoni, *Ad. Roem.*	..	..	s	..
* Gramostomum thebaicum, *Ehrenb.*	..	..	s	..
* — macilenta, *Ehrenb.*	..	..	s	..
* — polystigma, *Ehrenb.*	..	..	s	m
* Spaeroidina Parisiensis, *Ehrenb.*	..	..	s	m
* Spiroplecto rosula, *Ehrenb.*	..	..	s	m
Flabellina cordata, *Reuss*	..	..	..	m
— rugosa, *d'Orb.*	..	..	s	..
** — favosa, *Beiss.*	..	..	s	m
** — interpunctata, *Reuss*	..	..	s	m
Frondicularia inversa, *Reuss*	..	h	s	m
** — strigillata, *Reuss*	..	..	s	m
** — tricarinata, *Beiss.*	..	..	s	m
** — Archiaciana, *d'Orb.*, solea, *Hag.*	..	..	s?	..
— Verneuilliana, *d'Orb.*	..	..	s	..
— striatula, *Reuss.*	..	..	s	..
— angustissima, *Reuss*	..	..	s	..
— radiata, *d'Orb.*	..	..	s	..
Cristellaria rotulata, *d'Orb.*, 1839	..	h	s	m
— ovalis, *Reuss.*	..	..	s	m
— navicula, *d'Orb.*	..	..	s	m
** — recta, *d'Orb.*	..	..	s	m
** — triquetera, *d'Orb.*	..	..	s	m
** — harpa, *Reuss*	..	..	s	m
** — umbilicata, *Beiss.*	..	..	s	m

GENRE, ESPÈCE ET AUTEUR.	Aachenien.	Hervien.	Sénonien.	Maastrichtien.
** Cristellaria rotulata, *Lmk.*	..	..	s	..
** — var. involuta, *Beiss.*	..	..	s	..
** — var. acuminata, *Beiss.*	..	..	s	..
Haplophragmium irregulare, *Reuss*, 1860 (Spirolina irregularis, *Ad. Roemer*, 1840)	..	..	..	m
** — Murchisoni, *Reuss.*	..	..	..	m
** — Compressum, *Beiss.*	..	..	..	m
* Spirolina grandis, *Reuss.*	..	..	s	..
* — irregularis, *Ad. Roemer.*	..	..	s	..
Nonionina quaternaria, *Reuss*	..	..	s	m
** — rugosa, *Beiss.*	..	..	s	..
Amphistegina Fleuriausi, *d'Orb.*	..	..	s	m
Operculina cretacea, *Reuss.*	..	..	s	m
Orbitulites macropora, *Lm.* (Omphalocyclus macroporus, *Bronn.*)	..	..	..	m
Orbitoides Faujasi, *Defr.*, sp. (Hymenocyclus Faujasi, *Bronn.*)	..	..	..	m
— media, *d'Orb.*, 1847 (Orbitolites media, *d'Arch.*, 1837)	..	..	..	m
Rotalia involuta, *Reuss*	..	..	..	m
— tuberculifera, *Reuss.*	..	..	s	m?
— Cordieriana, *d'Orb*	..	..	..	m
— Voltzi, *d'Orb.*, sp.	..	..	..	m
— hemisphærica, *Reuss*	..	..	..	m
— gibbosa, *d'Orb.*, sp.	..	..	..	m
— nitida, *Reuss.*	..	..	s	m
— vitrea, *Reuss*	..	h	s	m
— lenticula, *Reuss*	..	..	..	m
— Micheliniana, *d'Orb.*	..	..	s	..
** — Kahlembergensis, *d'Orb.*	..	..	s	..
* — globulosa, *Ehrenb*	..	h	s	m
* — glomerata, *Ehrenb*	..	h	s	..
* — pertusa, *Ehrenb.*	..	h	s	..
* Planulina ampla, *Ehrenb*	..	h	s	m
* — turgida, *Ehrenb*	..	..	s	..
* — annulosa, *Ehrenb*	..	..	s	m
* Orbiculina universa, *d'Orb.*	..	..	s	m
Calcarina calcitrapoides, *Reuss*, 1861 (Siderolithus calcitrapoides, *Bronn.*)	..	..	..	m
— lævigata, *Bosq.*, 1865 (Siderolithus lævigatus, *d'Orb.*, 1825).	..	..	..	m
Rosalina depressa, *d'Orb.*	..	..	..	m
— Bosqueti, *Reuss*	..	..	s	m

GENRE, ESPÈCE ET AUTEUR.	Aachenien	Hervien.	Senonien.	Maastrichtien.
Rosalina Binkhorsti, *Reuss*	..	..	s	m
Truncatulina tenuissima, *Reuss*	..	..	..	m
Globigerina trochoides, *Reuss*	..	..	..	m
— cretacea, *d'Orb.*	..	..	s	..
Bulimina Murchisoniana, *d'Orb.*	..	..	s	..
— variabilis, *d'Orb.*	..	..	s	..
**Pyrulina acuminata, *d'Orb.*	..	..	s	..
Faujasina carinata, *d'Orb.*	..	..	..	m
Ataxophragmium Preslii, *Reuss*	..	..	s?	..
— obesum, *Reuss*	..	..	s?	..
— intermedium, *Reuss*	..	..	s?	..
Verneuilliana tricarinata, *d'Orb.*	..	..	s	..
— Munsteri, *Reuss*	..	..	s	..
Gaudryina pupoides, *d'Orb.*	..	..	..	m
— oxyconus, *Reuss*	..	..	s	m
** — rugosa, *d'Orb.*	..	..	s	m
**Lituola nautiloidea var. aquensis, *Beiss.*	..	..	s	m
** — — var. conica, *Beiss.*	..	..	s	m
**Valvulina buliminiformis, *Beiss.*	..	..	s	m
*Glandulina cylindracea, *Reuss*	..	..	s	m
** — var. ellipsoidea, *Beiss.*	..	..	s	m
** — var. nodosa, *Beiss.*	..	..	s	m
Guttulina cretacea, *Alth.*	..	..	s	m
** — bulbogemma, *Beiss.*	..	..	s	m
Polymorphina rudis, *Reuss*	..	..	s	m
— lacryma, *Reuss*	..	h?	s	m
* — var biseriale, *d'Orb.*	..	..	s	m
** — var. oblonga, *d'Orb.*	..	..	s	m
** — acuta, *d'Orb.*	..	..	s	m
** — complanata, *Beiss.*	..	..	s	m
** — Globulina tubulosa, *d'Orb.*	..	..	s	m
** — jeune individu (Globulina), diverses espèces d'auteurs	..	..	s	m
** — Silicea, *Schulz*	..	..	s	m
Allomorphina cretacea, *Reuss*	..	..	s	m
Aulostomella pediculus, *Alth.*	..	..	..	m?
**Nonionina rugosa, *Beiss.*	..	..	s	..
Pleurostomella subnodosa, *Reuss*	..	..	s	m
Textilaria Faujasi, *Reuss*	..	..	..	m

GENRE, ESPÈCE ET AUTEUR.	Aachenien.	Hervien.	Sénonien.	Maastrichtien.
* Textilaria conulus, *Reuss*	. .	. .	. .	m
— globifera, *Reuss*	. .	. .	. .	m
— anceps, *Reuss.*	. .	. .	s	. .
* — crassa, *Reuss.*	. .	. .	s	. .
— turris, *d'Orb.*	. .	. .	. .	m
* — globosa, *Ehrenb*	. .	h	s	m
* — globulosa, *Ehrenb*	. .	. .	s	m
* — linearis, *Ehrenb*	. .	. .	s	. .
Végétaux dicotylédones.				
Sequoia (Cycadopsis) Aquisgranensis, *Deb.*	a	. .	. .	. .
— araucarina, *Deb.*	a	. .	. .	. .
— cryptomeroides, *Miq.*	. .	. .	. .	m
— Foersteri, *Deb.*	a	. .	. .	. .
— Monheimi, *Deb.*	a	. .	. .	. .
— Ritzi, *Deb.*	a	. .	. .	. .
Mitropicea Decheni, *Deb.*	a	. .	. .	. .
— Noeggerathi, *Deb.*	a	. .	. .	. .
Araucarites Miqueli, *Deb.*	. .	. .	. .	m
Cupressinoxylon Ucranicum, *Goep.*	. .	. .	. .	m
Moriconia cyclotoxon, *Deb.*	a	. .	. .	. .
Belodendron gracile, *Deb.*	a	. .	. .	. .
— lepidodendroides, *Deb.*	a	. .	. .	. .
— Neesi, *Deb.*	a	. .	. .	. .
Debeyia serrata, *Miq.*	. .	. .	. .	m
Dryophyllum (Bowerbankia) attenuatum, *Deb.*	a	. .	. .	. .
— — emarginatum, *Deb.*	a	. .	. .	. .
— — maximum, *Deb.*	a	. .	. .	. .
— — repandum, *Deb.*	a	. .	. .	. .
— — rotundifolium, *Deb.*	a	. .	. .	. .
Rhacoglossum dentatum, *Deb.*	a	. .	. .	. .
— heterophylum, *Deb.*	a	. .	. .	. .
? Melophytum cyclostigma, *Deb.*	a	. .	. .	. .

GENRE, ESPÈCE ET AUTEUR.	Aachenien.	Hervien.	Sénonien.	Maastrichtien.
Monocotylédones.				
Pandanus Aquisgranensis, *Deb.*	a	. .	. .	. .
Thalassocharis Binckhorsti, *Deb.*	. .	. .	s	. .
— Bosqueti, *Deb.*	. .	. .	. .	m
— Mulleri, *Deb.*	. .	h	. .	. .
Sphygmium paradoxum, *Deb.*	a	. .	. .	. .
Amphibryophyllum carinatum, *Deb.*	a	. .	. .	. .
— plicatum, *Deb.*	a	. .	. .	. .
— verticillatum, *Deb.*	a	. .	. .	. .
Halocharis longifolia, *Miq.*	. .	. .	s	. .
Zosterites æquinervis, *Deb.*	a	. .	. .	. .
— Miqueli, *Deb.*	a	. .	. .	. .
— vittata, *Deb.*	a	. .	. .	. .
Nechalea fluitans, *Deb.*	a	. .	. .	. .
— minor, *Deb.*	a	. .	. .	. .
Culmites cretaceus, *Deb.*	. .	. .	. .	m
Phyllites monocotyleus, *Deb.*	. .	. .	. .	m
Cryptogamus acrogènes.				
Pteridoleimma ambiguum, *Deb. et d'Ett.*	a	. .	. .	. .
— aneimiæfolium, *Deb. et d'Ett.*	a	. .	. .	. .
— arborescens, *Deb. et d'Ett.*	a	. .	. .	. .
— Benincasæ, *Deb. et d'Ett.*	a	. .	. .	. .
— deperditum, *Deb. et d'Ett.*	a	. .	. .	. .
— dictyodes, *Deb. et d'Ett.*	a	. .	. .	. .
— dubium, *Deb. et d'Ett.*	a	. .	. .	. .
— Elisabethæ, *Deb. et d'Ett.*	a	. .	. .	. .
— gymnorhachis, *Deb. et d'Ett.*	a	. .	. .	. .
— Haidingeri, *Deb. et d'Ett.*	a	. .	. .	. .
— Heissanum, *Deb. et d'Ett.*	a	. .	. .	. .
— Kaltenbachi, *Deb. et d'Ett.*	a	. .	. .	. .
— Koninckanum, *Deb. et d'Ett.*	a	. .	. .	. .
— leptophyllum, *Deb. et d'Ett.*	a	. .	. .	. .
— Michelisi, *Deb. et d'Ett.*	a	. .	. .	. .
— odontopteroides, *Deb. et d'Ett.*	a	. .	. .	. .
— orthophyllum, *Deb. et d'Ett.*	a	. .	. .	. .

GENRE, ESPÈCE ET AUTEUR.	Aachenien.	Hervien.	Sénonien.	Maastrichtien.
Pteridoleimma pecopteroides, *Deb. et d'Ett.*	a	..	..	..
— pseudadianthum, *Deb. et d'Ett.*	a	..	..	..
— Ritzianum, *Deb. et d'Ett.*	a	..	..	..
— Serresi, *Deb. et d'Ett.*	a	..	..	..
— Waterkeyni, *Deb. et d'Ett.*	a	..	..	..
Raphaelia neuropteroides, *Deb. et d'Ett.*	a	..	..	..
Benizia calopteris, *Deb. et d'Ett.*	a	..	..	..
Zonopteris Goepperti, *Deb. et d'Ett.*	a	..	..	..
Monheimia Aquisgranensis *Deb. et d'Ett.*	a	..	..	..
— polypodioides, *Deb. et d'Ett.*	a	..	..	..
Carolopteris asplenioides, *Deb. et d'Ett.*	a	..	..	..
— Aquensis, *Deb. et d'Ett.*	a	..	..	..
Bonaventura cardinalis, *Deb. et d'Ett.*	a	..	..	..
Danaeites Schlotheimi, *Deb. et d'Ett.*	a	..	..	..
Lygodium cretaceum, *Deb. et d'Ett.*	a	..	..	..
Adianthites cassebeeroides, *Deb. et d'Ett.*	a	..	..	..
— Decaisneanus, *Deb. et d'Ett.*	a	..	..	..
Asplenium Brongniarti, *Deb. et d'Ett.*	a	..	..	..
— cœnopteroides, *Deb. et d'Ett.*	a	..	..	..
— Foersteri, *Deb. et d'Ett.*	a	..	..	..
Gleichenia protogæa, *Deb. et d'Ett.*	a	..	..	..
Didymosorus comptoniæfalius, *Deb. et d'Ett.*	a	..	..	..
— gleichenioides, *Deb. et d'Ett.*	a	..	..	..
— varians, *Deb. et d'Ett.*	a	..	..	..
Muscites cretaceus, *Deb. et d'Ett.*	a	..	..	..
Cryptogames amphigènes.				
Delessertites Thierensi, *Miq.*	..	..	s	..
Hysterites dubius, *Deb. et d'Ett.*	a	..	..	..
Sphærites solitarius, *Deb. et d'Ett.*	a	..	..	..
Himantites alopecurus, *Deb. et d'Ett.*	a	..	..	..
Æcidites stellatus, *Deb. et d'Ett.*	a	..	..	..
Opegraphites striato-punctatus, *Deb.*	a	..	..	..
Phycoides sericeus, *Deb. et d'Ett.*	a	..	..	..
Gelidium Trajecto-Mosanum, *Deb.*	..	..	s	..
Lochmophycus caulerpoides, *Deb. et d'Ett.*	a	..	..	..
Chondrites divaricatus, *Deb. et d'Ett.*	a	..	..	..

GENRE, ESPÈCE ET AUTEUR.	Aachenien.	Hervien.	Sénonien.	Maastrichtien.
Chondrites elegans, *Deb. et d'Ett.*	a	..	..	..
— pugiformis, *Deb. et d'Ett.*	a	..	..	..
— Riemsdyki, *Miq.*	..	..	..	m
— rigidus, *Deb et d'Ett.*	a	..	..	..
— subintricatus, *Deb. et d'Ett.*	a	..	..	..
— vagus, *Deb. et d'Ett.*	a	..	..	..
Laminarites polystigma, *Deb. et d'Ett.*	a	..	..	..
Neurosporangium foliaceum, *Deb. et d'Ett.*	a	..	..	..
— undulatum, *Deb. et d'Ett.*	a	..	..	..
Halyserites gracilis, *Deb. et d'Ett.*	a	..	..	..
Caulerpites bryodes, *Deb. et d'Ett.*	a	..	..	..
Confervites Aquensis, *Deb. et d'Ett.*	a	..	..	..
— cæspitosus, *Deb. et d'Ett.*	a	..	..	..
— ramosus, *Deb. et d'Ett.*	a	..	..	..

TERRAIN ÉOCÈNE.

30. Liste des fossiles du système montien. (Éocène inférieur.)

D'après les descriptions de MM. Briart et Cornet (*Mém. cour. de l'Acad. roy. de Belg.*, 1re part., t. XXXVI, 1870; 2e part., t. XXXVII, 1873; 3e part., t. XLIII, 1880).

GENRE, ESPÈCE ET AUTEUR.	AUTEURS qui ont servi à la détermination.
Céphalopodes.	
Beloptera Houzeaui, *nov. sp.*	Briart et Cornet, *Descript.*, 3e partie, 1878, p. 3, pl. 13, fig. 2.
— Konincki, *nov. sp.*	— — — p. 2, pl. 13, fig. 3.
Gastéropodes.	
Rostellaria Houzeaui, *nov. sp.*	Briart et Cornet, *Descript.*, 3e partie, 1878, p. 5, pl. 13, fig. 1.
Murex Hannonicus, *nov. sp.*	— — 1e partie, 1870, p. 3, pl. 1, fig. 1.
Triton curtulum, *nov. sp.*	— — 3e partie, 1878, p. 5, pl. 13, fig. 7.
— Mariæ, *nov. sp.*	— — 1e partie, 1870, p. 5, pl. 1, fig. 2.
— multicostatum, *n. sp.*	— — 3e partie, 1878, p. 8, pl. 13, fig. 5.
— planisulcatum, *n. sp.*	— — — p. 8, pl. 13, fig. 6.
— simplicicosta, *nov. sp.*	— — 1e partie, 1870, p. 6, pl. 1, fig. 3.
— subleve, *nov. sp.*	— — 3e partie, 1878, p. 7, pl. 13, fig. 4.
Turbinella fusiopsis, *nov. sp.*	— — 1e partie, 1870, p. 9, pl. 1, fig. 5 et pl. 2, fig. 1.
— granulosa, *n. sp.*	— — 3e partie, 1878, p. 10, pl. 14, fig. 1.
— reticulata, *nov. sp.*	— — — p. 9, pl. 13, fig. 9.
— striatula, *nov. sp.*	— — 1e partie, 1870, p. 10, pl. 1, fig. 6.
Cancellaria biplicata, *n. sp.*	— — — p. 12, pl. 1, fig. 7.
— carinata, *nov. sp.*	— — 3e partie, 1878, p. 14, pl. 14, fig. 5.
— Crepini, *nov. sp.*	— — — p. 13, pl. 14, fig. 6.
— Duponti, *nov. sp.*	— — — p. 12, pl. 14, fig. 4.
— incompta, *nov. sp.*	— — — p. 16, pl. 14, fig. 7.
— Malaisei, *nov. sp.*	— — — p. 15, pl. 14, fig. 2.
— Mourloni, *nov. sp.*	— — — p. 12, pl. 14, fig. 3.

GENRE, ESPÈCE ET AUTEUR.	AUTEURS qui ont servi à la détermination.
Pyrula cymboidea, *nov. sp.*	Briart et Cornet, *Descript.*, 1e partie, 1870, p. 13, pl 1, fig. 9.
Ficula bicarinata, *nov. sp.*	— — — p. 15, pl. 1, fig. 11.
Fusus ecanaliculatus, *n. sp.*	— — — p. 26, pl. 1, fig. 10.
— Edmondi, *nov. sp.*	— — — p. 22, pl. 11, fig. 8.
— Heberti, *nov. sp.*	— — 3e partie, 1878, p. 20, pl. 14, fig. 8.
— interlineatus, *nov. sp.*	— — 1e partie, 1870, p. 17, pl. 1, fig. 8.
— Lapparenti, *nov. sp.*	— — 3e partie, 1878, p. 18, pl. 14, fig. 10.
— Luciani, *Br. et C.*	— — — p. 17, pl. 15, fig. 1.
— Malaisei, *nov. sp.*	— — 1e partie, 1870, p. 19, pl. 2, fig. 2.
— Montis, *nov. sp.*	— — — p. 20, pl. 2, fig. 4.
— Munieri, *nov. sp.*	— — 3e partie, 1878, p. 21, pl. 14, fig. 11.
— Potieri, *nov. sp.*	— — — p. 19, pl. 14, fig. 9.
— pusillus, *nov. sp.*	— — 1e partie, 1870, p. 21, pl. 2, fig. 5.
— strictus, *nov. sp.*	— — — p. 25, pl. 2, fig. 7.
— subnudus, *nov. sp.*	— — — p. 23, pl. 2, fig. 6.
— varians, *nov. sp.*	— — — p. 21, pl. 1, fig. 12, 13.
Buccinum longulum, *nov. sp.*	— — 3e partie, 1878, p. 22, pl. 13, fig. 11.
— Montense, *n. sp.*	— — 1e partie, 1870, p. 30, pl. 2, fig. 9.
— stromboides, *Hermann.*	— — — p. 28, pl. 2, fig. 10.
Harpopsis tritonoides, *n. sp.*	— — 3e partie, 1878, p. 23, pl. 13, fig. 10.
Pseudoliva curvicosta, *n. sp.*	— — 1e partie, 1870, p. 34, pl. 3, fig. 2.
— dubia, *nov. sp.*	— — — p. 41, pl. 3, fig. 8.
— Elisæ, *nov. sp.*	— — — p. 36, pl. 3, fig. 5.
— elongata, *nov. sp.*	— — — p. 38, pl. 3, fig. 7.
— grossecostata, *n. sp.*	— — — p. 37, pl. 3, fig. 3.
— Ludovicæ, *nov. sp.*	— — — p. 35, pl. 3, fig. 6.
— robusta, *nov. sp.*	— — — p. 32, pl. 3, fig. 1.
— — *jeune âge.*	— — p. 33, pl. 3, fig. 4.
— tenuicostata, *n. sp.*	— — — p. 39, pl. 3, fig. 9.
Pentadactylus lævis, *nov. sp*	— — — p. 43, pl. 3, fig. 11.
— Nysti, *nov. sp.*	— — — p. 44, pl. 3, fig. 10.
Oliva acuta, *nov. sp.*	— — — p. 45, pl. 4, fig. 3.
— mitreola, *Lk.*	— — — p. 46, pl. 4, fig. 2.
Ancillaria buccinoides, *Lk.*	— — — p. 48, pl. 4, fig. 1.
Pleurotoma Alphonsi, *n. sp.*	— — — p. 59, pl. 4, fig. 6.
— ampla, *nov. sp.*	— — 3e partie, 1878, p. 28, pl. 15, fig. 7.
— Dewalquei, *n. sp.*	— — — p. 29, pl. 15, fig. 2.

GENRE, ESPÈCE ET AUTEUR.	AUTEURS qui ont servi à la détermination.
Pleurotoma Duponti, *nov. sp.*	Briart et Cornet, *Descript.*, 1e partie, 1870, p. 53, pl. 4, fig. 9.
— Hannonia, *nov. sp.*	— — — p. 52, pl. 4, fig. 7.
— Malaisei, *nov. sp.* .	— — — p. 55, pl. 4, fig. 5.
— minutula, *nov. sp.*	— — — p. 58, pl. 4, fig. 10.
— Pauli, *nov. sp.* . .	— — — p. 56, pl. 4, fig. 4.
Borsonia Bellardii, *nov. sp.*	— — 3e partie, 1878, p. 32, pl. 15, fig. 5.
— Coemansi, *nov. sp.*	— — 1e partie, 1870, p. 61, pl. 5, fig. 5.
— conoidea, *nov. sp.*	— — 3e partie, 1878, p. 31, pl. 15, fig. 6.
— mitrata, *nov. sp.* .	— — — p. 31, pl. 15, fig. 4.
— Nysti, *nov. sp.* . .	— — — p. 30, pl. 15, fig. 3.
Voluta elevata, *Lmk.* . . .	— — — p. 34, pl. 15, fig. 9.
— graciosa, *nov. sp.* . .	— — 1e partie, 1870, p. 65, pl. 5, fig. 2.
— Mariæ, *nov. sp.* . .	— — — p. 67, pl. 5, fig. 4.
— spinosa, *Lin.* . . .	— — — p. 63, pl. 5, fig 1.
Cymba inæquiplicata, *n. sp.*	— — — p. 68, pl. 5, fig. 3.
Mitra brevis, *nov. sp.* . . .	— — 3e partie, 1878, p. 39, pl. 15, fig. 8.
— dentata, *nov. sp.* . .	— — — p. 38, pl. 15, fig. 10.
— Dewalquei, *Br. et C.* .	— — 1e partie, 1870, p. 72, pl. 5, fig. 11.
— dilitata, *Br. et C.* . .	— — 3e partie, 1878, p. 36, pl. 16, fig. 1.
— Gosseleti, *nov. sp.* .	— — 1e partie, 1870, p. 76, pl. 5, fig. 7.
— Koeneni, *nov. sp.* . .	— — — p. 74, pl. 5, fig. 8.
— Omalii, *nov. sp.* . .	— — — p. 71, pl. 5, fig. 10.
— quinqueplicata, *n. sp.*	— — 3e partie, 1878, p. 37, pl. 15, fig. 11.
— vicina, *nov. sp.* . . .	— — 1e partie, 1870, p. 70, pl. 5, fig. 4.
— Wateleti, *nov. sp.* . .	— — — p. 75, pl. 5, fig. 9.
Natica infundibulum, *Watelet.*	— — 2e partie, 1873, p. 4, pl. 6, fig. 2, 3.
— Julei, *nov. sp.* . . .	— — — p. 7. pl. 6, fig. 16.
— Lavalleei, *nov. sp.* . .	— — 3e partie, 1878, p. 40, pl. 16, fig. 2.
— Parisiensis, *nov. sp.*	— — 2e partie, 1873, p. 2, pl. 6, fig. 1.
— Wateleti, *nov. sp.* . .	— — — p. 6, pl. 6, fig. 4.
Pyramidella eburnea, *Desh.*	— — — p. 8, pl. 6, fig. 14.
Turbonilla acicula, *Lk.* . .	— — — p. 10, pl. 6, fig. 11.
— conica, *nov. sp.* .	— — — p. 16, pl. 6, fig. 12.
— conjugens, *nov. sp.*	— — — p. 15, pl. 6, fig. 5.
— Deshayesi, *Desh.*, sp.	— — — p. 13, pl. 6, fig. 8.
— exigua, *nov. sp.* .	— — — p. 16, pl. 6, fig. 9.
— extensa, *nov. sp.* .	— — — p. 14, pl. 6. fig. 7.

GENRE, ESPÈCE ET AUTEUR.	AUTEURS qui ont servi à la détermination.
Turbonilla hordeola, *Lk.*	Briart et Cornet, *Descript.*, 2e partie, 1873, p. 12, pl. 6, fig. 6.
— parva, *nov. sp.*	— — — p. 15, pl. 6, fig. 10.
— sulcata, *nov. sp.*	— — 3e partie, 1878, p. 42, pl. 16, fig. 3.
Coemansia conica, *nov. sp.*	— — 2e partie, 1873, p. 19, pl. 7, fig. 5.
— cylindracea, *n. sp.*	— — — p. 19, pl. 7, fig. 6.
Eulima dubia, *nov. sp.*	— — — p. 23, pl. 7, fig. 11.
— lata, *nov. sp.*	— — — p. 22, pl. 7, fig. 10.
— levis, *nov. sp.*	— — — p. 21, pl. 7, fig. 13.
— vicina, *nov. sp.*	— — — p. 22, pl. 7, fig. 12.
Mathildia bimorpha, *nov. sp.*	— — 3e partie, 1878, p. 43, pl. 16, fig. 5.
— parva, *nov. sp.*	— — — p. 44, pl. 16, fig. 6.
Halloysia biplicata, *nov. sp.*	— — — p. 46, pl. 16, fig. 7.
Ringicula simplex, *nov. sp.*	— — — p. 48, pl. 16, fig. 4.
Cerithium abnorme, *nov. sp.*	— — 2e partie, 1873, p. 59, pl. 10, fig. 5.
— Barroisi, *nov. sp.*	— — 3e partie, 1878, p. 56, pl. 17, fig. 4.
— Chapuisi, *nov. sp.*	— — 2e partie, 1873, p. 60, pl. 10, fig. 13.
— Chelloncixi, *n. sp.*	— — 3e partie, 1878, p. 57, pl. 17, fig. 5.
— Coemansi, *nov. sp.*	— — — p. 51, pl. 17, fig. 1.
— Dejaeri, *nov. sp.*	— — 2e partie, 1873, p. 27, pl. 8, fig. 2.
— Dumonti, *nov. sp.*	— — — p. 61, pl. 12, fig. 11.
— Duponti, *nov. sp.*	— — — p. 40, pl. 6, fig. 15.
— Edmondi, *nov. sp.*	— — — p. 60, pl. 10, fig. 10.
— Francisci, *nov. sp.*	— — — p. 42, pl. 8, fig. 11.
— funiculosum, *n. sp.*	— — 3e partie, 1878, p. 55, pl. 17, fig. 3.
— Gosseleti, *nov. sp.*	— — — p. 56, pl. 17, fig. 6.
— granisuturatum, *n. s.*	— — 2e partie, 1873, p. 41, pl. 7, fig. 15.
— inopinatum, *Desh.* (*non* biseriale)	— — — p. 25, pl. 8, fig. 1.
— instabile, *nov. sp.*	— — — p. 48, pl. 9, fig. 8.
— Koeneni, *nov. sp.*	— — — p. 28, pl. 8, fig. 3.
— Larteti, *nov. sp.*	— — — p. 39, pl. 8, fig. 9.
— Le Hardyi, *nov. sp.*	— — — p. 42, pl. 9, fig. 5.
— Luciani, *nov. sp.*	— — — p. 38, pl. 8, fig. 10.
— Malaisei, *nov. sp.*	— — — p. 35, pl. 9, fig. 2.
— minusculum, *n. sp.*	— — — p. 49, pl. 7, fig. 14.
— Montense, *nov. sp.*	— — — p. 50, pl. 11, fig. 10.
— Mourloni, *nov. sp.*	— — — p. 43, pl. 9, fig. 4.
— multifilum, *nov. sp.*	— — — p. 29, pl. 8, fig. 4.

GENRE, ESPÈCE ET AUTEUR.	AUTEURS qui ont servi à la détermination.
Cerithium nerineale, *nov. sp.*	Briart et Cornet, *Descript.*, 3e partie, 1878, p. 53, pl. 17, fig. 2.
— Ortliebi, *nov. sp.* .	— — — p. 60, pl. 16, fig. 9.
— ovalituberosum, *n.s.*	— — 2e partie, 1873, p. 31, pl. 8, fig. 6.
— Pauli, *nov. sp.* . .	— — — p. 36, pl. 9, fig. 1.
— planovaricosum, *n.s.*	— — — p. 39, pl. 8, fig. 5.
— punctifibrum, *n. sp.*	— — — p. 57, pl. 10, fig. 8, 11.
— Queteleti, *nov. sp.*	— — — p. 53, pl. 10, fig. 6.
— regularicostatum, *nov. sp.* . . .	— — — p. 32, pl. 8, fig. 8.
— Ryckholti, *nov. sp.*	— — — p. 46, pl. 9, fig. 10.
— sexlinum, *nov. sp.*	— — — p. 33, pl. 9, fig. 7.
— striatum, *nov. sp.* .	— — — p. 51, pl. 10, fig. 9.
— subcylindraceum, *nov. sp.* . . .	— — — p. 44, pl. 8, fig. 12.
— tenuiculum, *n. sp.*	— — 3e partie, 1878, p. 61, pl. 8, fig. 6.
— tenuifilum, *nov. sp.*	— — — p. 58, pl. 16, fig. 8.
— tenuiplicatum, *n.s.*	— — 2e partie, 1873, p. 58, pl. 16, fig. 7, 12.
— triangulum, *n. sp.*	— — — p. 37, pl. 8, fig. 7.
— tritonoides, *n sp.*	— — 3e partie, 1878, p. 59, pl. 17, fig. 7
— turritellosum, *n. s.*	— — — p. 62, pl. 17, fig. 9.
— unisulcatum, *Lk.* .	— — 2e partie, 1873, p. 54, pl. 10, fig. 1 à 4.
— varians, *nov. sp.* .	— — — p. 34, pl. 9, fig. 3.
— versigranulum, *n.s.*	— — — p. 45, pl. 9, fig. 9.
Potamides inornatus, *n. sp.*	— — — p. 66, pl. 6, fig. 13.
— Montense, *n. sp.*	— — — p. 63, pl. 11, fig. 1.
Melania anomala, *nov. sp.* .	— — 3e partie, 1878, p. 65, pl. 18, fig. 7.
— Benedeni, *nov. sp.*	— — — p. 64, pl. 18, fig. 6.
— bizonata, *nov sp.* .	— — — p. 66, pl. 18, fig. 5.
— Elisæ, *nov. sp.* . .	— — 2e partie, 1873, p. 69, pl. 7, fig. 4.
— exornata, *nov. sp.* .	— — — p. 68, pl. 7, fig. 1.
— Florentinæ, *nov. sp.*	— — — p. 70, pl. 7, fig. 2.
— Malaisei, *nov. sp.* .	— — 3e partie, 1878, p. 67, pl. 18, fig. 8.
— Morreni, *nov. sp.* .	— — — p. 67, pl. 18, fig. 9.
— nuda, *nov. sp.* . .	— — 2e partie, 1873, p. 67, pl. 7, fig. 3.
— scalaroides, *nov. sp.*	— — 3e partie, 1878, p. 63, pl. 18, fig. 4.
Melanopsis buccinoidea, *Ferussac*, sp.	— — 2e partie, 1873, p. 71, pl. 7, fig. 7, 8, 9.
Pirena gibbosa, *nov. sp.* . .	— — — p. 74, pl. 11, fig. 4.
— incerta, *nov. sp.* . .	— — — p. 75, pl. 11, fig. 7.

GENRE, ESPÈCE ET AUTEUR.	AUTEURS qui ont servi à la détermination.
Turritella acuta, *nov. sp.*	Briart et Cornet, *Descript.*, 2e partie, 1873, p. 85, pl. 11, fig. 3.
— Alphonsi, *nov. sp.*	— — — p. 84, pl. 11, fig. 6.
— Arsenei, *nov. sp.*	— — — p. 89, pl. 11, fig. 5.
— Hannonica, *nov. sp.*	— — — p. 83, pl. 12, fig. 4.
— Herminæ, *nov. sp.*	— — — p. 90, pl. 12, fig. 6.
— instabile, *nov. sp.*	— — — p. 86, pl. 12, fig. 9.
— Cœmansi, *nov. sp.*	— — — p. 82, pl. 11, fig. 9.
— Mariæ, *nov. sp.*	— — — p. 88, pl. 12, fig. 12.
— Marthæ, *nov sp.*	— — — p. 79, pl. 11, fig. 8.
— Montense, *nov. sp.*	— — — p. 80, pl. 11, fig. 2, 11 et 12.
— Mutisulcata, *Lk.*	— — — p. 77, pl. 12, fig. 8, 10.
— Nysti, *nov. sp.*	— — — p. 85, pl. 12, fig. 5.
— patula, *nov. sp.*	— — — p. 88, pl. 12, fig. 7.
Scalaria Dumonti, *nov. sp.*	— — — p. 93, pl. 12, fig. 3.
— formosa, *nov. sp.*	— — — p. 92, pl. 12, fig. 1.
— Gosseleti, *nov. sp.*	— — — p. 93, pl. 12, fig. 2.
— Renardi, *nov. sp.*	— — 3e partie, 1878, p. 71, pl. 18, fig. 3.
— Tournoueri, *nov. sp.*	— — — p. 69, pl. 18, fig. 1.
— Wateleti, *nov. sp.*	— — — p. 70, pl. 18, fig. 2.
Vermetus Montensis, *nov. sp.*	— — — p. 72, pl. 18, fig. 10.
Échinodermes.	
Cidaris distincta, *Sorignet*	Cotteau, *Descript.*, Mém. cour. de l'Acad. de Belg., in-4°, t. XLII, 1879, pl. 1, fig. 6-7.
— Tombecki, *Desor.*	Cotteau, *loc. cit.*, pl. 1, fig. 1-5.
Goniopygus minor, *Sorignet.*	— — pl. 1, fig. 8-18.
Cassidulus elongatus, *d'Orb.*	— — pl. 1, fig. 19-22.
Echinanthus Corneti, *Cott.*	— — pl. 1, fig. 23-26.
Linthia Houzeaui, *Cott.*	— — pl. 1, fig. 27-29.

31. Liste des fossiles du système heersien. (Éocène inférieur.)

Dressée par MM. A. Rutot et G. Vincent.

GENRE, ESPÈCE ET AUTEUR.	Heersien.		Landenien inférieur.	AUTEURS qui ont servi à la détermination.
	INFÉRIEUR.	SUPÉRIEUR.		
Poissons.				
Trichiurides sagittidens, *Winkl.*	rr	..	..	Winkl., 1874, *Arch. Musée Teyler*, vol. IV, fasc. 1.
Trigonodus primus, *Winkl.*	c	..	..	Winkl., 1874, *loc. cit.*, vol. IV, fasc. 1.
Notidanus orpiensis, *Winkl.*	r	..	..	— — —
Galeocerdo maretsensis, *Winkl.*	cc	..	..	— — —
Smerdis heersiensis, *Winkl.*	..	r	..	— — et vol. II, p. 195.
Osmeroides belgicus, *Winkl.*	..	r	..	— — vol. IV, fasc. 1.
Cycloides incisus, *Winkl.*	..	r	..	— — —
Lamna elegans, *Ag.*	cc	..	rr	Winkl., 1874, *loc. cit.* et Vinc., 1876, *Ann. Soc. mal. de Belg*, t. XI, pl. 6, fig. 4.
Otodus Rutoti, *Winkl.*	c	r	cc	Winkl., *l. c.* et Vinc., *l. c.*, t. XI, pl. 6, f. 1.
— striatus, *Winkl.*	c	r	r	— — t. XI, pl. 6, fig. 2.
— parvus, *Winkl.*	c	..	..	Winkl., *loc. cit.*
Oxyrhina Winkleri, *Vinc.*	r	..	rr	Vinc., *loc. cit.*, t. XI, pl. 6, fig. 3.
Gastéropodes.				
Chenopus dispar, *Desh.*	r	cc	cc	Desh., 1866, *Anim. S. vert.*, t. III, p. 443, pl. 89, fig. 5, 6 et Vinc., *l. c.*, t. XI, pl. 10, fig. 2.
Natica Deshayesiana, *Nyst*	..	rr	cc	Desh., *l. c.*, t. III, p. 50, pl. 67, fig. 18, 19 et Vinc., *l. c.*, t. XI, p. 38.
Lamellibranches.				
Ostrea lincentiana, *Vinc.*	c	r	r	Espèce non décrite.
Cardium Edwardsi, *Desh.*	rr	..	c	Desh., 1864, *l. c.*, t. I, p. 571 et Desh., 1824, *Coq. foss. des env. de Paris*, pl. 28, fig. 6, 7.
— landinense, *Vinc.*	rr	..	.	Espèce non décrite.
— hannonicum, *Vinc.*	rr	..	r	Espèce non décrite.
Modiola depressa, *J. Sow.*	..	rr	..	Wood., 1861, *Éocène moll.*, p. 63, pl. 12, fig. 4.

GENRE, ESPÈCE ET AUTEUR.	Heersien. INFÉRIEUR.	Heersien. SUPÉRIEUR.	Landenien inférieur.	AUTEURS qui ont servi à la détermination.
Modiola elegans, *J. Sow.*	. .	cc	c	Wood., *loc. cit.*, p. 65, pl. 12, fig. 5.
— heersiensis, *Vinc.*	. .	r	rr	Espèce non décrite.
Cyprina Morrisi, *J. Sow.*	. .	cc	rr	Sow., 1840, *Min. conch.*, t. 7, pl. 620.
— planata, *J. Sow.*	cc	cc	r	— — — pl. 619.
Astarte tenera, *Morris*	. .	r	. .	Morris, 1852, *Quart. Journ. geol. Soc.*, p. 265, pl. 16, fig. 6.
Cytherea fallax, *Desh.*	rr	. .	. .	Desh., 1860, *l. c.*, t. I, p. 473, pl. 32, fig. 18-20.
— orbicularis, *Edw.*	. .	r	r	Morris, *l. c.*, p. 265, pl. 16, fig. 5.
Nucula Bowerbanki, *J. Sow.*	. .	rr	c	Wood, *l. c.*, p. 109, pl 18, fig. 14.
Panopæa biplicata, *Vinc.*	. .	r	rr	Espèce non décrite.
Pholadomya cuneata, *J. Sow.*	. .	c	. .	Desh., 1860, *l. c.*, t. I, p. 277, pl. 9, fig, 6-8.
Corbula heersiensis, *Vinc.*	rr	. .	. .	Espèce non décrite.
Végétaux cryptogames.				
Benitzia minima, *Sap. et Mar.*	. .	+	. .	de Saporta et Marion, *Mém. cour. de l'Acad. de Belg.*, t. 41, 1878, p. 16, pl. 1, fig. 2, 3.
Aneimia palæoga, *Sap. et Mar.*	. .	+	. .	*Ibid.*, t. 37, 1873, p. 29, pl. 1, fig. 1.
Osmunda eocenica, *Sap. et Mar.*	. .	+	. .	— t. 37, 1873, p. 30, pl. 1, fig. 2 et t. 41, 1878, p. 18, pl. 1, fig. 1.
Gymnospermes.				
Zamites? palæocenicus, *Sap. et Mar.*	. .	+	. .	*Ibid.*, t. 41, 1878, p. 20, pl. 1, fig. 4, 5.
Chamœcyparis belgica, *Sap. et Mar.*	. .	+	. .	— — p. 21, pl. 1, fig. 3.
Monocotylédones.				
Poacites latissimus, *Sap. et Mar.*	. .	+	. .	*Ibid.*, t. 41, 1878, p. 23, pl. 1, fig. 10.
Posidonia perforata, *Sap. et Mar.*	. .	+	+	— — p. 24, pl. 2, 3, fig. 1, 2.
Zostera nodosa, *Sap. et Mar.*	. .	+	. .	— — p. 32, pl. 3, fig. 3-8.
Dicotylédones.				
Quercus arciloba, *Sap. et Mar.*	. .	+	. .	*Ibid.*, t. 41, 1878, p. 37, pl. 4, fig. 3.

GENRE, ESPÈCE ET AUTEUR.	Heersien.		Landenien inférieur.	AUTEURS qui ont servi à la détermination.
	INFÉRIEUR.	SUPÉRIEUR.		
Quercus diplodon, *Sap. et Mar.* . .	. .	+	. .	de S. et M., *l. c.*, t. 41, 1878, p. 38, pl. 3, f. 10, 11; pl. 4, f. 6, 7; pl. 5, f. 1-9; pl. 6, fig. 1-6; pl. 7, fig. 1.
— Loozi, *Sap. et Mar.*	. .	+	. .	*Ibid.*, t. 41, 1878, p. 35, pl. 4, fig. 1, 2.
— odontophylla, *Sap. et Mar.* .	. .	+	. .	— — p. 44, pl. 4, fig. 4, 5.
— palæodrys, *Sap. et Mar.* . .	. .	+	. .	— — p. 45, pl. 3, fig. 9.
— parceserrata, *Sap. et Mar.* .	. .	+	. .	— — p. 46, pl. 3, fig. 8.
Pasianopsis retinervis, *Sap. et Mar.* .	. .	+	. .	— — p. 48, pl. 7, fig. 2.
— sinuatus, *Sap. et Mar.* .	. .	+	. .	— — p. 49, pl. 7, fig. 3.
— vittatus, *Sap. et Mar.* . .	. .	+	. .	— t. 37, 1873, p. 43, pl. 1, fig. 4.
Dryophyllum curticellense, *Wat.* . .	. .	+	. .	— — p. 42, pl. 1, fig. 5.
— Dewalquei, *Sap. et Mar.*	. .	+	. .	— p. 37, pl. 2, fig. 1-6; pl. 3, fig. 1-4; pl. 4, fig. 1-4; t. 41, 1878, p. 50.
— laxinerve, *Sap. et Mar.* .	. .	+	. .	— t. 37, 1873, p. 41, pl. 1, fig. 6, 7.
Mac-Clintockia heersiensis, *Sap. et M.*	. .	+	. .	— t. 41, 1878, p. 55, pl. 9, fig. 1.
Salix longinqua, *Sap. et Mar.* . . .	. .	+	. .	— t. 37, 1873, p. 44, pl. 4, fig. 6 et t. 41, 1878, p. 56, pl. 14, f. 4-6.
— Malaisei, *Sap. et Mar.*	. .	+	. .	— t. 41, 1878, p. 58, pl. 14, fig. 7.
Cinnamomum ellipsoideum, *Wat.* . .	. .	+	. .	— — p. 61, pl. 9, fig. 7-9.
— sezannense, *Wat.* . .	. .	+	. .	— — p. 60, pl. 9, fig. 2-6.
Daphnogene longinqua, *Sap. et Mar.* .	. .	+	. .	— t. 37, 1873, p. 48, pl. 4, fig. 7.
Phœbe? tetrantheracea, *Sch.* (Laurus tetrantheroidea, *Sap. et Mar.*) . .	. .	+	. .	— t. 41, 1878, p. 63, pl. 10, fig. 2, 3.
Persea palæomorpha, *Sap. et Mar.* .	. .	+	. .	— — p. 64, pl. 10, fig. 1.
Oreodaphne? apicifolia, *Sap. et Mar.*	. .	+	. .	— — p. 66, pl. 9, fig. 10.
Litsæa elatinervis, *Sap. et Mar.* . .	. .	+	. .	— — p. 70, pl. 11, fig. 4.
— expansa, *Sap. et Mar.* . . .	. .	+	. .	— — p. 68, pl. 11, fig. 1, 2.
— ? viburnoides, *Sap. et Mar.* . .	. .	+	. .	— — p. 70, pl. 11, fig. 3.
Laurus heersensis, *Sap. et Mar.* . .	. .	+	. .	— — p. 50, pl. 6, fig. 3.
— latior, *Sap. et Mar.*	. .	+	. .	— t. 37, 1873, p. 51, pl. 6, fig. 4.
— Omalii, *Sap. et Mar.* . . .	. .	+	. .	— p. 49, pl. 6, fig. 1 et t. 41, 1878, p. 71, pl. 10, fig. 5-7.
Viburnum arcinervium, *Sap. et Mar.* .	. .	+	. .	— t. 41, 1878, p. 75, pl. 12, fig. 2.
— vitifolium, *Sap. et Mar.* .	. .	+	. .	— — p. 73, pl. 12, fig. 1.
Hedera Malaisei, *Sap. et Mar.* . . .	. .	+	. .	— — p. 76, pl. 12, fig. 3.
— argutidens, *Sap. et Mar.* . .	. .	+	. .	— t. 37, 1873, p. 53, pl. 7, fig. 4.
Aralia demersa, *Sap. et Mar.* . . .	. .	+	. .	— p. 52, pl. 7, fig. 6 et t. 41, 1878, p. 78, pl. 12, fig. 5.
— Looziana, *Sap. et Mar.* . . .	. .	+	. .	— t. 41, 1878, p. 77, pl. 13, fig. 1-3.
— spinescens, *Sap. et Mar.* . .	. .	+	. .	— — p. 80, pl. 12, fig. 6.
— transversinervia, *Sap. et Mar.* .	. .	+	. .	— — p. 79, pl. 12, fig. 4 et pl. 14, fig. 1.

GENRE, ESPÈCE ET AUTEUR.	Heersien. INFÉRIEUR.	Heersien. SUPÉRIEUR.	Landenien inférieur.	AUTEURS qui ont servi à la détermination.
— venulosa, *Sap. et Mar.* . . .	. .	+	. .	de S. et M., *l. c*, t. 37, 1873, p. 53, pl. 7, fig. 3 et pl. 8, fig. 2.
Cissites lacerus, *Sap. et Mar.* . . .	. .	+	. .	*Ibid.*, t. 37, 1873, p. 54, pl. 5, fig. 7.
Dewalquea gelindenensis, *Sap. et Mar.*	. .	+	. .	— — p. 61, pl. 8, fig. 3, 4 et pl. 9, fig. 1-7.
Cocculus dumonti, *Sap. et Mar.* . .	. .	+	. .	— — p. 65, pl. 10, fig. 4.
— Kanii, *Sap. et Mar.* . . .	. .	+	. .	— — p. 63, pl. 10, fig 1.
Sterculia labrusca, *Ung.*	. .	+	. .	— — p. 65, pl. 11, fig. 1.
Hamamelites gelindenensis, *Sap. et M.*	. .	+	. .	— t. 41, 1878, p. 81, pl. 11, fig 6.
Dillenia palæocenica, *Sap. et Mar.* .	. .	+	. .	— — p. 82, pl. 12, fig. 7.
Celastrophyllum belgicum, *Sap. et Mar.*	. .	+	. .	— — p. 83, pl. 13, fig. 4.
— Benedeni, *Sap. et Mar.*	. .	+	. .	— t. 37, 1873, p. 67, pl. 10, fig. 6 et pl. 12, fig. 1, 2; t. 41, 1878, p. 86, pl. 14, fig. 2.
— Crepini, *Sap. et Mar.* .	. .	+	. .	— t. 41, 1878, p. 85, pl. 14, fig. 9.
— dewalqueanum, *S. et M.*	. .	+	. .	— — p. 84, pl. 14, fig. 8.
— repandum, *Sap. et Mar.*	. .	+	. .	— t. 37, 1878, p. 70, pl. 12, fig. 4, 5.
— reticulatum, *Sap. et M.*	. .	+	. .	— — p. 69, pl. 10, fig. 5.
— serratum, *Sap. et Mar.*	. .	+	. .	— t. 41, 1878, p. 87, pl. 14, fig. 3.
Zizyphus remotidens, *Sap. et Mar.* .	. .	+	. .	— t. 37, 1873, p. 70, pl. 11, fig. 5, 6.
Myrtophyllum cryptoneuron, *S. et M.*	. .	+	. .	— — p. 71, pl. 12, fig. 6.
Plantae incertae sedis.				
Carpolithes delineatus, *Sap. et Mar.* .	. .	+	. .	*Ibid.*, t. 41, 1873, p. 87, pl. 3, fig. 12, 13.
— sulcatifrons, *Sap. et Mar.*	. .	+	. .	— — p. 87, pl. 3, fig. 14.

32. Liste des fossiles du système landenien inférieur ou marin.

Dressée par MM. A. Rutot et G. Vincent.

GENRE, ESPÈCE ET AUTEUR.	LANDENIEN INFÉRIEUR.			SABLES de BRACHEUX (France).	SABLES de THANET (Anglet.).	AUTEURS qui ont servi à la détermination.
	TUFFEAU d'Angre et d'Élouges.	TUFFEAU de Ciply et de Calonne.	TUFFEAU de Lincent.			
Poissons.						
Lamna elegans, *Ag.*	rr	. . .	. . .	. . .	. . .	Vincent, 1876, *Ann. Soc. malac. de Belg.*, t. XI, pl. 6, fig. 4.
Otodus Rutoti, *Winkl.*	. . .	c	c	. . .	. . .	— — pl. 6, fig. 1.
— striatus, *Winkl.*	. . .	. . .	r	. . .	. . .	— — pl. 6, fig. 2.
Oxyrhina Winkleri, *Vinc.*	. . .	. . .	rr	. . .	. . .	— — pl. 6, fig. 3.
Notidanus Loozi, *Vinc.*	. . .	. . .	rr	. . .	. . .	— — pl. 6, fig. 5.
Crustacés.						
Pinces et antennes	. . .	. . .	rr	. . .	. . .	— — pl. 6, fig. 7, 8.
Céphalopodes.						
Beloptera Levesquei, *d'Orb.*	. . .	. . .	rr	. . .	. . .	— — pl. 7, fig. 2.
Aturia Zic-Zac ? *J. Sow.*	. . .	. . .	rr	. . .	. . .	— — pl. 7, fig. 1.
Nautilus Corneti, *Vinc. et Rutot.*	rr	. . .	. . .	. . .	. . .	Espèce non décrite.
Gastéropodes.						

Triton angresianum, *Vinc.*						
— fenestratum, *Vinc.*	r		r			Vinc., *loc. cit.*, pl. 7, fig. 4.
Ficula Smithi, *J. Sow.*	rr	rr	rr	rr	rr	— pl. 7, fig. 5.
Fusus Colbeaui, *Vinc.*	c		rr			— pl. 7, fig. 6.
— landinensis, *Vinc.*			r			— pl. 7, fig. 7.
— Rutoti, *Vinc.*	rr					Espèce non décrite.
— Wanzinensis, *Vinc.*	rr					Vinc., *loc. cit.*, pl. 7, fig. 8.
Pseudoliva antiqua, *Vinc.*			r			— pl. 8, fig. 13.
Ancillaria, *sp. ?*			rr			— p. 28.
Pleurotoma antiqua, *Desh.*				rr		Desh., 1866, *Anim. S. vert*, t. III, p. 355, pl. 96, fig. 21.
— Balstoni, *Vinc.*			rr			Vinc., *loc. cit.*, pl. 8, fig. 3.
— concinna, *Vinc.*	rr					Espèce non décrite.
— Corneti, *Vinc.*			c			Vinc., *loc. cit.*, pl. 8, fig. 7.
— Dewalquei, *Vinc.*			r			— pl. 8, fig. 6
— Dollfusi, *Vinc.*			rr			— pl. 8, fig. 8.
— egregia, *Vinc.*	rr					Espèce non décrite.
— Gosseleti, *Vinc.*			c			Vinc., *loc. cit.*, pl. 8, fig. 2.
— Hallezi, *Vinc.*			r			— pl. 8, fig. 11.
— incompta, *Vinc.*			rr			— pl. 8, fig. 9.
— Loozi, *Vinc.*			rr			— pl. 8, fig. 1.
— Ortliebi, *Vinc.*			r			— pl. 8, fig. 12.
— Rutoti, *Vinc.*			r			— pl. 8, fig. 10.
— spinifera, *Vinc.*						Espèce non décrite.
— sub-Duchasteli, *Vinc.*	rr		c			Vinc., *loc cit.*, pl. 8, fig. 5.
Voluta depressa, *Lmk.*	r			r		Desh., 1874, *Coq. f. env. Paris*, t. II, p. 688, nº 9, pl. 43, fig. 14-15.
Natica Deshayesiana, *Nyst.*	cc			cc		Desh., 1866, *loc. cit.*, p. 50, pl. 67, fig. 17, 19.
— infundibulum, *Wat.*	r			c		— p. 34, pl. 65, fig. 17-19.
— Woodi? *Desh.*	r		r	c		Vinc., *loc cit.*, pl. 9, fig. 4.
— *sp. ?*						— pl. 9, fig. 1.
— *sp. ?*						— pl. 9, fig. 2.
— *sp. ?*						— pl. 9, fig. 3.

GENRE, ESPÈCE ET AUTEUR.	LANDENIEN INFÉRIEUR. TUFFEAU d'Angre et d'Élouges.	TUFFEAU de Chercq et de Calonne.	TUFFEAU de Lincent.	SABLES de BRACHEUX (France).	SABLES de THANET (Anglet.).	AUTEURS qui ont servi à la détermination.
Turbonilla angresiana, *Vinc.*	rr	. . .	. . .	. . .	. . .	Espèce non décrite.
— ingens, *Vinc.*	. . .	. . .	rr	. . .	. . .	Vinc., *loc. cit.*, pl. 9, fig. 5.
Cerithium angresianum, *Vinc.*	rr	. . .	. . .	. . .	. . .	Espèce non décrite.
— Broecki, *Vinc.*	. . .	. . .	rr	. . .	. . .	Vinc., *loc. cit.*, pl. 9, fig. 7.
— Nysti, *Vinc.* (C. Morrisi, *Vinc.*)	. . .	. . .	rr	. . .	. . .	— pl. 9. fig. 8.
— quinquecinctum, *Vinc.*	. . .	. . .	rr	. . .	. . .	— pl. 9, fig. 9.
— Rutoti, *Vinc.*	. . .	. . .	rr	. . .	. . .	— pl. 9, fig. 6.
Chenopus dispar, *Desh.*	rr	. . .	rr	rr	. . .	Desh., 1866, *loc. cit.*, p. 443, pl. 89, fig. 5, 6, et Vinc., *loc. cit.*, pl. 10, fig. 2.
— Thielensi, *Vinc.*	. . .	. . .	r	. . .	. . .	Vinc. *loc. cit.*, pl. 10, fig. 1.
Turritella bellovacina, *Desh.*	cc	. . .	. . .	c	. . .	Desh., 1864, *Anim. S. vert.*, t. II, p. 212.
— compta, *Desh.*	cc	c	c	cc	. . .	Desh., 1864, *loc. cit.*, t. II, p. 318, pl. 15, fig. 31, 32, et Vinc., *loc. cit.*, pl. 9, fig. 10.
Scalaria angresiensis, *de Ryckh.* (S. Bowerbancki, *Morr.*)	rr	rr	c	rr	rr	de Ryckh., 1851, *Mélanges paléon.*, p. 187, pl. 19, fig. 3; Vinc., *loc. cit.*, pl. 10, fig. 3; Morris, 1852, *Quart. journ. of géol. Soc.*, t. 1, p. 266, pl. 16, fig. 9.
Solarium landinense, *Vinc.*	. . .	. . .	c	. . .	. . .	Vinc., *loc. cit.*, pl. 10, fig. 4.
— Wateleti, *Vinc.*	r	. . .	. . .	. . .	. . .	Espèce non décrite.
Turbo quinquecarinatus, *Vinc.*	. . .	. . .	rr	. . .	. . .	Vinc., *loc. cit.*, pl. 10, fig. 5.
Pleurotomaria landinensis, *Vinc.*	. . .	c	rr	. . .	. . .	Espèce non décrite.
Calyptræa suessoniensis, *d'Orb.*	c	r	. . .	c	. . .	Desh., 1864, *loc. cit.*, t. II, p. 276, pl. 9, fig. 1, 2.
Dentalium breve, *Desh.*	. . .	. . .	cc	rr	. . .	Desh., *loc. cit.*, p. 201, pl. 1, fig. 7, 8, et Vinc., *loc. cit.*, pl. 9, fig. 11.
— landinense, *Vinc.*	. . .	. . .	rr	. . .	. . .	Vinc., *loc. cit.*, pl. 9, fig. 12.
Limnæa angresiana, *Vinc.*	rr	. . .	. . .	. . .	. . .	Espèce non décrite.
Tornatella angresiana	rr					

Ostrea bellovacina, *Lmk.*	rr	. . .	. . .	cc	r	Desh., 1824, *loc. cit.*, t. I, p. [illegible], pl. [illegible]
— lateralis, *Nils.*(O. eversa, *d'Orb*).	c	cc	r	c	. . .	Desh., 1864, *loc. cit.*, t. II, p. 99, pl. 84, fig. 5-8.
— lincentiana, *Vinc.*	. . .	r	rr	. . .	. . .	Espèce non décrite.
Pecten Dunkeri, *Nyst.*	c	c	. . .	. . .	. . .	Espèce non décrite.
— landinensis, *Vinc.*	. . .	. . .	rr	. . .	. . .	Espèce non décrite.
Pinna affinis, *J. Sow.*	r	r	. . .	. . .	. . .	Wood, 1861, *A monogr. of eoc. moll.*, p. 55, fig. 1.
Mytilus eocenicus, *Vinc.*	. . .	. . .	rr	. . .	. . .	Espèce non décrite.
Modiola elegans, *J. Sow.*	r	. . .	. . .	. . .	cc	Wood, *loc. cit.*, t. XII, p. 65, pl. 5.
— heersiensis, *Vinc.*	. . .	. . .	rr	. . .	. . .	Espèce non décrite.
Arca angresiana, *Nyst*	r	r	. . .	. . .	. . .	Espèce non décrite
— Honi, *Nyst*	. . .	c	. . .	. . .	. . .	Espèce non décrite.
Cucullæa crassatina, *Lmk.*	cc	cc	cc	c	cc	Desh., 1824, *loc. cit.*, p. 193, pl. 31, fig. 8, 9.
Nucula Bowerbanki, *J. Sow.*	. . .	. . .	c	. . .	c	Wood, 1861, *loc. cit.*, t. XVIII, p. 109, fig. 14.
Leda subsemilunaris, *de Ryckh.*	r	. . .	cc	. . .	. . .	de Ryck., 1851, *loc. cit.*, 2e partie, p. 160, pl. 17, fig. 18, 19.
Cardium Edwardsi, *Desh.*	cc	cc	rr	c	. . .	Desh., 1860 *Anim. S. vert.*, t. I, p. 571, et Desh., 1824, *loc. cit.*, pl. 28, fig. 6, 7.
— hannonicum, *Vinc.*	rr	. . .	. . .	. . .	. . .	Espèce non décrite.
— landinense, *Vinc.*	. . .	. . .	cc	. . .	. . .	Espèce non décrite.
Lucina, *sp.*	. . .	. . .	c	. . .	. . .	
Astarte inequilatera, *Nyst*	. . .	c	cc	. . .	. . .	Nyst, 1845, *Descrip. des coq. et polyp. foss. de Belgique*, p. 154, pl. 3, fig. 14.
Crassatella bellovacina, *Desh.*	rr	r	. . .	c	. . .	Desh., 1860, *loc. cit.*, t. I, p. 742.
— latesulcata, *Vinc.*	rr	. . .	. . .	. . .	. . .	Espèce non décrite.
Cytherea bellovacina, *Desh.*	cc	. . .	. . .	r	. . .	Desh., 1860, *loc. cit.*, t. I, p. 474, pl. 32, fig. 15-47.
— orbicularis, *Edw.*	c	c	. . .	c	c	— p. 475, pl. 29, fig. 11, 14.
Cyprina planata, *J. Sow.*	c	c	rr	. . .	cc	Sowerby, 1840, *Min. Conch.*, t. VII, p. 19, pl. 619.
Tellina pseudodonacialis, *d'Orb.*	cc	cc	rr	r	. . .	Desh., 1860, *loc. cit.*, t. I, p. 334, pl. 27, fig. 1, 2.
Sanguinolaria Edwardsi, *Morr.*	cc	. . .	. . .	rr	r	Morris, 1852, *Quart. Journ.*, p. 264, pl. 16, fig. 1.
Corbula regulbiensis, *Morr.*	r	. . .	. . .	c	r	Desh., 1860, *loc. cit.*, t. I, p. 228, pl. 12, fig. 7-11.
Neæra Briarti, *Vinc.*	. . .	. . .	r	. . .	. . .	Espèce non décrite.

GENRE, ESPÈCE ET AUTEUR.	LANDENIEN INFÉRIEUR. TUFFEAU d'Angre et d'Élouges.	TUFFEAU de Chercq et de Calonne.	TUFFEAU de Lincent.	SABLES de BRACHEUX (France).	SABLES de THANET (Anglet.).	AUTEURS qui ont servi à la détermination.
Panopæa biplicata, *Vinc.*	. . .	. . .	rr	. . .	. . .	Espèce non décrite.
— intermedia, *J. Sow.*	cc	cc	rr	. . .	. . .	Sowerby, 1823, *Min. conch.*, pl. 419, fig. 2.
Pholadomya Konincki, *Nyst*	c	cc	cc	. . .	c	Nyst, 1843, *loc. cit.*, p. 50, pl. 1, fig. 9.
Clavagella, *sp?*	. . .	rr	. . .	. . .	. . .	
Pholas, *sp?*	. . .	c	. . .	. . .	. . .	
Brachiopodes.						
Terebratula Pireti, *Vinc.*	. . .	c	. . .	. . .	. . .	Espèce non décrite.
— Woodi, *Nyst*	. . .	c	. . .	. . .	. . .	Davidson, *On the tertiary brachiop. of Belgiam* (The geol. Magaz. or Monthly journ. of geol., p. 150, t. 189, décade 11, vol. I, pl. 7-8.
Bryozoaires.						
Flustra, *sp?*	cc	c	. . .	. . .	. . .	
Vers.						
Serpula tornacensis, *Vinc.*	. . .	cc	. . .	. . .	. . .	Espèce non décrite.
Échinodermes.						
Holaster Dewalquei, *Cott.*	. . .	. . .	c	. . .	. . .	Cotteau, *Desc.*, 1880, Mém. in-4° de l'Acad., t. 43, pl. 3, fig. 24, p. 53.
Hemiaster nux, *Desor.*	. . .	. . .	c	. . .	. . .	— — — pl. 4, fig. 29-31, p. 58.
— Vincenti, *Cott.*	. . .	. . .	r	. . .	. . .	— — — pl. 5, fig. 1, 2, p. 60.
Schizaster Corneti, *Cott.*	. . .	. . .	r	. . .	. . .	— — — pl. 5, fig. 6-7, p. 63.

Dressé par MM. A. Rutot et G. Vincent.

GENRE, ESPÈCE ET AUTEUR.	OSTENDE (puits artésien).	GAND (puits artésien).	LIGNITES du SOISSONNAIS.	SÉRIE de WOOLWICH.	AUTEURS qui ont servi à la détermination.
Gastéropodes.					
Melania inquinata, *Defr.*	rr	rr	c	c	Desh., 1824, *Descript. coq. foss. des env. de Paris*, t. II, p. 105, pl. 12, fig. 7, 8. 13, 14-16.
Melanopsis buccinoidea, *Ferr.*	rr	. . .	c	c	Desh., 1824, *loc. cit.*, p. 120, pl. 14, fig. 24-27 et pl. 15, fig. 3 et 4.
Cerithum funatum, *Mant.* (C. variabile. *Desh.*)	r	. . .	cc	c	Desh., 1866, *Anim. S. vert.*, t. III, p. 124; Desh., 1824, *loc. cit.*, t. II, p. 403, pl. 60. fig. 19, 20 et pl. 61, fig. 21, 22 et 25-29.
Lamellibranches.					
Ostrea bellovacina, *Lmk.*	r	. . .	cc	cc	Desh., 1824. *loc. cit.*, t. I, p. 356, pl. 48, fig. 1 2; pl. 49, fig. 1-2; pl. 50, fig. 6; pl. 55, fig. 1, 2, 3.
— sparnacensis, *Defr.*	cc	c	cc	cc	Desh., 1824, *loc. cit.*, t. I, p. 350, nº 18, pl. 64, fig. 5-8.
Cyrena antiqua, *Ferr.*	r	. . .	c	. . .	— — p. 119, nº 5, pl. 18, fig. 19-21.
— cuneiformis, *Ferr.*	cc	cc	cc	cc	— — p. 122, nº 10, pl. 19, fig. 1, 2, 20, 21.
Mytilus, *sp?*	rr	. . .	. . .	. . .	G. Dollf., 1877, *Ann. Soc. géol. du Nord*, t. V, p. 5.
Bryozoaires.					
Clionia erodens, *Dolf.*	c	. . .	c	. . .	G. Dolf., 1877, *Ann. Soc. géol. du Nord*, t. V, p. 5.

34. Liste des fossiles du système ypresien supérieur.

Dressée par MM. A. Rutot et G. Vincent.

GENRE, ESPÈCE ET AUTEUR.	Ypresien supérieur.		Argilite de Morlanwelz	Paniselien.	Sables de Cuise.		London-clay.	AUTEURS qui ont servi à la détermination.
	Environs de Bruxelles.	Environs de Renaix.			Horizon d'Aizy.	Horizon de Cuise.		
Reptiles.								
Chelonia, *sp.?*	r	...	...	r	...	...	...	
Poissons.								
Trichiurides sagittidens, *Winkl.*	rr	...	...	...	...	...	...	Winkl., 1874, *Archiv. du Musée Teyler*, vol. IV, fasc. 1, fig. 22, 23.
Enchodus Bleckeri, *Winkl.*	c	...	...	c	...	...	...	Winkl., 1874, *loc. cit.*, v. IV, fasc. 1, fig. 24, 25.
Cœlorhynchus rectus, *Ag.*	c	...	...	r	...	...	c	Dixon, 1850, *The geol. of Sussex*, pl. 10, fig. 14-17; pl. 11.
Lamna elegans, *Ag.*	c	r	...	cc	...	...	cc	Dixon, 1850, *loc. cit.*, pl. 10, fig. 28-31.
— cuspidata, *Ag.*	c	r	...	r	...	...	...	Ag., 1833-43, *Recherches sur les poiss. foss.*, vol. III, pl. 37 a, fig. 43-50.
Otodus obliquus, *Ag.*	rr	...	...	rr	...	...	cc	Dixon, 1850, *loc. cit.*, pl. 10, fig. 32-35, 43-50.
— macrotus, *Ag.*	cc	...	...	cc	...	...	...	Ag., 1833-43, *l. c.*, vol. III, pl. 32, fig. 29-31.
— striatus, *Winkl.*	cc	...	...	cc	...	...	...	Winkl., 1874, *loc. cit.*, vol. IV, fasc. 1.
— Rutoti, *Winkl.*	rr	...	...	...	...	...	...	— — vol. IV, fasc. 1.
— Vincenti, *Winkl.*	c	r	...	cc	...	...	c	— — vol. IV, fasc. 1.

[illegible] secundus, *Winkl.*	[illegible]	. . .	. . .	r	. . .	. . .	. . .	— — [illegible]
— tertius, *Winkl.*	rr	. . .	. . .	r	. . .	. . .	. . .	— — v. IV, fasc. 1, fig. 6, 7.
Oxyrhina nova, *Winkl.*	r	. . .	. . .	. . .	. . .	. . .	. . .	— — v. IV, fasc. 1, fig. 9, 10.
Corax fissuratus, *Winkl.*	rr	. . .	. . .	cc	. . .	. . .	. . .	Winkl., 1873, *loc. cit.*, vol. III, fasc. 4.
Picnodus toliapicus, *Ag.*	rr	. . .	. . .	c	. . .	. . .	. . .	Lowry, *Chart. of the caract. british foss.*, pl. 4.
Phyllodus de Borrei, *Winkl.*	cc	. . .	. . .	c	. . .	. . .	. . .	Winkl., 1874, *loc. cit.*, vol. IV, fasc. 1.
Pristis Lathami, *Gal.*	r	. . .	. . .	r	. . .	. . .	. . .	Galeotti, *Mém. sur la constit. géogn. de la prov. de Brab.*, pl. 2.
Myliobates toliapicus, *Ag.*	cc	. . .	. . .	c	. . .	. . .	. . .	Dixon, 1850, *l. c.*, pl. 10, fig. 3-5; pl. 12, fig. 4.
— Dixoni, *Ag.*	r	. . .	. . .	c	c	. . .	. . .	— — pl. 10, fig. 14; pl. 12, fig. 3.
Ætobates rectus, *Ag.*	r	. . .	. . .	. . .	. . .	. . .	. . .	— — pl. 11, fig. 8.
— irregularis, *Ag.*	r	. . .	. . .	c	. . .	. . .	. . .	— — pl. 10, fig. 6-8; pl. 12, fig. 2-4.
Periodus Kœnigi, *Ag.*	c	. . .	. . .	. . .	. . .	. . .	. . .	— — pl. 10, fig. 13.
Crustacés								
Thenops scyllariformis, *Bell.*	rr	. . .	. . .	r	. . .	. . .	r	Salter and Woodward, *Chart of foss. crust.*, pl. 1, fig. 43.
Xanthopsis bispinosus, *Bell.*	r	r	r	r	. . .	. . .	cc	Salter and Woodward, *loc. cit.*, pl. 1, fig. 61.
Céphalopodes.								
Belosepia tricarinata, *Wat.*	rr	. . .	. . .	. . .	. . .	r	. . .	Desh., 1866, *Anim. S. vert.*, t. III, p. 618, pl. 106, fig. 13-16.
Nautilus centralis, *Sow.*	rr	. . .	. . .	rr	. . .	. . .	c	Edwards, 1849, *A monogr. of the eoc. moll.*, p. 45, pl. 3, fig. 1.
— regalis? *Sow.*	rr	. . .	. . .	. . .	. . .	. . .	r	Edwards, 1849, *loc. cit.*, p. 46, pl. 4.
Gastéropodes.								
Rostellaria fissurella, *Lmk.*	r	rr	. . .	r	. . .	cc	. . .	Desh., 1824, *Descript. des coq. foss. des env. de Paris*, p. 622, nº 3, pl. 83, fig. 2-4 et pl. 84, fig. 5, 6.

GENRE, ESPÈCE ET AUTEUR.	Ypresien supérieur. Environs de Bruxelles.	Ypresien supérieur. Environs de Renaix.	Argilite de Morlanwelz	Paniselien.	Sables de Cuise. Horizon d'Aizy.	Sables de Cuise. Horizon de Cuise.	London-clay.	AUTEURS qui ont servi à la détermination.
Triton Lejeuni, *Mellev.*	rr	...	...	r	...	rr	...	Desh., 1866, *l. c.*, t. III, p. 307, pl. 86, fig. 10-12.
Ficula tricostata, *Desh.*	r	...	r	r	cc	cc	r	Desh., 1824, *l. c.*, t II, p. 584, pl. 79, fig. 10-11.
Fusus subscalarinus, *d Orb.*	...	rr	...	r	...	rr	...	Desh., 1866, *l. c.*, t. III, p. 290, pl. 85, fig. 3-6.
Cassidaria diadema, *Desh.* (C. carinata, var. D, *Lk.*)	r	...	r	c	...	c	...	— — p. 476; Desh., 1824, *l. c.*, t. II, p. 634, pl. 85, fig. 1, 2.
Pleurotoma Prestwichii, *Edw.*	rr	...	...	...	...	...	rr	Edw., 1849, *Eoc. moll.*, p. 282, pl. 30, fig. 3.
Voluta elevata, *Sow.* (V. ambigua, *Lk.*).	c	r	...	c	...	c	c	Desh, 1866, *l. c.*, t. III, p. 591 et Desh., 1824, *l. c.*, t. II, pl. 691, nº 13; pl. 93, fig. 10-11.
Natica semipatula, *Desh.*	c	...	...	c	c	c	...	Desh., 1866, *l. c.*, t. III, p. 62, pl. 65, fig. 23-25.
— sinuosa, *d'Orb.*	r	r	...	...	c	c	...	— — p. 78, pl. 67, fig. 11-13.
Pyramidella clandestina, *Desh.*	...	rr	...	...	rr	...	...	— — t. II, p. 585, pl. 21, fig. 37-38.
Odostomia turbonilloides, *Desh.*	...	rr	...	...	...	r	...	— — p. 561, pl. 19, fig. 12-14.
Turritella edita, *Sow.*	cc	cc	...	c	...	cc	...	Sow., 1814, *Min. conch.*, pl. 51, fig 7.
— hybrida, *Desh.*	c	c	r	...	cc	...	...	Desh., 1824, *l. c.*, t. II, p. 278, pl. 36, fig. 5, 6.
— scalaroides, *Sow.*	rr	...	...	rr	...	...	c	Dixon, 1850, *loc. cit.*, pl. 15, fig. 10.
Vermetus bognoriensis, *Sow.*	cc	r	...	...	...	...	cc	— — pl. 14, fig. 3.
Scalaria cerithiformis, *Wat.*	rr	...	...	rr	...	r	...	Desh., 1864, *Descript. an. S. vert.*, t. II, p. 338, pl. 12, fig. 8, 9 et 18, 19.
— Rutoti, *Vinc.*	r	...	...	...	...	...	...	Espèce non décrite.
Phorus nummulitiferus, *Desh.*	c	...	...	...	c	...	...	Desh., 1864, *l. c.*, t. II, p. 965, pl. 64, fig. 27-30.
Bifrontia laudunensis, *Desh.*	...	...	...	r	c	c	...	Desh., 1864, *l. c.*, t. II, p. 681; Desh., *Descript. coq. foss. des env. de Paris*, t. II, p. 226, nº 5, pl. 26, fig. 15, 16.

[illegible]		c						Espèce non décrite.
Lingula Dejaeri, *Vinc.*		c						
Lamellibranches.								
Ostrea submissa, *Desh.*	c	c	c	c		c		Desh., 1864, *l. c.*, t. II, p. 120, pl. 84, fig. 9-12.
— rarilamella, *Desh.*	c	r			c			— — p. 109, pl. 81, 82, fig. 1, 2.
Anomia primæva, *Desh.*	c	r			r	cc		— — p. 132, pl. 85, fig. 10-12 et 27
Pecten Prestwichti, *Morr.?*		rr						Wood., 1861, *Eoc. moll.*, p. 42, pl. 8, fig. 7.
— 30 radiatus, *Sow.*	r	rr						— — p. 45, pl. 9, fig. 4.
— corneus, *Sow.*	cc	c		c		rr	r	— — p. 39, pl. 9, fig. 7.
Lima, *sp.?*		c						
Spondylus demissus, *Desh.*	r			c		rr		Desh., 1864, *l. c.*, t. II, p. 91, pl. 80, fig. 24-27.
Avicula herouvallensis, *Desh.*		r		r		r		— — p. 42, pl. 77, fig. 18-20.
Pinna margaritacea, *Lmk.*		rr		cc			r	Desh., 1824, *l. c.*, t. I, p. 285, pl. 41, fig. *c*. 15.
Modiola simplex, *Sow.*	r		r				r	Wood., 1861, *loc. cit.*, p. 71, pl. 12, fig. 7.
— Dejaeri, *Vinc.*		rr						Espèce non décrite.
Arca modioliformis, *Desh.*		rr				c		Desh., 1824, *l. c.*, t. I, p. 214, nº 20, pl. 32, fig. 5, 6.
Pectunculus decussatus, *Sow.*	cc						cc	Dixon, 1850, *loc. cit.*, pl. 14, fig. 7.
— polymorphus, *Desh.*	r	r			cc	cc		Desh., 1860, *Anim. S. vert.*, p. 855, pl. 71, fig. 10, 11; pl. 72, fig. 5, 6, 17; pl 73, fig. 3-7, 12, 13.
Nucula fragilis, *Desh.*		r	cc	cc	c	c		Desh., 1824, *loc. cit.*, t. I, p. 234, nº 3, pl. 36, fig. 10-12.
Cardium difficile, *Desh.*		rr			rr			Desh., 1860, *l. c.*, t. I, p. 572, pl. 55, fig. 6, 7.
— fraudator, *Desh.*	r					rr		— — p. 570, pl. 54, fig. 7, 8.
— robustum, *Vinc.*	rr							Espèce non décrite.
Lucina squamula, *Desh.*		cc		cc		c		Desh., 1824, *l. c.*, t. I, p. 105, nº 23, pl. 17, fig. 17-18.
— decorata, *Desh.*	c	c				r		Desh., 1860, *l. c.*, t. I, p. 661, pl. 44, fig. 26-28.
— discors, *Desh.*	rr	rr		c	c	c		— — p. 630, pl. 47, fig. 25-27.
Diplodonta consors, *Desh.*		c				c		— — p. 622, pl. 46, fig. 13-16.

GENRE, ESPÈCE ET AUTEUR.	Ypresien supérieur. Environs de Bruxelles.	Ypresien supérieur. Environs de Renaix.	Argilite de Morlanwelz	Paniselien.	Sables de Cuise. Horizon d'Aizy.	Sables de Cuise. Horizon de Cuise.	London-clay.	AUTEURS qui ont servi à la détermination.
Cyprina, *sp.?*	rr	…	…	…	…	…	…	
Crassatella Thallavignesi	r	…	…	…	r	…	…	Desh., 1860, *l. c.*, t. I, p. 738, pl. 19, fig. 20-22.
— propinqua, *Wat.*	c	c	…	…	c	c	…	Watelet, 1851, *Recherch. sur les sables tert. des env. de Soissons*, 1er fasc., p. 7, nº 2, pl. 1, fig. 9-12.
Cardita Prevosti, *Desh.*	c	…	…	…	…	c	…	Desh., 1860, *l. c.*, t. I, p. 765, pl. 63, fig. 1-4.
— aizyensis, *Desh.*	…	c	…	cc	c	c	…	— — p. 762, pl. 61, fig. 32-34.
— planicosta, *Lmk.*	r	…	…	…	c	c	…	Desh., 1824, *l. c.*, t. I, p. 149, pl. 24, fig. 1, 2, 3.
Cytherea ambigua, *Desh.*	r	r	…	c	cc	cc	…	Desh., 1860, *l. c.*, t. I, p. 444, pl. 29, fig. 7-10.
— proxima, *Desh.*	r	r	…	c	c	c	…	— — p. 435, pl. 30, fig. 31-34.
— — var. inornata, *Vinc. et Rut.*	r	…	…	c	…	…	…	Variété non décrite.
Tellina Edwardsi, *Desh.*	…	rr	…	c	…	r	…	Desh., 1860, *l. c.*, t. I, p. 339, pl. 26, fig. 23-25.
— pseudorostralis, *d'Orb.*	…	rr	…	…	c	c	…	— — p. 329, pl. 26, fig. 1-4.
Syndosmya Lamberti, *Desh.*	…	r	…	…	…	r	…	— — p. 304, pl. 16, fig. 5-8.
— suessoniensis, *Desh.*	…	r	…	…	…	r	…	— — p. 306, pl. 16bis, fig. 13-15.
Corbula regulbiensis, *Morris*	…	rr	…	…	c	c	c	— — p. 228, pl. 12, fig. 7-14; pl. 13, fig. 1-5.
— striatina, *Desh.*	rr	r	…	c	…	c	…	— — p. 222, pl. 12, fig. 12-17.
— pisum, *Sow.*	…	…	…	r	…	…	…	— — p. 217, pl. 15, fig. 22-25.
Panopæa intermedia, *Sow.*	rr	…	…	…	…	c	r	— — p. 177, pl. 8, fig. 10, 11.
Thracia oblata, *Sow.*	r	…	…	…	…	…	r	Lowry, *loc. cit.*, pl. 4.
Pholadomya virgulosa, *Sow.*	c	r	…	…	…	r	c	Dixon, 1850, *loc. cit.*, pl. 14, fig. 31.
Teredo, *sp.?*	c	r	…	…	…	…	…	

Annélides.								
Ditrupa planata, *Sow.*	cc	...	...	...	...	...	c	Sowerby, 1816, *Min. conch.*, pl. 79, fig. 1.
Serpula heptagona, *Sow.* (Serp. Mellevillei, *Nyst et Leh.*; Dent. abbreviatum, *Desh.*)	...	...	...	rr	...	c	...	Lowry, *loc. cit.*, pl. 2.
Échinodermes.								
Maretia grignonensis, *Desm.*	r	...	...	...	...	...	...	Cotteau, *Descript.*, Mém. cour. Acad. Belg., in-4°, t. XLIII, 1880, pl. 6, fig. 11-18, p. 75.
Chizaster acuminatus, *Goldf.*	c	...	...	c	...	...	...	Cotteau, *loc. cit.*, pl. 5, fig. 8-17, p. 65.
Scutellina rotunda, *Gal.*	r	...	...	...	...	...	...	— — pl. 4, fig. 11-23, p. 50.
Cidaris Vincenti, *Cott.*	r	...	...	...	...	...	...	— — pl. 1, fig. 15-17, p. 12.
Anthozoaires.								
Turbinolia sulcata, *Lmk.*	...	r	...	cc	...	...	...	Dixon, 1850, *loc. cit.*, pl. 1, fig. 1.
Foraminifères.								
Nummulites planulata, *Brug.*	cc	cc	...	rr	...	cc	...	Lmk., 1822, 7, p. 619.

35. Liste des fossiles du système paniselien. (Éocène inférieur.)

Dressée par MM. A. Rutot et G. Vincent.

GENRE, ESPÈCE ET AUTEUR.	Paniselien inférieur.				Paniselien supérieur.		Bruxellien.	Ypresien supérieur.	Sables de Cuise.		London clay.	Calcaire grossier.	AUTEURS qui ont servi à la détermination.
	MONT PANISEL.	ENVIRONS de Bruxelles. Rive gauche de la Senne.	ENVIRONS de Bruxelles. Rive droite de la Senne.	RENAIX.	GAND.	AELTRE.			HORIZON D'AIZY.	HORIZON DE CUISE.			
Reptiles.													
Chelonia, *sp. ?*	..	..	r	..	..	..	c	r	..	..	..	..	
Poissons.													
Cœlorhynchus rectus, *Ag.*	..	..	r	..	..	r	cc	c	..	..	c	..	Dixon, 1850, *Geol. and foss. of Sussex*, pl. 10, fig. 14-17; pl. 11, fig. 26.
Enchodus Bleckeri, *Winkl.*	..	..	c	..	..	..	cc	c	..	..	..	..	Winkl., 1874, *Arch. Musée Teyler*, t. III, fasc. 1.
Gyrodus navicularis, *Winkl.*	..	..	rr	..	..	..	rr	..	..	..	..	..	— — —
Picnodus toliapicus, *Ag.*	..	..	c	..	..	..	r	rr	..	..	..	..	Ag., *Rech. poiss. foss.*, t. II, pl. 79a, fig. 55.
Plicodus Thielensi, *Winkl.*	..	..	r	..	..	..	r	..	..	..	..	..	Winkl., 1873, *loc. cit.*, t. III, fasc. 4.
Corax fissuratus, *Winkl.*	..	..	cc	..	..	..	rr	rr	..	..	..	..	Winkl., 1874, *loc. cit.*, t. III, fasc. 1.
Carcharodon disauris, *Ag.*	..	..	r	..	..	..	r	..	..	..	..	..	Ag., *loc. cit.*, t. III, pl. 28, fig. 7.
Galeocerdo latidens, *Ag.*	..	..	r	..	..	..	r	r	..	..	..	..	— pl. 26, fig. 22-23.
— minor, *Ag.*	..	..	c	..	..	..	cc	cc	..	..	..	..	— pl. 26, fig. 15-21.
— recticonus, *Winkl.*	..	..	c	..	..	..	cc	c	..	..	..	..	Winkl., 1873, *loc. cit.*, t. III, fasc. 4.
Trigonodus [illegible]													

Lamna crassidens, *Ag.*	. .	. .	r	. .	. .	. .	.	. .	. .	. .	. .	. .	[illegible] pl. 31a, fig. [illegible]-20.
— cuspidata, *Ag.*	. .	. .	r	. .	. .	. .	c	c	. .	. .	. .	. .	— pl. 37a, fig. 43-50.
— elegans, *Ag.*	rr	. .	cc	. .	rr	. .	cc	c	. .	. .	cc	. .	Dixon, 1850, *loc. cit.*, pl. 10, fig. 28-31.
— verticalis, *Ag.*	. .	. .	cc	. .	rr	. .	c	. .	. .	. .	. .	. .	Ag., *loc. cit.*, t. III, pl. 37a, fig. 31-32.
Otodus macrotus, *Ag.*	.	. .	cc	. .	rr	. .	cc	cc	. .	. .	c	. .	— pl. 32, fig. 29-31.
— minutissimus, *Winkl.*	. .	. .	c	. .	. .	. .	cc	c	. .	. .	. .	. .	Winkl., 1873, *loc. cit.*, t. III, fasc. 1.
— obliquus, *Ag.*	. .	. .	r	. .	. .	. .	. .	rr	. .	. .	cc	. .	Dixon, 1850, *loc. cit.*, pl. 15, fig. 11.
— striatus, *Winkl.*	. .	. .	cc	. .	. .	. .	. .	r	. .	. .	.	. .	Winkl., 1874, *loc. cit.*, t. IV, fasc. 1.
— Vincenti, *Winkl.*	. .	. .	cc	. .	. .	. .	cc	c	. .	. .	c	. .	— — t. III, fasc. 1.
Phyllodus de Borrei, *Winkl.*	. .	. .	cc	. .	. .	. .	. .	cc	. .	. .	. .	. .	— — t. III, fasc. 1.
Pristis Lathami, *Gal.*	. .	. .	r	. .	. .	. .	r	r	. .	. .	. .	. .	Gal., *Mém. const. géogn. du Brabant*, pl. 2.
Myliobates toliapicus, *Ag.*	rr	. .	cc	. .	rr	. .	cc	cc	. .	. .	. .	. .	Dixon, 1850, *loc. cit.*, pl. 10, fig. 3-5.
Ætobates irregularis, *Ag.*	. .	. .	cc	. .	rr	. .	c	r	. .	. .	. .	. .	— — pl. 10, fig. 6-8.
Crustacés.													
Xanthopsis bispinosus, *Bell.*	r	r	c	c	.	. .	.	r	. .	. .	cc	. .	Salter et Woodw., *Chart. of foss. crust.*, pl. 1, fig. 61.
— unispinosus, *Bell.*	. .	. .	rr	. .	. .	. .	. .	. .	. .	. .	c	. .	
Thenops scyllariformis, *Bell.*	. .	. .	c	. .	. .	. .	. .	rr	. .	. .	r	. .	Salter et Woodw., *loc. cit.*, pl. 1, fig. 43.
Céphalopodes.													
Belosepia, *sp?*	. .	rr	. .	. .	. .	. .	. .	. .	. .	. .	. .	.	
Nautilus centralis, *Sow.*	. .	. .	rr	. .	. .	. .	. .	rr	. .	. .	c	. .	Edw., 1849, *Éocène moll.*, p. 45, pl. 3, fig. 1.
— Corneti, *Vinc. et Rut.*	rr	rr	rr	rr	. .	. .	. .	. .	. .	. .	. .	. .	Espèce non décrite.
Aturia zig-zag, *J. Sow.*	rr	. .	. .	. .	. .	. .	. .	. .	. .	. .	rr	rr	Edw., 1849, *loc. cit.*, p. 52, pl. 9, fig. 1.
Gastéropodes.													
Rostellaria Dewalquei, *Desh.*	. .	. .	rr	. .	. .	. .	. .	. .	. .	r	. .	. .	Desh., 1866, *Anim. S. vert.*, t. III, p. 451, pl. 88, fig. 18; pl. 89, fig. 10.

GENRE, ESPÈCE ET AUTEUR.	Paniselien inférieur. MONT PANISEL.	Paniselien inférieur. ENVIRONS de Bruxelles. Rive gauche de la Senne.	Paniselien inférieur. ENVIRONS de Bruxelles. Rive droite de la Senne.	Paniselien inférieur. RENAIX.	Paniselien supérieur. GAND.	Paniselien supérieur. AELTRE.	Bruxellien.	Ypresien supérieur.	Sables de Cuise. HORIZON D'AIZY.	Sables de Cuise. HORIZON DE CUISE.	London clay.	Calcaire grossier.	AUTEURS qui ont servi à la détermination.
Rostellaria fissurella, *Lmk.*	c	rr	rr	c	. .	cc	cc	r	. .	cc	. .	cc	Desh., 1824, *Coquilles fossiles*, t. II, p. 622, pl. 83, fig. 2-4; pl. 84, fig. 5, 6.
— lucida, *Sow.*	. .	. .	.	rr	. .	. .	. .	. .	. .	. .	cc	. .	Desh., 1866, *loc. cit.*, t. III, p. 460, pl. 92, fig. 4-7.
Murex, *sp?*	. .	. .	c	. .	. .	. .	. .	. .	. .	. .	. .	. .	
Typhis coronarius, *Desh.*	. .	. .	rr	. .	. .	. .	. .	. .	. .	rr	. .	. .	Desh., 1866, *loc. cit*, t. III, p. 335, pl. 88, fig. 11-13.
Triton angustum, *Desh.*	r	rr	. .	. .	. .	. .	. .	. .	. .	c	. .	. .	Desh., 1824, *loc. cit.*, t. II, p. 609, pl. 91, fig. 7-9.
— Corneti, *Nyst*	. .	. .	. .	rr	. .	. .	. .	. .	. .	. .	. .	. .	Espèce non décrite.
— Lejeuni, *Mellev.*	. .	. .	c	. .	. .	. .	. .	rr	. .	rr	. .	. .	Desh., 1866, *loc. cit.*, t. III, p. 307, pl. 86, fig. 10-12.
Turbinella parisiensis? *Desh.*	rr	. .	rr	. .	. .	. .	. .	. .	. .	. .	. .	r	Desh., 1866, *loc. cit.*, t. III, p. 293 et Desh., 1824, *Coq. foss.*, t. II, p. 496, pl. 79, fig. 14, 15.
Cancellaria subevulsa, *d'Orb.*	rr	. .	c	rr	. .	. .	. .	. .	c	c	. .	rr	Desh., 1866, *loc. cit.*, t. III, p. 104, pl. 73, fig. 21-24.
Ficula tricostata, *Desh.*	r	r	r	c	. .	. .	. .	rr	c	c	r	. .	Desh., 1824, *loc. cit.*, t. II, p. 584, pl. 79, fig. 10, 11.
Pyrula Dejaeri, *Vinc. et Rut.*	rr	. .	. .	rr	. .	. .	. .	. .	. .	. .	. .	. .	Espèce non décrite.
Fusus bulbus, *Chemn.*	rr	. .	. .	r	r	. .	. .	. .	. .	c	. .	cc	Desh., 1824, *loc. cit.*, t. II, p. 570, pl. 78, fig. 5-10, 15-18.
— costarius, var. *Desh.* (F. simplex, *Desh.*)	rr	. .	. .	. .	. .	. .	. .	. .	. .	r	. .	. .	— p. 532, pl. 73, fig. 8, 9; p. 533, pl. 76, fig. 5, 6.
— interstriatus, *Brand.*	rr	. .	. .	. .	. .	. .	. .	. .	. .	. .	. .	rr	Desh., 1866, *loc. cit.*, t. III, p. 275, pl. 85, fig. 13-16.
— longævus, *Brand.*	r	r	. .	r	. .	rr	c	. .	c	c	. .	cc	Desh., 1824, *loc. cit.*, t. II, p. 523, pl. 74, fig. 18-21.
— serratus, *Desh.*	. .	rr	. .	. .	. .	. .	rr	. .	. .	. .	. .	rr	— — p. 513, pl. 73, fig. 12, 13.
— subscalarinus, *d'Orb.*	. .	rr	r	. .	. .	. .	. .	rr	. .	rr	. .	. .	Desh., 1866, *loc. cit.*, t. III, p. 290, pl. 85, fig. 3-6.
Buccinum stromboides, *Herm.*	r	rr	. .	. .	. .	. .	r	. .	. .	c	. .	cc	Desh., 1824, *loc. cit.*, t. II, p. 647, pl. 86, fig. 8-10.
Pseudoliva aizyensis, *Wat.*	rr	. .	. .	. .	c	r	. .	. .	rr	. .	. .	. .	Watelet, 1875, *Ann. Soc. Malac. de Belg.*, t. X, p. 120,

[illegible]	[illegible]	. .	. .	. .	. .	. .	c	. .	c	c	. .	c	[illegible]
Ancillaria buccinoides, *Lmk.*	rr	. .	. .	. .	. .	. .	c	. .	c	c	. .	c	— — p. 730, pl. 97, fig. 11-14.
— canalifera, *Lmk.*	. .	. .	. .	. .	rr	. .	. .	. .	. .	. .	. .	. .	— — p. 734, pl. 96, fig. 15, 16.
Conus, *sp?*	. .	. .	rr	. .	. .	. .	. .	. .	. .	. .	. .	. .	
Pleurotoma Chapuisi, *Desh.*	. .	rr	. .	rr	. .	. .	. .	. .	. .	rr	. .	. .	Desh., 1866, *loc. cit.*, t. III, p. 399, pl. 96, fig. 35, 36.
— distans, *Desh.*	. .	. .	c	. .	. .	. .	. .	. .	. .	r	. .	. .	— — p. 372, pl. 97, fig. 7-9.
— decipiens, *Desh.*	rr	r	. .	. .	. .	. .	. .	. .	. .	c	. .	. .	— — p. 363, pl. 97, fig. 19, 20.
— Hornesi, *Desh.*	rr	r	. .	r	. .	. .	. .	. .	cc	cc	. .	. .	— — p. 362, pl. 98, fig. 28-33.
— Lajonkairi, *Desh.*	c	cc	. .	c	. .	. .	. .	. .	cc	cc	. .	. .	Desh., 1824, *loc. cit.*, t. II, p. 467, pl. 65, fig. 18-20.
— Nilsoni, *Desh.*	r	c	. .	r	. .	. .	. .	. .	. .	rr	. .	. .	Desh., 1866, *loc. cit.*, t. III, p. 382, pl. 98, fig. 1-3.
— paniselensis, *Vinc. et Rut.*	rr	. .	. .	. .	. .	. .	. .	. .	. .	. .	. .	. .	Espèce non décrite.
— Vaudini, *Desh.*	rr	. .	. .	. .	. .	. .	. .	. .	. .	r	. .	. .	Desh., 1866, *loc. cit.*, t. III, p. 357, pl. 97, fig. 24-26.
— Wateleti, *Desh.*	rr	. .	. .	. .	. .	. .	. .	. .	. .	rr	. .	. .	— — p. 360, pl. 98, fig. 16, 17.
Voluta depressa, *Lmk.*	. .	rr	rr	. .	. .	. .	. .	. .	r	r	. .	. .	Desh., 1824, *loc. cit.*, t. II, p. 688, pl. 93, fig. 14, 15.
— elevata, *Sow.*	c	c	c	c	c	c	. .	r	. .	c	c	. .	Desh., 1866, *loc. cit.*, t. III, p. 591; voyez *V. ambigua*, Lmk., Desh., 1824, *Coq. foss.*, t. II, p. 691, pl. 93, fig. 10, 11.
— plicatella, *Desh.*	c	c	. .	r	r	. .	. .	. .	. .	r	. .	. .	Desh., 1824, *loc. cit.*, t. II, p. 700, pl. 94, fig. 19, 20.
— spinosa, *Lmk.*	rr	. .	. .	rr	. .	. .	. .	. .	. .	. .	. .	cc	— — p. 690, pl. 92, fig. 7, 8.
Mitra hordeola, *Desh.*	rr	. .	. .	. .	. .	. .	. .	. .	. .	r	. .	. .	Desh., 1866, *loc. cit.*, t. III, p. 576, pl. 103, fig. 17-19.
Marginella, *sp?*	. .	. .	rr	. .	. .	. .	. .	. .	. .	. .	. .	. .	
Cypræa interposita, *Desh.*	. .	. .	r	. .	. .	. .	. .	. .	. .	rr	. .	. .	Desh., 1866, *loc. cit.*, t. III, p. 565, pl. 105, fig. 13-16.
— oviformis, *Sow.*	rr	rr	. .	. .	. .	. .	c	. .	. .	. .	r	. .	Edw., 1849, *loc. cit.*, p. 128, pl. 16, fig. 1.
Natica Blainvillei, *Desh.*	. .	. .	. .	. .	rr	. .	. .	. .	. .	c	. .	. .	Desh., 1866, *loc. cit.*, t. III, p. 38, pl. 67, fig. 1, 2.
— epiglottinoides, *Desh.*	. .	. .	. .	. .	r	. .	. .	. .	. .	c	. .	. .	— — p. 48, pl. 67, fig. 21-27.
— labellata, *Lmk.*	r	r	. .	. .	. .	. .	c	. .	. .	c	. .	c	Desh., 1824, *loc. cit.*, t. II, p. 164, pl. 20, fig. 3, 4.
— semipatula, *Desh.*	r	r	r	r	cc	cc	. .	c	. .	c	. .	. .	Desh., 1866, *loc. cit.*, t. III, p. 62, pl. 65, fig. 23-25.
— separata, *Desh.*	. .	rr	. .	. .	c	c	. .	. .	. .	c	. .	. .	— — p. 49, pl. 68, fig. 4-6.
Odostomia turbonilloides, *Desh.*	rr	. .	. .	. .	. .	. .	. .	rr	. .	r	. .	. .	Desh., 1864, *loc. cit.*, t. II, p. 561, pl. 19, fig. 12-14.
Keilostoma minor, *Desh.*	rr	. .	. .	. .	. .	. .	c	. .	. .	c	. .	. .	Desh., 1824, *loc. cit.*, t. II, p. 414, pl. 15, fig. 3-4.
Chemnitzia hordacea, *Lmk.*	rr	. .	. .	. .	. .	. .	. .	. .	. .	c	. .	r	— — p. 108, pl. 13, fig. 14, 15, 22, 23.

GENRE, ESPÈCE ET AUTEUR.	Paniselien inférieur. MONT PANISEL.	Paniselien inférieur. ENVIRONS de Bruxelles. Rive gauche de la Senne.	Paniselien inférieur. ENVIRONS de Bruxelles. Rive droite de la Senne.	Paniselien inférieur. RENAIX.	Paniselien supérieur. GAND.	Paniselien supérieur. AELTRE.	Bruxellien.	Ypresien supérieur.	Sables de Cuise. HORIZON D'AIZY.	Sables de Cuise. HORIZON DE CUISE.	London clay.	Calcaire grossier.	AUTEURS qui ont servi à la détermination.
Cerithium Leufroyi, *Mich.*	..	..	r	..	..	..	..	..	..	..	..	r	Desh., 1824, *loc. cit.*, t. II, p. 380, pl. 57, fig. 23, 24.
— *sp. n.*	..	..	rr	..	..	..	..	..	..	..	..	..	
Triforis ambiguus, *Desh.*	..	..	r	..	..	..	..	..	..	rr	..	..	Desh., 1866, *loc. cit.*, t. III, p. 240, pl. 82, fig. 15–17.
Turritella Dixoni, *Desh.*	c	c	r	..	r	..	..	..	r	r	..	..	Desh., 1864, *loc. cit.*, t. II, p. 317, pl. 14, fig 12, 13.
— edita, *Sow.*	..	..	c	..	cc	cc	..	..	..	cc	..	..	Desh., 1866, *loc. cit.*, t. III, p. 313 et t. II, p. 372, pl. 36, fig. 7, 8.
— hybrida, *Desh.*	..	..	..	..	rr	..	..	c	cc	..	..	..	Desh., 1824, *loc. cit.*, t II, p. 278, pl. 36, fig. 5, 6.
— *sp?*	..	..	c	..	..	..	..	..	..	..	..	..	
Siliquaria gracilis, *Desh.*	rr	..	rr	..	..	..	..	..	..	r	..	..	Desh., 1864, *loc. cit.*, t. II, p. 299, pl. 11, fig 5, 6.
Scalaria cerithiformis, *Wat.*	..	r	..	..	..	..	..	rr	..	r	..	..	— — p. 338, pl. 2, fig. 8, 9, 18, 19.
— contabulata, *Desh.*	rr	..	..	..	..	..	..	..	..	rr	..	..	— — p. 334, pl. 11, fig. 11, 12.
— crispa, *Lmk.*	..	..	c	..	..	..	..	..	..	..	..	r	Desh., 1824, *loc. cit.*, t. II, p. 195, pl. 22, fig. 9, 10.
— paniselensis, *Vinc. et R.*	rr	..	..	rr	..	..	..	..	..	..	..	..	Espèce non décrite.
— Servaisi, *Vinc.*	..	..	rr	..	..	..	..	..	..	..	..	..	Vinc., 1875, *Ann. Soc. mal. de Belg.*, t. X. p. 90, pl. 7, fig. 2.
Sigaretus clathratus, *Reclus.*	..	..	..	..	..	c	c	..	..	..	..	c	Desh., 1824, *loc. cit.*, t. I, p. 182, pl. 21, fig. 13, 14.
Ringicula minor, *Desh.*	..	..	..	..	..	rr	c	..	..	r	..	..	— — t. II, p. 612, pl. 40, fig. 7-9.
Littorina sulcata, *Desh.*	rr	..	..	..	..	..	rr	..	..	rr	..	rr	— — t. II, p. 262, pl. 30, fig. 19-22.
— cyclostomoides, *Desh.*	..	..	..	rr	..	..	..	..	..	..	..	r	
Solarium bimarginatum, *Desh.*	..	rr	..	..	..	..	..	..	rr	..	..	..	Desh., 1864, *loc. cit.*, t. II, p. 670, pl. 41, fig. 4-7.
— subgranulatum, *d'Orb.*	c	..	..	..	..	..	..	..	r	..	..	..	— — p. 666, pl. 41, fig. 21-25.
— suessoniense, *Wat.*	c	..	..	..	..	..	rr	r	c	c	..	..	— — p. 673, pl. 41, fig. 26-29.

Adeorbis similis, *Desh.*	..	..	rr	..	..	..	..	..	..	[illegible]	..	..	[illegible]
Fissurella sublamellosa, *Desh.*	rr	..	c	..	..	..	..	..	..	rr	..	..	— — p. 238, pl. 7, fig. 21-24.
Calyptræa suessoniensis, *d'Orb.*	c	rr	cc	..	..	..	..	..	c	c	..	..	— — p. 276, pl. 9, fig. 1, 2.
— trochiformis, *Lmk.*	..	..	..	..	..	rr	c	..	..	..	..	cc	Desh., 1824, *loc. cit.*, t. II, p. 30, pl. 4, fig. 4, 11-13.
Dentalium lucidum, *Desh.*	c	c	..	..	..	..	..	r	r	..	..	..	— — p. 214, pl. 1, fig. 18-20.
— *sp?*	..	..	rr	..	..	..	..	..	..	..	..	..	
Tornatella sulcata, *Lmk.*	r	..	..	..	..	..	r	..	..	..	..	c	Desh., 1824, *loc. cit.*, t. II, p. 187, pl. 22, fig. 3, 4.
— turgida, *Desh.*	r	..	..	..	..	..	..	..	..	rr	..	..	Desh., 1864, *loc. cit.*, t. II, p. 594, pl. 37, fig. 14-16.
Bulla cincta? *Desh.*	..	rr	..	..	..	..	..	..	..	rr	..	..	— — p. 639, pl. 39, fig. 19-21.
— consors? *Desh.*	rr	..	..	..	..	..	..	..	r	..	..	..	— — p. 635, pl. 40, fig. 16-18.
— ovulata, *Lmk.*	r	..	..	..	..	..	..	..	..	c	..	..	Desh., 1824, *loc. cit.*, t. II, p. 39, pl. 5, fig. 13-15.
— semistriata, *Desh.*	..	..	..	..	rr	rr	rr	..	..	cc	..	..	— — p. 44, pl. 5, fig. 27, 28.
Philine Vaudini, *Desh.* (Bullæa Vaudini, *Desh.*)	rr	rr	..	..	..	..	..	..	..	rr	..	..	Desh., 1864, *loc. cit.*, t. II, p. 651, pl. 36, fig. 31-35.
Lamellibranches.													
Ostrea submissa, *Desh.*	c	r	cc	c	cc	cc	..	c	..	c	..	rr	Desh., 1864, *loc. cit.*, t. II, p. 120, pl. 84, fig. 9-12.
Anomia primæva, *Desh.*	..	..	..	..	..	c	..	c	c	cc	..	..	— — p. 132, pl. 85, fig. 10-12, 27.
Avicula Wateleti, *Desh.*	..	..	..	..	r	r	..	..	c	..	..	..	— — p. 45, pl. 77, fig. 6-8.
Pecten corneus, *Sow.*	..	cc	..	c	..	..	..	cc	..	..	rr	..	Wood, 1861, *A monog. of eoc. moll.*, p. 39, pl. 9, fig. 7.
— corneus, var. laudunensis, *Desh.*	..	..	rr	..	..	..	..	cc	..	rr	rr	..	Desh., 1864, *loc. cit.*, t. II, p. 73, pl. 79, fig. 7-9.
— squamula, *Lmk.*	..	..	r	..	..	..	..	..	c	c	..	..	Desh., 1824, *loc. cit.*, t. I, p. 304, pl. 45, fig. 16, 17.
— *sp?*	..	..	rr	..	..	..	..	..	..	..	..	..	
Spondylus demissus, *Desh.*	..	..	c	..	..	..	..	r	..	rr	..	..	Desh., 1864, *loc. cit.*, t. II, p. 91, pl. 80, fig. 24-27.
Vulsella, *sp?*	..	..	rr	..	rr	..	..	..	..	..	..	..	
Pinna margaritacea, *Lmk.*	cc	cc	..	cc	r	rr	r	r	..	..	r	c	Desh., 1824, *loc. cit.*, t. I, p. 285, pl. 41, fig. 15.
Modiola Dejaeri, *Vinc. et Rut.*	r	..	..	..	..	..	..	rr	..	..	..	..	Espèce non décrite.
— quadrata, *Vinc. et Rut.*	rr	..	..	..	..	..	..	..	..	..	..	..	Espèce non décrite.

GENRE, ESPÈCE ET AUTEUR.	Paniselien inférieur. MONT PANISEL.	Paniselien inférieur. ENVIRONS de Bruxelles. Rive gauche de la Senne.	Paniselien inférieur. ENVIRONS de Bruxelles. Rive droite de la Senne.	Paniselien inférieur. RENAIX.	Paniselien supérieur. GAND.	Paniselien supérieur. AELTRE.	Bruxellien.	Ypresien supérieur.	Sables de Cuise. HORIZON D'AIZY.	Sables de Cuise. HORIZON DE CUISE.	London clay.	Calcaire grossier.	AUTEURS qui ont servi à la détermination.
Arca biangula, *Lmk.*	..	..	c	..	..	..	rr	..	..	..	..	c	Desh., 1824, *loc. cit.*, t. I, p. 198, pl. 34, fig. 1-6.
— condita, *Desh.*	rr	..	..	..	rr	r	rr	..	..	..	..	r	Desh , 1860, *Anim. S. vert.*, t. I, p. 878, pl. 66, fig. 78 et pl. 69, fig. 28-30.
— globulosa, *Desh.*	rr	..	..	..	..	..	rr	..	..	c	..	..	Desh., 1824, *loc. cit.*, t. I, p. 209, pl. 33, fig. 4-6.
Nucula fragilis, *Desh.*	r	..	..	..	c	c	rr	..	c	cc	..	..	— — p. 234, pl. 36, fig. 10-12.
— parisiensis, *Desh.*	..	..	..	c	..	..	..	..	..	..	..	cc	Desh., 1860, *loc. cit.*, t. I, p. 819 et Desh., 1824, *loc. cit.*, t I, p. 231, pl. 36, fig. 15-17.
Pectunculus polymorphus, *Desh.*	..	r	..	c	..	..	..	r	cc	cc	..	..	Desh., 1860, *loc. cit.*, t. I, p. 855, pl. 71, fig. 11; pl. 72, fig. 5, 6, 16, 17; pl. 73, fig. 3-7, 12, 13.
— tenuis, *Wat.*	..	rr	..	rr	..	..	..	..	c	..	..	..	Desh., 1860, *loc. cit.*, t. I, p. 858, pl. 73, fig. 10, 11.
Leda lævigata, *Wat.*	rr	..	..	..	..	..	..	..	..	rr	..	..	
— striata, *Lmk.*	r	rr	..	rr	c	r	c	..	..	..	..	c	Desh., 1860, *loc. cit.*, t. I, p. 829 et Desh., 1824, *loc. cit.*, t. I, p. 236, pl. 42, fig. 4-6.
Cardium fraterculus? *Desh.*	..	rr	..	..	..	..	..	..	..	..	..	r	Desh., 1860, *loc. cit.*, t. I, p. 575, pl. 54, fig. 4-6.
— Hornesi, *Desh.*	rr	rr	..	..	..	..	..	..	..	r	..	..	— — p. 574, pl. 54, fig. 9-11.
— paniseliense, *Vinc.*	cc	cc	..	..	..	..	..	..	..	..	..	..	Espèce non décrite.
— porulosum, *Brand*	r	r	r	r	cc	cc	cc	..	c	c	..	cc	Desh., 1824, *loc. cit.*, t. I, p. 169, pl. 30, fig. 1-4.
Lucina consobrina, *Desh.*	cc	rr	..	c	..	..	..	..	..	r	..	..	Desh., 1860, *loc. cit.*, t. I, p. 640, pl. 39, fig. 7, 8.
— decorata, *Desh.*	..	..	..	..	r	r	..	c	..	cc	..	..	— — p. 661, pl. 44, fig. 26-28.
— discors, *Desh.*	rr	rr	rr	..	c	c	..	r	c	c	..	..	— — p. 630, pl. 47, fig. 25-27.
— squamula, *Desh.*	cc	cc	rr	cc	cc	c	..	c	..	c	..	..	Desh., 1824, *loc. cit.*, t. I, p. 105, pl. 17, fig. 17, 18.
Erycina orbicularis, *Desh.*	..	rr	..	..	..	..	..	..	..	..	..	r	— — p. 43, pl. 6, fig. 27-30.

— salsensis, *d'Arch.*	..	..	c	..	..	..	..	..	..	rr	..	..	Desh., 1860, *loc. cit.*, t. I, p. 159, pl. 19, fig. 15, 16.
Cypricardia pectinifera, *Sow.*	r	r	..	..	..	r	..	..	..	..	r	..	Sow., *Min. Conch.*, t. V, p. 26, pl. 422, fig. 8, 9.
Cardita aizyensis, *Desh.*	r	r	..	..	c	c	..	..	c	c	..	..	Desh., 1860, *loc. cit.*, t. I, p. 762, pl. 61, fig. 32-34.
— planicosta, *Lmk.*	r	..	..	r	cc	cc	c	r	c	c	..	c	Desh., 1824, *loc. cit.*, t. I, p. 149, pl. 24, fig. 1-3.
— Prevosti, *Desh.*	c	c	c	..	..	..	r	..	..	c	..	rr	Desh., 1860, *loc. cit.*, t. I, p. 765, pl. 63, fig. 1-4.
Woodia profunda *Desh.*	cc	cc	..	c	..	r	..	..	r	r	..	..	— — p. 793, pl. 59, fig. 5-8.
Cytherea ambigua, *Desh.*	..	rr	..	r	cc	cc	..	r	cc	cc	..	..	— — p. 444, pl. 29, fig. 7-10.
— proxima, *Desh.*	cc	cc	c	cc	cc	cc	cc	r	c	c	..	..	— — p. 435, pl. 30, fig. 31-34.
— *sp?*	r	..	..	..	..	..	..	..	..	..	..	..	
Mactra Levesquei, *d'Orb.*	r	rr	..	r	..	..	..	..	rr	r	..	..	Desh., 1860, *loc. cit.*, t. I, p. 289, pl. 18, fig. 9-12.
— recondita, *Desh.*	rr	..	..	..	rr	..	..	..	..	..	..	rr	— — p. 290, pl. 18, fig. 22-25.
Tellina Dejaeri, *Vinc. et Rut.*	rr	..	..	..	..	..	..	..	..	..	..	..	Espèce non décrite.
— donacialis, *Lmk.*	r	..	..	..	..	..	..	..	..	r	..	r	Desh., 1824, *loc. cit.*, t. I, p. 83, pl. 12, fig. 7, 8.
— Edwardsi, *Desh.*	..	c	..	r	..	..	..	c	..	r	..	..	Desh., 1860, *loc. cit.*, t. I, p. 339, pl. 26, fig. 23-25.
— erycinoides, *Desh.*	rr	..	..	..	..	..	..	..	..	r	..	r	Desh., 1824, *loc. cit.*, t. I, p. 78, pl. 11, fig. 11, 12.
— hybrida, *Desh.*	..	rr	..	rr	rr	..	..	..	..	..	..	..	Desh., 1860, *loc. cit.*, t. I, p. 349, pl. 26, fig. 5, 6, 7, 12, 13.
— pseudorostralis, *d'Orb.*	r	rr	..	..	r	rr	..	..	..	..	..	..	— — p. 329, pl. 26, fig. 1-4.
Psammobia, *sp. nov.*	rr	..	..	..	rr	..	..	..	..	..	..	..	
Sanguinolaria Hollowaysi, *Sow.*	rr	..	..	..	rr	rr	..	..	..	..	..	..	Sow., *loc. cit.*, t. II, pl. 159, p. 139.
Solen angustus, *Desh.*	rr	..	..	..	..	..	..	..	rr	..	..	..	Desh., 1860, *loc. cit.*, t. I, p. 154, pl. 7, fig. 4-6.
— laversinensis, *Wat. et Lef.*	rr	..	..	..	..	..	..	..	..	rr	..	..	T. Lefèvre et Watelet, 1877, *Ann. de la Soc. mal.*, t. XII, pl. 1, fig. 1-3.
— *sp?*	..	rr	..	..	..	rr	..	..	..	..	..	..	
Cultellus fragilis, *Desm.*	..	c	..	..	..	c	..	..	..	rr	..	..	Desh., 1860, *loc. cit.*, t. I, p. 156 et Desh., 1824, *loc. cit.*, t. I, p. 26, pl. 4, fig. 3, 4.
— grignonensis, *Desh.*	..	..	..	..	..	..	rr	..	..	..	c	..	Desh., 1860, *loc. cit.*, t. I, p. 157, pl. 7, fig. 13-15.
Corbula gallicula, *Desh.*	r	c	..	..	cc	cc	r	..	c	c	..	rr	— — p. 214, pl. 14, fig. 1-6.
— regulbiensis, *Morris.*	r	c	c	..	cc	cc	..	rr	c	c	..	..	— — p. 228, pl. 12, fig. 7-11; pl. 13, fig. 1-5.
— striatina, *Desh.*	r	c	..	r	c	c	..	rr	..	c	..	..	— — p. 157, pl. 7, fig. 13-15.

GENRE, ESPÈCE ET AUTEUR.	Paniselien inférieur. MONT PANISEL.	Paniselien inférieur. ENVIRONS de Bruxelles. Rive gauche de la Senne.	Paniselien inférieur. ENVIRONS de Bruxelles. Rive droite de la Senne.	Paniselien inférieur. RENAIX.	Paniselien supérieur. GAND.	Paniselien supérieur. AELTRE.	Bruxellien.	Ypresien supérieur.	Sables de Cuise. HORIZON D'AIZY.	Sables de Cuise. HORIZON DE CUISE.	London clay.	Calcaire grossier.	AUTEURS qui ont servi à la détermination.
Thracia oblata, *Sow.*	..	rr	..	..	..	..	..	r	..	..	r	..	Sow., *loc. cit.*, t. VI, p. 66, pl. 534, fig. 5, 6.
Pholas, *sp ?*	..	..	r	..	..	..	..	..	..	..	..	..	
Teredo, *sp ?*	..	..	r	..	..	..	..	..	..	..	..	..	
Bryozoaires.													
Flustra, *sp ?*	rr	..	..	..	rr	..	..	..	..	..	..	..	
Vers.													
Serpula heptagona, *Sow.*	rr	rr	..	rr	..	rr	r	r	..	c	..	..	Sow., *loc. cit.*, pl. 634, fig. 7.
Anthozoaires.													
Turbinolia sulcata, *Lmk.*	c	cc	..	cc	r	c	cc	..	..	..	..	cc	Michelin, *Desc. des polyp. foss.*, pl. 1, fig. 4, p. 3.
Paracyathus crassus, *Edw. et Haim.*	r	..	cc	r	..	r	rr	..	..	..	..	..	Lowry, *Chart. of the charact. brit. tert. foss.*, pl. 2.
Échinodermes.													

Foraminifères.													
Nummulites planulata, *d'Orb.* . .	c	rr	rr	r	. .	. .	. .	cc	c	cc	. .	. .	d'Orb., 1826, *Ann. sc. nat.*, t. VII, p. 129.
Végétaux.													
Nipadites Burtini, *Brongn.* . . .	r	. .	rr	. .	. .	. .	c	. .	. .	. .	. .	. .	*Ann. des trav. publ. de Belg.*, t. XIV pl. 10, fig. 9-12.
Bois pétrifié	r	r	. .	r	. .	. .	c	. .	.	. .	. .	. .	Lyell, *Mém. sur les terr. tert. de la Belg. et de la Flandre française.*

36. Liste des fossiles des systèmes bruxellien et laekenien. (Éocène moyen.)

Dressée par MM. A. Rutot et G. Vincent.

GENRE, ESPÈCE ET AUTEUR.	BRUXELLIEN.	Laekenien. GRAVIER DE LA BASE.	Laekenien. COUCHE A DITRUPA.	PANISELIEN.	WEMMELIEN.	BRACKLESHAM BEDS.	CALCAIRE GROSSIER.	SABLE DE CUISE.	AUTEURS consultés pour la détermination.
Oiseaux.									
Humerus et tarse	rr	..	..	..	..	..	..	..	
Reptiles.									
Chelonia, *sp?*	..	rr	..	..	..	..	..	..	
Trionyx bruxellensis, *Winkl.*	rr	c	..	..	..	..	..	..	Winkl., 1869, *Des tortues foss. conservées dans le Musée de Teyler*, p. 135, pl. 29, 30.
Emys Camperi, *Gray.*	c	c	..	..	..	..	..	..	Winkl., 1869, *loc. cit.*, p. 129, pl. 26, 27 et 28.
Gavialis Dixoni, *Owen.*	rr	rr	..	..	..	..	..	..	Dixon, 1850, *The geol. and foss. of the tert. and crétac. form. of Sussex*, p. 208.
Palæophis typhæus, *Owen.*	r	r	..	..	..	+	..	..	Dixon, 1850, *loc. cit.*, pl. 12, fig. 14.
Poissons.									
Cœlorhynchus Burtini, *Le Hon*	..	rr	..	..	..	..	..	..	Le Hon, 1871, *Prélim. d'un mém. sur les poiss. foss. de Belg.*, p. 14.
— rectus, *Ag.*	cc	cc	..	+	..	+	..	..	Dixon, 1850, *loc. cit.*, pl. 10, fig. 14-17; pl. 11, fig. 26.

[illegible]	[illegible]	..	..	+	+	..	..	..	[illegible]
Gyrodus navicularis, *Winkl.*	r	..	..	+	+	..	..	..	— — vol. III, fasc. 1, p. 15, fig. 19-21.
Picnodus toliapicus, *Ag.*	c	cc	..	+	..	..	..	..	Ag., *Rech. sur les poiss. foss.* t. II, pl. 79*a*, fig. 55.
Silurus Egertoni, *Sow.*	r	..	..	..	..	+	..	..	Dixon, 1850, *loc. cit.*, pl. 11, fig. 11, 12 et 13.
Cestration Duponti, *Winkl.*	rr	..	..	..	..	..	..	..	Winkl., 1874, *loc. cit.*, vol. IV, fasc. 1, p. 2, fig. 1-3.
Plicodus Thielensi, *Winkl.*	r	r	..	+	..	..	..	..	Winkl., 1873, *loc. cit.*, vol. III, fasc. 4, p. 6, fig. 5.
Corax fissuratus, *Winkl.*	rr	r	..	+	..	..	..	..	— — vol. III, fasc. 4, p. 5, fig. 4.
— trituratus, *Winkl.*	rr	..	..	..	..	..	..	..	Winkl., 1874, *loc. cit.*, vol. IV, fasc. 1, p. 12, fig. 13.
Carcharodon disauris, *Ag.*	rr	c	..	+	..	..	..	..	Ag., *loc. cit.*, t. III, pl. 28, fig. 7.
Oxyrhina nova, *Winkl.*	c	r	..	..	..	..	..	..	Winkl., 1874, *loc. cit.*, vol. IV, fasc. 1, p. 7, fig. 8.
Galeocerdo latidens, *Ag.*	r	r	..	+	..	+	..	..	Ag., *loc. cit.*, t. III, pl. 26, fig. 22-23.
— minor, *Ag.*	cc	c	..	+	..	..	..	..	— — fig. 15-21.
— recticonus, *Winkl.*	cc	c	..	..	+	..	..	..	Winkl., 1873, *loc. cit.*, vol. III, fasc. 4, p. 2, fig. 1.
Notidanus, *sp?*	..	rr	..	..	..	..	..	..	
Trigonodus primus, *Winkl.*	rr	rr	..	+	..	..	..	..	Winkl., 1874, *loc. cit.*, vol. IV, fasc. 1, p. 13, fig. 18-21.
— secundus, *Winkl.*	cc	r	..	..	+	..	..	..	— — vol. IV, fasc. 1, p. 5, fig. 4, 5.
— tertius, *Winkl.*	r	r	..	..	..	..	..	..	— — vol. III, fasc. 1, p. 7, fig. 6, 7.
Lamna crassidens, *Ag.*	r	r	..	+	..	..	..	..	Ag., *loc. cit.*, t. III, pl. 35, fig. 8-21.
— cuspidata, *Ag.*	c	c	..	+	..	..	..	..	— pl. 37*a*, fig. 43-50.
— denticulata, *Ag.*	rr	rr	..	..	..	..	..	..	— pl. 37*a*, fig. 51-53.
— elegans, *Ag.*	cc	cc	..	+	+	+	..	..	— pl. 35, fig. 1-7.
— (odontaspis) gracilis, *Ag.*	r	r	..	..	..	..	..	..	— pl. 37*a*, fig. 2-4.
— verticalis, *Ag.*	c	cc	..	+	..	..	..	..	— pl. 37*a*, fig. 31, 32.
Otodus macrotus, *Ag.*	cc	cc	..	+	+	+	..	..	— pl. 32. fig. 29-31.
— Vincenti, *Winkl.*	cc	cc	..	+	..	..	..	..	Winkl., 1874, *loc. cit.*, vol. III, fasc. 1, p. 16, fig. 9, 10.
— minutissimus, *Winkl.*	cc	c	..	+	..	..	..	..	Winkl., 1873, *loc. cit*, vol. III, fasc. 4, p. 3, fig. 2.
Pristis Lathami, *Gal.*	r	r	..	+	..	..	..	..	Gal., *Mém. sur la constit. géogn. de la prov. de Brabant*, pl. 2.
Myliobates toliapicus, *Ag.*	cc	cc	..	+	..	+	..	..	Dixon, 1850, *loc. cit.*, pl. 10, fig. 3-5.
— Dixoni, *Ag.*	c	c	..	..	..	..	..	..	— — pl. 11, fig. 14.
Ætobates irregularis, *Ag.*	c	cc	..	+	+	+	..	..	— — pl. 10, fig. 6-8 et pl. 11, fig. 2-4.

GENRE, ESPÈCE ET AUTEUR.	BRUXELLIEN.	Laekenien. GRAVIER DE LA BASE.	Laekenien. COUCHE A DITRUPA.	PANISELIEN.	WEMMELIEN.	BRACKLESHAM BEDS.	CALCAIRE GROSSIER.	SABLE DE CUISE.	AUTEURS consultés pour la détermination.
Ætobates rectus, *Dixon*	c	c	..	..	+	+	..	..	Dixon, 1850, *loc. cit.*, pl. 11, fig. 8.
— sulcatus, *Ag.*	r	r	..	..	..	+	..	..	Ag., *loc. cit.*, pl. 46, fig. 4, 5.
Edaphodon Bucklandi, *Owen.*	rr	rr	..	..	..	+	..	..	— pl. 10, fig. 20, 21.
Crustacés.									
Pseudocarcinus Burtini, *Gal.*	rr	rr	..	..	..	..	..	..	Gal., *loc. cit.*, p. 48, pl. 3, fig. 3.
Scalpellum, *sp?*	rr	..	..	..	..	..	..	..	
Céphalopodes.									
Belosepia compressa, *Desh.*	rr	..	..	..	..	..	+	..	Desh., 1866, *Anim. s. vert.*, t. III, p. 616, et Desh., 1824, *loc. cit.*, t. II, p. 759, pl. 101, fig. 1-3.
— Cuvieri, *Desh.*	rr	r	..	..	+	+	+	..	Desh., 1824, *Coq. foss. des env. de Paris*, t. II, p. 758, pl. 101, fig. 7-9.
— sepioidea, *Blainv.*	c	r	..	+	..	+	+	..	Desh., 1824, *loc. cit.*, t. II, p. 757, pl. 101, fig. 10-12.
Beloptera belemnitoidea, *Blainv.*	rr	..	..	..	+	+	+	..	— — p. 761, pl. 100, fig. 4-6.
Nautilus Lamarcki, *Desh.*	c	..	rr	..	+	..	+	..	— — p. 767, pl. 100, fig. 1.
Gastéropodes.									

[illegible]	[illegible]						+		[illegible]
Murex tricarinatus, *Lmk.*	r	..	..	..	..	..	+	..	Desh., 1824, *loc. cit.*, t. II, p. 597, pl. 82, fig. 1, et Desh., 1866, *loc. cit.*, t. III, p. 317.
Triton nodularium, *Lmk.*	rr	..	..	..	..	..	..	..	Desh., 1824, *loc. cit.*, t. II, p. 613, pl. 80, fig. 39-41.
Cancellaria subevulva, *d'Orb.*	c	..	..	+	..	..	+	+	Desh., 1866, *loc. cit.*, t. III, p. 104, pl. 73, fig. 21-24.
Ficula nexilis, *Desh.*	rr	..	rr	..	+	+	+	..	Desh., 1824, *loc. cit.*, t. II, p. 582, pl. 79, fig. 1-7 et Desh., 1866, *loc. cit.*, t. III, p. 432.
Fusus angustus, *Desh.*	rr	..	..	..	..	..	+	+	Desh., 1824, *loc. cit.*, t. II, p. 543, pl. 76, fig. 30, 31.
— bulbus, *Brand.*	c	..	..	+	+	+	+	+	Brand., 1776, *Foss. ant.*, pl. 4, fig. 51.
— errans, *Sow.*	rr	..	rr	..	+	..	..	..	Sow., 1823, *Min. conch.*, p. 17, pl. 400.
— ficulneus, *Lmk.*	cc	..	..	..	..	+	+	+	Desh., 1824, *loc. cit.*, t. II, p. 572, pl. 73, fig. 21-26.
— intortus, *Lmk.*	rr	..	rr	..	..	..	+	..	Desh., 1866, *loc. cit.*, t. III, p. 261, pl. 85, fig. 11, 12, et Desh., 1824, *loc. cit.*, t. II, p. 538, pl. 73, fig. 4, 5.
— longævus, *Lmk.*	c	..	rr	+	+	+	+	+	Desh., 1824, *loc. cit.*, t. II, p. 523, pl. 74, fig. 18-21.
— maximus, *Desh.*	..	r	..	..	..	..	+	..	— — p. 526, pl. 71, fig. 11, 12.
— scalarinus, *Lmk.*	..	..	rr	..	+	..	+	..	— — p. 574, pl. 73, fig. 27, 28.
— serratus, *Desh.*	rr	..	..	+	..	+	+	..	— — p. 513, pl. 75, fig. 12, 13.
— subscalarinus, *d'Orb.*	r	..	..	..	+	..	.	+	Desh., 1866, *loc. cit.*, t. III, p. 290, pl. 85, fig. 3-6.
— sulcatus, *Desh.*	rr	..	..	..	..	..	..	+	Desh., 1824, *loc. cit.*, t. II, p. 553, pl. 76, fig. 1, 2.
Buccinum stromboides, *Herman.*	r	..	..	+	..	+	+	+	— — p. 647, pl. 86, fig. 8-10.
Pseudoliva obtusa, *Desh.*	c	..	..	+	..	+	+	+	— — p. 656, pl. 88, fig. 1, 2.
Terebra plicatula, *Lmk.*	rr	..	..	..	..	..	+	..	— — p. 660, pl. 87, fig. 25, 26.
Cassidaria coronata, *Desh.*	cc	..	..	..	..	..	..	..	— — p. 635, pl. 85, fig. 11-13.
— nodosa, *Dixon.*	cc	..	r	..	+	+	+	..	Dixon, 1850, *loc. cit.*, pl. 7, fig. 43.
Oliva mitreola, *Lmk.*	c	..	..	+	..	..	+	+	Desh., 1824, *loc. cit.*, t. II, p. 742, pl. 96, fig. 21-29.
Ancillaria canalifera, *Lmk.*	r	..	..	+	..	+	+	+	— — p. 734, pl. 96, fig. 14, 15.
— buccinoides, *Lmk.*	cc	..	r	+	+	+	+	+	— — p. 730, pl. 97, fig. 13, 14.
— olivula, *Lmk.*	r	..	..	..	..	+	+	..	— — p. 735, pl. 96, fig. 6, 7, 10, 11.
Conus Defrancei, *Desh.*	rr	..	..	..	..	..	+	..	Desh., 1866, *loc. cit.*, t. III, p. 425, pl. 100, fig. 7-9.
— deperditus, *Brug.*	r	..	..	..	..	+	+	..	Desh., 1824, *loc. cit.*, t. II, p. 745, pl. 98, fig. 1, 2.
— diversiformis, *Desh.*	c	..	..	.	..	+	+	..	— — p. 747, pl. 98, fig. 9-12.

GENRE, ESPÈCE ET AUTEUR.	BRUXELLIEN.	Laekenien. GRAVIER DE LA BASE.	Laekenien. COUCHE A DITRUPA.	PANISELIEN.	WEMMELIEN.	BRACKLESHAM BED.	CALCAIRE GROSSIER.	SABLE DE CUISE.	AUTEURS consultés pour la détermination.
Conus parisiensis, *Desh.*	rr	..	..	..	+	..	+	..	Desh., 1824, *loc. cit.*, t. II, p. 749, pl. 98, fig. 13. 14 et Desh., 1866, *loc. cit.*, t. III, p. 418.
Pleurotoma clavicularis, *Lmk.*	r	..	..	..	..	+	+	..	— — p. 437, pl. 69, fig. 9, 10, 15-18.
— curvicosta, *Desh.*	c	..	..	..	..	..	+	..	— — p. 460, pl. 63, fig. 4-6.
— decussata, *Lmk.*	rr	..	..	..	..	..	+	..	— — p. 470, pl. 65, fig. 3, 4, 5-7.
— dentata, *Lmk.*	r	..	rr	..	..	..	+	..	— — p. 452, pl. 62, fig. 3, 4, 7-8.
— granulata, *Lmk.*	rr	..	..	..	..	+	+	..	— — p. 476, pl. 67, fig. 1-3.
— Heberti, *Nyst et Le Hon*	rr	..	..	..	+	..	..	..	Nyst et Lehon, 1862, *Descript. succ.*, p. 3, et Vinc. *Ann. soc. malac. de Belg.*, t. X, pl. 9, fig. 3.
— Honi, *Nyst.*	r	..	..	..	..	..	..	..	Espèce non décrite.
— lyra, *Desh.*	rr	..	..	+	..	..	+	..	Desh., 1824, *loc. cit.*, t. II, p. 468, pl. 64, fig. 1, 2, 6, 14, 16.
— subelegans, *d'Orb.*	rr	..	..	..	..	..	..	+	Desh., 1866, *loc. cit.*, t. III, p. 398, pl. 93, fig. 20, 21.
— terebralis, *Lmk.*	rr	..	..	..	..	..	+	+	Desh., 1824, *loc. cit.*, t. II, p. 455, pl. 62, fig. 14-16.
— teretrium, *Edw.*	r	..	..	..	+	..	..	..	Edw., 1849, *Eoc. moll.*, p. 210, pl. 25, fig. 8.
— transversaria, *Lmk.*	rr	..	..	..	+	..	+	..	Desh., 1824, *loc. cit.*, t. II, p. 450, pl. 62, fig. 1, 2.
— turella, *Lmk.*	rr	..	..	..	..	..	+	+	— — p. 471, pl. 64, fig. 17-20.
Voluta athleta, *Sow.*	r	..	..	..	..	+	+	..	— — p. 689, pl. 93, fig. 12, 13.
— bicorona, *Lmk.*	c	..	..	..	..	..	+	..	— — p. 692, pl. 90, fig. 16, 17.
— bulbula, *Lmk.*	r	..	..	..	..	..	+	..	— — p. 685, pl. 90, fig. 13, 14.
— cithara, *Lmk.*	cc	..	r	..	..	+	+	..	— — p. 681, pl. 90, fig. 11, 12.
— crenulata, *Lmk.*	rr	..	..	..	..	+	+	..	— — p. 693, pl. 93, fig. 7-9.
— lineola, *Desh.*	cc	..	..	..	..	..	+	..	— — p. 686, pl. 92, fig. 11, 12.
— mixta, *Chemn.*	c	..	..	..	..	..	+	..	Desh., 1866, *loc. cit.*, t. III, p. 600.

[illegible]	[illegible]						+		[illegible]
Marginella contabulata, *Desh.*	rr						+		Desh., 1866, *loc. cit.*, t. III, p. 551, pl. 104, fig. 30-32.
— ovulata, *Lmk.*	r					+	+		Desh., 1824, *loc. cit.*, t. II, p. 709, pl. 95, fig. 12, 13.
Cypræa inflata? *Lmk.*	rr					+	+		— — p. 724, pl. 97, fig. 7, 8.
— oviformis, *Sow.*	cc				+				Edw., 1849, *loc. cit.*, p. 128, pl. 16, fig. 1.
Ovula gigantea, *Munst.*	r								Lefèvre, 1878, *Ann. de la Soc. mal. de Belg.*, t. XIII, pl. 3-6, fig. 1.
Natica canaliculata, *Desh.*	c						+		Desh., 1824, *loc. cit.*, t. II, p. 170, pl. 21, fig. 9, 10.
— Hamiltoni, *Desh.*	c							+	Desh., 1866, *loc. cit.*, t. III, p. 40, pl. 68, fig. 14-16.
— Hantoniensis, *Pilk.*	r					+	+	+	— — p. 44, pl. 68, fig. 1-3 et 29, 30.
— labellata, *Lmk.*	c			+	+	+	+	+	Desh., 1824, *loc. cit.*, t. II, p. 64, pl. 20, fig. 3, 4.
— occulta, *Desh.*	c							+	Desh., 1866, *loc. cit.*, t. III, p. 61, pl. 68, fig. 11-13.
— patula, *Desh.*	c					+	+		— — t. II, p. 169, pl. 21, fig. 3, 4.
— separata, *Desh.*	r			+				+	— — t. III, p. 49, pl. 68, fig. 4-6.
— sigaretina, *Lmk.*	c		rr				+		Desh., 1824, *loc. cit.*, t. II, p. 170, pl. 21, fig. 5, 6.
— sinuosa, *d'Orb.*	c							+	Desh., 1866, *loc. cit.*, t. III, p. 78, pl. 67, fig. 11-13.
Sigaretus clathratus, *Rec.*	r			+	+	+	+		— — p. 88.
Pyramidella calvimontana, *Desh.*	c						+		— — t. II, p. 582, pl. 21, fig. 31-34.
Odostomia turbonilloides, *Desh.*	rr			+			+	+	— — p. 561, pl. 19, fig. 12-14.
Chemnitzia hordacea, *Lmk.*	rr						+	+	Desh., 1824, *loc. cit.*, t. II, p. 108, pl. 13, fig. 14, 15, 22, 23.
Cerithium commune, *Desh.*	r						+		Desh., 1866, *loc. cit.*, t. III, p. 228, pl. 81, fig. 10-13.
— Passyi, *Desh.*	r						+		— — p. 169, pl. 74, fig. 36, 37.
— regulare, *Desh.*	r			+				+	— — p. 227, pl. 81, fig. 2-5.
— unisulcatum, *Lmk.*	cc					+	+	+	Desh., 1824, *loc. cit.*, t. II, p. 384, pl. 57, fig. 14-16.
Keilostoma minor, *Desh.*	c						+	+	Desh., 1864, *Anim. s. vert.*, t. II, p. 425.
Turritella abbreviata, *Desh.*	rr					+	+		Desh., 1824, *loc. cit.*, t. II, p. 288, pl. 38, fig. 8, 9.
— brevis, *Sow.*			c		+				Sow., 1814, *loc. cit.*, t. I, p. 110, pl. 51, fig. 3.
— imbricataria, *Lmk.*	rr					+	+		Desh., 1824, *loc. cit.*, t. II, p. 271, pl. 35, fig. 1, 2.
— Lamarcki, *Desh.*			rr				+		Desh., 1864, *loc. cit.*, t. II, p. 314, pl. 45, fig. 6-8.
— mitis, *Desh.*	rr						+		— — p. 320, pl. 14, fig. 20, 21, pl. 15, fig. 29, 30.

GENRE, ESPÈCE ET AUTEUR.	BRUXELLIEN.	Laekenien. Gravier de la base.	Laekenien. Couche à Ditrupa.	PANISELIEN.	WEMMELIEN.	BRACKLESHAM BEDS.	CALCAIRE GROSSIER.	SABLE DE CUISE.	AUTEURS consultés pour la détermination.
Turritella multisulcata, *Lmk.*	rr	..	r	..	..	+	+	..	Desh., 1824, *loc. cit.*, t. II, p. 288, pl. 38, fig. 10-12.
— terebellata, *Lmk.*	cc	..	..	..	..	+	+	..	— — p. 279, pl. 35, fig. 3 et 4.
— Wateleti, *Desh.*	cc	..	..	..	..	..	..	+	Desh., 1864, *loc. cit.*, t. II, p. 325, pl. 15, fig. 9-12.
Vermetus Nysti, *Galeott.*	..	r	..	..	+	..	..	..	Gal., *loc. cit.*, pl. 4, fig. 1.
Scalaria bruxelliensis, *Nyst.*	r	..	..	..	..	..	..	..	Nyst, 1871, *Ann. Soc. mal. de Belg.*, t. VI, pl. 5, fig. 2.
— Gilsoni, *Vinc.*	rr	..	..	..	..	..	..	..	Espèce non décrite.
— Gorisseni, *Nyst.*	..	..	rr	..	..	..	..	..	Nyst, 1871, *loc. cit.*, t. VI, pl. 5, fig. 5.
— Honi, *Nyst.*	..	..	r	..	..	..	..	..	— — pl. 5, fig. 6.
— striatula, *Desh.*	rr	..	..	..	..	..	+	..	Desh., 1824, *loc. cit.*, t. II, p. 199, pl. 25, fig. 6-8.
— tenuicosta, *Vinc.*	rr	..	..	..	..	..	..	..	Vinc., 1875, *loc. cit.*, t. X, pl. 7, fig. 5.
— Vincenti, *Nyst.*	rr	..	rr	..	..	..	..	..	Nyst, 1871, *loc. cit.*, t. VI, pl. 5, fig. 4.
Littorina sulcata, *Desh.*	rr	..	..	+	..	..	+	+	Desh., 1864, *loc. cit.*, t. II, p. 366.
Solarium distinctum, *Vinc. et Rut.*	cc	..	..	..	..	..	..	..	Espèce non décrite.
— plicatum, *Lmk.*	rr	..	..	..	..	+	+	..	Desh., 1824, *loc. cit.*, t. II, p. 219, pl. 25, fig. 16-18.
— subgranulatum, *d'Orb.*	c	..	..	+	..	..	..	+	Desh., 1864, *loc. cit.*, t. II, p. 666, pl. 41, fig. 21-25.
Bifrontia laudunensis, *Desh.*	rr	..	..	+	..	+	..	+	Desh., 1824, *loc. cit.*, t. II, p. 226, pl. 26, fig. 15, 16.
Phorus agglutinans, *Lmk.*	c	..	r	..	+	+	+	..	— — p. 241, pl. 31, fig. 8-10.
Parmophorus radiolatus, *Desh.*	..	..	rr	..	..	..	+	..	Desh., 1864, *loc. cit.*, t. II, p. 254, pl. 4, fig. 9-11.
Nerita tricarinata, *Lmk.*	rr	..	..	..	..	+	+	+	Desh., 1824, *loc. cit.*, t. II, p. 160, pl. 19, fig. 9, 10.
Turbo squamulosus, *Lmk.*	rr	..	..	..	..	..	+	..	— — p. 251, pl. 32, fig. 4-7.
Phasianella turbinoides, *Lmk.*	rr	..	..	..	..	..	+	..	— — p. 265, pl. 40, fig. 1-4.
Teinostoma rotellæformis, *Desh.*	rr	..	..	..	..	..	+	..	Desh., 1864, *loc. cit.*, t. II, p. 921, pl. 63, fig. 21-23.

Dentalium eburneum, *L.*	+	cc	..	..	..	+	+	..	— [illegible]
— lucidum, *Desh.*	c	..	..	+	..	..	..	+	— — p. 214, pl. 1, fig. 18-20.
— substriatum? *Desh.*	..	..	rr	..	+	..	+	..	— — p. 208, pl. 2, fig. 5-7.
Gadus bilabiatus, *Desh.*	rr	..	..	..	..	..	+	..	— — p. 219, pl. 3, fig. 22-24.
Niso terebellata, *Desh.*	rr	..	..	..	..	+	+	..	— — p. 546.
Tornatella aizyensis, *Desh.*	c	..	..	..	..	..	..	+	— — p. 597, pl. 37, fig. 29-31, pl. 38, fig. 1-3.
— Ferrussaci, *Desh.*	c	..	..	..	..	..	+	..	— — p. 594.
— simulata, *Brand.*	..	..	rr	..	+	..	..	..	Sow., 1817, *loc. cit.*, t. II, p. 144, pl. 163, fig. 8-11.
— sulcata, *Lmk.*	r	..	rr	+	..	+	+	..	Desh., 1824, *loc. cit.*, t. II, p. 187, pl. 22, fig. 3, 4.
Ringicula ringens, *Desh.*	c	..	..	..	+	+	+	.	Desh., 1864, *loc. cit.*, t. II, p. 611.
Bulla conica, *Desh.* V. ultima, *Vinc. et Rut.*	..	..	rr	..	+	+	..	..	Variété non décrite.
— cylindroides, *Desh.*	cc	..	..	..	..	..	+	+	Desh., 1824, *loc. cit.*, t. II, p. 40, pl. 5, fig. 22-24.
— semistriata, *Desh.*	r	..	..	+	..	..	+	+	— — p. 44, pl. 5, fig. 27-28.
Bullæa expansa, *Dixon.*	..	..	rr	..	+	+	..	..	Desh., 1864, *loc. cit.*, t. II, p. 651, pl. 36, fig. 27-30.
Lamellibranches.									
Teredo Burtini, *Desh.* (Tered. parisiensis, *Desh.*).	c	..	r	..	..	..	..	..	Desh., 1860, *Ann. s. vert.*, t. I, p. 115, pl. 3, fig. 1-4.
— vermicularis, *Desh.*	..	r	..	..	+	..	..	..	— — p. 117, pl. 3, fig. 19, 20.
Gastrochæna Udekemi, *Nyst*	rr	..	..	..	..	..	..	..	Espèce non décrite.
Pholas laekeniensis, *Vinc. et Rut.*	..	rr	..	..	..	..	..	..	Ibidem.
— vulgaris, *Vinc. et Rut.*	..	c	..	..	..	..	..	..	Ibidem.
Clavagella coronata, *Desh.*	..	..	rr	..	+	..	..	..	Desh., 1860, *loc. cit.*, t. I, p. 89, pl. 1, fig. 5-15.
Solen proximus, *Desh.*	c	..	..	..	+	..	+	..	— — p. 150, pl. 7, fig. 7-9.
— vaginalis, *Desh.*	rr	..	rr	..	+	..	+	..	Desh., 1824, *loc. cit.*, t. I, p. 25, pl. 2, fig. 20, 21 et Desh., 1860, *loc. cit.*, t. I, p. 152.
Cultellus grignonensis, *Desh.*	rr	..	..	+	..	..	+	..	Desh., 1860, *loc. cit.*, t. I, p. 157, pl. 7, fig. 13-15.
Solecurtus Deshayesi, *Desm.*	..	..	rr	..	+	+	+	..	— — p. 160. Voyez Desh., 1824, *loc. cit.*, t. I, p. 27, pl. 2, fig. 22, 23.

GENRE, ESPÈCE ET AUTEUR.	BRUXELLIEN.	Laekenien. Gravier de la base.	Laekenien. Couche à Ditrupa.	PANISELIEN.	WEMMELIEN.	BRACKLESHAM BEDS.	CALCAIRE GROSSIER.	SABLE DE CUISE.	AUTEURS consultés pour la détermination.
Pholadomya virgulosa, *Sow.*	rr	rr	rr	..	..	..	..	+	Dixon, 1850, *loc. cit.*, p. 116, pl. 14, fig. 31.
Thracia cornuta, *Vinc. et Rut.*	rr	..	..	..	..	..	..	..	Espèce non décrite.
— sulcata, *Sow.*	..	..	rr	..	..	+	..	..	Sow., 1840, *Min. conch.*, t. VII, tab. 632, fig. 3.
Panopæa corrugata, *Dixon.*	..	..	rr	..	+	+	..	..	Dixon, 1850, *loc. cit.*, p. 224, pl. 11, fig. 12.
Mactra semisulcata, *Lmk.*	cc	..	..	..	..	+	+	..	Desh., 1824, *loc. cit.*, t. I, p. 31, pl. 4, fig. 7-10.
Corbula gallica, *Lmk.*	cc	..	..	..	+	+	+	..	— — p. 49, pl. 7, fig. 1-3.
— gallicula, *Desh.*	cc	..	..	+	..	..	+	+	Desh., 1860, *loc. cit.*, t. III, p. 214, pl. 14, fig. 1-6.
— Lamarcki, *Desh.*	cc	..	..	..	+	+	+	..	Desh., 1824, *loc. cit.*, t. I, p. 53, pl. 8, fig. 1-3; pl. 9, fig. 1-5.
— pisum, *Sow.*	..	..	rr	..	+	..	..	..	Sow., 1818, *loc. cit.*, pl. 209, fig. 4.
— rugosa, *Lmk.*	cc	..	..	..	..	+	+	..	Desh., 1824, *loc. cit*, t. I, p. 51, fig. 16, 17-21.
Poromya argentea, *Lmk.*	..	..	rr	..	+	..	+	+	— — p. 56, pl. 8, fig. 26-30 et Desh., 1860, *loc. cit.*, t. I, p. 252.
Syndosmya pusilla, *Desh.*	rr	..	..	..	..	..	+	..	— — p. 43, pl. 6, fig. 10-12 et Desh., 1860, *loc. cit.*, t. I, p. 312.
Tellina exclusa, *Desh.*	rr	..	..	..	..	..	+	+	— — p. 111, nº 6, pl. 18, fig. 9-11 et Desh., 1860, *loc. cit.*, t. I, p. 333.
— filosa, *Sow.*	..	..	r	..	+	..	..	..	Sow., 1823, *loc. cit.*, t. 402, fig. 2.
— hybrida, *Desh.*	c	..	..	+	..	..	..	+	Desh., 1860, *loc. cit.*, t. I, p. 349, pl. 26, fig. 5, 6, 12, 13.
— pellicula, *Desh.*	rr	..	..	..	+	..	+	+	Desh., 1824, *loc. cit.*, t. I, p. 28, pl. 2, fig. 26, 27 et Desh., 1860, *loc. cit.*, t. I, p. 352.
— rostralina, *Desh.*	rr	..	..	..	..	..	+	..	— — p. 82, nº 12, pl. 12, fig. 13-15.
— rostralis, *Lmk.*	c	..	r	..	+	..	+	..	— — p. 80, nº 6, pl. 11, fig. 1, 2.
— scalaroides, *Lmk.*	..	..	r	..	..	+	+	..	— — p. 81, nº 10, pl. 12, fig. 9, 10.
— textilis, *Edw.*	..	..	r	[illegible]	+	+	[illegible]	[illegible]	Dixon, 1850, *loc. cit.*, t. III, fig. 11 [illegible]

Donax bruxellensis, *Vinc. et Rut.*	rr	..	..	..	..	..	..	+	[illegible]
— nitida, *Lmk.*	cc	..	..	..	..	..	+	+	Desh., 1824, *loc. cit.*, t. I, p. 112, pl. 18, fig. 3, 4.
Cytherea calvimontana, *Desh.*	rr	..	..	..	..	..	+	..	Desh., 1860, *loc. cit.*, t. I, p. 449, pl. 30, fig. 26-30.
— circularis, *Desh.*	rr	..	..	..	..	..	+	..	— — p. 477, pl. 33, fig. 23-26.
— lævigata, *Lmk.*	c	..	rr	..	..	..	+	..	Desh., 1824, *loc. cit.*, t. I, p. 118, pl. 20, fig. 11, 12.
— multisulcata, *Desh.*	c	..	..	..	..	..	+	..	— — p. 133, pl. 21, fig. 14, 15.
— nitidula, *Lmk.*	c	..	..	..	..	+	+	..	— — p. 134, pl. 24, fig. 3, 4, 6.
— parisiensis, *Desh.*	r	..	..	..	..	+	+	..	Desh., 1860, *loc. cit.*, t. I, p. 441, pl. 29, fig. 29-32.
— proxima, *Desh.*	cc	..	..	+	..	..	..	+	— — p. 435, pl. 30, fig. 31-34.
— suberycinoides, *Desh.*	rr	..	rr	..	+	+	+	..	Desh., 1824, *loc. cit.*, t. I, p. 129, nº 2, pl. 22, fig. 8. 9.
— tellinaria, *Lmk.*	c	..	..	..	..	..	+	..	— — p. 130, pl. 22, fig. 4, 5.
Cypricardia parisiensis, *Desh.*	rr	..	..	..	..	+	+	..	Desh., 1860, *loc. cit.*, t. I, p. 534 et Desh., 1824, *loc. cit.*, t. I, p. 185, pl. 31, fig. 3, 4.
— pectinifera, *Sow.*	r	..	.	+	+	..	..	..	Nyst., 1843, *Coq. et polyp. foss. de Belg.*, p. 202, pl. 11, fig. 8.
Cardium porulosum, *Lmk.*	cc	..	r	+	+	+	+	+	Desh., 1824, *loc. cit.*, t. I, p. 169, pl. 30, fig. 1-4.
— semigranulatum ? *Sow.*	r	..	..	..	..	..	..	..	Dixon, 1850, *loc. cit.*, p. 168, pl. 11, fig. 20.
Chama calcarata, *Lmk.*	rr	..	+	..	..	+	+	..	Desh., 1824, *loc. cit.*, t. I, p. 246, pl. 38, fig. 5, 6, 7.
Sportella dubia, *Desh.*	r	..	..	..	..	..	+	..	Desh., 1860, *loc. cit.*, t. I, p. 595, et Desh., 1824, *loc. cit.*, t. I, p. 76, pl. 10, fig. 13, 14.
Diplodonta profonda, *Desh.*	r	..	..	..	..	..	+	..	— — p. 617, pl. 46, fig. 30-33.
— puncturata, *Nyst.*	..	..	rr	..	+	..	..	..	Espèce non décrite.
Fimbria lamellosa, *Lmk.*	..	r	rr	..	+	..	+	..	Desh., 1860, *loc. cit.*, t. I, p. 606, et Desh., 1824, *loc. cit.*, t. I, p. 88, pl. XIV, fig. 1-3.
Lucina albella, *Lmk.*	cc	..	..	..	..	..	+	..	Desh., 1824, *loc. cit.*, t. I, p. 95, pl. 17, fig. 1, 2.
— discors ? *Desh.*	cc	..	..	+	..	..	..	+	Desh., 1860, *loc. cit.*, t. I, p. 630, pl. 47, fig. 25-27.
— elegans, *Defr.*	cc	..	rr	..	+	+	+	..	— — p. 638, et Desh., 1824, *loc. cit.*, t. I, p. 101, pl. 14, fig. 10, 11.
— Galeottiana, *Nyst.*	..	..	rr	..	+	..	..	..	Nyst., 1843, *loc. cit.*, p. 133, pl. 6, fig. 10.
— gibbosula, *Lmk.*	r	..	..	..	..	..	+	..	Desh., 1824, *loc. cit.*, t. I, p. 93, pl. 15, fig. 1, 2.
— mutabilis, *Lmk.*	..	c	..	..	..	..	+	..	Desh., 1860, *loc. cit.*, t. I, p. 679, pl. 41, fig. 7-9.
— pulchella, *Ag.*	cc	..	..	..	..	..	+	..	— — p. 629, et Desh., 1824, *loc. cit.*, t. I, p. 105, pl. 14, fig. 8, 9.

GENRE, ESPÈCE ET AUTEUR.	BRUXELLIEN.	Laekenien. GRAVIER DE LA BASE.	Laekenien. COUCHE A DITRUPA.	PANISELIEN.	WEMMELIEN.	BRACKLESHAM BEDS.	CALCAIRE GROSSIER.	SABLE DE CUISE.	AUTEURS consultés pour la détermination.
Lucina sulcata, *Lmk.*	cc	..	..	..	..	..	+	..	Desh., 1824, *loc. cit.*, t. I, p. 97, pl. 14, fig. 12, 13.
— Volderiana, *Nyst.*	c	..	..	..	..	..	..	..	Nyst., 1843, *loc. cit.*, p. 122, pl. 6, fig. 5.
Erycina donaciformis. *Desh.*	rr	..	..	..	..	..	+	..	Desh., 1860, *loc. cit.*, t. I, p. 725, pl. 50, fig. 12-14.
— nitida, *Caill.*	rr	..	..	..	..	..	+	..	— — p. 705, pl. 50, fig. 8-11.
— pellucida, *Lmk.*	rr	..	..	..	..	..	+	..	Desh., 1824, *loc. cit.*, t. I, p. 43, fig. 19-21.
— radiolata, *Lmk.*	r	..	..	..	..	..	+	..	— — p. 41, pl. 6, fig. 1-3.
Crassatella Nystana, *d'Orb.*	rr	..	rr	..	+	..	..	..	d'Orb., *loc. cit.*, 25me étage nº 906, et Nyst., *Coq. tert. de Belg.* p. 86, pl. 4, fig. 4.
Cardita bruxellensis, *Vinc. et Rut.*	r	..	..	..	..	..	..	..	Espèce non décrite.
— decussata, *Lmk.*	cc	..	..	+	..	..	+	+	Desh., 1860, *l. c.*, t. I, p. 778, et Desh., 1824, *l. c.*, t. I, p. 159, pl. 26, f. 7, 8.
— planicosta, *Lmk.*	c	..	..	+	..	+	+	+	— — p. 756, et Desh., 1824, *loc. cit.*, t. I, p. 149, pl. 24, fig. 1-3.
— Prevosti, *Desh.*	r	..	..	+	..	..	+	+	— — p. 765, pl. 63, fig. 1-4.
Goodalia miliaris, *Desh.*	r	..	..	..	..	..	+	..	— — p. 783, pl. 16bis, fig. 31-33, et Desh., 1824, *loc. cit.*, t. I, p. 41, pl. 6, fig. 22-25.
Lutetia parisiensis, *Desh.*	rr	..	..	..	+	..	+	..	— — p. 789, pl. 16bis, fig. 34-36.
Woodia crenulata, *Desh.*	rr	..	..	..	..	..	+	..	— — p. 792, pl. 59, fig. 9-11.
Nucula Bronni, *Desh.*	cc	..	..	..	..	..	+	..	— — p. 817, pl. 64, fig. 9, 10, 12, 15.
— fragilis, *Desh.*	r	..	..	+	..	..	..	+	Desh., 1824, *loc. cit.*, t. I, p. 234, pl. 36, fig. 10-12.
Leda striata, *Lmk.*	r	..	rr	+	+	..	+	..	Desh., 1860, *loc. cit.*, t. I, p. 829, et Desh., 1824, *loc. cit.*, t. I, p. 236, pl. 42, fig. 4-6.
Limopsis granulatus, *Lmk.*	c	..	..	..	+	+	+	..	— — p. 842, et Desh., 1860, *loc. cit.*, t. I, p. 227, pl. 35, fig. 4-6.
Pectunculus dispar, *Defr.*	cc	..	..	..	..	..	+	..	Desh., 1824, *loc. cit.*, t. I, p. 223, pl. 35, fig. 7-9.

[illegible]						+	+		[illegible]
Modiola Deshayesi, *Dixon*.	..	r	..	..	..	+	+	..	Desh., 1864, *loc. cit.*, t. II, p. 18, et Desh., 1824, *loc. cit.*, t. I, p. 266, pl. 38, fig. 10-12.
— nuculæformis, *Nyst. et Lmk.*	..	..	r	..	+	..	..	..	Le H. et Nyst, 1862, *Descript. succ. de quelq. nouv. esp. anim.*, p. 7.
— pectinata, *Lmk.*	..	r	..	..	..	..	+	..	Desh., 1824, *loc. cit.*, t. I, p. 259, pl. 39, fig. 6, 7 et pl. 41, fig. 1-3.
— seminuda, *Desh.*	rr	..	..	..	+	..	+	..	Desh., 1860, *loc. cit.*, t. I, p. 264, pl. 39, fig. 20-22.
Pinna margaritacea, *Lmk.*	rr	..	rr	+	+	+	+	..	Desh., 1824, *loc. cit.*, t. I, p. 285, pl. 41, fig. 15.
Avicula fragilis, *Desh.*	r	..	..	..	..	..	+	..	— — p. 289, pl. 42, fig. 10, 11.
— *sp?*	r	..	..	..	..	..	..	..	
Crenella cucullata, *Desh.*	rr	..	..	..	..	..	+	..	Desh., 1864, *loc. cit.*, t. II, p. 7, pl. 76, fig. 10-12.
Lima obliqua, *Lmk.*	..	..	r	..	..	..	+	..	Desh., 1824, *loc. cit.*, t. I, p. 298, pl. 43, fig. 9-11.
Pecten corneus, *Sow.*	..	c	c	+	+	+	..	..	Wood., 1861, *A monogr. of the coc. moll.*, p. 39, pl. 9, fig. 7*a*, *d*.
— duplicatus? *Sow.*	..	c	..	..	..	..	..	..	— — — p. 4, pl. 8, fig. 10 et pl. 10, fig. 3.
— Honi, *Nyst.*	..	r	..	..	+	..	..	..	Espèce non décrite.
— laekeniensis, *Vinc. et Rut.*	..	r	..	..	..	..	..	..	Espèce non décrite.
— nitidulus, *Vinc.*	..	c	..	..	..	..	..	..	Vinc., 1872, *Ann. de la Soc. malac. de Belg.*, t. VII, pl. 1.
— parisiensis, *d'Orb.*	rr	cc	c	..	..	..	+	..	Desh., 1864, *loc. cit.*, t. II, p. 81, et Desh., 1824, *loc. cit.*, t. I, p. 305, pl. 44, fig. 16-18.
— plebeius, *Lmk.*	rr	cc	c	..	..	+	+	..	Desh., 1824, *loc. cit.*, t. I, p. 309, pl. 44, fig. 1-4.
Spondylus radula, *Lmk.*	rr	cc	..	..	..	..	+	..	— — p. 320, pl. 46, fig. 1-5, et pl. 45, fig. 21.
— rarispinus, *Desh.*	..	cc	..	..	..	+	+	..	— — p. 321, pl. 46, fig. 6, 10.
Vulsella deperdita, *Lmk.*	..	cc	c	..	..	..	+	..	— — p. 374, pl. 45, fig. 4, 5, 6.
Ostrea cymbula, *Lmk.*	cc	cc	c	..	..	..	+	..	— — p. 367, pl. 53, fig. 2-4 et pl. 57, fig. 8.
— gigantica, *Brand.*	..	r	..	..	+	..	+	..	Desh., 1864, *l. c.*, t. II, p. 108, et Desh., 1824, *l. c.*, t. I, p. 336, pl. 52, 53, fig. 1.
— gryphina, *Desh.*	..	cc	cc	..	+	..	..	..	Desh., 1824, *loc. cit.*, t. I, p. 360, pl. 62, fig. 1, 2, pl. 59, fig. 1, 2.
— uncinata, *Lmk.*	rr	c	..	..	..	..	+	..	— — p. 371, pl. 47, fig. 7-11.
Anomia sublævigata, *d'Orb.*	rr	cc	cc	..	+	..	..	..	d'Orb., *loc. cit.*, 25me étage nº 1149 et Nyst, 1843, *loc. cit.*, pl. 24.
Brachiopodes.									
Terebratula bisinuata, *Lmk.*	..	rr	rr	..	..	..	+	..	Desh., 1824, *loc. cit.*, t. I, p. 389, pl. 65, fig. 1, 2.

GENRE, ESPÈCE ET AUTEUR.	BRUXELLIEN.	Laekenien. GRAVIER DE LA BASE	Laekenien. COUCHE A DITRUPA.	PANISELIEN.	WEMMELIEN.	BRACKLESHAM BEDS.	CALCAIRE GROSSIER.	SABLE DE CUISE.	AUTEURS consultés pour la détermination.
Terebratula Kickxi, *Nyst*.	..	cc	rr	..	+	..	..	..	Gal., 1838, *loc. cit.*, p. 61, pl. 4, fig. 15.
— Putoni, *Laudon*.	..	..	rr	..	..	..	+	..	Desh., 1864, *loc. cit.*, t. II, p. 149, pl. 86, fig. 16-21.
Crania Adani, *de Malzine*.	..	c	..	..	..	..	..	..	Demalz., *Ann. de la Soc. mal. de Belg.*, 1866-67, t. II, pl. 2, fig. 1-4.
Bryozoaires.									
Lunulites radiata, *Lmk*.	..	r	..	..	+	..	..	..	Michelin, 1844, *Desc., des pol. f. du bass. de Paris*, p. 26, pl. 4, f. 5.
Cellepora petiolus, *Dixon*.	rr	rr	..	..	+	..	..	..	Dixon, 1850, *loc. cit.*, pl. 1, fig. 10.
Chrysisina coronopus, *Defr*.	..	c	..	..	..	..	..	..	Michelin, 1844, *loc. cit.*, p. 24, pl. 4, fig. 16.
Hornera hyppolythus, *Defr*.	..	cc	..	..	..	..	..	..	— — p. 20, pl. 4, fig. 18.
Eschara damæcornis? *Mich*.	..	c	..	..	..	..	..	..	— — p. 25, pl. 4, fig. 25.
— excavata? *Mich*.	..	r	..	..	..	..	..	..	— — p. 26, pl. 4, fig. 17.
Pyripora contexta, *Goldf*.	cc	cc	..	..	+	..	..	..	Nyst, 1843, *loc. cit.*, p. 617, pl. 48, fig. 1.
Tubulipora grignonensis, *Lmk*.	..	c	c	..	..	..	..	..	Michelin, 1844, *loc. cit.*, p. 21, pl. 4, fig. 7.
— stelliformis, *Mich*.	..	c	..	..	..	..	..	..	— — p. 21, pl. 4, fig. 8.
Annélides.									
Serpula heptagona, *Sow*.	r	..	..	+	+	..	..	+	Sow., *Min. conch.*, pl. 634, fig. 7.
— quadrangularis, *Gal*.	..	c	..	..	..	..	..	..	Gal., 1843, *loc. cit.*, p. 50, pl. 3, fig. 5.
— triangularis, *Gal*.	..	cc	..	..	..	..	..	..	— p. 67, pl. 3, fig. 6.
Ditrupa strangulata, *Desh*.	..	cc	cc	..	+	..	+	..	— pl. 4, fig. 7.
Échinodermes.									
Cyphosoma tertiarum, *Le Hon*	..	..	rr	..	..	..	..	..	Cotteau, *Desc.* *Mém.* [illegible]

Echinocyamus propinquus, *Gal.*	r	..	c	..	..	..	..	..	— — pl. 3, fig. 14-18, p. 39.
— gracilis, *Cott.*	..	..	rr	..	..	..	..	..	— — pl. 3, fig. 19-22, p. 40.
Lenita patellaris, *Leske.*	..	..	cc	..	..	..	+	..	— — pl. 4, fig. 1-5, p. 44.
Scutellina lenticularis, *Lk.*	..	..	rr	..	..	..	..	..	— — pl. 4, fig. 6-10, p. 47.
— rotunda, *Gal.*	c	..	cc	..	..	..	..	..	— — pl. 4, fig. 11-23, p. 50.
Brissopsis Bruxellensis, *Cott.*	rr	..	..	..	..	..	..	..	— — pl. 4, fig. 25-28, p. 55.
Chizaster acuminatus, *Goldf.*	..	r	c	+	+	..	..	..	— — pl. 5, fig. 8-17, p. 65.
Spatangus pes-equuli, *Le H.*	cc	..	..	..	..	..	..	..	— — pl. 6, fig. 4-10, p. 72.
Maretia grignonensis, *Desm.*	cc	c	c	+	+	..	..	..	— — pl. 6, fig. 11-18, p. 75.
Anthozoaires.									
Turbinolia sulcata, *Lmk.*	cc	..	rr	+	+	..	+	..	Michelin, 1844, *loc. cit.*, p. 3, pl. 1, fig. 4.
Eupsammia trochiformis, *Edw. et Haim.*	..	..	rr	..	..	..	+	..	Edwards et Haime, 1848, *Ann. des Sc. nat.*, t. X, p. 78, pl. 1, fig. 3.
Sphenotrochus crispus, *Lmk.*	cc	..	rr	..	..	..	+	..	— — — p. 241.
Paracyathus crassus, *Edw. et Haim.*	rr	..	..	+	..	..	+	..	Lowry., *Chart of the charact. brit. foss.*, pl. 2.
Amorphozoaires.									
Stelleta discoidea, *Rut.*	cc	..	..	..	..	..	..	..	Rutot, *Ann. de la Soc. malac. de Belg.*, 1874, t. IX, pl. 3.
Dysidea tubulata, *Rut.*	cc	..	..	+	..	..	..	..	— — —
Foraminifères.									
Nummulites lævigata, *Lmk.*	..	cc	..	..	..	..	+	..	Lmk., 1806, *Ann. Museum*, vol. VIII, pl. 62, fig. 10.
— lævigata, var. scabra, *Lk.*	..	cc	..	..	..	..	+	..	D'Archiac et Haime, *Monog. des Numm.*, p. 107, pl. 4, fig. 9-12.
— Heberti, *d'Arch.*	..	..	cc	..	+	..	..	..	— — p. 147, pl. 9, fig. 14, 15.
— variolaria, *Lmk.*	..	..	c	..	+	..	..	..	Sow., *loc. cit.*, pl. 538, fig. 3.
Orbitolites complanata, *Lmk.*	..	..	c	..	..	..	+	..	Michelin, 1844, *loc. cit.*, p. 19, pl. 4, fig. 4.
Végétaux.									
Caulinites parisiensis, *A. Brongt.*	r	..	c	..	+	..	+	..	Watelet, *Descript. des plantes foss. du bass. de Paris*, pl. 20, fig. 1-3.
Nipadites Burtini, *Cuv. et Brongn.*	r	..	..	+	+	..	..	..	Lyell., 1852, *loc. cit.*, pl. 19, fig. 1, 2 et pl. 20, fig. 78.

37. Liste des fossiles du système wemmelien. (Éocène supérieur.)

Dressée par MM. A. Rutot et G. Vincent.

GENRE, ESPÈCE ET AUTEUR.	DEGRÉ D'ABONDANCE OU DE RARETÉ.	SYST. WEMMELIEN. Gravier de la base.	SYST. WEMMELIEN. Sables de Wemmel.	SYST. WEMMELIEN. Argile glauconifère. Bande noire et banc à Numm.	SYST. WEMMELIEN. Argile glauconifère. Masse de l'argile glauconifère	LAEKENIEN.	TONGRIEN.	ARGILE DE BARTON.	SABLES MOYENS.	CALCAIRE GROSSIER.	BRACKLESHAM BEDS	AUTEURS consultés pour la détermination.
Reptiles.												
Débris de Chéloniens	rr	—	+	+	—	—	—	—	—	—	—	
Poissons												
Dentex lackeniensis, *Van Ben.* . .	rr	—	+	+	—	—	—	—	—	—	—	Van Ben., 1872. *Bull. de l'Acad. royale de Belg.*, 2e série, t. XXXIV, p. 249.
Galeocerdo latidens, *Ag.* . . .	rr	—	+	—	—	+	—	—	—	—	+	Ag., *Recherch. sur les poissons foss.*, 1833-43, t. III, pl. 26, fig. 22, 23.
Otodus macrotus, *Ag.*	r	+	+	—	—	+	+	—	—	—	+	Ag., *loc. cit.*, t. III, pl. 32, fig. 29-31.
Lamna cuspidata, *Ag.* . . .	rr	—	+	+	—	+	+	—	—	—	—	— pl 37*a*, fig. 43-50.
— elegaus, *Ag.*	r	+	+	+	—	+	+	—	—	—	+	— pl. 35, fig. 1-7.
Gyrodus navicularis, *Wink.* . .	rr	—	—	+	—	—	—	—	—	—	—	Winkl., 1874, *Arch. du Musée Teyler*, vol. III, fasc. 1, p. 15, fig. 19-21.
Ætobates irregularis, *Ag* . .	rr	—	—	+	—	+	—	—	—	—	—	**Dixon, 1850, *The geol. and foss. of the tert. and cretac.*** [illegible]

Xanthopsis wemmelensis, *Lef.*	rr	—	+	+	—	+	—	—	—	—	—	Espèce non décrite.
Céphalopodes.												
Belosepia Blainvillei, *Desh.* . .	c	+	+	+	+	+	—	—	+	—	—	Desh., 1824, *Coq. foss. des env. de Paris*, t. II, p. 758, pl. 101, fig. 13-15.
— Cuvieri, *Desh.* . . .	r	—	+	+	—	+	—	—	—	+	+	Desh., 1824. *loc. cit.*, t. II, p. 758, pl. 101, fig. 7-9.
Beloptera belemnitoidea, *Bl.* .	rr	+	+	—	—	—	—	—	—	+	+	— — p. 761, pl. 100, fig. 4-6.
Nautilus Lamarcki, *Desh.* . .	r	+	+	+	—	+	—	—	—	+	—	— — p. 767, pl. 100, fig. 1.
Gastéropodes.												
Strombus canalis, *Lmk.* . . .	rr	—	+	—	—	—	+	—	—	+	—	Desh , 1824, *loc. cit.*, t. II, p. 629, pl. 84, fig. 9-11.
Rostellaria ampla, *Brand* . .	rr	—	+	—	—		+	+	—	—	—	Brand, 1766, *Fossilia panton.*, p. 34, pl. 6, fig. 76.
— fissurella, *Lmk.* . .	rr	+	—	—	—	+	—	—	+	+	—	Desh., 1824, *loc. cit.*, t. II, p. 621, pl. 83, fig. 5, 6.
— microptera, *V. et R.*	r	—	+	+	—	—	—	—	—	—	—	Espèce non décrite.
— sublucida	r	+	—	+	—	—	—	+	—	—	—	Lowry, *Chart of the caract. brit. tert. foss.*, pl. 3.
Terebellum fusiforme, *Lmk.* .	c	+	+	—	—	+	+	+	+	+	+	Desh., 1824, *loc. cit.*, t. II. p. 738, pl. 95, fig. 30, 31.
Murex plicatocarinatus, *Beyr.* .	rr	—	—	+	—	—	+	+	—	—	—	Rutot, 1876, *Ann. Soc. malac. de Belg.*, t. XI, pl. 3, fig. 1.
Triton flandricum, var. expansum, *Dixon*	r	—	+	+	+	+	+	—	—	—	+	Dixon, 1850, *loc. cit.*, p. 186, pl. 5, fig. 15.
— fusiforme, *Vinc.* . . .	rr	—	+	—	—	—	—	—	—	—	—	Vinc., *Ann. Soc. malac. de Belg.*, 1875, t. X, pl. 9, fig. 4.
Cancellaria evulsa, *Sow.* . . .	r	—	+	+	—	—	+	+	+	—	—	Desh., 1866, *Anim. s. vert.*, t. III, p. 104, pl. 73, fig. 21-24.
— funiculifera, *Vinc.* .	rr	—	+	—	—	—	—	—	—	—	—	Vinc., 1872. *Ann. Soc. malac. de Belg.*, t. VII, pl. 2, fig. 1.
— laekeniensis, *Vinc.*	c	—	+	—	—	—	—	—	—	—	—	— — pl. 2, fig. 2, 3.
Ficula nexilis, *Desh.*	r	—	+	—	+	+	+	+	+	+	+	Desh., 1824, *loc. cit.*, t. II, p. 582, pl. 79, fig. 1-7.
— wemmeliensis, *V. et R.* .	rr	—	+	—	—	—	—	+	—	—	—	Espèce non décrite.
Fusus bulbus, *Brand.* . . .	c	—	+	—	+	—	—	+	+	+	+	Desh., 1824, *loc cit.*, t. II, p. 570, pl. 78, fig. 5-10, 15-18.
— Crokaerti, *Vinc. et Lef.*	rr	—	+	—	—	—	—	—	—	—	—	Vinc., 1872, *loc. cit.*, t. VII, pl. 3, fig. 1.

GENRE, ESPÈCE ET AUTEUR.	DEGRÉ D'ABONDANCE OU DE RARETÉ.	SYST. WEMMELIEN. Gravier de la base.	Sables de Wemmel.	Argile glauconifère: bande noire et banc à Numm.	Masse de l'argile glauconifère.	LAEKENIEN.	TONGRIEN.	ARGILE DE BARTON.	SABLES MOYENS.	CALCAIRE GROSSIER.	BRACKLESHAM BEDS.	AUTEURS consultés pour la détermination.
Fusus dissimilis, *Desh.*	rr	—	+	—	—	—	—	—	+	—	—	Desh., 1866, *loc. cit.*, t. III, p. 253, pl. 84, fig. 13, 14,
— errans, *Sow.*	c	+	+	+	—	+	—	+	—	—	—	Sow., 1823, *Min. conch.*, t. IV, p. 139, pl. 400.
— longævus, *Lmk.*	c	+	+	+	+	—	—	+	—	+	+	Desh., 1824, *loc. cit.*, t. II, p. 523, pl. 74, fig. 18-21.
— regularis? *Sow.*	rr	—	+	+	—	—	—	+	—	—	+	— — p. 559, pl. 76, fig. 35, 36.
— scalarinus, *Lmk.*	r	—	+	—	—	—	—	—	—	+	—	— — p. 574, pl. 73, fig. 27, 28.
— subscalarinus, *d'Orb.*	rr	—	+	—	—	—	+	—	—	—	—	Desh., 1866, *loc. cit.*, t. III, p. 290, pl. 85, fig. 3-6.
— uniplicatus, *Lmk.*	c	—	+	+	—	—	—	—	—	+	+	Desh., 1824, *loc. cit*, t. II, p. 536, pl. 96bis, fig. 1, 2.
Cassidaria enodis, *Desh.*	r	—	+	—	—	—	—	—	+	—	—	Desh., 1866, *loc. cit.*, t. III, p. 478 et Desh., 1824, *loc. cit.*, t. II, p. 634, pl. 86, fig. 7.
— nodosa, *Dix.*	r	+	+	—	—	+	+	+	—	+	+	Desh., 1866, *loc. cit.*, t. III, p. 475 et Desh., 1824, *loc. cit.*, t. II, p. 633, pl. 85, fig. 8, 9.
Ancillaria buccinoides, *Lmk.*	c	+	+	+	+	+	+	+	+	+	+	Desh., 1824, *loc. cit.*, t. II, p. 730, pl. 97, fig. 13, 14.
Conus diadema, *Edw.*	rr	—	+	—	—	—	—	—	—	—	+	Edw., 1849, *Eoc. moll.*, p. 124, pl. 24, fig. 8.
— parisiensis, *Desh.*	r	—	+	—	—	—	—	+	—	+	—	Desh., 1866, *loc. cit.*, t. III, p. 418 et Desh., 1824, *loc. cit.*, t. II, p. 749, pl. 98, fig. 13, 14.
Pleurotoma amphiconus, *Sow.*	c	—	+	+	+	—	—	+	—	—	—	Edw., 1849, *loc. cit.*, p. 322, pl. 33, fig. 2.
— callifera, *Edw.*	rr	—	+	—	—	—	+	+	—	—	—	— p. 291, pl. 30, fig. 9, 10, 11.
— denticula, *Bast.*	rr	—	+	—	—	—	+	+	—	—	+	— p. 286, pl. 30, fig. 7.
— Heberti, *Nyst*	rr	—	+	—	—	—	—	—	—	—	—	Vinc., 1875, *loc. cit.*, t. X, pl. 9, fig. 3.
— inarata, *Sow.*	rr	—	+	—	—	—	—	—	—	—	+	Edw., 1849, *loc. cit.*, p. 208, pl. 25, fig. 6.
— inflexa, *Lmk.*	rr	—	+	—	—	—	—	—	—	+	+	— p. 242, pl. 28, fig. 3.
— pyrgota, *Edw.*	rr	—	+	—	—	—	+	+	—	—	+	[illegible] p. 287, pl. 28, fig. 16.

Borsonia margarita, [illegible]	[illegible]											Desh., 1866, loc. cit., t. III, p. [illegible]
Voluta Barrandei, *Desh.*	cc	+	+	+	—	—	—	—	+	—	—	Desh., 1866, *loc. cit.*, t. III, p. 587, pl. 102, fig. 1, 2.
— Honi, *Nyst*	rr	—	—	+	—	—	—	—	—	—	—	Espèce non décrite.
— rugosa, *Vinc.*	r	—	+	—	—	—	—	—	—	—	—	Vinc., 1874, *loc. cit.*, t. IX, pl. 2, fig. 2.
— spinicosta, *Nyst*	c	—	+	—	—	—	—	—	—	—	—	Espèce non décrite.
— *sp?*	rr	—	—	—	—	—	—	—	—	—	—	
Marginella quadriplicata, *Nyst*	rr	—	+	—	—	—	—	—	—	—	—	Espèce non décrite.
Cypræa oviformis? *Sow.*	rr	—	+	—	—	—	—	—	—	—	—	Edw., 1849, *loc. cit.*, p. 128, pl. 16, fig. 1.
— proxima, *Vinc. et Rut.*	c	—	+	+	—	—	—	—	—	—	—	Espèce non décrite.
Natica conica, *Desh.*	c	—	+	—	—	—	—	—	+	—	—	Desh., 1866, *loc. cit.*, t. III, p. 81 et Desh., 1824, *loc. cit.*, t. II, p. 140, pl. 17, fig. 7, 8.
— epiglottina, *Lmk.*	cc	—	+	+	—	—	—	+	+	+	—	Desh., 1824, *loc. cit.*, t. II, p. 165, pl. 20, fig. 5, 6-11.
— hantoniensis, *Pilk.*	c	+	+	—	—	—	+	+	+	+	+	Desh., 1866, *loc. cit.*, t. III, p. 44, pl. 68, fig. 1-3, 29, 30.
— labellata, *Lmk.*	c	—	+	+	—	—	—	+	+	+	+	Desh., 1824, *loc. cit.*, t. II, p. 164, pl. 20, fig. 3, 4.
— Loozi, *Vinc. et Rut.*	rr	—	+	—	—	—	+	—	—	—	—	Espèce non décrite.
— Nysti, *d'Orb.*	c	—	+	—	—	—	+	—	—	—	—	Desh., 1866, *loc. cit.*, t. III, p. 39, pl. 69, fig. 1, 2.
— patuloides, *Vinc. et Rut.*	rr	—	+	—	—	—	—	—	—	—	—	Espèce non décrite.
— wemmeliensis, *V. et R.*	r	+	+	—	—	—	—	—	—	—	—	Espèce non décrite.
Sigaretus clathratus, *Recl.*	r	—	+	—	—	—	+	+	+	+	+	Desh., 1866, *loc. cit.*, t. III, p. 88 et Desh., 1824, *loc. cit.*, t. I, p. 182, pl. 21, fig. 13, 14.
Odostomia carinata, *V. et R.*	rr	—	+	—	—	—	—	—	—	—	—	Espèce non décrite.
Turbonilla acicula, *Desh.*	rr	+	—	—	—	—	—	—	—	+	—	Desh., 1864, *Anim. s. vert.*, t. II, p. 570, et Desh., 1824, *loc. cit.*, t. II, p. 71, pl. 8, fig. 6, 7.
— formosa, *V. et R.*	rr	—	+	—	—	—	—	—	—	—	—	Espèce non décrite.
Eulima nitida, *Desh.*	rr	—	+	—	—	—	—	—	—	+	—	Desh., 1864, *loc. cit.*, t. II, p. 537 et Desh., 1824, *loc. cit.*, t. II, p. 110, pl. 13, fig. 10-13.
Cerithium bicarinatum, *Lmk.*	rr	—	+	—	—	—	—	—	+	—	—	Desh., 1824, *loc. cit.*, t. II, p. 356, nº 57, pl. 53, fig. 6, 14, 15.
— multispiratum? *Desh.*	rr	—	+	—	—	—	—	—	—	+	—	— — p. 391, pl. 56, fig. 9-14.
Chenopus intuberculatus, *Vinc.*	rr	—	+	—	—	—	—	—	—	—	—	Vinc., 1872, *loc. cit.*, pl. 2, fig. 9, 10.
Melania bartonensis	rr	—	+	—	—	—	—	+	—	—	—	Lowry, *loc. cit.*, pl. 3.

GENRE, ESPÈCE ET AUTEUR.	DEGRÉ D'ABONDANCE OU DE RARETÉ.	SYST. WEMMELIEN. Gravier de la base.	Sables de Wemmel.	Argile glauconifère: Bande noire et banc à Numm.	Masse de l'argile glauconifère.	LAEKENIEN.	TONGRIEN.	ARGILE DE BARTON.	SABLES MOYENS.	CALCAIRE GROSSIER.	BRACKLESHAM BEDS.	AUTEURS consultés pour la détermination.
Turritella brevis, *Sow.*	cc	+	+	+	+	—	—	+	—	—	—	Sow., 1814, *Min. conch.*, t. I, p. 110, pl. 51, fig. 5.
— elegans, *Desh.*	r	—	—	+	—	—	—	—	—	+	—	Desh., 1864, *loc. cit.*, t. II, p. 315, pl. 15, fig. 25.
— incerta, *Desh.*	r	—	+	+	—	—	—	—	+	+	—	Desh., 1824, *l. c.*, t. II, p. 283, pl. 37, fig. 11, 12; pl. 37, fig. 15, 16.
— Lamarcki, *Defr.*	r	+	—	—	—	—	—	—	—	—	—	Desh., 1864, *loc. cit.*, t. II, p. 314, pl. 15, fig. 6-8.
— sulcifera, *Desh.*	r	—	—	—	+	—	—		+	—	+	Desh., 1824, *loc. cit.*, t. II, p. 278, pl. 35, fig. 5-6; pl. 36, fig. 3-4; pl. 37, fig. 19, 20.
Vermetus Nysti, *Gal.*	cc	+	+	+	—	—	—	—	—	—	—	Nyst, 1843, *Coq. et pol. foss. de Belg.*, p. 373, pl. 36, fig. 8.
Scalaria compressilamella, *Vinc.*	rr	—	+	+	—	—	—	—	—	—	—	Vinc., 1872, *loc. cit.*, t. VII, pl. 2, fig. 8.
— curvilamella, *Vinc.*	r	—	+	—	—	—	—	—	—	—	—	Vinc., 1875, *loc. cit.*, t. X, pl. 7, fig. 1.
— Dixoni, *Lef.*	rr	—	+	+	—	—	—	+	—	—	—	Lef., 1872, *Ann. Soc. malac. de Belg.*, t. VII, pl. 2, fig. 5.
— lævigata, *Lef.*	rr	—	—	+	—	—	—		—	—	—	— — pl. 2, fig. 6.
— Nysti, *Lef.*	rr	—	+	+	—	—	—	—	—	—	—	— — pl. 3, fig. 4.
— spirata, *Gal.*	cc	+	+	—	—	—	—	—	—	—	—	Nyst, 1843, *loc. cit.*, p. 390, pl. 37, fig. 3.
— subcylindrica, *Nyst.*	rr	—	+	—	—	—	—	—	—	—	—	— p. 392, pl. 38, fig. 5.
Littorina cyclostomoides, *Desh.*	rr	—	+	—	—	—	—	—	—	+	—	Desh., 1824, *loc. cit.*, t. II, p. 365, pl. 16, fig. 1-4.
— lamellosa, *Vinc.*	rr	—	+	—	—	—	—	—	—	—	—	Vinc. 1874, *loc. cit.*, t. IX, pl. 2, fig. 3.
Solarium canaliculatum, *Lmk.*	rr	—	+	+	—	—	—	+	+	+	+	Desh., 1824, *loc. cit.*, t. II, p. 220, pl. 24, fig. 19-21.
— Cossmanni, *Vinc. et R.*	c	—	+	—	—	—	—	—	—	—	—	Espèce non décrite.
Bifrontia marginata, *Desh.*	c	—	+	—	—	—	+	—	+	+	+	Desh., 1824, *loc. cit.*, t. II, p. 224, pl. 26, fig. 19, 20.
Phorus agglutinans, *Lmk.*	cc	+	+	+	—	+	+	—	+	+	+	— — p. 241, pl. 31, fig. 8-10.
— subagglutinans, *V. et R.*	c	+	+	—	—	—	—	+	—	—	—	**Espèce non décrite.**

— grande, *Desh.*	cc	+	+	[illegible]						+	—	— — [illegible]
— substriatum, *Desh.*	c	+	+	+	—	—	—	—	—	+	—	— — p. 208, pl. 2, fig. 5-7.
Gadus parisiensis, *Desh.*	rr	—	+	—	—	—	—	—	+	+	—	— — p. 218, pl. 3, fig. 18-21.
Tornatella altera, *Desh.*	r	—	+	—	—	—	—	—	+	—	—	— — p. 599, pl. 37, fig. 4-7.
— simulata, *Brand.*	cc	+	+	+	—	+	+	+	—	—	—	Brand, 1766, *loc. cit.*, p. 29, pl. 4, fig. 61.
— striatina, *Desh.*	rr	—	+	—	—	—	—	—	+	—	—	Desh., 1864, *loc. cit.*, t. II, p. 599, pl. 37, fig. 1-3.
Ringicula ringens, *Desh.*	rr	—	+	—	—	—	—	—	+	+	+	— — p. 611 et Desh., 1824, *loc. cit.*, t. II, p. 72, pl. 8, fig. 16, 17.
Bulla ambigena, *Desh.*	rr	—	+	—	—	—	—	—	+	—	—	— — p. 636, pl. 40, fig. 13-15.
— conica, *Desh.*, var ultima, *Vinc. et Rut.*	cc	+	+	+	—	+	+	+	—	—	+	Var. non décrite.
— cylindroides, *Desh.*	c	—	+	—	—	—	—	—	+	+	—	Desh., 1824, *loc. cit.*, t. II, p. 40, pl. 5, fig. 22-24.
Philine expansa, *Dix.*	c	—	+	+	—	—	—	—	+	—	+	Dixon, 1850, *loc. cit.*, p. 176, pl. 7, fig. 18.
Brachiopodes.												
Argiope Lefevrei, *Nyst*	rr	—	+	—	—	—	—	—	—	—	—	Nyst., 1872, *Ann. Soc. malac. de Belg.*, t. VII, pl. 3, fig. 7, 8.
Terebratula Kickxi, *Gal.*	rr	+	+	—	—	+	—	—	—	—	—	Gal., 1838, *Mém. sur la constit. géogn. de la province de de Brabant*, p. 61, pl. 4, fig. 15.
Lamellibranches.												
Ostrea cubitus, *Desh.*	cc	+	+	+	+	—	—	—	+	—	—	Desh. 1824, *loc. cit.*, t. I, p. 365, pl. 47, fig. 12-15.
— gryphina, *Desh.*	rr	+	+	—	+	+	—	—	+	—	—	— — p. 360, pl. 62, fig. 1-2.
Anomia scabrosa, *Wood.*	r	—	+	—	—	—	—	+	—	—	—	Wood., 1861, *Eoc. moll.*, p. 14, pl. 11, fig. 5.
Pecten corneus, *Sow.*	cc	+	+	+	+	+	+	—	—	—	+	— — p. 39, pl. 9, fig. 7.
— Honi, *Nyst*	cc	—	+	+	+	—	—	—	—	—	—	Espèce non décrite.
— sublævigatus, *Nyst*	r	—	+	—	+	—	—	—	—	—	—	d'Ord., *Prodr. de paléont.*, 25e étage, n° 1149 et Nyst, 1843, *loc. cit.*, pl. 24.
Avicula media, *Sow.*	c	—	+	+	—	—	+	+	—	—	—	Wood., 1861, *loc. cit.*, p. 53, pl. 11, fig. 1.
Pinna margaritacea, *Lmk.*	c	—	+	+	—	+	+	+	—	—	+	Desh., 1824, *loc. cit.*, t. I, p. 285, pl. 41, fig. 15.

GENRE, ESPÈCE ET AUTEUR.	DEGRÉ D'ABONDANCE OU DE RARETÉ.	SYST. WEMMELIEN. Gravier de la base.	SYST. WEMMELIEN. Sables de Wemmel.	SYST. WEMMELIEN. Argile glauconifère: Bande noire et banc à Numm.	SYST. WEMMELIEN. Argile glauconifère: Masse de l'argile glauconifère.	LAEKENIEN.	TONGRIEN.	ARGILE DE BARTON.	SABLES MOYENS.	CALCAIRE GROSSIER.	BRACKLESHAM BEDS.	AUTEURS consultés pour la détermination.
Modiola nitens, *Lef.*	r	—	+	+	—	—	—	—	—	—	—	Lef., 1873, *loc. cit*, t. VIII, pl. 3, fig. 2, 3.
— nuculæformis, *Le Hon et Nyst*	c	—	+	+	—	—	—	+	—	—	—	Le Hon et Nyst, 1862, *Descript. succ. de quelq. nouv. esp. anim. et végét. foss.*, nº 16, p. 7.
— Nysti, *Kickx*	r	—	+	—	—	—	—	+	—	—	—	Nyst, 1843, *loc. cit.*, p. 270, pl. 20, fig. 8.
— seminuda, *Desh.*	r	—	+	—	—	—	—	+	+	+	—	Desh., 1824, *loc. cit.*, t. I, p. 264, pl. 39, fig. 20-22.
Arca condita, *Desh.*	r	+	+	—	—	+	—	—	+	+	—	Desh., 1860, *Anim. s. vert.*, p. 878, pl. 66, fig. 7, 8; pl. 69, fig. 28-30.
— laekeniensis, *Le Hon*	c	—	+	+	—	—	—	—	+	—	+	Le Hon et Nyst, 1862, *loc. cit.*, nº 15, p. 7.
— Lyelli, *Desh.*	r	+	—	—	—	—	—	+	+	—	—	Desh., 1824, *loc. cit.*, t. I, p. 200, pl. 34, fig. 9-11.
Pectunculus Nysti, *Gal.*	cc	—	+	+	+	—	—	—	—	—	—	Gal., 1838, *loc. cit.*, p. 184, pl. 4, fig. 17.
— pulvinatus, *Lmk.*	cc	+	+	+	+	+	+	—	+	+	+	Desh., 1824, *loc. cit.*, t. I, p. 219, pl. 35, fig. 15-17.
Limopsis granulatus, *Lmk.*	c	—	+	+	—	—	+	—	+	+	+	Desh., 1860, *loc. cit.*, t. I, p. 842 et Desh., 1824, *loc. cit.*, t. I, p. 227, pl. 35, fig. 4-6.
Nucula lunulata, *Nyst.*	cc	+	+	+	—	—	—	—	+	—	—	Nyst, 1843, *loc. cit.*, p. 231, pl. 81, fig. 4.
— similis, *J. Sow.*	cc	—	+	+	+	—	+	+	—	—	—	Wood., 1861, *loc. cit.*, p. 118, pl. 18, fig. 11.
Leda minima, var. gracilis, *W.*	cc	—	+	+	—	—	+	+	—	—	—	— — p. 127, pl. 17, fig. 7.
— striata, *Lmk.*	cc	+	+	+	—	+	+	—	—	+	—	Desh., 1860, *loc. cit.*, t. I, p. 829, et Desh., 1824, *loc. cit.*, t. I, p. 236, pl. 42, fig. 4-6.
Chama calcarata, *Lmk.*	r	+	—	—	—	+	—	—	+	+	+	Desh., 1824, *loc. cit.*, t. I, p. 246, pl. 38, fig. 5, 6, 7.
— lamellosa, *Lmk.*	c	+	—	—	—	+	—	—	—	+	—	— — p. 247, pl. 37, fig. 1, 2.
Cardium asperulum, *Lmk.*	rr	+	—	—	—	—	—	+	—	+	+	— — p. 167, pl. 27, f. 7, 8; pl. 30, f. 13, 14.

Lucina arenaria, *Vinc. et R.*	c	∓	∓	±	—	[illegible]		±	[illegible]	[illegible]	[illegible]	Espèce non décrite.
— elegans, *Defr.*	c	+	+	—	—	+	—	+	+	+	+	Desh., 1824, *loc. cit.*, t. I, p. 101, pl. 14, fig. 10, 11.
— Ermenonvillensis, *d'Orb.*	r	+	+	—	—	—	—	—	+	—	—	Desh., 1860. *loc. cit.*, t. I, p. 653, pl. 40, fig. 25-27.
— Galeottiana, *Nyst.*	cc	—	+	+	—	+	—	+	—	—	—	Nyst, 1843, *loc. cit.*, p. 133, pl. 6, fig. 10.
— mutabilis, *Lmk.*	r	+	—	—	—	—	—	—	—	+	—	Desh., 1824, *loc. cit.*, t. I, p. 92, pl. 14, fig. 6, 7.
— Rigaultiana, *Desh.*	r	+	+	—	—	—	—	—	+	—	—	Desh., 1860, *loc. cit.*, t. I, p. 631, pl. 47, fig. 28-30.
Fimbria lamellosa, *Lmk.*	r	+	—	—	—	+	—	—	+	+	—	Desh., 1824, *loc. cit.*, t. I, p. 88, pl. 14, fig. 1-3.
Diplodonta puncturata, *Nyst* (D. punctatissima, *Desh.*)	c	+	+	—	—	+	+	—	—	—	—	Omalius d'Halloy, 1843, p. 582 et Desh., 1860, *loc. cit.*, t. I, p. 613, pl. 47, fig. 17-20.
Cyprina Roffiæni, *Lef.*	r	—	—	+	—	—	—	—	—	—	—	Nyst, 1873, *Ann. Soc. malac. de Belg.*, t. VIII, p. 19, pl. 1, f. 3.
Astarte Kickxi, *Nyst*	cc	—	+	+	—	—	—	—	—	—	—	Nyst, 1843, *loc. cit.*, p. 157, pl. 10, fig. 3.
Crassatella Nystana, *d'Orb.* (C. tenuistriata, *Nyst*).	cc	+	+	+	+	+	—	—	—	—	—	— — p. 86, pl. 4, fig. 4.
— wemmeliensis, *V. et R.*	cc	—	+	+	—	—	—	—	—	—	—	Espèce non décrite.
— Woodi, *Vinc. et Rut.*	cc	—	+	+	—	—	—	+	—	—	—	Espèce non décrite.
Cypricardia acutangula *Desh.*	r	+	+	—	—	—	—	—	+	—	—	Desh., 1860, *loc. cit.*, t. I, p. 533, pl. 57, fig. 3-5.
— carinata, *Desh.*	r	+	—	—	—	—	—	—	—	+	—	Desh., 1824, *loc. cit.*, t. I. p. 186, pl. 31, fig. 1, 2.
— dilatata, *Desh.*	rr	—	+	—	—	—	—	—	+	—	—	Desh., 1860, *loc. cit.*, t. I, p. 542, pl. 57, fig. 10-12.
— pectinifera, *Sow.*	cc	+	+	—	—	+	+	+	—	—	—	Nyst. 1843, *loc. cit.*, p. 202, pl. 11, fig. 8.
Cardita acuticosta, *Lmk.*	rr	+	+	—	—	—	—	—	+	+	+	Desh., 1860, *loc. cit.*, t. I, p. 760 et Desh., 1824, *loc. cit.*, t. I, p. 154, pl. 26, fig. 5, 6.
— deltoidea, *Sow.*	r	+	+	—	—	—	+	+	—	—	—	Sow., 1820, *Min. conch.*, t III, p, 106, pl. 259, fig. 1.
— sulcata, *Brand.*	cc	+	+	+	+	—	—	+	+	—	—	Desh., 1860. *loc. cit.*, t. I, p. 768 et Desh., 1824, *loc. cit.*, t. I, p. 156, pl. 24, fig. 6-8.
Verticordia wemmeliensis, *V. et R.*	r	—	+	—	—	—	—	—	—	—	—	Espèce non décrite.
Lutetia parisiensis, *Desh.*	r	—	+	—	—	—	—	—	—	+	—	Desh., 1860, *loc. cit.*, t. I, p. 789, pl. 16bis, fig. 34-36.
Cytherea Honi, *Nyst*	cc	—	+	+	—	—	—	—	—	—	—	Dewalque, 1868, *Prodr. d'une descript. géol. de Belg.*, p. 405.
— suberycinoides, *Desh.*	r	+	+	+	—	—	+	+	+	+	+	Desh., 1824, *loc. cit.*, t. I, p. 129, pl. 22, fig. 8, 9.
— sulcataria, *Desh.*	c	+	+	—	+	+	+	—	—	+	+	— — p. 133, pl. 20, fig. 14, 15.
Mactra compressa, *Desh.*	rr	—	+	—	—	—	—	—	+	—	+	— — p. 32, pl. 4, fig. 11-14.

GENRE, ESPÈCE ET AUTEUR.	DEGRÉ D'ABONDANCE OU DE RARETÉ.	SYST. WEMMELIEN. Gravier de la base.	Sables de Wemmel.	Argile glauconifère: Bande noire et banc à Numm.	Masse de l'argile glauconifère.	LAEKENIEN.	TONGRIEN.	ARGILE DE BARTON.	SABLES MOYENS.	CALCAIRE GROSSIER.	BRACKLESHAM BEDS.	AUTEURS consultés pour la détermination.
Tellina canaliculata, *Edw.*	rr	—	+	—	—	—	—	+	+	—	—	Dixon, 1850, *loc. cit.*, pl. 2, fig. 22.
— filosa, *Sow.*	cc	+	+	+	+	+	+	+	—	—	—	Sow., 1823, *loc. cit.*, t. IV. p. 143, pl. 402, fig. 2.
— pellicula, *Desh.*	r	—	+	—	+	—	—	—	+	+	—	Desh., 1860, *loc. cit.*. t. I, p. 352 et Desh., 1824, *loc. cit.*, t. I, p. 28, pl. 2, fig, 26, 27.
— rostralis, *Lmk.*	c	+	+	—	+	+	—	—	+	+	—	Desh., 1824, *loc. cit.*, t. I, p. 80, pl. 11, fig. 1, 2.
— textilis, *Edw.*	c	+	+	+	—	—	+	—	—	—	+	Dixon, 1850, *loc. cit.*, p. 90, pl. 3, fig. 1.
— *sp?*	rr	—	—	—	—	—	—	—	—	—	—	
— *sp?*	r	—	—	—	—	—	—	—	—	—	—	
Psammobia, *sp?*	c	+	+	—	+	+	—	—	—	—	—	
Syndosmya brevis, *Desh.*	r	—	+	—	—	—	—	—	+	—	—	Desh., 1860, *loc. cit.*, t. I, p. 311, pl. 16, fig. 24-27.
Solen proximus, *Desh.*	r	—	+	—	—	+	—	—	+	+	—	— — p. 150, pl. 7, fig. 7-9.
— vaginalis, *Desh.*	r	—	+	—	—	—	—	—	—	+	—	— — p. 152 et Desh., 1824, *loc. cit.*, t. I, p. 25, pl. 2, fig. 20, 21.
Cultellus wemmelensis, *Lef.*	c	+	+	+	—	—	—	—	—	—	—	Lef., 1872, *loc. cit.*, p. 66, pl. 3, fig. 4, 5, 6.
Solecurtus Deshayesi, *Desmoul.*	cc	+	+	+	—	+	+	—	—	+	+	Desh., 1860, *loc. cit.*, t. I, p. 160 et Desh., 1824, *loc. cit.*, t. I, p. 27, pl. 2, fig. 22, 23.
Corbula ficus, *Brand.*	cc	—	+	+	—	—	+	+	+	+	—	Desh., 1860, *loc. cit.*, t. I, p. 227 et Desh., 1824, *loc. cit.*, t. I, p. 52, pl. 7, fig. 18, 19
— gallica, *Lmk.*	c	+	+	—	—	+	—	+	+	+	+	Desh., 1824, *loc. cit.*, t. I, p. 49, pl. 7, fig. 1-3.
— Lamarcki, *Desh.*	cc	+	+	+	+	—	+	+	+	+	+	Desh., 1860, *loc. cit.*, t. I, p. 221 et Desh., 1824, *loc. cit.*, t. I, p. 53, pl. 8, fig. 1-3; pl. 9, fig. 1-5.
— pisum, *Sow.*	cc	—	+	+	—	—	+	+	+	—	—	Sow., 1818, *Min. conch.*, pl. 209, fig. 1.

— [illegible] Le Hon	[illegible]	—	+	—	—	—	—	—	—	—	—	[illegible]
— Nysti, *Le Hon.*	rr	—	+	—	—	—	—	—	—	—	—	Nyst et Le Hon, 1862, *Descript. succ. de quelq. nouv. esp. anim. et végét.*, nº 9, p. 4.
— wemmelensis, *V. et R.*	r	—	+	—	—	—	—	—	—	—	—	Espèce non décrite.
Pholadomya ludensis, *Desh.*	rr	—	+	—	—	—	—	—	+	—	—	Desh., 1860, *loc. cit.*, t. I, p. 280, pl. 9, fig. 1-5.
Fistulana elongata, *Desh.*	c	—	+	—	—	—	—	—	—	+	—	— — p. 97, pl. 2, fig. 11.
Clavagella coronata, *Desh.*	r	—	+	+	—	+	—	+	+	—	—	— — p. 89, pl. 1, fig. 5-15.
Teredo vermicularis, *Desh.*	rr	—	+	—	—	—	—	—	+	—	—	— — p. 117, pl. 3, fig. 5, 6.
Bryozoaires.												
Lunulites urceolata, *Lmk.*	c	+	+	—	—	+	—	—	—	+	+	Michel, 1844, *Descript. des polyp. foss. du bassin de Paris*, p. 27, pl. 46, fig. 6.
Cellepora petiolus, *Dix.*	cc	+	+	+	—	+	—	—	—	—	+	Dixon, 1850, *loc. cit.*, p. 151, tab. 1, fig. 10.
Pyripora contexta, *Gold.*	r	+	+	—	—	+	—	—	—	—	—	Nyst, 1843, *loc. cit.*, p. 617, pl. 48, fig. 1.
Annélides.												
Serpula heptagona, *Sow.*	cc	—	+	+	—	—	+	+	—	—	—	Sow., *loc. cit.*, pl. 634, fig. 7.
— tenuis? *Sow.*	cc	+	+	+	—	—	—	—	—	—	—	Lowry, *loc. cit.*, pl. 2.
Ditrupa strangulata, *Desh.*	c	+	+	—	—	+	—	—	—	+	—	Gal., 1838, *loc. cit.*, pl. 4, fig. 7.
— *sp?*	rr	—	+	—	—	—	—	—	—	—	—	
Échinodermes.												
Cyphosoma Vincenti, *Cott.*	c	—	+	+	—	—	—	—	—	—	—	Cotteau, *Descript.*, 1880, Mém. cour. de l'Acad. Belg., in-4º, t. XLIII, pl. 1, fig. 23-26, p. 15.
Chizaster acuminatus, *Cott.*	r	—	+	—	—	+	—	—	—	—	—	Cotteau, *loc. cit.*, pl. 5, fig. 8-17, p. 65.
Maretia grignonensis, *Desm.*	r	—	+	—	—	+	—	—	—	—	—	— — pl. 6, fig. 11-18, p. 75.

GENRE, ESPÈCE ET AUTEUR.	DEGRÉ D'ABONDANCE OU DE RARETÉ.	SYST. WEMMELIEN. Gravier de la base.	Sables de Wemmel.	Argile glauconifère: bande noire et banc à Numm.	Argile glauconifère: Masse de l'argile glauconifère.	LAEKENIEN.	TONGRIEN.	ARGILE DE BARTON.	SABLES MOYENS.	CALCAIRE GROSSIER.	BRACKLESHAM BEDS.	AUTEURS consultés pour la détermination.
Anthozoaires.												
Astrea histrix, *Defr.*	rr	—	+	—	—	—	—	—	—	+	—	Michel, 1844, *loc. cit.*, pl. 3, fig. 1.
Diplhelia multistellata, *Gal.* .	c	—	+	—	—	—	—	—	—	—	—	Nyst, 1843, *loc. cit.*, pl. 48, fig. 10.
Turbinolia sulcata, *Lmk.* . .	cc	+	+	—	—	+	—	—	+	+	+	Michel, 1844, *loc. cit.*, pl. 1, fig. 4.
Sphenotrochus cuneolus, *Vinc.*	rr	—	—	+	—	—	—	—	—	—	—	Vinc., 1872, *loc. cit.*, t. VII, p. 68, pl. 3, fig. 9.
Eupsamia Burtinana, *Edw. et H.*	c	+	+	—	—	—	—	—	—	—	—	Dew., 1868, *l. c.*, p. 408 et Nyst, *l. c.*, p. 628, pl. 48, fig. 10.
Dendrophyllia ? granulata, *Nyst.*	r	—	+	—	—	—	—	—	—	—	—	Dewalque, *loc. cit.*, p. 408.
Foraminifères.												
Nummilites Orbignyi, *Gal.* . .	c	—	+	+	—	+	—	+	—	—	—	Gal., 1838, *loc. cit.*, p. 141, pl. 3, fig. 13.
— variolaria, *d'orb.* .	cc	+	+	+	—	—	—	—	+	—	—	Sow., *loc. cit.*, pl. 538, fig. 3.
— wemmelensis, *de la Harpe et V. D. B.*	cc	—	+	+	—	—	—	+	—	—	—	Espèce non décrite.
Orbitolites complanata, *Lmk.* .	r	+	—	—	—	+	—	—	—	+	—	Nyst, 1843, *loc. cit.*, p. 627, pl. 48, fig. 9.
Végétaux.												
Nipadites Burtini, *Forbes.* . .	rr	—	+	—	—	—	—	—	—	—	—	Leyll., 1852, *loc. cit.*, pl. 19, fig. 1, 2; pl. 20, fig. 7, 8. Watelet, *Descript. des plantes foss. du bass. de Paris.*

38. Liste des fossiles des systèmes tongrien et rupelien. (Oligocène inférieur et moyen.)

D'après M. J. Bosquet (*Prodrome* de M. Dewalque).

Nota. — Cette liste, de même que la plupart de celles qui remontent à un certain nombre d'années, réclame une révision complète. M. Rutot a entrepris cette révision dans les *Annales de la Société malacologique* (t. XI, 1876), mais ses observations n'ont encore porté que sur quelques espèces de Gastéropodes qui, dans la présente liste, sont précédées d'un astérisque. — Les Poissons sont indiqués d'après M. Winkler (*Arch. Musée Teyler*, vol. V, l. 2) et d'après Le Hon (1871), le Mammifère y est indiqué d'après M. P.-J. Van Beneden (*Bull. de l'Acad. roy. de Belg.*, t. XXXII, 1871, pp. 164-178) et le Homard par le même (*Ibid.*, t. XXXIII, 1872, pp 227-232).

GENRE, ESPÈCE ET AUTEUR.	TONGRIEN.	RUPELIEN. Fluvio-marin.	RUPELIEN. Marin.
Mammifère.			
Crassiterium (Halitherium) robustum, *V. B.*	. .	. .	+
Poissons.			
Carcharodon heterodon, *Ag.*	. .	. .	+
Myliobates toliapicus, *Ag.*	+	+	. .
Lamna compressa, *Ag.*	. .	+	+
— cuspidata, *Ag.*	. .	+	+
— elegans, *Ag.*	+	. .	+
Odontaspis acutissima, *Ag.*	. .	+	. .
— dubia, *Ag.*	+	+	. .
— Hopei, *Ag.*	+	+	. .
— Mourloni, *Wink.*	+	. .	. .
— Vanden Broecki, *Wink.*	+	. .	. .
Otodus obliquus, *Ag.*	. .	+	. .
— rupeliensis, *Le H.*	. .	. .	+
— *sp.*	. .	. .	. .
Notidanus orpensis, *Wink.*	+	. .	. .

GENRE, ESPÈCE ET AUTEUR.	TONGRIEN.	RUPELIEN.	
		Fluvio-marin.	Marin.
Notidanus primigenius, *Ag.*	. .	+	+
Galeocerdo minor, *Ag.*	. .	+	. .
Trigonodus minutus, *Wink.*	+	. .	. .
Sphaerodus lens, *Ag.*	. .	+	. .
— parvus, *Ag.*	+	+	. .
Pycnodus Gosseleti, *Wink.*	. .	+	. .
Crustacés.			
Homarus Percyi, *V. B.*	. .	. .	+
Cythereis ceratoptera, *Bosq.*	. .	+	. .
Cythere striato-punctata, *Munst.*	+	. .	. .
— scrobiculata, *Munst.*	. .	+	. .
— Nystiana, *Bosq.*	. .	+	. .
— Reussiana, *Bosq.*	. .	+	. .
— plicata, *Munst.*	. .	+	. .
— Jurinei, *Munst.*	. .	+	. .
Cytheridea Mulleri, *Munst*, sp.	. .	+	. .
— papillosa, *Bosq.*	. .	+	. .
— Williamsoniana, *Bosq.*	. .	+	. .
Bairdia lithodomoides, *Bosq.*	. .	+	. .
— punctatella, *Bosq.*	. .	+	. .
Cytherella compressa, *Munst*, sp.	. .	+	. .
— marginata, *Bosq.*	. .	+	. .
Balanus unguiformis, *Sow.*	. .	+	. .
Céphalopodes.			
Aturia (Nautilus) Aturi, *Bast.* (N. Deshayesi, *de Kon.*; N. zigzag, *Nyst.*	. .	. .	+
Gastéropodes.			
Succinea Ubaghsi, *Bosq.*	. .	+	. .
Limneus acutilabris, *Sandb.*	. .	+	. .
Planorbis depressus, *Nyst.*	. .	+	. .
— Schultzianus, *Dunk.*	. .	+	. .

GENRE, ESPÈCE ET AUTEUR.	TONGRIEN.	RUPELIEN.	
		Fluvio-marin.	Marin.
Cyclostoma fragile, *Bosq.*	. .	+	. .
Ampullina submutabilis, *d'Orb.*	+	+	. .
Nematura pupa, *Nyst*, sp.	. .	+	. .
— Dunkeri, *Bosq.*	. .	+	. .
— bidens, *Bosq.*	. .	+	. .
— carinata, *Bosq.*	. .	+	. .
Melania Nysti, *Duch.* (*Nyst*).	. .	+	. .
— inflata, *Duch.* (*Nyst*)	. .	+	. .
Littorinella Draparnaudi, *Nyst*, sp.	. .	+	. .
Bithinia Duchasteli, *Nyst*, sp.	. .	+	. .
Rissoa Michaudi, *Nyst*	. .	+	. .
— succincta, *Nyst.*	. .	+	. .
— Duboisi, *Nyst* (Rissoa biangulata, *Desh.*)	. .	+	. .
— Beyrichi, *Bosq.*	. .	+	. .
Scalaria pusilla, *Phil.* (S. costulata, *Nyst*)	. .	+	. .
— inæquistriata, *v. Koen.*	+	. .	. .
— Caillati?, *Desh.*	+	. .	. .
Turritella crenulata, *Nyst*	+	. .	. .
— planispira, *Nyst*	+	. .	. .
Odontostoma pyramidale, *Bosq.*	. .	+	. .
— Semperi, *Bosq.*	+	+	. .
— Nysti, *Bosq.*	. .	+	. .
Niso turris, *v. Koen* (N. eburnea, *Gieb.*, non *Risso*; N. terebellum, *Phil.*, non *Chemn.*)	+	. .	. .
Turbonilla lævissima, *Bosq*	. .	+	. .
— turriculata, *Bosq.*	. .	+	. .
— Sandbergeri, *Bosq.*	. .	+	. .
Eulima acicula?, *Sand.*	. .	+	. .
Neritina pseudo-concava, *d'Orb.* (Neritina concava, *Nyst*, non *Sow.*).	. .	+	. .
Natica Hantoniensis, *Pilk.*	+	+	. .
— dilatata, *Phil.*	. .	+	. .
— Nysti, *d'Orb.* (N. glaucinoides, *Nyst*, part., non *Sow.*; N. Picteti, *Desh.*).	. .	+	+
Trochus Kickxi, *Nyst* (T. margaritula, *Mérian* (*Sandb.*).	. .	+	. .
Adeorbis decussatus, *Sandb.*	. .	+	. .
Xenophora Lyelliana, *Bosq.*, 1852 (an Trochus scrutarius?, *Phil.*, 1844).	. .	+	+
— extensa, *Sow.*, sp. (Xenophora subextensa, *d'Orb.*).	+	. .	. .
— solida, *v. Koen.*	+	. .	. .
Solarium Dumonti, *Nyst.*	+	. .	. .

GENRE, ESPÈCE ET AUTEUR.	TONGRIEN.	RUPELIEN. Fluvio-marin.	RUPELIEN. Marin.
Solarium canaliculatum, *Lam.*	+		
Sandbergeria cancellata, *Bosq.*, 1861 (Pyramidella cancellata, *Nyst*, 1836; P. sulcata, *Pot.* et *Mich.*, 1838; Cerithium cancellatum, *Desh.*, 1863).	+	+	
Mathildia scabrella, *Semp*	+		
Cerithium elegans, *Desh.*		+	
— plicatum *Lam.*, var. Galeottii, *Sandb.*		+	
— varicolosum, *Nyst*, 1843 (C. Lima, *Desh.*, 1824, non *L.*; C. sublima, *d'Orb.*, 1847).		+	
— Lamarcki, *Desh.*		+	
— Henckelinsi, *Nyst*, 1836 (C. recticostatum, *Sandb.*; C. Lamarcki, *Speyer*, non *Desh.*)		+	
— Genei, *Bell.* et *Mich.* (C. multispiratum, *Gieb.*, non *Desh.*).	+		
— trochleare, *Lam.*		+	
Triforis lævis, *Phil.*	+		
Voluta Rathieri, *Héb.* (V. depressa, *Nyst*, non *Lam.*).		+	+
— decora, *Beyr.*, 1853 (V. Maga, *F. E. Edw.*, 1854; V. Auhaltina, *Gieb.*, 1863)	+		
— suturalis, *Nyst* (V. Dunkeri, *Speyer*).	+		
— cingulata, *Nyst.*	+		
— semiplicata, *Nyst.*			+
Scapha multilineata, *Bosq.*, 1868 (Voluta multilineata, *Speyer*, 1862)	+		
Ancillaria subcanalifera, *d'Orb.* (A. canalifera, *Gieb.*, non *Lam.*)	+		
Conus Beyrichi, *v. Koen.* (C. concinnus, *Beyr.*, non *Sow.*; C. Lamarcki, *F. E. Edw.* pro parte).	+		
— deperditus, *Brug.*	+		
Cryptoconus Dunkeri, *v. Koen.*	+		
Pleurotoma bellula, *Phil.*	+		
— Selysi, *de Kon.* (P. Sandbergeri, *Desh.*; P. flexuosa, *Gieb.*, non *Goldf.*; P. difficilis, *Gieb.*; P. Prestwichi, *F. E. Edw.*; P. simillima, *F. E. Edw.*; P. Wethereeli, *F. E. Edw.*)	+	+	+
— Bosqueti, *Nyst* (P. denticula, *Gieb.*, non *Bast.*)	+		
— denticula, *Bast.*	+		+
— Zimmermanni, *Phil.*	+		
— Konincki, *Nyst* (et P. Waterkeyni, *Nyst*).		+	+
— pseudocolon, *Gieb.*, 1864.	+		
— granulata, *Phil.*	+		
— terebralis, *Lam.* (P. Volgeri? *Phil.*)	+		
— Dumonti, *Nyst*	+		
— subconoïdea, *d'Orb.* (P. conoïdea, *Nyst*, non *Soland.*).	+		
— Duchasteli, *Nyst* (P. flexosa, *Munst.*).		+	+

GENRE, ESPÈCE ET AUTEUR.	TONGRIEN.	RUPELIEN.	
		Fluvio-marin.	Marin.
Pleurotoma intorta. *Brocch.* (P. Morreni, *Nyst*)	+	+	. .
— Semperi, *v. Koen.*	+	. .	. .
— Beyrichi, *Phil.*	+	. .	. .
— regularis, *de Kon.* (P. Belgica, *Gold.*)	+	+	+
— Morreni, *de Kon.*	. .	. .	+
— subdenticulata, *de Münst.*	. .	. .	+
— Waterkeyni, *Nyst*	. .	. .	+
— Hoernesi, *Bosq.*	. .	+	. .
— turbida, *Sol.* (P. subdenticulata, *Goldf.*; P. cataphracta, *Brocch.*)	+	+	+
— crenata. *Nyst* (P. Hantoniensis, *Edw.*)	. .	+	. .
Mangelia costellaria, *Bosq.*, 1868 (Pleurotoma costellaria, *Nyst*, 1836)	. .	+	. .
Raphitoma acuticosta. *Bosq.*, 1868 (Pleurotoma acuticosta, *Nyst*, 1843)	+	. .	. .
Fusus elongatus, *Nyst*, 1836 (F. robustus, *Beyr.*, 1857; F. retrorsicosta, *Sandb.*, 1860; F. Speyeri, *Desh.*. 1864)	+	+	+
— multisulcatus, *Nyst*	. .	+	+
— scabrellus, *v. Koen*	+	. .	. .
— crassisculptus, *Beyr.*	+	. .	. .
— septenarius? *Beyr.*	+	. .	. .
— unicarinatus, *Desh.*	+	. .	. .
— elatior, *Beyr.*	+	. .	+
— Sandbergeri, *Beyr.*	+	. .	. .
— scalariformis, *Nyst*	+	. .	. .
Clavella longæva, *Lam.*, sp. (Fusus longævus, *Lam.*, var. egregius, *v. Koen*; F. egregius, *Beyr.*)	+	. .	. .
Pisanella pirulæformis, *v. Koen.*, 1867 (Edwardsia piruliformis, *ejusd.*, 1865; Turbinella piruliformis, *Nyst*, 1834)	+	. .	. .
— semigranosa, *v. Koen.*, 1867	+	+	. .
— subgranulata, *Schloth.*, sp., 1820	+	+	. .
Borsonia Deluci, *Nyst*, sp. (Fasciolaria nodosa, *Gieb.*, 1864; Mitra biplicata, *Phil.*; Cordieria Biarritzana, *Al. Rouault*)	+	. .	. .
— decussata, *Beyr.*, 1848 (Pleurotoma obliquinodosa *Sanb.*, 1861; P. uniplicata, *Speyer*, 1861, non *Nyst*)	. .	+	. .
Cassidaria nodosa, *Sol.*, 1766 (C. depressa, *v. Buch*, C, Nysti, *Kickx*)	+	+	+
— Buchi, *Boll*, 1851	+	. .	. .
Cassis calantica, *Desh.*, 1824 (C. Germari, *Phil.*, 1847; C. Quenstedti, *Beyr*, 1848)	+	. .	. .
— ambigua, *Sol.*, 1766 (C. affinis, *Phil.*, 1847; C. subambigua, *d'Orb.*, 1848)	+	. .	. .
Strepsidura suturosa, *Nyst*, sp.	+	+	. .
— Gossardi, *Nyst*, sp.	. .	+	. .

GENRE, ESPÈCE ET AUTEUR.	TONGRIEN.	RUPELIEN. Fluvio-marin.	RUPELIEN. Marin.
Strepsidura Thierensi, *Bosq.*, 1868 (Buccinum Thierensi, *ejusd.*, 1859)		+	
Purpura pusilla, *Beyr.*	+		
Ficula concinna, *Beyr.*, sp., 1856 (Pyrula imbricata, *Sandb.;* P. simplex, *Speyer*, 1863, non *Beyr.*, 1856)		+	
— nexilis, *Sol.*, sp.	+		
*Typhis pungens, *Sol. in Brand.*	+		
* — fistulosus, var. prisca, *Rutot.*	+		
Fusus Deshayesi, *Nyst*		+	+
— erraticus, *de Kon.*			+
— Konincki, *Nyst.*			+
— Waeli, *Nyst.*			+
Cassis Rondeleti, *Bast.* (C. æquino dosa, *Sandb.;* C. Hertha, C. subventricosa et C. Sandbergeri, *Speyer*)			+
Typhis cuniculosus, *Nyst*, sp., 1836 (Murex simplex, *Phil.*, 1844)		+	+
*Murex plicato-carinatus, *Gieb.*	+		
* — brevicauda, *Héb.* (M. tricarinatus, *Nyst*, non *Lam.*)	+		
— Dannebergi, *Beyr.*	+	+	
— Deshayesi, *Nyst*, 1836 (M. Hoernesi, *Speyer*, M. capito, *Phil.*)	+	+	+
* — — var. prisca, *Rutot*	+		
— subfusiformis, *d'Orb.*	+	+	
— bispinosus, *Sow.* (M. lignitum, *Gieb.*, 1864)	+		
— Pauwelsi, *Nyst*			+
*Triton Flandricum, *de Kon.* (T. argutum, *Nyst;* non *Brand.*)	+	+	+
* — — var. expunsum, *Sow.*	+		
* — — var. postera, *v. Koen.*	+		
Chenopus speciosus, *Schl.*, sp. (Rostellaria Margerini, *de Kon.*, 1837; R. Sowerbyi)		+	+
*Rostellaria ampla, *Sol.* Hippocrene ampla, *Brand.*, sp., 1766			+
* — excelsa, *Gieb.*	+		
*Strombus canalis, var. plana, *Beyr*	+		
Cancellaria lævigata, *v. Koen.* (C. læviuscula, *Beyr.*, non *Sow.*)	+		
— quadrata, *Sow.*	+		
— evulsa, *Sol.*, sp., 1766 (C. subevulsa, *d'Orb.*, 1847)	+	+	+
— granulata, *Nyst* (C. minuta, *ejusd.*)	+	+	
— elongata, *Nyst*	+		
Emarginula Nysti, *Bosq.* (E. fissura, *Gieb*, non *L.*)	+	+	
Calyptræa striatella, *Nyst* (C. lævigata, *Gieb.*, non *Desh.*)	+	+	
Sigaretus canaliculatus, *Sow.*	+		

GENRE, ESPÈCE ET AUTEUR.	TONGRIEN.	RUPELIEN.	
		Fluvio-marin.	Marin.
Actæon simulatus, *Sol.*, 1766 (Tornatella Nysti, *Duch.*, 1836)	+	+	. .
Ringicula gracilis, *Sandb.*	+	+	. .
Hipponix planata, *Speyer*, sp., 1868 (Capulus planatus, *Speyer*, 1864)	+	. .	. .
Bulla turgidula, *Desh.*	. .	+	. .
Cylichna teretiuscula, *Bosq.*, 1868 (Bulla teretiuscula, *Phil.*, 1847)	+	. .	. .
— Laurenti, *Bosq.*, 1868 (Bulla Laurenti, *Bosq.*, 1859)	. .	+	. .
— conoïdea, *Desh.*, sp.	. .	+	. .
Volvula apicina, *Bosq.*, 1868 (Bulla apicina, *Phil.*, 1847; B. acuminata, *Nyst*, non *Brug.*)	+	. .	. .
Scaphander dilatatus, *Bosq.*, 1868 (Bulla dilatata, *Phil.*, 1847)	+	. .	. .
Dentalium acutum, *Héb.* (D. grande, *Nyst*, non *Desh.*)	+	+	. .
— Sandbergeri, *Bosq.* (an D. fissura, *Desh.*)	. .	+	. .
— Kickxi, *Nyst*	. .	. .	+
Tornatella Nysti, *Duch.* (T. Woodi, *Nyst*; T. simulata, *de Kon.*)	. .	+	+
*Murex tristichus? *Beyr.*	+	. .	. .
Lamellibranches.			
Gastrochæna Rauliniana, *Desh.*	+	. .	. .
Clavagella Bosqueti, *Nyst.*	+	. .	. .
Siliqua Nysti, *Desh*	+	. .	. .
Solen ensis? *L.*	. .	+	. .
Panopæa Heberti, *Bosq.* (P. intermedia, *Nyst*, non *Sow.*)	. .	+	. .
Mya tungrorum, *de Ryckh.*	. .	+	. .
Neæra fragilis, *Nyst*	+	. .	. .
Corbula subpisum, *d'Orb.*, 1848 (C. subpisiformis, *Sandb.*, 1862)	+	+	+
— Henckeliusi, *Nyst* (C. paradoxa, *Phil.*, 1847)	+	+	. .
Saxicava bicristata *Sandb.*	. .	+	. .
— Jeurensis, *Desh.*	. .	+	. .
Spheniopsis scalaris? *Sandb.* (Corbula scalaris, *Al. Braun*)	. .	+	. .
Psammobia nitens, *Desh.*	. .	+	. .
— Stampinensis, *Desh.*	+	+	. .
Syndosmya papillata, *Bosq.*	. .	+	. .
— brevis, *Bosq.*, 1851 (non *Desh.*, 1864)	+	. .	. .
— fragilis, *Bosq.*	. .	+	. .
Tellina Nysti, *Desh.*	+	+	. .
Corbulomya triangula, *Nyst.*	. .	+	. .

GENRE, ESPÈCE ET AUTEUR.	TONGRIEN.	RUPELIEN. Fluvio-marin.	RUPELIEN. Marin.
Corbulomya donaciformis, *Nyst.*	+	+	. .
Cytherea Kickxi, *Nyst*	. .	+	. .
— splendida, *Mérian*	+	+	. .
— Bosqueti, *Héb.*	+	. .	. .
— incrassata, *Sow.*, var. lunularis, *Sandb.*	+	. .	. .
— — var. globularis, *Sandb.*	. .	+	. .
— — var. obtusangularis, *Sandb.*	. .	+	. .
Cypricardia pectinifera, *Sow.* (C. pectinulata, *Semper*)	+	. .	. .
Cyrena semistriata, *Desh.*	. .	+	. .
— neglecta, *Nyst*, sp.	. .	+	. .
Cyprina Nysti *Desh.* (C. scutellaria, *Nyst*, non *Desh.*)	. .	+	. .
— Forbesiana, *Nyst* (C. rotundata, *Braun*)	. .	+	. .
Cardium cingulatum, *Goldf.*, 1840 (C. multicostatum, *Phil.* non *Braun*; C. anguliferum, *Sandb.*)	+	+	. .
— hippopæum, *Desh.*	+	. .	. .
— tenuisulcatum, *Nyst*	. .	+	. .
— elegans, *Nyst.*	+	. .	. .
— Raulini, *Héb.*	. .	+	. .
— Defrancei, *Desh.*	. .	+	. .
— porulosum, *Lam.*	+	. .	. .
Isocardia subtransversa, *d'Orb.* (I. transversa, *Nyst*, non *Münst.*)	+	+	. .
— multicostata, *Nyst*	+	. .	. .
— carinata, *Nyst* (Cypricardia Sacki, *Phil.*, C. isocardioides? *Desh.*).	+	. .	. .
Thracia suboblata, *Nyst* (Panopæa oblata, *Nyst*, non *Sow.*; P. Nysti, *de Koen.*, non *Le H.*)	. .	. .	+
Cytherea (Venus) Stacquezi, *Nyst* (V. incrassata, *Nyst*, part)	. .	. .	+
Lucina Omaliusi, *Desh.* (L. albella, *Nyst*, non *Lam.*)	. .	+	. .
— Thierensi, *Desh.* (L. striatula, *Nyst*)	+	+	. .
— tenuistria, *Héb.* (L. uncinata, *Nyst*, non *Defr.*)	. .	+	. .
— gracilis, *Nyst.*	+	. .	. .
— undulata, *Lam.* (L. lepida, *Bosq.*)	. .	+	. .
— uniangulata, *Nyst*	. .	. .	+
Diplodonta Nysti, *Bosq.*	+	. .	. .
Axinus unicarinatus, *Nyst*	+	+	. .
Scintilla? (Erycina?) striatula, *Nyst*	. .	. .	+
Leda Galeottiana, *Nyst*, 1843 (L. commutata, *Phil.*, 1847; L. mucronata, *Gal.*, 1837, non *Sow.*)	+	. .	. .
— Deshayesiana, *Duch.*	+	. .	+

GENRE, ESPÈCE ET AUTEUR.	TONGRIEN.	RUPELIEN. Fluvio-marin.	RUPELIEN. Marin.
Leda gracilis, *Desh.*	. .	+	. .
Yoldia pygmæa, *Goldf.*, sp.	. .	+	. .
Venericardia Omaliusi, *Nyst*	+	+	. .
— latisulcata, *Nyst* (V. analis, *Phil.*, et V. Dunkeri, *Phil.*	+	. .	. .
Astarte Henckeliusi, *Nyst*	. .	+	. .
— pseudo-Omaliusi, *Bosq.* (A. rostrata, *Sandb.*)	+	. .	. .
— trigonella, *Nyst*	. .	+	. .
— Bosqueti, *Nyst*	+	. .	. .
— Kickxi, *Nyst*	. .	. .	+
Cardita Kickxi, *Nyst*	. .	. .	+
Woodia plicatella, *Bosq.*	+	. .	. .
Crassatella intermedia, *Nyst*	+	. .	. .
Limopsis Goldfussi, *Nyst*	. .	+	. .
— pygmæa, *Phil.*, sp., 1836 (L. decussata, *Nyst* et *West.*, 1839)	+	. .	. .
— costulata, *Goldf.*, sp. (L granulata, *Goldf.*, non *Lam.*)	+	. .	. .
Pectunculus lunulatus, *Nyst*	+	. .	. .
— obovatus, *Lam.* (P. crassus, *Phil.*)	. .	+	. .
— Phillippii, *Desh.*	+	+	. .
Nucula subtransversa, *Nyst*	. .	+	. .
— Decheni, *Phil.*	+	. .	. .
— compta, *Munst.* (N. Lyelliana, *Bosq.*)	. .	+	. .
— Archiacana, *Nyst*	. .	. .	+
— Duchasteli, *Nyst.*	. .	. .	+
— Orbignyi, *Nyst*	. .	. .	+
Arca appendiculata, *Sow.*, 1820 (A. sulcicostata, *Nyst*, 1843)	+	. .	. .
— decussata. *Nyst* (A. striatula, *de Kon.*; A. subcancellata, *d'Orb.*)	. .	. .	+
Modiola Nysti, *Kickx*, sp., 1836 (Mytilus hastatus, *Goldf.*, 1841)	+	. .	. .
— Faujasi, *Al. Brongn.*, sp.	. .	+	. .
Mytilus subfragilis, *d'Orb.*	. .	+	. .
Driessensia Nysti, *d'Orb.*, 1847 (D. Basteroti, *Nyst*, 1843, non *Desh.*)	. .	+	. .
Pecten bellicostatus, *S. Wood*, 1861 (P. reconditus, *Nyst*, 1843, non *Soland.*, 1766; P. subreconditus, *d'Orb.*, 1847)	+	. .	. .
— corneus, *Sow.*, 1818 (P. solea, *Phil.*, non *Desh.*; P. Semperi, *Desh.*)	+	. .	. .
— pictus, *Goldf.*, 1834 (P. Deshayesi, *Nyst*, 1836; P. Diomedes, *d'Orb.*, 1847)	. .	+	. .
— (Janira) Hoeninghausi, *Defr.*	. .	. .	+
— — Rupellensis, *de Koen*	. .	. .	+
— Ryckholti, *Nyst*	. .	. .	+

GENRE, ESPÈCE ET AUTEUR.	TONGRIEN.	RUPELIEN. Fluvio-marin.	RUPELIEN. Marin.
Vola incurvata, *Nyst.*, sp. (Pecten incurvatus, *Nyst*, 1843)	+	. .	. .
— Hoeninghausi, *Defr.*, sp. (Pecten Hoeninghausi, *Defr.*)	. .	+	+
Spondylus Buchi, *Phil.*, 1847 (S. auriculatus, *Nyst*, 1843; S. limæformis, *Gieb.*, 1864)	+	. .	. .
Ostrea gigantea, *J. Sow.* (O. latissima, *Desh.*; O. gigantica, *Sol.* (et *Nyst*); O. transversa, *Nyst*)	. .	+	. .
— cariosa, *Desh.*	+	. .	. .
— ventilabrum, *Goldf.*, 1833 (O. prona, *S. Wood*, 1861)	+	. .	. .
— flabellata, *Lam.* (*S. Wood.*)	+	. .	. .
— Queteleti, *Nyst*, 1853 (O. cochlear, *Nyst*, non *Poli*)	+	. .	. .
— (Avicula) paradoxa, *Nyst.*	. .	. .	+
Anomia Albertiana, *Nyst*, 1853 (A. orbicularis, *Nyst*, 1843, non *Brocc.*)	+	. .	. .
Brachiopodes.			
Terebratula grandis, *Blumenb.*	+	. .	. .
Terebratulina Nysti, *Bosq.* (T. chrysalis, *Phil.*, non *Schloth.*)	+	. .	. .
Bryozoaires.			
Lunulites hemisphæricus, *Ad. Roem.*	+	. .	. .
Cellepora petiolus, *Dixon*	+	. .	. .
Anthozoaires.			
Dendrophyllia amica, *Edw.* et *Haime*	+	. .	. .
Balanophyllia subcylindracea, *Ad. Roem.*	+	. .	. .
— prælonga, *Michel*	+	. .	. .
Annélides.			
Galeolaria trochoïdes, *Nyst.*	+	. .	. .
— acutirostris, *Bosq.*	. .	+	. .
Moerschia turbinata, *Phil.*, sp.	+	. .	. .
Serpula septaria, *Gieb.*	+	. .	. .
— distorta, *Bosq.*	. .	+	. .

GENRE, ESPÈCE ET AUTEUR.	TONGRIEN.	RUPELIEN.	
		Fluvio-marin.	Marin.
Foraminifères.			
Triloculina Bornemanni, *Bosq.*	. .	+	. .
— Hartingi, *Bosq.*	. .	+	. .
Textilaria lacera, *Reuss.*	+	+	. .
Polymorphina insignis, *Reuss*	. .	+	. .
Spongiaires.			
Cliona nardina? *Michel*	. .	+	. .

TERRAINS MIO-PLIOCÈNE ET PLIOCÈNE.

—

39. Liste des fossiles mio-pliocènes et pliocènes des environs d'Anvers.

Nota. — La liste ci-dessous a été dressée d'après celle de notre regretté Maître en paléontologie, Henri Nyst, insérée dans le *Prodrome* de M. Dewalque, 1868.

La partie conchyliologique de cette liste a été modifiée d'après le dernier grand travail de Nyst (*Conchyliologie du terrain pliocène scaldisien*, 1878) dont l'atlas seul a paru jusqu'ici.

La partie ostéologique m'a été communiquée par M. de Pauw, d'après les travaux de M. P.-J. Van Beneden, de Du Bus et de Le Hon.

Comme dans les précédentes listes, les lettres r, rr, c, cc signifient respectivement : rare, très-rare, commun, très-commun. Le signe + indique simplement la présence de l'espèce ou de la variété sans qu'on puisse indiquer son degré de rareté ou d'abondance.

Les indications de la 1re et de la 2e colonne sont, à peu de chose près, restées ce qu'elles étaient dans les listes de Nyst; celles des 3e et 4e colonnes sont entièrement nouvelles et fournies par les persévérantes recherches de M. Cogels et de M. E. Vanden Broeck, consignées dans l'*Esquisse* de ce dernier (1876-1878) ou communiquées obligeamment par ces auteurs.

Les indications de la 5e colonne se rapportent aux espèces pliocènes dont le gisement précis n'a pas encore été déterminé. Le signe de doute (?) dans cette colonne indique que l'espèce à laquelle il se rapporte est peut-être mio-pliocène ou même quaternaire.

C'est ainsi que, ne voulant rien préjuger dans cette liste, quant à l'âge géologique de la couche à Bryozoaires ni même de la couche graveleuse à Hétérocètes, les espèces qui ont été renseignées à ces niveaux sont placées avec doute dans la 5e colonne.

Les indications des 6e, 7e et 8e colonnes sont extraites du travail de M. Vanden Broeck : l'astérisque * qui parfois remplace la lettre R permet de noter les espèces qui, bien que recueillies dans le *Red crag* ou Crag rouge (R), sont considérées par les paléontologues anglais comme remaniées et provenant du *Coralline crag* ou Crag corallin (C).

GENRE, ESPÈCE ET AUTEUR.	Mio-pliocène: SABLES À PANOPÆA MENARDI.	Mio-pliocène: SABLES À PECTUNCULUS PILOSUS.	Pliocène: SABLES À ISOCARDIA COR.	Pliocène: SABLES À FUSUS CONTRARIUS.	Pliocène: INCERTÆ SEDIS.	Angleterre: CRAG CORALLIN.	Angleterre: CRAG ROUGE.	MERS ACTUELLES.	AUTEURS qui ont servi à la détermination.

Trichecodon [illegible]					+				[illegible]
Alachtherium Cretsii, *Du Bus*					+				— — pl. 1, 2, 3, 4, 5 et 6, fig. 1-4, p. 50.
Mesotaria ambigua, *Van Ben.*					+				— — pl. 9, p. 56.
Palæophoca Nystii, *Van Ben.*					+				— — pl. 10, p. 60.
Callophoca obscura, *Van Ben.*					+				— — pl. 11, p. 65.
Platyphoca vulgaris, *Van Ben.*					+				— — pl. 12, p. 67.
Gryphoca similis, *Van Ben.*					+				— — pl. 13, p. 69.
Phocanella minor, *Van Ben.*					+				— — pl. 14, fig. 13-25, p. 71.
— pumila, *Van Ben.*					+				— — pl. 14, fig. 1-12, p. 70.
Phoca vitulinoides, *Van Ben.*					+				— — pl. 15, p. 72.
Monatherium aberratum, *Van Ben.*					?				— — pl. 17, p. 77.
— affinis, *Van Ben.*					?				— — pl. 16, fig. 7-14, p. 76.
— Delognii, *Van Ben.*					?				— — pl. 16, fig. 1-6, p. 75.
Prophoca proxima, *Van Ben.*		+							— — pl. 18, fig. 12-16, p. 80.
— Rousseaui, *Van Ben.*		+							— — pl. 18, fig. 1-11, p. 79.
Delphinides.									
Squalodon autwerpiensis, *Van Ben.*		+							Van Ben., 1865, *Mém. de l'Acad. roy. de Belg.*, in-4°, t. XXXV, 4 pl., et t. XXXVII, 1869, 1 pl.
— Ehrlichi, *Van Ben.*		+							Van Ben., 1865, *loc. cit.*, p. 72.
Phocænopsis cornutus, *Du Bus*		?							Du Bus, 1872, *Bull. Acad. Belg.*, 2e série, t. XXXIV, p. 500.
— schynensis, *Du Bus.*		?							— — — p. 499.
Delphinus Delannoyi, *Van Ben.*					+				Van Ben., 1859, *Bull. Acad. r. de Belg.*, 2e série, t. VIII, p. 145.
— De Waeli, *Van Ben.*					?				Coll. du Musée.
— Wasii, *Van Ben.*					+				Van Ben., 1859, *loc. cit.*, p. 145.
Scaldicetus antwerpiensis, *Du Bus*					?				Du Bus, 1872, *loc. cit.*, p. 508.
— Caretti, *Du Bus*					?				Du Bus, 1867, *loc. cit.*, t. XXIV, p. 568.
Eucetus amblyodon, *Du Bus*		?							— — p. 572.
Eudelphis mortselensis, *Du Bus*		+							Du Bus, 1872, *loc. cit.*, p. 500.
Hoplocetus borgerhoutensis, *Du Bus*		?							— — p. 502.
— crassidens, *Du Bus*		?							Van Ben., 1859, *loc. cit.*, p. 145, et 1872, *loc. cit.*, p. 502.

GENRE, ESPÈCE ET AUTEUR.	Mio-pliocène: SABLES A PANOPÆA MENARDI.	Mio-pliocène: SABLES A PECTUNCULUS PILOSUS.	Pliocène: SABLES A ISOCARDIA COR.	Pliocène: SABLES A FUSUS CONTRARIUS.	Pliocène: INCERTÆ SEDIS.	Angleterre: CRAG CORALLIN.	Angleterre: CRAG ROUGE.	MERS ACTUELLES.	AUTEURS consultés pour la détermination.
Palæodelphis annulatus, *Du Bus*	. .	?	. .	. .	. .	. .	. .	. .	Du Bus, 1872, *loc. cit.*, p. 504.
— arcuatus, *Du Bus*	. .	?	. .	. .	. .	. .	. .	. .	— — p. 506.
— coronatus, *Du Bus*	. .	?	. .	. .	. .	. .	. .	. .	— — p. 505.
— euryodon, *Du Bus*	. .	?	. .	. .	. .	. .	. .	. .	Coll. du Musée.
— fusiformis, *Du Bus.*	. .	?	. .	. .	. .	. .	. .	. .	Du Bus, 1872, *loc. cit.*, p. 506.
— grandis, *Du Bus.*	. .	?	. .	. .	. .	. .	. .	. .	— — p. 503.
— minutus, *Du Bus*	. .	?	. .	. .	. .	. .	. .	. .	— — p. 504.
— pachyodon, *Du Bus.*	. .	?	. .	. .	. .	. .	. .	. .	— — p. 507.
— zonatus, *Du Bus*	. .	?	. .	. .	. .	. .	. .	. .	— — p. 507.
Priscodelphinus crassus, *Du Bus.*	. .	+	. .	. .	. .	. .	. .	. .	— — p. 494.
— cristatus, *Du Bus*	. .	+	. .	. .	. .	. .	. .	. .	— — p. 497.
— declivus, *Du Bus*	. .	+	. .	. .	. .	. .	. .	. .	— — p. 495.
— elegans, *Du Bus.*	. .	+	. .	. .	. .	. .	. .	. .	— — p. 496.
— Morckhoviensis, *Du Bus*	. .	+	. .	. .	. .	. .	. .	. .	— — p. 495.
— productus, *Du Bus*	. .	+	. .	. .	. .	. .	. .	. .	— — p. 492.
— pulvinatus, *Du Bus.*	. .	+	. .	. .	. .	. .	. .	. .	— — p. 496.
— robustus, *Du Bus*	. .	+	. .	. .	. .	. .	. .	. .	— — p. 493.
— teres, *Du Bus.*	. .	+	. .	. .	. .	. .	. .	. .	— — p. 494.
— validus, *Du Bus.*	. .	+	. .	. .	. .	. .	. .	. .	— — p. 493.
Trispondylus Kleinii, *Van Ben.*	. .	+	. .	. .	. .	. .	. .	. .	Coll. du Musée.
Platydelphis [illegible], *Du Bus*	. .	+	. .	. .	. .	. .	. .	. .	Du Bus, 1872, *loc. cit.*, p. [illegible].
[illegible]		+							[illegible]

Cétacés ziphioïdes.									
Physeterula Dubusii, *Van Ben.*	..	+	..	..	..	..	..	..	Van Ben., 1877, *Bull. Acad. Belg.*, 2e sér., t. XLIV, p. 851, pl. 1.
Synostodon, *sp.*	..	?	..	..	..	..	..	..	Coll. du Musée.
Placoziphius Duboisii, *Van Ben.*	+	?	..	..	..	..	..	..	Van Ben., 1869, *Mém. Acad. Belg.*, in-4°, t. XXXVII, 2 pl.
Ziphius longirostris, *Cuvier*	..	..	..	..	+	..	..	..	Cuvier, 1836, *Recherches sur les oss. foss.*, t. VIII, 2e partie, p. 245, pl. 228, fig. 9 et 10.
— planirostris, *Cuvier*	..	..	..	..	+	..	..	..	Cuvier, 1836, *loc. cit.*, p. 243, fig. 7 et 8.
Rhinostodus Antwerpiensis, *Du Bus.*	..	..	..	..	+	..	..	..	Du Bus, 1868, *Bull. Acad. Belg.*, 2e sér., t. XXV, p. 629.
Ziphirostrum affine, *Du Bus*	..	?	..	..	..	..	..	..	Du Bus, 1868, *loc. cit.*, p. 626.
— dicyrtum, *Du Bus*	..	?	..	..	..	..	..	..	— — p. 627.
— gracile, *Du Bus.*	..	?	..	..	..	..	..	..	— — p. 625.
— Hemixemi, *Du Bus*	..	?	..	..	..	..	..	..	Van Ben., 1873, *Patria belgica*, t. I, p. 369.
— lævigatum, *Du Bus*	..	?	..	..	..	..	..	..	Du Bus, 1868, *loc. cit.*, p. 624.
— marginatum, *Du Bus*	..	?	..	..	..	..	..	..	— — p. 624.
— recurvirostrum, *Du Bus*	..	?	..	..	..	..	..	..	— — p. 626.
— tumidum, *Du Bus*	..	?	..	..	..	..	..	..	— — p. 623.
— turninense, *Du Bus*	..	?	..	..	..	..	..	..	— — p. 622.
Ziphiopsis phymatodes, *Du Bus*	..	?	..	..	..	..	..	..	— — p. 628.
— servatus, *Du Bus*	..	?	..	..	..	..	..	..	— — p. 629.
Belemnoziphius recurvus, *Du Bus*	..	?	..	..	..	..	..	..	— — p. 630.
Dinoziphius Raemdonckii, *Van Ben.*	..	?	..	..	..	..	..	..	Van Ben., 1873, *Patria belgica*, t. I, p. 370.
Ziphiola clepsydra, *Van Ben.*	..	?	..	..	..	..	..	..	— — p. 369.
Homæocetus Villersii, *Du Bus.*	..	?	..	..	..	..	..	..	Du Bus, 1867, *Bull. Acad. de Belg.*, 2e sér., t. XXIV, p. 573.
Isocetus De Pauwii, *Van Ben.*	..	+	..	..	..	..	..	..	Van Ben., 1880, *Bull. Acad. de Belg.*, 2e sér., t. L, p. 24.
— incertus, *Van Ben.*	..	?	..	..	..	..	..	..	Van Ben., 1880, *loc. cit.*, p. 24.
— longifrons, *Van Ben.*	..	+	..	..	..	..	..	..	— — p. 24.
Mesocetus latifrons, *Van Ben.*	..	+	..	..	..	..	..	..	— — p. 23.
— laxatus, *Van Ben.*	..	?	..	..	..	..	..	..	— — p. 23.
— longirostris, *Van Ben.*	..	?	..	..	..	..	..	..	— — p. 22.

GENRE, ESPÈCE ET AUTEUR.	Mio-pliocène. Sables à Panopæa Menardi.	Mio-pliocène. Sables à Pectunculus pilosus.	Pliocène. Sables à Isocardia cor.	Pliocène. Sables à Fusus contrarius.	Pliocène. Incertæ sedis.	Angleterre. Crag corallin.	Angleterre. Crag rouge.	Mers actuelles.	AUTEURS consultés pour la détermination.
Mesocetus pinguis, *Van Ben.*	. .	+	. .	. .	. .	. .	. .	. .	Van Ben., 1880, *Bull. Acad. Belg.*, 2e série, t. L, p. 23.
Heterocetus affinis, *Van Ben.*	. .	. .	. .	. .	?	. .	. .	. .	Van Ben., 1880, *loc. cit.*, p. 21.
— brevifrons, *Van Ben.*	. .	. .	. .	. .	?	. .	. .	. .	— — p. 22.
Amphicetus editus, *Van Ben.*	. .	. .	. .	. .	?	. .	. .	. .	— — p. 20.
— later, *Van Ben.*	. .	. .	. .	. .	?	. .	. .	. .	— — p. 20.
— rotontus, *Van Ben.*	. .	. .	. .	. .	?	. .	. .	. .	— — p. 21.
— verus, *Van Ben.*	. .	. .	. .	. .	?	. .	. .	. .	— — p. 20.
Plesiocetus Brialmontii, *Van Ben.*	. .	. .	. .	. .	?	. .	. .	. .	— — p. 18.
— Burtini, *Van Ben.*	. .	. .	. .	. .	?	. .	. .	. .	— — p. 19.
— dubius, *Van Ben.*	. .	. .	. .	. .	?	. .	. .	. .	— — p. 18.
— Hupschii, *Van Ben.*	. .	. .	. .	. .	?	. .	. .	. .	— — p. 19.
Erpetocetus scaldiensis, *Van Ben.*	. .	. .	. .	. .	+	. .	. .	. .	— — p. 25.
Burtinopsis minutus, *Van Ben.*	. .	. .	. .	. .	+	. .	. .	. .	— — p. 17.
— similis, *Van Ben.*	. .	. .	. .	. .	+	. .	. .	. .	— — p. 16.
Balænoptera borealina, *Van Ben.*	. .	. .	. .	. .	+	. .	. .	. .	— — p. 15.
— musculoides, *Van Ben.*	. .	. .	+	. .	. .	. .	. .	. .	— — p. 15.
— rostratella, *Van Ben.*	. .	. .	+	. .	. .	. .	. .	. .	— — p. 16.
— sibbaldina, *Van Ben.*	. .	. .	. .	. .	+	. .	. .	. .	— — p. 14.
Megaptera affinis, *Van Ben.*	. .	. .	. .	. .	+	. .	. .	. .	— — p. 13.
Balænula balænopsis, *Van Ben.*	. .	. .	+	. .	. .	. .	. .	. .	Van Ben., 1880, *Ann. du Musée roy. d'hist. nat. de Belg.*, t. IV, pl. 1-17, p. 82.
— [illegible], *Van Ben.*	. .	. .	. .	. .	+	. .	. .	. .	Van Ben., 1880, *loc. cit.*, pl. 18-22, p. 66.

[illegible]									[illegible]
Anser scaldii, *Van Ben.*		?							Van Ben., 1873, *Patria belgica*, I, p. 372.
Anas creccoïdes, *Van Ben.*					?				— 1871, *loc. cit.*, pl., fig. 3-6, p. 260.
Cygnus herenthalsii, *Van Ben.*		?							— 1873, — p. 372.
Larus Raemdonckii, *Van Ben.*					?				— 1871, — pl., fig. 1, p. 258.
Vanellus Selysii, *Van Ben.*					?				— — — pl., fig. 2, p. 259.
Rupelornis definitus, *Van Ben.*					?				— — — pl., fig. 7, p. 260.
Chéloniens.									
Pachychelys robusta, *Van Ben.*		?							Van Ben., 1873, *Patria belgica*, t. I, p. 374.
Macrochelys scaldii, *Van Ben.*		?							*Idem.*
Poissons osseux.									
Brachyrhynchus teretirostris, *Van Ben.*					+				Van Ben., 1871, *Bull. de l'Acad. roy. de Belg.*, 2e sér., t. XXXI, pl. 1-2, fig. 1-2, p. 495.
Sphoerodus insignis, *Van Ben.*					+				Van Ben., 1871, *loc. cit.*, p. 503.
Chrysophris Hennii, *Van Ben.*					+				— — p. 503.
Trigloïdes Dejardinii, *Van Ben.*		?							— — pl. 2, fig. 9-11 et 13, p. 501.
Tetrapterus alatus, *Ow.*					+				Le Hon, 1871, *Préliminaires d'un Mémoire sur les poiss. tert. de Belg.*, p. 10.
— longicaudus, *Ow.*					+				Le Hon, 1871, *loc. cit.*, p. 10.
Palanarchichas crassus, *Ow.*					+				— — p. 10.
Myliobates irregularis, *Le Hon*					?				— — p. 11.
Poissons cartilagineux.									
Hannovera aurata, *Van Ben.*					+				Van Ben., 1871, *Bull. de l'Acad. roy. de Belg.*, 2e sér., t. XXXI, p. 504 et 1876, *loc. cit.*, t. XLII, p. 294, 1 pl.
Notidanus primigenius, *Ag.*					+				Le Hon, 1871, *loc. cit.*, p. 9.
Carcharodon angustidens, *Ag.*		?			?				— — p. 7.

GENRE, ESPÈCE ET AUTEUR.	Mio-pliocène		Pliocène.			Angleterre.			AUTEURS consultés pour la détermination.
	SABLES A PANOPÆA MENARDI.	SABLES A PECTUNCULUS PILOSUS.	SABLES A ISOCARDIA COR.	SABLES A FUSUS CONTRARIUS.	INCERTÆ SEDIS.	CRAG CORALLIN.	CRAG ROUGE.	MERS ACTUELLES.	
Carcharodon brevis, *Le Hon*	. .	. .	. .	. .	+	. .	. .	. .	Le Hon, 1871, *loc. cit.*, p. 7.
— Escheri, *Ag.*	. .	. .	. .	. .	+	. .	. .	. .	— — p. 7.
— leptodon, *Ag.*	. .	. .	. .	. .	+	. .	. .	. .	— — p. 7.
— megalodon, *Ag.*	. .	+	. .	. .	?	. .	. .	. .	— — p. 7.
— microdon, *Le Hon*	. .	. .	. .	. .	+	. .	. .	. .	— — p. 7.
— polygyrus, *Ag.*	. .	. .	. .	. .	+	. .	. .	. .	— — p. 7.
— sulcidens, *Ag.*	. .	. .	. .	. .	. .	. .	. .	. .	— — p. 7.
Galeocerdo acanthodon, *Le Hon*	. .	. .	. .	. .	+	. .	. .	. .	— — p. 9.
— aduncus, *Ag.*	. .	. .	. .	. .	+	. .	. .	. .	— — p. 9.
Lamna cuspidata, *Ag.*	. .	. .	. .	. .	+	. .	. .	. .	— — p. 5.
— lupus, *Le Hon*	. .	. .	. .	. .	+	. .	. .	. .	— — p. 5.
— vorax, *Le Hon*	. .	. .	. .	. .	+	. .	. .	. .	— — p. 5.
Otodus apiculatus, *Ag.*	. .	. .	. .	. .	+	. .	. .	. .	— — p 5.
Anotodus Agassizii, *Le Hon*	. .	. .	. .	. .	+	. .	. .	. .	— — p. 8.
Oxyrhina Benedenii, *Le Hon*	. .	. .	. .	. .	+	. .	. .	. .	— — p. 6.
— crassa, *Ag.*	. .	. .	. .	. .	+	. .	. .	. .	— — p. 6.
— Desorii, *Ag.*	. .	. .	. .	. .	+	. .	. .	. .	— — p. 7.
— hastalis, *Ag.*	. .	. .	. .	. .		. .	. .	. .	— — p. 6.
— trigonodon, *Ag.*	. .	. .	. .	. .	+	. .	. .	. .	— — p. 6.
— Wilsonii, *Gibbes*	. .	. .	. .	. .	+	. .	. .	. .	Collection du Musée.
— xiphodon, *Ag.*	. .	. .	. .	. .	+	. .	. .	. .	Le Hon, 1871, *loc. cit.* p. 7.
[illegible]	. .	. .	. .	. .	+	. .	. .	. .	— — p. 7.

Paracypris polita, *Sars*.	r	r	. .	. .	. .	. .	. .	A	Brady George, *Trans. of the Zool. Soc.*, t. X, part. 8, 1878, p. 38, pl. 63, fig. 5*a*, *d*.
Pontocypris faba (*Reuss*)	r	. .	. .	. .	c	. .	. .	. .	Brady George, *loc. cit.*, p. 382, pl. 63, fig. 6*a*, *b*, *c*, *e*.
— propinqua, *Brady*.	. .	. .	. .	. .	c	. .	. .	. .	— — p. 382, pl. 63, fig. 4*a*, *c*.
Bairdia oviformis, *Speyer*	. .	. .	r	. .	. .	. .	. .	. .	— — p. 383, pl. 63, fig. 7*a*. *c*.
Cythere acuticosta. *Egger*.	r	c	. .	. .	. .	. .	. .	. .	— — p. 391, pl. 66, fig. 5*a*, *d*.
— Belgica, *Brady*	. .	. .	. .	r	. .	. .	. .	. .	— — p. 386, pl. 65, fig. 3*a*, *b*.
— cicatricosa (*Reuss*)	. .	. .	r	c	. .	. .	. .	. .	— — p. 387. pl. 64, fig. 3*a*, *d*.
— cribrosa, *B.*, *C. et R.*	. .	. .	r	r	. .	. .	. .	. .	— — p. 384, pl. 64, fig. 4*a*, *b*.
— Dawsoni ? *Brad. et Crosk.*	r	. .	r	c	. .	. .	. .	. .	— — p. 393, pl. 66, fig. 3*a*, *b*.
— ellipsoidea, *Brady*.	. .	. .	r	r	. .	. .	. .	. .	— — p. 384, pl. 65, fig. 1*a*. *d*.
— Jonesi (*Baird*)	r	c	cc	. .	. .	C	. .	A	— — p. 395, pl. 67, fig. 2*a*, *d*.
— jurinei, *von Munst*.	cc	cc	. .	r	. .	. .	. .	A	— — p. 385, pl. 65, fig. 2*a*, *h*.
— latimarginata, *Speyer*.	cc	cc	r	r	. .	. .	. .	A	— — p. 389, pl. 64, fig. 8*a*, *d*.
— lima (*Reuss*)	r	. .	. .	. .	. .	. .	. .	. .	— — p. 396.
— limicola (*Norman*)	. .	. .	r	. .	. .	. .	. .	A	— — p. 389, pl. 64, fig. 3*a*, *b*.
— macropora, *Bosquet*	cc	. .	r	. .	. .	C	. .	. .	— — p. 392, pl. 66, fig. 1*a*, *d*; pl. 66, fig. 6*a*, *d*.
— mucronata, *Sars*.	. .	. .	. .	. .	r	. .	. .	A	— — p. 395, pl. 67, fig. 3*a*, *d*.
— œdichilus, *Brady*	. .	c	. .	r	. .	. .	. .	. .	— — p. 388, pl. 64. fig. 1*a*, *d*.
— petrosa, *Brady*	. .	. .	. .	. .	r	. .	. .	. .	— — p. 388, pl. 64, fig. 5*a*, *d*.
— plicata, *von Munst*.	r	. .	c	c	. .	. .	. .	. .	— — p. 386, pl. 65, fig. 5*a*, *d*.
— plicatula (*Reuss*).	. .	. .	r	. .	. .	C	. .	A	— — p. 387, pl 64, fig. 6*a*, *b*.
— polytrema, *Brady*	r	c	cc	. .	. .	C	. .	A	— — p. 393, pl. 66, fig. 1*a*, *d*.
— scabropapulosa, *Jones*.	. .	r	. .	. .	. .	. .	. .	. .	— — p. 393, pl. 66, fig. 2*a*, *b*.
— subcoronata, *Speyer*	. .	r	r	. .	. .	. .	. .	A?	— — p. 394, pl. 67, fig. 4*a*, *d*.
— Tarentina, *Baird*.	c	c	. .	. .	. .	. .	. .	A	— — p. 390, pl. 63, fig. 1*a*, *d*.
— trapezia, *Brady*	. .	. .	. .	r	. .	. .	. .	. .	— — p. 391. pl. 66, fig. 4*a*, *d*.
— Wetherelli, *Jones*	c	c	. .	. .	. .	. .	. .	. .	— — p. 390, pl. 64, fig. 7*a*, *d*.
— Woodiana, *Jones*	. .	. .	. .	r	. .	. .	. .	. .	— — p. 384, pl. 65, fig. 4*a*, *b*.

GENRE, ESPÈCE ET AUTEUR.	Mio-pliocène: Sables à Panopæa Menardi.	Mio-pliocène: Sables à Pectunculus pilosus.	Pliocène: Sables à Isocardia cor.	Pliocène: Sables à Fusus contrarius.	Pliocène: Incertæ sedis.	Angleterre: Crag corallin.	Angleterre: Crag rouge.	Mers actuelles.	AUTEURS consultés pour la détermination.
Cytheridea papillosa, *Bosq.*, var. lævis, *Brady*	. .	. .	. .	. .	. .	. .	. .	A	Brady George, *loc. cit.*, p. 396, pl. 62, fig. 1*a*, *d*.
— pinguis, *Jones*	cc	cc	. .	r	. .	C	. .	. .	— — p. 397, pl. 62, fig. 3*a*, *d*.
— cypridioides, *Brad.*	. .	. .	. .	. .	c	. .	. .	. .	— — p. 397, pl. 69, fig. 6*a*, *e*.
— Mülleri, *von Munst.*	cc	cc	. .	r	. .	. .	. .	A	— — p. 397, pl. 62, fig. 4*a*, *e*.
Loxoconcha bitruncata, *Brady*.	. .	. .	c	cc	. .	. .	. .	. .	— — p. 399, pl. 68, fig. 2*a*, *d*.
— Grateloupiana (*Bosq.*)	r	r	r	. .	. .	. .	. .	. .	— — p. 399, pl. 68, fig. 3*a*, *g*.
— latissima, *Brady*	c	c	. .	. .	cc	. .	. .	. .	— — p. 399, pl. 68. fig. 1*a*, *d*, *e*, *h*.
— variolata, *Brady*	r	c	. .	. .	cc	. .	. .	. .	— — p. 400, pl. 68, fig. 4*a*, *d*.
Xestoleberis depressa, *Sars*.	. .	. .	. .	. .	cc	. .	. .	A	— — p. 400, pl. 66. fig. 8*a*, *d*.
Cytherura Broeckiana, *Brady*	r	r	. .	. .	. .	. .	. .	. .	— — p. 401. pl. 69, fig. 5*a*, *d*.
— cornuta, *Brady*	r	. .	. .	. .	r	. .	. .	A	— — p 402, pl. 66, fig. 7*a*, *d*.
Cytheropteron gradatum (*Bosq.*)	. .	r	. .	. .	r	. .	. .	. .	— — p. 403, pl. 69, fig. 4*a*, *d*.
— intermedium, *Brad.*	r	. .	. .	. .	. .	. .	. .	. .	— — p. 403, pl. 69, fig. 3*a*, *c*.
— latissimum (*Norm.*)	r	. .	. .	. .	r	. .	. .	A	— — p. 403, pl. 69, fig. 1*a*, *d*.
— pipistrella, *Brady*.	. .	. .	. .	. .	cc	. .	. .	. .	— — p. 404, pl. 69, fig 2*a*, *d*.
Bythocythere constricta, *Sars*.	. .	. .	. .	. .	r	. .	. .	A	— — p. 405.
Cytherideis lithodomoides (*Bosq.*)	c	cc	. .	. .	cc	. .	C	. .	— — p. 405, pl. 63, fig. 2*a*, *d*.
— recta, *Brady*	. .	. .	. .	. .	c	. .	. .	. .	— — p. 406, pl. 63, fig. 3*a*, *d*.
Paradoxostoma ensiforme, *Brady*	. .	. .	. .	. .	r	. .	. .	A	— — p. 406, pl. 64, fig. 2.
Cytherella elliptica, *Brady*	r	[illegible]	[illegible]	[illegible]	[illegible]	[illegible]	[illegible]	[illegible]	[illegible]

sus, *Sow*)	r				c			X	Nyst, *loc. cit.*
Cancer					c				Coll. du Musée.
Gastéropodes.									
Murex (Trophon) alveolatus, *J. Sow.*, var. consocialis, *S. Wood*			+	r		C	*		Nyst, 1878, *Ann. Musée hist. nat. de Belg.*, t. III, pl. 1, fig. 2.
— latilabris? *Bell.* et *Mich.*	rr								Nyst, 1868 (*Prodrome* de M. Dewalque), p. 419.
— (Trophon) muricatus, *Mont.*				+					Nyst, 1878, *loc. cit.*, pl. 1, fig. 4.
— Nysti, *Bosq.*	cc								Nyst, 1868, *loc. cit.*
— scalariformis, *Nyst*	r								Nyst, 1851, *Bull. de l'Acad. r. de Belg.*, 2e série, t. XII, p. 194.
— tortuosus, *J. Sow.*			r						Nyst, 1878, *loc. cit.*, pl. 1, fig. 1.
- vaginatus, *Crist.* et *Jan.* (M. echinatus, *Kien.*)		rr						A	Nyst, 1868, *loc. cit.*
— (Trophon) vicinus, *Nyst.*					+				Nyst, 1878, *loc. cit.*, pl. 1, fig. 3.
Typhis (Murex) fistulosus, *Brocc.*	rr	r							Nyst, 1868, *loc. cit.*
— — horridus, *Brocc.*	rr								— —
Triton Tarbellianum, *Grat.*	r	r							— —
Cancellaria ampullacea, *Brocc.*	r	r							— —
— Bellardii, *Mich.* (C. evulsa, *Nyst*, part.)	r	r					R		— —
— canaliculata, *Hörnes*	c								— —
— costellifera, *J. Sow.*					+			A	Nyst, 1868, *loc. cit.*; S. Wood, 1848, *Monog. Crag. mallusca*, pl. 7, fig. 21, p. 66.
— Lajonkairi, *Nyst*			+	+		C		A	Nyst, 1878, *loc. cit.*, pl. 1, fig. 6.
— Michelini, *Bell.*	rr	rr							Nyst, 1843, *Desc. coq. et polyp. foss. Belg.*, pl. 39, fig. 17, p. 484.
— minuta, *Nyst*		rr							Nyst, 1843, *loc. cit.*, pl. 38, fig. 23, p. 482.
— mitræformis, *Brocc*	r	r			+	C		A	Nyst, 1878, *loc. cit.*, pl. 28, fig. 9.
— Nysti, *Hörnes*	r								Nyst, 1868, *loc. cit.*

GENRE, ESPÈCE ET AUTEUR.	Mio-pliocène: SABLES A PANOPÆA MENARDI.	Mio-pliocène: SABLES A PECTUNCULUS PILOSUS.	Pliocène: SABLES A ISOCARDIA COR.	Pliocène: SABLES A FUSUS CONTRARIUS.	Pliocène: INCERTÆ SEDIS.	Angleterre: CRAG CORALLIN.	Angleterre: CRAG ROUGE.	MERS ACTUELLES.	AUTEURS consultés pour la détermination.
Cancellaria suturalis, *Grat.*	c	. .	. .	. .	. .	. .	. .	. .	Nyst, 1868, *loc. cit.*
— umbilicaris, *Brocc.*	. .	. .	. .	r	. .	. .	*	. .	Nyst, 1878, *loc. cit.*, pl. 1, fig. 5.
— uniangulata, *Desh.*	rr	. .	. .	. .	. .	. .	. .	. .	Nyst, 1868, *loc. cit.*
— viridula, *O. Fabr.*	. .	. .	. .	. .	+	. .	. .	. .	Nyst, 1878, *loc. cit.*, pl. 1, fig. 7.
Ficula (Pyrula) cingularis, *Beyr.*	. .	rr	. .	. .	. .	. .	. .	. .	Nyst, 1868, *loc. cit.*
— (Pyrula) condita, *A. Brong.*, (P. reticulata, *S. Wood* et *Nyst*; P. acclinis, *S. Wood*)	c	cc	r	+	. .	C	*	A ?	Nyst, 1868, *l. c.*; S. Wood, 1848, *l. c.*, 1re part., pl. 2, fig. 12, p. 42.
— intermedia? *Sism.*	. .	. .	. .	. .	+	. .	. .	. .	Nyst, 1878, *loc. cit.*, pl. 1, fig. 8.
Fusus antiquus, *L.* (Var. tricarinata)	. .	. .	. .	+	. .	. .	. .	. .	— — pl. 1, fig. 9*b-e*.
— Beyrichii, *Nyst*	r	. .	. .	. .	. .	. .	. .	. .	Nyst, 1861, *loc. cit.*, p. 192.
— contrarius, *L.*	. .	. .	. .	cc	. .	. .	. .	. .	Nyst, 1878, *loc. cit.*, pl. 1, fig. 9*a*
— crassilabris, *Nyst* (F. costiferus, *Nyst*, non *S. Wood*)	rr	. .	. .	. .	. .	. .	. .	. .	Nyst, 1868, *loc. cit.*, p. 420.
— Duponti, *Nyst*	. .	. .	. .	. .	+	. .	. .	. .	Nyst, 1878, *loc. cit.*, pl. 28, fig. 7.
— elegans, *Charlsw.*, var.	. .	. .	. .	+	. .	. .	. .	. .	— — pl. 1, fig. 11.
— gracilis, *Da Costa*	. .	. .	. .	+	. .	. .	. .	. .	— — pl. 1, fig. 10.
— Rothi, *Beyr.* (F. crispus, *Nyst*, non *Bors.*)	cc	. .	. .	. .	. .	. .	. .	. .	Nyst, 1868, *loc. cit.*
— sexcostatus, *Beyr.* (F. fasciolarioïdes, *Nyst*)	cc	r	. .	. .	. .	. .	. .	. .	Nyst, 1861, *loc. cit.*, p. 193.

— — var. dextre, *Nyst*	..	..	..	r	..	C	R	..	— — pl. 2, fig. 2*c, d, e.*
Nassa consociata, *S. Wood*	..	..	..	+	..	..	R	..	— — pl. 2, fig. 5.
— elegans, *Leathes*	..	..	..	c	..	..	R	..	— — pl. 2, fig. 11.
— flexuosa? *Brocc.*	r?	r	..	..	..	..	..	..	Nyst, 1868, *loc. cit.*
— granulata, *J. Sow.*	..	..	..	rr	..	C	R	A	Nyst, 1878, *loc. cit.*, pl. 2, fig. 6.
— (Tritonium) incrassata, *Mull.*	c	r	..	?		C	R	A	— — pl. 2, fig. 7.
— labiosa, *J. Sow.*	..	..	..	cc	..	C	*	A	— — pl. 2, fig. 13.
— lamellilabra, *Nyst*	..	..	..	ar	..	..	..	..	— — pl. 28, fig. 10.
— (Buccinum) polygona, *Brocc.*	r	..	..	..	..	..	..	..	Nyst, 1868, *loc. ci.*
— — prismatica, *Brocc.*	..	c	..	r	..	C	R	A	Nyst, 1878, *loc. cit.*, pl. 2, fig. 10.
— — propinqua, *J. Sow.*	..	..	..	ac	..	..	R	A	— — pl. 2, fig. 9.
— (Ranella) pygmæa, *Lk.*	..	..	..	?	..	..	..	..	— — pl. 2, fig. 8.
— (Buccinum) reticosa, *J. Sow.*	..	..	..	cc	..	..	R	A	— — pl. 2, fig. 4*a, b.*
— — — var. costata, *Nyst.*	..	..	..	+	..	..	..	..	— — pl. 2, fig. 4*c.*
— — — var. elongata, *J. S.*	..	..	..	cc	..	..	R	..	— — pl. 2, fig. 4*d.*
— semistriata, *Brocc.*, var. labiosa, *J. Sow.*	r	r	..	..	..	C	R	A	S. Wood, 1848, *loc. cit.*, 1re part., pl. 3, fig. 8; pl. 4, fig. 22, p. 28.
— subflexuosa, *d'Orb.*	..	..	..	+	..	..	..	..	Nyst, 1878, *loc. cit.*, pl. 2, fig. 12.
Purpura lapillus, *L.*	..	..	..	r	..	..	R	A	— — pl. 3, fig. 4*a, b.*
— — var. imbricata, *S. Wood*	..	..	..	?	..	..	..	..	— — pl. 3, fig. 4*c.*
— tetragona, *L.*, var. intermedia, *Nyst.*	..	..	..	ac	..	..	R	..	— — pl. 3, fig. 5*a, b.*
— — var. vulgaris, *Nyst*	..	..	..	ac	..	..	R	..	— — pl. 3, fig. 5*c, d, e.*
Cassis diadema? *Grat.* (C. bicatenata, *Nyst*, 1862)	r	..	..	..	..	..	..	..	Nyst, 1868, *loc. cit.*, p. 421.
— Hennei, *Nyst*	rr	..	..	..	..	..	..	..	— —
— saburon, *L*	c	..	..	+	..	..	*	A	Nyst, 1878, *loc. cit.*, pl. 3, fig. 1 et pl. 28, fig. 6.
Cassidaria bicatenata, *J. Sow.*	..	r	c	r	..	C	*	A?	— — pl. 2, fig. 14*b, c, d, f.*
— — var. ecatena, *Nyst*	..	..	..	ac	..	C	*	A	— — pl. 2, fig. 14*a, e.*
Columbella pulchra, *Nyst* (C. pulchella, *Nyst*, non *Kien.*)	rr	rr	..	..	..	..	..	..	Nyst, 1861, *loc. cit.*, p. 495 et 1868, *loc. cit.*, p. 421.
— scripta, *L.* (Fusus politus, *Nyst*	..	r	..	..	..	..	R	A	Nyst et West., 1839, *Nouv. rech. coq. foss d'Anvers*, p. 411, et Nyst, 1868, *loc. cit.*

GENRE, ESPÈCE ET AUTEUR.	Mio-pliocène: SABLES A PANOPÆA MENARDI.	Mio-pliocène: SABLES A PECTUNCULUS PILOSUS.	Pliocène: SABLES A ISOCARDIA COR.	Pliocène: SABLES A FUSUS CONTRARIUS.	Pliocène: INCERTÆ SEDIS.	Angleterre: CRAG CORALLIN.	Angleterre: CRAG ROUGE.	MERS ACTUELLES.	AUTEURS consultés pour la détermination.
Columbella subulata, *Brocc.*				+					Nyst, 1878, *loc. cit.*, pl. 3, fig. 3.
— sulcata, *J. Sow.*					+				— — pl. 3, fig. 2.
Oliva flammulata, *Lm.* (O. Dufresnei, *Bast.*).	rr								Nyst, 1868, *loc. cit.*, et 1843, *loc. cit.*, pl. 45, fig. 11. p. 601.
Ancillaria obsoleta, *Brocc.*	cc	r							Nyst, 1843, *loc. cit.*, pl. 45, fig. 10, p. 600.
Conus Dujardini, *Desh.* (C. Brocchii, *Nyst*, part.)	cc								Nyst, 1868, *loc. cit.*, et *Bull. de l'Acad. royale de Belg.*, t. IX, 1re partie, 1842, p. 448.
— Noe, *Br.*		rr							Vanden Broeck, 1876, *Esquisse*, p. 56.
Pleurotoma brachystoma, *Phil.*				r		C		A	Nyst, 1878, *loc. cit.*, pl. 3, fig. 18.
— coronata, *de Münst.*	r								Nyst, 1868, *loc. cit.*; S. Wood, 1848, *loc. cit.*, pl. 6, fig. 3, p. 54.
— costata, *Da Costa*				c		C	R	A	Nyst, 1878, *loc. cit.*, pl. 3, fig. 17.
— Desmoulinsi? *Bell.* (P. concinna, *S. Wood*)									Nyst, 1868, *loc. cit.*
— flexiplicata, *Nyst*	c	c							Nyst, 1868, *loc. cit.*, et 1861, *loc. cit.*, p. 491.
— gracile, *Mont.*					+				Nyst, 1878, *loc. cit.*, pl. 3, fig. 12.
— gradata? *Defr.*		r							Nyst, 1868, *loc. cit.*
— granulina, *Nyst*				+					Nyst, 1878, *loc. cit.*, pl. 3, fig. 7.
— hystrix, *Jan.*					+				— — pl. 3, fig. 13.
— incrassata, *Duj.*					+				— — pl. 3, fig. 10.
— inermis, *Partsch.*					+				— — pl. 3, fig. 9.
— intermedia, *Bronn.*	r								Nyst, 1868, *loc. cit.*

— obeliscus, *Desm.*	c								
— peracuta, *von Koen*	rr								— —
— perpulchra, *S. Wood*					+				Nyst, 1878, *loc. cit.*, pl. 3, fig. 15.
— porrecta, *S. Wood* (P. inermis, *Partsch.*)	r					C		A	Nyst, 1868, *loc. cit.*, p. 422; S. Wood, 1848, *loc. cit.*, 1re partie, pl. 6, fig. 2, p. 54.
— semimarginata, *Lmk.* (P. subcanaliculata, *de Münst.*)	c	r							Nyst, 1868, *loc. cit.*
— similis, *Nyst*					+				Nyst, 1878, *loc. cit.*, pl. 3, fig. 19.
— Staringi, *Bosq.*		r							Nyst, 1868, *loc. cit.*
— stricta, *Nyst.*	r				+				Nyst, 1868, *loc. cit.*, et 1861, *loc. cit.*, p. 192.
— subdiscors? *d'Orb.* (P. discors, *Phil.* non *Sow.*)	rr								Nyst, 1868, *loc. cit.*
— subterebralis, *Bell.*, var. *Nyst*	r								— —
— subulata, *Nyst*					+				Nyst, 1878, *loc. cit.*, pl. 3, fig. 16.
— Suessi, *Hörn*	r								Nyst, 1868, *loc. cit.*
— turbida, *Brand.*, var.	c	c							Nyst, 1843, *loc cit.*, pl. 40, fig. 8, p. 513.
— turrifera, *Nyst*	c	c		c			*		Nyst, 1878, *loc. cit.*, pl. 3, fig. 6.
— Udekemi, *Nyst* (P. Waterkeynii, *Nyst*, part.)	r								Nyst, 1868, *loc. cit.* et 1843, *loc. cit.*, pl. 41, fig. 4, p. 518.
— Uytterhoeveni, *Nyst* (P. decussata? *Phil.* non *Lm.*)	rr								Nyst, 1868, *loc. cit.*
— Woodii, *Nyst*					+				Nyst, 1878, *loc. cit.*, pl. 3, fig. 8.
Borsonia (Pleurotoma) uniplicata, *Nyst*	c								Nyst, 1868, *loc. cit.*
Voluta Bolli, *Koch.* (V. Lamberti, var. triplicata, *Nyst*)	r	c							Nyst, 1868, *loc. cit.* et 1843, *loc. cit.*, pl. 45, fig. 4, p. 587.
— Lamberti, *J. Sow.* (var. *S. Wood*)				c		C	R	A	Nyst, 1878, *loc. cit.*, pl. 4, fig. 1.
Mitra acicula, *Nyst*	r								Nyst, 1868, *loc cit.* et 1861, *loc. cit.*, p. 188.
— cupressina, *Brocc.*	r								Nyst, 1868, *loc. cit.*
— fusiformis, *Brocc.*	c						R	A	— —
Cypræa Europæa, *Mont.*	rr	rr	r	rr		C	R	A	Nyst, 1878, *loc. cit.*, pl. 5, fig. 2.
— Pyrum, *Gmel.*	r							A	Nyst, 1868, *loc. cit.*
Erato (Voluta) lævis, *Don.*	rr					C	R	A	Nyst, 1868, *l. c.*; S. Wood, 1848, *l. c.*, 1re part., pl. 2, fig. 10, p. 18.

GENRE, ESPÈCE ET AUTEUR.	Mio-pliocène		Pliocène.			Angleterre.			AUTEURS consultés pour la détermination.
	SABLES A PANOPÆA MENARDI.	SABLES A PECTUNCULUS PILOSUS.	SABLES A ISOCARDIA COR.	SABLES A FUSUS CONTRARIUS.	INCERTÆ SEDIS.	CRAG CORALLIN.	CRAG ROUGE.	MERS ACTUELLES.	
Natica brevispira, *Bosq.* (N. Josephinia, *Nyst*, non *Risso*)	c	c	..	..	..	..	..	..	Nyst, 1868, *loc. cit.*
— catena, *Da Costa*	c	c	..	c	..	C	R	A	Nyst, 1878, *loc. cit.*, pl. 5, fig. 8.
— catenoides, *S. Wood*	..	..	..	..	+	..	..	..	— — pl. 5, fig. 7.
— cirriformis, *J. Sow.*	..	..	c	r	..	C	..	A	— — pl. 5, fig. 6.
— helicina, *Brocc.* (N. glaucinoides, *Nyst*, part.)	c	c	..	..	..	..	..	..	Nyst, 1868, *loc. cit.* et 1843, *loc. cit.*, pl. 37, fig. 32, p. 442.
— hemiclausa, *J. Sow.*	..	r	c	c	..	C	*	..	Nyst, 1878, *loc. cit.*, pl. 5, fig. 11.
— millepunctata, *Lk.*	c	r	c	cc	..	C	R	A	— — pl. 5, fig. 5.
— — var. maculata, *Nyst*	c	r	c	c	..	C	R	A	— — pl. 5, fig. 5.
— proxima, *S. Wood*	..	..	..	+	..	.	..	..	— — pl. 5, fig. 9.
— varians, *Duj.*	..	r	c	c	..	C	*	..	— — pl. 5, fig. 10.
Schemnitzia elegantissima, *Mont.*	..	..	rr	..	..	C	..	A	Van den Broeck, *Esquisse*, p. 278.
Sigaretus Aquensis, *Recl.* (Lamellaria fragilis, *Nyst*)	r	r	..	..	..	..	..	..	Nyst, 1868, *loc. cit.* et 1843, *loc. cit.*, pl. 39, fig. 4, p. 449.
Pyramidella plicosa, *Bronn.*	r	r	rr	..	..	C	R	A	Nyst, 1878, *loc. cit.*, pl. 6, fig. 1.
Odostomia conoidea, *Brocc.*	r	r	..	ar	..	C	R	A	— — pl. 6, fig. 2.
— (Turbo) pellucida, *Adams* (O. reticula, *S. Wood*; Rissoa Woodiana, *Nyst*)	r	r	..	..	..	C	R	A	Nyst, 1868, *loc. cit.*, p. 423; S. Wood, 1848, *loc. cit.*, 1re partie, pl. 9, fig. 5, p. 86.
Turbonilla filosa, *S. Wood*	..	..	..	..	+	..	..	..	— — pl. 6, fig. 4.
— internodula, *S. Wood.*	..	..	..	rr	..	C	R	A	— — pl. 6, fig. 3.

Eulima Eichwaldi, *Horn.*	†	. .	. .	. .	. .	. .	. .	. .	[illegible]
— intermedia? *Cant*	. .	. .	. .	. .	+	. .	. .	. .	Nyst, 1878, *loc. cit.*, pl. 6, fig. 6.
— polita, *L.*	. .	. .	rr	. .	. .	C	R	A	Van den Broeck. *Esquisse*, p. 278.
— subulata. *Donov.*	. .	r	. .	rr	. .	C	R	A	Nyst, 1878, *loc. cit.*, pl. 6, fig. 5.
Mathildia (Turbo) quadricarinata, *Brocc.*	rr	. .	. .	. .	. .	. .	. .	A	Nyst, 1868, *loc. cit.*
Cerithium granosum. *Wood.*	. .	. .	rr	. .	. .	C	R	. .	Van den Broeck. *Esquisse*, p. 278.
— perversum, *L.*	. .	. .	. .	. .	+	. .	. .	. .	Nyst, 1878, *loc. cit.*, pl. 6, fig. 7.
— punctulum, *S. Wood*	. .	. .	. .	. .	+	. .	. .	. .	— — pl. 6, fig. 8.
— sinistratum, *Nyst*	. .	rr	. .	. .	+	C	R	A	— — pl. 6, fig. 9.
— tricinctum, *Brocc.*	. .	. .	. .	ar	. .	C	R	. .	— — pl. 6, fig. 10.
— trilineatum, *Phil.* (var. inversum. *Nyst*)	. .	rr	. .	. .	. .	C	R	A	Nyst, 1868, *l. c.*; S. Wood, 1848, *l. c.*, 1re part., pl. 8, fig. 4, p. 70.
— tuberculare. *Mont.*	. .	. .	rr	. .	. .	C	. .	A	Van den Broeck, *Esquisse*, p. 278.
Chenopus (Strombus) pespelicani, *L.* (Aporrhais quadrifidus. *Da Costa*).	cc	. .	ar	c	. .	C	R	A	Nyst, 1868, *loc. cit.* et 1843, *loc. cit.*, pl. 43, fig. 7, p. 561.
— — var. Anglica, *d'Orb.*	. .	. .	. .	. .	+	. .	. .	. .	Nyst, 1878, *loc. cit.*, pl. 6, fig. 11.
Turritella incrassata, *J. Sow.*	r	r	cc	cc	. .	C	R	A	— — pl. 6, fig. 12*a*, *b*.
— — var. bicincta, *Wood.*	. .	. .	. .	. .	+	. .	. .	. .	— — pl. 6, fig. 12*g*.
— — var. inbricataria, *Wood.*	. .	. .	. .	. .	+	. .	. .	. .	— — pl. 6, fig. 12*f*.
— — var. planispira, *Wood.*	. .	. .	. .	. .	+	. .	. .	. .	— — pl. 6, fig. 12*c*.
— — var. triplicata, *Brocc.*	. .	. .	. .	. .	+	. .	. .	. .	— — pl. 6, fig. 12*d*, *e*.
— (Turbo) subangulata, *Brocc.*	c	cc	. .	. .	. .	C	R?	A	Nyst, 1868, *loc. cit.*
Vermetus (Serpula) arenarius, *Lm.*	r	?	. .	. .	. .	C	. .	. .	— —
— intortus, *Lk.*	. .	. .	. .	. .	+	. .	. .	. .	Nyst, 1878, *loc. cit.*, pl. 6, fig. 13.
Siphonium ingens, *J. Colb.*	r	. .	. .	. .	. .	. .	. .	. .	Colbeau, 1864, *Ann. Soc. malac.*, t. I, p. 11.
Litiopa papillosa, *S. Wood.*	r	. .	. .	. .	. .	C	. .	. .	Nyst, 1868, *l. c*; S Wood, 1848, *l. c.*, 1re part., pl. 9. fig. 1, p. 88.
Scalaria amæna, *Phil.* (S. Ryckholti, *Nyst*).	r	r	. .	. .	. .	. .	. .	. .	Nyst, 1868, *loc cit.*, p. 424.
— clathratula, *Turt.*	. .	. .	. .	. .	+	. .	. .	. .	Nyst, 1878, *loc. cit.*, pl. 6, fig. 16.
— fimbriosa, *S. Wood*	. .	. .	. .	. .	+	. .	. .	. .	— — pl. 6, fig. 18.
— foliacea, *J. Sow.*	. .	. .	. .	. .	+	. .	. .	. .	— — pl. 6, fig. 14.

GENRE, ESPÈCE ET AUTEUR.	Mio-pliocène: SABLES A PANOPÆA MENARDI.	Mio-pliocène: SABLES A PECTUNCULUS PILOSUS.	Pliocène: SABLES A ISOCARDIA COR.	Pliocène: SABLES A FUSUS CONTRARIUS.	Pliocène: INCERTÆ SEDIS.	Angleterre: CRAG CORALLIN.	Angleterre: CRAG ROUGE.	MERS ACTUELLES.	AUTEURS consultés pour la détermination.
Scalaria frondicula, *S. Wood*	r	r	c	rr	. .	C	. .	. .	Nyst, 1878, *loc. cit.*, pl. 6, fig. 15.
— Hennei, *Nyst*	. .	. .	. .	. .	+	. .	. .	. .	— — pl. 6, fig. 19.
— lamellosa, *Brocc.*	r	r	. .	. .	. .	C	. .	. .	Nyst, 1868, *loc. cit.*, p. 424 et 1843, *loc. cit.*, p. 393.
— lanceolata, *Brocc.*	c	. .	. .	. .	. .	. .	. .	. .	Nyst, 1868, *loc. cit.*
— pertusa, *Nyst* (S. cancellata? *Broc.*).	r	r	. .	. .	. .	C	. .	. .	Nyst, 1868, *l. c.*; S. Wood, 1848, *l. c.*, 1re part., pl. 8, fig. 22, p. 95.
— subulata? *J. Sow.*	. .	. .	+	+	. .	C	R?	A?	Nyst, 1878, *loc. cit.*, pl. 6, fig. 17.
— torulosa, *Brocc.*	c	. .	. .	. .	. .	. .	*	. .	Nyst, 1868, *loc. cit.*
— Weyersii, *J. Colb.*	rr	. .	. .	. .	. .	. .	. .	. .	Nyst, 1871, *Ann. Soc. malac.*, t. VI, pl. 1, fig. 3, p. 87.
Fossarus sulcatus, *S. Wood*	. .	. .	+	. .	. .	. .	. .	. .	Nyst, 1878, *loc. cit.*, pl. 6, fig. 20.
Littorina suboperta, *J. Sow.*	. .	. .	. .	r	. .	. .	R	. .	— — pl. 6, fig. 21.
— terebellata, *Nyst*	. .	. .	. .	. .	+	. .	. .	. .	— — pl. 6, fig. 22.
Xenophora Deshayesi, *Mich.* (Tr. Benettiæ, *Al.* non *Sow.*; Phorus Lyellianus? *Bosq.*).	r	r	. .	. .	. .	. .	. .	. .	Nyst, 1868, *loc. cit.*
Rissoa concinna, *S. Wood* (R. punctura (?) *Mont.*)	r	. .	. .	. .	. .	C	. .	. .	Nyst, 1868, *l. c.*; S. Wood, 1848, *l. c.*, 1re part., pl. 11, fig. 4, p. 103.
— proxima, *S. Wood*	. .	. .	. .	. .	+	. .	. .	. .	Nyst, 1878, *loc. cit.*, pl. 28, fig. 13.
— stefanisi, *Jeff.*	. .	. .	ar	. .	. .	. .	. .	. .	— — pl. 28, fig. 12.
— vitrea? *Mont.*	. .	. .	c	cc	. .	C	. .	A	— — pl. 6, fig. 23.
Turbo carinatus, *Bors.*	r	. .	. .	. .	. .	. .	. .	. .	Nyst, 1868, *loc. cit.*
Trochus conulus? *L.*, var.	. .	. .	rr	. .	. .	. .	. .	. .	Nyst, 1878, *loc. cit.*, pl. 6, fig. 26.
— Kickxi, *Nyst.*	. .	. .	. .	. .	+	. .	. .	. .	— — pl. 6, fig. 31.
— millegranus, *Phil.*	r	[illegible]	[illegible]	[illegible]	[illegible]	C	R	[illegible]	[illegible]
[illegible]	[illegible]	[illegible]	[illegible]	[illegible]	[illegible]	[illegible]	[illegible]	[illegible]	[illegible]

— octosulcatus, *Nyst* (T. Adansoni, *Payr.*, fide Wood)				r		C	*	A	— — pl. 7, fig. 1.
— Robynsii, *Nyst.*					+				— — pl. 7, fig. 2.
— Solarium, *Nyst.*					+				— — pl. 6, fig. 32.
— subexcavatus, *S. Wood*					+				— — pl. 6, fig. 28.
— turbinoides, *Nyst*		r	ar			C	R		— — pl. 6, fig. 24.
— ziziphinus, *L.*				rr		C	R	A	— — pl. 6, fig. 25.
Homalogyra atomus, *Phil.*					+				Van den Broeck. *Esquisse*, p. 135.
Adeorbis Hennei, *Nyst*		rr							Nyst, 1868, *loc. cit.*
— pulchralis, *S. Wood*	r					C			Nyst, 1868, *l. c.*; S. Wood, 1848, *l. c.*, 1re part., pl. 15, fig. 4, p. 139.
— subcarinatus, *Mont.*			ar	ar		C	R	A	Nyst, 1878, *loc. cit.*, pl. 7, fig. 6.
— supra-nitidus, *S. Wood*		rr				C		A	Nyst, 1868, *loc. cit.*, p. 425; S. Wood, 1848, *loc. cit.*, 1re partie, pl. 15, fig. 5, p. 137.
— Woodi, *Hörnes*	r								Nyst, 1868, *loc. cit.*
Fissurella (Patella) Græca, *L.*				r		C	R	A	Nyst, 1878, *loc. cit.*, pl. 7, fig. 7.
— Italica, *Defr.*		rr							Nyst, 1868, *loc. cit.*
Emarginula crassa, *J. Sow.*				r		C	R	A	Nyst, 1878, *loc. cit.*, pl. 7, fig. 8.
— grata, *Nyst*	rr								Nyst, 1868, *loc. cit.*
— fissura, *L.*	r			r		C	R	A	Nyst, 1878, *loc. cit.*, pl. 7, fig. 9.
Calyptræa sinensis, *L.*	c	r		r		C	R	A	— — pl. 7, fig. 10.
Crepidula unguiformis, *Lm.* (Patella crepidula, *L.*; C. Italica, *Defr.*; C. calceolina, *Desh.*)	r								Nyst, 1868, *loc. cit.*
Pileopsis ungarica, *L.*				rr		C	R	A	Nyst, 1878, *loc. cit.*, pl. 7, fig. 11*a-e*
— — var. obliquus, *S. Wood*				+					— — pl. 7, fig. 11*f-j*.
— — var. sinuosus, *S. Wood*				+					— — pl. 7, fig. 11*k*, *l*.
Tectura virginea? *Müll.*					+				— — pl. 7, fig. 12.
Dentalium Badense? *Partsch.*		r							Nyst, 1868, *loc. cit.*
— costatum, *J. Sow.*	cc	c	c			C	*	A	Nyst, 1878, *loc. cit.*, pl. 7, fig. 15.
— entalis, *L.*	r	r	ar			C		A	— — pl. 7, fig. 13.
— ? Gadus, *Mont.* (D. coarctatum, *Lm.*, non *Brocc.*; D. Olivii, *Scac.*)	rr								Nyst, 1868, *loc. cit.* et 1843, *loc. cit.*, pl. 35, fig. 4, p. 346.

GENRE, ESPÈCE ET AUTEUR.	Mio-pliocène. Sables à Panopæa Menardi.	Mio-pliocène. Sables à Pectunculus pilosus.	Pliocène. Sables à Isocardia cor.	Pliocène. Sables à Fusus contrarius.	Pliocène. Incertæ sedis.	Angleterre. Crag corallin.	Angleterre. Crag rouge.	Mers actuelles.	AUTEURS consultés pour la détermination.
Dentalium semiclausum, *Nyst*	..	..	..	+	..	..	..	..	Nyst, 1878, *loc. cit.*, pl. 7, fig. 14.
Helix Haesendoncki, *Nyst*	..	..	..	?	..	..	..	..	— — pl. 7, fig. 16.
Ancylus? compressus, *Nyst.*	r	r	..	..	..	..	..	..	Nyst, 1868, *loc. cit.* et 1843, *loc. cit.*, pl. 38, fig. 16, p. 460.
Conovulus pyramidalis, *J. Sow.*	..	..	..	ac	..	..	R	..	Nyst, 1878, *loc. cit.*, pl. 7, fig. 17.
Simnia Nicæensis, *Risso.*	rr	..	..	..	..	..	..	A	Nyst, 1868, *loc. cit.*
Tornatella (Actæon) Levidensis, *S. Wood* (T. elongata, *Nyst*, non *Sow.*)	r	rr	ar	..	..	C	..	..	Nyst, 1868, *loc. cit.* et 1843, *loc. cit.*, pl. 37, fig. 23, p. 425.
— Noæ, *J. Sow.*	r	..	..	rr	..	C	R	A	Nyst, 1878, *loc. cit.*, pl. 7, fig. 18.
— tornatilis, *L.*	r	rr	..	..	+	C	R	A	— — pl. 7, fig. 19.
Ringicula buccinea, *Brocc.*	r	c	c	..	..	C	*	A	— — pl. 7, fig. 20.
Cylichna cylindracea, *Brug.*	r	c	+	+	..	C	*	A	— — pl. 7, fig. 21.
— umbilicata, *Mont.*	..	..	..	..	+	..	..	..	— — pl. 7, fig. 22.
Scaphander lignaria, *L.*	r	r	..	ar	..	C	*	A	— — pl. 7, fig. 23.
Bulla acuminata, *Brug.*	c	r	ar	r	..	C	..	A	— — pl. 28, fig. 5.
— conuloidea, *Wood.*	..	..	ac	..	..	C	..	A	Van den Broeck, *Esquisse*, p. 278.
— (Cylichna) nitidula, *Lov.* (B. constricta, *Nyst*, non *Sow.*; B. coarctata, *Nyst*)	c	c	..	..	..	C	..	A	Nyst, 1868, *loc. cit.* et 1843, *loc. cit.*, pl. 39, fig. 7, p. 455.
— utricula, *Brocc.*	c	c	..	..	..	C	..	A	— — — — pl. 39, fig. 9, p. 457.
Bullæa scabra? *Mull.* (Bulla pectinata, *Dillw.*; B. dilatata, *S. Wood*)	..	r	..	..	..	C	..	A	Nyst, 1868, *l. c.*; S. Wood, 1848, *l. c.*, 1re part., pl. 21, fig. 12, p. 181.
— sculpta, *S. Wood.*	..	r	..	..	..	C	..	A	— — — — pl. 21, fig. 10, p. 180.
Vaginella depressa, *Daudin* (Cleodora stran-	[illegible]	[illegible]	[illegible]	[illegible]	[illegible]	[illegible]	[illegible]	[illegible]	Nyst, 1868, *loc. cit.*

[illegible]	[illegible]					C	..	A	[illegible]
Pholadidea (Pholas) papyracea, *J. Sow.*	r	..	..	..	..	C	..	A	Nyst, 1868, *loc. cit.*
Pholas parva, *Penn.*	..	..	..	..	+	..	..	..	Nyst, 1878, *loc. cit.*, pl. 27, fig. 11.
Solen siliqua? *L.*, var. gladiolus, *Nyst*	..	..	..	ac	..	..	R	A	— — pl. 25, fig. 9*a-c*.
— — var. minor, *Nyst*	..	..	..	+	..	..	..	..	— — pl. 25. fig. 9*d-f*.
Ensis Rollei, *Hörn.* (Solen Ensis, v. minor, *Nyst*	c	c	cc	ac	..	C	R	A	Nyst, 1868, *loc. cit.*
Cultellus tenuis, *Phil.*	..	..	rr	+	..	..	..	..	Nyst, 1878, *loc. cit.*, pl. 25, fig. 10.
Solecurtus (Solen) strigillatus, *L.*	r	..	..	c	..	C	R?	A	Nyst, 1868, *loc. cit.*
Panopæa Faujasii, *Mén. de la G.*	..	..	r	r	..	..	..	..	Nyst, 1878, *loc. cit.*, pl. 26, fig. 5.
— Menardi, *Desh.*	cc	r	..	r	..	..	..	..	Nyst, 1868, *loc. cit.*
— plicata. *Mont.*	..	..	..	..	+	..	..	..	Nyst, 1878, *loc. cit.*, pl. 27, fig. 10.
Glycimeris angusta, *Nyst* et *West.*	..	r	c	r	..	C	*	A	— — pl. 27, fig. 1.
Mya truncata, *L.*	..	..	rr	ar	..	C	R	A	— — pl. 26, fig. 1.
Lutraria elliptica, *L.*	..	..	..	+	..	C	*	A	— — pl. 24, fig. 5.
Mactra arcuata, *J. Sow.*	..	..	..	+	..	C	R	A	— — pl. 24, fig. 1.
— deaurata? *Turt.*	..	..	..	c	..	..	R	A	— — pl. 24, fig. 2.
— solida? *L.*, var. elliptica, *Nyst*	..	..	..	+	..	..	..	..	— — pl. 24, fig. 3.
— subtruncata, *Da Costa.*	..	..	..	..	+	..	..	..	— — pl. 24, fig. 4.
— triangula, *Ren.* (M. striata, *Nyst*)	c	c	..	..	..	C	..	A	Nyst, 1868, *loc. cit.*
Corbula striata, *Walk.* et *Boys.*	cc	cc	c	cc	..	C	R	A	Nyst, 1878, *loc. cit.*, pl. 26, fig. 2.
Sphænia Binghami, *Turt.*	..	..	..	..	+	..	..	..	— — pl. 27, fig. 2.
Corbulomya complanata, *J. Sow.*	..	..	..	cc	..	..	R	..	— — pl. 26, fig. 4.
Neæra (Tellina) cuspidata, *Ol.*	..	r	+	..	..	C	R	A	Nyst. 1868, *loc. cit.*
— (Corbula) Waelii, *Nyst*	..	r	..	..	..	..	..	..	Nyst, 1868, *loc. cit.* et 1843, *loc. cit.*, pl. 2, fig. 5, p. 69.
Poromya granulata, *Nyst* et *West.*	..	r	+	..	..	C	..	A	Nyst, 1878, *loc. cit.*, pl. 26, fig. 3.
Thracia distorta? *Mont.*	..	..	..	..	+	..	..	..	— — pl. 27, fig. 7.
— inflata? *J. Sow.*	..	..	..	..	+	..	..	..	— — pl. 27, fig. 4.
— phaseolina? *Lk.*	..	..	..	..	+	..	..	..	— — pl. 27, fig. 6.
— pubescens? *Pult.*	..	..	..	+	..	..	..	..	— — pl. 27, fig. 3

GENRE, ESPÈCE ET AUTEUR.	Mio-pliocène. Sables à Panopæa Menardi.	Mio-pliocène. Sables à Pectunculus pilosus.	Pliocène. Sables à Isocardia cor.	Pliocène. Sables à Fusus contrarius.	Pliocène. Incertæ sedis.	Angleterre. Crag corallin.	Angleterre. Crag rouge.	Mers actuelles.	AUTEURS qui ont servi à la détermination.
Thracia ventricosa, *Phil.*	. .	. .	+	+	. .	. .	. .	. .	Nyst, 1878, *loc. cit.*, pl. 27, fig. 5.
Lyonsia granulata, *Nyst.*	. .	r	ar	. .	. .	. .	. .	. .	Nyst, 1868, *loc. cit.*
Ligula prismatica, *Mont.*	c	cc	r	. .	. .	C	R	A	Nyst, 1868, *loc cit.*
Tellina balaustina, *L.*	. .	. .	r	. .	. .	C	. .	A	Nyst, 1878, *loc. cit.*, pl. 24, fig. 10.
— Benedeni, *Nyst*	+	. .	. .	cc	. .	. .	*	. .	— — pl. 24, fig. 6.
— — var. fallax, *Beyr.*	r	r	. .	. .	. .	. .	. .	. .	Nyst, 1868, *loc. cit.*
— compressa, *Brocc.*	. .	. .	r	r	. .	C	R	A	Nyst, 1878, *loc. cit.*, pl. 25, fig. 1.
— crassa, *Penn.*	. .	. .	. .	r	. .	C	R	A	— — pl. 24, fig. 8*a*, *b*.
— — var. obliqua, *S. Wood.*	. .	. .	. .	+	. .	. .	. .	. .	— — pl. 24, fig. 8*c*, *d*.
— donacina, *L.*	. .	. .	. .	r	. .	C	*	A	— — pl. 25, fig. 2.
— obliqua, *J. Sow.*	. .	. .	. .	+	. .	. .	. .	. .	— — pl. 24, fig. 9.
— prætenuis, *Leath.*	. .	. .	. .	c	. .	. .	R	. .	— — pl. 24, fig. 7.
Gastrana laminosa, *J. Sow.*	. .	. .	. .	r	. .	C	R	A	— — pl. 25, fig. 4.
Psammobia Ferroensis, *Chemn.*	. .	. .	. .	r	. .	C	. .	A	— — pl. 25, fig. 5.
Semele alba, *W. Wood*	r	r	. .	ar	. .	C	R	A	— — pl. 25, fig. 7.
— prismatica, *Mont.*	. .	. .	. .	r	. .	. .	. .	. .	— — pl. 25, fig. 6.
Donax polita, *Poli.*	. .	. .	. .	. .	+	. .	. .	. .	— — pl. 25, fig. 8.
— subfragilis, *d'Orb.*	. .	r	. .	. .	+	. .	. .	. .	— — pl. 25, fig. 3.
Saxicava (Mya) arctica, *L.*	cc	cc	. .	. .	. .	C	R	A	Nyst, 1868, *loc. cit.* et 1843, *loc cit.*, pl. 3, fig. 15, p. 95.
— fragilis, *Nyst*	c	r	r	. .	. .	C	. .	A	— — — — pl. 4, fig. 10, p. 97.

— imbricata, J. Sow.	..	..	..	..	..	..	..	..	[illegible]
— — var. S. Wood	..	..	..	+	..	..	..	..	— — pl. 23, fig. 2c, d.
— multilamella, Lm. (V. multilamellosa, *Nyst* et *W.*)	cc	cc	rr	..	..	..	..	A	Nyst, 1868, *loc. cit.*, p. 428 et 1843, *loc. cit.*, pl. 12, fig. 7, p. 179.
— ovata, *Penn.*	..	..	r	..	..	C	R	A	Nyst, 1878, *loc. cit.*, pl. 23, fig. 3.
— Nysti, *d'Orb.* (Cytherea incrassata, *Nyst*, part.)	c	r	..	..	..	..	..	..	Nyst 1868, *loc. cit.*
Cytherea chione, *L.*	r	..	r	r	..	C	*	A	Nyst, 1878, *loc. cit.*, pl. 23, fig. 4.
— rudis, *L.*	r	..	r	r	..	C	R	A	— — pl. 23, fig. 5.
Artemis exoleta, *L.*	..	..	..	r	..	..	R	A	— — pl. 23, fig. 6.
— lineta, *Pult.*	..	..	?	..	..	..	..	..	— — pl. 23, fig. 7.
Montacuta bidentata, *Mont.*	..	..	ar	ac	..	C	R	A	— — pl. 19, fig. 10.
— ferruginosa, *Mont.*	r	r	..	..	+	C	..	A	— — pl. 19, fig. 9.
— (Ligula) substriata, *Mont.*	..	r	..	..	..	C	R	A	Nyst, 1868, *loc. cit.*
— truncata, *S. Wood*	..	..	..	..	+	..	..	..	Nyst, 1878, *loc. cit.*, pl. 19, fig. 11.
Kellia ambigua, *Nyst*	..	r	r	..	..	C	R	A	— — pl. 19, fig. 6.
— ? coarctata, *S. Wood*	..	r	..	..	+	C	R	A	— — pl. 19, fig. 7.
— elliptica, *Scacc.* (Lucina oblonga, *Phil.*; Kellia flexuosa, *S. Wood*)	r	..	..	..	..	C	..	A	Nyst, 1868, *loc. cit.*
— orbicularis, *S. Wood*	..	..	..	..	+	..	..	..	Nyst, 1878, *loc. cit.*, pl. 19, fig. 8.
— pumila, *S. Wood*	r	r	..	ar	..	C	..	A?	Nyst, 1868, *loc. cit.*
- (Mya) suborbicularis, *Mont.*	r	..	..	..	..	C	R	A	— —
Woodia digitaria, *L.*	..	..	c	r	..	C	R	A	Nyst, 1878, *loc. cit.*, pl. 22, fig. 4.
Lepton deltoïdeum, *S. Wood*	..	r	..	..	+	C	R	A	— — pl. 19, fig. 13.
— depressum, *Nyst*	..	..	..	r	..	C	*	..	— — pl. 19, fig. 12.
Cyprina Islandica, *L.*	r	..	c	r	..	C	*	A	— — pl. 20, fig. 2.
— rustica, *J. Sow.*	r	..	cc	c	..	C	*	..	— — pl. 20, fig. 1.
Cardium decorticatum, *S. Wood*	..	..	rr	c	..	..	..	..	— — pl. 18, fig. 7.
— edule, *L.* (C. edulinum, *J. Sow.*)	..	..	..	c	..	C	R	A	— — pl. 19, fig. 1.
— hians, *Brocc.* (C. diluvianum, *Desh.*)	rr	..	..	..	..	..	..	A	Nyst, 1868, *loc. cit.*
— nodosum, *Mont.*	r	..	..	..	..	C	R ?	A	— —

GENRE, ESPÈCE ET AUTEUR.	Mio-pliocène: SABLES A PANOPÆA MENARDI.	Mio-pliocène: SABLES A PECTUNCULUS PILOSUS.	Pliocène: SABLES A ISOCARDIA COR.	Pliocène: SABLES A FUSUS CONTRARIUS.	Pliocène: INCERTÆ SEDIS.	Angleterre: CRAG CORALLIN.	Angleterre: CRAG ROUGE.	MERS ACTUELLES.	AUTEURS consultés pour la détermination.
Cardium Parkinsoni, *J. Sow.*	. .	. .	. .	c	. .	. .	R	. .	Nyst, 1878, *loc. cit.*, pl. 18, fig. 6.
— subturgidum, *d'Orb*, (C. turgidum, *Nyst*, non *Brand.*)	cc	cc	. .	. .	. .	. .	. .	. .	Nyst, 1868, *loc. cit.*, p. 429 et 1843, *loc. cit.*, pl. 14, fig. 6, p. 190.
— tuberculatum, *L.*	. .	. .	. .	?	. .	. .	. .	. .	Nyst, 1878, *loc. cit.*, pl. 18, fig. 5.
Isocardia Cor, *L.*	. .	. .	cc	. .	. .	C	*	A	— — pl. 22, fig. 5.
— lunulata, *Nyst*	cc	r	. .	. .	. .	. .	. .	. .	Nyst, 1868, *loc. cit.* et 1843, *loc. cit.*, pl. 15, fig. 2, p. 198.
— — v. sulcata, *Nyst* (I. harpa? *Goldf.*).	r	. .	. .	. .	. .	. .	. .	. .	— — — — pl. 16, fig. 2, p. 199.
— — v. cypriniformis, *Nyst* (I. subtransversa, *Hörn.*) .	r	. .	. .	. .	. .	. .	. .	. .	Nyst, 1868, *loc. cit.*
Lucina borealis, *L.*	cc	cc	cc	r	. .	C	R	A	Nyst, 1878, *loc. cit.*, pl. 19, fig. 2*a-c, e*.
— — var. depressa, *Nyst* . . .	. .	. .	. .	. .	+	. .	. .	. .	— — pl. 19, fig. 2*d, f, i*.
— — var. Flandrica, *Nyst* . .	. .	. .	. .	. .	+	. .	. .	. .	— — pl. 19, fig. 2*j-l*.
— crenulata, *S. Wood*	. .	. .	. .	. .	+	. .	. .	. .	— — pl. 28, fig. 14.
— Drouetii, *Nyst*.	r	. .	. .	. .	. .	. .	. .	. .	Nyst, 1868, *loc. cit.* et 1861, *loc. cit.*, p. 196.
— transversa, *Bronn*.	c	. .	. .	. .	. .	. .	. .	A	Nyst, 1868, *loc. cit.*
Lucinopsis Lajonkairei, *Pay.*	. .	. .	r	. .	. .	C	R?	A	Van den Broeck, *Esquisse*, p. 278.
— undata, *Penn.*	. .	. .	+	. .	. .	. .	. .	. .	Nyst, 1878, *loc. cit.*, pl. 23, fig 8.
Diplodonta astartea, *Nyst*	. .	. .	. .	r	. .	C	R	A	— — pl. 19, fig. 5.
— dilatata, *Phil.*	. .	. .	r	. .	. .	. .	. .	. .	— — pl. 19, fig. 4.
— (Venus) Lupinus, *Brocc.* (V. fragilis, *Nyst et West*)	rr	c	[illegible]	[illegible]	[illegible]	C	R	[illegible]	Nyst, 1868, *loc. cit.* [illegible] pl. 7, fig. 1, p. 188.

— Burtini, *Laj.*									[illegible]
— — var. pyriformis, *Wood.*			rr			C			Van den Broeck, *Esquisse*, p. 278.
— concentrica, *Goldf.* (A. radiata, var. costata, *Nyst*)	c	c							Nyst, 1868, *loc. cit.* et 1843, *loc. cit.*, pl. 10, fig. 3, p. 157.
— corbuloides, *Laj.*			c	?					Nyst, 1878, *loc. cit.*, pl. 22, fig. 2.
— elliptica? *Brown.*					+				— — pl. 21, fig. 5.
— Galeotti, *Nyst*			r	r		C	*	A	— — pl. 22, fig. 3.
— incerta, *S. Wood.*			ar	cc		C			— — pl. 21, fig. 7.
— mutabilis, *S. Wood.*	r			r		C	*		— — pl. 21, fig. 2*a-c*.
— — var. deformis					+				— — pl. 21, fig. 2*d-f*.
— obliquata, *J. Sow.*			r	ar			R		— — pl. 21, fig. 9.
— Omaliusi, *Laj.*		rr	c			C	*	A	— — pl. 21, fig. 4.
— parva, *S. Wood*	r					C		A	Nyst, 1868, *loc. cit.*
— radiata, *Nyst* et *West.*	cc	cc							Nyst, 1868, *loc. cit.* et 1843, *loc. cit.*, pl. 9 fig. 8, p. 162.
— sulcata, *Da Costa*					+				Nyst, 1878, *loc. cit.*, pl. 21, fig. 8.
— (Mactra) triangularis, *Mont.* (A. minuta, *Nyst*)		r				C	R	A	Nyst, 1868, *loc. cit.* et 1843, *loc. cit.*, pl. 9, fig. 9, p. 163.
— trigonata, *Nyst*					+				Nyst, 1878, *loc. cit.*, pl. 21, fig. 6.
— Waeli, *Nyst* (A. pygmæa? *de Munst*).		r		rr		C			Nyst, 1868, *loc. cit.*
Circe minima, *Mont.*			r?	+		C	*	A	Nyst, 1878, *loc. cit.*, pl. 21, fig. 1.
Cardita chamæformis, *J. Sow.*				c		C	*		— — pl. 22, fig. 7.
— corbis, *Phil.*		r				C	R	A	Nyst, 1868, *loc. cit.*, p. 430 et 1843, *loc. cit.*, pl. 11, fig. 9, p. 216.
— intermedia, *Br.* (C. squamulosa, *Nyst*)	cc	c							— — — — pl. 15, fig. 4, p. 207.
— orbicularis, *J. Sow.*	r	r	c	r		C	*		Nyst, 1878, *loc. cit.*, pl. 22, fig. 9.
— scalaris, *J. Sow.*			c	c		C	R	A	— — pl. 22, fig. 8.
— senilis, *Lk.*			c			C	*	A	— — pl. 22, fig. 6.
Arca diluvii, *Lk.*		c						A	Nyst, 1868. *loc. cit.* et 1843, *loc. cit.*, pl. 20, fig. 3, p. 255.
— latesulcata, *Nyst*	cc								— — — — pl. 18, fig. 8, p. 256.
— tetragona, *Poli* (A. imbricata? *Chemn.*).		rr				C	R	A	— — — — p. 256.
Cucullæa (Arca) pectunculoides, *Scacc.* (C. pusilla, *Nyst*)		r	rr			C		A	— — — — pl. 20, fig. 6, p. 261.

GENRE, ESPÈCE ET AUTEUR.	Mio-pliocène: SABLES À PANOPÆA MENARDI.	Mio-pliocène: SABLES À PECTUNCULUS PILOSUS.	Pliocène: SABLES À ISOCARDIA COR.	Pliocène: SABLES À FUSUS CONTRARIUS.	Pliocène: INCERTÆ SEDIS.	Angleterre: CRAG CORALLIN.	Angleterre: CRAG ROUGE.	MERS ACTUELLES.	AUTEURS consultés pour la détermination.
Pectunculus arcuatus? *Schlot.*	rr	..	..	..	..	..	..	..	Nyst, 1868, *loc. cit.*
— glycimeris, *L.* var. subobliquus, *S. Wood*	..	..	..	..	+	..	..	..	Nyst, 1878, *loc. cit.*, pl. 17, fig. 8*b*, *c*.
— — var. transversa, *S. W.*	..	..	..	..	+	..	..	..	— — pl. 17, fig. 8*a*, *d*, *g*.
— (Arca) pilosus, *L.*	r	cc	..	rr	..	C	R	A	Nyst, 1868, *loc. cit.*
Limopsis (Pectunculus) anomala, *Eichw.* (P. pygmæus, *Phil.*; Trogonocœlia decussata, *Nyst* et *West.*)	c	c	rr	..	..	C	R	A	Nyst, 1868, *loc. cit.* et 1843, *loc. cit.*, pl. 18, fig. 7, p. 245.
— (Trigonocœlia) sublævigata, *Nyst* et *West.*	c	c	r	..	..	C	*	A	— — — — pl. 24, fig. 2, p. 244.
Nucula Haesendoncki, *Nyst* et *West.*	c	cc	..	..	..	..	..	..	Nyst et West., 1839, *loc. cit.*, pl. 2, fig. 18; Nyst, 1868, *loc. cit.* et 1843, *loc. cit.*, pl. 18, fig. 5, p. 236.
— lævigata, *J. Sow.*	..	r	r	..	..	C	R	..	Nyst, 1878, *loc. cit.*, pl. 18, fig. 1.
— nucleus, *L.*	..	r	r	ac	..	C	R	A	— — pl. 18, fig. 2.
— trigonula, *S. Wood* (N. Waeli, *Nyst*).	r	r	..	..	..	C	..	A	Nyst, 1868, *loc. cit.*
Pleurodon (Nucinella) ovalis, *S. Wood*	..	r	..	..	+	C	..	..	Nyst, 1878, *loc. cit.*, pl. 18, fig. 3.
Leda (Nucula) compressa, *Goldf.*	r	r	..	..	..	C	R	A	Nyst, 1868, *loc. cit.*
— — excisa? *Phil.*	rr	..	..	..	..	..	..	A	— —
— — pygmæa, *de Munst.* (N. Philippiana, *Nyst*)	c	c	rr	..	..	C	R	A	Nyst, 1868, *loc. cit.* et 1843, *loc. cit.*, pl. 17, fig. 5, p. 224.
— — Westendorpii, *Nyst.*	r	r	..	..	..	..	..	..	— — — — pl. 15, fig. 9, p. 225.
Yoldia semistriata, *S. Wood*	..	..	..	r	..	C	..	..	Nyst, 1878, *loc. cit.*, pl. 18, fig. 4.
Axinus flexuosus, *Mont.* [illegible]	[illegible]	[illegible]	[illegible]	[illegible]	[illegible]	[illegible]	[illegible]	[illegible]	[illegible]

— modiolus, *L.* (M. papuanus, *Nyst*)	..	r	..	..	..	..	..	A	Nyst, 1868, *loc. cit.* et 1843, *loc. cit.*, p. 2..
Crenella (Mytilus) decussata, *Mont.*	..	r	..	..	..	..	..	A	Nyst, 1868, *loc. cit.*
— Koeneni, *Nyst* (C. costulata? *Risso*).	rr	..	..	..	..	C	R	A	— —
— (Modiola) marmorata, *Forb.*	r	..	..	..	..	C	R	A	— —
— — Prideauxana, *Leach.* (M. asperula, *S. Wood*)	..	r	..	..	..	C	..	A	— —
Avicula phalænacea, *Bast.*	r	..	..	..	..	C	..	A	Nyst, 1868, *loc. cit.* et 1843, *loc. cit.*, p. 277.
Lima exilis? *S. Wood*	..	..	..	..	+	..	..	..	Nyst, 1878, *loc. cit.*, pl. 17, fig. 1.
— Loscombi, *J. Sow.*	..	..	r	..	..	..	..	..	— — pl. 17, fig. 2.
— Sandbergeri, *Nyst.*	..	r	..	..	..	..	..	..	Nyst, 1868, *loc. cit.*
— subauriculata, *Mont.* (Ostrea nivea, *Ren.*)	r	r	+	..	..	C	..	A	Nyst, 1868, *loc. cit.* et 1878, *loc. cit.*, pl. 17, fig. 3,
Pecten benedictus? *Lm.*	r	..	..	..	..	..	..	..	Nyst, 1868, *loc. cit.*
— Brummeli, *Nyst*	..	r	..	..	..	..	..	..	Nyst, 1864, *Bull. de l'Ac. roy. de Belg.*, 2e série, t. XVIII, p. 27.
— Caillaudi, *Nyst*	..	r	..	..	..	..	..	..	Nyst, 1868, *loc. cit.*
— complanatus, *J. Sow.* (P. maximus, *L.*)	..	rr	c	cc	..	C	*	A	Nyst, 1878, *loc. cit.*, pl. 13, fig. 1.
— Danicus, *Chemn.* (P. aspersus, *Desh.*).	..	r	..	..	?	..	R	A	Nyst, 1868, *loc. cit.*
— Duwelzi, *Nyst*	r	r	..	..	..	..	..	..	Nyst, 1861, *Bull. de l'Acad. royale de Belg.*, 2e série, t. XII, p. 202, pl. 1, et t. XVIII, 1864, p. 28.
— elegans, *Andr.* (P. sarmenticius, *Goldf.*)	c	c	..	..	..	..	..	..	Nyst, 1868, *loc. cit.* et 1843, *loc. cit.*, p. 287.
— Gerardi, *Nyst*	..	..	c	cc	..	C	..	A	Nyst, 1878, *loc. cit.*, pl. 15, fig. 5.
— grandis, *J. Sow.*	..	..	c	c	..	C	*	..	— — pl. 11, fig. 1.
— Lamallii, *Nyst*	c	c	..	..	..	..	..	..	Nyst, 1868, *l. c.* et 1843, *l. c.*, pl. 24, fig. 5; pl. 22, fig. 5, var., p. 305.
— opercularis, *L.*	..	..	..	cc	..	C	R	A	Nyst, 1878, *loc. cit.*, pl. 15, fig. 1.
— princeps, *S. Wood*	..	..	..	..	+	..	..	..	— — pl. 14, fig. 1.
— pusio, *L.* (P. striatus, *J. Sow.*)	r?	..	c	cc	..	C	R	A	— — pl. 16, fig. 1.
— radians, *Nyst* (P. dubius, *Brocc.*)	..	..	c	c	..	C	R	..	— — pl. 15, fig. 3.
— similis, *Laskey*	..	..	..	..	+	..	..	..	— — pl. 15, fig. 6.
— Sowerbyi, *Nyst* (P. lineatus, *Da C.*).	c	..	c	c	..	..	R	A	— — pl. 15, fig. 2.
— tigerinus, *Müll.* (P. obsoletus, *Pen.*).	cc	c	c	r	..	C	R	A	— — pl. 15, fig. 4.
— Westendorpi *Nyst*	..	..	c	..	..	..	*	..	— — pl. 12, fig. 1.

GENRE, ESPÈCE ET AUTEUR.	Mio-pliocène: SABLES A PANOPÆA MENARDI.	Mio-pliocène: SABLES A PECTUNCULUS PILOSUS.	Pliocène: SABLES A ISOCARDIA COR.	Pliocène: SABLES A FUSUS CONTRARIUS.	Pliocène: INCERTÆ SEDIS.	Angleterre: CRAG CORALLIN.	Angleterre: CRAG ROUGE.	MERS ACTUELLES.	AUTEURS consultés pour la détermination.
Pecten Woodi, *Nyst* (P. Pagii, *Nyst*)	c	r	..	..	..	..	..	..	Nyst, 1861, *Bull. de. l'Ac. roy. de Belg.*, 2e série, t. XII, p. 196.
Ostrea edulis, *L.*	r	..	c	c	..	C	R	A	Nyst, 1878, *loc. cit.*, pl. 8, fig. 1.
— — var. ungulata, *Nyst*	..	..	..	..	+	..	..	..	— — pl. 9, fig. 1.
— navicularis, *Brocc.*	rr	c	..	..	..	C	*	A	Nyst, 1868, *l. c.*, p. 431 et 1843, *l. c.*, pl. 32, fig. 2, p. 330.
— princeps, *S. Wood*	..	..	..	r	..	C	R	..	Nyst, 1878, *loc. cit.*, pl. 9, fig. 2, pl. 10, fig. 1.
— Staringi, *Nyst*	..	rr	..	..	..	..	..	..	Nyst, 1868, *loc. cit.*
Anomia ephippium, *L.*	r	r	c	c	..	C	R	A	Nyst, 1878, *loc. cit.*, pl. 10, fig. 3*a*.
— — var. obliqua	..	..	..	..	+	..	..	..	— — pl. 10, fig. 3*b-j*.
— — var. transversa, *Nyst*	..	..	..	..	+	..	..	..	— — pl. 10, fig. 3*k, l*.
— inæquilatera, *Nyst*	..	r	..	..	..	..	..	..	Nyst, 1868, *loc. cit.*
— unguicula, *Nyst.*	..	c	..	..	..	..	..	..	— —
— striata? *Brocc.*	..	..	..	c	..	C	R	A	Nyst, 1878, *loc. cit.*, pl. 10, fig. 2.
Brachiopodes.									
Terebratula grandis, *Blum.* (T. Sowerbyana, *Nyst*)	..	..	rr	..	..	..	..	..	Nyst, 1843, *loc. cit.*, pl. 27, fig. 3, p. 335.
Terebratulina caput-serpentis, *L.*	..	rr	..	..	+	C	..	A	Nyst, 1878, *loc. cit.*, pl. 28, fig. 3.
Rhynchonella Nysti, *Davids.*	..	..	..	..	+	..	..	..	— — pl. 28, fig. 2.
— psittacea? *L.*	..	..	..	..	+	..	..	..	— — pl. 28, fig. 1.
Mannia Nysti, ***Dew.***	..	rr	..	..	..	..	..	..	**Nyst, 1868, *loc. cit.***
[illegible]									[illegible]

Diastopora (Alecto) repens, *S. Wood*	..	..	..	..	+	C	..	A	— —
— simplex, *Busk.*	..	..	..	..	+	C	..	A	— —
Mesenteripora meandrina, *S. Wood*	..	..	..	..	+	C	..	A	— —
Patinella proligera, *Busk.*	..	..	..	..	+	C	..	..	— —
Idmonea Atlantica, *E. Forbes*	..	..	..	..	+	..	..	A	— —
— delicatula, *Busk.*	..	..	..	..	+	C	..	..	— —
— Reussi, *Nyst*	..	..	..	..	+	..	..	..	Nyst, 1866, *loc. cit.*, p. 433.
Tubulipora flabellaris, *Fabr.*	..	..	..	..	+	C	..	A	Houzeau de Lehaie, *loc. cit.*
— (Alecto) palmata, *S. Wood*	..	..	..	..	+	C	..	A	— —
— penicillata, *Fabr.*	..	..	..	..	+	C	..	A	— —
— (Idmonea) serpens, *Linné*	..	..	..	..	+	..	..	A	— —
Hornera canaliculata, *Busk.*	..	..	..	..	+	C	..	..	— —
— frondiculata, *Lmk.*	..	..	..	..	+	C	..	..	— —
— humilis, *Busk.*	..	..	..	..	+	C	..	..	— —
— infundiculata, *Busk.*	..	..	..	..	+	C	..	..	— —
— plana, *Nyst*	..	..	..	..	+	..	..	..	Nyst, 1868, *loc. cit.*, p. 433.
— reteporacea, *M. Edw.*	..	..	..	+	+	C	..	..	Houzeau de Lehaie, *loc. cit.*
— rhomboidalis, *Busk.*	..	..	..	..	+	C	..	..	— —
— striata, *M. Edw.*	..	..	..	..	+	C	..	..	— —
Heteropora monodon, *Busk.*	..	..	..	..	+	..	..	..	Espèce non décrite.
Discoporella crassiuscula, *Smitt.*	..	..	..	..	+	..	..	A	Houzeau de Lehaie, *loc. cit.*
— hispida, *Johnston.*	..	..	..	..	+	C	..	..	— —
— verrucaria, *L.*	..	..	..	..	+	..	..	A	— —
Radiopora Goldfussi. *Reuss.*	..	..	..	..	+	..	..	..	— —
— (Buskia) tabulifera, *Reuss.*	..	..	..	..	+	..	..	..	— —
Heteroporella incrustans, *Busk.*	..	..	..	..	+	..	..	..	Espèce non décrite.
— parasitica, *Busk.*	..	..	..	..	+	C	..	..	Houzeau de Lehaie, *loc. cit.*
— radiata, *Busk.*	..	..	..	..	+	C	..	..	— —
Pustulopora clavata, *Busk.*	..	..	..	..	+	C	..	..	— —

GENRE, ESPÈCE ET AUTEUR.	Mio-pliocène: SABLES A PANOPÆA MENARDI.	Mio-pliocène: SABLES A PECTUNCULUS PILOSUS.	Pliocène: SABLES A ISOCARDIA COR.	Pliocène: SABLES A FUSUS CONTRARIUS.	Pliocène: INCERTÆ SEDIS.	Angleterre: CRAG CORALLIN.	Angleterre: CRAG ROUGE.	MERS ACTUELLES.	AUTEURS consultés pour la détermination.
Pustulopora proboscidea, *E. Forbes*	..	..	..	..	+	..	..	A	Houzeau de Lehaie, *loc. cit.*
— subverticillata, *Busk.*	..	..	..	..	+	C	..	..	— —
Defrancia rugosa, *Busk.*	..	..	..	..	+	C	..	..	— —
Fascicularia tubipora, *Busk.*	..	..	..	..	+	C	..	..	— —
Bryozoaires (Chilostomata.)									
Flustra ? dubia, *Busk.*	..	..	..	..	+	C	..	..	Houzeau de Lehaie, *loc. cit.*
Salicornaria marginata, *Goldf.*	..	..	..	..	+	C	..	A	— —
— rhombifera, v. *Münst.*	..	..	..	..	+	C	..	A	— —
— sinuosa, *Hassal*	..	..	..	..	+	C	..	A	— —
Membranipora aperta, *Busk.*	..	..	..	..	+	C	..	..	— —
— bidens, *Hagenow.*	..	..	..	..	+	C	..	..	— —
— holostoma, *S. Wood*	..	..	..	..	+	C	..	..	— —
— Lacroixii, *Savigny*	..	..	..	..	+	..	..	A	— —
— monostachys ? *Busk.*	..	..	..	..	+	C	..	A	— —
— oblonga, *Busk.*	..	..	..	..	+	C	..	..	— —
— Pouilletii, *Audouin*	..	..	..	..	+	C	..	A	— —
— rhynchota, *Busk.*	..	..	..	..	+	C	..	..	—
— trifolium, *S. Wood*	..	..	..	..	+	C	..	A	— —
— tuberculata, *Bosq.*	..	..	..	..	+	C	..	A	— —

— innominata, *Couch.*	..	..	..	..	+	C	..	..	— —
— mammillata, *S. Wood.*	..	..	..	..	+	C	..	..	— —
— megastoma, *S. Wood.*	..	..	..	..	+	C	..	..	— —
— papillata, *Busk.*	..	..	..	..	+	..	..	A	— —
— Peachii, *Johnston*	..	..	..	+	+	C	..	A	— —
— punctata, *Hassal*	..	..	..	..	+	C	..	A	— —
— puncturata, *S. Wood.*	..	..	..	..	+	C	..	..	— —
— reticulata, *Mc Gillevray*	..	..	..	..	+	..	..	A	— —
— trispinosa, *Busk.*	..	..	..	..	+	..	..	A	— —
— ventricosa, *Hassal*, var. tubulosa, *Houz.*	..	..	..	..	+	C	..	A	Variété non décrite.
— violacea, *Johnston.*	..	..	..	..	+	C	..	A	Houzeau de Lehaie, *loc. cit.*
— Woodiana, *Busk.*	..	..	..	..	+	C	..	..	— —
Lunulites conica, *Defrance*	..	..	..	..	+	C	..	..	— —
— Edwardsii, *Nyst*	..	..	..	..	+	..	..	..	Nyst, 1868, *loc. cit.*
Cupularia Canariensis, *Busk.*	..	..	..	..	+	C	..	A	Houzeau de Lehaie, *loc. cit.*
— denticulata, *Conrad.*	..	..	..	..	+	C	..	A	— —
— — Antwerpiensis, *Houz.*	..	..	..	..	+	..	..	..	Variété non décrite.
— umbellata, *Defr.*	..	..	..	..	+	..	..	..	Houzeau de Lehaie, *loc. cit.*
Anarthropora, *sp. nov.*	..	..	..	..	+	..	..	..	— —
Eschara cervicornis, *Pallas*	..	..	..	..	+	..	..	A	— —
— monilifera, *M. Edw.*	..	..	+	..	+	C	..	..	— —
— Nystii, *Houz.*	..	..	..	..	+	..	..	..	Espèce non décrite.
— pertusa, *Busk.*	..	..	..	..	+	..	..	..	Houzeau de Lehaie, *loc. cit.*
— porosa, *M. Edw.*	..	..	..	..	+	C	..	..	— —
— polyomma, *Reuss.*	..	..	..	..	+	..	..	..	— —
— pertusa, *Busk.*	..	..	..	..	+	C	..	..	— —
— Segdwickii, *Busk.*	..	..	..	..	+	C	..	..	— —
— sinuosa, *Busk.*	..	..	..	..	+	C	..	..	— —
Melicerites Charlesworthii, *M. Edw.*	..	..	..	..	+	C	..	..	— —

GENRE, ESPÈCE ET AUTEUR.	Mio-pliocène. Sables à Panopæa Menardi.	Mio-pliocène. Sables à Pectunculus pilosus.	Pliocène. Sables à Isocardia cor.	Pliocène. Sables à Fusus contrarius.	Pliocène. Incertæ sedis.	Angleterre. Crag corallin.	Angleterre. Crag rouge.	Mers actuelles.	AUTEURS consultés pour la détermination.
Cellepora Broeckii, *Houz.*	..	..	..	..	+	..	..	..	Espèce non décrite.
— cæspitosa, *Busk.*	..	..	..	..	+	C	..	..	Houzeau de Lehaie, *loc. cit.*
— compressa, *Busk.*	..	..	..	..	+	C	..	.	— —
— coronopus, *Busk.*	..	+	..	+	+	C	..	..	— —
— dentata, *Busk.*	..	..	..	..	+	C	..	..	— —
— edax, *Busk.*	..	..	..	..	+	C	..	..	— —
— parasitica, *Busk.*	..	..	..	+	+	C	..	..	— —
— pumicosa, *L.*	..	..	..	..	+	..	..	A	— —
— ramulosa, *L.*	..	..	..	..	+	C	..	A	— —
— scruposa? *Busk.*	..	..	..	..	+	C	..	..	— —
— tubigera, *Busk.*	..	..	..	..	+	C	..	A	— —
Celleporaria Hassalii, *Johnston*	..	..	..	..	+	..	..	A	— —
— incrassata, *d'Orb.*	..	..	..	..	+	..	..	A	— —
Retepora Beaniana, *King*, var. borealis, *Smitt.*	..	..	..	..	+	C	..	A	— —
— cellulosa, *L.*	..	..	..	..	+	C	..	A	— —
— notopachys, *Busk.*, var. elongata, *Smitt.*	..	..	..	..	+	..	..	A	— —
— simplex, *Busk.*	..	..	..	..	+	C	..	..	— —
Annélides.									

Echinodermes.									
Cidaris Belgica, *Cott.*	r	cc	..	..	+	..	..	..	Cotteau, 1880. *Descript.*, Mém. cour. de l'Acad, in-4°, t. XLIII, pl. 1, fig. 1-14, p. 10.
Echinus Nysti, *Cott.*	..	..	..	..	+	..	..	..	Cotteau, 1880, *loc. cit.*, pl. 1, fig, 27-29, p. 17.
— Colbeaui, *Cott.*	..	rr	..	..	..	..	..	..	— — pl. 1, fig. 30, p. 19.
Psammechinus sphæroideus, *Nyst*	..	..	..	..	+	..	..	..	— — pl. 2, fig. 1-5, p. 20.
— Dewalquei, *Cott.*	..	..	..	..	+	..	..	..	— — pl. 2, fig. 1-9, p. 22.
— Cogelsi, *Cott.*	..	r	..	..	..	..	..	..	— — pl. 2. fig. 10-13, p. 24.
Echinocyamus Forbesi, *Cott.*	..	..	..	..	+	..	..	..	— — pl. 3, fig. 23-28, p. 42.
Schizaster scillæ, *Leske.*	..	..	..	+	+	..	..	..	— — pl. 6, fig. 3, p. 69.
Anthozoaires.									
Caryophyllia (Turbinolia) granulata, *de Münst.*	..	r	..	..	..	..	..	..	Nyst, 1868, *loc. cit.*, p. 433.
Cyathina firma, *Phil.*	r	r	..	..	..	..	..	..	— —
Trochocyathus plicatus, *Edw.* et *H.*	..	r	..	..	..	..	..	..	— —
Flabellum (Turbinolia) appendiculatum, *Al. Brongn.* (T. cuneata, var., *Goldf.*; F. vicula et F. extensum, *Mich.*; F. Waeli et F. Haimei, *Nyst*; F. Edwardsianum, *Bosq.*, etc.)	cc	c	..	..	..	..	..	..	Nyst, 1868, *loc. cit.* et 1843, *loc. cit.*, p. 633.
Sphenotrochus (Turbinolia) intermedius, *de Münst.*	..	+	..	..	..	..	..	..	Nyst, 1868, *loc. cit.*
— Roemeri, *Edw.* et *H.*	..	r	..	..	..	..	..	..	— —
Stephanophyllia Nysti, *Edw.* et *H.* (S. imperialis, *Nyst*, non *Mich.*)	..	r	..	..	..	..	..	..	— —
Balanophyllia prælonga, *Edw.* et *H.*	r	r	..	..	..	..	..	..	— —
Protozoaires.									
Lagena clavata, *d'Orb.* (V. avicula, *Reuss.*).	rr	..	..	..	..	..	..	..	Nyst, 1868, *loc. cit.*, p. 434.
— filicosta, *Reuss.*	r	..	..	..	..	..	..	A	— —

GENRE, ESPÈCE ET AUTEUR.	Mio-pliocène. SABLES A PANOPÆA MENARDI.	Mio-pliocène. SABLES A PECTUNCULUS PILOSUS.	Pliocène. SABLES A ISOCARDIA COR.	Pliocène. SABLES A FUSUS CONTRARIUS.	Pliocène. INCERTÆ SEDIS.	Angleterre. CRAG CORALLIN.	Angleterre. CRAG ROUGE.	MERS ACTUELLES.	AUTEURS consultés pour la détermination.
Lagena globosa, *Walk.* (Oolina simplex, *Reuss.*	rr	..	..	..	..	..	..	A	Nyst, 1868, *loc. cit.*, p. 434.
— (Lagenola) reticulata, *Macg.*	rr	..	..	..	..	..	..	A	— —
— rudis, *Reuss.*	rr	..	..	..	..	..	..	..	— —
— (Oolina) striata, *d'Orb.*	c	..	..	..	..	..	..	A	— —
— (Ovulina) tenuis, *Bornem.*	c	..	..	..	..	..	..	..	— —
— (Oolina) Villardeboana, *d'Orb.*	rr	..	..	..	..	..	..	A	— —
— vulgaris, *Park* et *Jones*	r	..	..	..	..	..	..	A	— —
Glandulina rotundata, *Reuss.*	rr	..	..	..	..	..	..	..	— —
Nodosaria longicauda, *d'Orb.*	rr	..	..	..	..	..	..	A	— —
Dentalina (Orthoceratia) Farcimen, *Sold.*	rr	..	..	..	..	..	..	A	— —
— Konincki, *Reuss.*	cc	rr	..	..	..	..	..	..	— —
— peregrina, *Reuss.*	..	rr	..	..	..	..	..	..	— —
Frondicularia Dumontana, *Reuss.*	rr	rr	c	..	..	..	..	..	— —
— Hosiusi, *Reuss.*	rr	..	..	..	..	..	..	..	— —
— Nysti, *Reuss.*	r	c?	c	..	..	..	..	..	— —
Cristellaria Dewalquei, *Reuss.*	rr	..	cc	..	..	..	..	..	— —
— Nysti, *Reuss.*	rr	..	..	..	..	..	..	..	— —
Robulina cultrata? *d'Orb.*	..	rr?	..	..	..	..	..	..	— —
Nonionina affinis, *Reuss.*	c	..	..	..	..	..	..	..	— —
— Boueana, *d'Orb.*	cc	cc	..	..	..	..	..	A	— —

— cristellarioides, *Reuss.*	rr	..								
— Kalembergensis, *d'Orb.*	..	rr	..	..	..	..	..	..	—	—
— orbicularis, *d'Orb.*	rr	rr	..	..	..	..	..	A	—	—
— tenuimargo, *Reuss.*	rr	c	..	..	..	..	..	..	—	—
Globigerina bipartita, *Reuss.*	rr	..	..	..	..	..	..	..	—	—
— bulloides, *d'Orb.*	c	..	..	..	..	..	..	..	—	—
— trilobata, *Reuss.*	rr	..	..	..	..	..	..	A	—	—
Truncatulina oblongata, *Reuss.*	rr	..	..	..	..	..	..	..	—	—
— varians, *Reuss.*	c	c	..	..	..	..	..	..	—	—
Rosalina	..	rr	..	..	..	..	..	..	—	—
Bulimina scabriuscula, *Reuss.*	..	r	..	..	..	..	..	..	—	—
Virgulina pertusa, *Reuss.*	c	c	..	..	..	..	..	..	—	—
— Schreibersana, *Cziz.*	rr	..	..	..	..	..	..	A	—	—
Uvigerina rugulosa, *Reuss.*	rr	..	..	..	..	..	..	..	—	—
Clavulina communis, *d'Orb.*	..	rr	..	..	..	..	..	..	—	—
Polymorphina (Globulina) acuta, *Roem.*	rr	..	..	..	..	..	..	..	—	—
— — æqualis, *d'Orb.*	rr	..	..	..	..	..	..	..	—	—
— crassatina, *de Münst.*	..	..	..	..	..	..	..	..	—	—
— decora, *Reuss*	rr	..	..	..	..	..	..	..	Nyst, 1868, *loc. cit.*, p. 435.	
— (Globulina) gibba, *d'Orb.*	rr	r	..	..	..	..	..	A	—	—
— — inæqualis, *Roem.*	..	rr	..	..	..	..	..	..	—	—
— insignis, *Reuss.*	rr	..	..	..	..	..	..	..	—	—
— (Globulina) minuta, *Roem.*	r	c	..	..	..	..	..	..	—	—
— (Guttulina) problema, *d'Orb.* (et G. Austriaca, *d'Orb.*	rr	rr	..	..	..	..	..	A	—	—
— proteiformis, *Reuss.*	c	..	..	..	..	..	..	..	—	—
— regularis, *de Münst.*	rr	..	..	..	..	..	..	..	—	—
— semiplana, *Reuss.*	..	r	..	..	..	..	..	..	—	—
— sororia, *Reuss.*	c	..	..	..	..	..	..	..	—	—
— subnodosa, *Reuss.*	..	rr	..	..	..	..	..	..	—	—

GENRE, ESPÈCE ET AUTEUR.	Mio-pliocène. Sables à Panopæa Menardi.	Mio-pliocène. Sables à Pectunculus pilosus.	Pliocène. Sables à Isocardia cor.	Pliocène. Sables à Fusus contrarius	Pliocène. Incertæ sedis.	Angleterre. Crag corallin.	Angleterre. Crag rouge.	Mers actuelles.	AUTEURS consultés pour la détermination.
Polymorphina subteres, *Reuss.*	rr	c	..	..	..	..	..	..	Nyst, 1868, *loc. cit.*, p. 435.
— (Globulina) tuberculata, *d'Orb.*	..	rr	..	..	..	..	..	..	— —
Textilaria carinata, *d'Orb.*	..	c	..	..	..	..	..	..	— —
Plecanium (Textilaria) labiatum, *Reuss.* .	rr	c	..	..	..	.	..	..	— —
Biloculina amphiconica, *Reuss.*	rr	..	..	..	..	..	..	A	— —
— appendiculata, *Reuss.*	rr	..	..	..	..	..	..	..	— —
— inornata, *d'Orb.*	rr	..	..	..	..	..	..	..	— —
Sphæroidina Austriaca, *d'Orb.*	rr	..	..	..	..	..	..	..	— —
Quinqueloculina Æknerana, *d'Orb.* . . .	rr	..	..	..	..	..	..	..	— —
— tenuis, *Czjz.*	r	..	..	..	.	..	..	..	— —
— Ungarana, *d'Orb.* . . .	rr	..	..	..	..	..	..	..	— —

89. Liste des ossements de Mammifères des âges de la pierre ainsi que des indices de la présence simultanée de l'homme.

D'après M. Éd. Dupont (*L'Homme pendant les âges de la pierre*, 2e édit., 1872).

Ossements et indices de la présence de l'homme.			Âge du Mammouth. Alluvions des cavernes.	Âge du Mammouth. Alluvions extérieures. Alluvions quaternaires de la Moyenne-Belgique.	Âge du Mammouth. Alluvions extérieures. Alluvions quaternaires de la Basse-Belgique.	Âge du renne dans les cavernes.	Âge de la pierre polie dans les cavernes.
Ossements humains			+	..	..	+	+
Espèces éteintes		*Ursus spelæus*	+	+	+	..	..
		Felis antiqua	..	..	..	+	..
		Rhinoceros tichorinus	+	+	+	..	..
		Rhinoceros merkii	+	+	+	..	..
		Elephas primigenius	+	+	+	..	..
		Elephas antiquus	..	..	+	..	..
		Cervus megaceros	+	+	+	..	..
Espèces reléguées.	Vers les régions occidentales	*Ursus ferox*	+	..	..	..	..
		Cervus canadensis	+	..	+	..	..
	Vers les régions méridionales	*Fidelis leo* (Felis spelœa)	+	+	+	?	..
		Hyæna crocuta? (Hyæna spelœa)	+	..	+	..	..
		Hippopotamus amphibius	..	..	+	..	..
	Vers les régions orientales	*Cricetus frumentarius*	..	..	..	+	..
		Antilope saïga	..	..	+	+	..
	Dans les régions boréales	*Gulo luscus*	+	..	..	+	..
		Canis lagopus	+	..	..	+	..
		Lemmus	+	..	..	+	..
		Lagomys	..	..	..	+	..
		Cervus tarandus	+	+	+	+	..
	Sur les montagnes du centre de l'Europe	*Arctomys marmota*	+	..	..	+	..
		Antilope rupicapra	+	..	..	+	..
		Capra ibex	+	..	..	+	..

OSSEMENTS ET INDICES DE LA PRÉSENCE DE L'HOMME.			Age du Mammouth. ALLUVIONS DES CAVERNES.	Age du Mammouth. ALLUVIONS extérieures. Alluvions quaternaires de la Moyenne-Belgique.	Age du Mammouth. ALLUVIONS extérieures. Alluvions quaternaires de la Basse-Belgique.	AGE DU RENNE DANS LES CAVERNES.	AGE DE LA PIERRE POLIE DANS LES CAVERNES.
Espèces actuelles des régions tempérées européennes.	Détruites récemment par l'homme en Belgique	*Ursus arctos*	+	..	+	+	+
		Felis lynx	+	..	..	..	..
		Castor fiber	+	..	+	+	+
		Bos primigenius	+	..	+	+	..
		Bison europæus	+	+	+	+	..
		Cervus alces	+	..	+	+	..
	Vivant encore en Belgique	*Erinaceus europæus*	+	..	..	+	..
		Talpa europæa	+	..	..	+	+
		Meles taxus	+	..	..	+	+
		Mustela vulgaris		..	..	+	..
		Mustela putorius	+	..	..	+	..
		Mustela erminea	..	..	..	+	..
		Mustella foïna	+	..	..	+	+
		Lutra vulgaris	..	..	+	..	..
		Canis vulpes	+	..	..	+	+
		Canis lupus	+	..	?	+	..
		Felis catus	+	..	+	+	+
		Sciurus vulgaris	+	..	..	+	..
		Arvicola amphibius	+	..	..	+	+
		Arvicola agrestis	?	..	..	+	..
		Mus sylvaticus	+	..	..	+	+
		Myoxus nitela	..	..	..	+	..
		Lepus timidus	+	..	..	+	+
		Cervus capreolus	+	..	+	+	+
		Cervus elaphus	+	+	+	+	+
		Sus scrofa	+	..	+	+	+
Espèces n'existant plus qu'accidentellement à l'état sauvage	*Canis familiaris*	Var. major	+	..	+	+	+
		Var. minor	+	..	+	+	..
	Equus caballus		+	+	+	+	..
Espèces qui ne sont pas déterminées.	*Bos*		+	+	+	+	+
	Capra		+	..	+	+	+
Silex taillés, os carbonisés et autres indices de la présence de l'homme			+	+	..	+	+

BIBLIOGRAPHIE

RENSEIGNANT

LES PUBLICATIONS DES AUTEURS BELGES AYANT TRAIT AUX SCIENCES GÉOLOGIQUES EN GÉNÉRAL ET DES AUTEURS ÉTRANGERS QUI ONT ÉCRIT SUR LA GÉOLOGIE DE BELGIQUE.

Adan (Colonel), *E.* — **1.** La Géographie à l'Exposition universelle de Paris en 1878. *Bull. de la Soc. belge de géographie*, II, 1878, pp. 683, 684; III, 1879, pp. 42-43, 212-217, 509; reproduit en partie dans les Rapports des membres du jury à l'Exposition universelle de Paris en 1878, I, 1880, pp. 445-496.

——— **2.** Rapport sur la cartographie et la topographie. Br. in-8° de 52 pages. Extrait de *La Belgique à l'Exposition universelle de Paris en 1878*, pp. 153 et suiv.

——— **3.** Documents scientifiques et cartographiques de l'Institut cartographique militaire à l'Exposition nationale de 1880. Bruxelles, br. in-8° de 24 pages. (Voir pp. 11, 12 et 13.)

Administration des Mines. — *Carte générale des Mines* (Bassin houiller de Liége). 4 feuilles et une feuille de coupes à l'échelle du 20 000ᵉ. 1880.

(Cette Carte, publiée par l'Institut cartographique militaire, a été exécutée par ordre du Gouvernement, sous la direction de M. Flamache, ingénieur principal des mines, chef de service, avec la coopération de MM. R. Malherbe, ingénieur des mines, et T. Claes, ingénieur civil, chargé des travaux graphiques.

Les données géodésiques de la Carte générale des mines sont fournies, partie par l'Institut cartographique militaire, partie par le service spécial de la Carte, service placé sous l'inspection et la haute direction de M. F. Jochams, inspecteur général des mines, et de M. J. van Scherpenzeel-Thim, ingénieur en chef des mines à Liége.)

Alvin, *L.* — Notice sur Auguste Engelspach dit Larivière. *Biographie nationale*, VI, 1878, pp. 585-587.

André, *F.* — Traduction du travail de M. James F.-W. Johnston : *Catéchisme de chimie et de géologie agricoles.* Liége, 1847, petit in-8° de 122 pages.

Archiac, *Étienne-Jules-Adolphe* (**d'**). — **1.** Essais sur la coordination des terrains tertiaires du nord de la France, de la Belgique et de l'Angleterre. *Bull. de la Soc. géol. de France,* X, 1838-39, pp. 168-226.

—— **2.** Note sur la montagne de Saint-Pierre près Maestricht. *Ibid.*, XII, 1840-41, pp. 258-261.

—— **3.** Rapport sur les fossiles du tourtia légués par M. Léveillé à la Société géologique de France. *Ibid.*, III, 1845-46, pp. 332-336, et *Mém. de la Soc. géol. de France,* II, 2e part., 1847, pp. 291-351, 13 planches.

—— **4.** Histoire des progrès de la géologie, *1834 à 1845,* I, 1847 : Cosmogonie et Géogénie, Physique du globe, Géographie physique, Terrain moderne, 1 vol. de 679 pages; II, 1re part., 1848 : Terrain quaternaire ou diluvien, pp. 1-439; 2e part., 1849: Terrain tertiaire, pp 440-1100; *1834 à 1849,* III, 1850 : Formation nummulitique, Roches ignées ou pyrogènes des époques quaternaire et tertiaire, 1 vol. de 624 pages; *1834 à 1850,* IV, 1851 : Formation crétacée, 1re part., avec planches; 1 vol. de 6C0 pages; *1834 à 1852*, V, 1853 : Formation crétacée, 2e part., 1 vol. de 619 pages; *1834 à 1855,* VI, 1856 : Formation jurassique, 1re part., avec planches, 1 vol. de 751 pages; *1834 à 1856,* VII, 1857 : Formation jurassique, 2e part., 1 vol. de 714 pages; *1834 à 1859,* VIII, 1860 : Formation triasique, 1 vol. de 680 pages.

—— **5.** Cours de paléontologie stratigraphique professé au Muséum d'histoire naturelle, 1862-64, 2 vol. in-8° avec fig. et cartes; chez Savy, Paris.

—— **6.** Géologie et paléontologie, 1866, 1 vol. in-8° de 776 pages, chez Savy, Paris.

Argenville (**d'**). — L'histoire naturelle éclaircie dans l'une de ses parties principales, l'oryctologie qui traite des terres, des pierres, des métaux, des minéraux et autres fossiles.

(Ouvrage dans lequel on trouve une nouvelle méthode latine et française de les diviser et une notice critique des principaux ouvrages qui ont paru sur ces matières. In-4° avec pl. Paris, chez de Bure, 1755. Il cite quelques localités fossilifères de Belgique : environs de Tournai et de Chimay.)

Arnault. — Sur des coquilles et des ossements fossiles découverts et observés dans les environs d'Anvers. Bruxelles, *Ann. gén. des sc. phys.*, II, 1819, pp. 124-128.

Arnould, *G.* — **1.** Sur la grotte de Sclaigneaux. *Compte rendu du Congrès préhist.* (session de Bruxelles), VI, 1872, pp. 370-381.

Arnould, *G.* — **2.** Mémoire historique et descriptif sur le bassin houiller du couchant de Mons. Hector Manceaux, 1 vol. in-4° de 210 pages avec planches, cartes et coupes, 1878.

—— **3.** Étude sur les dégagements instantanés de grisou dans les mines de houille du bassin belge. *Ann. des trav. publ. de Belgique,* XXXVII, 1879, pp. 1-108, et pp. 419-472, 6 planches.

Arnould, *G.*, et *F.* **de Radiguès.** — **1.** Notice sur Hastedon. *Compte rendu du Congrès préhist.*, (session de Bruxelles), VI, 1872, pp. 318-326, avec pl.; voir aussi *Ann. de la Soc. archéol. de Namur,* XII (1872-73), pp. 229-239 et 3 planches.

Bachou, *François.* — Traduction de l'ouvrage d'Anselme Boèce de Boodt : *Le parfait joailler ou histoire des pierres précieuses, composée en latin par Boodt et de nouveau enrichie de belles annotations et figures par André Toll.* Lyon, 1644, in-8°.

(Cet ouvrage eut une seconde édition. Lyon, 1649, in-8°.)

Baillet. — Observations sur les mines de plomb de Dourbe, Vierfe et Treigne, arrondissement de Couvin, département des Ardennes.

(Extrait d'une lettre du cit. Baillet, inspecteur des mines, datée de Namur le 2 germinal an III. Paris, *Journ. des mines,* XII, an X, pp. 15-18.)

Barrande, *Joachim.* — **1.** Existence de la faune seconde silurienne en Belgique. *Bull. de la Soc. géol. de France,* XIX, 1861-62, pp. 754-761.

—— **2.** Réponse à M. d'Omalius, au sujet des fossiles siluriens de la Belgique. *Ibid.*, pp. 923-928.

Barrois, *Charles.* — **1.** Notice sur la faune marine du terrain houiller du bassin septentrional de la France. *Ibid.*, II, 1873-74, pp. 223-226.

—— **2.** L'Aachenien et la limite entre le jurassique et le crétacé dans l'Aisne et les Ardennes. *Ibid.*, III, 1874-75, pp. 257-265.

—— **3.** L'Éocène supérieur des Flandres. *Ann. de la Soc. géol. du Nord,* III, 1876, pp. 84-87.

—— **4.** Compte rendu de l'excursion dans les Ardennes. *Ibid.*, V, 1878, pp. 140-166.

—— **5.** Mémoire sur le terrain crétacé des Ardennes et des régions voisines. *Ibid.*, pp. 227-487.

—— **6.** Sur l'étendue du système tertiaire inférieur dans les Ardennes et sur les argiles à silex. *Ibid.*, VI, 1878-79, pp. 340-376.

Bauwens. — Note sur un dépôt coquillifère trouvé sous la tourbe à Koekelberg. *Ann. de la Soc. malac. de Belgique*, IX, séance du 6 décembre 1874, 3 pages.

Bayan, *F.* — Sur la découverte dans le tufeau landenien de Tournai, de deux espèces de Brachiopodes. Séance du 24 août 1874 du Congrès de Lille (1875).

Bayle, *Émile.* — Sur les Rudistes découverts dans la craie de Maestricht. *Bull. de la Soc. géol. de France*, XV, 1857-58, pp. 210-218, pl. III.

Baze, *J.-D.* — Poème sur la carte géologique de la Belgique. *Ann. de la Soc. libre d'émulation de Liége*, 1857, p. 118.

Becquet, *A.* — Sur la station de l'âge de la pierre polie de Linciaux (Ciney). *Compte rendu du Congrès préhist.* (session de Bruxelles), VI, 1872, p. 326.

Bede, *E.* — Article biographique sur André Dumont. *Ann. de l'Enseignement public*, 1857.

Bellynck (l'abbé), *Auguste-Alexis-Adolphe-Alexandre* — Pour biographie, voir : *Ann. de l'Acad. roy. de Belgique*, XLIV, 1878, pp. 247-252.

—— **1.** Sur un fragment d'aérolithe recueilli à Namur pendant l'orage du 5 au 6 juillet 1868. *Bull. de l'Acad. roy. de Belgique*, XXVI, 1868, pp. 195, 288-289; *Les Mondes*, XVIII, 1868, p. 332.

—— **2.** Rapport sur un travail de M. Gilkinet. *Bull. de l'Acad. roy. de Belgique*, XL, 1875, p. 75.

Belpaire, *Antoine.* — Pour biographie, voir : *Ann. de l'Acad. roy. de Belgique de 1840*, p. 150; *Ann. des Trav. publ. de Belgique*, XIII, 1855, pp. 291-301; *Biographie nationale*, II, pp. 146-147.

—— **1.** Sur les changements que la côte d'Anvers à Boulogne a subis, tant à l'intérieur qu'à l'extérieur, depuis la conquête de César jusqu'à nos jours. *Mém. cour. de l'Acad. roy. de Belgique*, VI, 1827.

—— **2.** Notice sur la ville et le port d'Ostende. *Ibid.*, X, 1832, 25 pages.

Belpaire, *Ant.* et *Ad.* **Quetelet.** — **3.** Rapport sur les observations des marées faites en 1835 en différents points des côtes de Belgique. *Nouv. Mém. de l'Acad. roy. de Belgique*, XI, 1838, 6 pages.

Belpaire, *Alphonse.* — De la plaine maritime depuis Boulogne jusqu'en Danemark (2e partie), Anvers, 1855.

(La 1re partie est la réimpression du mémoire couronné d'Antoine Belpaire sur ce sujet.)

Beneden, *Édouard* (**Van**). — Sur la place que les Limules doivent occuper dans la classification des Arthropodes. *Ann. de la Soc. entomol. de Belgique,* XV, 1871-72, pp. IX-XI.

Beneden, *P.-J.* (**Van**). — Pour biographie, voir : *Compte-rendu de la manifestation en l'honneur de M. le professeur P.-J. Van Beneden.* Louvain, 18 juin 1877, 95 pages.

—— **1.** Quelques observations sur les fossiles de la province d'Anvers. *Bull. de l'Acad. roy. de Bruxelles,* II, 1835, p. 67.

—— **2.** Note sur deux Cétacés fossiles provenant du bassin d'Anvers. *Ibid.*, XIII, 1846, pp. 257-261.

—— **3.** Note sur une dent de Phoque fossile du crag d'Anvers. *Ibid.*, XX, 2e part., 1853, pp. 255-257.

—— **4.** Rapport sur la découverte d'ossements fossiles faite à St-Nicolas. *Bull. de l'Acad. roy. de Belgique,* VIII, 1859, pp. 123-146.

—— **5.** Rapport sur des ossements fossiles trouvés dans les environs de St-Nicolas. *Ibid.*, X, 1860, pp. 405-410.

—— **6.** Sur un Mammifère nouveau du crag d'Anvers. *Ibid.*, XII, 1861, pp. 22-28.

—— **7.** Réflexions à propos de restes de Cétacés et d'autres animaux fossiles trouvés sur la côte d'Ostende et près d'Anvers. *L'Institut,* XXX, 1862, pp. 19, 195-198.

—— **8.** Relation de son voyage fait en Allemagne et en Autriche pour visiter les musées paléontologiques. *Bull. de l'Acad. roy. de Belgique,* 1861, XII, pp. 202-205.

—— **9.** Sur l'aérolithe de Tourinnes-la-Grosse, près Tirlemont, tombé le 7 décembre 1863. *Ibid.,* XVI, 1863, p. 621 ; voir aussi une note de M. Dewalque sur le même sujet. *Ibid.*, p. 622.

—— **10.** Note sur la grotte de Montfat et énumération des espèces de Mammifères et Oiseaux fossiles dont elle renferme les dépouilles. *Ibid.*, XVII, 1864, pp. 256-259.

—— **11.** Annonce de la découverte d'un Reptile plésiosaure à Dampicourt Luxembourg. *Ibid.,* XVII, 1864, p. 608.

—— **12.** Communication sur les fouilles faites dans le Trou des Nutons près de Furfooz par M Éd. Dupont. *Ibid.,* XVIII, 1864, pp. 30-32, 228, 387-389.

Beneden, *P.-J.* (**Van**). — **13.** Races anciennes de la Belgique contemporaines du Renne et du Castor. *Compte rendu de l'Acad. des sc. de Paris,* LIX, 1864, pp. 1087-1088; *Ann. des sc. nat.*, III, 1865 (Zool.), pp. 219-220; *Ann. Mag. nat. hist.*, XV, 1865, pp. 235-237.

—— **14.** Recherches sur les ossements provenant du crag d'Anvers: Les Squalodons. *Mém. de l'Acad. roy. de Belgique,* XXXV, 1865.

—— **15.** Notice sur la découverte d'un os de Baleine à Furnes. *Bull. de l'Acad. roy. de Belgique,* XXIII, 1867, pp. 15-21.

—— **16.** Rapport sur les collections paléontologiques de l'Université de Louvain. Louvain, 1867, in-32, 27 pages.

—— **17.** Sur un nouveau genre de Ziphioïde fossile (*Placoziphius*) trouvé à Edeghem près d'Anvers. *Mém. de l'Acad. roy. de Belgique,* XXXVII, 1869.

—— **18.** Notice sur un *Palaedaphus* nouveau du terrain dévonien. *Bull. de l'Acad. roy. de Belgique,* XXVII, 1869, pp. 378-385.

—— **19.** Recherches sur les Squalodons (Supplément). *Mém. de l'Acad. roy. de Belgique,* XXXVII, 1869.

—— **20.** Les Reptiles fossiles en Belgique. *Bull. de l'Acad. roy. de Belgique,* XXXI, 1871, pp. 9-16.

—— **21.** Recherches sur quelques Poissons fossiles de Belgique. *Ibid.,* XXXI, 1871, pp. 493-518.

—— **22.** Les Phoques de la mer scaldisienne. *Ibid.,* XXXII, 1871, pp. 5-19.

—— **23.** Un Sirénien nouveau du terrain rupelien. *Ibid.,* XXXII, 1871, pp. 164-178.

—— **24.** Les Oiseaux de l'argile rupelienne. *Ibid.*, XXXII, 1871, pp. 256-261.

—— **25.** Sur la découverte d'un Homard fossile (*Homarus Percyi*) dans l'argile de Rupelmonde. *Ibid.*, XXXIII, 1872, pp. 316-321, 1 planche.

—— **26.** Les Baleines fossiles d'Anvers. *Ibid.,* XXXIV, 1872, pp. 6-20; *Brit. Assoc. Rep*, XLII, 1872 (Sect.), pp. 134-135.

—— **27.** Rapport séculaire sur les travaux de zoologie de l'Académie de Belgique à l'occasion du centième anniversaire de fondation de la Société savante (1772-1872). Bruxelles, F. Hayez, 1872, extr. in-8°.

Beneden, P.-J. (Van). — **28.** Notice sur un nouveau Poisson du terrain laekenien. *Bull. de l'Acad. roy. de Belgique,* XXXIV, 1872, pp. 420-423, 1 planche.

——— **29.** Sur un nouveau Poisson du terrain bruxellien. *Ibid.,* XXXV, 1873, pp 207-211, planche; *Journ. de zool. de Paris,* II, p. 250.

——— **30.** Note sur un Oiseau de l'argile rupelienne. *Bull. de l'Acad. roy. de Belgique,* XXXV, 1873, pp. 354-357.

——— **31.** Animaux inférieurs vivants et fossiles. *Patria belgica,* 1re part, 1873, pp. 425-438.

——— **32.** Paléontologie des vertébrés. *Ibid.,* pp. 353-388.

——— **33.** Les *Pachyacanthus* du Musée de Vienne. *Bull. de l'Acad. roy. de Belgique,* XL, 1875, pp. 323-340.

——— **34.** Les ossements fossiles du genre Aulocète au Musée de Linz. *Ibid.,* XL, 1875, pp. 536-549.

——— **35.** Le squelette de la Baleine fossile du Musée de Milan. *Ibid.,* XL, 1875, pp. 736-758, 1 planche.

——— **36.** Un Oiseau fossile nouveau des cavernes de la Nouvelle-Zélande. *Ann. de la Soc. géol. de Belgique,* II, 1875, pp. 123-130, pl. III; *Journ. de zool. de Paris,* IV, 1875, pp. 207-272.

——— **37.** Les Thalassothériens de Baltringen (Wurtemberg). *Bull. de l'Acad. roy. de Belgique,* XLI, 1876, pp. 471-495, 1 planche.

——— **38.** Les Phoques fossiles du bassin d'Anvers. *Ibid.,* XLI, 1876, pp. 783-802.

——— **39.** Communication d'extraits de deux lettres du professeur Capellini et de M. Ach. de Zigno, datée de Padoue. *Ibid.,* XLI, 1876, pp. 957-960.

——— **40.** Un mot sur le Selache (*Hannovera*) aurata du crag d'Anvers, *Ibid.,* XLII, 1876, pp. 294-299, 1 planche.

——— **41.** Notice sur F.-X. de Burtin. *Ann. de l'Acad. roy. de Belgique,* 43e année, 1877, pp. 247-258; *Biographie nationale,* III, 1872, pp 169-176.

——— **42.** Note sur un Cachalot nain du crag d'Anvers (*Physeterula Dubusii*). *Bull. de l'Acad. roy. de Belgique,* XLIV, 1877, pp. 851-856.

Beneden, *P.-J.* (**Van**). — **43**. Description des ossements fossiles des environs d'Anvers. PREMIÈRE PARTIE : Amphithériens, 1 vol. in-fol. de 88 pages avec cartes et figures dans le texte et un atlas de 18 planches in-pl. *Ann. du Musée roy. d'hist. nat. de Belgique*, série paléontologique, I, 1877; voir note de l'auteur sur cet ouvrage : *Bull de l'Acad. roy. de Belgique*, XLIII, pp. 319-324. — DEUXIÈME PARTIE : Cétacés (Balénides), 1 vol. in-fol. de 83 pages avec fig. dans le texte et un atlas de 39 planches in-pl. *Ibid.*, IV, 1880. — TROISIÈME PARTIE : Cétacés (suite des Mysticètes). *Ibid.*, VI (en préparation).

—— **44**. Sur la découverte de Reptiles fossiles gigantesques dans le charbonnage de Bernissart, près de Péruwelz. *Bull. de l'Acad. roy. de Belgique*, XLV, 1878, pp. 578-579.

—— **45**. Notice sur P.-A.-J. Drapiez. *Biographie nationale*, VI, 1878, pp. 158-164.

—— **46**. Sur un envoi d'ossements de Cétacés fossiles de Croatie. *Bull. de l'Acad. roy. de Belgique*, XLVII, 1879, pp. 183-184.

—— **47**. Les Mysticètes à courts fanons des sables des environs d'Anvers. *Ibid.*, L. 1880, pp. 11-25.

—— **48**. Sur deux Plésiosaures du Lias inférieur du Luxembourg. *Ibid.*, L, 1880; *Mém. de l'Acad. roy. de Belgique*, in-4°, 1881.

Beneden, *P.-J.* (**Van**) et *Eug.* **Coemans**. — **49**. Note sur un Insecte et un Gastéropode pulmoné du terrain houiller. *Bull. de l'Acad. roy. de Belgique*, XXIII, 1867, pp. 384-401, 1 planche; *Ann. des sc. nat.*, VII, 1867 (Zool.), pp. 264-277.

Beneden, *P.-J.* (**Van**) et *L.-G.* **de Koninck**. — **50**. Notice sur le *Palædaphus insignis*. *Ibid.*, XVII, 1864, pp. 143-151, 2 planches.

Beneden, *P.-J.* (**Van**) et *Éd.* **Dupont**. — **51**. Sur les ossements humains du trou du Frontal. *Ibid.*, XIX, 1865, pp. 15-29, 2 planches.

—— **52**. Sur les fouilles au Trou des Nutons, près de Furfooz. *Ibid.*, XVIII, 1864, pp. 387-389.

Beneden, *P. J.* (**Van**) et *P.* **Gervais**. — **53**. Ostéographie des Cétacés vivants et fossiles. Un volume texte in-4° et un volume in-folio de 64 planches, 1868-1880. Paris.

Beneden, *P.-J.* (**Van**), *N.* **Hauzeur** et *Éd.* **Dupont**. — **54**. Sur les fouilles de Chaleux. *Bull. de l'Acad. roy. de Belgique*, XX, 1865, pp. 54-60.

Bennigsen-Förder, *Rud.* (**von**). — Geognostische Beobachtungen im Luxemburgischen. *Arch. für Miner. und geogn.*, de Karsten et de Dechen, V, XVII, 1845, p. 3; *Neues Jahrbuch*, de Leonhard et Bronn, 1845, p. 490.

Benoist, *Paul.* — Sur les mines des environs de Bone et de Philippeville. *Ibid.*, V., 1847-48, pp. 180-201.

Benoît, *A.* — **1.** Description du gisement et de l'exploitation du minerai de plomb de Longwilly, canton de Bastogne. *Bull. de la Soc. géol. de France*, III, 1832-33, pp. 272-274.

Benoît, *A.*, et *F.-P.* **Cauchy**. — **2.** Notice sur les gîtes métallifères de l'Ardenne, etc. Paris, *Ann. des Mines*, IV, 1833, pp. 409-430.

Berchem. — Histoire du fer dans le pays de Namur. *Compte rendu du Congrès préhist.* (session de Bruxelles), VI, 1872, pp. 519-530.

Berthier, *P.* — Analyse de l'Halloysite. *Ann. de chimie*, XXXII, p. 332; Paris, *Ann. des Mines*, I, 1827, pp. 264-266.

Beunie, *J.-B.* (**de**). — **1.** Essai chimique des terres pour servir de principes fondamentaux relativement à la culture des Bruyères. Bruxelles, *Acad. impér.*, III, 1780, p. 391.

— **2.** Réflexions sur quelques pièces de bois pétrifiées, trouvées dans les environs de Bruges. Bruxelles, *Ibid.*, V, 1788, p. XVII.

Bidaut, *E.* — **1.** De la houille et de son exploitation en Belgique, spécialement dans la province de Namur, avec une carte géologique en deux feuilles. Bruxelles, *Établiss. géograph.*, 1837, in-4° de 83 pages.

— **2.** Études des minerais de fer de la Campine. *Ann. des trav. publ. de Belgique*, V, 1847, pp. 481-538; VII, 1848, pp. 321-343.

— **3.** Études minérales. Mines de houille de l'arrondissement de Charleroi. Bruxelles, 1845, gr. in-4°, 6 planches.

Bihet, *O.* — Note sur le puits artésien creusé aux ateliers du Grand-Central belge à Louvain. Liége, *Revue universelle des Mines*, XL, 1876, pp. 249-271.

Billet, *A.* — Compte-rendu de l'excursion géologique du 27 avril 1879, aux environs de Tournai. *Ann. de la Soc. géol. du Nord*, VI, 1879, pp. 427-430; avec observations de MM. Gosselet et Ortlieb.

Binkhorst van den Binkhorst, *J.-J.* — **1.** Neue Krebse aus der Maestrichter Tuffkreide. Bonn, *Rheinl. u. Westphal. Verh.*, XIV, 1857, pp. 107-110.

Binkhorst van den Binkhorst, *J.-J.* — **2.** Notice géologique sur le terrain crétacé des environs de Jauche et de Ciply. *Mém. de la Soc. des sc. de Liége,* XIII, 1858, pp. 327-347.

—— **3.** Geologische und paläontologische Skizze der Kreideschichten des Herzogthums Limburg. Bonn, *Rheinl. u. Westphal. Verh.,* 1859, pp. 397-425.

—— **4.** Sur la craie de Maestricht et sur ses fossiles. *Bull. de la Soc. géol. de France,* XVII, 1859-60, pp. 61-66.

—— **5.** Esquisse géologique et paléontologique des couches crétacées du Limbourg et plus spécialement de la craie tuffeau, etc., 1re part, in-8°, 268 pages, planche et carte, 1859. Maestricht, Van Osch-America et Cie.

—— **6.** Monographie des Gastéropodes et des Céphalopodes de la craie supérieure du Limbourg, suivie d'une description de quelques espèces de Crustacés du même dépôt crétacé, avec 18 planches dessinées et lithographiées par C. Hohe, de Bonn. Librairie H. Merzbach. Bruxelles et Leipzig, 1861 ; voir aussi les observations de MM. Deshayes et Hebert sur ce travail. *Bull. de la Soc. géol. de France,* XIX, 1862, pp. 394-395 et 1002-1004.

(Ce travail a reçu une nouvelle couverture en 1873, ce qui explique pourquoi il porte parfois abusivement cette date.)

—— **7.** Sur la découverte d'un grand nombre de Gastéropodes dans la craie de Maestricht. *Ibid.*, XX, 1862-63, p. 603.

—— **8.** Relation de la course faite par la Société géologique de France à Geulhem et à Fauquemont le 2 septembre 1863. *Ibid.*, XX, 1862-63, pp. 804-810.

—— **9.** Coupe du terrain crétacé entre Heunsberg et Fauquemont. *Ibid.*, XXI, 1863-64, pp. 16-19.

Biver. — **1.** Sur deux défenses fossiles d'Éléphant, trouvées dans les environs d'Ettelbruck (Luxembourg). *Bull. de l'Acad. roy. de Bruxelles,* VII, 1840, p. 64.

—— **2.** Notes sur des expériences des températures de la terre à de grandes profondeurs faites dans le Luxembourg au forage de Cessingen. *Ibid.* VII, 1840, pp. 65-72.

—— **3.** Sur les fossiles d'Ettelbruck *Ibid.*, VII, 1840, pp. 432-434.

Blanchard et Smeysters. — Sur quelques fossiles rencontrés dans le système houiller de Charleroi. *Ann. de la Soc. géol. de Belg.*, VI, 1879.

Bogaert, *P.-J.-J.* — Notice sur le terrain houiller du Limbourg néerlandais. Paris, *Ann. des Mines*, X, 1876, pp. 429-437; voir aussi une note sur ce sujet dans les *Ann. de la Soc. géol. de Belgique*, IV, 1877, Mém., pp. 143-144.

Bory de Saint-Vincent (Baron), *Jean-Baptiste-Marcelin.* — Pour Biographie, voir : *Ann. de l'Acad. roy. de Belgique*, 1848, p. 161.

——— **1.** Sur le plateau de Saint-Pierre, près de Maestricht. Bruxelles, *Ann. gén. des sc. phys.*, I, 1819, pp. 185-275, 5 planches coloriées.

——— **2.** Éloges de MM. Brugmans et Faujas de Saint-Fond. *Ibid.*, II, 1819, pp. 7-32.

——— **3.** Sur une éruption du volcan de l'Ile de Mascareigne qui eut lieu en 1812. *Ibid.*, III, 1820, pp. 145-159.

Bosquet, *J.* — **1.** Description des Entomostracés fossiles de la craie de Maestricht. *Mém. de la Soc. roy. des sc. de Liége*, IV, 1847, pp. 353-378, 4 planches.

——— **2.** Sur une nouvelle espèce du genre *Hipponix*, de la craie supérieure de Maestricht. *Bull. de l'Acad. roy. de Belgique*, XV, 1848, pp. 601-604.

——— **3.** Description des Entomostracés fossiles des terrains tertiaires de la France et de la Belgique. *Mém. cour. et des sav. étrang. de l'Acad roy. de Belgique*, XXIV, 1850-51, in-4°; voir aussi le rapport de M. L.-G. de Koninck sur ce travail. *Bull. de l'Acad. roy. de Belgique*, XVIII, 1re part., 1851, p. 145.

——— **4.** Sur quelques mollusques Lamellibranches nouveaux trouvés dans les couches tertiaires du Limbourg belge. *Ibid.*, XVIII, 1851, 2e part., pp. 298-305.

——— **5.** Ueber drei neue fossile Arters der Gattung *Emarginula.* Meyer, *Palæontographica*, I, 1851, pp. 326-328.

——— **6.** Les Crustacés fossiles du terrain crétacé du Limbourg. Nederland, *Geol. kaart Verhand.*, II, 1854, pp. 11-137.

——— **7.** Nouveaux Brachiopodes du système maestrichtien. *Ibid.*, II, 1854, pp. 195-204.

——— **8.** Notice sur quelques Cirripèdes récemment découverts dans le terrain crétacé du duché de Limbourg. Haarlem, *Nat. verhand. Maatsch. wet.*, XIII, 1857, pp. 1-36.

Bosquet, *J.* — **9.** Monographie des Brachiopodes fossiles du terrain crétacé supérieur du duché de Limbourg. PREMIÈRE PARTIE : *Craniadæ et Terebratulidæ* (subfamilia Thecidiidæ). *Mém. pour servir à la description géologique de la Néerlande,* 1859, in-4°, 50 pages et 5 planches.

—— **10.** Recherches paléontologiques sur le terrain tertiaire du Limbourg néerlandais. Amsterdam, *Verhand.*, VII, 1859.

—— **11.** Notice sur le genre *Sandbergeria,* genre nouveau de mollusques Gastéropodes de la famille des *Cerithiopsidæ. Mém. pour servir à la descript. géol. de la Néerlande,* III, 1861.

—— **12.** Coup d'œil sur la répartition géologique et géographique des espèces d'animaux et de végétaux citées dans le tableau des fossiles crétacés du Limbourg, inséré dans la dernière livraison de l'ouvrage du Dr W. C. H. Staring sur le sol de la Néerlande. Amsterdam, *Verslag. Akad.*, XI, 1861, pp. 108-120, 1 tableau.

—— **13.** Notice sur deux nouveaux Brachiopodes trouvés dans le terrain tertiaire oligocène du Limbourg néerlandais et du Limbourg belge. *Ibid.*, XIV, 1862, pp. 345-350.

—— **14.** Notice sur deux espèces tertiaires nouvelles du genre *Mathildia,* de O. Semper. *Arch. néerland.*, IV, 1869, pp. 89-93, 1 planche; Amsterdam, *Verslag. Akad.*, III, 1869 (Naturk.), pp. 261-265.

Boué, *A.* — Sur les travaux géologiques exécutés en Belgique. *Bull. de la Soc. géol. de France,* III, 1832-33, pp. XXVI-XXIX; V, 1834, pp. 282-284.

Bouesnel, *P.-M.* — **1.** Rapport sur les mines de houille du département de Sambre-et-Meuse. *Journ. des Mines,* XXVI, 1809, pp. 59-64.

—— **2.** Mémoire sur les mines de plomb du Bleyberg. *Ibid.*, XXVII, 1810, pp. 161-180.

—— **3.** Mémoire sur le gisement des minerais existant dans le département de Sambre-et-Meuse. *Ibid.*, XXIX, 1811, pp. 207-228.

—— **4.** Sur les exploitations des mines de fer du département de Sambre-et-Meuse, sur les produits de ces mines et sur les usines métallurgiques du même département. *Ibid.*, XXX, 1811, pp. 57-69.

—— **5.** Notice sur quelques minerais de zinc. *Ibid.*, XXXI, 1812, pp. 207-212.

—— **6.** Notice sur les Ardoisières de Rimogne, département des Ardennes. *Ibid.*, XXXI, 1812, pp. 219-232.

Boucsnel, *P.-M.* — **7.** Notice sur les terres à pipe d'Andenne. *Ibid.*, 1812, pp. 389-395.

——— **8.** Notice sur les Ardoisières de Fumay, département des Ardennes. *Ibid.*, XXXIII, 1813, pp. 233-240.

——— **9.** Notice sur le gisement de quelques minerais de fer de la Belgique, et sur les produits que l'on en obtient à la fonte. *Ibid.*, XXXV, 1814, pp. 361-368.

——— **10.** Mémoire sur les mines de houille dites du Flénu, situées sur les territoires de Jemmape et de Quaregnon. *Ib.*, XXXVI, 1814, pp. 401-424.

——— **11.** Ueber die Schmelzmaterialien und Hüttenprodukte von dem Eisenhüttenwerk Glabecq in Belgien. Karsten, *Archiv. f. Bergbau.*, VII, 1823, pp. 318-323.

——— **12.** Notice sur un gisement de Calamine dans les environs de Philippeville, province de Namur. Paris, *Annal. des Mines*, XII, 1826, pp. 243-247.

Bouhy, *Victor.* — **1.** Notice sur le creusement, à travers les sables mouvants, d'un puits de la mine de Strépy-Bracquegnies. *Annal. des Trav. publics de Belgique*, VII, 1848, pp. 35-80; Paris, *Ann. des Mines*, XVII, 1850, pp. 407-460.

——— **2.** Mémoire couronné sur les variétés de Houille au Couchant de Mons. *Mém. de la Soc. des sc. du Hainaut*, III, 1854-55, pp. 83-479.

——— **3.** Mémoire sur le minerai de fer en Hainaut. *Ibid.*, IV, 1855-56, pp. 201-269, et *Ann. des Trav. publ. de Belgique*, XIV, p. 223.

Boulangé (l'abbé). — La recherche des sources. Bruxelles, 1879; extr. in-8°.

Brady, *George Stewardson.* — A Monograph of the Ostracoda of the Antwerp Crag. *Trans. of the Zoological Soc.*, X, part. VIII, 1878, pp. 379-409, 8 planches.

Brady, *Henry, B.* — Sur une vraie Nummulite carbonifère. *Annals and Magazine of Natural History*, IV, vol. 13, 1874, pp. 222-230, avec 1 planche. Traduit de l'anglais par M. Ern. Van den Broeck, *Ann. de la Soc. malac. de Belgique;* voir sur cette traduction le rapport de M. Miller à la séance du 3 mai 1874, 3 pages.

Braun, *M.* — **1.** Ueber die Zinklagerstätten an der Maas, mit spezieller Darstellung des Erzlagers von Corphalie bei Huy. *Deutsch. Naturf. Versamml. Bericht*, 1847, pp. 263-268.

Braun, *M.* — **2.** Ueber die Galmeilagerstätte des Altenbergs im Zusammenhang mit den Erzlagerstätten des Altenberger Grubenfelds und der Umgegend. *Deutsch. Geol. Gesell. Zeitschr.*, IX, 1857, pp. 354-370.

—— **3.** Plan géologique de la concession calaminaire de la Vieille-Montagne, indiquant la direction des failles métallifères, la situation et la nature des gîtes reconnus et exploités par la Société de la Vieille-Montagne; voir les observations de M. Dewalque à l'occasion de cette carte : *Bull. de la Soc. géol. de France,* XXI, 1862-63, pp. 764-765.

—— **4.** Sur la nature et la composition des gîtes calaminaires de la Vieille-Montagne. *Ibid.*, XX, 1862-63, pp. 811-814.

Breda, *J.-G.-S.* (**van**). — **1.** Verhandeling over het voorkomen van den Dolomit nabij Durbuy in het Ardennen-Gebergte, en over de waarschijnlijke zamenstelling van hetzelve Gebergte. Amsterdam, *Nieuwe Verhand.*, II, 1829, pp. 197-206.

—— **2.** Lettre relative aux *Septaria. Bull. de l'Acad. de Bruxelles,* I, 1832, p. 27.

—— **3.** Bijdrage omtrent de zoogenaamde Beitels van Amiens-Abbeville, in verband beschouwd met het voorkomen van tanden van paarden, zwijnen, herkauwende en andere dieren, in de Krijtbeddingen van den St-Pietersberg bij Maastricht. Amsterdam, *Verslag. Acad.*, XI, 1861, pp. 202-212.

—— **4.** Note sur les haches d'Amiens et d'Abbeville, et sur les dents de Mammifères de la craie de Maestricht. *Ann. des sc. natur.*, XVIII (Zool.), 1862, pp. 336-341.

Breda, *J.-G.-S.*, (**Van**) et **Van Hees**. — **5.** Notice sur des dents de Ruminants, de Pachydermes et de Carnassiers trouvées dans la formation crayeuse de la Montagne de Saint-Pierre à Maestricht. *Ibid.*, XVII, 1829, pp. 446-454.

Bresmal, *J.-F.* — Hydrographie des eaux minérales d'Aix et de Spa. Liége, 1700, 3 part., 1 vol. in-8°.

Breton, *Ludovic.* — Étude stratigraphique du terrain houiller d'Auchy-au-Bois. Lille, *Mém. de la Soc. des sc. etc.*, V, 1878, pp. 103-164, planches.

(Ce travail renferme une carte des Bassins houillers du Nord, de la Belgique et de la Prusse).

Breyer. — Observations sur les empreintes d'Insectes fossiles, découvertes dans les schistes houillers des environs de Mons. *Bull. de la Soc entom. de Belg.*, XVIII, 1875, pp. XLII et LXI.

I **Brialmont** (Général), *A.* — Discours prononcé aux funérailles de M. J. d'Omalius d'Halloy. *Bull. de l'Acad. roy. de Belgique*, XXXIX, 1875, pp. 56-63.

[**Briart**, *Alphonse.* — Pour Biographie, voir : *Notice biographique et bibliographique de l'Acad. roy. de Belgique*, 1874, pp. 13-14.

- —— **1.** Note sur la formation de la Houille. 1867.

- —— **2.** Note concernant les observations de MM. Horion et Gosselet au sujet des travaux géologiques de MM. Cornet et Briart sur la meule de Bracquegnies. *Bull. de l'Acad. roy. de Belgique*, XXIX, 1870, p. 701.

- —— **3.** Rapport sur le mémoire présenté en réponse à la question posée par l'Académie : « On demande la description du système houiller du bassin de Liége. » *Ibid*, XXXVI, 1873, pp. 721-741.

—— **4.** Observations sur le bassin de l'Ourthe à propos du projet Dusart. Journal *La Propriété,* 10ᵉ année, 1874, n° 15, 11 avril.

—— **5.** Communications sur les puits naturels. *Ann de la Soc. géol. de Belgique,* séances du 15 février et du 15 mars 1874, 3 pages.

—— **6.** Compte-rendu de l'excursion du 1ᵉʳ septembre à Maisières. *Bull. de la Soc. géol. de France*, II, 1874, pp. 588-592; avec observations de MM. de Lapparent, Gosselet, Cornet et de Saporta. *Ibid.*, pp. 592-594.

—— **7.** Compte-rendu de l'excursion du 3 septembre à Piéton, Carnières, Morlanwelz et Haine-Saint-Pierre. *Ibid.*, II, 1874, pp. 618-624, 1 coupe sur bois; avec observations de MM. Dewalque, Vanden Broeck et Cornet. *Ibid.*, pp. 624-625.

—— **8.** Compte-rendu de l'excursion du 4 septembre, à Élouges, Angre, Autreppe et Montignies-sur-Roc. *Ibid.*, II, 1874, pp. 626-630, 1 coupe sur bois.

—— **9.** Rapport sur le projet de publication d'une nouvelle carte géologique de la Belgique, proposition faite par M. Dewalque dans la séance du 5 juin 1875. *Bull. de l'Acad. roy. de Belgique,* XL, 1875, pp. 308-316.

—— **10.** Rapport sur un mémoire anonyme intitulé : Les dépots littéraux de l'assise paniselienne dans les environs de Bruxelles. *Ibid.*, pp. 681-684.

—— **11.** Rapport sur les mémoires envoyés en réponse à la question : « On demande la description du système houiller de la province de Liége. » *Ibid.*, pp. 949-971.

Briart et **Cornet.** — **12.** Note sur la découverte dans le Hainaut, en dessous des sables rapportés par Dumont au système landenien, d'un calcaire grossier avec faune tertiaire. *Ibid.*, XX, 1865, pp. 757-776, 1 planche; *Geol. Mag*, III, 1866, pp. 174-175; *Geol. Soc. Quart. Journ.*, XXII, 1866, pp. 11-14.

——— **13.** Description minéralogique, paléontologique et géologique du terrain crétacé de la province de Hainaut. *Mém. de la Soc. des sc. du Hainaut*, I, 1865-66, pp. 3-204.

——— **14.** Description de trois Rhynchonelles particulières à la craie grise ou Gris des mineurs de St-Vaast et de Maisières. *Ibid.*, pp. 261-264, 1 planche.

——— **15.** Note sur l'existence dans l'Entre-Sambre-et-Meuse d'un dépôt contemporain du système du tufeau de Maestricht et sur l'âge des autres couches crétacées de cette partie du pays. *Bull. de l'Acad. roy. de Belgique*, XXII, 1866, pp. 329-339.

——— **16.** Notice sur l'extension du calcaire grossier de Mons dans la vallée de la Haine. *Ibid.*, pp. 523-538, 1 planche; *Geol. Soc. Quart. Journ.*, XXIII, 1867 (2e part.), pp. 5-7.

——— **17.** Description minéralogique et stratigraphique de l'étage inférieur du terrain crétacé du Hainaut (système aachenien de Dumont). *Mém. couron. de l'Acad. roy. de Belgique*, in-4°, XXXIII, 1865-67, 2 planches; voir aussi les rapports de MM. Dewalque et d'Omalius sur ce travail. *Bull. de l'Acad. roy. de Belgique*, XXI, 1866, pp. 265-274.

——— **18.** Sur l'âge des silex ouvrés de Spiennes. *Ibid.*, XXV, 1868, pp. 126-138, 4 coupes.

——— **19.** Notice sur les dépôts qui recouvrent le calcaire carbonifère à Soignies. *Ibid.*, XXVII, 1869, pp. 11-17, 4 coupes.

——— **20.** Description minéralogique, stratigraphique et paléontologique de la meule de Bracquegnies. *Mém. cour. et des sav. étrang. de l'Acad. roy. de Belgique*, XXXIV, 1867-70, in-4°, 92 pages et 8 planches dont une de coupes coloriées; voir les rapports de MM. Dewalque, d'Omalius et de Koninck sur ce mémoire. *Bull. de l'Acad. roy. de Belgique*, XXI, 1866, pp. 75, 79, 80.

——— **21.** Sur la division de l'étage de la craie blanche du Hainaut en quatre assises. *Mém. cour. de l'Acad. roy. de Belgique*, XXXV, 1870, in-4°, avec carte et coupes.

Briart et **Cornet**. — **22**. Note sur les puits naturels du terrain houiller. *Bull. de l'Acad. roy. de Belgique,* XXIX, 1870, pp. 477-490; *Cosmos,* VI, 1870, pp. 566-567.

——— **23**. Description des fossiles du calcaire grossier de Mons. PREMIÈRE PARTIE : *Mém. cour. et des sav. étrangers de l'Acad. roy. de Belgique,* XXXVI, 1871, in-4°, 76 pages et 5 planches de fossiles; cette première partie ne renferme que les Gastéropodes prosobranches siphonés; voir les rapports de MM. Nyst, de Koninck et d'Omalius sur ce travail. *Bull. de l'Acad. roy. de Belgique,* XXVII, 1869, pp. 621-623. DEUXIÈME PARTIE : *Mém. cour. et des sav. étrang., etc.,* XXXVII, 1873, in-4°, 94 pages et 7 planches de fossiles; cette seconde partie a pour objet la description des Prosobranches holostomes (1re partie), renfermant les genres *Natica, Pyramidella, Turbonilla, Coemansia* (genre nouveau), *Eulima, Cerithium, Potamides, Melania, Melanopsis, Pirena, Turritella* et *Scalaria;* voir aussi les rapports de MM. Nyst, de Koninck et d'Omalius sur ce travail. *Bull. de l'Acad. roy. de Belgique,* XXXV, 1873, pp. 189, 191, 192. TROISIÈME PARTIE : *Ibid.,* XLIII, 1880.

——— **24**. Notice sur la position stratigraphique des lits coquilliers dans le terrain houiller du Hainaut. *Bull. de l'Acad. roy. de Belgique,* XXXIII, 1872, pp. 21-31; voir le rapport de M. Dewalque sur cette notice. *Ibid.,* p. 6.

——— **25**. L'homme de l'âge du Mammouth dans la province de Hainaut. *Compte rendu du Congrès préhistorique.* (Session de Bruxelles), VI, 1872, pp. 250-269, pl. XXIX.

——— **26**. Sur l'âge de la pierre polie et les exploitations préhistoriques de silex dans la province de Hainaut. *Ibid.,* pp. 279-299, planche.

——— **27**. Notice sur le terrain crétacé de la vallée de l'Hogneau et sur les souterrains connus sous le nom de Trous des Sarrasins des environs de Bavay. *Mém. de la Soc. des sc. de Lille,* XI, 1873, 14 pages, 1 planche.

——— **28**. Compte rendu de l'excursion faite aux environs de Ciply par la Société malacologique de Belgique le 20 avril 1873. *Ann. de la Soc. malacol.,* VIII, 1873, pp. 21-35.

——— **29**. Note sur la découverte du calcaire de Couvin ou des schistes et calcaire à *Calceola sandalina* dans la vallée de l'Hogneau. *Ann. de la Soc. géol. de Belgique,* I, 1874, pp. 8-15, 1 planche.

——— **30**. Note sur l'existence dans le terrain houiller du Hainaut, de bancs de calcaire à Crinoïdes. *Ibid.,* II, 1875, pp. 52-57.

Briart et **Cornet**. — **31**. Aperçu sur la géologie des environs de Mons. *Bull. de la Soc. géol. de France,* II, 1874, pp. 534-552.

—— **32**. Compte rendu de l'excursion du 2 septembre : Calcaire grossier de Mons, Meule de Bracquegnies. *Ibid.,* II, 1874, pp. 594-598.

—— **33**. Notice sur le gisement de phosphate de chaux dans le terrain crétacé de la province de Hainaut. *Bull. de l'Acad. roy. de Belgique,* XXXVII, 1874, pp. 838-841.

—— **34**. Sur la présence du système tongrien de Dumont dans le pays de Herve, sur la rive droite de la Meuse. *Ann. de la Soc. géol. de Belgique,* II, 1875, pp. LXIII-LXXIV, avec 1 coupe; voir aussi les observations de MM. L.-L. de Koninck, Dewalque, Rutot et Briart à propos de cette communication. *Ibid.,* pp. LXXXI-LXXXIII, séance du 20 juin 1875.

—— **35**. Sur le synchronisme du système hervien de la province de Liége et de la craie blanche moyenne du Hainaut. *Ib.,* II, 1875, pp. 108-122.

—— **36**. Notice sur l'accident qui affecte l'allure du terrain houiller entre Boussu et Onnaing. *Ann. de la Soc. géol. du Nord,* III, 1876, pp. 138-144.

—— **37**. Sur le relief du sol en Belgique, après les temps paléozoïques. *Ann. de la Soc. géol. de Belgique,* IV, 1875, pp. 71-115, 7 planches.

—— **38**. Note sur l'existence d'un calcaire d'eau douce dans le terrain tertiaire du Hainaut. *Bull. de l'Acad. roy. de Belgique,* XLIII, 1877, pp. 9-20.

—— **39**. Note sur quelques massifs tertiaires de la province de Hainaut. *Ibid.,* XLIII, 1877, pp. 731-740.

—— **40**. Description de quelques coquilles fossiles des argilites de Morlanwelz. *Ann. de la Soc. malacol. de Belg.,* III, 1878, pp. 87-99, pl. X.

—— **41**. Sur la craie brune phosphatée de Ciply. *Ibid.,* V, 1878, pp. 11-22.

—— **42**. Carte géologique de la partie centrale de la province de Hainaut, indiquant les terrains qui se trouvent en dessous des dépôts quaternaires et récents, les alluvions modernes des vallées étant seules conservées. Cette carte a figuré à l'Exposition nationale de 1880. — Une note sur la légende de cette carte se trouve au procès-verbal de la séance du 20 janvier 1880, pp. CXVII-CXVI, de la *Soc. géol. de Belgique.*

Briart, Cornet et **Dewalque.** — **43.** Rapports sur les inscriptions pour les médailles de concours décernées à MM. Malherbe et de Macar. *Bull. de l'Acad. roy. de Belgique,* XLI, 1876, pp. 226-230.

Briart, Cornet et **Houzeau de Lehaie.** — **44.** Rapport sur les découvertes géologiques et archéologiques faites à Spiennes en 1867. *Mém. de la Soc. des sc. etc., du Hainaut,* II, 1866-67, pp. 355-392; réimprimé en 1872 à l'occasion de la réunion à Bruxelles du Congrès international d'anthropologie et d'archéologie préhistorique.

Briart, *Alph.* et *G.* **Dewalque.** — **45.** Sur la présence du Landenien supérieur à Velaine et dans les environs de Cour-sur-Heure. *Ann. de la Soc. geol. de Belgique,* VII, 1880, pp. CXXVI-CXXVII.

Briart, *J.* —Pour Biographie, voir : *Biographie nationale,* III, 1872, p. 50.

—— **1.** Spa. — Fontaine minérale du Tonnelet et ses propriétés médicinales. Projet d'amélioration et d'embellissement, présenté au gouvernement français et dédié aux buveurs d'eau de Spa. In-8°, 1802, 17 pages.

—— **2.** Le Tresor de la nature, révélé par les eaux minérales du Tonnelet. Liége, Latour, an XI (1803), 40 pages in-4°.

(La préface paraît être due à Dethier.)

Bronne, *J.* — Comparaison entre les terrains primaires de la Bretagne et ceux de la Belgique. *Ann. des Trav. publ. de Belgique,* X, 1851-52, pp. 265-312.

Buckland, *William* — **1.** Observations sur la roche porphyritique de Deville (*Mairus*). *Bull. de la Soc. géol. de France,* VI, 1835, p. 345.

—— **2.** Comparaison des terrains de transition de la Belgique, observés lors de la réunion de la Société géologique de France à Maizières, avec ceux de l'Angleterre (d'après les travaux de M. Murchison). *Ibid.,* p. 353 et suivantes.

Burat, *Amédée.* — Études sur les gites calaminaires et sur l'industrie du zinc en Belgique. Paris, in-8°, br. de 47 pages avec 5 planches.

Burtin, *François-Xavier* (**de**). — Pour Biographie, voir : *Biographie nationale,* III, 1872. pp. 169-176; *Ann. de l'Acad. roy. de Belgique,* XLIII, 1877, pp. 247-258.

—— **1.** Voyage minéralogique de Bruxelles par Wavre à Court-Saint-Étienne. Harlem, 1781, in-8°.

—— **2.** Des bois fossiles découverts dans les différentes parties des Pays-Bas. Harlem, 1781, in-8°.

Burtin, *François-Xavier* (**de**). — **3.** Oryctographie de Bruxelles ou description des fossiles, tant naturels qu'accidentels, découverts jusqu'à ce jour dans les environs de cette ville. Bruxelles, *Le Maire*, 1784, in-fol. avec 32 planches.

—— **4.** Voyage et observations minéralogiques depuis Bruxelles par Wavre jusqu'à Cour-St-Etienne. *Mém. de l'Acad. impér. et roy. de Bruxelles*, V, 1788, pp. 123-138.

—— **5.** Réponse à la question de physique proposée par la Société de Teyler, sur les révolutions générales qu'a subies la surface de la terre et sur l'ancienneté de notre globe. Harlem, 1790, in-4° (avec une traduction hollandaise). Ce mémoire a été couronné par la Société Teylerienne.

Bustin, *O.* — Sur le bassin houiller de Beyne. *Ann. de la Soc. géol. de Belg.*, VI, 1879.

Cailliaud, *F.* — Traces d'animaux perforants dans un porphyre-roche protogynique, en Belgique. *Bull. de la Soc. géol. de France*, III, 1845-46, pp. 25-27.

Camper, *A.-G.* — **1.** Verhandeling over den oorsprong der uitgedolven beenderen van den St-Pietersberg, bij Maestricht, briefswyze medegedeeld, van M. Van Marum. Harlem, *Verhand.*, I, 1799, pp. 169-198; *Journ. de phys.*, LI, 1800, pp. 279-287.

—— **2.** Lettre à G. Cuvier sur les ossements fossiles de la montagne de St-Pierre à Maestricht. In-4° avec 2 pl., *ibid.*, vendémiaire an IX, 1801.

—— **3.** Mémoire sur quelques parties moins connues du squelette des Sauriens fossiles de Maestricht. In-4° avec 2 pl. *Ann. du Museum de Paris*, XIX, 1812-13, pp. 215-241.

Candèze, *E.* — Notice sur Félicien Chapuis. *Ann. de l'Acad. roy. de Belgique*, 46e année, 1880, pp. 356-370.

Cantraine, *Joseph-François.* — Pour Biographie, voir : *Ann. de l'Acad. roy. de Belgique*, XXX, 1864, pp. 154-156; 1869, XXXV, pp. 101-118.

—— **1.** Notice sur un genre nouveau de la famille des Ostracés. *Bull. de l'Acad. roy. de Bruxelles*, V, 1838, pp. 111-113, 1 pl. (entre les pages 96-97); *Ann. des sc. nat.*, IX, (Zool.) 1838, pp. 377-378.

—— **2.** Malacologie méditerranéenne et littorale, ou description des mollusques qui vivent dans la Méditerranée et sur le continent de l'Italie, ainsi que des coquilles qui se trouvent dans les terrains tertiaires italiens, avec des observations sur leur anatomie, leurs mœurs, leur analogie et leur gisement, ouvrage servant de Faune malacologique italienne et de complément à la *Conchyliologia fossile subapennina* de Brocchi. Première partie, in-4° avec 6 planches. *Nouv. Mém. de l'Acad. roy. de Bruxelles,* XIII, 1840.

Cantraine, *J.-F.* — **3**. Diagnose de quelques espèces nouvelles de coquilles soit natives, soit fossiles appartenant au bassin méditerranéen. *Bull. de l'Acad. roy. de Bruxelles,* IX, 1842, 2e partie, pp. 340-349.

Carez, *M.* — **1**. Exposé succinct des connaissances positives actuelles sur les qualités, le choix et la convenance réciproque des matériaux propres à la fabrication des mortiers, suivi de considérations sur la recherche de calcaires à ciments et chaux hydrauliques. *Ann. des Trav. publ. de Belgique,* II, 1844, pp. 244-285.

——— **2**. Recherches dans la province de Liége, de substances calcaires propres à fournir des chaux hydrauliques ou des ciments. *Ibid.*, pp. 286-291.

——— **3**. Recherches dans la province de Luxembourg, de substances calcaires propres à fournir des chaux hydrauliques, des ciments ou des pouzzolanes. *Ibid.*, IV, 1846, pp. 295-301; avec un tableau d'analyse des substances calcaires de la province de Luxembourg, *ibid.*, pp. 302-320.

——— **4**. Notice statistique des chaux et ciments de toute espèce du Hainaut. *Mém. de la Soc. des sc. du Hainaut,* VIII, 1847-48, pp. 239-258; cette notice est accompagnée d'un tableau d'analyse des substances calcaires de la province de Hainaut; *ibid.*, pp 259-289.

——— **5**. Recherches, dans la province de Hainaut, de substances calcaires propres à fournir des chaux hydrauliques ou des ciments. *Ann. des Trav. publ. de Belgique,* IX, 1850-51, pp. 229-274.

——— **6**. Recherches, dans la province de Namur, de substances calcaires propres à fournir des chaux hydrauliques ou des ciments. *Ibid.*, pp. 275-314.

Cauchy, *François-Philippe.* — Pour Biographie, voir : *Ann. de l'Acad. roy. de Belg.*, IX, 1843, pp. 77-92; *Biographie nationale,* III, 1872, pp. 380-383.

——— **1**. Mémoire couronné en réponse à la question : « Décrire la constitution géologique de la province de Namur, les espèces minérales et les fossiles accidentels que les divers terrains renferment, avec l'indication des localités et la synonymie des auteurs qui en ont déjà traité.» *Mém. cour. de l'Acad. roy. de Bruxelles,* V, 1825-26, 1 vol. in-8° de 148 pages avec 1 pl.; Férussac, *Bull. des sc. nat.,* XIII, 1828, pp. 16-21.

Cauchy, *F.-P.* — **2**. Note sur la pierre calcaire fournissant une chaux hydraulique, que l'on extrait dans une carrière ouverte au lieu dit *Humerée* dépendant de la commune de Sombreffe, province de Namur, et sur quelques autres pierres calcaires analogues. *Nouv. Mém. de l'Acad. roy. de Belgique,* IV, 1827, pp. 257-270.

—— **3**. Sur une roche renfermant des grenats. *Bull. de l'Acad. roy. de Belgique,* II, 1835, p. 332.

—— **4**. Rapport sur les progrès et sur l'état actuel en Belgique de la géologie et des sciences qui s'y rattachent. *Ibid.,* pp. 477-491.

—— **5**. Sur une roche feldspathique de Grand-Manil. *Bull. de l'Acad. roy. de Belgique,* III, 1836, pp. 311-315.

Cauchy, *F.-P.*, et **Benoit**. — **6**. Notice sur les gîtes métallifères de l'Ardenne, etc. *Bull. de la Soc. géol. de France,* III, 1832-33, pp. 321-324; Paris, *Ann. des Mines,* IV, 1833, pp. 409-430.

Cauchy, *F.-P*, et **Fohmann** — **7**. Rapport sur un os fossile trouvé à Stuyvenberg. *Bull. de l'Acad. roy. de Belgique,* III, 1836, pp. 40-43.

Cauchy, *F.-P.*, et **d'Omalius**. — **8**. Rapport sur les mémoires qui ont concouru à la question relative à la constitution géologique du Grand-Duché de Luxembourg. *Mém. cour. de l'Acad. roy. de Bruxelles,* VII, 1829.

Cauchy, *F.-P.*, **d'Omalius** et **Sauveur**. — **9**. Rapport sur les mémoires présentés en réponse à la question relative a la constitution géologique de la province de Liége. *Ann. des sc. nat.,* XX, 1830, pp. 53-59; *Mém. cour. de l'Acad. roy. de Bruxelles,* VIII, 1832, 7 pages.

Cauchy, **Roget** et *G.* **Dandelin**. — **10**. Rapport sur les ardoises. *Ann. des Trav. publ. de Belgique,* 1844.

Cazalis de Fondouce. — Congrès international d'anthropologie et d'archéologie préhistorique. — Compte rendu de la session de Bruxelles. *Revue scient. de Paris,* II, 1872, pp. 193-195, 361-370 et 420-432.

Chandelon, *J.-T.-P.* — **1**. Notice sur la Hatchettine de Baldaz-Lalore, commune de Chokier, province de Liége. *Bull. de l'Acad. roy. de Bruxelles,* V, 1838, pp. 673-678.

Chandelon, *J.-T.-P.* — **2**. Note sur la composition des eaux de la Meuse. *Ann. des Trav. publ. de Belgique,* IX, 1850-51, pp. 201-206.

Chapuis, *Félicien*. — Pour Biographie, voir : *Bull. de l'Acad. roy. de Belgique,* XLVI, 1880, pp. 356-370.

——— **1**. Nouvelles recherches sur les fossiles secondaires du Luxembourg. *Mém. de l'Acad. roy. de Belgique,* XXXIII, 1861; voir aussi les rapports de MM. L.-G. de Koninck, Nyst et d'Omalius sur ce mémoire. *Bull. de l'Acad. roy. de Belgique,* V, 1858, p. 87.

Chapuis, *F.*, et *G.* **Dewalque**. — **2**. Description des fossiles des terrains secondaires du Luxembourg. *Mém. cour. et des sav. étrang. de l'Acad. roy. de Belgique,* XXV, 1851-53, 38 pl.; voir aussi les rapports de MM. de Koninck, Dumont et d'Omalius sur ce travail. *Bull. de l'Acad. roy. de Belgique,* XVIII, 2e partie, 1851, p. 575.

Chellonneix, *E.* — **1**. Couches landeniennes au Pied des Noires-Mottes, et dispositions des grès diestiens dans les mêmes buttes. *Ann. de la Soc. géol. du Nord,* III, 1875, pp. 20-21.

——— **2**. Note sur les deux limons. *Ann. de la Soc. géol. du Nord,* VI, 1879, pp. 383-388.

Chellonneix, *E.*, et *J.* **Ortlieb**. — **3**. Étude géologique des collines tertiaires du département du Nord comparées avec celles de la Belgique. *Mém. de la Soc. impér. des sc. de Lille,* VIII, 1878, 228 pages, planches.

——— **4**. Note sur les affleurements tertiaires et quaternaires visibles sur le parcours de la voie ferrée en construction entre Tourcoing et Menin. *Ann. de la Soc. géol. du Nord,* VI, 1878, pp. 51-60.

Chevron, *L.* — Analyses de quelques roches cristallines de la Belgique et de l'Ardenne française. *Ann. de la Soc. géol. de Belgique,* II, 1875, mém., pp. 189-196; voir les observations de MM. Van Scherpenzeel Thim, de la Vallée Poussin, R. Malherbe, Briart et F. Dewalque, sur ce travail. *Ibid.*, pp. XCI-XCII, séance du 25 juillet 1875.

Chierici, *D. Gaetano.* — Notizie archeologiche dell' anno 1872. Reggio nell' Emilia, 1873. 44 pages; voir pour la Belgique, p. 59 et suivantes.

Claussen, *P.* — **1**. Notes géologiques sur la province de Minas Geraes au Brésil. *Bull. de l'Acad. roy. de Bruxelles,* VIII. 1841, 1re partie, p. 322, 4 planches et une carte géologique.

Claussen, *P.* — **2**. Essai d'une nomenclature et classification des roches d'après leurs caractères chimiques, minéralogiques et géologiques. Bruxelles, 1845, in-8°.

Clément, *Charles.* — **1**. Description géologique de la partie septentrionale de la province de Luxembourg. *Ann. des Trav. publ. de Belgique,* VIII, 1849-50, pp. 215-242.

—— **2**. Mémoire sur les sources minérales de l'Ardenne belge. *Ibid.*, XIX, 1860-61, pp. 73-95, 1 planche.

—— **3**. Aperçu général de la constitution géologique et de la richesse minérale du Luxembourg; étendue, nature, composition et usages des gîtes ferrifères de la partie méridionale de cette province. Arlon, 1864, in-8°, 149 pages, 7 planches avec cartes minières, et *Ann. des Trav. publ. de Belgique,* XXII, 1864, pp 123-179.

—— **4**. Considérations sur la composition et l'exploitation du bassin houiller de Sarrebrück. *Ibid.*, XXVI, 1868.

Clerc, *J.-F.* — **1**. Notice géologique sur l'espèce et la nature du terrain des environs de Maestricht. *Journ. des Mines de Paris,* XXXVI, 1814, pp. 241-252.

—— **2**. Notice géologique sur la formation ardoisière du département des Ardennes. Paris, *Ann. des Min.*, VIII, 1830, pp. 423-439.

Cloquet, *N.* — **1**. Sur les silex taillés (communication à M. Malaise). *Bull. de l'Acad. roy. de Belgique,* XXII, 1866, pp. 111-115.

—— **2**. Notes sur les poteries celtiques et les silex taillés trouvés au bois de la Garenne, commune d'Arquennes. Feluy, in-8° de 16 pages et 8 pl., 1866-67.

—— **3**. Promenade géo-archéologique aux environs de Feluy (arrondissement de Charleroi). *Ann. de la Soc. paléont et archéol. de Charleroi,* II, 1868, pp 517-540.

—— **4**. Stations nouvelles de l'âge de la pierre polie en Belgique. *Compte rendu du Congrès préhist.*, VI, 1872, pp. 327-329.

Coemans, *H.-Eugène-L.-G.* — Pour Biographie, voir : *Ann. de l'Acad. roy. de Belgique,* 1872, p. 109 (avec portrait).

—— **1**. Les *Annularia* du terrain houiller de Belgique. Bruxelles, in-8°, 1865.

Coemans, *H.-E.-L.-G.* — **2**. Description de la flore fossile du premier étage du terrain crétacé du Hainaut. *Mém. de l'Acad. roy. de Belgique*, XXXVI, 1867 (mémoire présenté à la Classe des sciences, le 3 mars 1866); voir les rapports de MM. Dewalque et Spring sur ce travail. *Bull. de l'Acad. roy. de Belgique*, XXI, 1866, pp. 275-276.

Coemans et *J.-J.* **Kickx**. — **3**. Monographie des *Sphenophyllum* d'Europe. *Bull. de l'Acad. roy. de Belgique*, XVIII, 1864, pp. 134-160, 2 pl.; voir les rapports de MM. Spring et de Koninck sur ce travail. *Ibid.*, pp. 125-126.

Coemans, *E.*, et *P.-J* **Van Beneden**. — **4**. Note sur un Insecte et un Gastéropode pulmoné du terrain houiller. *Ibid.*, XXIII, 1867, pp. 384-401, 1 planche.

Cogels, *Paul.* — **1**. Observations géologiques et paléontologiques sur les différents dépôts rencontrés à Anvers lors du creusement des nouveaux bassins. *Ann. de la Soc. malac. de Belgique*, IX, 1874, pp. 7-32; voir les rapports de MM. Nyst et Mourlon sur ce travail, séance du 11 janvier 1874.

—— **2**. Note sur un gisement de Térébratules aux environs d'Anvers. *Ibid.*, *Bull.* pp. XX-XXIII.

—— **3**. Seconde note sur le gisement de la *Terebratula grandis* avec quelques observations à ce sujet. *Ibid.*, pp. XXXVIII-XLV.

—— **4**. Nouvelle note sur le gisement de la *Terebratula grandis* (réponse aux observations de M. Mourlon). *Ibid.*, IX, 1874; pp. LXVII-LXXXIV.

—— **5**. Note sur un gisement d'*Ostrea cochlear* aux environs d'Anvers. *Ibid.*, IX, 1874; pp. XCVI-XCIX.

—— **6**. Communications diverses sur les terrains d'Anvers. *Ibid.*, IX, 1874, *Bull.*, pp. LII et CX.

—— **7**. Considérations nouvelles sur les systèmes bolderien et diestien. *Ibid.*, II, 1877, pp. 7-26.

Cogels, *P.*, et *Ern.* **Van den Broeck**. — **8**. Observations sur les couches quaternaires et pliocènes de Merxem, près d'Anvers. *Ann. de la Soc. malac. de Belgique*, II, 1877, pp. LXVIII-LXXIX.

—— **9**. Diluvium et campinien; réponse à M. le Dr Winkler, *Ibid.*, III, 1878, pp. XVII-XXXIX.

Cogels, *P.*, et baron *O.* **van Ertborn**. — **10**. Mélanges géologiques.

Anvers, imp. Van der Wielen, in-8°, 12 pages, chap. I-V (janvier 1880); 2e fascicule, pp. 13-60, avec carte, chap. VI-XX (octobre 1880), comprenant : le compte rendu d'une exploration de la colline de Pellenberg et de quelques localités voisines, le 21 septembre 1880, par le major d'état-major E. Hennequin.

Cogels, *P.*, et baron *O.* **van Ertborn**. — **11**. Texte explicatif du levé géologique des planchettes d'Hoboken et de Contich, de Boom, Malines, Saint-Nicolas, Tamise, Beveren, Anvers, Heyst-op-den-Berg, Putte, Lierre, Aerschot, Boisschot; in-8° avec cartes in-fol. Publications de la Commission de la carte géologique de la Belgique, 1880.

—— **12**. Nouvelles observations sur les couches quaternaires et pliocènes de Merxem. *Ann. de la Soc. malac. de Belgique,* IV, 1880, pp. V-IX, pl.

—— **13**. Notes sur quelques dépôts tertiaires du nord de la Belgique. *Ann. de la Soc. géol. de Belgique,* IV, 1880 (à l'impression).

Colbeau, *Jules.* — **1**. Description d'une espèce fossile de la famille des Vermets (*Siphonium ingens*), avec planches. *Ann. de la Soc. malac. de Belgique,* I, 1863-65, p. 9.

—— **2**. Rapport sur les coquilles du dépôt tufacé de Marche-les-Dames. *Ibid.,* II, 1866, p. 9.

—— **3**. Traduction du mémoire inédit du Dr N. Tibori : Céphalopodes, Ptéropodes, Hétéropodes vivants de la Méditerranée et fossiles du terrain tertiaire de l'Italie, *Ibid.,* III, 1878, pp. 52-84.

Collegno, *Giacinto Provana* (**di**). — **1**. Extrait d'un Mémoire inédit de M. de Collegno, communiqué par M. Élie de Beaumont. *Bull. de la Soc. géol. de France,* VI, 1834-35, pp. 272-275.

—— **2**. Observations sur le contact des calcaires carbonifères du Hainaut avec les schistes siluriens du Brabant méridional, avec observations de MM. de Verneuil, Rozet et C Prevost. *Ibid.,* IX, 1837-38, pp. 81-84.

Coquebert, *Charles.* — Suite du tableau des mines et usines de la République par ordre de départements : département des Ardennes. *Journ. des Mines,* XVI, 1804, pp. 303-320.

Corenwinder. — Note sur la dolomie. *Mém. de la Soc. des sc. de Lille,* XI, 1873, 4 pages.

Cornet, *François-Léopold.* — Pour Biographie, voir : *Notices biographique et bibliographique de l'Acad. roy. de Belgique,* 1874, pp. 19-24.

Cornet, *F.-L.* — **1**. Sur des ossements fossiles humains recueillis dans les environs de Spiennes (communication à M. Van Beneden). *Bull. de l'Acad. roy. de Belgique*, XXII, 1866, p. 453.

—— **2**. Communication relative au poudingue de la Malogne près de Ciply (lettre à M. Dewalque). *Ibid.*, 1866, p. 551.

—— **3**. De l'antiquité de l'homme en Belgique. *Mém. de la Soc. des sc. du Hainaut*, II, 1866-67, pp. 287-298.

—— **4**. Découverte de la Meule aux environs de Valenciennes. *Bull. scient., etc., du dép. du Nord*, I, 1869, p. 18.

—— **5**. Mines et carrières de la Belgique. *Patria belgica*, 1re part., 1873, pp. 193-240; voir l'analyse de ce travail par M. Gosselet, *ibid.*, V, pp. 195-196.

—— **6**. Compte rendu de l'excursion du 31 août aux environs de Ciply. *Bull. de la Soc. géol. de France*, II, 1874, pp. 567-577, 3 coupes sur bois.

—— **7**. Compte rendu de l'excursion du 1er septembre à Harmignies, Spiennes et Mesvin. *Ibid.*, II, 1874, pp. 582-588, 1 coupe.

—— **8**. Rapport sur les mémoires envoyés à l'Académie en réponse à la question : « On demande la description du système houiller du bassin de Liége. » *Bull. de l'Acad. roy. de Belgique*, XL, 1875, pp. 971-974.

—— **9**. Sur un gisement de combustible dans les Alpes transylvaniennes. *Ann. de la Soc. géol. de Belgique*, IV, 1877, Mém., pp. 24-38, 2 planches.

—— **10**. Notice sur le bassin houiller limbourgeois. *Ibid.*, IV, 1877, Mém., pp. 133-142.

—— **11**. La Belgique minérale. (Extrait du *Catalogue de l'Exposition de l'Industrie minérale belge*). Liége, 1878, 1 br. de 54 pages.

—— **12**. Sur la rencontre d'ossements d'Yguanodon dans un accident du terrain houiller de Bernissart. *Ann. de la Soc. géol. de Belgique*, V, 1878, pp. CV-CVIII; *Bull. de la Soc. géol. de France*, VI, 1877-78, p. 565.

—— **13**. Sur les irruptions subites du grisou dans les travaux d'exploitation de la houille. *Bull. de l'Acad. roy. de Belgique*, XLVII, 1879, pp. 493-502; I, 1881 (à l'impression).

Cornet, *F.-L.*, et *A.* **Briart**. — **14**. Note sur la découverte dans le Hainaut, en dessous des sables rapportés par Dumont au système landenien, d'un calcaire grossier avec faune tertiaire. *Bull. de l'Acad. roy. de Belgique*, XX, 1865, pp. 757-776, 1 pl. de coupes coloriées; voir aussi les rapports de MM. Dewalque et d'Omalius sur cette note, *ibid.*, pp. 721-727. Une analyse de cette note a été faite par M. Gosselet dans le *Bull. scient. du départ. du Nord*, 1871, p. 11.

Cornet, *F.-L.*, et *A.* **Briart**. — **15**. Description de trois Rhynchonelles particulières à la craie grise ou *gris des mineurs* de St-Vaast et de Maisières. *Mém. de la Soc. sc. du Hainaut*, I, 1865-66, pp. 261-264, 1 planche.

—— **16**. Description minéralogique, paléontologique et géologique du terrain crétacé de la province de Hainaut. Mons, 1866. Mémoire couronné par la Société des sciences, etc., du Hainaut (concours de 1863-64). *Mém. de la Soc. des sc. du Hainaut*, I, 1865-66, pp. 5-204.

—— **17**. Note sur l'existence dans l'Entre-Sambre-et-Meuse d'un dépôt contemporain du système du tufeau de Maestricht et sur l'âge des autres couches crétacées de cette partie du pays. *Bull. de l'Acad. roy. de Belgique*, XVII, 1866, p. 529; voir les rapports de MM. Dewalque et d'Omalius, *ibid.*, pp. 265-268.

—— **18**. Notice sur l'extension du calcaire grossier de Mons dans la vallée de la Haine. *Ibid.*, XXII, 1866, pp. 523-538, 1 pl. de coupes coloriées; voir aussi le rapport de M. Dewalque sur cette notice, *ibid.*, p. 262.

—— **19**. Description minéralogique et stratigraphique de l'étage inférieur du terrain crétacé du Hainaut. *Mém. cour. de l'Acad. roy. de Belgique*, in-4°, XXXIII, 1865-67, 2 planches.

—— **20**. Sur l'âge des silex ouvrés de Spiennes. *Bull. de l'Acad. roy. de Belgique*, XXV, 1868, p. 126, avec 4 coupes; voir les rapports de MM. d'Omalius, de Koninck et Malaise sur ce travail, *ibid.*, pp. 73, 75, 76.

—— **21**. Notice sur les dépôts qui recouvrent le calcaire carbonifère à Soignies. *Ibid.*, XXVII, 1869, pp. 11, 4 coupes; voir les rapports de MM. d'Omalius, Dewalque et Nyst sur ce travail, *ibid.*, pp. 7, 8, 9.

—— **22**. Description minéralogique, stratigraphique et paléontologique de la meule de Bracquegnies. *Mém. cour. des sav. étrang. de l'Acad. roy. de Belgique*, in-4°, XXXIV, 1867-70, 92 pages et 8 planches.

—— **23**. Sur la division de l'étage de la craie blanche du Hainaut en quatre assises. *Ibib.*, XXXV, 1870, avec carte et coupes. (Présenté à la

Classe des sciences dans la séance du 7 novembre 1868.); voir les rapports de MM. d'Omalius, Dewalque et Nyst sur ce mémoire. *Bull. de l'Acad. roy. de Belgique*, XXVI, 1868, pp. 434-437-439; voir aussi une analyse de ce mémoire par M. Gosselet. *Bull. scient. du départ. du Nord*, 1870, p. 579, 2 pages.

Cornet, *F.-L.*, et *A.* **Briart**. — **24**. Note sur les puits naturels du terrain houiller. *Bull. de l'Acad. roy. de Belgique*, XXIX, 1870, p. 477; voir les rapports de MM. d'Omalius et Dewalque sur cette note, *ibid.*, pp. 340-343, et une analyse de ce travail par M. Gosselet, *Bull. scient. du départ. du Nord*, 1870, p. 292, 2 pages.

—— **25**. Notice sur la position stratigraphique des lits coquillers dans le terrain houiller du Hainaut. *Bull. de l'Acad. roy. de Belgique*, XXXIII, 1872, p. 21.

—— **26**. Notice sur le terrain crétacé de la vallée de l'Hogneau et sur les souterrains connus sous le nom de Trous des Sarrasins des environs de Bavay. Lille, *Mém. de la Soc. scient.*, XI, 1873, 14 pages et 1 planche.

—— **27**. L'homme de l'âge du Mammouth dans la province de Hainaut. *Compte rendu du Congrès préhist.*, VI, 1872, pp. 250-269, 1 planche.

—— **28**. Sur l'âge de la pierre polie et les exploitations préhistoriques de silex dans la province de Hainaut. *Ibid.*, pp. 279-299, planches.

—— **29**. Compte rendu de l'excursion faite aux environs de Ciply par la Société malacologique de Belgique le 20 avril 1873. *Ann. de la Soc. malac. de Belgique*, VIII, 1873, pp. 21-35.

—— **30**. Note sur la découverte de l'étage du calcaire de Couvin ou des schistes et calcaires à *Calceola sandalina* dans la vallée de l'Hogneau. *Ann. de la Soc. géol. de Belgique*, I, 1874, pp. 8-15, 1 pl. 8 pages et une carte indiquant la direction des roches primaires dans une partie de la vallée de l'Hogneau.

—— **31**. Aperçu sur la géologie des environs de Mons. *Bull. de la Soc. géol. de France*, II, 1874, pp. 534-552.

(Ce travail est la reproduction de la *Lecture d'ouverture* faite à l'occasion de la réunion extraordinaire de la Société géologique à Mons du 30 août au 4 septembre 1874 et qui avait été imprimée à Mons, chez Hector Manceaux pour être distribuée aux membres présents.)

—— **32**. Compte rendu de l'excursion du 2 septembre; Calcaire grossier de Mons, meule de Bracquegnies. *Ibid.*, II, 1874, pp. 594-598; voir observations de M. de Lapparent à ce sujet, *ibid.*, p. 598.

Cornet, *F.-L.*, et *A.* **Briart**. — **33**. Notice sur les gisements de phosphate de chaux dans le terrain crétacé de la province de Hainaut. *Bull. de l'Acad. roy. de Belgique,* XXXVII, 1874, pp. 838-841.

—— **34**. Sur la présence du système tongrien de Dumont dans le pays de Herve, sur la rive droite de la Meuse. *Ann. de la Soc. géol. de Belgique,* II, 1875, pp. LXXIII-LXXIV, 1 coupe.

—— **35**. Note sur l'existence, dans le terrain houiller du Hainaut, de bancs de calcaire à crinoïdes. *Ibid.*, II, 1875, pp. 52-57.

—— **36**. Sur le synchronisme du système hervien de la province de Liége et de la craie blanche moyenne du Hainaut. *Ibid.*, II, 1875, pp. 108-122.

—— **37**. Notice sur l'accident qui affecte l'allure du terrain houiller entre Boussu et Onnaing. *Ann. de la Soc. géol. du Nord,* III, 1876, pp. 138-144.

—— **38**. Note sur l'existence d'un calcaire d'eau douce dans le terrain tertiaire du Hainaut. *Bull. de l'Acad. roy. de Belgique,* XLIII, 1877, pp. 9-20.

—— **39**. Note sur quelques massifs tertiaires de la province de Hainaut. *Ibid.*, XLIII, 1877, pp. 731-740.

—— **40**. Sur le relief du sol en Belgique après les temps paléozoïques. *Ann. de la Soc. géol. de Belgique,* IV, 1877, Mém., pp. 71-115, 7 pl^{es}.

—— **41**. Sur la craie brune phosphatée de Ciply. *Ibid.*, V, 1878, Mém. pp. 11-22.

—— **42**. Description des fossiles du calcaire grossier de Mons. PREMIÈRE PARTIE: *Mém. cour. des savants étrang. de l'Acad. roy. de Belgique,* in-4°, XXXVI, 1870, 76 pages, 5 planches. DEUXIÈME PARTIE: *Ibid.*, XXXVII, 1873, 94 pages, 7 planches. TROISIÈME PARTIE : *Ibid.*, XLIII, 1880.

—— **43**. Description de quelques coquilles fossiles des argilites de Morlanwelz. *Ann. de la Soc. malac. de Belgique,* III, 1878, pp. 87-99, pl. x.

—— **44**. Carte géologique de la partie centrale de la province de Hainaut, indiquant les terrains qui se trouvent en dessous des dépôts quaternaires et récents, les alluvions modernes des vallées étant seules conservées. Cette carte a figuré à l'Exposition nationale de 1880; voir note sur la légende de cette carte. (Procès-verbal de la séance du 20 juin 1880, pp. CXVI-CXVII de la *Soc. géol. de Belgique.*

Cornet, Briart et **Dewalque**. — **45**. Rapports sur les inscriptions pour les médailles de concours décernées à MM. Malherbe et de Macar. *Bull. de l'Acad. roy. de Belgique,* XLI, 1876, pp. 226-230.

Cornet, Briart et **Houzeau**. — **46**. Rapport sur les découvertes géologiques et archéologiques faites à Spiennes en 1867. *Mém. de la Soc. sc. du Hainaut,* II, 1868.

Cornet et **de la Vallée Poussin**. — **47**. Rapport sur le levé géologique des planchettes de Malines, St-Nicolas, Tamise, Beveren, Anvers, Boom, inséré à la suite du texte explicatif de cette dernière planchette, 8 pages, 1880.

——— **48**. Rapport sur le levé géologique des planchettes: Lierre, Putte et Heyst-op-den-Berg, inséré à la suite du texte explicatif de cette dernière planchette, 4 pages, 1880.

——— **49**. Rapport sur le levé géologique des planchettes de Boisschot et d'Aerschot, inséré à la suite du texte explicatif de cette dernière planchette, 5 pages, 1880.

Cossigny, *J.* (**de**). — **1**. Sur les puits naturels de Carnières. *Bull. de la Soc. géol. de France,* II, 1874, pp. 630-638, avec figures dans le texte.

——— **2**. Tableau des terrains tertiaires de la France septentrionale avec note explicative. *Ann. de la Soc. malac. de Belgique,* II, 1877, pp. 37-39, 53-54; voir les rapports de MM. A. Rutot, G. Dollfus et J. Ortlieb sur ce travail, *ibid.*, pp. 40, 43 et 48.

Cotteau, *Gustave*. — **1**. Note sur les Échinides crétacés de la province de Hainaut. *Bull. de la Soc. géol. de France,* II, 1874, pp. 638-660, pl. XIX et XX.

——— **2**. Description des Échinides du calcaire grossier de Mons. *Mém. cour. de l'Acad. roy. de Belgique,* in-4°, XLII, 1879, 12 pages et 1 planche; voir les rapports de MM. F.-L. Cornet et H. Nyst sur ce mémoire. *Bull. de l'Acad. roy de Belgique,* XLV, 1878, pp. 572-574.

——— **3**. Description des Échinides tertiaires de la Belgique. *Ibid.*, XLIII, 1880, 90 pages et 6 planches; voir le rapport de M. P.-J. Van Beneden sur ce travail. *Ibid.*, XLIX, 1880, p. 619.

Courtois, *Richard-Joseph*. — Pour Biographie, voir : *Ann. de l'Acad. roy. de Belgique,* 1838; *Biographie nationale*, IV, 1873, pp. 431-435.

Courtois, *R.-J.* — **1.** Recherches sur la statistique physique, agricole et médicale de la province de Liége, 2 vol. in-8°, Verviers, Beaufays, 1828.

—— **2.** Revue des sources minérales et thermales des Pays-Bas et d'une partie de la Prusse. *Bijdragen tot de natuurkundige Wetenschappen*, IV, 1829.

Crépin, *François.* — Pour Biographie, voir : *Notices biographique et bibliographique de l'Acad. roy. de Belgique,* 1874, p. 22.

—— **1.** Paléontologie végétale de la Belgique, *Patria belgica,* 1re part., 1875, pp. 471-480; voir une analyse de ce travail par M. Gosselet. *Bull. scientif. etc., du dép. du Nord,* VI, 1875, pp. 161-165.

—— **2.** Note sur un *Caulinites* récemment découvert dans l'assise laekenienne. *Bull. de l'Acad. roy. de Belgique,* XXXVI, 1873, pp. 170-172.

—— **3.** Description de quelques plantes fossiles de l'étage des psammites du Condroz (dévonien supérieur). *Ibid.,* XXXVIII, 1874, pp. 356-366, 3 planches.

—— **4.** Fragments paléontologiques pour servir à la flore du terrain houiller de Belgique. *Ibid.,* XXXVIII, 1874, pp. 568-577, 2 planches.

—— **5.** Nouvelles observations sur la flore des psammites du Condroz (cette Note ayant été retirée par son auteur n'a pas été publiée); voir les rapports de MM. Dewalque, de Koninck et Dupont sur cette Note. *Ibid.,* XL, 1875, pp. 53, 55 et 56.

—— **6.** Observations sur quelques plantes fossiles des dépôts dévoniens rapportés par Dumont à l'étage quartzoschisteux inférieur de son système eifelien. *Bull. de la Soc. roy. de Bot. de Belgique,* XIV, 1875, pp. 214-230, 6 planches.

—— **7.** Note sur le *Pecopteris odontopteroides,* Morris. *Bull. de l'Acad. roy. de Belgique,* XXXIX, 1875, pp. 258-263, 1 planche.

—— **8.** Nouvelles observations sur le *Pecopteris odontopteroides,* Morris. *Bull. de la Soc. roy. de Bot. de Belgique,* XV, 1876, pp. 153-157.

—— **9.** Note sur le vernis vitrificateur de Ruidant, propre à la conservation des fossiles. *Ann. de la Soc. malac. de Belgique,* III, 1878, p. LVI.

—— **10.** Guide du botaniste en Belgique (plantes vivantes et fossiles). Bruxelles, 1878, Mayolez, 1 vol. de 495 pages.

—— **11.** Notes paléophytologiques. Première et deuxième notes. *Bull. de la Soc. roy. de Bot. de Belgique,* XIX, 2me PARTIE, pp. 24-31; 52-58.

Cuvier (Baron), *Georges*. — **1**. Sur le grand animal fossile des carrières de Maestricht. Paris, *Ann. du Musée d'hist. nat.*, XII, 1808, pp. 145-176, 2 planches.

——— **2**. Sur des têtes du genre *Ziphius*, complétement pétrifiées, déterrées en creusant les bassins d'Anvers. *Recherches sur les ossements fossiles*, 2e édit., V, 1re part., 1825, pp. 352-356.

Cuyper, *Edmond* (**de**). — De l'allure générale du terrain houiller dans un bassin intermédiaire, dit du Centre-Sud, dans le Hainaut. *Revue univ. de Liége*, XXVIII, 1870, pp. 55-78.

Daubrée, *A*. — Sur les roches cristallines feldspathiques et amphiboliques, qui sont subordonnées au terrain schisteux de l'Ardenne. *Bull. de la Soc. géol. de France*, V, 1876-77, pp. 106-108.

Davidson, *Thomas*. — **1**. On the tertiary Brachiopoda of Belgium. *Geol. Mag.*, I, 1874, pp. 150-189, pl. 7 and. 8. — Traduit de l'anglais par M. Th. Lefèvre dans les traductions et reproductions publiées par la Société malacologique, 1874; voir aussi une communication de M. Van den Broeck sur cet ouvrage. *Ann. de la Soc. malac. de Belgique*, IX, 1874, pp. LXXXIV-XC.

——— **2**. Qu'est-ce qu'un Brachiopode? Mémoire inédit traduit de l'anglais par M. Th. Lefèvre. *Ann. de la Soc. malac. de Belgique*, X, 1875, pp. 56-86; pl. 3, 4, 5 et 6; voir aussi quelques observations sur deux espèces de Brachiopodes citées par l'auteur, et provenant de Chercq, près de Tournai, *ibid.*, p. x, et les observations de M. Tournouër sur le travail de M. Davidson, *ibid.*, p. 60.

——— **3**. Liste des principaux ouvrages, mémoires ou notices qui traitent directement ou indirectement des Brachiopodes vivants et fossiles. *Ann. de la Soc. malac. de Belgique*, II, 1877, pp. 55-104.

Davreux, *Charles-Joseph*. — Pour Biographie, voir : *Biographie nationale*, IV, 1873, pp. 733-735.

——— **1**. Leçons sur la minéralogie et la chimie, données à l'école gratuite des arts et métiers de Liége. Liége, Dessain, in-8°, I, 1828, 640 pages; II, 1829, 164 pages.

——— **2**. Tableau des fossiles rapportés aux terrains auxquels ils sont propres. In-8° 1832. (Vandermaelen, *Diction. géograph. de la prov. de Liége*, appendice, p. 8.)

Davreux, *Ch.-J.* — **3.** Essai sur la constitution géognostique de la province de Liége. *Mém. cour. de l'Acad. de Bruxelles,* IX, 1833, in-4°, 297 pages et 9 planches.

Davreux, *Paul,* et *L.-L.* **de Koninck.** — **4.** Sur une roche grenatifère et quelques minéraux cuprifères de Salm-Château. *Bull. de l'Acad. roy. de Belgique,* XXXIII, 1872, pp. 324-330; Bonn, *Sitz. Ber-Niederrheim-Gesell.,* XXIX, 1872, pp. 42-43.

De Bey, *M.-H.* — **1.** Uebersicht der urweltlichen Pflanzen des Kreidegebirges überhaupt u. der Aachener Kreideschichten insbesondere. *Verhandl. d. naturwiss. Vereins d. preuss. Rheinlande,* Jahrgang V, 1848, pp. 113-125.

—— **2.** Ueber eine neue Gattung urweltlicher Coniferen aus dem Eisensand der Aachener Kreide. *Ebenda, ibid.* pp. 126-142.

—— **3.** Entwurf zu einer geognostisch-geogenetischen Darstellung der Gegend von Aachen, mit 1 Steindrucktafel. Aachen, 1849, in-4°.

De Bey, *M.,* u. *C.* **von Ettingshausen.** — **4.** Die urwelslichen Thallophyten des Kreidegebirges von Aachen u. Maestricht m. 3 lithogr. Taf. Wien, 1859, 4to. *Deukschr. d. k. k. Akad. d. Wiss., mathem.-naturwiss.* Classe Bd. XVI, pp. 130-214.

—— **5.** Die urweltl. Acrobryen des Kreidegebirges von Aachen u. Maestricht. m. 7 lithogr. Taf. Wien, Sitz.-Ber. XXVII, 1857, pp. 167-171; Wien, 1859, 4to. *Deukschr. d. k. k. Akad. d. Wiss. math.- nat.,*Cl. Bd. XVII, pp. 181-248.

De Boodt (*Anselme-Boèce*), ou **De Boot.** — Pour Biographie, voir : *Biographie nationale,* IV, 1873, 814-816.

—— **1.** Brugensis Belgæ, Rudolphi secundi, Imperatoris Romanorum personæ medici, gemmarum et lapidum historia, quâ non solum ortus natura, vis et pretium, sed etiam modus quo ex illis olea, salia, tincturæ, essentiæ, arcana et magisteria arte chymica confici possunt, ostenditur. In-4° cum fig., ligno incisis. Hanovria, apud Marnium, 1609.

—— **2.** Gemmarum et lapidum historia, quam olim edidit Anselmus Boëtius de Boot (*sic*), Brugensis, Rudolphi II, imperatoris medicus, Adrianus Tollius, Lugd.-Bat., D. M. nunc verò recensuit, a mendis nepurgavit, comentariis et pluribus melioribusque figuris illustravit et multò locupletiore indice anxit. Leyde, 1836, in-8°.

De Boodt (*Anselme-Boèce*), ou **De Boot.** — **3.** Le parfait joailler, ou Histoire des pierres précieuses, composée en latin par Boodt et de nouveau enrichie de belles annotations et figures par André Toll; Lyon, 1644, in-8°.

(C'est la traduction par François Bachou de l'ouvrage précédent; elle eut une seconde édition. Lyon, 1649, in-8°; on ignore si elle fut faite d'après la suivante, qui lui est antérieure.)

——— **4.** Gemmarum et lapidum historia quam olim edidit Anselmus Boëtius de Boot, Brugensis, Rudolphi II, Imperatoris medicus, postea Adrianus Tollius, Lugd. Bat., D. M., recensuit; figuris melioribus et commentariis pluribus illustravit et Indice auxit multò locupletiore. Tertia editio longe purgatissima. Cui accedunt Joannis de Laet, Antwerpiani, de gemmis et lapidibus libri II, et Theophrasti liber de lapidibus, græce et latine cum brevibus notis. In-8° cum fig. Leyde. J. Maire, 1647.

Debray, *H.* — **1.** Étude géologique et archéologique de quelques tourbières du littoral flamand et du département de la Somme. *Mém. de la Soc. des sc. de Lille,* XI, 1872. Une analyse de ce travail se trouve dans le *Bull. de la Soc. géol. de France,* II, 1873, pp. 46-50, avec réflexions de MM. Delesse, Gosselet, de Lapparent et de Chancourtois; voir aussi une analyse du même travail par M. Gosselet. *Bull. scientif., etc., du départ. du Nord,* V, pp. 93-96. — Des communications ont été faites par M. Debray sur le même sujet: *Ann. de la Soc. géol. du Nord,* I, 1871, pp. 8-9, 19-22, 29-30 et 33.

——— **2.** Observation faite au Mont des Récollets. III, 1875, pp. 17-18.

Deby, *Julien.* — **1.** Lettre sur l'histoire naturelle de Guatemala. *Belgique Horticole,* III, 1853, pp. 352-356.

——— **2.** Note sur l'argile des polders suivie d'une liste des fossiles qui y ont été observés dans la Flandre occidentale. *Ann. de la Soc. malacol.*, I, 1876, pp. 69-90.

——— **3.** Relation succincte d'un voyage fait aux bords de l'Oostanaula en Georgie, États-Unis. *Ibid.*, II, 1877, pp. XXI-XXV.

——— **4.** Article nécrologique sur David Forbes. *Ib.*, II, 1877, pp. XXX-XXXIII.

——— **5.** Histoire naturelle de la Belgique, en 2 volumes in-8° ayant respectivement 198 et 192 pages.

Decamps, *L.* — Sur la publication des notes et des cartes manuscrites de Dumont. *Ann. de la Soc. géol. de Belgique,* IV, 1877, pp. XCI-XCVIII.

Dechen, *Heinrich* (**von**). — **1**. Description de la roche de Mairus et de Laifour dans l'ouvrage de Nöggerath. *Das Gebirge in Rheinland.* Westfalen. Bonn, III, 1824, pp. 192 et suivantes.

—— **2**. Uber die Konglomerate von Fepin und von Burnot in der Umgebung der Silur. von Hohen-Venn, 1873.

—— **3**. Uber das Vorkommen der Silurformation in Belgien. *Sitzb. der pridrh. Gesell. fur Nat. und Heilk.*, 23 février 1874.

—— **4**. Rapport sur le nouveau bassin houiller découvert dans le Limbourg hollandais. *Ann. de la Soc. géol. de Belgique,* IV, 1877, pp. 130-132.

Dechen, *Heinrich* (**von**), und **Oeynhausen**. — **5**. Zusammenstellung der geognostischen Beobachtungen über das Schiefergebirge in den Niederlanden und am Nieder-Rheine. *Hertha*, II, 1825, pp. 483-550; III, pp. 370-426; VII. 1826, pp. 192-260; VIII, pp. 201-268, 269-306, 379-410; XII, 1828, pp. 221-256, 427-461, 511-537; *Bull. des sc. naturelles* de 1826 à 1828.

—— **6**. Ueber den Betrieb der Dachschieferbrüche in der Umgegend von Fumay, und der Dach-und Wetzschieferbrüche bei Château-Salm. Karsten, *Archiv. f. Bergbau*, IX, 1825, pp. 133-152.

—— **7**. Bemerkungen über den Steinkohlenbergbau in den Niederlanden und in dem angränzenden Theil des Nördlichen Frankreichs. Karsten, *Archiv. f. Bergbau,* X, 1826, pp. 107-247.

—— **8**. Ueber die Gewinnung des Alaun in der Umgegend von Lüttich. Karsten, *Archiv. f. Bergbau,* X, 1826, pp. 248-275.

Dejaer, *J.* — Notice sur quelques gîtes de minerai de fer de la province de Namur. *Ann. des Trav. publ. de Belgique,* XXVIII, 1870, pp. 89-314.

Dejardin, *Ad.* — Description de deux coupes faites à travers les couches des systèmes scaldisien et diestien, ainsi que les couches supérieures, près de la ville d'Anvers. *Bull. de l'Acad. roy. de Belgique,* XIII, 1862, pp. 470-485; voir les rapports de MM. Nyst et d'Omalius sur ce travail, *ibid.*, pp. 441-443.

Dekin. — **1**. Notice géologique et minéralogique sur le département des Deux-Nèthes. *Actes et mémoires de la Soc. d'émulation d'Anvers,* I, an IX, pp. 195-202.

Dekin. — **2.** Sur une dent molaire d'Éléphant fossile, découverte dans les environs de Bruxelles. Bruxelles, *Ann. gén. des sc. phys*, I, 1819, pp. 28-39, 1 planche.

De Koninck, *Laurent-Guillaume.* — Pour Biographie, voir : *Notices biographique et bibliographique de l'Acad. roy. de Belgique,* 1874, pp. 23-26.

——— **1.** Notice sur un moule pyriteux de Nautile de Deshayes, Defr., ou de l'Adour, Basterot. *Bull. de la Soc. géol. de France,* IV, 1833-34, pp. 437-441.

——— **2.** Description des coquilles fossiles de l'argile de Basele, Boom, Schelle, etc. (1837). *Nouv. Mém. de l'Acad. roy. de Belgique,* XI, 1838, 37 pages et 4 planches; voir aussi le rapport de M. Dumortier sur ce mémoire. *Bull. de l'Acad. roy. de Bruxelles,* IV, 1837, p. 412.

——— **3.** Mémoire sur les Crustacés fossiles de Belgique. *Nouv. Mém. de l'Acad. roy. de Belgique*, in-4°, XIV, 1841, 1 planche; voir aussi le rapport de Dumont sur ce mémoire. *Bull. de l'Acad. roy. de Bruxelles,* VIII, 1re partie, 1841, p. 300.

——— **4.** Description des animaux fossiles qui se trouvent dans le terrain carbonifère de Belgique. Texte et planches, Liége, chez H. Dessain. Grand in-4° de 726 pages et 73 planches, 1842-51.

——— **5.** Notice sur l'existence de Chéloniens fossiles dans l'argile de Basele. *Bull. de l'Acad. roy. de Bruxelles,* X, 1re partie, 1843, p. 32.

——— **6.** Notice sur une coquille fossile des terrains anciens de Belgique. [Belemnite], in-8° avec planche. *Ibid.,* pp. 207-208.

——— **7.** Sur le genre *Bembix* et sur une nouvelle espèce d'*Orthis* des terrains crétacés de Belgique. *Mém. de la Soc. des sc. de Liége,* I, 1843, pp. 205-207, 1 planche.

——— **8.** Notice sur quelques fossiles du Spitzberg. *Bull. de l'Acad. roy. de Belgique,* XIII, 1re partie, 1846, pp. 592-596.

——— **9.** Notice sur deux espèces de Brachiopodes des terrains paléozoïques de la Chine. *Ibid.,* XIII, 1846, pp. 415-425, 1 planche.

——— **10.** Notice sur la valeur du caractère paléontologique en géologie, en réponse à une notice publiée sous le même titre par M. Dumont. *Ibid.,* XIV, 1847, pp. 62-74.

De Koninck, *L.-G.* — **11**. Réplique aux observations de M. Dumont sur la valeur du caractère paléontologique en géologie. *Ibid.*, XIV, 1847, pp. 249-251 ; voir aussi une note de Dumont au sujet de cette réplique, *ibid.*, p. 382.

—— **12**. Monographie du genre *Productus*. *Mém. de la Soc. roy. des sc. de Liége*, IV, 1848-49, pp. 71-278, 17 planches.

—— **13**. Recherches sur les animaux fossiles. Première partie : Monographie des genres *Productus* et *Chonetes*. Liége, H. Dessain, 1847, grand in-4° de 246 pages et 21 planches.

—— **14**. Nouvelle notice sur les fossiles du Spitzberg. *Bull. de l'Acad. roy. de Belgique*, XVI, 2e partie, 1849, pp. 632-643, 1 planche.

—— **15**. Discours sur l'état de la paléontologie en Belgique. *Ibid*, XVIII, 2e partie, 1851, pp. 648-664.

—— **16**. Notice sur le genre *Davidsonia*. *Mém de la Soc. roy. des sc. de Liége*, VIII, 1853, pp. 129-139, 2 planches.

—— **17**. Notice sur le genre *Hypodema*. *Ibid.*, pp. 140-144, 1 planche.

—— **18**. Communication sur des ossements fossiles découverts dans les environs d'Anvers. *Bull. de l'Acad. roy. de Belgique*, XXI, 1854, p. 552.

—— **19**. Notice sur un nouveau genre de *Crinoïdes* du terrain carbonifère de l'Angleterre. *Mém. de l'Acad. roy. de Belgique*, XXVIII, 1854.

—— **20**. Notice sur une nouvelle espèce de *Davidsonia*. *Mém. de la Soc. roy. des sc. de Liége*, X, 1855, pp. 281-287, 1 planche.

—— **21**. Notice sur la distribution de quelques fossiles carbonifères. *Bull. de l'Acad. roy. de Belgique*, XXIII, 1856, pp. 309-310.

—— **22**. Sur deux nouvelles espèces siluriennes appartenant au genre Chiton. *Ibid.*, III, 1857, pp. 190-199, 1 planche; *Ann. d'hist. nat.*, 1860, pp. 91-98.

—— **23**. Sur quelques Crinoïdes paléozoïques nouveaux de l'Angleterre et de l'Écosse. *Bull. de l'Acad roy. de Belgique*, IV, 1858, pp. 93-108, 1 planche.

—— **23** bis. On two new genera of British paleozoïc Crinoïds. *The geologist*, in-8°, nos 4 and 5, 1858.

(Traduction du n° précédent.)

—— **24**. Rapport sur la découverte d'ossements fossiles faite à Saint-Nicolas. *Bull. de l'Acad. roy. de Belgique*, VIII, 1859, pp. 109-123.

De Koninck, *L.-G.* — **25**. Traduction avec notes et additions du mémoire sur les genres et les sous-genres des Brachiopodes, munis d'appendices spiraux destinés au soutien des bras buccaux et sur leurs espèces découvertes dans les couches carbonifères des Iles britanniques par Th. Davidson. *Mém. de la Soc. roy. des sc. de Liége*, XVI, 1861, pp. 1-51, 2 planches.

——— **26**. Notice sur les fossiles de l'Inde découverts par M. le Dr Fleming d'Édimbourg. *Ibid.*, XVIII, 1863, pp. 553-579, 8 planches.

——— **26 bis**. Description of some fossils of India, discovered by Dr Fleming of Edinburgh, with 7 plates. *Quart. Journ. of the géol. Soc. of London*, XIX, 1863, pp. 1-19.

(Traduction du n° précédent.)

——— **27**. Notice sur quelques Brachiopodes carbonifères recueillis dans l'Inde par MM. le Dr A. Fleming et W. Purdon, et décrits par Th. Davidson. — Traduit de l'anglais par L.-G. de Koninck. *Mém. de la Soc. roy. des sc. de Liége*, XVIII, 1863, pp. 588-596, 4 planches.

——— **28**. Rapport sur l'eau minérale du puits artésien d'Ostende. *Bull. de l'Acad. roy. de Belgique*, XVIII, 1864, p. 113.

——— **29**. Notice sur quelques fossiles dévoniens des environs de Sandomirz en Pologne. *Ibid*, XXVI, 1868, pp. 17-19.

——— **30**. Sur quelques Échinodermes remarquables des terrains paléozoïques. *Ibid.*, XXVIII, 1869, pp. 544-551, 1 planche.

——— **31**. Notice sur F.-J. Cantraine. *Ann. de l'Acad. roy. de Belgique*, 35e année, 1869, pp. 101-118 (avec portrait).

——— **32**. Notice sur un nouveau genre de Poissons fossiles de la craie supérieure. *Bull. de l'Acad. roy. de Belgique*, XXIX, 1870, pp. 73-79, figures; voir aussi rectification à cette notice par l'auteur. *Ibid.*, XXX, 1870, p. 27.

——— **33**. Nouvelles recherches sur les animaux fossiles du terrain carbonifère de la Belgique. *Mém. de l'Acad. roy. de Belgique*, XXXIX, 1872, 178 pages de texte et 15 planches de fossiles; voir aussi le résumé de ce travail : *Bull. de l'Acad. roy. de Belgique*, XXXI, 1871, pp. 516-524.

——— **34**. Rapport sur le Mémoire relatif aux roches plutoniennes de la Belgique et de l'Ardenne française. *Ibid.*, XXXIV, 1872, pp. 596-604.

——— **35**. Recherches sur les animaux fossiles. DEUXIÈME PARTIE : Monographie des fossiles carbonifères de Bleiberg en Carinthie. Bruxelles, Hayez. Grand in-4° de 116 pages et 4 planches.

De Koninck, *L.-G.* — **36**. Sur les fossiles carbonifères découverts dans la vallée du Sichon (Forez), par M. Julien. *Ann. de la Soc. géol. de Belgique*, I, 1874, pp. 3-7.

—— **37**. Communication sur la commission des États-Unis chargée de la publication de la Carte géologique du pays. *Bull. de l'Acad. roy. de Belgique*, XXXVII, 1874, p. 596.

—— **38**. Notice sur le calcaire de Malowka et sur la signification des fossiles qu'il renferme. *Bull. de la Soc. des nat. de Moscou*. 1875.

—— **39**. Notice sur quelques fossiles recueillis par G. Dewalque dans le système gedinnien de A. Dumont, *Ann. de la Soc. géol. de Belgique*, III, 1876, pp. 25-52, avec 1 planche.

—— **40**. Recherches sur les fossiles paléozoïques de la nouvelle Galles du Sud (Australie). *Mém. de la Soc. roy. des sc. de Liége*, VI, 1877, 140 pages et 4 planches. (Première et deuxième partie : Fossiles siluriens et dévoniens) et VII, 1878, 235 pages et 20 planches. (Troisième partie : Fossiles carbonifères).

—— **41**. Sur une nouvelle espèce de Crustacé du terrain houiller de la Belgique. *Bull. de l'Acad. roy. de Belgique*, XLV, 1878, pp. 409-414, avec 1 planche.

—— **42**. Belgian carboniferous limstone. Londres, 1879; extr., in-4°.

—— **43**. Faune du calcaire carbonifère de la Belgique. Première partie : Poissons et genre Nautile, 1 vol. in-fol. de 152 pages avec figures dans le texte et un atlas de 31 planches in-pl. *Ann. du Musée roy. d'hist. naturelle de Belgique*, II, série paléontologique, 1878. Deuxième partie : Genres *Gyroceras, Cyrtoceras, Gomphoceras, Orthoceras, Subclymenia* et *Goniatites*, 1 vol. in-fol. de 133 pages avec un atlas de 19 planches in-pl. *Ibid.*, V, 1880. Troisième partie : *Gastéropodes. Ibid.*, VII (en préparation).

De Koninck, *L.-G.*, et *H.* **Le Hon**. — **44**. Recherches sur les Crinoïdes du terrain carbonifère de la Belgique. *Mém. de l'Acad. roy. de Belgique*, XXVIII, 1854, in 4°, 215 pages et 7 planches.

De Koninck, *L.-G.*, et **Van Beneden**. — **45**. Notice sur le *Palædaphus insignis*. *Bull. de l'Acad. roy. de Belgique*, XVII, 1864, pp. 143-151, 2 planches.

De Koninck, *L.-G.*, and *Edward* **Wood**. — **46**. On the genus Woodocrinus. *Brit. Assoc. Rep.*, 1857 (pt. 2), pp. 76-78; *Geologist*, 1858, pp. 12-15.

De Koninck, *Lucien-L.* — **1.** Notice sur une variété de Pyrophyllite. *Bull. de l'Acad. roy. de Belgique,* XXVI, 1868, pp. 469-471.

——— **2.** Recherches sur les minéraux belges, 2e notice. *Ibid.,* XXXII, 1871, pp. 290-294; voir aussi le rapport de M. Melsens sur ce travail, *Ibid.,* p. 247.

——— **3.** Projet d'un catalogue raisonné des espèces minérales qui se rencontrent en Belgique. *Ann. de la Soc. géol. de Belgique,* I, 1874, p. XXXIII et p. XLIV.

——— **4.** Communication sur des gisements de Quartz et de Barytine en Belgique, *Ibid.,* I, pp. LVIII-LIX.

——— **5.** Note sur la présence du Rutile aux environs de Viel-Salm, *Ibid.,* IV, 1877, p. CVII.

——— **6.** Sur la Kaolinite (*Pholérite*) de Quenast et du terrain houiller. *Bull. de l'Acad. roy. de Belgique,* XLIV, 1877, pp. 733-739, 1 planche.

——— **7.** Sur la présence de l'Apatite cristallisée dans l'étage salmien. *Ibid.,* pp. 740-741; voir le rapport de M. Malaise sur ce travail, *ibid.,* pp. 689-690.

——— **8.** Sur la Davreuxite, espèce nouvelle recueillie dans les filons de quartz du terrain ardennais. *Ibid.,* XLVI, 1878, pp. 240-245; voir aussi le rapport de M. C. Malaise sur ce travail, *ibid.,* pp. 189-190.

——— **9.** Sur l'Octaédrite de Nil-Saint-Vincent. *Ibid.,* pp. 245-246.

——— **10.** Sur la Carpholithe de Meuville (Rahier). *Ibid.,* XLVII, 1879, pp. 564-567; voir le rapport de M. C. Malaise sur ce travail, *ibid.,* p. 491.

——— **11.** La Rhodocrosite de Moët-Fontaine (Rahier). *Ibid.,* pp. 568-569; voir le rapport de M. C. Malaise sur ce travail, *ibid.,* p. 491.

——— **12.** Sur les sels alcalins dans les eaux de charbonnages. *Ann. de la Soc. géol. de Belg.,* VI, 1879.

——— **13.** A propos de l'eau des ardoisières de Vielsalm. *Ibid.,* VI, 1879.

——— **14.** Note sur la couche de schiste intercalée dans le calcaire E^3 de Dumont. *Ibid.,* VII, 1880.

——— **15.** Sur la coupe de l'étage E^3 près de Hamoir. *Ibid.,* VII, 1880.

De Koninck, *L.-L.*, et *Paul* **Davreux**. — **16.** Sur une roche grenatifère et quelques minéraux cuprifères de Salm-Château. *Bull. de l'Acad. roy. de Belg.,* XXXIII, 1872, pp. 224-330; voir aussi le rapport de M. Dewalque sur cette note. *Ibid.,* p. 310.

De la Jonkaire. — **1.** Notice géologique sur les environs d'Anvers (lue dans la séance du 13 avril 1821.) Paris, *Soc. Philom. N. Bull.*, 1822, p. 96; Paris, *Soc. Hist. Nat. Mém.*, I, 1823, pp. 110-126; *Phil. Mag.* II, 1827, pp, 95-98.

—— **2.** Note sur le genre Astarte, Sow. (Crassatine, Lk) (lue dans la séance du 15 mars 1822.) Paris, *Soc. Hist. Nat. Mém.*, I, 1823, pp. 127-131.

Delanoue, *Jules.* — **1.** Géogénie des minerais de zinc, plomb, fer et manganèse en gîtes irréguliers. Paris, *Ann. des mines,* XVIII, 1850, pp. 455-473.

—— **2.** Des terrains paléozoïques du Boulonnais et de leurs rapports avec ceux de la Belgique. *Bull. de la Soc. géol. de France,* IX, 1851-52, pp. 399-406.

—— **3.** Sur la disposition du terrain houiller dans le nord de la France et sur les assises qui le recouvrent. *Ibid.*, XVI, 1858-59, pp. 119-122.

—— **4.** Sur la nécessité d'un texte explicatif de la Carte géologique de la Belgique. *Ibid.,* XVIII, 1860-61, pp. 33-34.

De La Roière. — Étude sur le sinus itius. *Ann. du Comité flamand,* 1871; voir l'analyse de ce travail par M. Gosselet. *Bull. scient. etc., du départ. du Nord,* III, pp. 233-242.

De Launay, *Louis.* — Pour Biographie, voir : *Biographie nationale,* V, 1876, pp. 330-332.

—— **1.** Traduction de la Lettre de Müller à M. le chev. de Born sur la Tourmaline du Tyrol. Bruxelles, 1779, in-4°, pl.; *Journal de Physique* de l'abbé Rogier, XV, p. 182.

—— **2.** Mémoire sur l'origine des fossiles accidentels des provinces de Belgique, précédé d'un Discours sur la théorie de la Terre. *Mém. de l'Acad. impér. et roy. des sc. et belles-lettres de Bruxelles,* II, 1780, pp. 511-580. — Ce mémoire est suivi sous forme de note de: Réflexions sur les atterrissements produits par les sédiments des eaux de la mer.

—— **3.** Remarques sur la formation des cailloux ronds, analysées dans le *Journal des séances. Ibid.,* p. XXIX.

—— **4.** Mémoire historique et physique sur l'orichalque des anciens, précédé de quelques observations sur le *Lapis œrosus* de Pline. *Ibid.,* III, 1780, p. 357-383.

—— **5.** Traité sur l'hist. naturelle et la minéralogie. Londres, 1780, in-12.

(Ce traité se compose des travaux publiés antérieurement dans les *Mém. de l'Acad. impér. et roy. de Bruxelles.*)

De Launay, *L.* — **6.** Mémoire historique et physique sur la substance connue des anciens sous le nom de pierre Sarcophage ou pierre Assienne. *Mém. de l'Acad. impér. et roy. des sc. de Bruxelles*, IV, 1783, pp. 330-355.

——— **7.** Essai sur l'histoire naturelle des roches. Saint-Pétersbourg, 1786, in-4°.

——— **8.** Essai sur l'histoire naturelle des roches, précédé d'un exposé systématique des terres et des pierres; ouvrage auquel l'Académie impériale des sciences de Saint-Pétersbourg a adjugé le premier accessit, ensuite de la question qu'elle avait proposée en 1783. Bruxelles, Lemaire et Paris, Cuchet, 1786, in-12.

——— **9.** Mémoire sur des cristallisations d'eau, ou cristaux de glace nouvellement découverts. *Mém. de l'Acad. impér. et roy. des sc. de Bruxelles*, V, 1788, pp. 76-83, avec planches.

——— **10.** Mémoire sur quelques substances minérales qui présentent le phénomène de la cristallisation par retrait. *Ibid.*, pp. 115-122.

——— **11.** Distribution systématique des productions du règne minéral, ouvrage rédigé d'après les observations et les découvertes minéralogiques les plus récentes. *Ibid.*, pp. 317-428.

(C'est le travail de 1786 remanié.)

——— **12.** Minéralogie des anciens, ou exposé des substances du règne minéral connues dans l'antiquité, suivi d'un tableau de comparaison de la minéralogie des anciens avec celle des modernes. Bruxelles, Weissenbruch, an XI (1803), 2 vol. in-8°.

(Avant sa publication, cet ouvrage avait été produit en allemand sur le manuscrit de l'auteur et publié en 1797 par Achy à Prague.)

De la Vallée Poussin, *Ch.* — **1.** Note sur les cristaux de Quartz de la carrière de Nil-Saint-Vincent. *Ann. de la Soc. géol. de Belgique*, III, 1876, pp. 53-75.

——— **2.** Sur la Diorite du champ St-Véron, à Lembecq, et la présence de la Tétraédrite dans les fissures de cette roche. *Ibid.*, V, 1878, pp. XCVIII-XCIX.

——— **3.** Sur les désaccords de la paléontologie avec l'hypothèse transformiste de Ch. Darwin. *Ann. de la Soc. scient. de Bruxelles*, I, 1875-76, 1re partie, pp. 108-113, avec observations de M. l'abbé Lecomte. *Ibid.*, pp. 113-132.

——— **4.** Note sur une coupe du terrain dévonien mise au jour à la nouvelle route de Haillot à Andenelle. *Ibid.*, pp. 193-200 avec 1 coupe dans le texte.

De la Vallée Poussin, *Ch.* — **5.** Note sur quelques empreintes organiques comprises dans le terrain dévonien inférieur du Condroz. *Ibid.*, II, 1876-77, 2e part., pp. 103-111.

—— **6.** Rapport sur le levé géologique des planchettes d'Hoboken et de Contich, inséré à la suite du texte explicatif de ces planchettes, 14 pages, 1880.

De la Vallée Poussin, *Ch.*, et *F.-L.* **Cornet.** — **7.** Rapport sur le levé géologique des planchettes de Malines, St-Nicolas, Tamise, Beveren, Anvers et Boom, inséré à la suite du texte explicatif de cette dernière planchette, 8 pages, 1880.

—— **8.** Rapport sur le levé géologique des planchettes de Lierre, Putte et Heyst-op-den-Berg, inséré à la suite du texte explicatif de cette dernière planchette, 4 pages, 1880.

—— **9.** Rapport sur le levé géologique des planchettes de Boisschot et d'Aerschot, inséré à la suite du texte explicatif de cette dernière planchette, 5 pages, 1880.

De la Vallée Poussin, *Ch.*, et *A.* **Renard.** — **10.** Mémoire sur les caractères minéralogiques et stratigraphiques des roches dites plutoniennes de la Belgique et de l'Ardenne française (mémoire couronné). *Mém. cour. et des sav. étrang. de l'Acad. roy. de Belgique*, in-4°, XL, 1876, 265 pages, 9 pl.; voir aussi les rapports de MM. de Koninck, Dewalque et Malaise sur ce mémoire. *Bull. de l'Acad. roy. de Belgique*, XXXVIII, 1874, pp. 748-750 et 775; XLI, 1876, pp. 407, 430 et 431.

—— **11.** Note sur un fragment de roche tourmalinifère du poudingue de Bousalle. *Ibid.*, XLIII, 1877, pp. 359-372, 1 pl.; voir le rapport de M. Dupont sur ce travail. *Ibid.*, pp. 333-335.

—— **12.** Note sur la Diorite quartzifère du Champ St-Véron (Lembecq). *Ibid.*, XLVIII, 1879, pp. 128-157; voir le rapport de M. C. Malaise sur ce travail. *Ibid.*, pp. 104-105.

—— **13.** Note sur l'Ottrélite. *Ann. de la Soc. géol. de Belgique*, VI, 1879, pp. 51-68, avec 1 planche.

Delesse, *Achille.* — Sur le Porphyre de Lessines et de Quenast. *Bull. de la Soc. géol. de France*, VII, 1849-50, pp. 310-317; *Annales des mines*, Paris, XVIII, 1850, pp. 103-106; *Bull. de l'Acad. roy. de Belgique*, XVII, 1850, pp. 528-536; *Géol. Soc. Journ.*, VII, 1850, pp. 6-9; Leonhard u. Bronn. *N. Jahrb.*, 1851, pp. 169-173.

I **Delloye**, *Materne*. — Traité des eaux minérales nouvellement découvertes au faux-bourg de Sainte Catherine à Huy, où l'on explique diverses productions de la nature, la vertu de ces eaux et la manière de s'en servir. Huy, 1717, in-12 de 105 pages.

[**Delobel**, *Louis*. — **1**. De la cause de l'attraction, de la répulsion et du mouvement, ou tous les phénomènes de la nature ramenés à une seule et même loi, ou nouvelle théorie de l'Univers. Bruxelles, J. de Mat, 1824, 1 vol. in-8° de 284 pages.

—— **2**. Discours préliminaire d'un système du monde, basé sur la propriété la plus générale des corps, etc. Bruxelles, 1 vol. in-8°, 1146.

Delvaux, *E*. — **1**. Note sur un forage exécuté à Mons en septembre 1876. *Ann. de la Soc. géol. de Belgique*, IV, 1877, pp. 51-65.

—— **2**. Note sur quelques ossements fossiles recueillis aux environs d'Overlaer, près de Tirlemont, et observations sur les formations quaternaires de la contrée. *Ibid.*, V, 1878, pp. 48-55, avec 1 planche.

—— **3**. Compte rendu de l'excursion de la Société géologique dans le Limbourg (3e journée). *Ibid.*, pp. CLV-CLXV.

Denis, *Hector*. — Notice biographique sur Henri Lambotte. *Ann. de la Soc. malac. de Belgique*, VIII, 1873, pp. I-XXIV.

De Puydt, *P.-E*. — Sur l'Homme préhistorique. *Mém. de la Soc. des sc. du Hainaut*, IX, 1873, pp. 7-26.

Desguin, *Pierre*. — **1**. Étude sur le Maroc. *Bull. de la Soc. belge de géographie*, I, 1870, pp. 41-90, 2 cartes, à Anvers chez J.-E. Buschmann.

—— **2**. Programme de huit leçons de géologie faites à la Société belge de géographie à Anvers. Bruxelles, 1871, 24 pages, et un tableau synoptique des terrains fossilifères de la Belgique.

—— **3**. Espèces fossiles recueillies près de Antopol (Volhynie). *Ann. de la Soc malac. de Belgique*, VIII, 1873, pp. XVII-XX.

Desor, *E*.— Congrès anthropologique de Bruxelles. *Journ. de Neuchâtel*, 1872, nos 170, 171, 172, 176 et 177.

(Ces articles ont été empruntés au *Journal de Genève*.)

Dethier, *Laurent-François*. — Pour Biographie, voir : *Biographie nationale*, V, 1876, pp. 824-826.

—— **1**. Essai de carte géologique et synoptique du département de l'Ourthe et des environs.

(Cette carte parut à Liège en 1802, sans date, indication de lieu, ni nom d'auteur.)

Dethier, *L.-F.* — **2.** Coup d'œil sur les anciens volcans éteints des environs de la Kill supérieure (département de l'Ourthe et de la Sarre), avec une esquisse géologique d'une partie des pays d'Entre-Meuse, Moselle et Rhin. Paris, an XI, (1803), in-8°; voir un extrait de ce Mémoire dans Paris. *Journal des mines,* XXVI, 1809, pp. 397-400.

Devaux. — Voir *Vaux* (de).

Dewael, *N.-C.* — **1.** Observations sur les formations tertiaires des environs d'Anvers. *Bull. de l'Acad. roy. de Belgique,* XX, 2e part., 1853, pp. 50-63; voir aussi le rapport de M. Nyst sur ce travail. *Ibid.,* p. 3.

Dewael, *N.-C.*, et *H.* **Nyst.** — **2.** Tableau explicatif des différents terrains rencontrés dans le percement du puits artésien, que l'on exécute à Ostende, d'après les échantillons qui ont été adressés à la Société par M. Verraert. *Bull. de la Soc. paléont. d'Anvers,* I, 1859, p. 25.

Dewael, *N.-C.*, et *A.* **Uytterhoeven.** — **3.** Notice sur les objets qui ont été recueillis au Kattendyck hors la Porte de Lille à Anvers. *Ibid.*, 1859, pp. 72-82.

Dewalque, *François.* — **1.** Note sur la glauconie d'Anvers. *Ann. de la Soc. géol. de Belgique,* II, 1875, pp. 3-5.

——— **2.** Notice sur une Vivianite blanche. *Ibid.,* III, pp. 3-6.

——— **3.** Sur la composition de la Pyrophyllite. *Ibid.,* VI, 1879.

——— **4.** Sur la présence du Mispickel (Arsénopyrite) et de la Galène à Nil-St-Vincent. *Ibid.,* VII, 1880.

——— **5.** Note sur un échantillon de Diadochite de la mine de Védrin. *Ibid.,* VII, 1880.

Dewalque, *G.-J.-Gustave.* — Pour Biographie, voir : *Notices biographique et bibliographique de l'Acad. roy. de Belgique,* 1874, pp. 27-28.

——— **1.** Note sur les divers étages de la partie inférieure du Lias dans le Luxembourg et les contrées voisines. *Bull. de l'Acad. roy. de Belgique,* Annexe, 1853-54, pp. 145-171 ; *Bull. de la Soc. géol. de France,* XI, 1853-54, pp. 234-260, 546-561; voir aussi les rapports de MM. Dumont et de Koninck sur cette note. *Ibid.,* XXI, 1854, 1re partie, p. 147.

——— **2.** Note sur les divers étages qui constituent le Lias moyen et le Lias supérieur dans le Luxembourg et les contrées voisines. *Bull. de l'Acad. roy. de Belgique,* XXI, 1854, 2e part., pp. 210-228; *Bull. de la Soc. géol. de France,* XI, 1853-54, pp. 546-561.

Dewalque, *G.-J.-G.* — **3.** Atlas de cristallographie. Liége, 1854, in-8°.

—— **4.** Description du Lias de la prov. de Luxembourg. Liége, 1857, in-8°.

—— **5.** Observations critiques sur l'âge des grés liasiques du Luxembourg, avec une carte des environs d'Arlon. *Bull. de l'Acad. roy. de Belgique,* II, 1857, pp. 345-354; *Bull. de la Soc. géol. de France,* XIV, 1856-57 pp. 719-726.

—— **6.** Revue des minéraux artificiels pyrogénés et particulièrement des produits d'usine cristallisés, traduit de l'allemand de Gurlt. Liége, *Revue univ. des Mines,* I, 1857, pp. 209-210.

—— **7.** Formation des silicates anhydres par voie humide et observations sur le métamorphisme. Liége, *Ibid.,* III, 1858, pp. 585-586.

—— **8.** Sur la faune du grès de Martinsart; découverte du « bone-bed » dans le Grand-Duché du Luxembourg. Liége, *Ibid.,* IV, 1858, pp. 369-371.

—— **9.** Note sur le fer oxydé octaédrique dans le grès de Luxembourg. *Bull. de l'Acad. roy. de Belgique,* VII, 1859, pp 412-415.

—— **10.** Examen de l'eau acidule ferrugineuse de Blanchimont, près Stavelot. Liége, *Revue univ. des Mines,* V, 1859, pp. 183-185.

—— **11.** Les terrains primaires de la Belgique. Extrait du *Siluria* de Murchison, traduit de l'anglais. Liége, *Ibid.,* VII, 1860.

—— **12.** Notice sur la constitution du système eifelien dans le bassin anthraxifère du Condroz *Bull. de l'Acad. roy. de Belgique,* XI, 1861, pp. 64-83.

—— **13.** Notice sur le système eifelien dans le bassin de Namur. *Ibid.,* XIII, 1862, pp. 146-155.

—— **14.** Sur la non-existence du terrain houiller à Menin. *Ibid.,* 1862, pp. 201-202.

—— **15.** Notice sur le puits artésien d'Ostende. *Bull. de la Soc. géol. de France,* XX, 1862-63, pp. 235-236.

—— **16.** Note sur quelques fossiles éocènes de la Belgique. *Bull. de l'Acad. roy. de Belgique,* XV, 1863, pp. 27-28, 324.

—— **17.** Observations sur le terrain anthraxifère de la Belgique. *Ibid.,* XV, 1863, pp. 315-324.

—— **18.** Note sur les fossiles siluriens de Grand-Manil, près Gembloux. *Ibid.,* XV, 1863, pp. 416-418; *Bull. de la Soc. géol. de France,* XX, 1862-63, pp. 236-238.

Dewalque, *G.-J.-G.* — **19**. Note sur quelques points fossilifères du calcaire eifelien. *Bull. de l'Acad. roy. de Belgique,* XV, 1863, pp. 533-535.

——— **20**. Sur quelques fossiles trouvés dans le dépôt de transport de la Meuse et de ses affluents. *Ibid.*, XVI, 1863, p. 21.

——— **21**. Rapport sur un mémoire de concours relatif à la description du terrain houiller de la Belgique, présenté par M. A. Harmegnies. *Ibid.*, XVI, 1863, p. 395.

——— **22**. Compte rendu de la réunion extraordinaire de la Société géologique de France, à Liége (Belgique), du 30 août au 6 septembre 1863. *Bull. de la Soc. géol. de France,* XX, 1862-63, 118 pages et 1 planche.

——— **23**. Observations à l'occasion d'une carte géologique de la concession calaminaire de la Vieille-Montagne, par M H. Braun, ingénieur en chef de la Vieille-Montagne. *Ibid.*, XX, 1863, p. 764.

——— **24**. Sur la distribution des sources minérales en Belgique. *Bull. de l'Acad. roy. de Belgique,* XVII, 1864, pp. 151-153.

——— **25**. Note sur le gisement de la chaux phosphatée en Belgique. *Ibid.*, XVIII, 1864, p. 8.

——— **26**. Note sur la présence du mercure dans les minerais de zinc d'Espagne. *Ibid.*, XVIII, 1864, p. 9.

——— **27**. Rapport sur l'eau minérale du puits artésien d'Ostende. *Ibid.*, XVIII, 1864, pp. 121-124.

(Ce rapport renferme une analyse de la même eau, exécutée un peu plus tard par M. Fr. Dewalque.)

——— **28**. Une nouvelle dent de Carcharodon dans le gravier de la Meuse. *Ibid.*, XVIII, 1864, pp. 400-401.

——— **29**. Sur le bolide du 17 février 1865. *Ibid.*, XIX, 1865, pp. 304-306.

——— **30**. Abrégé de Conchyliologie appliquée à la géologie. Liége, imp. de J.-G. Carmanne, 1867.

——— **31**. Prodrome d'une description géologique de la Belgique. Bruxelles et Liége, 1868.

(Réimprimé sans modification en 1880 chez Manceaux, Bruxelles.)

——— **32**. Observations sur le terrain silurien de l'Ardenne. *Bull. de l'Acad. roy. de Belgique,* XXV, 1868, pp. 413-427.

——— **33**. Annonce de la découverte d'un bloc de Cuivre natif à Viel-Salm. *Ibid.*, XXVII, 1869, p. 682.

Dewalque, *G.-J.-G.* — **34.** Coup d'œil sur la marche des sciences minérales en Belgique. *Ibid.*, XXX, 1870, pp. 457-496.

(Reproduit dans la *Revue des cours scientifiques*, I, 1871, p. 107.)

—— **35.** Note sur les dents de Poisson du dépôt de transport de la Meuse et de ses affluents. *Ibid.*, XXXII, 1871, pp. 50-51.

—— **36.** Sur quelques fossiles des ardoises coblentziennes de l'Ardenne. *Ibid.*, XXXII, 1871, pp. 52-53.

—— **37.** Rapport séculaire sur les travaux des sciences minérales à l'Académie royale de Belgique de 1772 à 1872. *Centième anniversaire de Fondation*, II, 1872, 90 pages.

—— **38.** Sur l'époque à laquelle *Tetrao lagopus* a disparu de la Belgique. *Bull. de l'Acad. roy. de Belgique*, XXXIV, 1872, pp. 21-22.

—— **39.** Sur la présence du blé dans une caverne à ossements de la province de Namur. *Ibid.*, XXXIV, 1872, pp. 22-23.

—— **40.** Un Spongiaire nouveau du système eifelien : *Astræospongium meniscoides*. *Ibid.*, XXXIV, 1872, pp. 23-26, 1 planche.

—— **41.** Rapport sur le Mémoire relatif aux roches plutoniennes de la Belgique et de l'Ardenne française. *Ibid.*, XXXIV, 1872, pp. 593-595.

—— **42.** Notices sur J. Briart et F.-P. Cauchy. *Biogr. nation.*, III, 1872.

—— **43.** Article nécrologique sur A. Spring, *Bull de l'Acad. roy. de Belgique*, XXXIII, 1872, pp. 93 101 ; *Revue des sciences de Paris*, I, 1872, pp. 931-932.

—— **44.** Notices sur R.-J. Courtois, C.-J. Davreux et A.-B. de Boodt. *Biogr. nation.*, IV, 1873.

—— **45.** Rapport sur le Mémoire présenté en réponse à la question posée par l'Académie « On demande la description du système houiller du bassin de Liége. » *Bull. de l'Acad. roy. de Belgique*, XXXVI, 1873, pp. 696-720.

—— **46.** Rapport sur l'excursion de la Société malacologique de Belgique à Couvin (partie paléontologique). *Ann. de la Soc. malac. de Belgique*, VIII, 1873, pp. 77-83.

—— **47.** Communications diverses sur les terrains d'Anvers. *Ibid.*, IX, 1874, pp. XXIV, CVII.

—— **48.** Sur la déclinaison de l'aiguille aimantée en Belgique. *Ann. de la Soc. géol. de Belgique*, I, 1874, p. XXXIV, avec observations de MM. Briart, de la Vallée Poussin et Fr. Dewalque.

Dewalque, *G.-J.-G.* — **49**. Sur l'extension verticale de quelques fossiles dévoniens réputés caractéristiques. *Ibid.*, I, 1874, pp. LXII-LXIII.

—— **50**. Sur le parallélisme des terrains ardennais et cambrien. *Ibid.*, I, 1874, pp. LXIII-LXIV.

—— **51**. Quelques notes sur le sondage de Menin. *Ibid.*, I, 1874, p. LXXV.

—— **52**. Compte rendu de la réunion extraordinaire de 1874, tenue à Marche du 4 au 6 octobre. *Ibid.*, 1874, pp. LXXVIII-XCV.

—— **53**. Sur l'allure des couches du terrain cambrien de l'Ardenne et en particulier sur la disposition du massif devillien de Grand-Halleux et sur celle de l'Hyalophyre de Mairu, près de Deville (dép. des Ardennes). *Ibid.*, I, 1874, pp. 65-70.

—— **54**. Sur la corrélation des formations cambriennes de la Belgique et du pays de Galles. *Bull. de l'Acad. roy. de Belgique,* XXXVII, 1874, pp. 596-598.

(Reproduit dans la *Revue scient. de Paris*, III, p. 1190.)

—— **55**. Communications sur de nouveaux fossiles du terrain ardennais. *Ibid.*, XXXVII, 1874, p. 801.

—— **56**. Sur une nouvelle édition de la carte géologique de Dumont. *Ibid.*, XXXIX, 1875, pp. 949-950.

—— **57**. Rapport sur le projet de publication d'une nouvelle carte géologique de la Belgique, proposition faite par M. Dewalque dans la séance du 5 juin 1875. *Ibid.*, XL, 1875, pp. 274-291; voir la résolution prise par l'auteur. *Ibid.*, p. 448, et la lettre du département de la Guerre. *Ibid.*, p. 898.

—— **58**. Rapport sur les mémoires envoyés en réponse à la question : On demande la description du système houiller du bassin de Liége. *Ibid.*, XL, 1875, pp. 900-948.

—— **59**. Sur quelques fossiles triasiques du Grand-Duché de Luxembourg. *Ann. de la Soc. géol. de Belgique,* II, 1875, pp LVIII-LIX.

—— **60**. Sur un modèle de boussole de poche. *Ibid.*, II, 1875, pp. LX-LXIII.

—— **61**. Traduction de l'anglais de l'ouvrage : *Histoire des noms cambrien et silurien en géologie*, par T. Sterry Hunt; voir des considérations sur ce travail : *Ann. de la Soc. géol. de Belgique,* II, 1875, pp. LXXXVII-XC.

—— **62**. Rapport sur le projet d'une nouvelle carte géologique de la Belgique. *Ibid.*, II, 1875, pp. XCV-CI.

Dewalque, *G.-J.-G.* — **63**. Notices sur Louis de Launay, Delloye et Delhier. *Biographie nationale*, V, 1876.

—— **64**. Sur le sondage d'Utrecht. *Ann. de la Soc. géol. de Belgique*, III, 1876, p. XC.

—— **65**. Note sur le dépôt scaldisien des environs d'Hérenthals, *Ibid.*, III, 1876, pp. 7-11.

—— **66**. Note sur quelques localités pliocènes de la rive gauche de l'Escaut. *Ibid.*, III, 1876, pp. 12-20.

—— **67**. Communication à propos de la carte géologique détaillée de la Belgique. *Bull. de l'Acad. roy. de Belgique*, XLI, 1876, pp. 13-27.

—— **68**. Sur les manuscrits d'André Dumont et les commentaires de M. Éd. Dupont. *Ibid.*, LXII, 1876, pp. 97-103.

—— **69**. Sur la question de la carte géologique détaillée de la Belgique. *Ann. de la Soc. géol. de Belgique*, IV, 1877, pp. XLIV-XLVI; voir aussi le rapport sur cette question par MM. Gindorff, A. Habets et A. Rutot. *Ibid.*, p. LVI et discussions sur ce sujet, pp. LXI, LXXIV, etc.

—— **70**. Note sur le sondage de Furnes, d'après les échantillons envoyés par M. Englebert. *Ibid.*, V, 1878, pp. 108-109.

—— **71**. Notice sur A.-H. Dumont, *Biogr. nation.*, VI, 1878, pp. 283-295.

—— **72**. Note sur la géologie des environs de Couvin. *Ann. de la Soc. géol. de Belgique*, VI, 1879.

—— **73**. Sur le prolongement de la faille eifelienne. *Ibid.*, VI, 1879.

—— **74**. Révision des fossiles landeniens décrits par de Ryckholt. *Ibid*, VI, 1879.

—— **75**. Sur l'uniformité de la langue géologique. *Ibid*, VII, 1880.

—— **76**. Sur les cailloux impressionnés du poudingue de Malmedy et du poudingue de Burnot; sur les blocs dits erratiques de l'Ardenne; sur les lamelles spathiques de Sidérite manganésifère dans les phyllades salmiens; sur quelques fossiles de Landen. *Ibid.*, VII, 1880.

—— **77**. Carte géologique de la Belgique et des contrées voisines en une feuille à l'échelle du 500,000^{e} avec une notice explicative, 1880.

Dewalque, *G.*, et *Alph.* **Briart**. — **78**. Sur la présence du landenien supérieur à Velaine et dans les environs de Cour-sur-Heure. *Ann. de la Soc. géol. de Belgique*, VII, 1880, pp. CXXVI-CXXVII.

Dewalque, **Briart** et **Cornet**. — **79**. Rapports sur les inscriptions pour les médailles de concours décernées à MM. Malherbe et de Macar. *Bull. de l'Acad. roy. de Belgique*, XLI, 1876, pp. 226-230.

Dewalque, *G.*, et **Chapuis**.— **80**. Description des fossiles des terrains secondaires de Luxembourg, *Mém. cour.*, in-4°, XXV, Bruxelles, 1851-53.

Dollfus, *G.* — **1**. Sur le Sinus Itius. *Ann. de la Soc. géol. du Nord*, I, 1871, pp. 10-11.

—— **2**. Principes de géologie transformiste, application de la théorie de l'évolution à la géologie, 1 vol. 1874.

—— **3**. Note sur le contact du Laekenien et du Tongrien. *Ann. de la Soc. géol. du Nord*, II, 1875, pp. 137-140, avec observations de M. J. Ortlieb. *Ibid.*, pp. 140-143.

—— **4**. Sur une nouvelle coupe observée à Rilly-la-Montagne, près de Reims (Marne). *Ibid.*, III, 1876, pp. 153-173.

—— **5**. Note sur le contact des Lignites du Soissonnais et des Sables de Cuise. *Ibid.*, V, 1877, pp. 5-41.

(Renferme des détails sur le puits artésien d'Ostende.)

—— **7**. Les dépôts quaternaires du Bassin de la Seine. *Bull. de la Soc. géol. de France*, VII, 1878-79, p. 318.

Dollfus, *G.*, et **Ortlieb**. — **7**. Compte rendu de géologie stratigraphique de l'excursion de la Société malacologique de Belgique dans le Limbourg belge, les 18 et 19 mai 1873. *Ann. de la Soc. malac.*, VIII, 1873, pp. 38-57, pl. II.

Donckier, *Auguste*. — **1**. Note sur les stations géologiques de quelques plantes rares ou peu communes des environs de Limbourg. *Bull. de la Soc. roy. de Botan. de Belgique*, I, 1862, n°s 2 et 3, 27 pages; X, 1871, pp. 53-67.

—— **2**. Carte géologique des environs de Verviers et de Dolhain au 20000e (présentée manuscrite par M. Ch. Donckier). *Ann. de la Soc. géol. de Belgique*, VII, 1880.

Drapiez, *Pierre-Auguste-Joseph*. — Pour Biographie, voir : *Biographie nationale*, VI, 1878, pp. 158-164.

—— **1**. Sur le Succin et particulièrement sur celui découvert à Trabénières, province de Hainaut. Bruxelles, *Ann. gén. des sc. phys.*, I, 1819, pp. 109-126; Schweigger, Journ., XXX, 1820, pp. 114-121.

Drapiez, *Pierre-Auguste-Joseph.* — **2.** Sur une mine de fer oligiste du Grand-Duché de Luxembourg. *Ibid.*, VII, 1820, pp. 216-223.

——— **3.** Sur l'ardoisière de la commune de Pesche, province de Hainaut. *Ibid.*, VIII, 1821, pp. 212-216.

——— **4.** Sur les houillères de la province de Hainaut. *Ibid.*, pp. 341-351.

——— **5.** Coup d'œil minéralogique sur le Hainaut. — Mémoire couronné en réponse à la question : « Décrire la constitution géologique de la province de Hainaut, les espèces minérales et les fossiles accidentels que les divers terrains renferment, avec l'indication des localités et de la synonymie des auteurs qui en ont déjà traité. » Bruxelles, *Mém. couronn.*, in-4°, III, 1823, de 164 pages avec 4 planches.

——— **6.** Notice sur l'établissement géographique de Bruxelles, fondé en 1830, par Ph. Vander Maelen. Bruxelles, 1868, br. pet. in-8°, 16 pages.

Du Bus de Gisignies (Vicomte), *Bernard-Amé-Léonard.* — Pour Biographie, voir : *Notices biographique et bibliographique de l'Acad. roy. de Belgique,* 1874, pp. 30-31.

——— **1.** Observations sur les découvertes faites dans les travaux de terrassement à Anvers. *Bull. de l'Acad. roy. de Belg.*, XII, 1861, p. 511.

——— **2.** Sur quelques Mammifères du crag d'Anvers. *Ibid.*, XXIV, 1867, pp. 562-577.

——— **3.** Sur différents Ziphiides nouveaux du crag d'Anvers. *Ibid.*, XXV, 1868, pp. 621-630.

——— **4.** Note sur une découverte d'Halitherium faite à Boom. *Ibid.*, XXVI, 1868, p. 20.

——— **5.** Mammifères nouveaux du crag d'Anvers. *Ibid.*, XXXIV, 1872, pp. 491-509.

Dumont, *André-Hubert.* — Pour Biographie, voir : *Bull. de l'Acad. roy. de Belgique,* I, 1857, pp. 370-373; *Ann. de l'Acad. roy. de Belg.*, 1858, pp. 91-100 (avec portrait); Nécrologue liégeois pour 1857 (1861), pp. 21-53; 1 br. in-8° de 24 pages. Liége, Desoer, 1856; 1 br. in-8° de 27 pages. Liége, Desoer, 1857; *Ann. de l'Enseig. public,* 1857; *Journal de Liége* du 16 mars 1857; *Ann. des Trav. publics de Belgique,* XIX, 1862, pp. 427-439; Liége, *Revue Universelle,* XV, 1864, pp. 1-71, 266-327, 377-423; XVI, pp. 1-96; André Dumont et la philosophie de la nature par Ch. Horion, 1 br. in-8° de 87 pages, 1866, Bruxelles; *Biographie nationale,* VI, 1878, pp. 283-295.

Dumont, *André-Hubert.* — **1.** Mémoire sur la constitution géologique de la province de Liége; *Mém. couronn. de l'Acad. roy. de Belgique,* VIII, 1832, 374 pages, avec 2 pl. de coupes et la carte géologique de la province de Liége à l'échelle de 1 mètre pour 5000. Présenté à l'Académie en 1830, ce mémoire ne parut qu'en 1832.

—— **2.** Aperçu géologique et minéralogique de la province de Liége. — Tableau de l'élévation du sol de la province au-dessus de l'Océan. — Tableau méthodique des espèces minérales de la province de Liége. Notes insérées pp. 4-46 dans le *Dictionnaire géographique de la prov. de Liege,* de Ph. Van der Maelen. Bruxelles, in-4°, 1831.

—— **3.** Sur la structure des cônes volcaniques de l'Eifel. *Bull. de l'Acad. roy. de Belgique,* I, 1832-34, pp. 183-187.

—— **4.** Compte rendu de la réunion extraordinaire de la Société géologique de France à Mézières en 1835. *Bull. de la Soc. géol. de France,* VI, 1835, pp. 323-358.

—— **5.** Rapport sur l'état des travaux de la carte géologique de la Belgique; *Bull. de l'Acad. roy. de Belgique,* III, 1836, pp. 330-337 avec 2 pl. — Reproduit dans les *Bull. de la Soc. géol. de France,* VIII, 1836-37, pp. 77-82.

—— **6.** Rapport sur les travaux de la carte géologique pendant l'année 1837. *Bull. de l'Acad. roy. de Belgique,* IV, 1837, pp. 461-474.

—— **7.** Note sur une nouvelle espèce de phosphate ferrique (Delvauxine). *Ibid.,* V, 1838, pp. 296-300; *Bull. de la Soc. géol. de France,* IX, 1837-38, pp. 309-312.

—— **8.** Rapport sur les travaux de la carte géologique pendant l'année 1838, avec une carte indiquant l'étendue géographique du dépôt moderne de Flandre et les limites maritimes de la Belgique ancienne. *Bull. de l'Acad. roy. de Belgique,* V, 1838, pp. 634-643; *Phil. Mag.,* XV, 1839, pp. 146-152.

—— **9.** Tableaux analytiques des minéraux et des roches. *Nouv. Mém. de l'Acad. roy. de Belgique,* XII, 1839. Présenté à l'Académie le 8 avril 1837 avec considérations de l'auteur; *Bull. de l'Acad. roy. de Belgique,* IV, 1837, pp. 136-137.

(M. F. Renard, éditeur à Liége, a remis dans le commerce, en 1857, les exemplaires que possédait encore l'imprimeur avec la rubrique : Liége, F. Renard.)

—— **10.** Rapport sur les travaux de la carte géologique en 1839, avec une carte géologique des environs de Bruxelles. *Ibid.,* VI, 1839, 2me partie, pp. 464-485.

Dumont, *André-Hubert*. — **11**. Rapport sur les travaux de la carte géologique pendant l'année 1840, avec la carte géologique des environs de Louvain. *Ibid.*, VII, 2me partie, 1840, p. 197.

—— **12**. Rapport sur un mémoire intitulé : Recherches sur les Crustacés de la Belgique. *Ibid.*, VIII, 1841, 1re partie, pp. 300-301.

—— **13**. Rapport sur les travaux de la carte géologique pendant l'année 1841. *Ibid.*, 2e partie, pp. 395-400.

—— **14**. Mémoire sur les terrains triasique et jurassique dans la province de Luxembourg. *Nouv. Mém. de l'Acad. roy. de Belgique*, XV, 1842.

—— **15**. Rapport sur un mémoire relatif aux fossiles des terrains tertiaires de la Belgique. *Bull. de l'Acad. roy. de Belgique*, X, 1843.

—— **16**. Sur la valeur du caractère paléontologique en géologie. *Ibid.*, XIV, 1847, 1re partie, pp. 292-312; 2e partie, pp. 62-74; *Bull. de la Soc. géol. de France*, IV, 1846-47, pp. 590-603.

—— **17**. Remarques sur la notice concernant la valeur du caractère paléontologique en géologie, lue par M. de Koninck. *Bull. de l'Acad. roy. de Belgique*, XIV, 1847, 2e partie, pp. 112-116, 382-383.

—— **18**. Mémoire sur les terrains ardennais et rhénan de l'Ardenne, du Rhin, du Brabant et du Condroz. Première partie (terrain ardennais), *Mém. cour. de l'Acad. roy. de Belgique*, XX, 1847, 163 pages.

—— **19**. Mémoire sur les terrains ardennais et rhénan de l'Ardenne, etc. Seconde partie (terrain rhénan). *Ibid.*, XXII, 1848, 451 pages.

—— **20**. Rapport sur le mémoire intitulé: Élucubrations paléontologiques. par M. le baron de Ryckholt. *Bull. de l'Acad. roy. de Belgique*, XV, 1848, 1re partie, pp. 6-7.

—— **21**. Rapport sur la carte géologique du royaume. *Ibid.*, XV, 1848, 2e partie, pp. 683-694.

—— **22**. Rapport sur la carte géologique du royaume. *Ibid.*, XVI, 1849, 2e part., pp. 351-373.

—— **23**. Carte géologique de la Belgique en 9 feuilles et à l'échelle de 1 mètre pour 160,000; voir le rapport sur cette carte par d'Omalius, *Ibid.*, 1re part., p. 310 et 2e part., p. 342.

(Cette carte a été présentée par l'auteur à l'Académie dans sa séance du 10 novembre 1849; *Ibid.*, XVI, 2e part., p. 373, mais elle ne paraît avoir été livrée au commerce qu'en 1852, d'après Ph. Van der Maelen, ou en 1853, d'après M. Dewalque.)

Dumont, *André-Hubert*. — **24.** Carte géologique de la Belgique indiquant les terrains qui se trouvent au-dessous du limon hesbayen et du sable campinien, en 9 feuilles et à l'échelle de 1 mètre pour 160,000.

(Cette carte, complémentaire de la première et destinée à indiquer la nature du sous-sol de la Belgique, a été présentée par l'auteur à l'Académie dans sa séance du 15 décembre 1849; *Ibid.*, XVI, 2e part., p. 614. Elle parut d'abord manuscrite à l'Exposition universelle de Paris en 1855. Une réduction de cette carte a été faite récemment à l'échelle du 380000e par les lieutenants Lelorrain et E. Henry de l'Institut cartographique militaire.

—— **25.** Aperçu sur la constition géologique de la Belgique, inséré dans le *Manuel de chimie agricole et de géologie*, par F.-W. Johnston, traduit de l'anglais, in-18. Bibliothèque rurale, n° 7, 1850.

—— **26.** Carte géologique de la Belgique et des contrées voisines, représentant les terrains qui se trouvent au-dessous du limon hesbayen et du sable campinien à l'échelle de 1 mètre pour 800,000.

(C'est la carte d'assemblage de la grande carte; elle a été déposée à l'Académie dans sa séance du 5 janvier 1850. *Ibid.*, XVII, 1re part., p. 24; un second tirage de cette carte fut fait en 1855 à l'imprimerie impériale de Paris et un nouveau tirage a été exécuté en 1876 par les soins du major d'état-major Hennequin.)

—— **27.** Rapport sur le mémoire intitulé : Mélanges paléontologiques, par M. P. de Ryckholt. *Bull. de l'Acad. roy. de Belgique*, XVII, 1850, 2e part., pp. 314-317.

—— **28.** Note sur une application de la géologie à la recherche d'eaux souterraines. *Ibid.*, XVIII, 1re partie, 1851, pp. 47-55.

—— **29.** Rapport sur la position géologique de l'argile rupelienne et sur le synchronisme des formations tertiaires de la Belgique, de l'Angleterre et du nord de la France. *Ibid.*, 2e part., 1851, pp. 179-195.

—— **30.** Note sur la découverte d'une couche aquifère à la station de Hasselt. *Ibid.*, 2e part., 1851, pp. 505-507.

—— **31.** Rapport sur le mémoire en réponse à la question : « Faire la description des fossiles des terrains secondaires de la province de Luxembourg, et donner l'indication précise des localités et des systèmes de roches dans lesquels ils se trouvent. » *Ibid.*, pp. 579-588.

—— **32.** Coupe du puits artésien de Hasselt. *Ibid.*, XIX, 1re part., 1852, pp. 29-35.

—— **33.** Note sur la division des terrains en trois classes, d'après leur mode de formation et sur l'emploi du mot geyserien pour désigner la troisième de ces classes *Ibid.*, 2e part., 1852, pp. 18-21.

Dumont, *André-Hubert*. — **34.** Note sur des cristaux de Chalkolite trouvés près de Vielsalm. *Ibid.*, pp. 343-344.

—— **35.** Tableau des terrains de la Belgique rangés dans l'ordre de superposition. Tableau des minéraux et des roches qu'ils renferment rangés méthodiquement. Indication sommaire du gisement des minéraux et des roches et de leurs principaux usages. Inséré dans l'*Exposé de la situation du royaume de Belgique*, 1841-50. Bruxelles, Lesigne, 1852, in-4°. Réimpr. sous le titre : *Coup d'œil sur le gisement et sur les principaux usages des minéraux et des roches en Belgique.* (Bruxelles, s. d.) gr. in-4° de 12 pages.

—— **36.** Observations sur la constitution géologique des terrains tertiaires de l'Angleterre, comparés à ceux de la Belgique. *Bull. de l'Acad. roy. de Belgique*, XIX, 2e part., 1852, pp. 344-389.

—— **37.** Note sur l'emploi des caractères géométriques résultant des mouvements lents du sol pour établir le synchronisme des formations géologiques. *Ibid.*, pp. 514-518; *Deutsch. Naturf. Versamml. Bericht*, 1852, pp. 170-172.

—— **38.** Coupes des terrains tertiaires de l'Angleterre. *Bull. de l'Acad. roy. de Belgique*, XIX, 3e part., 1852, pp. 335-365.

—— **39.** On the classification of Rocks. *Edinb. New Phil. Journ.*, LV, 1853, pp. 272-274; *Geol. Soc. Journ.*, IX, p. 25.

—— **40.** Rapport sur le mémoire de M. Houzeau intitulé: « Sur la direction et la grandeur des soulèvements qui ont affecté le sol de la Belgique. » *Bull. de l'Acad. roy. de Belg.*, XXI, 2e part., pp. 540-548.

—— **41.** Communication sur une carte géologique des environs de Spa, Theux et Pepinster, à l'échelle de 1 mètre pour 20000. *Ibid.*, XX, 1854, 2e part., p. 1018.

(Cette carte ne fut livrée au commerce qu'en mai 1855.)

—— **42.** Note sur les terrains geyseriens. *Bull. de la Soc. géol. de France*, XI, 1854, pp. 714-715.

—— **43.** Lettre accompagnant l'envoi de la carte géologique de la Belgique et des contrées voisines. *Ibid.*, p. 480.

—— **44.** Carte géologique de l'Europe à l'échelle de 1 mètre pour 4,000,000, exposée manuscrite à Paris en 1855. Imprimerie impériale de France, septembre 1857, E. Noblet, éditeur. Paris et Liége.

Dumont, *André-Hubert.* — **45.** Observations présentées par Dumont pendant la réunion extraordinaire à Paris. *Bull. de la Soc. géol. de France,* XII, 1855, pp. 1275, 1277, 1278, 1294, 1298 et 1336.

——— **46.** Discours à l'occasion de la réouverture solennelle des cours de l'Université de Liége, 1856-57.

——— **47.** Mémoires sur les terrains crétacé et tertiaires préparés par feu André Dumont pour servir à la description de la carte géologique de la Belgique, édités par Michel Mourlon : I. Terrain crétacé, 1 vol. in-8° de 556 pages et 6 figures dans le texte, 1878; II. Terrains tertiaires, 1re partie, 1 vol. in-8° de 449 pages et 2 figures dans le texte, 1878; III. Terrains tertiaires, 2e partie, 459 pages et 9 figures dans le texte, 1879; IV. Terrains tertiaires, 3e partie (en préparation).

Dumont, *A.-H.*, **Stas** et **de Vaux**. — **48.** Rapport à M. le Ministre de l'Intérieur sur l'emploi du grès des Écaussines. *Bull. de l'Acad. roy. de Belgique,* XV, 1re part., 1863, pp. 53-56.

Dumont, *A.* — **1.** Notice sur le nouveau bassin houiller du Limbourg hollandais, 1 brochure, chez Decq et Duhent. Bruxelles, 1877.

——— **2.** Réponse à la note de M. P.-J.-J. Bogaert sur les couches de charbon découvertes dans le Limbourg néerlandais. *Ann. de la Soc. géol. de Belgique,* V, 1878, pp. 3-6; voir aussi la réponse de M. Bogaert à cette note. *Ibid.,* pp. 7-10.

Duponchelle, *Paul.* — Compte rendu de l'excursion du 29 août au 7 septembre 1879 dans les terrains primaires de l'Ardenne et de l'Eifel. *Ann. de la Soc. géol. du Nord,* VII, 1879-80, p 319.

Dupont, *Édouard-François.* — Pour Biographie, voir : *Notice biographique et bibliographique de l'Acad. roy. de Belgique,* 1874, pp. 34-35.

——— **1.** Observations sur les mollusques Céphalopodes du calcaire carbonifère des environs de Dinant, dans la loge antérieure desquels des mollusques bivalves se trouvent renfermés. *Bull. de la Soc. paléont. d'Anvers,* I, 1859, pp. 184-187.

——— **2.** Notice sur les gîtes de fossiles du calcaire des bandes carbonifères de Florennes et de Dinant. *Bull. de l'Acad. roy. de Belgique,* XII, 1861, pp. 293-317; voir aussi les rapports de MM. d'Omalius, de Koninck et Van Beneden sur cette notice. *Ibid.,* p. 291.

——— **3.** Sur le calcaire carbonifère de la Belgique et du Hainaut français. *Ibid.,* XV, 1863, pp. 86-137, 55 pages avec coupes sur bois; voir les rapports de MM. d'Omalius et de Koninck sur ce travail. *Ibid.,* pp. 11-12; *Bull. de la Soc. géol. de France,* XX, 1863, pp. 405-410.

Dupont, *Édouard-François.* — **4.** Compte rendu de l'excursion de la Société géologique de France dans le Carbonifère de la vallée de la Meuse en 1863. *Ibid.*, XX, 1862-63, pp. 849-857.

——— **5.** Projet de recherches paléontologiques dans les grottes de la Belgique. *Bull. de l'Acad. roy. de Belgique*, XVII, 1864, p. 25; voir les rapports de MM. Van Beneden, d'Omalius et Dewalque sur ce projet. *Ibid.*, pp. 4, 6 et 7.

——— **6.** Notice sur le marbre noir de Bachant (Hainaut français). *Ibid.*, XVII, 1864, pp. 181-192; voir les rapports de MM. d'Omalius et Dewalque sur cette notice. *Ibid.*, pp. 91-92.

——— **7.** Sur les fouilles faites dans le Trou des Nutons, près de Furfooz. *Ibid.*, XVIII, 1864, p. 228.

——— **8.** Notice sur les fouilles scientifiques exécutées dans les cavernes de Furfooz. *Ibid.*, XX, 1865, pp. 244-250; voir les rapports de MM. d'Omalius, Dewalque et Van Beneden sur cette notice. *Ibid.*, pp. 216-217; *Geol. Soc. Quart. Journ.*, XXIII, 1867 (2e part.), p. 1.

——— **9.** Sur l'analogie d'un dépôt de pierres et de boue produit par un orage, et du dépôt à fragments de roches anguleux des cavernes de la Lesse. *Bull. de l'Acad. roy. de Belgique*, XX, 1865, pp. 250-255; voir le rapport de M. d'Omalius sur cette notice. *Ibid.*, p. 219.

——— **10.** Essai d'une carte géologique des environs de Dinant. *Ibid.*, XX, 1865, pp. 616-655, avec 1 carte et 1 planche de coupes; voir le rapport de M. d'Omalius sur ce travail. *Ibid.*, XVIII, 1864, p. 511; *Bull. de la Soc. géol. de France*, XXIV, 1867, pp. 669-679.

——— **11.** Étude sur les cavernes des bords de la Lesse et de la Meuse explorées jusqu'au mois d'octobre 1865. *Bull. de l'Acad. roy. de Belgique*, XX, 1865, pp. 824-850; voir les rapports de MM. Van Beneden et d'Omalius sur ce travail. *Ibid.*, pp. 809-812; *Geol. Soc. Quart. Journ.*, XXIII, 1867 (2e part.), pp. 2-4.

——— **12.** Terrains quaternaires de la Belgique; observations sur les terrains quaternaires des environs de Dinant, province de Namur. *Compte rendu de l'Acad. des sc. de Paris*, LX, 1865, pp. 863-864.

——— **13.** Étude sur le terrain quaternaire des vallées de la Meuse et de la Lesse dans la province de Namur. *Bull. de l'Acad. roy. de Belgique*, XXI, 1866, pp. 366-427; voir les rapports de MM. d'Omalius et Van Beneden sur ce travail. *Ibid.*, pp. 203-205.

Dupont, *Édouard-François.* — **14.** Étude sur les fouilles scientifiques exécutées pendant l'hiver de 1865-66 dans les cavernes des bords de la Lesse. *Ibid.*, XXII, 1866, pp. 31-54; voir les rapports de MM. d'Omalius et Van Beneden sur ce travail. *Ibid.*, pp. 532-534; *Geol. Soc. Quart. Journ.*, XXII, 1866, pp. 25-28.

—— **15.** Étude sur trois cavernes de la Lesse explorées pendant les mois de mars et d'avril 1866. *Bull. de l'Acad. roy. de Belgique*, XXII, 1866, pp. 55-68; voir le rapport de M. d'Omalius sur ce travail. *Ibid.*, p. 6, *Geol. Soc. Quart. Journ.*, XXII, 1866, pp. 28-29.

—— **16.** Fouilles des cavernes de Belgique. *Schweizer. Naturf. Gesell. Verhandl.*, L, 1866, pp. 137-144.

—— **17.** Étude sur l'ethnographie de l'Homme de l'âge du Renne dans les cavernes de la vallée de la Lesse : ses caractères, sa race, son industrie, ses mœurs. *Mém. cour. et des sav. étrang. de l'Acad. roy. de Belgique*, XIX, 1867, in-8°; voir les rapports de MM. d'Omalius, Van Beneden et Spring sur ce travail. *Bull. de l'Acad. roy. de Belgique*, XXII, 1866, pp. 185-187.

—— **18.** Étude de cinq cavernes explorées dans la vallée de la Lesse et le ravin de Falmignoul pendant l'été de 1866. *Bull. de l'Acad. roy. de Belgique*, XXIII, 1867, pp. 244-265; voir le rapport de M. d'Omalius sur ce travail. *Ibid.*, p. 220.

—— **19.** Étude sur une caverne de la commune de Bouvignes. *Ibid.*, XXIII, 1867, pp. 465-481; voir les rapports de MM. d'Omalius et Van Beneden sur ce travail. *Ibid.*, pp. 433-434.

—— **20.** Découverte d'objets gravés et sculptés dans le Trou Magrite, à Pont-à-Lesse. *Ibid.*, XXIV, 1867, pp. 129-132.

—— **21.** Sur l'emploi probable de l'oligiste trouvé dans la couche de l'âge du Renne dans la caverne de Chaleux. *Ibid.*, XXIV, 1867, p. 483.

—— **22.** Notices préliminaires sur les fouilles exécutées sous les auspices du Gouvernement belge dans les cavernes de la Belgique. Bruxelles, 2 vol., 1867.

(Ce sont les différentes notes de cet auteur qui ont paru dans les *Bulletins de l'Acad. roy. de Belgique.*)

—— **23.** Le terrain quaternaire dans la province de Namur [1866]. *Bull. de la Soc. géol. de France*, XXIV, 1867, pp. 76-99.

—— **24.** Sur la succession des temps quaternaires, d'après les modifications observées dans la taille du silex. *Bull. de l'Acad. roy. de Belgique*, XXV, 1868, pp. 38-41.

Dupont, *Édouard-François*. — **25**. Étude sur les cavernes du bois de Foy, à Montaigle. *Ibid.*, XXV, 1868, pp. 199-224; voir les rapports de MM. d'Omalius et Van Beneden sur ce travail. *Ibid.*, XXIV, 1867, pp. 5-6.

—— **26**. Découverte d'une caverne à Goyet. *Ibid.*, XXVII, 1869, p. 193.

—— **27**. Sur deux fragments d'objets appelés « bâtons de commandement » découverts dans la caverne de Goyet (prov. de Namur). *Ibid.*, XXVII, 1869, pp. 274-275.

—— **28**. L'Homme pendant les âges de la pierre dans les environs de Dinant. Bruxelles, 1 vol. in-8°, 1871, 1re édit. Extrait des *Ann. de la Soc. archéol. de Namur*, X (1868-69), pp. 1-50, avec 1 planche et coupes; XI (1870-71), pp. 129-232, avec planches et coupes; 2e édit., Bruxelles, 1 vol. in-8° de 250 pages avec 41 gravures, 4 planches et un tableau synoptique, 1872.

—— **29**. Observations sur la constitution du calcaire carbonifère de la Belgique. *Bull. de l'Acad. roy. de Belgique*, XXXI, 1871, pp. 147-176, avec coupes, 32 pages.

—— **30**. Note sur la Faune mammifère quaternaire de la Belgique. *Compte rendu du Congrès préhist.*, V, 1871, pp. 124-129.

—— **31**. Sur une nouvelle exploration des cavernes d'Engis. *Bull. de l'Acad. roy. de Belgique*, XXXIII, 1872, pp. 504-510, avec 1 coupe géologique de la deuxième caverne d'Engis et 3 planches de silex taillés.

—— **32**. Discours d'ouverture de la session de Bruxelles. *Compte rendu du Congrès préhist.*, VI, 1872, pp. 110-132.

—— **33**. Sur l'antiquité de l'Homme et sur les phénomènes géologiques de l'époque quaternaire en Belgique. *Ibid.*, VI, 1872, pp. 110-132, 9 pl.

—— **34**. Comparaisons entre les ossements des cavernes de la Belgique et les ossements de Kjoekkenmoedding du Danemarck. *Ibid.*, pp. 214-242, 2 planches.

—— **35**. Sur les crânes de Furfooz. *Ibid.*, pp. 555-559, 2 planches.

—— **36**. Classement des âges de la pierre en Belgique. *Ibid.*, 1872, pp. 459-479, 38 planches.

—— **37**. Orologie ou relief du sol, ses origines et ses causes. *Patria belgica*, 1re part., pp. 29-60, avec coupes; voir une analyse de ce travail par M. Gosselet. *Bull. scientif., etc., du dép. du Nord*, V, 1873, pp. 171-173.

Dupont, *Éd.-F.* — **38.** Les populations préhistoriques. *Patria belgica,* 1re partie, 6e livraison, pp. 335-600; voir une analyse de ce travail par M. Gosselet. *Bull. scientif., etc., du dép. du Nord,* V, pp. 244-245.

—— **39.** Note sur le terrain dévonien. *Bull. de l'Acad. roy. de Belgique,* XXXVII, 1874, pp. 196-198.

—— **40.** Communications diverses à la section d'anthropologie de l'Association française pour l'avancement des sciences (session de Lille), 1874; voir le résumé dans la *Revue scientif. de Paris,* 2e série, IV, pp. 257-258.

—— **41.** Rapport adressé à M. le Ministre de l'Intérieur sur la situation du Musée royal d'histoire naturelle en 1874. *Moniteur belge,* XLV, 1875, pp. 430-432.

—— **42.** Sur le calcaire carbonifère entre Tournai et les environs de Namur. *Bull. de l'Acad. roy. de Belgique,* XXXIX, 1875, pp. 264-311, avec 2 planches de coupes; voir l'analyse de ce travail par M. Gosselet. *Bull. scientif., etc., du dép. du Nord,* VII, pp. 152-154.

—— **43.** Rapport sur le projet de publication d'une nouvelle carte géologique de la Belgique, proposition faite par M. Dewalque dans la séance du 5 juin 1875. *Bull. de l'Acad. roy. de Belg.,* XL, 1875, pp. 291-307.

—— **44.** Rapport sur un mémoire anonyme intitulé : Les dépôts littoraux de l'assise paniselienne dans les environs de Bruxelles. *Ibid.,* XL, 1875, pp. 678-680.

—— **45.** Notice sur la vie et les travaux de J.-B.-J. d'Omalius d'Halloy, *Ann. de l'Acad. roy. de Belgique,* XLII, 1876, pp. 181-296.

—— **46.** Note sur les principaux manuscrits délaissés par feu André Dumont. *Bull. de l'Acad. roy. de Belgique,* XLI, 1876, pp. 458-471, avec une coupe dans le texte.

—— **47.** Sur les cavernes sépulcrales d'Hastière. *Ibid.,* XLII, p. 489.

—— **48.** Notice sur Henri Le Hon, de 8 pages, formant la préface de la 3e édition de l'*Homme fossile en Europe,* par Le Hon, 1877.

—— **49.** Sur la découverte d'ossements d'Iguanodon, de Poissons et de Végétaux dans la fosse Sainte-Barbe du charbonnage de Bernissart. *Bull. de l'Acad. roy. de Belgique,* XLVI, 1878, pp. 387-408.

—— **50.** Sur les alluvions torrentielles qui se déposent de nos jours sur les plateaux de l'Entre-Sambre-et-Meuse et du Condroz. *Ibid.,* XLVI, 1878, pp. 643-658, avec 1 planche.

Ertborn (Baron), *O.* **van.** — **7.** Coup d'œil sur les formations quaternaires des environs d'Anvers. *Ibid.*, IV, 1880, pp. 313-326.

——— **8.** Sur le Diestien de Dumont. *Ann. de la Soc. géol. du Nord*, VII, 1880, pp. 191-192.

Ertborn, *O.* (**van**), et *P.* **Cogels.** — **9.** Levé géologique et texte explicatif des planchettes : d'Hoboken et de Contich, de Boom, Malines, St-Nicolas, Tamise, Beveren, Anvers, Heyst-op-den-Berg, Putte, Lierre, Aerschot, Boisschot, in-8° avec cartes in-fol. Publications de la Commission de la Carte géologique de la Belgique, 1880.

——— **10.** Mélanges géologiques. Anvers, impr. Van der Wielen, in-8°, 12 pages, chap. I-V (janvier 1880); 2e fascicule, pp. 13-60, avec carte, chap. VI-XX (octobre 1880), comprenant : le compte rendu d'une exploration de la colline de Pellenberg et de quelques localités voisines, le 21 septembre 1880, par le major d'état-major E. Hennequin.

——— **11.** Nouvelles observations sur les couches quaternaires et pliocènes de Merxem. *Ann. de la Soc. malac. de Belg.*, IV, 1880, pp. v-ix, 1 pl.

——— **12.** Notes sur quelques dépots tertiaires du nord de la Belgique. *Ann. de la Soc. géol. de Belgique*, IV, 1880.

Ettingshausen, *Constantin* (**von**), und *M.-H.* **Debey.** — **1.** Die urweltlichen Thallophyten des Kreidegebirges von Aachen und Maestricht. Wien, *Silz. Bern.*, XXV, 1857, pp. 507-512, Wien, *Denkschr.*, XVI, 1859, pp. 131-214.

——— **2.** Die vorweltlichen Acrobryen des Kreidegebirges von Aachen und Maestricht. Wien, *Silz. Bern.*, XXVII, 1857, pp. 167-171; Wien, *Denkschr.*, XVII, 1859, pp. 183-248.

Falder, *Charles.* — Paroles prononcées lors de la remise de la médaille votée à M. d'Omalius d'Halloy. *Bull. de l'Acad. roy. de Belgique*, XLII, 1876, p. 662.

Faly, *J.* — **1.** Compte rendu de la session extraordinaire de la Société géologique de Belgique à Mons. *Ann. de la Soc. géol. de Belgique*, III, pp. XCIII-CXXXVIII avec 1 planche de coupes.

——— **2.** Sur l'existence d'une colline tertiaire à Masnuy-St-Jean (Hainaut). *Ibid.*, IV, 1877, p. LXXXIX.

——— **3.** Étude sur le terrain carbonifère. — La faille du Midi depuis les environs de Binche jusqu'à la Sambre. *Ibid.*, V, 1878, pp. 23-32.

Engelspach, *Auguste*, dit Larivière. — **1**. Essai géognostique sur les environs de Saint-Petersbourg. Bruxelles, Impr. de P.-M. de Vroom, 1825, br. in-8°, 34 pages.

—— **2**. Notice sur une nouvelle variété d'Opale du Mexique. Férussac, *Bull. des Sc. naturelles*, VIII, 1826, pp. 39-40.

—— **3**. Notice sur le gisement du calcaire magnésien dans la province de Liége. *Messager des sc. de Gand*, 1826, pp. 92-95; Férussac, *Ibid.*, XIII, 1828, pp. 186-187.

—— **4**. Mémoire sur un silicate d'alumine, considéré sous les rapports chimique, minéralogique et géognostique. Bruxelles, impr. de Greef-Laduron, 1828, br. in-8°, 15 pages, pl.

—— **5**. Description géognostique du Grand-duché de Luxembourg suivie de considérations économiques sur ses richesses minérales. *Mém. cour. de l'Acad. roy. de Bruxelles*, in-4°, VII, 1828, 163 pages.

—— **6**. Considérations sur les blocs erratiques de roches primordiales. Bruxelles, impr. de Greef-Laduron, 1829, br. in-8°, 32 pages.

—— **7**. De la géognosie considérée dans ses différents rapports. *Messager des sc. de Gand*, 1829-30, pp. 415-430.

(Cet opuscule était destiné à servir d'introduction au cours de géognosie que l'auteur devait faire au Musée des sciences et des lettres de Bruxelles, mais dans l'intervalle qui s'écoula entre sa nomination et la prise en possession de cette chaire, cet établissement étant devenu communal, le collège des bourgmestre et échevins regarda comme inutile un cours de géognosie et le supprima.)

Ertborn (Baron), O. **van**. — **1**. Mémoire sur les puits artésiens précédé d'une notice géologique. Anvers, van Mol, 1866, in-8° de 109 pages avec 5 planches de coupes.

—— **2**. Sur le terrain tertiaire d'Audenarde. *Ann. de la Soc. géol. de Belgique*, I, 1874, p. XLVII.

—— **3**. Note sur les sondages de la province d'Anvers. *Ibid.*, I, 1874, pp. 32-44.

—— **4**. Étude sur la formation géologique d'Anvers, avec une coupe géologique et hydrographique de la Belgique septentrionale entre Hal et Anvers. *Bull. de la Soc. géogr. d'Anvers*, II, 1878, pp. 271-299, 1 pl.

—— **5**. Sur le cours primitif de l'Escaut d'après les données de la géologie. *Ibid.*, III, 1879, pp. 229-230.

—— **6**. Note sur les formations géologiques des environs d'Anvers. *Ibid.*, III, 1879, pp. 346-350.

Ertborn (Baron), *O.* **van.** — **7.** Coup d'œil sur les formations quaternaires des environs d'Anvers. *Ibid.*, IV, 1880, pp. 313-326.

—— **8.** Sur le Diestien de Dumont. *Ann. de la Soc. géol. du Nord,* VII, 1880, pp. 191-192.

Ertborn, *O.* (**van**), et *P.* **Cogels.** — **9.** Levé géologique et texte explicatif des planchettes : d'Hoboken et de Contich, de Boom, Malines, St-Nicolas, Tamise, Beveren, Anvers, Heyst-op-den-Berg, Putte, Lierre, Aerschot, Boisschot, in-8° avec cartes in-fol. Publications de la Commission de la Carte géologique de la Belgique, 1880.

—— **10.** Mélanges géologiques. Anvers, impr. Van der Wielen, in-8°, 12 pages, chap. I-V (janvier 1880); 2e fascicule, pp. 13-60, avec carte, chap. VI-XX (octobre 1880), comprenant : le compte rendu d'une exploration de la colline de Pellenberg et de quelques localités voisines, le 21 septembre 1880, par le major d'état-major E. Hennequin.

—— **11.** Nouvelles observations sur les couches quaternaires et pliocènes de Merxem. *Ann. de la Soc. malac. de Belg.,* IV, 1880, pp. v-ix, 1 pl.

—— **12.** Notes sur quelques dépots tertiaires du nord de la Belgique. *Ann. de la Soc. géol. de Belgique,* IV, 1880.

Ettingshausen, *Constantin* (**von**), und *M.-H.* **Debey.** — **1.** Die urweltlichen Thallophyten des Kreidegebirges von Aachen und Maestricht. Wien, *Silz. Bern.*, XXV, 1857, pp. 507-512; Wien, *Denkschr.*, XVI, 1859, pp. 131-214.

—— **2.** Die vorweltlichen Acrobryen des Kreidegebirges von Aachen und Maestricht. Wien, *Silz. Bern.*, XXVII, 1857, pp. 167-171; Wien, *Denkschr.*, XVII, 1859, pp. 183-248.

Faider, *Charles.* — Paroles prononcées lors de la remise de la médaille votée à M. d'Omalius d'Halloy. *Bull. de l'Acad. roy. de Belgique,* XLII, 1876, p. 662.

Faly, *J.* — **1.** Compte rendu de la session extraordinaire de la Société géologique de Belgique à Mons. *Ann. de la Soc. géol. de Belgique,* III, pp. XCIII-CXXXVIII avec 1 planche de coupes.

—— **2.** Sur l'existence d'une colline tertiaire à Masnuy-St-Jean (Hainaut). *Ibid.*, IV, 1877, p. LXXXIX.

—— **3.** Étude sur le terrain carbonifère. — La faille du Midi depuis les environs de Binche jusqu'à la Sambre. *Ibid.*, V, 1878, pp. 23-32.

Faly, *J.* — **4.** Le Poudingue houiller. *Ibid.*, pp. 100-110.

—— **5.** Sur les couches tertiaires traversées au charbonnage de Fontaine-l'Évêque. *Ibid.*, VI, 1879.

Faujas de Saint-Fond, *Barthélemy.* — Pour Biographie, voir : Bruxelles, *Ann. gén. des sc. physiques*, II, 1819.

—— **1.** Histoire naturelle de la montagne de Saint-Pierre de Maestricht. In-fol. et in-4° avec 54 pl. Paris, an VII, 1799, Déterville.

—— **2.** Natuurlyke historie van den St-Pietersberg, by Maestricht, in het fransch, door J. D. Pasteur, 2 vol. in-8° avec pl., 1803.

Fayn, *Joseph.* — **1.** Notice sur les mines de plomb de Commern (Eifel). Liége, *Revue univ. des Mines*, VII, 1860, pp. 514-325.

—— **2.** Mémoire sur la mine de plomb et de zinc argentifères de Pontpéan, Ile-et-Villaine. *Ibid.* XIII, 1863, pp. 279-349.

—— **3.** André Dumont, sa vie et ses travaux. *Ibid* , XV, 1864, pp. 1-71, 266-327, 377-423; XVI, 1864, pp. 1-96.

—— **4.** Rapport sur les produits de l'industrie minérale à l'Exposition universelle de Paris en 1878. *Rapports des membres du Jury*, IV, 1879, pp. 519-612.

Firket, *Adolphe.* — **1.** Note sur les localités fossilifères de l'Ardenne, appartenant au terrain rhénan de Dumont. Liége, *Revue univ. des Mines*, XXVIII, 1870, pp. 319-338.

—— **2.** Analyse du mémoire de M. Ch. Ribeiro sur les quartzites et silex taillés des bassins du Tage et du Sado. *Ibid.*, 1872.

—— **3.** Carte de la production par commune des carrières de la Belgique en 1871. Échelle 1/500000. Bruxelles, 1873, 1 feuille.

—— **4.** Carte de la production, de la consommation et de la circulation des minerais de fer, de zinc, de plomb et des pyrites en Belgique pendant l'année 1871. Échelle 1/500000. Bruxelles, 1874, 1 feuille.

—— **5.** Cartes statistiques de la production des carrières et de la production, de la circulation et de la consommation des minerais en Belgique pendant l'année 1871. Échelle 1/500000. *Revue univ. des Mines*, 1874, 12 pages.

(Ces cartes figuraient à l'Exposition de Vienne.)

—— **6.** Notice sur la carte de la production par commune des carrières de la Belgique pendant l'année 1871. *Ann. des Trav. publ. de Belgique*, XXXII, 1874, pp. 61-102.

Firket, *Adolphe.* — **7.** Sur l'existence du schiste gris fossilifère au nord du massif anthraxifère du Condroz. *Ann. de la Soc. géol. de Belgique,* I, 1874, p. XXXVII, avec observations de M. Briart.

—— **8.** Sur de nouveaux fossiles du système houiller. *Ibid.*, p. LXXVI.

—— **9.** Analyse de la *Lithologie du fond des mers,* par M. A. Delesse. *Ibid.*, I, 1874, pp. 15-22.

—— **10.** Transformation sur place du schiste houiller en argile plastique. *Ibid.*, I, 1874, pp. 60-64.

—— **11.** Sur des fossiles végétaux de l'argile plastique d'Andenne. *Ibid.*, II, 1875, p. XLVIII, avec observations de MM. Dewalque et de la Vallée Poussin.

—— **12.** Procès-verbaux de la réunion extraordinaire tenue à Huy et à Liége. *Ibid.*, II, 1875, pp. CIII-CLXIV, avec 2 planches.

—— **13.** Fossiles du poudingue de Burnot proprement dit; âge de cette assise. *Ibid.*, II, 1875, pp. CXXIV-CXXVIII.

—— **14.** Modiola du schiste houiller d'Angleur. *Ibid.*, II, 1875, p. CLXIII.

—— **15.** Notice sur la carte de la production, de la consommation et de la circulation des minerais de fer, de zinc, de plomb et des pyrites en Belgique pendant l'année 1871. *Ann. des Trav. publ. de Belgique,* XXXIV, 1876, pp. 399-438.

—— **16.** Barytine cristallisée provenant du système houiller. *Ann. de la Soc. géol. de Belgique,* IV, 1877, p. CXVI.

—— **17.** Capacité pour l'eau des vides dus à l'exploitation houillère. Liége, *Revue univ. des Mines,* 1876.

—— **18.** Compte rendu de la réunion extraordinaire tenue à Arlon et à Dickirch. *Ann. de la Soc. géol. de Belgique,* IV, 1877, pp. CXVIII-CXXVIII.

—— **19.** Étude sur les gîtes métallifères de la mine de Landenne et sur la faille silurienne du Champ d'oiseaux. *Bull. de l'Acad. roy. de Belgique,* XLV; 1878, pp. 618-645, avec 1 planche; voir aussi le rapport de M. Alph. Briart sur ce travail, *Ibid.*, pp. 566-571.

—— **20.** Notice sur le gite ferro-manganésifère de Moët-Fontaine (Rahier). *Ann. de la Soc. géol. de Belgique,* V, 1878, pp. 33-41; VI, 1879, p. CLIII.

Firket, *Adolphe*. — **21**. Position stratigraphique du grès houiller d'Andenne. *Ibid.*, V, p. LXXX.

—— **22**. Sur la position stratigraphique du poudingue houiller dans la partie ouest de la province de Liége. *Ibid.*, V, pp. 42-47.

—— **23**. Sur la position stratigraphique du poudingue houiller d'Amay. *Ibid.*, V, 1878, pp. 121-123.

—— **24**. Conglomérat de la partie moyenne du système houiller. *Ibid.*, V, p. CXXXIX.

—— **25**. Structure de quelques échantillons de houille et de schiste houiller. *Ibid*, V, p. CXII.

—— **26**. Sur l'existence d'un second gîte d'eurite à Spa. *Ibid.*, V, p. CXIII.

—— **27**. Sur un nouveau gîte de fossiles crétacés à Hollogne-aux-Pierres. *Ibid.*, V, 1878, p. LXXVIII.

—— **28**. Sur une variété de Quartz pulvérulent. *Ibid.*, V, 1878, p. XC.

—— **29**. Découverte de la Millerite (Haarkies) au charbonnage du Hasard à Micheroux. *Ibid.*, V, 1878, p. XX; VI, 1879, p. CLII.

—— **30**. Sur quelques fossiles animaux du système houiller du bassin de Liége. *Ibid.*, VI, 1879, pp. XCIV-XCVIII.

—— **31**. Compte rendu de la session extraordinaire de la Société géologique de Belgique en 1879 dans l'Eifel. *Ibid.*, VI, 1879, pp. CLXI-CCVII, avec 3 coupes sur bois.

—— **32**. Sur une nouvelle variété de Galène pseudomorphique. — Découverte de la Chalcopyrite au charbonnage des Six-Bonniers. *Ibid.*, VI, 1879.

—— **33**. Sur la carte géologique de la Belgique et des provinces voisines, par M. G. Dewalque. Liége, *Revue univ. des Mines*, VI, 1879, pp. 267-272.

—— **34**. Sur la présence du Mispickel (Arsénopyrite) et de la Galène à Nil-Saint-Vincent. *Ann. de la Soc. géol. de Belgique*, VII, 1880, p. LIII.

—— **35**. Note sur le gîte de combustible minéral de Rocheux, à Theux. *Ibid.*, VII, 1880, pp. LXII-LXVII, avec 2 coupes sur bois.

Firket, *Ad.*, et *L.* **Gillet**. — **36**. Note sur le Soufre natif de l'argile plastique d'Andenne. *Ibid*, II, 1875, pp. 178-182, avec 1 coupe sur bois.

Fitton, *William-Henry*. — Observations on part of the Low Countries and the north of France, principally near Maestricht and Aix-la-Chapelle (1829). *Geol. Soc. Proc.*, I, 1834, pp. 161-164.

Flahault, *E.* — Les alluvions de la Lys, à Comines. *Ann. de la Soc. géol. du Nord,* III, 1876, pp. 89-91.

Flamache, *V.* — Carte générale des mines, 1880. (Voir : *Administration des mines.*)

Fohmann et **Cauchy.** — Rapport sur un os fossile trouvé à Stuyvenberg. *Bull. de l'Acad. roy. de Belgique,* III, 1836, pp. 40-43.

Forchhammer, *Georges.* — Ueber die Ahlbildung in Dänemark und den Campin-sand in Belgien. Leonhard u. Brom., *N. Jahrb.,* 1863, pp. 769-785.

Forir, *H.* — **1.** Note sur quelques minéraux et fossiles d'Engihoul. *Ann. de la Soc. géol. de Belgique,* VII, 1880, pp. CXV-CXVII.

—— **2.** Sur quelques minéraux et fossiles trouvés à Argenteau. *Ibid.,* VII, 1880.

Fraas, *Oscar-Friedr.* — Sur le remplissage des cavernes. *Compte rendu du Congrès préhist.,* VI, 1872, pp. 151-153, avec observations de MM. Dupont, d'Omalius et Capellini. *Ibid.,* pp. 153, 157 et 160.

Franquoy, *F.* — **1.** Description des gîtes, caractère minéralogique et teneur des minerais de fer de la province de Liége. Liége, *Revue universelle des mines,* XXV-XXVI, 1869, pp. 1-73.

—— **2.** Étude sur le minerai de fer de la province de Liége. *Ann. de l'assoc. des ingén. sortis de l'École de Liége,* XI, 1869.

Fuss, *J.-D.-F.* — Memoriæ A. Dumont, viri illustris, Universitati Leodiensi, florente in ævo erepti (Ad. Collegam). *Journal de Liége,* du 16 mars 1857.

Galeotti, *Henri-Guillaume.* — Pour Biographie, voir : *Ann. de l'Acad. roy. de Belgique,* XXV, 1859, p. 139.

—— **1.** Mémoire sur la constitution géognostique de la province de Brabant. *Mém. cour. de l'Acad. roy. de Belgique,* in-4°, XII, 1837, 192 pages, avec 2 cartes géologiques, dont une du Brabant méridional, 5 planches de fossiles et 1 planche comprenant une coupe générale théorique et les 11 autres coupes suivantes ; voir un extrait de ce mémoire, d'après le rapport de M. Cauchy. *Bull. de l'Acad. roy. de Belgique,* II, 1835, pp. 132-144 ; *Bull. de la Soc. géol. de France,* VI, 1834-35, pp. 264-272.

—— **2.** Caractères de la Wawellite de Bihain. *Bull. de l'Acad. roy. de Bruxelles,* II, 1835. pp. 201-203.

Galeotti, *Henri-Guillaume.* — **3**. Voyage au Coffre de Perote. *Ibid.*, III, 1836, pp. 436-452, 1 planche.

—— **4**. Notice sur un gîte de Mercure dans le sol tertiaire récent du Gigante au Mexique. *Ibid.*, V, 1838, pp. 196-202, 1 planche.

—— **5**. Notice géologique sur les environs de San José del Oro, au Mexique (avec une carte géognostique des environs de Zimapan au Mexique). *Ibid.*, V, 1838, pp 737-751.

—— **6**. Notice géognostique sur les mines d'alun de la Barranca de Toliman, au Mexique. *Ibid.*, V, 1838, pp. 751-755, 1 planche.

—— **7**. Sur le calcaire crétacé des environs de Jalapa, au Mexique. *Bull. de la Soc. géol. de France*, X, 1838-39, pp. 32-39.

—— **8**. Coup d'œil sur la Laguna de Chapala, au Mexique, avec notes géognostiques. *Bull. de l'Acad. roy. de Bruxelles*, VI, 1839, pp. 14-29.

—— **9**. Aperçu géognostique sur les environs de la Havane. *Ibid.*, VIII, 1841, pp. 405-417.

—— **10**. Sur les tremblements de terre et les étoiles filantes. *Ibid.*, V, 1838, p. 150; VIII, 2e part., 1841, pp. 437-441.

Galeotti, *H.-G.*, et *P.-H.* **Nyst**. — **11**. Sur un nouveau genre de coquilles de la famille des Arcacés (*Trigonocœlia*). *Ibid.*, II, 1835, pp. 287-296, 347-348.

—— **12**. Sur quelques fossiles du calcaire jurassique de Tehuacan, au Mexique. *Ibid.*, VII, 1840, 2e part., 212-221, 2 planches.

Gallitzin (Prince), *Dimitri-Alexewitsch.* — **1**. Mémoire sur quelques volcans éteints de l'Allemagne. *Mém. de l'Acad. impér. et roy. de Bruxelles*, V, 1788, p. 95.

—— **2**. Traité ou description abrégée et méthodique des minéraux, présenté à l'Académie impériale et royale de Bruxelles, qui l'a jugé digne de faire partie de ses propres mémoires et de leur servir de suite. Maestricht, Roux et Cie, 1792, in-4°, 244 pages; le même, revu et augmenté. Neuwied, 1794, in-4°; deuxième édition, revue, corrigée et augmentée par l'auteur. Mayence, Kupferberg, 1808, in-4°.

Gaspart, *Aug.* — Affaissement de la côte de Dunkerque. *Bull. sc., etc., du départ. du Nord*, V, 1873, pp. 211-212.

Gaudry, *Albert.* — **1**. Sur des recherches faites dans la caverne d'Engihoul. *Bull. de la Soc. géol. de France*, XX, 1863, p. 778.

—— **2**. Sur la caverne de Pepinster. *Ibid.*, p. 791.

Geinitz, *Hans-Bruno*. — **1**. Observation au sujet d'une note de M. A. Pomel, sur le terrain crétacé d'Aix-la-Chapelle. *Ibid.*, VI, 1849, pp. 309-310.

—— **2**. Bemerkungen zu Debey's Entwurf einer geognostisch-geogenetischen Darstellung der Gegend von Aachen. Leonhard u. Bronn, *Neues Jahrb.*, 1850, pp. 289-301.

Gendebien, *Albert*. — Coupe géologique du bassin du Centre et nomenclature de ses couches. Bruxelles, 15 février 1876.

Geraets, *E*. — **1**. Étude sur le sol de la province de Limbourg. PREMIÈRE PARTIE : *Bull. de la sect. littér. de la Soc. des Mélophiles de Hasselt*, I, 1864, pp. 59-105. Cette 1re partie comprend : l'Hydrographie, l'Hypsométrie et la Géologie du Limbourg; les autres parties comprennent : DEUXIÈME PARTIE : *Ibid.*, III, 1866, pp. 14-83 (Archéologie et Histoire); TROISIÈME PARTIE : *Ibid.*, IV, 1867, pp. 11-63 (Régions botaniques et agricoles), et QUATRIÈME PARTIE : *Ibid.*, V, 1868, pp. 13-44 (Régions botaniques et agricoles).

—— **2**. Étude sur le Bolderberg et sa faune fossile. *Ibid.*, II, 1865, pp. 33-88, 2 planches.

—— **3**. Note sur quelques instruments de l'âge de la pierre trouvés dans le Limbourg. *Ibid.*, VII, 1871, pp. 93-103.

—— **4**. Note sur une pointe de flèche en silex et quelques haches en pierre trouvées dans les environs de Hasselt. *Ibid.*, X, 1873, pp. 45-48.

—— **5**. Notice sur une hache en pierre trouvée à Hasselt. *Ibid.*, XI, 1874, pp. 90-91, 1 planche.

Geraets, *E.*, et *A.* **Vander Capellen**. — **6**. Découvertes paléoethnographiques faites dans le parc du château de Wideux, avec la liste des objets trouvés dans les fouilles faites en 1872. *Ibid.*, IX, 1872, pp. 17-30.

Gervais, *Paul*, et *P.-J.* **Van Beneden**. — Ostéographie des Cétacés vivants et fossiles, 1 vol. texte in-4° et 1 vol. in-fol. de 64 planches. Paris, 1868-1880.

Gilkinet, *Alfred*. — **1**. Sur quelques plantes fossiles de l'étage des psammites du Condroz. *Bull. de l'Acad. roy. de Belgique*, XXXIX, 1875, pp. 384-398; voir aussi les rapports de MM. Dewalque et de Koninck sur ce travail. *Ibid.*, pp. 363-366.

—— **2**. Sur quelques plantes fossiles de l'étage du poudingue de Burnot (dévonien inférieur). *Ibid.*, XL, 1875, pp. 139-145, 3 planches; voir les rapports de MM. de Koninck, Dewalque et Bellynck sur ce travail. *Ibid.*, pp. 70, 71 et 73.

Gilkinet, *Alfred.* — **3.** Du développement du règne végétal dans les temps géologiques. *Ibid.*, XLVIII, 1879, pp. 814-834.

—— **4.** Cinquante ans de Liberte. *Tableau du développement intellectuel de la Belgique depuis 1830,* II; DEUXIÈME PARTIE : Les sciences naturelles, 1880.

Gilles et **Harzé.** — Coupes géologiques des morts-terrains recouvrant le comble nord du bassin houiller du Couchant de Mons, 1864.

Gillet, *L.*, et *Ad.* **Firket.** — Note sur le Soufre natif de l'argile plastique d'Andenne. *Ann. de la Soc. géol. de Belgique,* II, 1875, pp. 178-182.

Gilon, *J.* — Traduction du travail de M. F. de Kobell : Tableaux pour la détermination des minéraux. Bruxelles, br. in-8° de 97 pages.

Glépin, *Henri.* — Note sur la découverte de quatre nouvelles couches de houille aux mines du Grand-Hornu. Liége, *Revue univ. des Mines,* XXIX, 1871, pp. 27-38.

Godin, *B.* — Essai de raccordement des couches de houille des environs de Liége. *Ann. des Trav. publics de Belgique,* XIX, 1862, pp. 243-244.

Godwin-Austen, *Robert-Alfred-Cloyne.* — **1.** On the Kainozoic formations of Belgium. *Quart. Journ. geol. Soc.*, XXII, 1866, part 3, pp. 228-253, with a map.; *Phil. Mag.*, XXXI, 1866, pp. 237-238.

—— **2.** Dr. A. von Koenen on the Belgian tertiaries. *Geol. Mag.*, IV, 1867, pp. 565-567.

Goeppert, *H.-R.* — Systema filicum fossilium, in-4°. *Nova act. Acad. Leop. Carol. Naturæ curios.*, XVII. Supplementum, cum tab. 44. (L'auteur y décrit 49 espèces de Belgique), 1836.

Gonthier, *Edmond.* — Note sur deux lambeaux du terrain crétacé dans la province de Namur. *Bull. de l'Acad. roy. de Belgique,* XXIII, 1867, pp. 403-415 ; voir les rapports de MM. d'Omalius et Dewalque sur ce travail. *Ibid.*, pp. 371-372.

Goropius Becanus, *J.* (nom latinisé de Van Gorp). — *Origines Antwerpianæ,* in-fol. Antwerp., typis Plantinianis, 1569.

Gosselet, *Jules.* — **1.** Sur le terrain dévonien de l'Ardenne et du Hainaut. *Bull. de la Soc. géol. de France,* XIV, 1856-57, pp. 364-373, 4 coupes sur bois; voir aussi les observations de MM. d'Omalius, Barrande et de Verneuil à propos de ce travail. *Ibid.*, p. 373.

—— **2.** Sur l'existence du Gault dans le Hainaut. *Ibid.*, XVI, 1858-59, pp. 122-132, avec 1 coupe prise à Wignehies (France).

Gosselet, *J.* — **3**. Indications des fossiles recueillis dans les diverses assises de la craie des environs de Mons et du département du Nord, avec observations de M. d'Omalius. *Ibid.*, XVI, 1858-59, pp. 265-266.

——— **4**. Sur les terrains crétacés du Hainaut. *Ibid.*, pp. 432-435.

——— **5**. Mémoire sur les terrains primaires de la Belgique, des environs d'Avesnes et du Boulonnais. Paris, 1860, in-8°, 164 pages et 4 planches.

——— **6**. Observations sur les terrains primaires de la Belgique et du nord de la France. *Bull. de la Soc. géol. de France,* XVIII, 1860-61, pp. 18-34, avec coupes. Liége, *Revue univ. des Mines,* 1860, pp. 487-492.

——— **7**. Sur des fossiles siluriens trouvés dans le Brabant (Belgique). *Bull. de la Soc. géol. de France,* XVII, 1860, p. 495.

——— **8**. Sur des fossiles siluriens découverts dans le massif rhénan du Condroz, dans les environs de Fosses près Namur, avec observation de M. Barrande. *Ibib.,* XVIII, 1860-61, pp. 538-539.

——— **9**. Observations sur quelques gisements fossilifères du terrain dévonien de l'Ardenne. *Ibid.,* XIX, 1861-62, pp. 559-564, 1 coupe.

——— **10**. Sur les fossiles de Gembloux, près Namur. *Ibid.,* p. 752.

——— **11**. Sur les terrains primaires de la Belgique. (Lettre adressée à M. d'Omalius.) *Bull. de l'Acad. roy. de Belgique,* XV, 1863, pp. 163-174; voir aussi les rapports de MM. Dewalque, d'Omalius et de Koninck sur cette note. *Ibid.,* pp. 17, 18, 19.

——— **12**. Observations sur les dislocations brusques éprouvées par les terrains primaires de la Belgique. *Bull. de la Soc. géol. de France,* XX, 1863, pp. 770-780, avec observations de MM. Van Scherpenzeel-Thym et G. Dewalque. *Ibid.,* p. 777.

——— **13**. Observations sur le gisement de la houille dans le département du Nord. *Mém. de la Soc. des sc., etc., de Lille,* X, 1863, p. 351, 15 pages et 1 planche.

——— **14**. Coupe géologique de la vallée de la Meuse, de Mézières à Givet. *Bull. de la Soc. géol. de France,* XXI, 1864, pp. 504-509, pl. IV.

——— **15**. Projet d'une description géologique du département du Nord. *Neues Jahrb. Mineral,* 1868, pp. 225-228; voir le résumé dans la *Revue de Géologie* de MM. Delesse et de Lapparent. Paris, *Ann. des Mines,* XII, p. 593.

Gosselet, *Jules.* — **16.** Sur le terrain nommé système ahrien, par A. Dumont. (Lettre à M. d'Omalius.) *Bull. de l'Acad. roy. de Belgique,* XXVI, 1868, pp. 289-293; voir les rapports de MM. d'Omalius et Dewalque sur cette lettre. *Ibid.*, pp. 260-261.

—— **17.** Nouvelles observations sur l'existence du Gault dans le département du Nord. *Mém. de la Soc. impér. des sc., etc., de Lille,* VII, 1869, 5 pages.

—— **18.** Note sur le Caillou-qui-Bique. *Bull. scient., etc., du départ. du Nord,* 1869, p. 183.

—— **19.** Cours de géologie professé à la Faculté des sciences de Lille. *Ibid.*, I, 1869, p. 392; II, 1870, pp. 18, 50, 116, 152.

—— **20.** Réflexions sur le gisement de la houille dans les départements du Nord et du Pas-de-Calais (2e article). *Ibid.*, IX, 1871, pp. 41-48, 1 pl.

—— **21.** Classification des porphyres de Belgique. *Ibid.*, 1871, p. 59.

—— **22.** Note sur les fossiles dévoniens et la variabilité de l'espèce. *Mém. de la Soc. des sc. etc., de Lille,* IX, 1871, 4 pages.

—— **23.** Comptes rendus des séances du Congrès international d'anthropologie et d'archéologie préhistorique (session de Bruxelles). *Bull. scient., etc., du dép. du Nord,* X, 1872, pp. 164-205.

—— **24.** Le système du poudingue de Burnot. *Ann. des sc. géol. de Paris,* IV, 1873, 32 pages, avec coupes sur bois et 3 planches de coupes lithographiées et coloriées.

—— **25.** Études relatives au bassin houiller du nord de la France. *Bull. de la Soc. géol. de France,* I, 1873, pp. 409-417, avec 6 coupes dans le texte.

(C'est un résumé: 1° d'un travail de l'auteur fait en collaboration avec M. Bertaut et 2° du travail sur le poudingue de Burnot.)

—— **26.** De l'extension des couches à *Nummulites lœvigata* dans le nord de la France. *Ibid.*, II, 1873, pp. 51-58, 3 coupes sur bois et 1 planche; avec observations de MM. de Lapparent et Munier-Chalmas. *Ibid.*, pp. 58-59.

—— **27.** Sur l'âge des silex, dits Rabots de Mons. *Ib.*, II, 1873, pp. 58-60.

—— **28.** L'étage éocène inférieur dans le nord de la France et en Belgique. *Ibid.*, II, 1874, pp. 598-617, avec 6 fig. de coupes dans le texte ; voir aussi une communication sur ce sujet. *Ann. de la Soc. géol. du Nord*, I, pp. 64-66.

Gosselet, *Jules*. — **29**. Carte géologique de la bande méridionale des calcaires dévoniens de l'Entre-Sambre-et-Meuse. *Bull. de l'Acad. roy. de Belgique*, XXXVII, 1874, p. 81 avec coupes.

(Les rapports académiques de MM. Éd. Dupont et J. d'Omalius sur ce travail ont été lus à la séance du 4 janvier 1875, mais ils n'ont point été insérés dans les bulletins.)

—— **30**. Études sur le gisement de la houille dans le nord de la France. *Bull. de la Soc. indust. du Nord de la France*, 1874, 24 p. avec coupes.

—— **31**. Sur les progrès de la géologie dans le nord de la France depuis dix ans. Lecture faite le 28 août 1874, à l'*Association française pour l'avancement des sciences* (session de Lille); reproduite dans les *Ann. de la Soc. géol. du Nord*, I, 1874, pp. 86-100; voir aussi *Revue scient. de Paris*, IV, 1874, pp, 545-549.

—— **32**. Compte rendu de la réunion extraordinaire de la Société géologique de France à Mons et à Avesnes. *Bull. scient., etc., du départ. du Nord*, VI, 1874, pp. 250-255; *Revue scient. de Paris*, IV, 1874, pp. 426-429.

—— **33**. Compte rendu de l'excursion du 5 septembre à Ferrière-la-Grande, Limont et St-Remy-Chaussée. *Bull. de la Soc. géol. de France*, II, 1874, pp. 665-670, 2 coupes.

—— **34**. Compte rendu de l'excursion du 6 septembre aux environs d'Avesnes et d'Etrœungt. *Ibid.*, II, 1874, pp. 670-679 avec 2 coupes; observations de MM. Briart, Dewalque, Firket et Gosselet.

—— **35**. Compte rendu de l'excursion du 7 septembre à Trélon. *Ibid.*, II, 1874, pp. 681-687.

—— **36**. Compte rendu de l'excursion du 8 septembre à Fournies, Anor et Mondrepuits. *Ibid.*, II, 1874, pp. 690-694, avec observations de MM. Firket, Briart et de Lapparent.

—— **37**. Sur les calcaires dévoniens du nord de la France. *Ibid.*, III, 1874-75, pp. 556-558.

—— **38**. Observations sur les sables d'Anvers. *Ann. de la Soc. géol. du Nord*, II, 1874-75, pp. 129-134.

—— **39**. Le terrain dévonien des environs de Stolberg (Prusse). *Ibid.*, III, 1875-76, pp. 8-16.

Gosselet, *Jules*. — **40**. Esquisse géologique du département du Nord et des contrées voisines, en deux fascicules. Le 1er fascicule de 107 pages comprend les terrains primaires et est extrait du *Bull. scient., etc., du départ. du Nord*, III, 1871, pp. 13, 57, 77, 107, 133, 153, 210, 255, 291; IV, 1872, pp. 8, 48, 66, 85, 101, 124, 152; V, 1873, pp. 4, 28. — Le 2e fascicule de 215 pages comprend les terrains secondaires et tertiaires et est extrait du même *Bulletin*, V, 1873, pp. 75, 96, 118, 137, 181, 217; VI, 1874, pp. 5, 25, 73, 97, 156, 193, 241; VII, 1875, pp. 1, 36, 51, 91, 138, 171, 189; VIII, 1876, p. 7.

—— **41**. Le calcaire de Givet, 1re et 2e parties. *Ann. de la Soc. geol. du Nord*, III, 1875-76, pp. 36-75, avec coupes sur bois; VI, 1878, pp. 2-34.

—— **42**. Quelques réflexions sur le calcaire eifelien. *Bull. de l'Acad. roy. de Belgique*, XLI, 1876, pp. 1310-1314; voir aussi le rapport de M. Malaise sur cette note. *Ibid.*, p. 1156.

—— **43**. Compte rendu de l'excursion dans les Ardennes. *Ann. de la Soc. géol. du Nord*, IV, 1876-77, pp. 210-231.

—— **44**. Le calcaire dévonien supérieur dans le N.-E. de l'arrondissement d'Avesnes. *Ibid.*, IV, 1876-77, pp. 238-272; *Bull. de l'Acad. roy. de Belgique*, XLIV, 1877, pp. 598-599.

—— **45**. Quelques documents pour l'étude des schistes de Famenne. *Ann. de la Soc. géol. du Nord*, IV, 1876-77, pp. 303-320, avec planches de fossiles.

—— **46**. Notice nécrologique sur Jean-Baptiste-Julien d'Omalius d'Halloy. *Bull. de la Soc. geol. de France*, VI, 1877-78, pp. 453-467; *Ann. de la Soc. géol. du Nord*, VII, 1879-80, pp. 457-477.

—— **47**. De la détermination orientale de la grande faille. *Ibid.*, VI, 1878-79, pp. 35-46, avec 1 planche.

—— **48**. La roche à Fepin. *Ibid.*, VI, 1878-79, pp. 66-73.

—— **49**. Description géologique du canton de Maubeuge. *Ib.*, pp. 129-211.

—— **50**. Nouveaux documents pour l'étude du Famennien. *Ibid.*, VI, 1879, pp. 389-399.

—— **51**. Notes sur les sables tertiaires du plateau de l'Ardenne. *Ibid.*, VII, 1879-80, pp. 100-112.

—— **52**. De l'usage du droit de priorité et de son application aux noms de quelques Spirifères. *Ibid.*, VII, 1879-80, pp. 122-132.

Gosselet, *Jules.* — **53.** Sur les roches cristallines des Ardennes. *Ibid.*, pp. 132-160.

——— **54.** Division à établir dans le terrain diluvien de la vallée de la Somme. *Ibid.*, pp. 165-171, avec observation de M. Van den Broeck. *Ibid.*, pp. 171-172.

——— **55.** Sur un sondage de Menin, par M. Van Ertborn. *Ib.*, pp. 188-190.

——— **56.** Note sur le Famennien : Tranchée du chemin de fer du Luxembourg; les Schistes de Barvaux. *Ibid.*, pp. 195-201.

——— **57.** Note sur le Famennien : Divisions à établir dans les Schistes et les Psammites des environs de Maubeuge. *Ibid.*, pp. 206-211.

Gosselet, *J.*, et *Ch.* **Horion.** — **58.** Observations au sujet des travaux géologiques de MM. Cornet et Briart sur la meule de Bracquegnies. *Bull. de l'Acad. roy. de Belgique*, XXIX, 1870, pp. 689-700.

Gosselet, *J.*, et *C.* **Malaise.** — **59.** Observations sur le terrain silurien de l'Ardenne. *Ibid.*, XXVI, 1868, pp. 61-118, et 2 planches; voir les rapports de MM. d'Omalius et Dewalque sur cette note. *Ibid.*, XXV, pp. 411-413.

Gosselet, *J.*, et *H.* **Rigaux.** — **60.** Mouvement du sol de la Flandre depuis les temps géologiques. *Ann. de la Soc. géol. du Nord*, V, 1878, pp. 147-154, 218-226.

Grahay, *J.-G.* — Notice sur un gisement de Crustacés microscopiques fossiles. *Bull. de l'Acad. roy. de Bruxelles*, IX, 1842, 1re partie, p. 458.

Gregoire, *Édouard.* — Notice sur les coquilles de la tourbe d'Uccle-lez-Bruxelles. *Ann. de la Soc. malac. de Belgique*, VI, 1871, pp. 19-22.

Grün, *Karl.* — Traduction du travail de M. A.-E. Reuss: Les Foraminifères du crag d'Anvers. *Bull. de l'Acad. roy. de Belgique*, XV, 1863, pp. 137-162, 3 planches; voir le rapport de M. Nyst sur ce travail. *Ibid.*, XIV, 1862.

Guibal, *Th.* — Notice nécrologique sur Désiré Toilliez. *Mém. de la Soc. scient. du Hainaut*, X, 1850-52, pp. 94-96.

Hagemans, *G.* — Sur les haches en jadéite découvertes en Belgique. *Compte rendu du Congrès préhist*, VI, 1872, pp. 559-563.

Hagenow, *F.-V.-Friedrich* (**von**). — Die Bryozoen der Maestrichter Kreidebildung. In 4°, avec 12 planches, 1851.

Haidinger, *Wilhelm* (**von**). — **1.** Sur un Aérolithe tombé dans les environs de Tirlemont le 7 décembre 1863. *Bull. de l'Acad. roy. de Belgique,* XVII, 1864, pp. 18-20.

——— **2.** Rapport sur l'échantillon de Météorite de Beauvechain (Tirlemont, Tourinne-la-Grosse). *Ibid.,* XVII, 1864, pp. 137-143.

——— **3.** Der Meteorstein von Tourinne-la-Grosse, bei Tirlemont im R. K. Hof-Mineralien-Cabinete. Wien, *Akad. Sitzungsb*, XLIX, 1864 (Abth. 2), pp. 123-127, 158-159.

——— **4.** Sur les Étoiles filantes et les Aérolithes. *Bull. de l'Acad. roy. de Belgique,* XXIII, 1867, pp. 84-92.

——— **5.** Sur les chutes d'Aéorolithes en 1868, lettre à M. Quetelet. *Ibid.,* XXVI, 1868, p. 265.

Hamy, *E.-T.* — **1.** Note nécrologique sur le major Henri-Sébastien Le Hon, de Belgique, mort à San-Remo (Italie), le 31 janvier 1871. *Revue anthropol. de Paris,* 1871, fasc. 4.

——— **2.** Sur quelques ossements humains découverts dans la troisième caverne de Goyet (Belgique). *Ibid.,* VIII, 1873, pp. 425-434.

——— **3.** De l'existence géographique des populations primitives en Belgique et dans le nord de la France. *Compte rendu du Congrès préhist.,* VI, 1872, pp. 269-278.

Harzé et **Gilles**. — Coupes géologiques des morts-terrains recouvrant le comble nord du bassin houiller du Couchant de Mons, 1864.

Hauzeur, *Nicolas,* **Dupont** et **Van Beneden**. — Sur les fouilles de Chaleux. *Bull. de l'Acad. roy. de Belgique,* XX, 1865, pp. 54-60.

Hébert, *E.* — **1.** Sur les fossiles tertiaires du Limbourg et sur ceux de la couche à *Ostrea cyathula* du bassin de Paris, avec observations de M. d'Archiac. *Bull. de la Soc. géol. de France,* VI, 1848-49, pp. 459-472.

——— **2.** Sur le calcaire pisolitique de la Belgique, avec observations de MM. d'Archiac, Graves, Haime, Michelin, de Verneuil, de Roys et N. Boubée. *Ibid.,* X, 1852, pp. 178-186.

——— **3.** Note sur le synchronisme du calcaire pisolitique des environs de Paris et de la craie supérieure de Maestricht. *Bull. de l'Acad. roy. de Belgique,* XX, 1853, 1re partie, pp. 369-380.

——— **4.** Note sur le système heersien de Dumont. *Ibid.,* XX, 1853, 1re partie, pp. 468-471.

(Cette note est extraite d'une lettre communiquée à l'Académie par d'Omalius; un résumé de cette note a paru dans le journal l'*Institut de Paris,* XXI, 1853, p. 337, et dans das *Jahrbuch,* Leonhard u. Bronn, 1854, p. 368.)

Hébert, *E.* — **5.** Quelques renseignements nouveaux sur la constitution géologique de l'Ardenne française. *Bull. de la Soc. géol. de France,* XII, 1854-55, pp. 1165-1187, avec 5 coupes sur bois; avec observations de M. Delanoüe sur ce travail. *Ibid.*, pp. 1187-1188.

—— **6.** Observations sur les systèmes bruxellien et laekenien de Dumont, et sur leur position dans la série parisienne, faites à l'occasion du mémoire de M. Le Hon. *Ibid.,* XIX, 1861-62, pp. 832-839.

—— **7.** Sur le non-synchronisme des étages campanien et dordonien de M. Coquand avec la craie de Meudon et celle de Maestricht. *Ibid.,* XIX, 1861-62, pp. 542-544; XX, 1862-63, pp. 90-103.

—— **8.** Nouvelles remarques au sujet de la réponse de M. Le Hon aux observations de M. Hébert. *Ibid.,* XX, 1862-63, p. 200.

—— **9.** Comparaison entre les terrains quaternaires du nord de la France, de la vallée de la Lesse et du Danemark. *Compte rendu du Congrès préhist.,* VI, 1872, pp. 149-151.

—— **10.** Comparaison de l'Éocène inférieur de la Belgique et de l'Angleterre avec celui du bassin de Paris. Paris, *Ann. des sciences géol.*, IV, 1873, 33 pages et 5 figures de coupes dans le texte.

(Un résumé de ce travail a paru dans le *Bull. de la Soc. géol. de France,* II, 1873-74, pp. 27-31 (avec observations de M. de Lapparent) et une analyse en a été publiée par le Dr Bleicher, dans la *Revue des sc. natur. de Montpellier,* II, 1874, pp. 578-580.)

—— **11.** Note sur la couche à dents de squales découvertes à Bruxelles par M. Rutot. *Ann. de la Soc. géol. de Belgique,* I, 1874, pp. LXXIII-LXXV.

—— **12.** Observations sur une note de M. Van den Broeck. *Bull. de la Soc. géol. de France,* V, 1876-77, p. 301.

Heers, *H.* (**de**). — Spadacrene, ou dissertation physique sur les eaux de Spa; nouv. édit., augm. de notes par W. Chronet. La Haye, pet. in-8°, 1739.

Hees (**Van**), et *J.-G.-S.* **Van Breda.** — Notice sur des dents de Ruminants, de Pachydermes et de Carnassiers, trouvées dans la formation crayeuse de la montagne de Saint-Pierre à Maestricht. *Ann. des sc. nat.,* XVII, 1829, pp. 446-454.

Hennequin (Major), *E.* — **1.** Carte géologique de l'Europe à l'échelle du 8,000,000e. Bruxelles, G. Eigenbrodt, avec une notice explicative de 28 pages, 1875.

Hennequin (Major), *E.* — **2.** Exposé sommaire de la géologie de la Belgique pour servir de notice explicative au nouveau tirage de la Carte géologique de la Belgique et des contrées voisines, par A. Dumont, in-8° de 72 pages, 1876.

—— **3.** Conférence sur la Cartographie géologique belge. Bruxelles, imprimerie A. Cnophs fils, 1 br. de 45 pages, 1879.

—— **4.** Compte rendu d'une exploration de la colline de Pellenberg et de quelques localités voisines.

(Ce travail se trouve inséré à la suite des « Mélanges géologiques » 1880, de MM. Cogels et Van Ertborn, pp. 51-60.)

—— **5.** Exposé des principes considérés comme applicables à l'exécution d'une Carte géologique de la Belgique, à grande échelle. *Procès-verbaux des séances de la Commission spéciale,* 1876-77. Annexe, pp. 111-119, n° 1.

—— **6.** Note sur la découverte de quelques nouveaux gîtes fossilifères à l'occasion du levé géologique de la planchette d'Assche, par M. G. Velge. *Ann. de la Soc. malac. de Belgique,* V, 1880, pp. LXVII-LXIX.

Hericart de Thury, *Louis-Étienne-François.* — **1.** Essai potamographique sur la Meuse, ou observations sur sa source, sa disparition sous terre, sa nouvelle sortie et son cours. Paris, *Journal des Mines,* XII, 1802, pp. 291-319.

—— **2.** Notice biographique sur le baron Jean-Baptiste-Marcelin Bory de Saint-Vincent. *Ann. de l'Acad. roy. de Belgique,* 1848, p. 161.

Hock, *G.* — **1.** Sur l'horizon du poudingue houiller dans le N.-E. de la province de Namur. *Ann. de la Soc. géol. de Belgique,* VI, 1879, pp 111-126.

—— **2.** Sur l'extension du terrain crétacé dans l'Est de la province de Namur. *Ibid.,* VI, 1879.

Hombres-Firmas, *Louis-Augustin* (**d'**). — Excursion à la montagne de Saint-Pierre ou Pietersberg, près de Maestricht. *Ann. de la Soc. d'agricul. de Lyon,* III, 1840, pp. 347-353.

Hony, *W.-E.* — Geolocical remarks on the vicinity of Maestricht [1814]. *Geol. Soc. Trans.,* IV, 1817, pp. 310-313.

Hoon, *A.* (**de**). — Mémoire sur les polders de la rive gauche de l'Escaut et du littoral belge. *Mém. cour. et des sav. étrang. de l'Acad. roy. de Belgique,* V, 1852.

Horen, *F.* (**Van**). — **1**. Note sur quelques points de la géologie des environs de Tirlemont. *Bull. de l'Acad. roy. de Belgique*, XXV, 1868, pp. 645-664; voir les rapports de MM. Dewalque et d'Omalius sur cette note. *Ibid.*, pp. 611-615, ainsi que la communication de M. Van Beneden sur cette note. *Ibid.*, p. 618.

—— **2**. Sur l'existence de puits naturels dans la craie sénonienne du Brabant. *Ibid.*, XXX, 1870, pp. 37-41; voir les rapports de MM. d'Omalius et Dewalque sur cette note. *Ibid.*, pp. 4, 6, 7.

—— **3**. Note sur des Polypiers nouveaux du terrain dévonien de Belgique. *Ann. de la Soc. malac. de Belgique*, VIII, 1873, p. cxxxiv.

Horion, *Charles*. — **1**. Notice sur le terrain crétacé de la Belgique, avec observations de M. Meugy. *Bull. de la Soc. géol. de France*, XVI, 1858-59, pp. 635-667.

—— **2**. Note sur le calcaire dévonien de Visé. *Ibid.*, XVII, 1859-60, pp. 58-61.

—— **3**. Sur les terrains primaires des environs de Visé. *Ibid.*, XXI, 1865, pp. 766-770.

—— **4**. André Dumont et la philosophie de la nature, 2e édit., 1 broch. in-8° de 87 pages, 1866. Bruxelles, Decq.

Horion, *Ch.*, et *J.* **Gosselet**. — **5**. Observations au sujet des travaux géologiques de MM. Cornet et Briart sur la meule de Bracquegnies. *Bull. de l'Acad. roy. de Belgique*, XXIX, 1870, pp. 689-700; voir aussi les rapports de MM. d'Omalius, de Koninck et Dewalque sur ce travail. *Ibid.*, pp. 664, 666 et 667.

Houzeau, *Jean-Charles*. — Pour Biographie, voir : *Notices biographique et bibliographique de l'Acad. roy. de Belgique*, 1874, pp. 51-55.

—— **1**. Note sur la géographie positive du Hainaut. *Mém. de la Soc. scient. du Hainaut*, I, 1852-53, pp. 105-115.

—— **2**. Mémoire sur la direction et la grandeur des soulèvements qui ont affecté le sol de la Belgique. *Mém. cour. de l'Acad. roy. de Belgique*, XXIX, 1855; voir aussi les rapports de MM. de Vaux et Dumont sur ce mémoire. *Bull. de l'Acad. roy. de Belgique*, XXI, 2e part., 1854, p. 539.

—— **3**. Essai d'une géographie physique de la Belgique au point de vue de l'histoire et de la description du globe. Bruxelles, 1854, in-8°, de 331 pages et 4 planches.

—— **4**. Histoire du sol de l'Europe. Bruxelles, 1857, in-8°.

Houzeau de Lehaie, *Auguste.* — **1.** Liste des Bryozoaires du poudingue de Ciply. *Ann. de la Soc. malac. de Belgique,* VIII, 1873, pp. 36-38.

—— **2.** Guide au Mont Panisel, 1 brochure de 4 pages avec 1 planche. Mons, chez Hector Manceaux, 1874.

—— **3.** Compte rendu de l'excursion du 30 août 1874 au Mont Panisel. *Bull. de la Soc. géol. de France,* II, 1873-74, pp. 554-557, avec observations de MM. de Lapparent, Van Scherpenzeel-Thim, Potier et Cornet. *Ibid.*, pp. 557-559.

—— **4.** Note sur les alluvions de la Trouille dans les environs de Mons. *Ann. de la Soc. malac. de Belgique,* X, 1875, pp. 33-35.

—— **5.** Sur l'étage yprésien de Mons. *Ann. de la Soc. géol. de Belgique,* II, 1875, pp. LXIV-LXV.

—— **6.** Carte géologique de la Belgique; voir renseignements sur cette carte. *Ibid.*, IV, 1877, p. CIX.

Houzeau de Lehaie, *Auguste,* **Briart** et **Cornet.** — **7.** Rapport sur les découvertes géologiques et archéologiques faites à Spiennes en 1867. *Mém. de la Soc. scient. du Hainaut,* II, 1866-67, pp. 355-392; réimprimé en 1872 à l'occasion de la réunion à Bruxelles du Congrès international d'Anthropologie et d'archéologie préhistoriques.

Hunt, *Thomas-Sterry.* — Histoire des noms cambrien et silurien en géologie. Traduit de l'anglais par M. G. Dewalque; voir des considérations sur ce travail. *Ann. de la Soc. géol. de Belgique,* II, 1875, pp. LXXXVII-XC.

Huxley, *Thomas-H.* — On the cetaceon fossils termed *Ziphius* by Cuvier, with a notice of a new species (*Belemnoziphius compressus*) from the Red Crag. *Geol. Soc. Quart. Journ.,* XX, 1864, pp. 388-396; *Phil. Mag.*, XXVIII, 1864, pp. 241-242.

Jacques, *Léon.* — Études sur la houille du bassin de Liége. Liége, *Revue univ. des Mines,* XXII, 1867, pp. 149-342.

Jannel. — **1.** Lettre à M. Gosselet sur les couches fossilifères de Vireux. *Ann. de la Soc. géol. du Nord,* IV, 1877, pp. 235-237, avec observations de M. Gosselet. *Ibid.*, pp. 232 et 237.

—— **2.** Note sur la présence de phosphates dans le Lias de la Belgique. *Ann. de la Soc. géol. de Belgique,* VII, 1880, p. CXII-CXV.

Jaumain. — Analyses de divers limons. *Bull. de l'Acad. roy. de Belgique,* XXXI, 1871, pp. 491-492.

Jochams, *F.* — Carte générale des mines, 1880; voir *Administration des Mines.*

Joly, *Victor.* — Les Ardennes, in-fol. de 284 pages, illustré de 30 planches à l'eau-forte, gravures sur bois, lithographies, etc. Bruxelles, 1854.

Jorissen. — De la présence de l'acide titanique dans le minerai de manganèse de Lierneux; sur la présence de l'arsenic et du vanadium dans la Delvauxite de la carrière Horion à Visé; sur la présence de l'iode dans la Phosphorite de Ramelot. *Ann. de la Soc. géol. de Belgique,* VI, 1879.

Kickx, *Jean.* — Pour Biographie, voir : *Nouv. Mém. de l'Acad. roy. de Belgique,* VIII, 1832, 3 pages.

——— **1.** Tentamen mineralogicum seu mineralium nova distributio in classes, ordines, genera, species, cum varietatibus et synonymis auctorum; cui additur Lexicon mineralogicum. Bruxelles, chez les frères Delemer, 1820, in-8° de 208 pages,

——— **2.** Dissertation sur les traps stratiformes. *Mém. de l'Acad. roy. de Belgique,* in-4°, II, 1822, pp. 157-186.

——— **3.** Sur la géographie physique du Brabant méridional [1824]. *Ibid.,* III, 1826, pp. 229-256.

——— **4.** Résumé du cours de minéralogie et de botanique donné au Musée des sciences et lettres de Bruxelles. Bruxelles, 1828, in-18 de 246 pages, chez H. Tarlier et M. Hayez.

Kickx, *Jean,* et *A.* **Quetelet**. — **5.** Relation d'un voyage fait à la grotte de Han au mois d'août 1822. *Nouv. Mém. de l'Acad. roy. de Belgique,* II, 1822, pp. 317-362.

Kickx, *Jean-Jacques.* — Pour Biographie, voir: *Bull. de l'Acad. roy. de Belgique,* XVIII, 1864, pp. 217-218; *Ann. de l'Acad. roy. de Belgique,* XXXI, 1865, pp. 101-121 (avec portrait).

——— **1.** Notice biographique sur Joseph-François Cantraine. *Ann. de l'Acad. roy. de Belgique,* XXX, 1864, pp. 154-156.

Kickx, *Jean-Jacques,* et *E.* **Coemans**. — **2.** Monographie des *Sphenophyllum* d'Europe. *Bull. de l'Acad. roy. de Belgique,* XVIII, 1864, pp. 134-160, 2 planches.

Koenen, *Adolf* (**von**). — **1.** Tertiärschichten bei Maestricht. *Deutsch. Geol. Gesell. Zeitschr.,* XV, 1863, pp. 653-654.

Koenen, *Adolf* (**von**). — **2**. On the correlation of the oligocene deposit of Belgium Northern Germany, and the south of England [1843]. *Geol. Soc. Quart. Journ.*, XX, 1864, pp. 97-102; *Phil. Mag.*, XXVII, 1864, pp. 73-74.

—— **3**. On the Belgian tertiaries. *Geol. Mag.*, IV, 1867, pp 501-507, 576.

Kupfferschlaeger, *I.* — Sur les sels alcalins dans les eaux de charbonnages. *Ann. de la Soc. géol. de Belgique*, VI, 1879.

Lacordaire, *Théodore*. — **1**. Rapport sur le concours quinquennal des sciences naturelles (1847-51). *Bull. de l'Acad. roy. de Belgique*, XIX, 1852, 3e part., pp. 602-629.

—— **2**. Discours prononcé sur la tombe de Charles Morren. *Ann. de l'Acad. roy. de Belgique*, XXV, 1859, pp. 207-212.

—— **3**. Rapport sur le concours quenquennal des sciences naturelles (1862-66). *Bull. de l'Acad. roy. de Belgique*, XXIV, 1867, pp. 578-592.

Ladrière. — **1**. Note sur le terrain dévonien de la vallée de l'Hogneau. *Ann. de la Soc. géol. du Nord*, II, 1875, pp. 74-80.

—— **2**. Étude sur les limons des environs de Bavay. *Ibid.*, VI, 1879, pp. 74-87 et 300-306, 1 planche.

—— **3**. Le terrain quaternaire du Nord. *Ib.*, VII, 1880, pp. 11-32, planches.

Lagneau, *Gustave*. — Sur les crânes de Furfooz. *Compte rendu du Congrès préhist.*, VI, 1872, pp. 549-553, avec observations de MM. Hamy, Dupont, Virchow et Lagneau. *Ibid.*, pp. 553-555-560-564.

Lambert, *Guillaume*. — **1**. Rapport adressé à M. le Ministre des Travaux publics sur des recherches et des expériences faites dans le but d'amender, au moyen de la chaux, une partie du sol de l'Ardenne. *Ann. des Trav. publ. de Belgique*, VI, 1847, pp. 209-236, avec 1 pl. et 1 carte.

(Ce travail comprend une étude et une division de l'étage triasique de l'Ardenne, avec carte et coupe.)

—— **2**. L'Anthracite. *Mém. de la Soc. scient. du Hainaut*, II, 1854, pp, 266-272.

(C'est un extrait du mémoire suivant.)

—— **3**. Voyage dans l'Amérique du Nord en 1853 et 1854 avec notes sur les expositions universelles de Dublin et de New-York. Bruxelles, Hayez, 1855, in-8° de 320 pages avec 1 atlas de 51 planches et une carte géologique des États-Unis et des possessions britanniques de l'Amérique du Nord, d'après Jules Marcou.

Lambert, *Guillaume.* — **4.** Découverte d'un gisement de phosphate de chaux au-dessous de la ville de Louvain. *Bull. de l'Acad. roy. de Belgique,* XXIX, 1870, pp. 254-259; voir le rapport de M. de Koninck sur cette note. *Ibid.,* p. 163.

——— **5.** Rapport sur le nouveau bassin houiller découvert dans le Limbourg hollandais. *Ann. de la Soc. géol. de Belg.,* IV, 1877, pp, 116-130.

Lambert, *E.* — Morphologie du système dentaire des races humaines. *Bull. de l'Acad. roy. de Belgique,* XLIII, 1877, pp. 559-603; voir les rapports de MM. P.-J. Van Beneden et Dupont sur ce travail. *Ibid.,* pp. 467-469.

Lambotte, *Henri-Antoine-Joseph.* — Pour Biographie, voir : *Ann. de la Soc. malac. de Belgique,* VIII, 1873, pp. I-XXIV.

——— **1.** Note sur une roche feldspathique de Grand-Manil, près de Gembloux. *Bull. de l'Acad. roy. de Bruxelles,* III, 1836, pp. 511-515, avec 1 planche.

——— **2.** Traité de Minéralogie pratique. Namur, J.-A. Rolliaen-Dujardin, libraire-éditeur, 1862.

——— **3.** Sur des roches d'origine ignée intercalées dans le calcaire de transition de la Belgique. *Bull. de l'Acad. roy. de Bruxelles,* X, 1843, 2ᵉ part., pp. 489-518, 1 planche.

——— **4.** Visite aux cavernes de Furfooz. *Ann. de la Soc. malac. de Belgique,* I, 1865, p. LXXVIII.

——— **5.** Note sur les tufs de Marche-les-Dames, etc. *Ibid.,* I, 1865, p. XCVI.

Lambotte, *P.* — Recherches sur l'origine des dépôts récents de manganèse hydraté de la province de Namur. *Bull. de la Soc. géol. de France,* XIV, 1856-57, pp. 791-800.

Lancaster, *Albert.* — **1.** Note additionnelle au mémoire de M. W.-T. Brigham, intitulé : « Volcanic manifestations in New-England (1638-1870). » *Mém. Bost. Soc. nat. hist.,* II, 1873, pp. 241-247.

——— **2.** Note sur le tremblement de terre ressenti le 22 octobre 1873 dans la Prusse Rhénane et en Belgique. *Bull. de l'Acad. roy. de Belgique,* XXXVI, 1873, pp. 469-475.

Lankester, *E.-Ray.* — The crags of Suffolk and Antwerp. *Geol. Mag.,* II, 1865, pp. 103-106, 149-152, with a woodcut.

Lapparent, *Albert* (**de**). — **1.** Note sur l'étage de la gaize. *Bull. de la Soc. géol. de France,* XXV, 1867-68, pp. 868-871.

—— **2.** Sur l'Aachenien. *Ibid.,* II, pp. 688-689, avec observations de M. Briart *Ibid.*, p. 689.

—— **3.** La doctrine des causes actuelles et l'étude microscopique des roches. *Ann. de la Soc. scient. de Bruxelles,* I, 1875-76, 2ᵉ part., pp. 185-192.

—— **4.** Progrès récents de la géologie. *Ibid.,* I, 1875-76, 2ᵉ part., pp. 367-376.

Laveleye, *A.* (**de**). — Affaissement du sol et envasement des fleuves survenus dans les temps historiques. Bruxelles, Decq, 1879, 44 pages.

Lefèvre, *Théodore.* — **1.** Une anomalie observée chez le *Pecten corneus,* Sow. *Ann. de la Soc. mal. de Belg.,* VIII, 1873, pp. 73-76, pl. 4.

—— **2.** Traduction de l'ouvrage de M. Th. Davidson : Sur les Brachiopodes tertiaires de Belgique. *Traductions et reproductions publiées par la Société malacologique,* 1874.

—— **3.** Traduction d'un mémoire inédit de M. Th. Davidson : Qu'est-ce qu'un Brachiopode? *Ann. de la Soc. malac. de Belgique,* X, 1875, pp. 36-86, pl. 3-6.

—— **4.** Note sur le gisement des fruits et des bois fossiles recueillis dans les environs de Bruxelles. *Ann. de la Soc. géol. de Belgique,* II, 1875, pp. 42-51.

—— **5.** Note sur la présence de l'Ergeron fossilifère dans les environs de Bruxelles. *Ann. de la Soc. mal. de Belg.,* X, 1875, pp. XXX-XXXIII.

—— **6.** Excursions malacologiques à Valenciennes, Soissons et Paris. *Ibid.,* XI, 1876, pp. LXXXV-XCVIII.

—— **7.** Description de l'Ovule des environs de Bruxelles. *Ibid.,* XIII, 1878, pp. 22-51, 6 planches.

—— **8.** Notice sur Ad. Watelet. *Ibid.,* V, 1880, pp. LIX-LXVII.

Lefèvre, *Th.,* et *L.* **Piré.** — **9.** La Malacologie à l'Exposition universelle de Paris en 1878. *Ibid.,* III, 1878, pp. LXXIX-XC.

Lefèvre, *Th.,* et *G.* **Vincent.** — **10.** Note sur la faune laekenienne de Laeken, de Jette et de Wemmel. *Ibid.,* VII, 1872, pp. 49-79, pl. 2-3.

Lefèvre, *Th.,* et *A.* **Watelet.** — **11.** Descriptions de deux *Solens* nouveaux. *Ibid.,* II, 1877, pp. 29-35.

Legay. — Compte rendu de l'excursion aux Cales-Sèches (Anvers). *Ann. de la Soc. géol. du Nord,* VI, 1879, pp. 437-438, 1 planche.

Le Hardy de Beaulieu, *Charles.* — Pour Biographie, voir : *Revue de Belgique,* IV, 1872, pp. 71-76.

——— **1.** De l'origine de la Houille. *Mém. de la Soc. scient. du Hainaut,* III, 1856, pp. 6-18.

——— **2.** De l'avenir des mines de fer en Belgique. *Revue trimestrielle,* X, 1856.

——— **3.** Souvenirs minéralogiques et paléontologiques sur le Hainaut et l'Entre-Sambre-et-Meuse, avec la liste alphabétique des localités de ces régions où l'on trouve des minéraux et des fossiles. *Mém. de la Soc. scient. du Hainaut,* VII, 1858-59, pp. 137-247.

——— **4.** Simples causeries sur l'Or. *Ibid.*, VIII, 1860-62, pp. 153-186.

——— **5.** Guide minéralogique et paléontologique dans le Hainaut et l'Entre-Sambre-et-Meuse, 1 vol. in-8° de 120 pages, 1861 (Extrait des *Mém. et publ. de la Soc. des sc. du Hainaut*).

——— **6.** L'industrie minière, minéralurgique et métallurgique dans le Hainaut ; son passé, son présent et son avenir. *Mém. de la Soc. scient. du Hainaut,* X, 1864-65, pp. 155-187. Deuxième partie : La sidérurgie, les carrières, les industries verrières et céramiques. *Ibid.*, pp. 188-211.

——— **7.** Lettre à M. Delanoue sur les fossiles trouvés à la base du Loess de Belgique. *Bull. de la Soc. géol. de France,* XXV, 1868, p. 276.

——— **8.** De la cristallisation du Quartz. *Mém. de la Soc. scient. du Hainaut,* II, 1868, pp. 455-470.

——— **9.** Note sur les cristaux de Pyrite trouvés dans les Porphyres de Quenast. *Ibid.*, II, 1868, pp 471-475.

——— **10.** Des amas artificiels de coquillage trouvés dans diverses contrées du globe. *Ibid.*, III, 1869, pp. 345-360.

Le Hardy de Beaulieu, *Ch.*, et *Albert* **Toilliez.** — **11.** Traduction de l'ouvrage de sir Ch. Lyell : Sur les couches tertiaires de la Belgique et de la Flandre française. *Ann. des Trav. publics de Belg.*, XIV, 1856.

Le Hon, *Henri.* — Pour Biographie, voir : *Revue anthropol. de Paris,* 1871, fas. 4 ; Préface de l'Homme fossile en Europe, 1877.

——— **1.** Géologie et paléontologie. *Mém. de la Soc. scient. du Hainaut,* VIII, 1847-48, pp. 13-26.

Le Hon, *Henri*. — **2**. Géologie et paléontologie. Hypothèse et faits curieux. *Ibid.*, I, 1852-53, pp. 121-131.

—— **3**. Périodicité des grands déluges résultant du mouvement graduel de la ligne des apsides de la terre, avec une carte des terres européennes pendant les périodes d'immersion tongrienne, falunienne et campinienne. *Ibid.*, V, 1856-57, pp. 241-352.

(Une 2e édition, revue, augmentée, enrichie de deux cartes et imprimée chez Lelong, à Bruxelles, a paru en 1861.)

—— **4**. Influence des lois cosmiques sur la climatologie et la géologie, complément rectificatif de l'ouvrage intitulé : *Périodicité des grands déluges*. Bruxelles, 1858, in-8°.

—— **5**. Manuel d'astronomie, de météorologie et de géologie à l'usage des gens du monde. Bruxelles, Émile Flatau, 1860, in-8° de 352 pages.

—— **6**. Note sur les terrains tertiaires de Bruxelles; leur composition, leur classement, leur faune et leur flore. *Bull. de la Soc. géol. de France*, XIX, 1861-62, pp. 804-832, pl. 18.

—— **7**. Système bruxellien. Réponse aux observations de M. Hébert. *Ibid.*, XX, 1862-63, p. 195.

—— **8**. Note sur les couches néocomiennes et albiennes de Wissant. *Ibid.*, XXI, 1863-64, pp. 14-16.

—— **9**. Éruption du Vésuve de 1631. *Bull. de l'Acad. roy. de Belgique*, XX, 1865, pp. 483-538.

—— **10**. Histoire complète de la grande éruption du Vésuve de 1631, avec la carte topographique des laves à l'échelle du 25,000e (1631-1861) et la coupe géologique du rivage napolitain. Bruxelles, in-8°, librairie Muquardt, 1866, brochure de 64 pages.

—— **11**. L'Homme fossile en Europe, son industrie, ses mœurs, ses œuvres d'art. 1 vol. de 360 pages avec 80 gravures. Bruxelles, Muquardt, 1867; 2e édition, 1 vol. de 436 pages et 100 gravures, 1868; 3e édition, avec une notice biographique et des notes paléontologiques et archéologiques, par M. E. Dupont, 1 vol. de 487 pages, 1877.

—— **12**. Note sur les Aptychus *Bull. de la Soc. géol. de France*, XXVII, 1870, pp. 10-14, avec une figure sur bois dans le texte; voir les observations sur cette note par MM. de Mortillet, Hébert, Bayan et Chaper.

—— **13**. Description de deux espèces de coquilles fossiles du système laekenien. *Ann. de la Soc. malac. de Belgique*, V, 1870, p. 7-10, pl.; voir le rapport de M. Nyst sur cette notice. *Ibid.*, p. 10.

Le Hon, *H.* — **14**. Sur quelques espèces nouvelles du Dévonien de Belgique. *Bull. de la Soc. géol. de France,* XXVII, 1870, pp. 492-499, 2 pl.

——— **15**. Préliminaires d'un Mémoire sur les poissons tertiaires de Belgique. Bruxelles, C. Muquardt, 1871, 1 broch. in-8° de 16 pages avec fig.

Le Hon, *H.*, et *L.-G.* **de Koninck**. — **16**. Recherches sur les Crinoïdes du terrain carbonifère de la Belgique. *Mém. de l'Acad. roy. de Belgique,* in-4°, XXVIII, 1854, 215 pages, 7 planches.

Le Hon, *H.*, et *H.* **Nyst**. — **17**. Descriptions succinctes de quelques nouvelles espèces animales et végétales fossiles des terrains tertiaires éocènes des environs de Bruxelles. Bruxelles, brochure, 1862.

Leonhard. — Ueber die aeltern Palaeozoischen Gebilde im Norden von Deutschland und Belgien. Stuttgart, 1 vol. in-8°, 1844.

Lersch. — Die Kohlensauren Eisenwässer von Spa. Aachen, 1867

Léveillé, *Charles*. — **1**. Aperçu géologique de quelques localités très-riches en coquilles sur les frontières de France et de Belgique. *Mém. de Soc. géol. de France,* II, 1re part., 1835. pp. 29-40, planches.

——— **2**. Sur les fossiles du poudingue nervien (tourtia). *Bull. de la Soc. géol. de France,* III, 1845-46, pp. 332-338.

Limbourg, *J.-Ph.* (**de**). — Traité des eaux minérales de Spa, 2e édit., revue et corrigée. Liége, 1756, in-8°, avec une carte.

Limbourg (le jeune), *Robert* (**de**). — **1**. Mémoire sur l'histoire naturelle d'une partie du Pays-Belgique. *Mém. de l'Acad. impér. et roy. de Bruxelles,* I, 1777, pp. 195-219. Lu à la séance du 26 octobre 1770.

——— **2**. Supplément au Mémoire, dans lequel il s'agit de la forme de la terre. *Ibid.*, I, 1777, p. 221.

——— **3**. Mémoire pour servir à l'histoire naturelle des fossiles des Pays-Bas. *Ibid.*, I, 1777, pp. 363-410. Lu à la séance du 7 février 1774.

Limelette. — Sur le camp d'Hastedon. *Matériaux pour l'histoire de l'homme,* de M. de Mortillet, II, 1865, p. 74.

Lisch, *E.* — Sur la période post-diluviale et sur le Renne dans le Mecklembourg. *Bull. de l'Acad. roy. de Belgique,* XXI, 1866, pp. 136-139. (Extrait d'une lettre adressée à M. Spring.)

Lyell (Sir), *Charles*. — **1**. On the Tertiary strata of Belgium and French Flanders. *Quart. Journ. of the geol. Soc. of London,* VIII, 1852, pp. 277-368, carte et planche. Traduit de l'anglais par MM. Ch. Le Hardy de Beaulieu et Albert Toilliez. *Ann. de la Soc. des Trav. publ. de Belgique,* XIV, 1856.

Lyell (Sir), *Charles.* — **2.** Parallelisirung der Englischen, Französischen, Belgischen, und Deutschen Tertiärbildungen. *Deutsch. Geol. Gesell. Zeitschr*, V, 1853, pp. 495-500.

—— **3.** Éléments de Géologie. Traduit de l'anglais sur la 6e édition, par M. J. Ginestou. Paris, Garnier, 1864.

(Les Éléments de Géologie furent successivement réédités dans les années 1842, 1851, 1852 et 1855.)

Lyon, *Clément.* — Les dunes de la Belgique. *Bull. de la sect. littér. de la Soc. des Mélophyles de Hasselt,* VI, 1870, pp. 85-103.

Macar, *Julien* (**de**). — **1.** Mémoire sur la description du système houiller du bassin de Liége. (Couronné par l'Académie royale de Belgique en 1875.) Inédit.

—— **2.** Sur les relations existant entre la composition chimique et le gisement des charbons du bassin de Liége. *Ann. de l'Assoc. des Ingén. de Liége,* séance du 15 juin 1876.

—— **3.** Note sur quelques synonymies de couches et quelques failles du système houiller du bassin de Liége. *Ann. de la Soc. géol. de Belgique,* IV, 1877, pp. 8-25, avec 1 pl.; voir les observations de M. R. Malherbe sur ce travail, *ibid.*, p. CIII, et la réponse de M. de Macar, *ibid.*, p. CXIII.

—— **4.** Étude sur les failles et les synonymies proposées par la carte générale des mines pour les bassins houillers de Liége et de Herve. *Ibid.*, VI, 1880, pp. 177-223, avec 4 grands plans.

Mailly, *Éd* — Sur les marées en différents points des côtes de Belgique. *Nouv. Mém. de l'Acad. roy. de Belgique*, XI, 1838, 18 pages, 2 planches.

Majerus, *F.-E.* — Notes sur le terrain jurassique du Grand-Duché de Luxembourg, précédées de quelques considérations générales sur la configuration du pays, résumées de divers auteurs. *Mém. de la Soc. des sc. nat. du Luxembourg,* II, 1854, pp. 57-80, avec carte et coupes.

Malaise, *Constantin-Henri-Gérard-Louis.* — Pour Biographie, voir : *Notices biographique et bibliographique de l'Acad. roy. de Belgique,* 1874, pp. 62-65.

—— **1.** Note sur quelques ossements humains fossiles et sur quelques silex taillés. *Bull. de l'Acad. roy. de Belgique*, X, 1860, pp. 385-546; voir aussi les rapports de MM. de Koninck et d'Omalius sur cette note. *Ibid.*, p. 511.

Malaise, *Constantin-Henri-Gérard-Louis.* — **2.** Mémoire sur les découvertes paléontologiques faites en Belgique jusqu'à ce jour. *Mém. de la Soc. d'Émul. de Liége*, I, 1860, pp. 113-180.

——— **3.** De l'âge des phyllades fossilifères de Grand-Manil, près de Gembloux. *Bull. de l'Acad. roy. de Belgique*, XIII, 1862, pp. 168-171 ; voir le rapport de M. Dewalque sur cette notice. *Ibid.*, p. 118.

——— **4.** Sur le mode d'introduction des ossements dans les cavernes. *Bull. de la Soc. géol. de France*, XX, 1863, p. 779.

——— **5.** L'homme fossile. Aperçu des principales découvertes qui tendent à prouver son existence. *Revue populaire des sciences*, 1863.

——— **6.** Note sur le terrain crétacé de Lonzée. *Bull. de l'Acad. roy. de Belgique*, XVIII, 1864, pp. 317-320; voir le rapport de M. d'Omalius sur cette note, *Ibid.*, p. 309.

——— **7.** Sur l'existence en Belgique de nouveaux gîtes fossilifères à faune silurienne. *Ibid.*, XVIII, 1864, pp. 321-324; voir le rapport de M. d'Omalius sur cette notice. *Ibid.*, p. 310.

——— **8.** Note sur quelques fossiles du massif silurien du Brabant. *Ibid.*, XX, 1865, pp. 871-874; voir les rapports de MM. Van Beneden et d'Omalius sur ce travail. *Ibid.*, pp. 813-814.

——— **9.** Sur les silex ouvrés de Spiennes. *Ibid.*, XXI, 1866, pp. 134-164; voir les rapports de MM. de Koninck et Van Beneden et aussi l'opinion de M. Dewalque sur ce travail. *Ibid.*, pp. 4. 6 et 11.

——— **10.** Sur des corps organisés, trouvés dans le terrain ardennais de Dumont, *Ibid.*, XXI, 1866, pp. 566-567.

——— **11.** Notice sur la Carte géologique agricole ou agronomique de Belgique et sur les terrains agricoles, *Bull. de l'Inst. agric. de l'État à Gembloux*, Bruxelles, 1868, in-8°.

——— **12.** Roches usées avec canelures de la vallée de la grande Geete. *Bull. de l'Acad. roy. de Belgique*, XXVII, 1869, pp. 682-685.

——— **13.** On the silurian formations of the centre of Belgium. *Brit. Assoc. Rep.*, XL, 1870 (sect.), pp. 78-79.

——— **14.** La Belgique agricole dans ses rapports avec la Belgique minérale, accompagné d'une carte agricole de la Belgique chromolithographiées, à l'échelle du 800,000e. Bruxelles, 1871, chez Mayolez.

——— **15.** Sur l'âge de quelques couches du terrain ardennais des environs de Spa. Pli cacheté, déposé le 3 juin 1871 et ouvert dans la séance du 6 juin 1874. *Bull. de l'Acad. roy. de Belgique*, XXXVII, 1874, pp. 800-801.

Malaise, *Constantin-Henri-Gérard-Louis.* — **16.** Notice sur Eugène-H.-L.-G. Coemans. *Ann. de l'Acad. roy. de Belgique,* 38e année, 1872, pp. 109-133.

—— **17.** Rapport sur l'excursion annuelle de la Société malacologique de Belgique dans les environs de Virton (province de Luxembourg), du 15 au 20 septembre 1872. *Ann. de la Soc. malacol. de Belgique,* VII, 1872, pp. 95-107.

—— **18.** Note sur la description du terrain silurien du centre de la Belgique. *Bull. de la Soc. malacol. de Belgique,* VIII, 1873, pp. C-CV.

—— **19.** Description du terrain silurien du centre de la Belgique, *Mém. cour. de l'Acad. roy. de Belgique,* XXXVII, in-4°, 1873 (n° 2), 122 pages, 7 planches de fossiles et 2 planches de coupes; voir aussi les rapports de MM. d'Omalius, de Koninck et Dewalque sur ce mémoire. *Bull. de l'Acad. roy. de Belgique,* XXVIII, 1876, pp. 588-593 et 599.

—— **20.** Manuel de minéralogie pratique. Mons, 1 vol de 332 pages, 1873; 2e édit. revue et augmentée. Mons, 1881.

—— **21.** Géographie agricole de la Belgique. *Patria belgica,* I, 1873, pp. 489-498.

—— **22.** Carte agricole de la Belgique, 2e édition. *Annuaire statistique de la Belgique,* 4e année. Bruxelles, 1873.

—— **23.** Sur quelques roches porphyriques de Belgique. *Bull. de l'Acad. roy. de Belgique,* XXXVIII, 1874, pp. 70-87; *Ann. de la Soc. géol. de Belgique,* II, 1874-75, pp. XLIV-XLV.

—— **24.** Sur la découverte du *Dichtyonema sociale,* Salt., de la faune primordiale, dans le massif de Rocroy. *Bull. de l'Acad. roy. de Belgique,* XXXVIII, 1874, p. 464.

—— **25.** Communications sur les terrains cambrien et silurien de la Belgique. *Bull. de la Soc. géol. de France,* II, 1873-74, pp. 580-582; *Revue scient. de Paris,* IV, 1875, p. 635.

—— **26.** Rapport sur une excursion scientifique en Allemagne et à l'Exposition universelle de Vienne en 1873. Bruxelles, 1 br., extr., 21 pages, 1874.

—— **27.** Quelques mots sur le poudingue d'Alheur (Romsée). *Ann. de la Soc. géol. de Belgique,* II, 1875, pp. XCII-XCIII, avec observations de M. Dewalque.

—— **28.** Sur quelques fossiles du Diluvium. *Ann. de la Soc. malacol. de Belgique,* X, 1875, p. LV; voir aussi l'indication de débris fossiles recueillis à Genck (Limbourg), par M. Seghers. *Ibid.,* p. XXXVI.

Malaise, *Constantin-Henri-Gérard-Louis.* — **29.** Excursion géologique et botanique de la Société royale Linnéene, de Gembloux à Onoz, Bovesse, Namur, Dave. *Bull. de la Soc roy. Linnéenne de Bruxelles*, 1875-76.

—— **30.** La paléontologie végétale de la Belgique. *Bull. de la Soc. roy. linn. de Bruxelles,* V, 1876, pp. 41-46, 57-63, 69-72, 101-107.

(Conférences données en 1876 aux membres de la Société Linnéenne de Bruxelles.)

—— **31.** Observations à propos des fossiles cambriens de l'Ardenne. *Ann. de la Soc. géol. de Liége,* IV, 1877, p c.

—— **32.** Sur la découverte de l'Apatite cristallisée à Salm-Château; extrait d'une lettre de M. F. Pisani. *Bull. de l'Acad. roy. de Belgique,* XLIV. Bruxelles, 1877.

—— **33.** Sur des *Lingula* trouvées à Lierneux, dans le Cambrien de l'Ardenne. *Ann. de la Soc. géol. de Liége*, V, 1878, pp. CXXXVII-CXXXVIII.

—— **34.** Découvertes de Brachiopodes du genre *Lingula* dans le Cambrien du massif de Stavelot. *Bull. de l'Acad. roy. de Belgique,* XLVI, 1878, p. 58.

—— **35.** Sur une espèce minérale nouvelle pour la Belgique : l'Arsenopyrite ou Mispickel. *Ibid.,* XLVI, 1878, pp. 881-882.

—— **36.** Sur l'Arsonépyrite ou Mispickel et sur l'eau arsenicale de Court-Saint-Étienne, *Ann. de la Soc. géol. de Belgique,* XLVII, 1879, pp. 29-37.

—— **37.** Conférence sur la géographie agricole de la Belgique. (Communications de l'Institut cartographique militaire.) Bruxelles. 1879.

—— **38.** Descriptions de gites fossilifères devoniens et d'affleurements du terrain crétacé. (Publication de la Commission de la carte géologique de la Belgique.) Bruxelles, F. Hayez, 1 vol. in-4° de 69 pages avec 1 carte, voir le résumé de ce travail par l'auteur dans le *Bull. de l'Acad. roy. de Belgique,* XLIX, 1880, pp 309-320.

Malaise, *C.*, et *J.* **Gosselet.** — **39.** Observations sur le terrain silurien de l'Ardenne. *Ibid.,* XXVI, 1868, pp. 61-118, et 2 planches.

Malaise, *C.*, et *J.* **Van Scherpenzeel-Thym.** — Catalogue des roches et des produits minéraux du sol de la Belgique. *Catalogue des produits industriels et des œuvres d'art de la Belgique à l'Exposition universelle de Paris en 1867.*) Bruxelles. 1867, in-12.

Malherbe, *Renier*. — **1**. Historique de l'exploitation de la houille dans le pays de Liége jusqu'à nos jours. *Mém. de a Soc. d'Émul. de Liége*, II, 1862, pp. 267-470. (Mémoire couronné.)

—— **2**. Mémoire sur le grisou. *Mém. de la Soc. scient. du Hainaut*, X, 1864-65, pp. 3-110. (Mémoire couronné.)

—— **3**. Des caractères géologiques propres au raccordement des couches de houille. *Ann. des Trav. publ. de Belg.*, XXV, 1868, pp. 191-210.

—— **4**. De la présence de chlorures alcalins dans les eaux et les roches du bassin houiller de Liége. *Bull. de l'Acad. roy. de Belgique*, XXVIII, 1869, pp. 102-109; voir les rapports de MM. d'Omalius, Dewalque et de Koninck sur ce travail. *Ibid.*, pp. 25-27; Liége, *Revue univ. des Mines*, XXVII, 1870, pp. 264-268.

—— **5**. Éléments d'un cours de géologie. Liége, 1868-73, in-8° de 90 pages.

—— **6**. Note sur les Cardinies rencontrées dans le bassin houiller de Liége. *Bull. de l'Acad. roy. de Belgique*, XXXII, 1871, pp. 375-377, voir le rapport de M. Dewalque sur cette note, *Ibid.*, p. 368.

—— **7**. Note sur les oscillations de l'écorce du globe. *Congrès des sc. géogr. d'Anvers*, I, 1872, pp. 315-319.

—— **8**. Belgian minerals. — Geological Review. *Iron and steel Instit. Journ.*, I, 1873, pp. 277-284. (*La Belgique minérale.*)

—— **9**. De la cartographie minière. *Ann. des Trav. publ. de Belgique*, XXXII, 1874, pp. 391-493.

—— **10**. Des chlorures alcalins de formation houillère. *Bull. de l'Acad. roy. de Belgique*, XXXIX, 1875, pp. 16-25; voir aussi les rapports de MM. de Koninck et Dewalque sur ce travail. *Ibid.*, pp. 9-11.

—— **11**. Mémoire sur la description du système houiller du bassin de Liége. (Couronné par l'Académie royale des sciences de Belgique en 1875.) Inédit.

—— **12**. Observations sur l'allure du système houiller entre Mélen et Charneux (province de Liége). *Ann. de la Soc. géol. de Belgique*, III, 1876, pp. 80-83 avec 1 planche; voir le rapport de M. Briart, sur ce travail. *Ibid*, pp. 84-88.

—— **13**. De la stérilité du système houiller entre Saive, Jupille et La Xhavée. *Ibid.*, III, 1876, pp. 89-94, avec 1 planche.

—— **14**. Sur la faille eifelienne. *Ibid.*, VI, 1879.

Malherbe, *Renier*. — **15.** Réfutation des synonymies proposées par M. Bustin. *Ibid.*, VI, 1879.

——— **16.** Sur les grès poudingiformes du système houiller. *Ibid.*, VI, 1879.

——— **17.** Carte générale des mines, 1880. (Voir: *Administr. des mines.*)

——— **18.** Étude minérale sur le charbonnage de Leval-Trahegnies, 1880.

——— **19.** De l'analyse des charbons considérée aux points de vue des déductions scientifiques et industrielles *Ann. de l'assoc. des Ingénieurs de Liége*, VI, 1876, 1er n°.

Malzine, *Firmin* (**de**). — **1.** Deux coquilles nouvelles du crag d'Anvers. *Ann. de la Soc. malac. de Belgique*, I, 1865, pp. XLI-XLII.

——— **2.** Description de trois coquilles fossiles nouvelles. *Ibid.*, II, 1866-67, pp. 45-48.

Mann (l'abbé), *Théodore-Augustin*. — Pour Biographie, voir: *Nouv. Mém. de l'Acad. roy. de Belgique*, VI, 1830.

——— **1.** Mémoire sur l'ancien état de la Flandre maritime : Sur les changements successifs qui y sont arrivés et les causes qui les ont produits; sur la nature de son climat et de son sol; sur les marées de cette côte et leur comparaison avec la hauteur de différentes parties du pays adjacent, avec carte hydrographique des parties N.-O. de l'Europe, etc. *Mém. de l'Acad. impér. et roy. de Bruxelles*, I, 1780, 2e éd., pp. 63-153.

——— **2.** Mémoire sur le feu élémentaire considéré en général dans toute la nature, avec des conjectures sur ses différentes modifications, ses lois d'action, sa fin et ses usages universels. *Ibid.*, II, 1780, pp. 3-46.

——— **3.** Mémoire sur l'histoire naturelle de la Mer du Nord et sur la pêche qui s'y fait, avec carte hydrographique de la Mer du Nord, etc. *Ibid.*, II, 1780, pp. 195-220. (Lu à la séance du 20 novembre 1776.)

——— **4.** Mémoire dans lequel on examine l'opinion de plusieurs auteurs anciens et modernes qui soutiennent que les Mers Noire, Caspienne, Baltique et Blanche, ont anciennement communiqué ensemble. *Ibid.*, III, 1780, pp. 387-400.

——— **5.** Mémoire sur les marées aériennes, c'est-à-dire sur l'effet produit dans l'atmosphère terrestre par l'action du soleil et de la lune. *Ibid.*, IV, 1783, pp. 91-120.

——— **6.** Mémoire contenant le précis de l'histoire naturelle des Pays-Bas maritimes. *Ibid*, IV, 1783, pp. 123-159.

Mann (l'abbé), *Théodore-Augustin.* — **7.** Vue générale des derniers progrès des sciences académiques et de ce qui reste à faire pour les amener de plus en plus vers leur perfection. *Ibid.*, V, 1788, pp. 1-12.

—— **8.** Dissertation sur les déluges dont il est fait mention chez les anciens, suivie de quelques considérations physiques et mathématiques sur ces catastrophes. *Ibid.*, V, 1788, pp. 49-60.

—— **9.** Dissertation sur les Syrtes et les marées de la Mer Méditerranée. *Ibid.*, V, 1788, pp. 61-75. (Lu à la séance du 16 janvier 1786.)

Marchal, *Edmond.* — Notices nécrologiques sur MM. Kickx et Vanderlinden. *Nouv. Mém. de l'Acad. roy. de Belg.*, in-4°, VII, 1832, 7 pages.

Marci (l'abbé). — Mémoire sur l'utilité des engrais artificiels, avec l'analyse des cendres de Hollande, des terres à froment, des marnes et de la chaux, considérées comme engrais. *Mém. de l'Acad. impér. et roy. de Bruxelles*, III, 1780, pp. 47-74. (Lu à la séance du 13 décembre 1775.)

Marion, *A.-F.*, et **de Saporta.** — **1.** Essai sur l'état de la végétation à l'époque des marnes heersiennes de Gelinden. *Mém. cour. et des sav. étrangers de l'Acad. roy. de Belgique*, in-4°, XXXVII, 1873, 94 pages et 12 planches.

—— **2.** Révision de la Flore heersienne de Gelinden. *Ibid.*, XLI, 1878, 16 planches.

Marum (**Van**). — Beschryving der beenderen van den kop van einen visch, gevonden in den St-Pietersberg, by Maestricht, en geplaats in Teylers Museum, in-4°, avec 12 planches. *Verhandelingen uitgegeven Teylers tweede genootschap*, VIII, 1790, p. 383.

Massart, *Alf.* — Gisements métallifères du district de Carthagène (Espagne). *Ann. de la Soc. géol. de Belgique*, II, 1875, pp. 58-107, pl. 2.

Matthew, *G.-F.* — Note sur les mollusques de la formation post-pliocène de l'Acadie. Traduction de l'anglais par M. Armand Thielens. *Ann. de la Soc. malacol. de Belgique*, IX, 1874, pp. 33-50; voir le rapport de M. Van den Broeck sur le travail de M. Matthew. *Ibid.*, pp. CXLIII-CLI.

Maurice, *Ch.* — Excursion du 25 mai 1879 dans les terrains crétacés des environs de Mons. *Ann. de la Soc. géol. du Nord*, VI, 1879, pp. 438-448.

Maus, *M.-Henri-J.* — Discours sur les travaux des membres de la classe des sciences pendant l'année 1876. *Bull. de l'Acad. roy. de Belgique*, XLII, 1876, pp. 993-1019.

M. E. L. A. A. L. V. D. B. — Quelques mots sur la découverte de la houille dans l'ancien pays de Liége. Br. in-8° de 8 pages. Liége, 1837. (Tiré à 50 exemplaires.)

Melleville. — Description géologique de la montagne de Laon. *Bull. de la Soc. géol. de France*, XVII, 1859-60, pp. 710-736.

Melsens, *Louis-Henri-Frédéric.* — Pour Biographie, voir : *Notices biographique et bibliographique de l'Acad. roy. de Belgique*, 1874, pp. 66-70.

—— **1.** Note sur l'importance du gisement de phosphate de chaux des environs de Ciply (province de Hainaut). *Bull. de l'Acad. roy. de Belgique*, XXXVIII, 1874, pp. 25-52.

—— **2.** Note sur les mines de houille dans lesquelles on constate la présence du *grisou. Ibid.*, XLVII, 1879, pp. 502-514.

Mercey, *N.* (**de**). — **1.** Sur l'argile à Silex. *Bull. de la Soc. géol. de France*, 1875, pp. 134-136, avec des observations de M. Lapparent; voir aussi une communication de l'auteur sur le même sujet. *Ibid.*, pp. 193-194.

—— **2.** Observations à l'occasion de quelques travaux publiés dans les Annales de la Société géologique du Nord sur le Quaternaire ancien. *Ann. de la Soc. géol. du Nord*, VII, 1879-80, pp. 246-258.

Mestorf, *J.* — Der Congres der Archäologen und Anthropologen in Brüssel. *Hamburger correspondent*, 11 octobre 1872.

Meugy, *A.* — **1.** Essai de géologie pratique sur la Flandre française, dédié à Sa Majesté Léopold Ier, roi des Belges. Lille, 1852, 1 vol. in-8° de 307 pages et 2 planches. Extr. des *Mém. de la Soc. scient. de Lille*, 1850, pp. 82-117; 1851, pp. 114-175; 1852, pp. 1-178, avec atlas.

—— **2.** Sur le gisement, l'âge et le mode de formation des minerais de fer du département du Nord et de la Belgique. Paris, *Ann. des mines*, VIII, 1855, pp. 147-185.

—— **3.** Sur le synchronisme de formation entre les minerais de fer géodique de Joinville et de Vassy et ceux de la Belgique et du Nord. *Bull. de la Soc. géol. de France*, XIII, 1855-56, pp. 879-887.

—— **4.** Carte géologique du département du Nord, abstraction faite du limon quaternaire. *Ibid.*, 1857-58, pp. 458-462.

—— **5.** Sur l'utilité de la nomenclature de M. Dumont. *Ibid.*, XVI, 1858-59, pp. 261-264.

Meugy, *A.* — **6**. Sur le Lias. *Ibid.*, XXVI, 1869, pp. 484-513, 2 coupes intercalées dans le texte; voir aussi les observations de M. Jacquot sur cette communication. *Ibid.*, p. 513 et la réponse de M. Meugy, p. 515.

——— **7**. Réplique à la note de M. Piette sur le Lias. *Ibid.*, XXVIII, 1871, pp. 55-59.

——— **8**. Sur la ceinture nord-est du bassin tertiaire parisien, *Ibid.*, I, 1872-73, pp. 40-61, et 2 coupes sur bois dans le texte. Ce travail est accompagné d'observations de M. Buvignier et de M Ed. Hebert.

——— **9**. Procès-verbal de la réunion extraordinaire de la Société géologique à Valenciennes (nord) pendant laquelle elle a visité les terrains quaternaire, tertiaire, crétacé, carbonifère et dévonien des environs. *Ibid.*, X, 1852-53, pp. 597-634.

Meunier, *Stanislas.* — Note sur la pierre météorique tombée à St-Denis-Westrem, près de Gand, le 7 juin 1855. *Bull. de l'Acad. roy. de Belg.*, XXIX, 1870, pp. 210-217; voir aussi le rapport de M. Duprez sur cette note. *Ibid.*, p. 161.

Meynne. — Topographie médicale de la Belgique. Bruxelles, Manceaux, in-8° de 582 pages.

(Le chapitre VII, pp. 265-320 est relatif à la géologie médicale.)

Michelin, *Hardouin.* — Iconographie zoophytologique. Description, par localités et terrains, des polypiers fossiles de France et pays environnants. 1 vol. in-4° avec atlas de 79 planches. Paris, chez P. Bertrand, 1840-47.

Michot, (l'abbé). — Notice biographique sur Albert Toilliez. *Ann. de la Soc. malac. de Belgique*, I, 1865, pp. XCIV-XCVI.

Miller, *J.*, et *Ernest* **Vanden Broeck.** — Les foraminifères vivants et fossiles de la Belgique. *Ibid*, VII, 1872, pp. 15-46 et 2 tableaux; IX, 1874, pp. 83-85.

Miquel, *F.-A.-W.* — De fossiele planten van het krijt in het hertogdom Limburg. *Verhand. Geol. Kaart. Nederl.*, I, 1853, pp. 33-56 (met zeven platen).

Mohren. — Carte d'assemblage des concessions de mines de houille de Liége et des environs, 12 feuilles.

Monoyer, *J.* — Mémoire sur l'origine et le développement de l'industrie houillère dans le bassin du Centre (Hainaut-Belgique). Mons, 1 vol. de 150 pages avec 1 carte, 1873.

Mons, *J.-B.* **(van)**. — Mémoire sur une moulure pyriteuse d'Ammonite. *Bull. de l'Acad. roy. de Bruxelles*, I, 1832-34, pp. 96-97.

Montigny, *Charles*. — Sur des débris d'animaux fossiles trouvés près de Nivelles. *Ibid.*, X, 1860, p. 430.

Moreau, *J.* — Notes sur le grès landenien. *Ibid.*, XXIX, 1870, pp. 490-495; voir le rapport de M. d'Omalius, sur cette note, *ibid.*, p. 448.

Moris. — Die Triasformation im Grossherzogthum Luxemburg, 1852. Luxembourg, in-4°.

Morren, *Charles, F.-A.* — Pour Biographie, voir : *Ann. de la l'Acad. roy. de Belgique*, XXV, 1859, pp. 207-215; XXVI, 1860, pp. 167-228, (avec portrait).

——— **1.** Sur les restes fossiles de deux Cirrhipèdes. *Mess. des sc. de Gand*, V, 1827-28, pp. 227-233, 1 planche.

——— **2.** Revue systématique des nouvelles découvertes d'ossements fossiles, faites dans le Brabant méridional. *Ibid.*, V, 1827-28, pp. 395-440.

——— **3.** Responsio ad questionem a nobilissimo disciplinarum mathematicarum et physicarum ordine in Academia Groningana, anno 1828 propositam : Quæritur descriptio corraliorum fossilium in Belgio repertorum, quæ præmium reportavit. In-4°, pl., 1828.

——— **4.** Aanteekeningen over de Wording der Wormnabootsingen en over den oorsprong der Porenkeyen. (Remarques sur la formation des pseudomorphoses et sur l'origine des silex cornés.) In-8°, planches. *Bydrag. tot de Natuurlyke Wetenschappen*, IV, 1829.

——— **5.** Specimen academicum exhibens tentamen biozoogeniæ, generalis, quo continentur leges primitivæ apparitionis entium organicorum ad superficium telluris, eorumque speciei propagationis per generationem ; novæ inquisitiones de modo quo produeuntar entoza intestinalia et zoospermata, quo vero propagantur in fusaria, vegetabilisque microscopica. In 4°, Bruxelles, ex-typ. H. Remy, 1829.

——— **6.** Over den betrekkelyken ouderdom der kernen van de mollusken en andere fossile dieren. (Sur l'âge relatif des moules intérieurs des mollusques et autres animaux fossiles.) In-8°, 1829. *Bydrag. tot de natuurlyke Wetenschappen*, IV, n° 1, 1829.

——— **7.** Lettre adressée à la Société géologique de France par M. Charles-F.-A. Morren, au sujet de ses travaux pendant l'année 1831. *Bull. de la Soc. géol. de France*, II, 1831, p. 26.

Morren, *Charles, F.-A.* — **8.** Sur les ossements humains des tourbières de la Flandre. *Messager des sciences du Hainaut*, I, 1833, pp. 253-275, 1 pl.; *Bull. de l'Acad. roy. de Bruxelles*, II. 1835, pp. 110-112.

——— **9.** Sur une nouvelle espèce d'Élephant fossile, *E. macrorhynchus*. *Ibid.*, I, 1832-34, pp. 152-155, 178-181.

——— **10.** Notice sur la vie et les travaux de Philippe-Charles Schmerling. *Ann. de l'Acad. roy. de Bruxelles*, 4e année, 1838, pp. 130-150.

——— **11.** La Tubicinelle fossile du terrain bruxellien est-elle un palais de poisson? *Bull. de l'Acad. roy. de Bruxelles*, XIX, 1852, pp. 293-295.

——— **12.** Observations sur les Polders. *Ibid.*, XVIII, 1852 (2me part.), pp. 632-648.

Morren, *Édouard*. — Notice biographique sur Charles Morren, avec portrait. *Ann. de l'Acad. roy. de Bruxelles*, XXVI, 1860, pp. 167-228.

Mourlon, *Michel-Félix*. — **1.** Recherches sur l'origine des phénomènes volcaniques et des tremblements de terre, accompagnées de l'examen de la théorie des cratères de soulèvement et de quelques observations sur les Volcans du centre de la France. Thèse. Bruxelles, 1 vol. in-8° de 66 pages, 1867.

——— **2.** Esquisse géologique sur le Maroc. *Bull. de l'Acad. roy. de Belgique*, XXX, 1870, pp. 42-57; voir le rapport de M. d'Omalius sur ce travail. *Ibid.*, p. 14.

——— **3.** Relation de l'excursion faite par la Société malacologique à Heyst, le 2 octobre 1870. *Ann. de la Soc. malac. de Belg.*, V, 1870, pp. 65-73.

——— **4.** Observations sur le classement des couches tertiaires moyennes dans le Limbourg belge, à propos du Mémoire de MM. Ortlieb et Dollfus, intitulé: Compte rendu de géologie stratigraphique de l'excursion de la Société malacologique de Belgique dans le Limbourg, les 18 et 19 mai 1873. *Ibid.*, VIII, 1873, pp. 91-98.

——— **5.** Sur les dépôts crétacés traversés au puits n° 1 de la Compagnie houillère du Viernoy (Anderlues). *Ibid.*, VIII, 1873, p. CXVI.

——— **6.** Géologie de la Belgique. *Patria belgica*, I, 1873, pp. 95-192, avec une esquisse géognostique de la Belgique, d'après les cartes de A.-H. Dumont et des coupes sur bois; voir l'appréciation de M. J. Gosselet sur ce travail. *Bull. scient. du dép. du Nord*, V, 1873, pp. 38-194.

——— **7.** Communication sur l'assise diestienne du Kiel, près d'Anvers. *Ann. de la Soc. malac. de Belgique*, VIII, 1873, pp. CXXVIII-CXXX.

Mourlon, *Michel-Félix.* — **8.** Observations sur la position du Paniselien dans la série éocène à propos d'un travail récent de M. Ed. Hébert. *Ibid.*, IX, 1874, pp. XXXIV-XXXVIII.

——— **9.** Observations sur nos couches tertiaires à *Terebratula grandis. Ibid.*, IX, 1874, pp. XXIII, XLVI-LII.

——— **10.** Nouvelles observations sur nos couches tertiaires à *Terebratula grandis. Ibid.*, IX, 1874, pp. LV-LVIII.

——— **11.** Sur la découverte d'un arbre fossile dans le Maestrichtien, à Canne (Belgique), près de Maestricht. *Ibid.*, IX, 1874, pp. LX-LXI.

——— **12.** Traduction de l'ouvrage de M. J. Prestwich : Sur la structure des couches du crag de Norfolk et de Suffolk, avec quelques observations sur leurs restes organiques, 1 vol. in-8° de 144 pages. Extrait des *Traductions et reproductions publiées par la Société malacologique*, 1874, 35 coupes sur bois; voir le rapport de M. Van den Broeck sur ce travail. *Ibid.*, IX, 1874. pp. VII-XII.

——— **13.** Sur les terrains de la basse Belgique. *Compte rendu de l'Assoc. française*, pp. 402-405, séance du 27 août 1874; *Revue scient. de Paris*, IV, 1875, n° 27.

——— **14.** Sur l'étage dévonien des psammites du Condroz en Condroz. *Bull. de l'Acad. roy. de Belgique*, XXXIX, 1875, pp. 602-659, avec 2 planches de coupes; voir les rapports de MM. Dewalque, de Koninck et Dupont sur ce travail. *Ibid.*, pp. 469-486; des analyses étendues ont été faites de ce travail par M. Gosselet : *Bull. scient., etc., du départ. du Nord*, VII, 1875, pp. 154-155; et par M. A. Paladilphe : *Revue des sc. natur. de Montpellier*, V, 1876, pp. 158-162.

——— **15.** Sur l'étage dévonien des psammites du Condroz dans le bassin de Theux, dans le bassin septentrional (entre Aix-la-Chapelle et Ath) et dans le Boulonnais. *Bull. de l'Acad. roy. de Belgique*, XL, 1875, pp. 761-796, avec 1 planche de coupes; voir aussi les rapports de MM. Dewalque, de Koninck et Dupont sur ce travail. *Ibid.*, pp. 673, 675 et 676.

——— **16.** Sur les dépôts dévoniens rapportés par Dumont à l'étage quartzo-schisteux inférieur de son système eifelien, avec quelques observations sur les affleurements quartzo-schisteux de Wiheries et de Montignies-sur-Roc. *Ibid.*, XLI, 1876, pp. 325-345, 1 planche; voir les rapports de MM. Briart, Cornet et Malaise sur ce travail. *Ibid.*, pp. 230, 232 et 240.

Mourlon, *Michel-Félix*. — **17**. Sur les dépôts qui, aux environs d'Anvers, séparent les sables noirs miocènes des couches pliocènes scaldisiennes. *Ibid.*, XLII, 1876, pp. 760-790, 1 pl. de coupes; voir aussi les rapports de MM. P.-J. Van Beneden et Dupont sur ce travail. *Ibid.*, pp. 666 et 669.

—— **18**. Sur l'étage dévonien des psammites du Condroz dans la vallée de la Meuse. *Ibid.*, XLII, 1876, pp. 845-884, 1 planche de coupes; voir aussi les rapports de MM. de Koninck, Dupont et Malaise sur ce travail. *Ibid.*, pp. 829, 831 et 835.

—— **19**. Sur le classement stratigraphique des Phoques fossiles recueillis dans les terrains d'Anvers. *Ibid.*, XLIII, 1877, pp. 603-609.

—— **20**. Sur le gisement du Cachalot nain (*Physeterula Dubusii*, Van Beneden). *Ibid.*, XLV, 1878, pp. 178-182.

—— **21**. Mémoires sur les terrains crétacé et tertiaires préparés par feu André Dumont pour servir à la description de la Carte géologique de la Belgique, édités par Michel Mourlon. (Publication du Musée royal d'Histoire naturelle, Hayez): I. Terrain crétacé. 1 vol. in-8° de 556 pages et 16 figures dans le texte, 1878; II. Terrains tertiaires, 1re part., 1 vol. in-8° de 449 pages et 2 figures dans le texte, 1878; III. Terrains tertiaires, 2e part., 1 vol. in-8° de 459 pages et 9 figures dans le texte, 1879; IV. Terrains tertiaires, 3e part. (en préparation).

—— **22**. Allocution à l'occasion du 50e anniversaire de la fondation de la Société géologique de France. *Bull. de la Soc. géol. de France*, VIII, 1880, p. LXII.

—— **23**. Géologie de la Belgique, I, 1880, in-8°, 317 pages, 2 planches, 55 figures et 1 carte; II, 1881, in-8°; voir des analyses du tome I dans l'*Abeille*, XXVI, 1880, p. 293; *Nature*, Paris, VIII, n° 398, 14 déc. 1880, par Stanislas Meunier; *Revue des sc. de Montpellier*, II, 1880, pp. 405-407, par M. P. de Rouville, etc.

Mourlon, *Michel*, et *Éd.* **Dupont**. — **24**. Spécimen de la Carte géologique de la Belgique dressé par ordre du Gouvernement et exécuté par le service du levé, rattaché au Musée royal d'histoire naturelle, dont M. Dupont est le directeur, et par l'Institut cartographique militaire dirigé par M. le colonel d'état-major Adan.

(Ce spécimen comprenant les feuilles au 20,000^e^ du sol et du sous-sol des planchettes d'Hastière, de Dinant et d'Achêne, a figuré (les deux dernières planchettes manuscrites) à l'Exposition de Paris en 1878.)

Mourlon, *Michel*, et *Éd.* **Dupont**. — **25.** Spécimen d'un système de coupes comprenant la vue géologique et la coupe théorique d'une partie de la vallée de la Meuse, entre Bouvignes et Hermeton S/M.

(Ce travail a été exécuté comme le précédent et de même aussi à l'occasion de l'Exposition de Paris en 1878.)

——— **26.** Carte géologique de la Belgique à l'échelle du 20,000ᵉ dressée par ordre du Gouvernement.

(Cette carte, comprenant les Feuilles-Minutes du service du levé (1877-1880) de l'Entre-Sambre-et-Meuse et du Condroz, a figuré manuscrite à l'Exposition nationale de 1880 à Bruxelles.)

——— **27.** Projet d'une Topographie géologique souterraine de la Belgique à l'échelle du 40,000ᵉ établie d'après les minutes du service du levé (1877-1880) : Entre-Sambre-et-Meuse et Condroz.

(Ce travail a figuré manuscrit à l'Exposition nationale de 1880 à Bruxelles.)

Mourlon, *Michel*, et *H.* **Nyst**. — **28.** Note sur le gîte fossilifère d'Aeltre (Fl. orientale). *Ann. de la Soc. malac. de Belgique*, VI, 1871, pp. 29-37.

Müller, *Joseph*. — Monographie der Petrefacten der Aachener Kreideformation. Herausgegeben van naturhistorischen Verein der preussischen Rheinlande und Westphalen, 1847-51, 6 planches.

Murchison (sir), *Roderick-Impey*. — **1.** Sur les roches dévoniennes, type particulier de l'Old red sandstone des géologues anglais, qui se trouve dans le Boulonnais et les pays limotrophes. *Bull. de la Soc. géol. de France*, XI, 1839-40, pp. 229-250, 772-786, 1 planche.

——— **2.** Extrait du *Siluria*, traduit de l'anglais par M. G. Dewalque. Liége, *Revue universelle des mines*, VII, 1860.

Murchison et **Nicol**. — **3.** Geological map of Europa, 4 feuilles, 1856.

Murchison et **Sedgwick**. — **4.** On the distribution and classification of the older or Palæozoic deposits of the North of Germany and Belgium, and their comparaison with formations of the same age in the British Isles. *Proced. géol. Soc. of London*, III, 1838-42, pp. 300-311 ; *Trans. géol. Soc. of London*, VI, 1842, pp. 221-302.

Needham, *Jean-Turbeville*. — Pour Biographie, voir : *Mém. de l'Acad. impér. de Bruxelles*, IV, p. XXXIII.

——— **1.** Nouvelles recherches physiques et métaphysiques. Paris, Lacombe, 1769.

Needham, *Jean-Turbeville.* — **2**. Recueil de quelques observations physiques, faites principalement dans la province de Luxembourg en 1772. *Mém. de l'Acad. impér. et roy. de Bruxelles,* I, 1777, pp. 155.177. (Lu à la séance du 25 mai 1773.)

Neu, *P.* — Géologie élémentaire à l'usage des écoles primaires et moyennes. Bruxelles, in-32 de 32 pages avec carte, chez Vandermaelen, 1845.

Nicol et **Murchison.** — Geological map of Europa, 4 feuilles, 1856.

Nivoit. — Sur les phosphates de chaux de Ciply, en Belgique. *Comptes rendus de l'Acad. des sc. de Paris,* LXXIX, 1874, pp. 256-259.

Nöggerath. — Eigenthümliches poroses Quartz-Gestein von Bouvignes, Zwischen, Namur and Dinant. *Jahrbuch,* Leonh. u. Bronn, 1854, p. 733; *Niederhein. Gesellsch. f. Nat u. Heil-Kunde,* 1855.

Norguet, *A.* (**de**). — Article sur la Société malacologique de Belgique. *Bull. scient., etc., du départ. du Nord,* IV, 1872, p. 108.

Nyst, *Pierre-Henri.* — Pour Biographie, voir : *Ann. de l'Acad. roy. de Belgique,* 1882. (En préparation.)

—— **1**. Sur le nouveau genre *Trigonocœlia. Bull. de l'Acad. roy. de Bruxelles,* II, 1835, pp. 347-348.

—— **2**. Recherches sur les coquilles fossiles de la province d'Anvers. In-8° avec 5 planches. Bruxelles, Périchon; voir la revue critique de ce mémoire par M. Van Beneden : *Bull. Zool. de France,* Guérin, 1835, p. 147.

—— **3**. Tableau des fossiles de la province de Limbourg, 1835. *Diction. géogr. de la prov. de Limbourg,* par Vandermaelen. Appendice.

—— **4**. Recherches sur des coquilles fossiles de Klein-Spauwen et Housselt *Mess. des sciences de Gand,* IV, 1836, pp. 139-180, 4 planches.

—— **5**. Notice sur une Cyrène et sur une Cancellaire inédites. *Bull. de l'Acad. roy. de Bruxelles,* V, 1838, pp. 113-116, 1 planche.

—— **6**. Addition à la faune conchyliologique des terrains tertiaires de Belgique. *Ibid.,* IX, 1842, pp. 439-451.

—— **7**. Sur les coquilles fossiles de la province d'Anvers. *Bull. de la Soc. géol. de France,* XIV, 1842-43, pp. 451-455.

—— **8**. Description des coquilles et des polypiers fossiles des terrains tertiaires de la Belgique. *Mém. cour. et des sav. étrang. de l'Acad. roy. de Belgique,* XVII, in-4°, 1843-44; voir aussi une note sur ce travail avec observations de M. D'Archiac. *Bull. de la Soc. géol. de France,* III, 1846, p. 279.

Nyst, *Pierre-Henri*. — **9**. Notice sur des coquilles nouvelles du genre *Crassatella*, suivie d'un tableau des espèces vivantes et fossiles décrites par les auteurs, avec l'indication des dépôts dans lesquels ces dernières ont été recueillies. *Bull. de l'Acad. roy. de Belgique*, XIV, 2e partie, 1847, pp. 116-150.

——— **10**. Tableau synoptique et synonymique des espèces vivantes et fossiles de la famille des Arcacées, avec l'indication des dépôts dans lesquels elles ont été recueillies. Première partie : Genre *Arca*. *Mém. de l'Acad. roy. de Belgique*, XXII, 1848.

——— **11**. Extrait d'une lettre sur l'extension à donner aux systèmes tongrien et rupelien, du côté de l'Allemagne *Bull. de l'Acad. roy. de Belgique*, XX, 1re partie, 1853, p. 315.

——— **12**. Notice sur une coquille du genre Cyrène, découverte dans les extractions du puits artésien d'Ostende, à la profondeur de 26^{m},50, à 31^{m},40. *Bull. de la Soc. paléont. d'Anvers*, I, 1859, pp. 27-30.

——— **13**. Sur la découverte d'ossements fossiles faite à Saint-Nicolas (Rapport). *Bull. de l'Acad. roy. de Belgique*, VIII, 1859, pp. 107-109; X, 1860, pp. 401-402.

——— **14**. Notice sur le genre *Neaera*, Gray, et description d'une espèce fossile nouvelle pour la faune belge, suivie de la nomenclature des espèces que renferme ce genre qui fait partie de la famille des *Corbulidæ*. *Bull. de la Soc. paléont. d'Anvers*, I, 1859, pp. 49-62.

——— **15**. Liste des fossiles d'Autreppe et de Tournai (marnes grises ou bleuâtres, étage turonien, d'Orb.) *Ibid.*, pp. 132-135.

——— **16**. Note sur le genre *Pleurodesma* de M. Hörnes. *Ib.*, pp. 146-147.

——— **17**. Notice sur deux espèces encore peu connues et inédites de Radiaires du genre *Spatangus*, provenant du terrain tertiaire (système bruxellien) des environs de Bruxelles. *Ibid.*, pp. 160-164.

——— **18**. Liste de coquilles et polypiers fossiles observés en 1861 au fort avancé de Wyneghem dans le crag rouge. *Ibid.*, pp. 189-192.

——— **19**. Notice sur un nouveau gîte de fossiles se rapportant aux espèces faluniennes du midi de l'Europe, découvert à Edeghem près d'Anvers. *Bull. de l'Acad. roy. de Belgique*, XII, 1861, pp. 29-54, 1 pl.

——— **20**. Descriptions succinctes de dix espèces nouvelles de coquilles fossiles du crag noir d'Edeghem, près d'Anvers. *Ibid.*, pp. 188-197.

——— **21**. Notice sur une nouvelle espèce de coquille fossile du genre *Pecten*, trouvée dans le crag noir d'Anvers, ainsi que sur un gisement à Échinodermes, Bryozoaires et Foraminifères. *Ibid.*, pp. 198-205.

Nyst, *Pierre-Henri.* — **22**. Notice sur quelques recherches paléontologique faites aux environs d'Anvers. *Ibid.*, pp. 623-626.

—— **23**. Notice sur nouvelle espèce de *Pecten* (*P. Brummelii*) et observations sur le *Pecten Duwelsii. Ibid.*, XVIII, 1864, pp. 26-30.

—— **24**. Sur une coquille fossile du système diestien, nouvelle pour la faune belge, appartenant au genre *Modiola. Ibid.*, XIX, 1865, pp. 30-32.

—— **25**. Discours sur les animaux inférieurs fossiles de la province d'Anvers. *Ibid.*, XXVIII, 1869, pp. 607-621.

—— **26**. Description d'une Serpule fossile nouvelle (*Serpula Thielensi*), provenant de Folx-les-Caves, près de Jodoigne. *Ann. de la Soc. malac. de Belgique*, VI, 1871, p. 73.

—— **27**. Description d'une Huître fossile nouvelle (*Ostrea podopsidea*) de la craie de Ciply, de Folx-les-Caves et de Wansin. *Ibid.*, VI, 1871, pp. 74-76, 1 page.

—— **28**. Tableau synoptique et synonymique des espèces vivantes et fossiles du genre *Scalaria*, décrites par les auteurs, avec l'indication des pays de provenance ainsi que des dépôts dans lesquels les espèces fossiles ont été recueillies, précédé de la description d'espèces nouvelles. *Ibid.*, VI, 1871, pp. 77-147, 1 planche.

—— **29**. Description de deux coquilles fossiles du terrain éocène de Belgique (*Leda Corneti* et *Arca Briarti*). *Ibid.*, VIII, 1873, pp. 16-18, pl. 1, fig. 1-2.

—— **30**. Description d'une coquille fossile du terrain éocène de Belgique (*Cyprina Roffiaeni*). *Ibid.*, VIII, 1873, pp. 19-20, pl. 1, fig. 3.

—— **31**. Liste des espèces de coquilles fossiles recueillies par M. Desguin dans le Miocène de Volhynie, près de Antopol. *Ibid.*, pp. XVII-XIX.

—— **32**. Malacologie ou Mollusques vivants et fossiles. *Patria belgica*, I, 1873, pp 389-406.

—— **33**. Rapport sur un Mémoire anonyme intitulé : Les dépôts littoraux de l'assise paniselienne dans les environs de Bruxelles. *Bull. de l'Acad. roy. de Belgique*, XL, 1875, pp. 680-681.

—— **34**. Conchyliologie des terrains tertiaires de la Belgique. PREMIÈRE PARTIE : Terrain pliocène scaldisien. *Ann. du Musée roy. d'Hist. natur. de Belgique*, série paléontologique, III, 1880, 1 vol. de texte (en cours de publication), avec un atlas de 28 planches.

Nyst, *H.*, et **Dewael.** — **35**. Tableau explicatif des différents terrains rencontrés dans le percement du puits artésien que l'on exécute à Ostende, d'après les échantillons qui ont été adressés à la Société par M. Verraert, directeur à l'école de navigation de cette ville. *Bull. de la Soc. paléont. d'Anvers*, I, 1859, pp. 25-26, 29.

Nyst, *H.*, et *H.* **Galeotti.** — **36**. Notice sur un nouveau genre de coquilles de la famille des Arcacées (*Trigonocœlia*). *Bull. de l'Acad. roy. de Bruxelles*, II, 1835, pp. 287-296, 347-348.

——— **37**. Note sur quelques fossiles du calcaire jurassique de Tehuacan, au Mexique. *Ibid.*, VII, 1840 (2ᵉ part.), pp. 212-221, 2 planches.

Nyst, *H.*, et *H.* **Le Hon.** — **38**. Descriptions succinctes de quelques nouvelles espèces animales et végétales fossiles des terrains tertiaires éocènes des environs de Bruxelles. Bruxelles, 1862.

Nyst, *H.*, et *M.* **Mourlon.** — **39**. Note sur le gîte fossilifère d'Aeltre (Flandre orientale). *Ann. de la Soc. malac. de Belg.*, VI, 1871, pp. 29-37.

Nyst, *H.*, et *G.-D.* **Westendorp.** — **40**. Nouvelles recherches sur les coquilles fossiles de la province d'Anvers. *Bull. de l'Acad. roy. de Bruxelles*, VI, 1839, 2ᵉ part., pp. 393-414, 3 planches.

Oeynhausen, *Karl* (**von**), und *H.* **von Dechen.** — **1**. Zusammenstellung der geognostischen Beobachtungen über das Schiefergebirge in den Niederlanden und am Nieder-Rheine. *Hertha*, II, 1825, pp. 483-550; III, pp. 370-426; VII, 1826, pp. 192-260; VIII, pp. 201-268, 269-306, 379-410; XII, 1828, pp. 221-256, 427-461, 511-537.

——— **2**. Ueber den Betrieb der Dachschieferbrüche in der Umgegend von Fumay, und der Dach- und Welzschieferbrüche bei Château-Salm. Karsten, *Archiv f. Bergbau*, IX, 1825, pp. 133-152.

——— **3**. Bemerkungen über den Steinkohlenbergbau in den Niederlanden und in dem angränzenden Theil des nördlichen Frankreichs. *Ibid.*, X, 1826, pp. 107-247.

——— **4**. Ueber die Gewinnung des Alaun in der Umgegend von Lüttich. *Ibid.*, X, 1826, pp. 248-275.

——— **5**. Steinbrüche bei Falkenberg bis nach Mästricht. *Ibid.*, XI, 1827, pp. 200-205.

Omalius d'Halloy, *Jean-Baptiste-Julien* (**d'**). — Pour Biographie, voir : *Bull. de l'Acad. roy. de Belgique*, XXXIX, 1875, pp. 56-63; *Ann. de l'Acad. roy. de Belgique*, XLII, 1876, pp. 181-296; *Bull. de la Soc. géol. de France*, VI, 1877-78, pp. 453-467; *Ann. de la Soc. géol. du Nord*, VII, 1879-80, pp. 457-477.

Omalius d'Halloy, *J.-B.-J.* (**d'**). — **1.** Note sur le gisement de l'Anthracite nouvellement découvert par M. d'Omalius dans le département de l'Ourthe. (Lettre à M. Tonnelier.) *Journal des Mines,* XXI, 1807, pp. 405-408.

——— **2.** Notice sur la disposition des couches du coteau de Durbuy. *Ibid.,* XXI, 1807, pp 475-480; *Nicholson Journal,* XXVI, 1810, pp. 290-294.

——— **3.** Notice sur la Haüyne. *Journ. de Phys.,* LXV, 1807, pp. 464-465; *Gehlen Journ.,* V, 1808. pp. 246-247.

——— **4.** Note sur le gisement du Kiesel-Schiefer dans plusieurs départements septentrionaux de l'Empire français *Journal des Mines,* XXIII, 1808, pp. 401-406.

——— **5.** Essai sur la géologie du nord de la France. *Ibid.,* XXIV, 1808, pp. 123-158, 271-318, 345-392, 439-466.

——— **6.** Note sur un phénomène d'optique relatif à la projection des ombres sur les brouillards et les vapeurs volcaniques. *Ibid.,* XXVII, 1810, pp. 407-410; *Soc. Philom. de Paris, Bull..* II, 1810, pp. 159-161.

——— **7.** Analyse de l'ouvrage de M. J.-A. De Luc, intitulé : *Traité élémentaire de Géologie. Journal des Mines,* XXVIII, 1810, pp. 5-34.

——— **8.** Notice géologique sur la route du col de Tende, dans les Alpes maritimes, précédée de considérations sur les terrains intermédiaires. *Ibid.,* XXVIII, 1810, pp. 169-196.

——— **9.** Notice sur l'existence, dans le département des Ardennes, d'une roche particulière contenant du feldspath. *Ibid.,* XXIX, 1811, pp. 55-60.

——— **10.** Note sur le Mémoire de M. Bouësnel, intitulé : Sur le gisement des minerais existant dans le département de Sambre-et-Meuse. *Ibid.,* XXIX, 1811, pp. 229-231.

——— **11.** Notice sur le gisement du calcaire d'eau douce dans les départements du Cher, de l'Allier et de la Nièvre. *Ibid.,* XXXII, 1812, pp. 43-64.

——— **12.** Note sur l'existence du calcaire d'eau douce dans les départements de Rome et de l'Ombrone et dans le royaume de Wurtemberg. *Ibid.,* XXXII, 1812, pp. 401-410.

——— **13.** Note sur le gisement de quelques roches granitoïdes dans le nord-ouest de la France. *Ibid.,* XXXV, 1814, pp. 136-140.

——— **14.** Mémoire sur l'étendue géographique du terrain des environs de Paris. (Lu à l'Institut le 16 août 1813.) *Ann. des Mines,* I, 1816, pp. 231-266; Thomson, *Ann. Phil.,* XI, 1818, pp. 86-95, 276-283.

Omalius d'Halloy, *J.-B.-J.* **(d').** — **15.** Observations sur un essai de carte géologique de la France, des Pays-Bas et des contrées voisines; notice accompagnant l'essai d'une carte géologique de la France, des Pays-Bas et de quelques contrées voisines, dressée par J.-J. d'Omalius d'Halloy, d'après des matériaux recueillis de concert avec M. le baron Coquebert de Montbret. *Ann. des Mines,* VII, 1822, pp. 353-376.

——— **16.** Mémoires pour servir à la description géologique des Pays-Bas, de la France et de quelques contrées voisines. Namur, 1828, 1 vol. in-8° de 307 pages avec une carte géologique des Pays-Bas, de la France et de quelques contrées voisines, une planche de coupes.

(1er *Mémoire :* Observations sur un essai de carte géologique des Pays-Bas, de la France et de quelques contrées voisines; 2me *Mémoire :* Des pays situés entre l'Escaut et le Rhin, où l'on trouve des terrains primordiaux; 3me *Mémoire :* Coup d'œil sur les terrains ammonéens situés au sud-est de l'Ardenne; 4me *Memoire :* Coup d'œil sur les terrains secondaires du nord-ouest des Pays-Bas; 5me *Mémoire :* Coup d'œil sur le terrain crétacé du nord-ouest de la France; 6me *Mémoire :* De l'étendue géographique du bassin de Paris; 7me *Mémoire :* De quelques gîtes de calcaire d'eau douce hors du bassin de Paris; 8me *Mémoire :* Du gisement de quelques roches granitoïdes de la Bretagne. — *Planches :* I. Carte géologique des Pays-Bas, de la France, etc.; II. Coupes de terrains.

——— **17.** Essai sur les roches. *Bull. de la Soc. géol. de France,* I, 1830, p. 167.

——— **18.** La structure de l'écorce solide du globe. *Ib.,* I, 1830, pp. 168-169.

——— **19.** Sur la classification des terrains. *Ibid.,* I, 1830, pp. 215-220.

——— **20.** Observations sur l'origine des vallées. Boué, *Jour. de Géol.,* II. 1830, pp. 399-411.

——— **21.** Observations sur la division des terrains. *Nouv. Mém. de l'Acad. roy de Belgique,* VI, 1830, 13 pages.

——— **22.** Éléments de Géologie. Paris, Levrault, 1831, in-8° de 558 pages avec 1 tableau des terrains et 1 planche de coupes. 1re édition.

——— **23.** Introduction à la géologie ou 1re partie des Éléments d'histoire naturelle inorganique, contenant des notions d'astronomie, de météorologie et de minéralogie. Paris, Levrault, 1833, in-8°, 896 pages et atlas.

——— **24.** Sur les phénomènes géogéniques qui ont donné à la chaîne des Vosges son relief actuel *Bull. de la Soc. géol. de France,* VI, 1834-35, pp 51-52.

Omalius d'Halloy, *J.-B.-J.* **(d').** — **25.** Note sur les phénomènes géologiques qui ont produit le relief du Hundsrück et de l'Estramadure. *Ibid.*, VI. 1834-35, pp. 255-259.

—— **26.** Éléments de Géologie ou seconde partie des éléments d'histoire naturelle inorganique, 2e édition. Paris, Levrault, 1835, in-8° de 742 pages.

—— **27.** De la classification des connaissances humaines. *Nouv. Mém. de l'Acad. roy. de Belgique,* IX, 1835.

—— **28.** Note additionnelle sur la classification des connaissances humaines avec tableau. *Ibid.*, XII, 1838, 7 pages.

—— **29.** Introduction à la Géologie ou première partie des éléments d'histoire naturelle inorganique contenant des notions d'astronomie, de météorologie et de minéralogie, 3e édition. Bruxelles, 1838, in-8° de 371 pages.

—— **30.** Éléments de Géologie ou seconde partie des éléments d'histoire naturelle inorganique, 3e édit. Bruxelles, 1838, in-8° de 414 pages avec 1 planche de coupes et 1 carte géognostique de la France et de quelques contrées voisines.

(Renseigné comme une contrefaçon imprimée sur la 2e édition de F.-G. Levrault et sans la participation de l'auteur.)

—— **31.** Division de la terre en régions géographiques conformément aux éléments de géologie. 1 vol. in-8° avec atlas de 6 cartes. Paris, 1839.

—— **32.** Éléments de géologie ou seconde partie des éléments d'inorganomie particulière, 4e édit. (et non 3e édit.). Paris, Pitois-Levrault, 1839, in-8° de 759 pages.

« On est prié de ne point confondre ce volume avec une contrefaçon, publiée sous le millésime 1838, mais qui, imprimée sur ma seconde édition, ne contient aucune des nombreuses additions que l'auteur a rédigées pour mettre cette troisième édition au niveau des progrès que la géologie a faits depuis 1834. »

F.-G. LEVRAULT.

—— **33.** Rapport sur une lettre de M. Biver concernant des fossiles trouvés dans le Luxembourg. *Bull. de l'Acad. roy. de Bruxelles,* VII (1re part.), 1840, p. 64.

—— **34.** Notice sur le gisement et l'origine des dépôts de minerais, d'argile, de sable et de phtanite du Condroz, avec 1 coupe. *Bull. de l'Acad. roy. de Bruxelles*, VIII, 1re part., 1841, pp. 310-322; *Bull. de la Soc. géol. de France,* XII, 1840-41, pp. 242-250.

Omalius d'Halloy, *J.-B.-J.* (**d'**). — **35.** Notes sur les dernières révolutions géologiques qui ont agité le sol de la Belgique. *Bull. de l'Acad. roy. de Bruxelles,* VIII, 1841, 2e part., pp. 237-247; *Bull. de la Soc. géol. de France,* XIII, 1841-42, pp. 55-62.

——— **36.** Des roches considérées minéralogiquement (nouvelle édition de la partie comprenant les roches dans l'Introduction à la Géologie). Paris, 1841, 1 vol. in-8° de 126 pages.

——— **37.** Note sur l'origine de quelques dépôts d'argile et de sable tertiaires de la Belgique. *Bull. de l'Acad. roy. de Bruxelles,* IX, 1842, 1re partie, pp. 26-28.

——— **38.** Coup d'œil sur la géologie de la Belgique. In-8° de 132 pages. Bruxelles, 1842.

(C'est la 3e édition de l'*Essai sur la géologie du nord de la France* de 1808, et les mémoires 2, 3 et 4 réimprimés en 1828.)

——— **39.** Précis élémentaire de Géologie. Paris, Arthus Bertrand, 1843; in-8° de 790 pages avec pl., 5e édition faisant suite aux Éléments de Géologie.

——— **40.** Rapport sur un mémoire de M. Marcel de Serres, professeur à la Faculté de Montpellier, intitulé: Notes géologiques sur la Provence. *Bull. de l'Acad. roy. de Belgique,* XI, 1844, 2e partie, pp. 2-8.

——— **41.** Note sur les divisions géographiques. *Ibid.*, pp. 197-215.

——— **42.** Note sur les grès de Luxembourg. *Ibid.*, pp. 292-297; *Bull. de la Soc. géol. de France,* II, 1844-45, pp. 91-94.

——— **43.** Sur l'origine d'un grand nombre de vallées, attribuée aux dislocations qui ont donné naissance aux failles. *Ibid.*, II, 1844-45, p. 399.

——— **44.** Ichthyodorulite trouvé dans le calcaire houiller ou dévonien des environs de Namur. *Ibid.*. II, 1844-45, p. 439.

——— **45** Note sur les barres diluviennes. *Bull. de l'Acad roy. de Belgique,* XIII, 1846, 1re part., pp. 245-251; *Bull. de la Soc. géol. de France,* III, 1845-46, pp. 244-249.

——— **46.** Rapport sur un mémoire intitulé: des formations problématiques des terrains de sédiment, etc. *Bull. de l'Acad. roy. de Belgique,* XIII, 1re part., 1846, p. 307.

——— **47.** Note sur la succession des êtres vivants. *Ibid.,* XIII, 1846, pp. 581-591; *Bull. de la Soc. géol. de France,* III, 1845-46, pp. 490-497; Froriep, *Notizen,* XL, 1846, col. 289-296.

Omalius d'Halloy, *J.-B.-J.* (**d'**). — **48**. Réflexions en faveur de l'hypothèse de la chaleur centrale du globe terrestre. *Bull. de l'Acad. roy. de Belgique*, XIV, 1847, 1re part., pp. 212-218; *Bull. de la Soc. géol. de France*, IV, 1846-47, pp. 531-535; Froriep, *Notizen*, V, 1848, col. 37-40.

—— **49**. Sur les révolutions du globe terrestre. *Bull. de l'Acad. roy. de Belgique*, XIV, 1847, 2e part., pp. 498-611; Froriep, *Notizen*, VI, 1848, col. 273-278.

—— **50**. Ueber die Sogenannten geologischen Orgeln (puits et poches naturels). *Deutsch. Naturf. Versamml. Bericht*, 1847, pp. 355-356.

—— **51**. Sur les dépôts blocailleux. *Bull. de la Soc. géol. de France*, V, 1847-48, pp. 74-88; *Bull. de l'Acad. roy. de Belgique*, XV, 1848, 1re part., pp. 361-369; Froriep, *Notizen*, VII, 1848, col. 289-292.

—— **52**. Rapport sur la carte géologique de la Belgique, par M. Dumont. *Bull. de l'Acad. roy. de Belgique*, XVI, 1849, 1re part., p. 310; 2e part., p. 541.

—— **53**. Discours sur le transformisme. *Ibid.*, XVII, 1850, 2e partie, p. 498.

—— **54**. Les articles géogénie, géognosie et géologie dans l'*Encyclopédie du XIXe siècle*, publiée sous la direction de M. de Saint Priest, XIII, 1851.

—— **55**. Rapport sur un mémoire de M. Ch. Pinel concernant un chaînon des Cordillères. *Bull. de l'Acad. roy. de Belgique*, XIX, 1852, 2e part., p. 481.

—— **56**. Sur l'origine de l'argile et des schistes. *Bull. de la Soc. géol. de France*, X, 1852-53, p. 617.

—— **57**. Géologie de la Belgique en trois vol. in-12 de 400 pages. *Encyclopédie populaire*, 1re partie. Bruxelles, Jamar, 1853.

—— **58**. Minéralogie. In-12 de 164 pages et 1 tableau. *Ibid.*, 6e série, Bruxelles, Jamar, 1873.

—— **59**. Abrégé de géologie, 6e édition, in-12 de 612 pages, 1853.

(Cet ouvrage comprend les trois petits volumes qui ont paru dans l'*Encyclopédie*, auxquels l'auteur a réintégré quelques notions de géographie et de minéralogie.)

—— **60**. Sur les éjaculations de roches meubles. *Bull. de la Soc. géol. de France*, XII, 1854-55, pp. 36-41, 44-45, 111, 114; avec observations par M. le marquis de Roys. *Ibid.*, p. 41.

—— **61**. Communication sur des ossements et des fruits fossiles dans les environs de Dinant. *Bull. de l'Acad. roy. de Bruxelles*, XXI, 1854, 2e part., p. 552.

Omalius d'Halloy, *J.-B.-J.* (**d'**). — **62**. Observations sur la faune primordiale de M. Barrande. *Bull. de la Soc. géol. de France*, XVI, 1856, p. 515.

—— **63**. Notice sur André Dumont, lue à la séance publique de la classe des sciences, le 17 décembre 1857. *Ann. de l'Acad.*, 1858, pp. 91-100.

—— **64**. Sur la faune primordiale. *Bull. de la Soc. géol de. France*, XVI, 1859.

—— **65**. Notice biographique sur Alex. Brongniart. *Ibid.*, XVII, 1860.

—— **66**. Sur les divisions géographiques de la région comprise entre le Rhin et les Pyrénées. *Ibid.*, XIX, 1861-62, pp. 215-230, pl. 4.

—— **67**. Abrégé de Géologie, 7e édit. Bruxelles, Schnée, 1862, in-8° de 612 pages (y compris celles publiées sous les titres d'Éléments et de Précis de Géologie).

—— **68**. Observations sur la 5e édition de l'Abrégé géologique. *Bull. de la Soc. géol. de France*, XIX, 1861-62, pp. 917-923.

—— **69**. Observations au sujet des terrains dévonien et tertiaire de la Belgique, contenues dans la nouvelle édition de son Abrégé de Géologie. *Ibid.*, XIX, 1861-62, p. 917.

—— **70**. Résumé d'un mémoire de M. Malaise, *Ibid.*,XX, 1862-63.

—— **71**. Résumé d'un mémoire de M. Édouard Dupont sur le calcaire carbonifère de la Belgique et du Hainaut français. *Ibid.*, XX, 1862-63, pp. 405-410, avec observations de MM. Hébert, Deshayes et d'Omalius. *Ibid.*, p. 409.

—— **72**. Réunion extraordinaire à Liége de la Société géologique de France, du 30 août au 6 septembre 1863. *Ibid.*, pp. 761-878.

—— **73**. Note sur quelques additions ou modifications que l'on pourrait introduire dans le Dictionnaire de l'Académie française en ce qui concerne la géologie. *Ibid.*, XXI, 1863-64, p. 117.

—— **74**. Sur des échantillons de phosphate de chaux recueillis par M. Dor dans la commune de Ramelot en Condroz. *Bull. de l'Acad. roy. de Belgique*, XVIII, 1864, pp. 5-7.

—— **75**. Rapport sur un mémoire de M. Éd. Dupont concernant les assises du calcaire carbonifère. *Ibid.*, XVIII, 1864, p. 311.

—— **76**. Discours sur la concordance entre les sciences naturelles et les récits bibliques, prononcé à la séance publique de la Classe des sciences le 16 décembre 1866. *Ibid.*, XXII, 1866, pp. 555-565; *Les Mondes*, XIII, 1867, pp. 221-226.

Omalius d'Halloy, *J.-B.-J.* (**d'**). — **77**. Communication sur la découverte du calcaire grossier dans les environs de Mons, par MM. Cornet et Briart. *Bull. de la Soc. géol. de France*, XXIII, 1866, pp. 11.

—— **78**. Précis élémentaire de Géologie. Bruxelles, Muquardt; Paris, Savy, 1868, in-8° de 636 pages (8e édit., y compris celles publiées sous les titres d'Éléments et d'Abrégé de Géologie).

—— **79**. Note sur la découverte de puits naturels dans les terrains primaires des environs de Mons (Belgique). *Bull. de la Soc. géol. de France*, XXVII, 1870, pp. 546-549.

—— **80**. Rapport sur les puits naturels du terrain houiller. *Cosmos*, VII, 1870, pp. 234-237.

—— **81**. Note sur les qualités de nos calcaires anciens employés comme pierre de construction. *Bull. de l'Acad. roy. de Belgique*, XXXI, 1871, pp. 33-35.

—— **82**. Note sur la formation des limons. *Ibid.*, XXXI, 1871, pp. 484-491 ; suivie d'analyses de divers limons par M. Jaumain. *Ibid.*, pp. 491-492.

—— **83**. Rapport sur le Mémoire relatif aux roches plutoniennes de la Belgique et de l'Ardenne française. *Ibid.*, XXXIV, 1872, p. 604.

—— **84**. Discours sur le transformisme. *Ibid.*, XXXVI, 1873, pp. 769-778 ; Paris, *Revue scientifique*, 1874, p. 717.

—— **85**. Note sur le terrain dévonien. *Bull. de l'Acad. roy. de Belgique*, XXXVII, 1874, pp. 191-196.

Omalius d'Halloy (**d'**) et **Cauchy**. — **86**. Rapport sur les Mémoires qui ont concouru à la question relative à la constitution géologique du Grand-Duché de Luxembourg. *Mém. cour. de l'Acad. roy. de Bruxelles*, VII, 1829.

Omalius d'Halloy (**d'**), **Cauchy** et **Sauveur**. — **87**. Rapport sur les Mémoires présentés en réponse à la question relative à la constitution géologique de la province de Liége. *Ann. des sc. nat.*, XX, 1830. pp. 53-50; *Mém. cour. de l'Acad. roy. de Bruxelles*, VIII, 1832, 7 pages.

Orbigny, *Alcide-Dessalines* (**d'**). — Cours élémentaire de paléontologie de géologie stratigraphiques, en 3 volumes et des tableaux, I, 1850, 299 pages; II, 1852, fasc. 1, 382 pages, fasc. 2, 847 pages.

Ortlieb, *J.* — **1**. Mémoire sur le terrain tertiaire du bassin anglo-flamand (analyse). *Ann. de la Soc. géol. du Nord*, I, 1874-75, pp. 23-27.

Ortlieb, *J.* — **2.** Compte rendu de l'excursion à Cassel lors du Congrès de Lille, le 26 août 1874. *Ibid.*, I, 1874-75, pp. 101-109; Paris, *Revue scientifique*, IV, 1875, pp. 637-659.

——— **3.** Note sur le Mont des Chats. *Ann. de la Soc. géol. du Nord*, II, 1875, pp. 201-213.

——— **4.** Les alluvions du Rhin et les sédiments du système diestien dans le nord de la France et en Belgique. *Ibid.*, III, 1876, pp. 94-105; voir une analyse de ce travail par M. G. Dollfus dans le *Bull. de la Soc. géol. de France*, V, 1876-77, p. 6.

——— **5.** Rapport sur les travaux de la Société géologique du Nord en 1875. *Bull. scient., etc., du départ. du Nord*, VIII, 1876, pp. 130-141.

——— **6.** Note sur l'origine probable des bandes charbonneuses dans le sable landenien supérieur de Lewarde et autres localités. *Ann. de la Soc. géol. du Nord*, V, 1877, pp. 65-67.

——— **7.** Compte rendu d'une excursion géologique à Renaix. *Ibid.*, VII, 1880, pp. 67-79.

Ortlieb, *J.*, et *E.* **Chellonneix.** — **8.** Étude géologique des collines tertiaires du département du Nord comparées avec celles de la Belgique. Lille, 1 vol. in-8° de 228 pages avec planches de coupes et de cartes et figures de coupes dans le texte. Extrait des *Mém. de la Soc. impér. des sc., etc., de Lille*, VIII, 1878; voir une analyse de ce travail par M. Gosselet. *Bull. scient. du départ. du Nord*, 1871, p. 46.

(Cette étude a obtenu le prix Wicar, décerné au concours de 1868, par la Société des sciences, de l'agriculture et des arts, de Lille.)

——— **9.** Note sur les affleurements tertiaires et quaternaires visibles sur le parcours de la voie ferrée en construction entre Tourcoing et Menin. *Ann. de la Soc. géol. du Nord*, VI, 1878, pp. 51-60.

Ortlieb, *J.*, et *G.* **Dollfus.** — **10.** Compte rendu de géologie stratigraphique de l'excursion de la Société malacologique de Belgique dans le Limbourg belge, les 18 et 19 mai 1873. *Ann. de la Soc malac. de Belgique*, VIII, 1873, pp. 38-57, pl. 2, et 1 coupe sur bois dans le texte.

Perrey, *Alexis.* — **1.** Mémoire sur les tremblements de terre ressentis en France, en Belgique et en Hollande depuis le IVe siècle de l'ère chrétienne jusqu'à nos jours (1843 inclusivement). *Mém. cour. et des sav. étrang. de l'Acad. roy. de Belgique*, in-4°, XVIII, 1844-45.

——— **2.** Mémoire sur les tremblements de terre dans le bassin du Rhin. *Ibid.*, XIX, 1845-46; Lyon, *Soc. agric. Annal.*, VIII, 1845, pp. 265-346, 496.

Perrey, *Alexis*. — **3.** Mémoire sur les tremblements de terre de la Péninsule italique. *Mém. cour. et des sav. étrang. de l'Acad. roy. de Belgique,* in-4°, XXII, 1846-47.

—— **4.** Note sur les tremblements de terre en 1847. *Bull. de l'Acad. roy. de Belgique,* XV, 1848, 1re partie, pp. 442-454.

—— **5.** Mémoire sur les tremblements de terre ressentis dans la Péninsule turco-hellénique et en Syrie. *Mém. cour. et des sav. étrang. de l'Acad. roy. de Belgique,* in-4°, XXIII, 1848-50.

—— **6.** Note sur les tremblements de terre ressentis en 1848. *Bull. de l'Acad. roy. de Belgique,* XVI, 1849, pp. 323-328; Dijon, *Acad. Mém.,* 1849, 2e part., pp. 1-40.

—— **7.** Liste des tremblements de terre ressentis en 1849, avec suppléments pour les années antérieures. *Bull. de l'Acad. roy. de Belgique,* XVII, 1850, pp. 216-235; Dijon, *Acad. Mém.,* 1850, 2e part, pp. 51-70.

—— **8.** Tremblements de terre ressentis en 1850. *Ibid.,* XVIII, 1851, 1re part., pp. 291-307; Dijon, *Ibid.,* I, 1851, pp. 1-36.

—— **9.** Tremblements de terre ressentis en 1851, avec suppléments pour les années antérieures. *Ibid.,* XIX, 1852, 1re part., pp. 353-396; 2e part., pp. 21-28; Dijon, *Ibid.,* II, 1852-53, 2e part., pp 1-65.

—— **10.** Tremblements de terre ressentis en 1852, avec suppléments pour les années antérieures. *Ibid.,* XX, 1853, 2e part., pp. 39-69; Dijon, *Ibid.,* II, 1852-53, 2e part., pp. 79-128.

—— **11.** Note sur les tremblements de terre en 1853, avec suppléments pour les années antérieures. *Ibid.,* XXI, 1854, 1re part., pp. 457-489; Dijon, *Ibid.,* III, 1854, 2e part., pp. 1-55.

—— **12.** Sur les tremblements de terre en 1854, avec suppléments pour les années antérieures. *Bull. de l'Acad. roy. de Belgique,* XXII, 1855, pp. 526-572.

—— **13.** Sur les tremblements de terre en 1855, avec suppléments pour les années antérieures. *Ibid.,* XXIII, 1856, 2e part., pp. 23-68; I, 1857, pp. 64-128.

—— **14.** Note sur les tremblements de terre en 1856, avec suppléments pour les années antérieures. *Mém. cour. et des sav. étrang. de l'Acad. roy. de Belgique,* VIII, 1859, in-8°.

—— **15.** Note sur les tremblements de terre en 1857, avec suppléments pour les années antérieures. *Ibid.,* X, 1860.

Perrey, *Alexis*. — **16**. Sur les tremblements de terre en 1858, avec suppléments pour les années antérieures. *Ibid.*, XII, 1861.

—— **17**. Note sur les tremblements de terre en 1859, avec suppléments pour les années antérieures. *Ibib.*, XIII, 1862.

—— **18**. Note sur les tremblements de terre en 1860, avec suppléments pour les années antérieures. *Ibid.*, XIV, 1862.

—— **19**. Note sur les tremblements de terre en 1861 et 1862, avec suppléments pour les années antérieures. *Ibid.*, XVI, 1864.

—— **20**. Note sur les tremblements de terre en 1863, avec suppléments pour les années antérieures de 1843 à 1862. *Ibid.*, XVII, 1865.

—— **21**. Note sur les tremblements de terre en 1864, avec suppléments pour les années antérieures de 1843 à 1863. *Ibid.*, XVIII, 1866.

—— **22**. Note sur les tremblements de terre en 1865, avec suppléments pour les années antérieures de 1843 à 1864. *Ibid.*, XIX, 1867.

—— **23**. Note sur les tremblements de terre en 1866 et 1867, avec suppléments pour les années antérieures de 1843 à 1865. *Ibid.*, XXI, 1870.

—— **24**. Note sur les tremblements de terre en 1868 et 1869, avec suppléments pour les années antérieures de 1843 à 1868 [1871]. *Ibid.*, XXII, 1872; voir les rapports de MM. Mailly et Ad. Quetelet sur cette note. *Bull. de l'Acad. roy. de Belgique,* XXXII, 1871, pp. 236, 241.

—— **25**. Suppléments aux notes sur les tremblements de terre ressentis de 1843 à 1868 [1872]. *Mém. cour. et des sav. étrang. de l'Acad. roy. de Belgique,* in-8°, XXIII, 1873.

—— **26**. Note sur les tremblements de terre en 1870, avec suppléments pour 1869 (28e relevé annuel). *Ibid.*, in-4°, XXIV, 1874; voir les rapports de MM. Éd. Mailly et Ad. Quetelet sur cette note. *Bull. de l'Acad. roy. de Belgique,* XXXV, 1873, pp. 95 et 97.

—— **27**. Note sur les tremblements de terre en 1871, avec suppléments pour les années antérieures de 1843 à 1870. *Mém. cour. et des sav. étrang. de l'Acad. roy. de Belgique,* in-8°, XXIV, 1874; voir aussi les rapports de MM. Duprez, Quetelet et Mailly sur ce travail. *Bull. de l'Acad. roy. de Belgique,* XXXVIII, 1874, pp. 297-299.

Petermann, *A.* — **1**. Note sur les gisements de phosphates en Belgique et particulièrement sur celui de Ciply. *Ibid.*, XXXIX, 1875, pp. 25-40; voir aussi les rapports de MM. Melsens et Donny sur ce travail. *Ibid.*, pp. 12-13. Deuxième note, *Ibid.*, XLV, 1878; voir aussi les rapports de

MM. Morren et Stas. *Ibid.*, pp. 75 et 77. Troisième note, *Ibid.*, I, 1881; voir aussi le rapport de M. Melsens. *Ibid.*

Petermann, *A.* — **2.** Note sur la phosphorite de Cacéres. *Ann. de la Soc. géol. de Belgique,* VI, 1879.

—— **3.** Analyse des phosphates du Lias du Luxembourg. *Ibid.*, VII, 1880.

Petit, *L.* — Carte de l'Escaut et du Rupel, parties comprises entre Anvers et Burght, ainsi qu'entre Hemixem (Mozegat), Rupelmonde et Standmolen, levée et sondée en 1875 par ordre de M. Beernaert, Ministre des Travaux publics. Trois feuilles à l'échelle du 5,000ᵉ dont une avec les forages opérés en 1871 et 1874 dans la rade d'Anvers.

Petit-Bois, *G.* — **1.** Aperçu géologique de la vallée du Kara-Sou (Asie-Mineure). *Ann. de la Soc. géol. de Belgique,* II, 1875, pp. 183-188.

—— **2.** Note sur la formation du Soufre à Calamaki (Grèce). *Ibid.*, 1877. pp. 66-70.

—— **3.** Quelques mots sur la géologie de l'État d'Antiochia (Colombie). *Ibid.*, VII, 1880.

Piette, *Édouard.* — **1.** Réponse à la note de M. Meugy, intitulée : Sur le Lias. *Bull. de la Soc. géol. de France,* XXVII, 1870, pp. 602-615, avec 2 coupes dans le texte.

Piette, *Édouard,* et *O.* **Terquem.** — **2.** Le Lias inférieur de la Meurthe, de la Moselle, du Grand-Duché de Luxembourg, de la Belgique, de la Meuse et des Ardennes. *Ibid.*, XIX, 1861-62, pp. 322-394, pl. 8, fig. 1-10 et pl. 8 bis fig. 1-11.

—— **3.** Le Lias inférieur de l'est de la France comprenant la Meurthe, la Moselle, le Grand-Duché du Luxembourg, la Belgique et la Meuse. *Ibid.*, Mém. in-4°, VIII, 1865-68, 176 pages, 18 planches de fossiles.

Pilar, *G.* — Les révolutions de l'écorce du globe. Bruxelles, 1 vol. de 158 pages, 1869.

Pinchart, *Alex.* — Toillez : Recueil de ses opuscules, précédé de la biographie de l'auteur. Bruxelles, 1 vol. in-8°, 1847-52.

Piré, *L.*, et *Th.* **Lefèvre.** — La malacologie à l'Exposition universelle de Paris (1878). *Ann. de la Soc. malac. de Belgique,* III, 1838, pp. LXXIX-XC.

Pisani, *Félix.* — Sur la découverte de l'Apatite cristallisée à Salm-Château. *Bull. de l'Acad. roy. de Belgique,* XLIV, 1877, p. 309.

Plateau, *Joseph-Antoine-Fr.* — Analyse des eaux minérales de Spa faite sur les lieux, pendant l'été de l'année 1830. *Nouv. Mém. de l'Acad. roy. de Belgique,* XVII, 1843.

Plumat, *A.* — Coupe du bassin houiller du Couchant de Mons, publiée par l'établissement géographique de Ph. Vandermaelen.

Poelman, *C.* — Notice sur Jean Kickx. *Ann. de l'Acad. roy. de Belgique*, 31ᵉ année, 1865, pp. 101-121 (avec portrait).

Poirier-Saint-Brice. — Sur la géognosie du département du Nord. Lille, *Travaux*, 1825, pp. 43-105; *Ann. des Mines*, XIII, 1826, pp. 3-39, 287-315; Leonhard, *Zeitschrift*, 1827, pp. 481-498. (Heft), pp. 44-425.

Pomel, *Auguste.* — Note sur le terrain crétacé d'Aix-la-Chapelle. *Bull. de la Soc. géol. de France*, VI, 1848-49, pp. 15-28.

Poncelet, *J.-B.* — **1.** Rapport sur les ardoisières d'Angers et sur celles des rives de la Meuse en France. *Ann. des Trav. publics de Belgique*, 1844.

——— **2.** Des gites ardoisiers de l'Ardenne. *Ibid.*, VII, 1848, pp. 305-320; VIII, 1849-50, pp. 61-90.

——— **3.** Note sur le terrain liasique du Luxembourg. *Bull. de la Soc. géol. de France*, IX, 1851-52, pp. 569-572.

Ponson, *A.-T.* — Traité de l'exploitation des mines de houille. Liége, 4 vol., texte in-8° et atlas in-fol., 1852-53.

Potier, *A.* — **1.** Sur les sables éocènes landeniens du Hainaut. *Bull. de la Soc. géol. de France*, II, 1874, pp. 577-579.

——— **2.** Sur la transgressivité du terrain houiller sur le calcaire carbonifère; communication faite au Congrès de Lille, le 24 août 1874. *Revue scient. de Paris*, IV, 1875, p. 636.

——— **3.** Lettre à M. Gosselet au sujet de l'Argile à silex. *Ann. de la Soc. géol. du Nord*, VII, 1880, pp. 53-66.

——— **4.** Procès-verbal de la réunion extraordinaire de la Société géologique à Valenciennes (Nord). *Bull. de la Soc. géol. de France*, X, 1852-53, pp. 597-634.

Prestwich, *Joseph.* — **1.** On the correlation of the lower Tertiaries of England with those of France and Belgium. *Quart. Journ. of the geol. Soc. of London*, X, 1854, pp. 454-456.

——— **2.** On the correlation of the Eocene Tertiaries of England, France and Belgium. *Ibid.*, XI, 1855, pp. 206-246, planches.

——— **3.** On the correlation of the Middle Eocene Tertiaries of England, France and Belgium. *Ibid.*, XII, 1856, pp. 390-392 et XIII, 1857, pp. 89-134.

Prestwich, *Joseph.* — **4.** On the Structure of the Crag-beds of Suffolk and Norfolk, with some observations on their Organic Remains : PART. I. The coralline Crag of Suffolk. *Ibid.*, XXVII, 1871, pp. 115 ; PART. II. The Red Crag of Essex and Suffolk. *Ibid.*, p. 325 ; PART. III. The Norwich Crag and Westleton Beds. *Ibid.*, p. 452.

(La 1re partie renferme les listes de fossiles du Crag anglais comparées à celles de la Belgique.)

Preudhomme de Borre, *Alfred.* — **1.** Notice sur des débris de Chéloniens faisant partie des collections du Musée royal d'histoire naturelle et provenant des terrains tertiaires des environs de Bruxelles. *Bull. de l'Acad. roy. de Belgique,* XXVII, 1869, pp. 420-427, 1 planche; voir les rapports de MM. Poelman et Lacordaire sur ce travail. *Ibid.*, pp. 365-366.

—— **2.** Analyse d'un travail de sir John Lubbock sur le genre *Campodea* considéré comme représentant vivant des formes primordiales des Insectes. *Ann. de la Soc. entom. de Belgique,* XV, 1871-72, pp. LXIV-LXV.

—— **3.** Notes sur des empreintes d'Insectes fossiles découvertes dans les schistes houillers des environs de Mons. *Ibid.*, XVIII, 1875, pp. XXXIX-XLII, LVI-LXI, CXV; XIX, 1876, p. III; XX, 1877, p. XXXVI; *Bull. scient. du départ. du Nord,* VII, pp. 121-127; *Journ. Zool.,* IV. p. 291; *Nature,* de Londres, 1879, p. 582.

—— **4.** Communication sur un Insecte fossile recueilli par M. Sabatier dans la Minette du Luxembourg à Belvaux. *Ann. de la Soc. entom. de la Belgique,* XVIII, 1875, p. CXV.

—— **5.** Note sur le *Breyeria borinensis. Ibid.*, XXII, 1879, pp. LXXVII-LXXXIII.

Procès-verbaux des séances de la Commission spéciale instituée à l'effet de procéder à l'étude préalable des questions qui se rattachent à l'exécution d'une carte géologique de la Belgique à grande échelle. *Chambre des Représentants,* session de 1876-77.

Quetelet, *Lambert-Adolphe-Jacques.* — Pour Biographie, voir : *Bull. de l'Acad. roy. de Belgique,* XXXVII, 1874, pp. 245-266; *Ann. de l'Acad. roy. de Belgique,* 1875, p. 109 (avec portrait).

—— **1.** Sur le tremblement de terre qui s'est fait ressentir en Belgique le 23 février 1828. Quetelet, *Corresp. Math.,* IV, 1828, pp. 183-186.

—— **2.** Notice biographique sur Antoine Belpaire. *Ann. de l'Acad. roy. de Belgique,* 1840, p. 150; *Biographie nationale,* II, p. 146.

Quetelet, *Lambert-Adolphe-Jacques*. — **3.** Sur les essais tentés en Belgique pour le forage des puits artésiens. *Ann. des Trav. publ. de Belgique*, VI, 1847, pp. 251-266; reproduit dans le *Journ. de l'architecture, etc.*, 1848, nos 5 et 6.

——— **4.** Notice biographique sur F.-P. Cauchy. *Ann. de l'Acad. roy. de Bruxelles*, 9e année, 1848, pp. 77-92; reproduite dans les *Ann. des Trav. publics*, IX, 1850, pp. 123-136.

——— **5.** Notice biographique sur H.-G. Galeotti. *Ann. de l'Acad. roy. de Bruxelles*, 25e année, 1859, pp. 139-147.

Quetelet, *Ad.*, et *Ant.* **Belpaire**. — **6.** Rapport sur les observations des marées faites en 1835 en différents points des côtes de Belgique. *Nouv. Mém. de l'Acad. roy. de Belgique*, XI, 1838, 6 pages.

Quetelet, *A.*, et *J.* **Kickx**. — **7.** Relation d'un voyage fait à la grotte de Han, au mois d'août 1822. *Ibid.*, II, 1822, pp. 317-362.

(Cet ouvrage a paru de nouveau en 1823 avec des notices sur plusieurs autres grottes du pays, par Quetelet. Bruxelles, 1 vol. in-8°.)

Radiguès, *F.* (**de**) et *G.* **Arnould**. — Notice sur Hastedon. *Compte rendu du Congrès préhist.*, VI, 1872, pp. 318-326, pl.; voir aussi *Ann. de la Soc. archéol. de Namur*, XII, 1872-73, pp. 229-239 et 3 planches.

Raemdonck, *J.* (**Van**). — **1.** Sur la découverte d'ossements fossiles faite à Saint-Nicolas. *Bull. de l'Acad. roy. de Belgique*, VIII, 1879, p. 197.

——— **2.** Le pays de Waes préhistorique. Saint-Nicolas, 1878, in-8° de 165 pages et tableaux.

Raumer. — Geognostiche versuche. XVI, 1815, p. 49.

(Il considère les roches de Mairus comme du granite.)

Razoumowski, *Grégoire* (**de**). — Voyage minéralogique et physique de Bruxelles à Lausanne, par le Luxembourg, la Lorraine, etc., en 1782. Lausanne, 1783, in-8°, 118 pages.

Rees, *R.* (**Van**). — Lettre au sujet d'une chute d'aérolithes le 2 juin 1843 à Blaauwkapel, près d'Utrecht (Pays-Bas). *Bull. de l'Acad. roy. de Belgique*, X, 1843, 2e part., pp. 12-14.

Reiffenberg (Baron) (**de**). — Éloge de l'abbé Mann. *Nouv. Mém. de l'Acad. roy. de Belgique*, VI, 1830, 38 pages.

(Ce travail est accompagné de la liste des nombreux ouvrages de Mann.)

Renard (le P. *A.*). — **1.** Sur la présence de la Tourmaline dans quelques roches belges. *Ann. de la Soc. scient. de Bruxelles*, I, 1875-76, 1re part., pp. 98-102.

—— **2.** Sur la structure et la composition minéralogique du Coticule et sur ses rapports avec le phyllade oligistifère. *Mém. cour. et des sav. étrang. de l'Acad. roy. de Belgique*, in-4°, XLI, 1877-78; voir aussi les rapports de MM. de Koninck et Malaise sur ce mémoire. *Bull. de l'Acad roy. de Belgique*, XLII, 1876, pp. 462 et 473.

—— **3.** L'analyse microscopique des roches et les enclaves des minéraux. *Ann. de la Soc. scient. de Bruxelles*, I, 1875-76, 1re part., pp. 113-120.

—— **4.** Les organismes microscopiques de l'Océan et leur action en géologie. *Revue des questions scientifiques*, III, 1878, pp. 508-547.

—— **5.** La Diabase de Challes, près de Stavelot. *Bull. de l'Acad. roy. de Belgique*, XLVI, 1878, pp. 228-239[4], 1 pl.; voir aussi les rapports de MM. C. Malaise et L. de Koninck sur ce travail. *Ibid.*, pp. 186 et 188.

—— **6.** Recherches lithologiques sur les phtanites du calcaire carbonifère de Belgique. *Ibid.*, XLVI, 1878, pp. 471-499, 1 planche; voir aussi les rapports de MM. Éd. Dupont, Alp. Briart et C. Malaise. *Ibid.*, pp. 323 et 327.

—— **7.** Des caractères distinctifs de la Dolomite et de la Calcite dans les roches calcaires et dolomitiques du calcaire carbonifère de Belgique. *Ibid.*, XLVII, 1879, pp. 541-563, 1 pl.; voir le rapport de M. C. Malaise sur ce travail. *Ibid.*, pp. 492-493.

—— **8.** Sur la composition chimique de l'Épidote de Quenast. *Ibid.*, L, 1880, pp. 170-177; voir aussi le rapport de M. L.-G. de Koninck sur ce travail. *Ibid.*, p. 80.

Renard, *A.*, et *Ch.* **de la Vallée Poussin**. — **9.** Mémoire sur les caractères minéralogiques et stratigraphiques des roches dites plutoniennes de la Belgique et de l'Ardenne française. *Mém. cour. et des sav. étrang. de l'Acad. roy. de Belgique*, XL, 1876, in-4° de 265 pages et 9 planches.

—— **10.** Note sur un fragment de roche tourmalinifère du poudingue de Bousalle. *Bull. de l'Acad. roy. de Bruxelles*, XLIII, 1877, pp. 359-372, 1 planche.

—— **11.** Note sur la Diorite quartzifère du Champ-Saint-Véron (Lembecq). *Ibid.*, XLVIII, 1879, pp. 128-157.

Renard, *A.*, et *Ch.* **de la Vallée Poussin.** — **12**. Note sur l'Ottrélite. *Ann. de la Soc. géol. de Belgique,* VI, 1879.

Reul, *Xavier* (**de**). — **1**. L'âge de la pierre et l'homme préhistorique en Belgique. *Revue trimestrielle,* XVII, 1868.

—— **2**. Guide dans les collections préhistoriques des âges de la pierre. Bruxelles, 1re édit. 1872; 2e édit. 1874.

Reuss, *Auguste-Emmanuel.* — **1**. Beiträge zur Kenntniss der Tertiären Foraminiferen-Fauna. Die Foraminiferen des Crags von Antwerpen. Wien, *Silz. Ber.*, XLII, 1880, pp. 555-570, 2 pl., traduit de l'allemand par Karl Grün. *Bull. de l'Acad. roy. de Belg.,* XV, 1863, pp. 137-162.

—— **2**. Deuxième liste complémentaire des Foraminifères du Crag noir d'Anvers, décrits par M. le professeur A. Reuss de Prague. Anvers. *Bull. de la Soc. paléont.,* I, 1865, pp. 229-238.

Rigaux, *H.*, et *J.* **Gosselet.** — Mouvement du sol de la Flandre depuis les temps géologiques. *Ann. de la Soc. géol. du Nord,* V, 1878, pp. 147-156, 218-226.

Roemer, *Ferdinand.* — **1**. Ueber die Kreide-Formation gehörigen Gesteine in der Gegend von Aachen. Leonhard u. Bronn, *N. Jahrb.*, 1845, pp. 385-394.

—— **2**. Dumont's geognostische Karte von Belgien. *Deutsch. Geol. Gesell. Zeitschr.*, IV, 1852, pp. 228-230.

—— **3**. Vergleichende Untersuchung in Betreff der Entwickelung des Devonischen Gebirges in Belgien und in der Eifel. *Ibid.*, VI. 1854, pp. 648-650; Leonhard u. Bronn, *N. Jahrb.*, 1856, pp. 209-210.

—— **4**. Kreide-Formation bei Aachen; Geologie Gelderlands das Teylersche Museum zu Harlem. Museum in Leyden. Leonhard u. Bronn, *N. Jahrb.*, 1854, pp. 167-169.

—— **5**. Dumont's geognostische Uebersichtskarte von Belgien; Jura-Versteinerungen im Rheinischen Diluviale. Leonhard u. Bronn, *N. Jahrb.*, 1854, pp. 321-323.

—— **6**. Dasältere Gebirge in der Gegend von Aachen, erläutert durch die Vergleichung mit den Verhältnissen im südlichen Belgien. *Deutsch. Geol. Gesell. Zeitschr.*, VII, 1855, pp. 377-398; Leonhard u. Bronn, *N. Jahrb.*, 1857, pp. 454-458.

—— **7**. Bemerkungen über die Kreidebildungen der Gegend von Aachen. *Deutsch. Geol. Gesell. Zeitschr.*, VII, 1855, pp. 534-546.

Roemer, *Friederich-Adolph.* — Pour Biographie, voir : *Deutsch. Geol. Gesell. Zeitschr.*, XXII, 1870, pp. 96-102.

—— **1.** Coupe du terrain devonien de Couvin; *Bul. de la Soc. géol. de France*, VIII, 1850, pp. 87-89.

—— **2.** Beiträge zur geologischen kenntniss des nordwestlichen Harzgebirges. Meyer, *Palæont.*, III, 1854, pp. 1-67, 69-111; V, pp. 1-46; IX, 1862-64, pp. 1-46.

Rolland. — Sur la géologie du Grand-Duché de Luxembourg. Bruxelles. *Ann. gén. des sc. phys.*, II, 1819, pp. 394-401.

Roulez. — Notice sur quelques instruments en pierre et en bronze, appartenant à la période celto-germanique et trouvés dans une tourbière de Destelberghe, près de Gand. *Bull. de l'Acad. roy. de Bruxelles*, IV, 1837, pp. 330-341, 1 planche.

Rousseau, *Ern.* — Histoire des sciences physiques, mathématiques et naturelles. *Patria belgica*, III, 1874, pp. 143-184.

Rouville, *P.* (**de**). — Sur les analogies du calcaire de Visé (Belgique) avec le calcaire carbonifère de l'Hérault. *Bull. de la Soc. géol. de France*, XX, 1863, p. 803.

Rozet (Lieut.-col.). — Notice géognostique sur quelques parties du département des Ardennes et de la Belgique. *Ann. des sc. natur.*, XIX, 1830, pp. 113-153.

Rozin. — Essai sur l'étude de la minéralogie, avec application particulière au sol français, et surtout à celui de la Belgique. Bruxelles, in-12; in-8°, 368 pages.

Rucloux. — Notes sur les dépots métallifères de la province de Namur. *Ann. des Trav. publics de Belgique*, VIII, 1849, p. 157; X, 1851, p. 33.

Rutot, *Aimé.* — **1.** Rapport au point de vue paléontologique de l'excursion entreprise les 18 et 19 août 1873 aux environs de Tongres par les membres de la Société malacologique de Belgique. *Ann. de la Soc. malac. de Belgique*, VIII, 1873, pp. 58-69.

—— **2.** Note sur la découverte de deux Spongiaires ayant provoqué la formation des grès fistuleux et des tubulations sableuses de l'étage bruxellien des environs de Bruxelles. *Ibid.*, IX, 1874, pp. 56-68.

—— **3.** Note sur quelques échantillons d'Anthracite provenant de La Mure, département de l'Isère (France). *Ann. de la Soc. géol. de Belgique*, I, 1874, pp. XXXVIII-XL.

Rutot, *Aimé*. — **4**. Note sur une coupe des environs de Bruxelles. *Ibid.*, I, pp. 45-59, planche; voir les observations de MM. Dewalque et Vanden Broeck à propos de ce travail. *Ibid.*, pp. LXVI-LXXI.

—— **5**. Note sur des cristaux de Gypse rencontrés dans le Limbourg belge. *Ibid.*, II, 1875, p. LV.

—— **6**. Sur le terrain crétacé de Liége. *Ibid.*, II, 1875, pp. LXV-LXVII.

—— **7**. Note sur le gisement de fossiles herviens de La Croix Polinard, près Battice. *Ibid.*, pp. LXXV-LXXVIII.

—— **8**. Note sur la formation des concrétions appelées Grès fistuleux et Tubulations sableuses contenues dans l'étage bruxellien des environs de Bruxelles. *Ibid.*, pp. 6-11.

—— **9**. Note sur l'extension de *Lamna elegans*, Ag., à travers les terrains crétacé et tertiaire. *Ibid.*, pp. 34-41.

—— **10**. Note sur la découverte, à l'est de Bruxelles, de l'argile glauconifère appartenant à la partie supérieure de l'étage laekenien. *Ibid.*, pp. 206-211.

—— **11**. Note sur une coupe du système bruxellien observée a Ixelles. *Ibid.*, pp. 212-222.

—— **12**. Note sur quelques fossiles recueillis dans le Diluvium des environs de Tongres. *Ann. de la Soc. malac. de Belgique*, X, 1875, pp. 7-20, planche I.

—— **13**. Relation, au point de vue paléontologique, de l'excursion entreprise les 1er et 2 août 1875, aux environs de Namur, par les membres de la Société malacologique. *Ibid.*, pp. 103-110.

—— **14**. Description de la faune de l'Oligocène inférieur de Belgique (terrain tongrien inférieur de Dumont), 1er fasc. *Ibid.*, XI, 1876, pp. 1-67 et 4 planches; voir le rapport de M. Vincent sur ce travail. *Ibid.*, pp. XXX-XXXI; et celui de M. Lefèvre, *ibid.*, pp. XXXIV-XXXV.

—— **15**. Rapport de l'excursion annuelle de la Société malacologique, à Angre. *Ibid.*, XI, 1876, pp. LXX-LXXV.

—— **16**. Description de la *Rostellaria robusta*, Rut., fossile de l'argile de Londres et de l'étage bruxellien des environs de Bruxelles. *Ibid.*, XI, 1876, pp. 105-109, avec 1 planche; voir le rapport de M. Lefèvre sur ce travail, *ibid.*, pp. LXXIX-LXXXIV.

Rutot, *Aimé.* — **17.** Note sur les divisions à établir entre quelques espèces de grandes Rostellaires des terrains éocène et oligocène. *Ann. de la Soc. géol. de Belgique,* III, 1876, pp. 76-79 avec 1 planche.

18. Sur la faune de l'étage inférieur du système landenien. *Ibid*, IV, 1877, pp. 5-7.

—— **19.** Note sur l'absence de l'étage bruxellien sur la rive gauche de la Senne et sur la présence, dans les environs de Bruxelles, d'une division de diluvium inférieure au limon hesbayen. *Ibid.*, IV, 1877, pp. 39-50.

—— **20.** Quelques observations relatives aux conclusions de M. Lefèvre, dans son rapport sur mon travail intitulé : « Description de la Rostellaria robusta, Rutot. » *Ann. de la Soc. malac. de Belgique,* II, 1877, pp. XI-XXI; voir la réplique de M. Lefèvre, *ibid.*, pp. LXXXIII-LXXXVI.

—— **21.** Note sur le démembrement du système laekenien et la création du système wemmelien. *Ann. de la Soc. géol. du Nord,* V, 1878, pp. 488-497.

—— **22.** Éocène et oligocène. *Bull. de la Soc. géol. de France,* VII, 1878-79, pp. 582-587.

—— **23.** Compte rendu de l'excursion de la Société malacologique de Belgique. *Ann. de la Soc. malac. de Belgique,* IV, 1879.

—— **24.** Note sur une coupe de terrain observée dans la gare de Frameric près Mons. *Ann. de la Soc. géol. du Nord,* VII, 1880, pp. 92-99, planche; avec observations de M. Ladrière. *Ibid.,* pp. 99-100.

—— **25.** Coupes géologiques des deux rives de la Senne avec indication des principaux niveaux aquifères. (Rive droite entre Soignies et Malines; Rive gauche entre Braine-le-Comte et Anvers.)

(Ces coupes ont paru manuscrites à l'Exposition nationale de 1880 et figurent de même actuellement dans les galeries du Musée de Bruxelles.)

—— **26.** Compte rendu fait à la Société malacologique de Belgique de l'excursion entreprise par la Société géologique de France, dans le Boulonnais. *Ann. de la Soc. malac. de Belgique.* Procès-verbal de la séance du 6 novembre 1880, pp. XCIV-CV.

—— **27.** Compte rendu de l'excursion entreprise par les Sociétés géologique et malacologique de Belgique aux environs de Bruxelles en 1880. *Ibid.,* V, 1880.

—— **28.** Compte rendu de l'excursion dans le Quaternaire des environs d'Abbeville. *Ibid.,* VI, 1881.

Rutot, *A.*, et *E.* **Vanden Broeck.** — **29.** Observations stratigraphiques relatives aux terrains oligocène et quaternaire du Limbourg. *Ann. de la Soc. géol. de Belgique*, V, 1878, pp. 141-155.

—— **30.** Compte rendu sommaire des explorations paléontologiques et stratigraphiques entreprises aux environs de Tongres, etc. *Ann. de la Soc. malac. de Belgique*, III, 1878, pp. LV-LVI, LX-LXIV.

—— **31.** Quelques mots sur le Quaternaire. *Ann. de la Soc. géol. du Nord*, VI, 1879, pp. 215-225.

—— **32.** Les phénomènes post-tertiaires en Belgique dans leurs rapports avec l'origine des dépôts quaternaires et modernes. *Ibid.*, VII, 1880, pp. 53-52.

Rutot, *A.*, et *G.* **Vincent.** — **33.** Note sur l'absence du système diestien aux environs de Bruxelles et sur des observations nouvelles relatives au système laekenien. *Ann. de la Soc.. géol de Belgique*, V, 1877-78, pp. 56-66.

—— **34.** Note sur le relevé des sondages entrepris par M. Van Ertborn dans le Brabant. *Ibid.*, V, 1877-78, pp. 67-99.

—— **35.** Quelques nouvelles observations relatives au système wemmelien. *Ann. de la Soc. malac. de Belgique*, III, 1878, pp. L-LV.

—— **36.** Note sur quelques observations géologiques et paléontologiques faites aux environs de Louvain. *Ibid.*, III, 1878, pp. LXXII-LXXVII.

—— **37.** Note sur un puits artésien foré à Molenbeek-St-Jean, près de Bruxelles. *Ann. de la Soc. géol. de Belgique*, VI, 1879.

—— **38.** Coup d'œil sur l'état actuel d'avancement des connaissances géologiques relatives aux terrains tertiaires de la Belgique. *Ibid.*, VI, 1879.

—— **39.** Note sur un sondage exécuté à la brasserie de la Dyle, à Malines. *Ibid.*, VI, 1879.

Ryckholt (Baron), *P.* (**de**). — **1.** Résumé géologique sur le genre Chiton. *Bull. de l'Acad. roy. de Bruxelles*, XII, 1845 (2e part.), pp. 36-62, 4 planches.

—— **2.** Mélanges paléontologiques, 1re PARTIE : *Mém. cour. et des savants étrang. de l'Acad. roy. de Belgique*, in-4°, XXIV, 1850-51, 176 pages et 10 planches; voir aussi les rapports de MM. Dumont et Cantraine sur ce mémoire. *Bull. de l'Acad. roy. de Belg.*, XV, 1848, 1re part., pp. 6-7 ;

2e PARTIE : *Mém. cour. et des sav. étrang. de l'Acad. roy. de Belgique*, 205 pages avec 10 planches de fossiles; voir aussi le rapport de Dumont sur ce mémoire. *Bull. de l'Acad. roy. de Belgique*, XVII, 1850, 2e part., pp. 314-317 ;

(Bien que ce rapport conclût à l'impression du mémoire de M. de Ryckholt, ce dernier a retiré son manuscrit. *Ibid*, XXI, 1854, 2e part., p. 138.)

3e PARTIE renfermant les planches XXI-XXXVI, reproduisant les Gastéropodes nouveaux ou peu connus des terrains crétacés de Belgique.

Ryckholt (Baron), *P.* (**de**). — **3.** Notice sur les genres *Nautilus, Vestinautilus, Asymptoceras, Coya*, et *Terebrirostra*. Bruxelles, Hayez. In-8°, 1852, 10 pages et 1 planche.

—— **4.** Déductions paléontologiques appliquées à la conchyliologie de notre époque. *Journ. conchyliologique*, X, 1862, pp. 28-35.

—— **5.** Description de deux Tuniciers carbonifères (*Haliocerasum Savignyanum* et *Cyclochinum Lessonianum*), et d'un nouveau genre de la famille des *Chitonidæ*. *Ibid.*, X, 1862, pp. 255-260.

—— **6.** Notice sur le genre *Craspedotus*. *Ibid.*, II, 1862, pp. 410-417.

Rysselberghe, *F.* (**Van**). — Note sur les oscillations du littoral belge. *Mém. cour. de l'Acad. roy. de Belgique*, in-8°, XXIX, 1880, 18 pages, 1 planche.

Saporta (Comte), *Gaston* (**de**), et *A.-F.* **Marion**. — **1.** Essai sur l'état de la végétation à l'époque des marnes heersienne de Gelinden. *Mém. cour. et des sav. étrang. de l'Acad. roy. de Belgique*, XXXVII, 1873, 94 pages et 12 planches; voir aussi le rapport de M. Dewalque sur ce mémoire. *Bull. de l'Acad. roy. de Belgique*, XXXV, 1873, pp. 463-468; Paris. Revue *Cours scientifique*, V, 1873, pp. 331-332.

—— **2.** Révision de la flore heersienne de Gelinden. *Mém. cour. et des sav. étrang. de l'Acad. roy. de Belgique*, XLI, 1878, in-4°, 16 pl.; voir les rapports de MM. Malaise et Crépin sur ce mémoire.. *Bull. de l'Acad. roy. de Belgique*, XLIII, 1874, pp. 720-730.

Sauvage. — Recherches sur la composition des roches du terrain de transition. Paris, *Ann. des Mines*, VII, 1845, pp. 411-462; Paris, *Comptes rendus*, XXI, 1845, pp. 228-233.

Sauveur, *Dieudonné-Jean-Joseph*. — Pour Biographie, voir : *Bull. de l'Acad. roy. de Belgique*, XIV, 1862, pp. 339-342.

Sauveur, *Dieudonné-Jean-Joseph.* — **1.** Végétaux fossiles des terrains houillers de la Belgique. *Mém. de l'Acad. roy. de Belgique*, XXII (suite), 1848. Atlas in-4° de 69 planches.

(La plupart de ces planches faisaient partie d'un écrit intitulé : *Mémoire contenant des recherches sur les végétaux fossiles des terrains houillers de la Belgique*, présenté à l'Académie par M. Sauveur, le 2 mai 1829.)

Sauveur, d'Omalius et **Cauchy**. — **2.** Rapport sur les mémoires présentés en réponse à la question relative à la constitution géologique de la province de Liége. *Ann. des sc. nat.*, XX, 1830, pp. 53-59; *Mém. cour. de l'Acad. roy. de Bruxelles*, VIII, 1832, 7 pages.

Schmerling, *Philippe-Charles.* — Pour Biographie, voir : *Ann. de l'Acad. roy. de Belgique*, 1838, p. 130.

—— **1.** Notes sur les cavernes à ossements fossiles découvertes jusqu'à ce jour dans la province de Liége. In-8°. (Vandermaelen, *Dict. géogr. de la prov. de Liége*, appendice, p. 3), 1832; *Bull. de la Soc. géol. de France*, III, 1832-33, pp. 217-222.

—— **2.** Ueber die Knochenhöhlen bei Lüttich. Leonhard u. Bronn, *N. Jahrb.*, 1833, pp. 38-48, 592-600.

—— **3.** Découverte dans la province de Liége de deux os fossiles façonnés, et de fragments de silex taillés. *Bull. de la Soc. géol. de France*, VI, 1834-35, pp. 170-173.

—— **4.** Sur une caverne à ossements de la province de Luxembourg. *Bull. de l'Acad. roy. de Bruxelles*, II, 1835, pp. 271-275.

—— **5.** Sur les ossements fossiles à l'état pathologique provenant des cavernes de la province de Liége. *Ibid.*, pp. 362-364; *Bull. de la Soc. géol. de France*, VII, 1835-36, pp. 51-61; *L'Institut*, IV, 1836, p 59.

—— **6.** Notice sur quelques os de pachydermes découverts dans le terrain meuble près du village de Chokier. *Bull. de l'Acad. roy. de Bruxelles*, III, 1836, pp. 82-87.

—— **7.** Recherches sur les ossements fossiles découverts dans la province de Liége. Liége, 1833-36, 3 vol. grand in-folio.

Schuermans, *H.* — **1.** Rectification à la note de M. Dewalque sur l'époque à laquelle le *Tetrao lagopus* a disparu de la Belgique. *Bull. de l'Acad. roy. de Belgique*, XXXV, 1873, pp. 225-228; voir les rapports de MM. Dupont, Van Beneden et de Selys Longchamps sur ce travail. *Ibid.*, pp. 193, 194 et 196.

Schuermans, *H.* — **2.** Haches et instruments de l'âge de pierre trouvés dans le Limbourg. *Bull. de la sect. littér. des Mélophiles de Hasselt,* XIV, 1877, pp. 19-35.

Scohy, *François.* — Sur les ossements fossiles découverts à Lierre, le 28 février 1860. *Bull. de l'Acad. roy. de Belgique,* IX, 1860, pp. 436-455 ; voir aussi les rapports de MM. Nyst, de Koninck et Van Beneden sur cette note. *Ibid.,* pp. 405, 411 et 413.

Sedgwick, *Adan,* et Sir *R.-J.* **Murchison.** — On the distribution and classification of the older or Palæozoic deposits of the North of Germany and Belgium, and their comparaison with Formations of the same age in the British Isles. *Proced. geol. Soc. of London,* III, 1838-42, pp. 300-311 ; *Trans. geol. Soc. of London,* VI, 1842, pp. 221-302 ; *Phil. Mag.,* XVIII, 1841, pp. 398-409.

Selys Longchamps (Baron), *Michel-Edmond* (**de**). — Pour Biographie, voir : *Notices biographique et bibliographique de l'Acad. roy. de Belgique,* 1874, pp. 110-119.

—— **1.** Discours prononcé sur la tombe d'André Dumont. *Bull. de l'Acad. roy. de Belgique,* I, 1857, pp. 370-373.

—— **2.** La classification des oiseaux depuis Linné. *Ibid.,* XLVIII, 1879, pp. 729-813.

Six, *Achille.* — Compte rendu de l'excursion des 11 et 12 mai 1879, à Bruxelles et à Anvers. *Ann. de la Soc. géol. du Nord,* VI, 1879, pp. 431-437, avec 1 planche.

Smeysters, *J.* — **1.** Note sur les Cartes du bassin houiller de Charleroi, à l'occasion de l'Exposition nationale, brochure in-8° de 18 pages, 1880. Imp. Aug. Piette, à Charleroi.

Smeysters, *J.*, et **Blanchard.** — **2.** Sur quelques fossiles rencontrés dans le système houiller de Charleroi. *Ann. de la Soc. géol. de Belgique,* VII, 1880.

Sonveaux. — Carte hydrographique de Bruxelles et ses environs, avec le tracé des galeries d'infiltration du bois de la Cambre et de la forêt de Soignes, à l'échelle du 20,000^{e}.

Soreil. — Sur une nouvelle exploration de la caverne de Chauvaux. *Compte rendu du Congrès préhist.,* VI, 1872, pp. 381-393 ; *Ann. de la Soc. archéol. de Namur,* XIII, 1875, pp. 303-323, 5 planches.

Sotiau, *D.* — A la mémoire d'André Dumont. *Journal de Liége* du 4 mars 1857.

Spring, *Antoine-Fr.* — Pour Biographie, voir : *Bull. de l'Acad. roy. de Belgique,* XXXIII, 1872, pp. 95-101 ; *Revue des sciences de Paris,* I, 1872, pp. 931-932; *Ann. de l'Acad. roy. de Belgique,* XLI, 1874, p. 251 (avec portrait).

—— **1.** Sur des ossements humains découverts dans une caverne de la province de Namur. *Bull. de l'Acad. roy. de Bruxelles,* XX, 1853, 3e part., pp. 427-449.

—— **2.** Discours prononcé sur la tombe de Charles Morren. *Ann. de l'Acad. roy. de Bruxelles,* XXV, 1859, pp. 213-214.

—— **3.** Les hommes d'Engis et les hommes de Chauvaux. *Bull. de l'Acad. roy. de Bruxelles,* XVIII, 1864, pp. 479-515.

—— **4.** Sur les divers modes de formation des dépôts ossifères dans les cavernes, à propos d'ossements découverts dans le rocher de Lives, près de Namur. *Ibid.*, XX, 1865, pp. 417-430; *Ann. des sc. natur.,* IV, 1865 (Zool.), pp. 363-375.

—— **5.** Sur une tête de Castor trouvée à Donck (Limbourg). *Bull. de l'Acad. roy. de Belgique,* XXI, 1866, pp. 139-142.

Spring, *Walthère.* — **1.** Hypothèses sur la cristallisation. *Ann. de la Soc. géol. de Belgique,* II, 1875, pp. 131-177.

—— **2.** Essai d'une méthode pour déterminer l'époque relative du plissement des couches. *Ibid.,* VI, 1879.

Springuel, *L.* — A.-H. Dumont. *La Meuse* du 2 mars 1857.

Staring, *W.-C.-H.* — **1.** De Bodem van Nederland. Haarlem, I, 1856, 441 pages et planches; II, 1860, 480 pages, avec planches et cartes.

—— **2.** Aperçu des ossements fossiles de l'époque diluvienne trouvés dans la Neerlande et les contrées voisines. Amsterdam, *Verslag. Akad.,* XII, 1861, pp. 256-284.

—— **3.** Notice sur les restes du *Mosasaurus* et de la Tortue de Maastricht, conservés au Musée de Teyler, à Haarlem. Amsterdam, *Ibid*, XIII, 1862, pp. 129-137.

—— **4.** Opmerkingen over het zand-diluvium van Noord-Duitschland, Nederland en België. Amsterdam, *Ibid.*, I, 1866 (Natuurk.), pp. 181-192.

Stas, *J.*, *A.* **Dumont**, et *Ad.* **De Vaux**. — Rapports à M. le Ministre de l'Intérieur sur l'emploi du grès des Écaussines. *Bull. de l'Acad. roy. de Belgique,* XV, 1848, 1re part., pp. 53-56.

Steenstrup, *Joh.-Japetus-Smith.* — Comparaisons entre les ossements des cavernes de la Belgique et les ossements des Kjoekkenmoedding du Danemark, du Groënland et de la Laponie. *Compte rendu du Congrès préhist.,* VI, 1872, pp. 199-242.

Steininger, *Jean.* — Essai d'une description géognostique du Grand-Duché de Luxembourg. *Mém. cour. et des sav. étrang. de l'Acad. roy. de Belgique,* VII, 1829.

Stoffels. — Sur diverses espèces de coquilles fossiles des environs de Louvain. Bruxelles, *Ann. gén. des sc. physigues,* VI, 1820, pp. 99-100.

Tardy. — Comparaison entre deux oscillations contemporaines en Flandre et en Émilie. *Bull. de la Soc. géol. de France,* II, 1874, pp. 222-223.

Tarlier, *Jules,* et *Alph.* **Wauters**. — Géographie et Histoire des communes belges, grand in-4°, I, 1873; II, 1865.

Terquem, *O.* — **1**. Paléontologie de l'étage inférieur de la formation liasique de la province de Luxembourg et de Hettange. *Mém. de la Soc. géol. de France,* V, 1854, 2e part., pp. 219-543, 15 planches de fossiles.

——— **2**. Observations au sujet d'une note de M. Dewalque sur l'âge des grès liasiques de Luxembourg. *Bull. de la Soc. géol. de France,* XV, 1857-58, pp. 625-637.

Terquem, *O.*, et *E.* **Piette**. — **3**. Le Lias inférieur de la Meurthe, de la Moselle, du Grand-Duché de Luxembourg, de la Belgique, de la Meuse et des Ardennes. *Ibid.,* XIX, 1862, pp, 522-555, 556 et 570.

——— **4**. Le Lias inférieur de l'est de la France, comprenant la Meurthe, la Moselle, le Grand-Duché de Luxembourg, la Belgique et la Meuse. *Mém. de la Soc. géol. de France,* VIII, 1865-68, 176 pages, 18 pl. de fossiles.

Thielens, *Armand.* — **1**. Quelques mots à propos des Aérolithes tombés en Brabant le 7 décembre 1863.

——— **2**. Note sur le gîte fossilifère de Folx-les-Caves. *Bull. scient., etc., du départ. du Nord,* I, 1869, p. 83.

——— **3**. Traduction du travail de M. von Koenen : Sur les terrains tertiaires de la Belgique. *Mém. de la Soc. paléont. et archéol. de Charleroi,* III, 1870, pp. 351-365; Lille, *Bull. scientifique,* 1870, p. 288.

Thielens, *Armand.* — **4.** Relation de l'excursion faite par la Société malacologique de Belgique à Orp-le-Grand, Folx-les-Caves, Wanzin, etc. *Ann. de la Soc. malacol. de Belgique,* VI, 1871, pp. 59-72.

——— **5.** Voyage dans l'Eifel. Liste des fossiles dévoniens et des Mollusques vivants recueillis en juin et juillet 1872, à Gérolstein, Pelm, Prüm, Refrath, Paffrath, Bensberg et Casselbourg. *Ibid.,* VII, 1872, pp. CIX-CXVII; voir aussi une liste supplémentaire des fossiles recueillis par l'auteur dans l'Eifel. *Ibid.*, VIII, 1873, p. LXXVIII.

——— **6.** Voyage en Italie et en France. *Ibid.*, IX, 1874, pp. CCV-CCXV; X, 1875, pp. LXXXIV-CXXVII.

——— **7.** Traduction de la note inédite de M. G.-F. Matthew : Note sur les Mollusques de la formation post-pliocène de l'Acadie. *Ibid.,* IX, 1874, pp. 33-50.

Tiberi, *N.* — Céphalopodes, Ptéropodes, Hétéropodes vivants de la Méditerranée et fossiles du terrain tertiaire de l'Italie. (Mémoire inédit traduit de l'italien par Jules Colbeau.) *Ibid.,* III, 1878, pp. 52-84.

Toilliez, *Désiré.* — Pour Biographie, voir : *Recueil des opuscules de Toilliez, précédé de la biographie de l'auteur,* par Pinchart. Bruxelles, in-8°, 1847-52; *Mém. de la Soc. scient. du Hainaut,* X, 1850-52, pp. 94-96; *Ann. de la Soc. malac. de Belgique,* I, 1865, pp. XCIV-XCVI.

——— **1.** Des pierres taillées, monuments de l'industrie primitive. *Bull. de l'Acad. roy. de Belgique,* XIV, 1847, 1re part., pp. 363-378.

Toilliez, *Albert.* — **1.** Notice géologique et statistique sur les carrières du Hainaut. *Mém. de la Soc. scient. du Hainaut,* V, 1858, pp. 25-51; voir l'analyse de ce travail par M. J. Gosselet. *Bull. de la Soc. géol. de France,* XVI, 1858-59, pp. 432-435.

——— **2.** Sur quelques faits géologiques pris pour le résultat du travail de l'homme. *Mém. de la Soc. scient. du Hainaut,* X, 1864-65 pp. IX-XXVIII.

Toilliez, *Albert,* et *Ch.* **Le Hardy de Beaulieu.** — **3.** Traduction de l'ouvrage de sir Ch. Lyell : Sur les couches tertiaires de la Belgique et de la Flandre française. *Ann. des Trav. publics de Belg.*, XIV, 1856.

Toll, *Adrianus.* — Lugdun. Bat. Gemmarum et lapidum historia, quam olim edidit Anselmus Boëtius de Boot (lire de Boodt), Brugensis Rudolphi II, Imperatoris medicus..., nunc vero recensuit, a mendis repurgavit, commentariis et pluribus melioribusque figuris illustravit et multo locupletiore indice auxit. in-8°. Lugduni Batavorum, ex officina J. Maire, 1636.

(Cet ouvrage a été traduit en français par François Bachou, en 1644, in-8°. Lyon.)

Torfs, *L.* — Fastes des calamités publiques survenues dans les Pays-Bas et particulièrement en Belgique depuis les temps les plus reculés jusqu'à nos jours. Tournai, Casterman. I, 1859, 436 pages; épidémies, famines et inondations; II, 1862, 405 pages; Hivers et tremblements de terre.

Triger. — **1.** Sur la craie de Maestricht. *Bull. de la Soc. géol. de France*, XV, 1857-58, pp. 205-209.

—— **2.** Observations au sujet d'une communication de M. Binkhorst sur la craie de Maestricht. *Ibid.*, XVII, 1859-60, pp. 104-107.

Ubaghs, *J.-C.* — **1.** Neue Bryozoen-Arten aus ter Tuff-Kreide von Maestricht. Meyer, *Paleont.*, V, 1855-58, pp. 127-131.

—— **2.** Die Bryozoen-Schichten der Maastrichter Kreidebildung, nebst einigen neuen Bryozoen-Arten aus der Maastrichter Tuff-Kreide. Bonn, *Verhandl. Nat. Hist. ver.*, XXII, 1865, pp. 31-62; Halle, *Zeitschr. Gesammt. Naturwiss.*, XXVII, 1866, pp. 344-346.

—— **3.** Sur les cailloux roulés des dépôts quaternaires et sur les antiquités préhistoriques du duché de Limbourg. *Compte rendu du Congrès préhistorique*, VI, 1872, pp. 144-149.

—— **4.** La *Chelonia Hoffmanni*, Gray du Tuffeau de Maestricht. *Ann. de la Soc. géol. de Belgique*, II, 1875, pp. 197-205, pl. IV.

—— **5.** Description géologique et paléontologique du sol du Limbourg. 1 vol., 1879.

Uytterhoeven, *A.* — **1.** Note sur un crâne humain, extrait d'une tourbière près de l'Escaut, dans la Flandre Orientale, en 1819. Anvers, *Bull. de la Soc. paléontologique*, I, 1859, p. 111, 2 pages.

Uytterhoeven, *A.*, et *N.* **de Wael.** — **2.** Notice sur les objets qui ont été recueillis au Kattendyck hors la porte de Lille à Anvers. Anvers, *Ibid.*, I, 1859, pp. 72-82.

Van den Broeck, *Ernest.* — **1.** Communications diverses sur les terrains d'Anvers. *Ann. de la Soc. malac. de Belgique*, IX, 1874, pp. XXIV, XLV-XLVI et CVIII-CX.

—— **2.** Quelques considérations au sujet d'un travail de M. Davidson sur les Térébratules des terrains tertiaires de la Belgique. *Ibid.*, IX, 1874, pp. LXXXIV-XC.

—— **3.** Rapport sur un mémoire de M. G.-F. Matthew, intutulé : Notes on the mollusca of the post-pleiocene Formation in Acadia (Note sur les mollusques de la formation post-pliocène d'Acadie). *Ibid.*, IX, 1874, pp. CXLIII-CLI.

Van den Broeck, *E.* — **4.** Rapport sur une excursion faite le 16 juillet 1874 au Bolderberg, près de Hasselt. *Ibid.*, IX, 1874, pp. CLI-CLXXX.

——— **5.** Traduction du travail de M. Henry, B. Brady : Sur une vraie Nummulite carbonifère. *Ibid.;* voir, sur cette traduction, le rapport de M. Miller à la séance du 3 mai 1874, 3 pages.

——— **6.** Quelques considérations sur la découverte, dans le calcaire carbonifère de Namur, d'un fossile microscopique nouveau appartenant au genre Nummulite. *Ann. de la Soc. géol. de Belgique*, I, 1874, pp. 16-27.

——— **7.** Sur l'examen des fossiles recueillis dans les sondages de la province d'Anvers par M. O. van Ertborn. *Ibid.*, I, 1874, pp. 28-31.

——— **8.** Observations sur la *Nummulites planulata* du Paniselien. *Bull. de la Soc. géol. de France*, II, 1874, pp. 559-566.

——— **9.** Note sur la présence de l'argile oligocène sous les sables pliocènes de Kiel près d'Anvers. *Ann. de la Soc. malac. de Belgique*, X, 1875, pp. LXXV-LXXVIII.

——— **10.** Notes sur une excursion scientifique en Suisse. *Ibid.*, X, 1875, pp. CXXIX-CLXVIII.

——— **11.** Esquisse géologique et paléontologique des dépôts pliocènes des environs d'Anvers. *Ibid.*, IX, 1874, pp. 83-374, avec un croquis topographique au 160000e des environs d'Anvers, 1876; voir les rapports de MM. Dewalque, Rutot et Cogels sur ce mémoire. *Ibid.*, V, 1876, pp. XIX-XX, XXII; analyse de ce mémoire par M. G. Dollfus. *Bull. de la Soc. géol. de France*, V, 1876-77, pp. 104-105.

(Le fascicule I a paru en 1874; le fascicule II en 1876.)

——— **12.** Lettres à M. Gosselet sur quelques points de la géologie des environs de Bruxelles. *Ann. de la Soc. géol. du Nord*, III, 1875-76, pp. 174-183, avec observations de MM. Ortlieb et Gosselet. *Ibid.*, pp. 184-188; seconde lettre, *ibid.*, IV, 1876-1877, pp. 106-122; analyse de ce travail par M. G. Dollfus. *Bull. de la Soc. géol. de France*, V, 1876-77, pp. 103-104.

(Réimprimées à Lille en 1879 en une seule brochure, contenant quelques modifications et des notes supplémentaires, sous le titre : *Aperçu sur la géologie des environs de Bruxelles.* Lettres adressées à M. le professeur Gosselet et à M. J. Ortlieb.)

——— **13.** Note sur l'altération des roches quaternaires des environs de Paris par les agents atmosphériques. *Ibid.*, V, 1876-77, pp. 298-302.

Van den Broeck, *E.* — **14.** Seconde Note sur le Quaternaire des environs de Paris. Réponse aux observations de M. Hébert. *Ibid.*, V, 1876-77, pp. 326-328.

—— **15.** Sur les altérations des dépôt squaternaires par les agents atmosphériques. *Comptes rendus de l'Acad. des sciences de Paris*, 1877.

—— **16.** Note sur les Foraminifères de l'argile des polders. *Ann. de la Soc. belge de Microscopie*, III, 1876-77, pp. CXIII-CXXII.

—— **17.** Analyse du mémoire de M. J.-B. Brady, intitulé : Monographie des Foraminifères carbonifères et permiens. *Ibid.*, IV, 1877-78, pp. XXXVII-XLVI.

—— **18.** On some Foraminifera from pleistocene beds in Ischia. *Quarterly Journ. of the geol. Society*, XXXIV, May 1878, pp 195-198.

—— **19.** Quaternaire et Diluvium rouge. *Bull. de la Soc. géol. de France*, VII, 1878-79, pp. 209-217.

—— **20.** Sur les formations tertiaires d'Anvers. *Ann. de la Soc. géol. de Belgique*, V, 1878, pp. 117-119.

—— **21.** Compte rendu de l'excursion faite à Anvers les 27 et 28 juillet 1879, par la Société malacologique de Belgique. *Ann. de la Soc. malac. de Belgique*, XIV, 1879, pp. LVIII-LXXVI.

—— **22.** Allocution à l'occasion du 50e anniversaire de la fondation de la Société géologique de France. *Bull. de la Soc. géol. de France*, VIII, 1880, p. LXI.

—— **23.** Observations nouvelles sur les sables diestiens et sur les dépôts du Bolderberg. *Ann. de la Soc. malac. de Belgique*, V, 1880, pp. CV-CXI.

—— **24.** Mémoire sur les phénomènes d'altération des dépôts superficiels par l'infiltration des eaux météoriques, étudiés dans leurs rapports avec la géologie stratigraphique. *Mém. cour. de l'Acad. roy. de Belgique*, in-4°, XLIV, 1881, 180 pages, 1 planche, 34 figures, texte; voir les rapports de MM. de Koninck, Cornet et Dupont sur ce mémoire. *Bull. de l'Acad. roy. de Belgique*, XLIX, 1880, pp. 615, 617 et 618.

—— **25.** Observations nouvelles sur les sables diestiens et sur les dépôts du Bolderberg. *Ann. de la Soc. malac. de Belgique*. Procès-verbal de la séance du 6 novembre 1880, pp. CVI-CXI.

Van den Broeck, *Ernest*, et *P.* **Cogels.** — **26.** Observations sur les couches quaternaires et pliocènes de Merxem près d'Anvers. *Ibid.*, II, 1877, pp. LXVIII-LXXIX.

Van den Broeck, *E.*, et *P.* **Cogels.** — **27.** Diluvium et Campinien; réponse à M. le Dr Winkler. *Ibid.*, IV, 1879, pp. XVII-XXXIX.

—— **28.** Observations géologiques faites à Anvers à l'occasion des travaux de creusement des nouvelles cales sèches et de prolongement du bassin du Kattendyk, avec planches. *Ann. de la Soc. malac. de Belgique* (en préparation).

Van den Broeck, *Ernest*, et *J.* **Miller.** — **29.** Les foraminifères vivants et fossiles de la Belgique. *Ibid*, VIII, 1873, pp. 15-46 et 2 tableaux; IX, 1874, pp. 83-85; voir aussi les observations sur la *Nummulites planulata*, var. A. *minor*, d'Arch. et H. par MM. Miller, Nyst et Van den Broeck. *Ibid.*, VIII, 1873, pp. XX-XXV et XXXI-XXXIII.

Van den Broeck, *Ernest*, et *A.* **Rutot.** — **30.** Observations stratigraphiques relatives aux terrains oligocène et quaternaire du Limbourg. *Ann. de la Soc. géol. de Belgique*, V, 1878, pp. CXLI-CLIV.

—— **31.** Compte rendu sommaire des explorations paléontologiques et stratigraphiques entreprises aux environs de Tongres, etc. *Ann. de la Soc. malac. de Belgique*, III, 1878, pp. LV-LVI; LX-LXIV.

—— **32.** Quelques mots sur le Quaternaire. *Ann. de la Soc. géol. du Nord*, VI, 1878-79, pp. 215-255.

—— **33.** Les phénomènes post-tertiaires en Belgique dans leurs rapports avec l'origine des dépôts quaternaires et modernes. *Ibid.*, VII, 1879-80, pp. 33-53.

Van der Capellen, *A.*, et *E.* **Geraets.** — Découvertes paleœtnografiques faites dans le parc du château de Wideux, avec la liste des objets trouvés dans les fouilles faites en 1872. *Bull. de la sect. littér. des Mélophiles de Hasselt*, IX, 1872, pp. 17-30.

Van der Elst, *C.* — La Belgique primitive, âges cosmogoniques, mythologiques et fabuleux. A. Lacroix-Verboeckhoven et Cie, Bruxelles.

Vanderlinden, *Pierre-Léonard.* — Notice sur une empreinte d'insecte, renfermée dans un échantillon de calcaire schisteux de Sollenhofen en Bavière. *Nouv. Mém. de l'Acad. roy. de Belgique*, IV, 1827, pp. 246-253, 1 planche.

Van de Weyer, *Sylvain.* — Discours à la Société royale de Géologie, 1849, reproduit en anglais dans l'ouvrage de Th. Juste : *Sylvain Van de Weyer*, II, 1871, p. 178; Bruxelles, Muquardt.

Van Scherpenzeel-Thim, *J.* — **1**. Carte générale des mines, 1880; voir *Administration des mines.*

—— **2**. Sur les calcaires de Bouffioulx. *Ann. de la Soc. géol. de Belgique*, VII, 1880.

Van Scherpenzeel-Thim, *J.*, et *C.* **Malaise**. — **3**. Catalogue des roches et des produits minéraux du sol de la Belgique. *Catalogue des produits industriels et des œuvres d'art de la Belgique à l'Exposition universelle de Paris*, en 1867. Bruxelles, 1867, in-12.

Van Volxem, *Camille.* — Note critique posthume sur l'empreinte fossile : *Pachytylopsis Persenairei*, de Borre. *Ann. de la Soc. entom. de Belgique*, XIX, 1876, p. XXVIII. (Lue par M. Weyers le 1er avril 1876.)

Vaust, *J.* — **1**. Sur les terrains primaires d'Aix-la-Chapelle et leurs rapports avec ceux de la Belgique, d'après Ferd. Roemer. *Revue universelle des Mines*, V, 1859, pp. 394-408.

—— **2**. Sur les terrains primaires de la Belgique, d'après M. J. Gosselet. Liége, *Ibid.*, 1860-61.

Vaux, *Adolphe* (**de**). — Pour Biographie, voir : *Bull. de l'Acad. roy. de Belgique*, XXI, p. 306.

—— **1**. Carte minière de la Belgique. *Ann. des Trav. publ. de Belgique*, I, 1843, pp. 303-306.

—— **2**. Observations sur le régime des eaux souterraines de Bruxelles et des environs. *Bull. de l'Acad. roy. de Belgique*, XIX, 3e part., 1852, pp. 468-474.

—— **3**. Notice sur le régime et sur les causes d'altération des eaux potables de la ville de Bruxelles et de la banlieue. *Ann. des Trav. publ. de Belgique*, XI, 1852-53, pp. 345-350.

—— **4**. Gisement et formation de l'oligiste, de la limonite et de la pyrite. *Bull. de l'Acad. roy. de Belgique*, XXIII, 2e part., 1856, pp. 69-73.

—— **5**. Coup d'œil sur l'exploitation des mines. *Ibid.*, XVI, 1863, pp. 633-645.

—— **6**. Catalogue des roches et des produits minéraux du sol de la Belgique. *Ann. des Trav. publ. de la Belgique*, XX, 1863, pp. 177-226.

—— **7**. Rapport sur l'eau minérale du puits artésien d'Ostende. *Bull. de l'Acad. roy. de Belgique*, XVIII, 1864, p. 119.

—— **8**. Réclamation de priorité au nom des ingénieurs de l'État, de la découverte d'un calcaire grossier avec faune tertiaire signalée dans le travail de MM. Briart et Cornet. *Ibid.*, XXI, 1866, p. 262.

Vaux, *A* (**de**), *J.* **Stas**, et *A.* **Dumont**. — **9**. Rapport à M le Ministre de l'Intérieur sur l'emploi du grès des Écaussines. *Ibid.*, XV, 1re part., 1848, pp. 53-56.

Velge, *G.* — Notice explicative servant de complément à la carte géologique des environs de Lennick-St-Quentin. Publication de la Commission de la carte géologique de la Belgique. 16 pages 1880.

Verneuil, *Édouard-Pouillelier* (**de**). — **1**. Sur quelques espèces intéressantes des Brachiopodes des terrains anciens. *Bull. de la Soc. géol. de France*, XI, 1839-40, pp. 257-261, planches.

—— **2**. Extrait d'une lettre à M. de Koninck. *Bull. de l'Acad. roy. de Belgique*, XIV, 1862, p. 170.

Verstraeten, *Th.* — **1**. Hydrologie du sous-sol de l'agglomération bruxelloise. Extrait de la *Statistique générale de la Ville de Bruxelles*, avec carte du nivellement de la nappe aquifère ordinaire et coupes géologiques.

—— **2**. Examen topographique, géologique et hydrologique de la contrée comprise entre la Senne et la Dyle, Bruxelles et Nivelles. In-4° de 8 pages, août 1879 (Service des eaux de la Ville de Bruxelles), avec cartes, coupes et planches.

Villenfagne d'Ingihoul (Baron) (**de**). — **1**. Histoire de Spa. Liége, en 2 vol., an IX (1803).

—— **2**. Recherches sur la découverte des charbons de terre dans la ci-devant principauté de Liége; vers quel temps et par qui elle fut faite. *Nouv. Mém. de l'Acad. roy. de Belgique*, II, 1822, pp. 291-298.

Villers, *Serv.-Aug.* (**de**). — Analyse des eaux minérales qui se trouvent au château royal de Mariemont en Hainaut. Faite par les ordres et sous les auspices de Son Altesse Sérénissime Marie-Élisabeth, Gouvernante générale des Pays-Bas autrichiens. Louvain, 1741, 1 vol. in-8° de 195 pages, chez Martin van Overbeke.

Vincent, *Gérard.* — **1**. Les faunes bruxellienne et laekenienne de Dieghem. *Ann. de la Soc. malac. de Belg.*, VII, 1872, pp. 7-11, 1 planche.

—— **2**. Description du *Pecten nitidulus. Ibid.*, pp. 12-13, planches.

—— **3**. Préliminaires d'une notice sur les fossiles de l'assise supérieure du système ypresien. *Ibid.*, pp. LXXXIV-LXXXVI; VIII, 1873, p XLV; IX, 1874, p. LXXII.

Vincent, *Gérard*. — **4.** Un Belosepia (*B. Defrancii*) et un Cerithium (*C. globulosum*) nouveaux pour la faune bruxellienne. *Ibid.*, VII, 1872, pp. CXVII-CXVIII.

—— **5.** Matériaux pour servir à la faune laekenienne des environs de Bruxelles. *Ibid.*, VIII, 1873, pp. 7-15.

—— **6.** Note sur les dépôts post-pliocènes du Kiel, près d'Anvers. *Ibid.*, IX, 1874, pp. XVI-XIX.

—— **7.** Description de trois espèces nouvelles provenant de Wemmel (*Calyptræa sulcata, Voluta rugosa, Littorina lamellosa*). *Ibid.*, pp. 51-54, planche II.

—— **8.** Note sur les dépôts paniseliens d'Anderlecht, près de Bruxelles *Ibid.*, pp. 69-82, avec une coupe sur bois.

—— **9.** Note sur la faune bruxellienne des environs de Bruxelles. *Ibid.*, X, 1875, pp. 25-32.

—— **10.** Note sur quelques Scalaires éocènes des environs de Bruxelles. *Ibid.*, pp. 87-96, pl. VII.

—— **11.** Notes sur trois coquilles fossiles du terrain laekenien des environs de Bruxelles. *Ibid.*, pp. 123-127, pl. IX.

—— **12.** Description de la faune de l'étage landenien inférieur de Belgique. *Ibid.*, I, 1876, pp. 111-160, 5 planches; voir les rapports de MM. Lefèvre et Rutot sur ce travail. *Ibid.*, II, 1877, pp. XXVII et XXXVI.

Vincent, *G.*, et *Th.* **Lefèvre**. — **13.** Note sur la faune laekenienne de Laeken, de Jette et de Wemmel. *Ann. de la Soc. malac. de Belgique*, VII, 1872, pp. 49-79, avec coupes sur bois et pl. II et III.

Vincent, *G.*, et *A.* **Rutot**. — **14.** Note sur l'absence du système diestien aux environs de Bruxelles et sur des observations nouvelles relatives au système laekenien. *Ann. de la Soc. géol. de Belgique*, V, 1877-78, pp. 56-66.

—— **15.** Note sur le relevé des sondages entrepris par M. van Ertborn dans le Brabant. *Ibid.*, V, 1877-78, pp. 67-99.

—— **16.** Quelques nouvelles observations relatives au système wemmelien. *Ann. de la Soc. malacol. de Belgique*, III, 1878, pp. L-LV.

—— **17.** Note sur quelques observations géologiques et paléontologiques faites aux environs de Louvain. *Ibid.*, III, 1878, pp. LXXII-LXXVII.

—— **18.** Note sur un sondage exécuté à la brasserie de la Dyle, à Malines. *Ann. de la Soc. géol. de Belgique*, VI, 1879.

Vincent, *G.*, et *A.* **Rutot**. — **19**. Coup d'œil sur l'état actuel d'avancement des connaissances géologiques relatives aux terrains tertiaires de la Belgique. *Ibid.*, VI, 1879.

——— **20**. Note sur un puits artésien foré à Molenbeek-Saint-Jean, près Bruxelles. *Ibid.*, VI, 1879.

Virchow, *Rudolph*. — Sur les crânes des cavernes de Chauvaux, de Sclaigneaux, etc. *Compte rendu du Congrès préhistorique*, VI, 1872, pp. 567-568.

Watelet, *Jean-François-Adolphe*. — Pour Biographie, voir : *Ann. de la Soc. malacol. de Belgique*, 1880, pp. LIX-LXVII.

——— **1**. Notice sur les sables inférieurs du Soissonnais et sur leurs équivalents. *Ibid.*, X, 1875, pp. 111-122, pl. 8.

Watelet, *A*, et *Th.* **Lefèvre**. — **2**. Description de deux Solens nouveaux. *Ibid.*, II, 1877, pp. 29-35.

Waterkeyn, *H.-B.* — De la géologie et de ses rapports avec les vérités révélées. Louvain, chez Vanlinthout et Vandenzande, 1841, brochure de 66 pages in-8°.

Wauters, *Alphonse*. — **1**. Guide pittoresque du voyageur à la grotte de Han-sur-Lesse, avec un plan et douze vues dessinées sur les lieux par A. Jacquemin. Bruxelles, in-4° de 48 pages. Établissement géographique.

Wauters, *Alphonse*, et *Jules* **Tarlier**. — **2**. Géographie et Histoire des communes belges, grand in-8°, I, 1873; II, 1865.

Wesmael, *Alf.* — De l'apparition des plantes à la surface du globe. *Mém. de la Soc. scient. du Hainaut*, X, 1864-65, pp. 129-140.

Westendorp, *G.-D.*, et *H.* **Nyst**. — Nouvelles recherches sur les coquilles fossiles de la province d'Anvers. *Bull. de l'Acad. roy. de Bruxelles*, VI, 1839, 2e part., pp. 393-414, 3 planches.

Wies (l'abbé), *W.* — **1**. Einige Bemerkungen über den untern Liaskalk im Grosherzogthume Luxemburg. Luxembourg, *Soc. sc. Nat.*, III, 1855, pp. 200-208.

——— **2**. Notice sur les terrains paléozoïques du Grand-Duché de Luxembourg. *Ibid.*, IX, 1867, pp. 1-20.

——— **3**. Relation de l'excursion de la Société géologique dans le Grand-Duché de Luxembourg. *Ann. de la Soc. géol. de Belgique*, IV, 1877, pp. CXXVIII-CXXXVI.

Witry (l'abbé d'Everlange), **de**. — **1**. Mémoire sur les eaux minérales du Sauchoir. *Mém. de l'Acad. impér. et roy. des sc. et belles-lettres de Bruxelles*, I, 1777, pp. 249-262.

—— **2**. Extrait d'un mémoire sur les Glossopètres et les Buffonites. *Ibid.*, II, 1780, pp. III-IV, avec planches. (Lu à la séance du 3 mars 1775.)

—— **3**. Mémoire sur les fossiles du Tournaisis et les pétrifications en général, relativement à leur utilité pour la vie civile. *Ibid.*, III, 1780, pp. 15-44, 4 planches de fossiles. (Lu à la séance du 9 déc. 1777.)

—— **4**. Mémoire sur des recherches hydrauliques et minéralogiques dans le Tournaisis et le Hainaut autrichien. (Lu le 14 janv. 1779 à l'Acad. impér. et roy. des sciences et belles-lettres de Bruxelles.)

—— **5**. Réflexions sur les géodes aqueuses. *Ibid.*, V, 1788, pp. XXVI-XXVIII.

—— **6**. Mémoire pour servir de suite à l'histoire des fossiles de Belgique. *Ibid.*, V, 1788, pp. 84-94, 2 planches de fossile.

—— **7**. Recueil de divers mémoires lus à l'Académie de Bruxelles, relativement aux sciences et aux arts utiles. Tournai, 1789, in-8°.

Würth, *Joan-Theod.* — Commentatio in questionem ab ordine disciplinarum mathematicarum et physicarum Universitatis Leodiensis pro certamine litterario propositam : quum notum sit, multa petrefacta in nostris regionibus reperta ad animalium species pertinere, quæ aut ipsæ, aut quarum affines in calidis tantum terræ partibus vivunt, quæritur : quænum hypothesis probabilior sit, utrum ea. I. Has species magno olim diluvio ex aliis regionibus ad nostras appulsas; an hœc. II. Harum Terrarum olim incolas climatis conversione perditas esse, quæ premium reportavit. In-4°. *Ann. Academiæ*. Liége, 1821-22.

Winkler, *T.-C.* — **1**. Deux nouvelles Tortues fossiles : *Trionyx Teyleri, T. Bruxelliensis*. *Arch. Néerland.*, IV, 1869, pp. 342-357, 33 planches.

—— **2**. Sur Chelonia Hoffmanni, Gray. *Ibid.*, IV, 1869, pp. 357-358 (note).

—— **3**. Des Tortues fossiles conservées dans le Musée Teyler et dans quelques autres Musées. Harlem, *Arch. Mus. Teyler*, II, 1869, pp. 1-151, 33 planches; *Neues Jahrb. Mineral.*, 1869, pp. 213-214.

—— **4**. Description d'un Crinoïde (*Bourgueticrinus Dewalquei*) et d'un Poisson (*Smerdis heersensis*) du système heersien. Harlem, *Arch. Mus. Teyler*, II, 1869, pp. 295-307, 1 planche.

Winkler, *T.-C.* — **5.** Mémoire sur des dents de Poissons du terrain bruxellien. Harlem, *Ibid.*, III, 1874, pp. 295-304, 1 planche.

—— **6.** Note sur une nouvelle espèce de *Lepidotus. Mém. de la Soc. roy. des sc. de Liége,* IV, 1874, 2 pages et 1 planche.

—— **7.** Mémoire sur quelques restes de Poissons du système heersien. Harlem, *Arch. Mus. Teyler,* IV, 1876, pp. 1-15.

—— **8.** Deuxième mémoire sur des dents de Poissons fossiles du terrain bruxellien. Harlem, *Ibid.*, IV, 1876, pp. 16-48.

—— **9.** Note sur quelques dents de Poissons fossiles de l'Oligocène inférieur et moyen du Limbourg. Harlem, *Ibid*, V, 1880, pp. 73-84.

Wood, *Édouard*, et *L.-G.* **de Koninck**. — On the genus Woodocrinus. *Brit. Assoc. Rep.*, 1857 (pt. 2), pp. 76-78; *Geologist.*, 1858, pp. 12-15.

Wood, *Jun.-S.-V.* — On the Belgian Equivalents of the Upper and Lower Drift of the Eastern Counties. *Ann. Mag. of Natur. Hist.*, XIII, 1864, pp. 393-405, avec 1 carte.

Zuber. — Coupe du terrain à l'emplacement de l'écluse maritime de l'État au Kattendyck. Anvers, *Bull. de la Soc. paléont.*, I, 1859, avec 1 coupe.

SUPPLÉMENT.

Bauduin, *H.* — Une grande station préhistorique trop longtemps méconnue (Bruxelles et ses environs). Bruxelles, 1880, br. de 8 pages.

Beneden, *P.-J.* (**Van**). — **48.** Sur deux Plésiosaures du Lias inférieur du Luxembourg. *Bull. de l'Acad. roy. de Belgique,* L, 1880, 2 pages.

—— **55.** Un poisson fossile nouveau des environs de Bruxelles et un mot sur certains corps énigmatiques du crag d'Anvers. *Ibid.*, I, 1881.

Boulanger, *A.* — Sur l'arc pelvien chez les Dinosauriens de Bernissart. *Bull. de l'Acad. roy. de Belgique,* I, 1881.

Carez, *L.*, et *M.* **Monthiers**. — Observations sur le Mont des Récollets, auprès de Cassel. *Bull. de la Soc. géol. de France,* VII, 1878-79, pp. 620-634, 636; avec observations de M. G. Dollfus. *Ibid.*, p. 634.

Carter, *H.-J.* — Note on the « tubulations sableuses » of the Etage bruxellien in the environs of Brussels. *Ann. Mag. of Nat. Hist.*, 1877, pp. 382-393, pl. XVIII.

Cogels, *P.*, et *O.* **van Ertborn.** — **10.** Mélanges géologiques, 3e fascicule, pp. 61-88, chap. XXI-XXIII (février 1881).

De la Harpe, et *E.* **Van den Broeck.** — Monographie des Nummulites belges (en préparation).

Dollfus, *G., Gustave.* — **8.** Essai sur l'étendue des terrains tertiaires dans le bassin anglo-parisien et esquisse des terrains tertiaires de la Normandie. Extrait des *Mémoires publiés par la Société géologique de Normandie sur l'Exposition géologique du Havre,* en 1877, 68 pages et 1 carte (comprenant la Belgique).

Firket, *Ad.* — **37.** Carte de la production par commune des carrières de la Belgique pendant l'année 1878. Échelle $^{1}/_{320000}$.

——— **38.** Carte de la production, de la circulation, de la consommation des minerais et de la production des métaux, en Belgique, pendant l'année 1878. Échelle $^{1}/_{320000}$.

(Ces cartes ont figuré manuscrites à l'Exposition nationale de 1880 et sont en voie de publication.)

Gosselet, *J.* — **61.** Esquisse géologique du Nord de la France et des contrées voisines, publiée sous les auspices de la Société géologique du Nord. Lille, 1er fascicule : Terrains primaires, 1880, in-8° de 167 pages, avec un atlas de 8 planches de fossiles et 9 planches de coupes.

Hennequin (Major), *E.* — **7.** Notes d'excursions relatives à la fixation de la position stratigraphique de nouveaux gîtes fossilifères du système wemmelien. *Ann. de la Soc. malac. de Belgique.* Procès-verbal de la séance du 6 novembre 1880, pp. LXXVI-XCIV, pl. IV.

Lapparent, *Albert* (**de**). — **5.** Le terrain crétacé inférieur dans les Ardennes. *Bull. de la Soc. géol. de France,* VII, 1878-79, pp. 613-619.

Maurice, *Ch.* — **2.** Compte rendu de l'excursion du 2 mai 1880, à Cassel. *Ann. de la Soc. géol. du Nord,* VII, 1879-80, pp. 372-376.

RÉPERTOIRE.

Aachenien (du Hainaut) ou **Wealdien**.

Aérolithes.

Anvers (terrains d').

Archéologie et anthropologie préhistoriques.

Ardoisières.

Argile plastique (*Voir* Geyserien).

Bolderien (Oligocène moyen).

Cogels.
Dewalque.
Dumont.
Ertborn, van.
Geraets.
Gosselet.
Hennequin.
Mourlon.
Rutot.
Van den Broeck.
Vincent.

Bruxellien (Éocène moyen).

Beneden, Van.
Briart.
Burtin.
Carez, L.
Carter.
Chellonneix.
Debray.
Dewalque.
Dumont.
Gosselet.
Hébert.
Lefèvre.
Le Hon.
Lyell.
Maurice.
Morren.
Mourlon.
Nyst.
Omalius, d'.
Ortlieb.
Rutot.
Van den Broeck
Vincent.
Winkler.

Calcaire carbonifère.

Beneden, Van.
Billet.
Brady, H.
Callegno, di.
De Koninck.
Dewalque.
Dumont.
Dupont.
Faly.
Gosselet.
Horion.
Le Hon.
Mourlon.
Omalius, d'.
Renard.
Rouville, de.
Ryckholt, de.
Van den Broeck.
Witry, de.

Cambrien.

Clere.
Dewalque,
Dumont.
Gosselet.
Malaise
Mourlon.
Omalius, d'.

Campinien.

Cogels.
Dewalque.
Dumont.
Forchhammer.
Mourlon.
Staring.
Van den Broeck.
Winckler.
Wood.

Cartes géologiques.

Briart.
Cogels.
Cornet.
Dethier.
Dewalque.
Donckier.
Dumont.
Dupont.
Ertborn, van.
Galeotti.
Gosselet.
Hennequin.
Horion.
Houzeau de Lehaie.
Mourlon.
Murchison.
Neu.
Omalius, d'.
Rutot.
Velge.
Vincent.

Cartes géologiques de Belgique (Rapports et documents).

Adan.
Briart.
Cornet.
Delanoue.
De la Vallée.
Dewalque.
Dumont.
Dupont.
Firket.
Hennequin.
Procès-verbaux.
Roemer.

Cartes minières.

Chaux hydrauliques.

Crétacé (en dehors du massif de Maestricht).

Dévonien.

Diestien (Pliocène).

Gedinnien (Dévonien inférieur).

Géologie agricole.

Geyserien (Sables et argile).

Grisou.

Heersien (Éocène inférieur).

Briart.
Cornet.
Delvaux.
Dewalque.
Dumont.
Gosselet.
Hébert.
Marion.
Mourlon.
Rutot.
Saporta, de.
Vincent.
Winkler.

Historique (des sciences géologiques).

Archiac, d'.
Beneden, Van, 27.
Baoé.
Cauchy.
de Koninck, 15.
Dewalque, 34, 37.
Malaise, 2.
Mourlon, 6, 23.

Houiller.

Administration des Mines.
Arnould.
Barrois.
Beneden, Van.
Bidaut.
Blanchard.
Bogaert.
Bouesnel.
Bouhy.
Breton.
Briart.
Bustin.
Clément.
Coemans.
Cornet.
Crépin.
Cuyper, de.
Dechen, von.
De Koninck.
Delanoue.
Dewalque.
Drapiez.
Dumont.
Dumont, A.
Faly.
Firket.
Gendebien.
Glépin.
Godin.
Gosselet.
Jacques.
Lambert.
Le Hardy de Beaulieu.
Macar, de.
Malherbe.
Mohren.
Monoyer.
Mourlon.
Plumat.
Ponson.
Potier.
Preudhomme de Borre.
Smeysters.

Hydrographie et hydrologie.

Bresmal.
Chandelon.
Petit.
Sonveaux.
Vaux, de.
Verstraeten.

Insectes fossiles.

Beneden, Van, 49.
Breyer.
Coemans.
Preudhomme de Borre.
Vanderlinden.
Van Volxem.

Jurassique.

Archiac, d'.
Beneden, Van, 11, 48.
Bennigsen-Förder.
Cauchy.
Chapuis.
Clément.
Dewalque.
Dumont.
Engelspach.
Firket.
Galeotti.
Jannel.
Majerus.
Malaise.
Meugy.
Mourlon.
Nyst.
Omalius, d'.
Piette.
Poncelet.
Preudhomme de Borre.
Rolland.
Steininger.
Terquem.
Wies.

Laekenien (Éocène moyen).

Beneden, Van.
Carez, L.
Chellonneix.
Crépin.
Debray.
Dewalque.
Dumont.
Gosselet.
Hébert.
Le Hon.
Lyell.
Maurice.
Mourlon.
Ortlieb.
Rutot.
Van den Broeck.
Vincent.

Landenien (Éocène inférieur).

Barrois, 6.	Dewalque.	Moreau.	Potier.
Bayan.	Dumont.	Mourlon.	Rutot.
Briart.	Gosselet.	Ortlieb.	Vincent.
Chellonneix.			

Maestricht (Massif de).

Archiac, d'.	Clerc.	Hagenow.	Mourlon.
Bayle.	Cuvier.	Hébert.	Pomel.
Binkhorst.	De Bey.	Hombres-Firmas.	Roemer.
Bory de Saint-Vincent.	Dewalque.	Hony.	Rutot.
Bosquet.	Dumont.	Horion.	Staring.
Breda, von.	Faujas de Saint-Fond.	Koenen, von.	Triger.
Briart.	Fitton.	Marum, von.	Ubaghs.
Camper.			

Manuscrits de Dumont.

Decamps.	Dewalque.	Fayn.	Mourlon.
Delanoue.	Dupont.	Horion.	

Meule de Bracquegnies (Crétacé moyen).

Bouhy.	Cornet.	Dumont.	Horion.
Briart.	Dewalque.	Gosselet.	Mourlon.

Minéralogie générale.

Argenville, d'.	De Launay.	Kickx.	Omalius, d'.
Bachou.	Dewalque.	Lambotte.	Razoumowsky.
Burtin.	Dumont.	Le Hardy de Beaulieu.	Rozin.
Davreux.	Gallitzin.	Malaise.	Toll.
De Boodt.	Gilon.		

Minéraux belges.

Berthier.	De la Vallée.	Forir.	Omalius, d'.
Cauchy.	Dewalque.	Galcotti.	Pisani.
Chandelon.	Drapiez.	Gillet.	Renard.
Davreux.	Dumont.	Le Hardy de Beaulieu.	Rutot.
De Koninck.	Firket.	Malaise.	Vaux, de.

Mines de fer.

Benoît.	Bouhy.	Delanoue.	Dumont.
Berchem.	Clément.	Drapiez.	Franquoy.
Bidaut.	Cornet.	Dewalque.	Le Hardy de Beaulieu.
Bouesnel.	Dejaer.		

Mines de manganèse.

Delanoue.	Dumont.	Jorissen.	Lambotte.
Dewalque.	Firket.		

Mines de plomb.

Baillet.
Benoît.
Bouesnel.
Cornet.
Delanoue.
Dumont.
Fayn.

Mines de zinc.

Bouesnel.
Braun.
Burat.
Cornet.
Delanoue.
Dewalque.
Dumont.
Fayn.

Moderne (Terrain).

Archiac, d'.
Bauwens.
Belpaire.
Colbeau.
Debray.
Dekin.
De la Roière.
Dewalque.
Dupont.
Flahault.
Galeotti.
Hoon, de.
Houzeau de Lehaie.
Lambotte.
Lyon.
Mann.
Mourlon.
Quetelet.
Schuermans.

Montien (Éocène inférieur).

Briart.
Cornet.
Cotteau.
Delvaux.
Dewalque.
Dumont.
Omalius, d'.
Mourlon.
Rutot, 15.
Vaux, de.

Mouvements du sol.

Briart.
Dewalque.
Dollfuss.
Dumont.
Dupont.
Gaspart.
Gosselet.
Houzeau.
Laveley, de.
Le Hon.
Malherbe.
Omalius, d'.
Rutot.
Rysselberghe, van.
Tardy.
Van den Broeck.
Vincent.

Oligocène (Tongrien et Rupelien).

Beneden, van.
Bosquet.
Briart.
Cornet.
De Koninck.
Delvaux.
Dewalque.
Dollfuss.
Dumont.
Geraets.
Gosselet.
Hébert.
Koenen, von.
Mourlon.
Nyst.
Rutot.
Van den Broeck.
Vincent.
Winkler.

Paniselien (Éocène inférieur).

Briart.
Chellonneix.
Debray.
Dewalque.
Dumont.
Dupont.
Faly.
Gosselet.
Houzeau de Lehaie.
Mourlon.
Nyst.
Ortlieb.
Rutot.
Van den Broeck.
Vincent.

Phosphates.

Briart.
Dewalque.
Dumont.
Jannel.
Lambert.
Melsens.
Nivoit.
Omalius, d'.
Petermann.

Sources minérales, thermales, etc.

Boulangé.
Bresmal.
Briart, J.
Bustin.
Clément.
Courtois.
De Koninck.
Delloye.
Dewalque.
Dumont.
Heers, de.
Lersch.
Limbourg.
Plateau.
Villenfagne.
Villers, de.
Witry, de.

Tongrien (*voir* Oligocène).

Tremblements de terre.

Galeotti.
Lancaster.
Mourlon.
Perrey.
Quetelet.

Tourbes.

Bauwens.
Belpaire.
Debray.
Dewalque.
Galeotti.
Grégoire.
Morren.
Mourlon.
Roulez.
Uytterhoeven.

Trias.

Archiac, d'.
Dewalque.
Dumont
Engelspach.
Moris.
Mourlon.
Wies.

Végétaux fossiles.

Beunie, de.
Burtin.
Coemans.
Crépin.
De Bey.
Firket.
Gilkinet.
Kickx.
Lefèvre.
Le Hon.
Lyell.
Malaise.
Marion.
Miquel.
Mourlon.
Omalius, d'.
Saporta, de.
Sauveur.
Wesmael.

Volcans.

Bory de Saint-Vincent.
Dethier.
Dumont.
Galitzen.
Lancaster.
Le Hon.
Mourlon.
Omalius, d'.

Wemmelien (Éocène supérieur).

Barrois.
Billet.
Carez, L.
Debray.
Dollfuss.
Hennequin.
Lefèvre.
Maurice.
Mourlon.
Rutot.
Van den Broeck.
Vincent.

Ypresien (Éocène inférieur).

Briart.
Cornet.
Dewalque.
Dumont,
Ertborn, van.
Faly.
Gosselet.
Houzeau de Lehaie.
Mourlon.
Nyst.
Rutot.
Vincent.

www.ingramcontent.com/pod-product-compliance
Lightning Source LLC
LaVergne TN
LVHW020600180726
843502LV00002B/312
* 9 7 8 2 3 2 9 4 5 1 8 7 9 *